建筑工程施工质量验收规范应用讲座(验收表格)

(第二版)

吴松勤　主编

中国建筑工业出版社

图书在版编目(CIP)数据

建筑工程施工质量验收规范应用讲座(验收表格)／吴松勤
主编.—2版.—北京:中国建筑工业出版社,2007
ISBN 978-7-112-09473-8

Ⅰ.建... Ⅱ.吴... Ⅲ.建筑工程—工程验收—规范—中
国 Ⅳ.TU711-65

中国版本图书馆 CIP 数据核字(2007)第 105397 号

建筑工程施工质量验收规范应用讲座(验收表格)

(第二版)

吴松勤 主编

*

中国建筑工业出版社出版、发行(北京西郊百万庄)

各地新华书店、建筑书店经销

北京京丰印刷厂印刷

*

开本:787×1092毫米 1/16 印张:56¾ 字数:1381千字
2007年11月第二版 2013年7月第十九次印刷
定价:**138.00**元(含光盘)
ISBN 978-7-112-09473-8
(16137)

本讲座对建筑工程施工质量验收系列标准的演变过程,修订背景,统一标准及各规范的内容及其关系等进行了系统地介绍,以便读者能够更好地贯彻理解建筑工程施工质量验收系列规范。讲座重点对检验批、分项、分部(子分部)、单位(子单位)工程的划分、质量指标的设置、质量验收和质量等级的确认、验收程序及组织等进行了阐述,并对验收系列标准的检验批、分项、分部(子分部)、单位(子单位)工程验收用表的使用进行了说明。并附了有关表的推行表式。本讲座主要是为培训施工单位质量检查人员及监理单位和建设单位的质量验收人员使用,以便能更好地理解本系列验收规范,提高检查评定及验收的效果,也可供工程质量监督人员及管理人员等有关人员学习参考使用。

＊　　　＊　　　＊

责任编辑　常　燕

编审组人员：

吴松勤	卫　明	葛恒岳	杨南方	高小旺	李子新
桂业琨	张昌叙	徐有邻	侯兆欣	樊承谋	哈成德
孟小平	王　华	宋　波	钱大治	张耀良	陈凤旺
朱忠厚	薛绍祖	李爱新	张元勃	傅慈英	张鸿勋
熊杰民	程志军	张建明	胡耀辉	杨效中	李志玲
杨玉江	彭尚银	吴兆军	肖光照	吴祁山	安玉衡
金振同	戴文阁	罗　红	何振文		

再版说明

《建筑工程施工质量验收统一标准》GB 50300 及其配套的各项质量验收规范已执行六年了,在执行中对一些问题有了进一步的认识和理解。为更正确贯彻落实该配套系列规范,《建筑工程施工质量验收规范应用讲座》也必须随之修订。现根据六年来的变化情况,以及《应用讲座》中的一些错漏,现对其进行了一次全面修订。其主要内容:

一、增加了智能建筑工程质量验收用表,计 62 张表格,是按照《智能建筑工程质量验收规范》的内容编写的。

二、增加了燃气管道安装工程的参考表格。该工程由于质量验收规范还没有修订,各地反映这项内容又不能缺少,急切要求提供一个参考用表。现根据原《建筑安装工程质量检验评定统一标准》及《建筑采暖、卫生与煤气工程质量检验评定标准》GBJ 302—88 中的有关室内煤气工程的有关内容及《城镇燃气设计规范》GB 50028、《城镇燃气室内工程施工及验收规范》CJJ 94、《家用燃气燃烧器具安装及验收规程》CJJ 12,以及近年一些地区按照地方标准编制的一些地方标准,综合编制了其参考表格计 4 张表。

三、增加了评优良工程用的表格计 40 张表格。该表格是根据《建筑工程施工质量评价标准》的内容,由该规范组编制的评价用表格,可用作单位工程验收资料的一部分。

四、增加了单位工程竣工备案用表格。这部分表格也是工程验收的一个重要环节,也需要有一个统一的参考表格使用。根据有关文件规定,制定了一些表格计 9 张表,可供参考。

五、对原来的一些表格做了局部调整,主要是单独列出"钢筋原材料检验批"、"混凝土配合比检验批"、"预应力张拉、放张检验批用表",以便更好地明确质量责任和进行质量控制。

六、对发现的一些错漏进行了更正。

作者

第一版前言

国家标准——《建筑工程施工质量验收统一标准》(GB 50300—2001)已于2001年7月20日发布,自2002年1月1日起施行,与其配套的各项验收规范也陆续发布施行。建设部并于2002年8月12日印发了《建设部关于贯彻执行建筑工程勘察设计及施工质量验收规范若干问题的通知》,要求建筑工程的设计和施工质量验收规范于2003年1月1日起全面实施。这套验收系列规范是房屋建筑工程质量验收的标准,与以前的标准比较修改的内容较多,对施工质量的管理和技术要求都有很大的改变,其中又有强制性条文。为了更好地贯彻执行这套验收规范,建设部有关司要求尽快在全国开展宣贯工作,逐级进行培训,以便尽快地掌握这套规范。为落实《建设工程质量管理条例》,确保建筑工程质量,落实竣工验收备案制度,为此我们组织规范编制组的同志编写了这本规范应用讲座。

本讲座对标准的演变过程、修订背景、统一标准及各规范的内容及其关系等进行了系统地介绍,以使读者能够更好地理解建筑工程施工质量验收系列规范。讲座重点对检验批、分项、分部(子分部)、单位(子单位)工程的划分,质量指标的设置、质量验收和质量等级的确认、验收程序及组织等进行了阐述,并对验收系列标准的检验批、分项、分部(子分部)、单位(子单位)工程验收用表的使用进行了说明。并附了有关表的推行表式。本讲座主要是为培训施工单位质量检查人员及监理单位和建设单位的质量验收人员使用,以便能更好地理解本系列验收规范,提高检查评定及验收的效果,也可为工程质量监督人员及管理人员等有关人员学习参考。

本讲座由《建筑工程施工质量验收统一标准》及各专业验收规范的主要编写人员编写,具有较高的权威性。由于本书涉及的相关专业较多,协调不易,再加之编写时间较紧,错漏之处,实属难免,故此书先作为试用本发行,敬请同行提出意见,以便及时改正。

作者

目　　录

第一章 概 述

第一节 验收标准的演变过程

1. 1966 年 5 月由原建筑工程部批准试行的《建筑安装工程质量评定试行办法》有 7 条，《建筑安装工程质量检验评定标准》(试行)(GBJ 22—66)(相当于现在的建筑工程质量检验评定标准)只有 16 个分项，每个分项分为"质量要求"、"检验方法"和"质量评定"三个部分。

2. 1974 年 6 月，原国家基本建设委员会颁发了重新修订的《建筑安装工程质量检验评定标准》(TJ 301—74)。内容较 1966 年的标准有了较大的变化，"试行办法"改为"总说明"，适用范围包括建筑工程(TJ 301—74)、管道工程(TJ 302—74)、电气工程(TJ 303—75)、通风工程(TJ 304—74)、通用机械设备安装工程(TJ 305—75)、容器工程(TJ 306—77)、工业管道安装工程(TJ 307—77)、自动化仪表安装工程(TJ 308—77)、工业窑炉砌筑工程(TJ 309—77)及钢筋混凝土预制构件工程(TJ 321—76)等。建筑工程(TJ 301—74)的分项工程也增加为 32 个。每个分项工程是通过主要项目、一般项目和允许偏差项目来检验评定其质量等级。其中主要项目必须符合标准的规定，标准中采用"必须"、"不得"用词的条文；一般项目应基本符合标准的规定，标准中采用"应"、"不应"用词的条文；有允许偏差的项目，其抽查的点(处、件)数中，有 70% 达到本标准的要求为合格(而 1966 年标准为 80%)，有 90% 达到本标准的要求为优良。一个分部工程中，有 50% 及其以上分项工程的质量评为优良，且无加固补强者，则该分部工程的质量应评为优良，不足 50% 者，评为合格。

3. 根据 1979 年原国家建委(79)建发施字第 168 号通知，原城乡建设环境保护部以(85)城科字第 293 号通知下达了质量验评标准的修订任务，由建设部建筑工程标准研究中心组织完成，修订工作从 1985 年 9 月开始至 1987 年 7 月基本完成。根据全国审定会议决定，修订后的"总说明"部分单独成册，定名为《建筑安装工程质量检验评定统一标准》编号 GBJ 300—88，并和建筑工程 GBJ 301—88、建筑采暖卫生与煤气工程 GBJ 302—88、建筑电气安装工程 GBJ 303—88、通风与空调工程 GBJ 304—88 和电梯安装工程 GBJ 310—88 等质量检验评定标准，组成一个建筑安装工程质量检验评定标准系列。

TJ 301—74 标准的执行情况，由于当时有些地区和企业组织培训不够，执行标准不严，致使出现没有严格按标准进行检验评定，有的甚至自行降低标准，使很大一部分工程的质量评定脱离了标准的规定。在标准修订之前，各地评定工程质量的标准和办法已有了较大的改变，但不统一。主要是：

(1) 对分项工程的"一般项目"做了定量补充；

(2) 对单位工程的质量补充了总体评定；

(3) 对允许偏差项目的选点数量和取点位置作了具体规定。

其主要问题是评定的工程质量等级与标准规定差距大，如 1984 年全国国营企业上报的质量报表统计,全部达到合格,其中优良率平均达到 79.3%,有 20% 的企业,优良率达到 90% 以上,有的甚至达到 100%。1985 年各省、自治区、直辖市抽查的 56352 个单位工程,合格率仅为 39.8%。由此可知,工程质量不严格按标准评定的情况较突出,实际上有很大一部分工程是达不到“合格”规定的。

GBJ 300—88 标准的修订过程。1985 年 9 月,提出了“验评标准”修订中若干问题的初步意见和修订项目目录,1985 年 11 月在广泛征求意见后,完成了《建筑安装工程质量检验评定统一标准》讨论稿,1986 年 3 月完成征求意见稿,并寄送全国各省、自治区、直辖市建设主管部门及国务院有关部委的基建部门征求意见。在 1986 年 5～7 月的全国工程质量大检查中,试用了修订的标准方案,同年 10 月完成了送审稿。为慎重起见,在审定会前,又将送审稿再次发至全国各地区及有关部门征求意见,完善和充实了送审稿,并在北京、天津、石家庄的一些工程上进行试用。1987 年 3 月经在贵阳市召开的审定会议上审定通过,经修改后于当年 7 月份完成了报批稿。主管部门考虑到这套标准的重要性,又决定印成试用本在更大的范围内试用。印发 20 万册发至全国,经过一年试用后,1988 年《建筑安装工程质量检验评定统一标准》等 6 项标准才批准为国家标准,并自 1989 年 9 月 1 日起施行。

4. 建设部建标[1998]244 号文《关于印发一九九八年工程建设国家标准修订、制订计划(第二批)的通知》,下发了《建筑工程施工质量验收统一标准》的修订任务,由中国建筑科学研究院会同中国建筑业协会工程建设质量监督分会等 10 个单位的 13 位同志,组成编制组。编制组进行了广泛的调查研究,总结了我国建筑工程质量验收的实践和经验,对原《建筑安装工程质量检验评定统一标准》GBJ 300—88 系列标准和《建筑工程施工及验收规范》系列规范的优点和不足进行了认真的研究。结合《中华人民共和国建筑法》和《建设工程质量管理条例》中对工程质量管理提出的要求,按照建设部标准定额司提出的《关于对建筑工程质量验收规范编制的指导意见》及“验评分离,强化验收,完善手段,过程控制”的指导思想,以及技术标准中适当增加质量管理内容的要求等,于 1999 年 4 月提出了统一标准的修订大纲;1999 年 6 月制订了统一标准的框架,1999 年 11 月完成了统一标准讨论稿;2000 年 3 月完成征求意见稿,发 150 份至全国征求意见,并召开了三次重点征求意见会;2000 年 9 月完成送审稿;2000 年 10 月通过审定,之后与本系列其他各规范进行了广泛协调,于 2001 年 4 月完成报批稿;2001 年 7 月批准发行,于 2002 年 1 月 1 日起施行。

第二节　建筑工程施工质量验收系列规范修订背景

一、《建筑安装工程质量检验评定标准》系列标准(简称验评标准)和《建筑工程施工及验收规范》系列标准规范(简称施工规范),本身已不适应市场经济发展的要求

1. 原《验评标准》执行情况

该标准是 1979 年下达修订任务,1985 年开始修订,1986 年初完成方案,其方案在 1986 年全国工程质量检查中,进行了试用。1987 年形成正式稿,并于 2 月通过审定。由于其是确定建筑工程质量等级的,对工程质量管理影响重大,且关系到施工企业的重大利益,1987 年又在全国范围内印刷 20 万册进行试用。在广泛征求意见的基础上,于 1988 年正式颁发,1989 年 9 月 1 日施行。

GBJ 300—88《验评标准》系列标准包括：建筑安装工程质量检验评定统一标准 GBJ 300—88，建筑工程质量检验评定标准 GBJ 301—88，建筑采暖卫生与煤气工程质量检验评定标准 GBJ 302—88，建筑电气安装工程质量检验评定标准 GBJ 303—88，通风与空调工程质量检验评定标准 GBJ 304—88 和电梯安装工程质量检验评定标准 GBJ 310—88 等六本标准。在标准公布执行后，标准修订组还召开过三次会议，对标准的培训教材进行审定，对贯彻标准配套使用的表格进行审查，还发出了有关标准执行中问题的解释。修订组成员配合建筑管理局一起抓工程质量，开展标准的培训。标准的贯彻执行，对推动企业加强工程质量管理，为工程质量监督机构提供了监督手段和依据，配合了政府部门对工程质量的宏观控制，促进全国工程质量管理工作的改进，起到了积极的作用。

该标准是一项大家普遍关心和影响力度较大的标准。1993 年由建设部推荐参加了亚太地区工程技术标准交流的三个标准之一。标准修订组并派代表参加亚太地区工程标准化会议，进行了书面交流。国内 80 多项的同类标准，也不同程度地参照本标准的体例，进行了修订和制订。

2. 原标准已不适应当前工程质量管理的需要

主要不足是：

（1）从 1985 年开始修订 88 标准，调研确定编制的指导思想，至今已有 20 余年的时间，标准使用环境发生了很大变化。我国经济建设有了大的发展，市场经济逐步形成。原标准修订的背景是改革开放初期，还是计划经济时期，管理上的指导思想是政企不分，共同搞好工程质量，责任不明，全过程贯彻一管到底；技术上是以多层砖混结构住宅为模式；当时工程质量问题多，工程质量处于低谷时期，这样就形成了两个不适用：一是不利于责、权、利的落实，影响了工程质量责任的落实，影响了监督工作机制的形成和建筑市场的发育；二是不利于新技术、新结构的推广应用，不利于高层建筑和大体量建筑的质量管理工作。由于建筑技术的飞快发展，高层、超高层建筑的大量出现，新技术、新结构的广泛应用，原验评标准不论从技术上、内容上、方法上都无法适应，使上述建筑工程质量评定处于无标准可遵循的状况。

（2）与相关规范不协调。验评标准修订的思路是与各施工规范、标准配合使用，内容交叉较多，当时的指导思想是按规范操作，按标准评定。可是当时一些规范已修订，内容有了很大的改动，而验评标准迟迟不进行修订，内容依然还是旧的，新技术的发展缺项也日益增多，执行中交叉多、矛盾多，有的企业就低不就高，影响了有关规范的全面贯彻执行。如不从根本上采取措施，这个矛盾是不能彻底解决的。

（3）"验评标准"本身也存在一些不足之处。一是定性较多，检测手段较少，定量不够，观感评定较多，受人为因素影响较大，掌握起来差别较大；二是与有关规范交叉重复太多，很难做到同步修订，协调一致，造成了长时间的不同步；三是在一定程度上评定工作量太大，也有些繁琐，且内容、项目上的评定也过于统一，对一些特殊项目的评定就比较勉强等；四是与市场经济体制不相适应，责、权、利不统一，不同利益方的定位不准，影响工程质量的管理工作，不利于市场经济体制下，工程质量监督机制的形成，也不利于建筑市场的培育。

（4）与国际惯例不接轨。质量标准通常被认为是市场经济的通用语言，ISO 组织对此专门制订了 ISO9000 标准，在许多国家开展了认证。按 ISO 对质量的定义，质量包括功能、可靠性与维修性、安全性、适用性、经济性、时间性，重点强调内在需要能力的特性。对工程也是这样，而在我们以往的施工规范中，对主体结构质量只有一种要求，而验评标准把工程质量分为合格、优良,而多以外观质量来区分,反映内在质量的内容较少。在国际上工程质量多是通过或不通过质量验收,没有分等级,有些国家虽有"工程质量标准",如新加坡的工程质量标准,也是政府管理的,其主要是设计图和施工规范的补充,是企业提高信誉而用的,不是判定工程质量是否满足要求的依据。特别是加入 WTO 后,工程质量标准应有一定的前瞻性。

(5)现行的施工规范及验评标准,对检测手段应用较少,使工程质量的评定工作,受到人的专业水平及人为因素的干扰。因而工程质量评定中常常是科学数据少。

3.《施工规范》系列体系执行情况

新中国成立以来,随着基本建设的发展,《施工规范》系列也随着发展。起初我国是操作技艺,随工匠师傅的水平来发挥,有些营造商也制订有自己的操作规定,没有全国性的规定。20 世纪 50 年代中期,原国家建设委员会批准颁发了《建筑安装工程施工及验收暂行技术规范》,其基本内容是翻译前苏联国家规范的全部条文。1961～1963 年,原国家建筑工程部会同有关部门,对《建筑安装工程施工及验收暂行技术规范》进行了修订,在内容方面作了删改和补充,对文字也作了较大的增减变动,并将其各篇章分别单独列为《土方工程施工及验收规范》、《地基基础工程施工及验收规范》、《砌体工程施工及验收规范》、《混凝土工程施工及验收规范》、《木结构工程施工及验收规范》、《钢结构工程施工及验收规范》、《装饰装修工程施工及验收规范》及《水电安装工程施工及验收规范》等,并于 1966 年陆续颁发施行。1972 年前后,又普遍组织了一次大的修订工作,1982 年又进行了修订,基本形成了目前《建筑工程施工及验收规范》系列规范的体系。这个系列规范,多数在 1991～1999 年之间又修订了一次。

这些规范的每一次修订,都对我国建筑工程施工管理工作和工程质量管理工作有很大的推动,使我国工程建设标准化工作更加完善,科学技术水平也不断提高,基本保证了工程建设的顺利进行,对我国社会主义经济建设发挥了很好的作用。

由于我国工程建设标准化工作不完善,标准化工作人员不固定,队伍建设重视不够,标准的编制经费不足,标准科研工作的缺乏等,我国工程建设标准的科学性、前瞻性等不够。在《验评标准》中存在的问题,在《施工规范》中也不同程度地存在。

二、贯彻《建设工程质量管理条例》对工程技术标准提出新的要求

《条例》的发布对工程质量管理产生了大的影响,是建国以来最高形式工程质量管理法规。

1.《条例》第三条确定了建设单位、勘察单位、设计单位、施工单位、工程监理单位依法对建设工程质量负责。并各单独列为一章做了具体规定。

(1)建设单位是工程建设的投资人(业主),可以是法人、自然人及房地产开发商,是工程建设项目建设过程的总负责方,负责确定建设项目的规模、功能、外观、选用重要的材料设备,并具有按照有关规定选择勘察、设计、施工、监理单位的权力,是确定工程质量的首要责任方,《条例》在第二章(7～17 条)对建设单位的质量责任和义务做出了规定。其应依法选择好勘察、设计、施工及监理单位,以及选择好重要的材料和设备;提供真实、准确、齐全的原始资料;遵守工程建设程序和有关规定;提出合理的质量目标;通过施工图设计文件审查和施工过程的质量监督来实现质量目标;并做好工程质量验收和竣工备案工作。

(2)勘察单位是从事工程测量、水文地质和岩土工程等工作的单位,其任务是依据建设工程项目的目标,按规范的程序查明并分析、评价建设场地的地质及地理环境特征和岩土工程条件,编制建设项目所需要的勘察文件。为工程建设和设计工作提供真实、准确的依据。要为提出的勘察报告及数据负责。

(3)设计单位是从事建设工程设计的单位,依据建设项目的任务和目标,依据建设单位的要求及提供的工艺等资料对其技术、经济、资源、环境等条件进行综合分析,制订方案,论证优选,编制建设项目的设计文件,设计文件应符合设计规范的规定,技术先进,深度符合要求。设计单位对设计文件的质量负责,并在施工建设过程中提供相关服务和咨询。

(4)施工单位,从事土木工程、建筑工程、线路管道和设备安装工程及装修工程等施工。经过精心组织,从选择材料、构件、设备到组织有序施工,在规定的时间内,将工程的地基基础、主体结构、装饰装修、设备安装等有序地完成,保证其施工质量,并在规定期限内负责保修。

(5)工程监理单位是受建设单位委托,依据有关法律法规规定和建设单位的要求,对工程质量进行督促检查,并进行各项验收,对工程的验收质量负责,对工程质量承担监理责任。

这些单位都是建设项目的主要参与者,不论哪一方哪个环节出了问题,都会导致质量缺陷,甚至重大质量事故的发生。

2.《条例》第五条规定了从事建设工程活动,必须严格执行基本建设程序;坚持先勘察、后设计、再施工的原则。

勘察、设计、施工是工程建设的三个阶段。而每一个阶段又有各自的程序,这是保证各阶段工程质量的需要,是多年来经验和教训的总结。各阶段都必须经批准、验收,上一阶段合格后,才能进行下一阶段的工作。国家已把这些规定为基本建设必须遵守的法定程序,这是保证工程质量的基本规定。

3.《条例》强调工程建设过程的过程控制,施工前制订好施工方案、操作工艺,对原材料进场验收和检查;施工过程中加强检查,不符合程序和不符合质量要求的要随时发现,随时纠正,加强工序质量的检查验收。原材料不经监理工程师认可签证,不得用于工程;上道工序不经监理工程师认可签证验收,不得进行下道工序施工。

4.《条例》确立了强制性标准条文,为工程建设技术标准的贯彻执行,打下了良好基础。勘察设计单位在设计中,必须满足强制性标准条文,首先勘察、设计文件的质量得到了保证;施工单位在施工过程中,也必须贯彻强制性标准条文,也要达到质量验收规范的要求。为落实《质量验收规范》创造了好的条件。

三、建筑工程施工质量验收规范编制初期,建设部标准定额司提出了《关于对建筑工程验收规范进行编制的指导意见》其主要内容是

1.总体设想

根据《中华人民共和国标准化法》规定,国家标准、行业标准分为强制性和推荐性标准。对保障人体健康,人身、财产安全的标准和法律、行政法规规定强制性执行的标准是强制性标准,其他标准是推荐性标准。对于质量管理工作在最近的政府机构改革中,给予了强化,以此制定的质量方面的标准规范也应当是强制性标准。为此,提出了对现行的验收标准进行"验评分离,强化验收,完善手段,过程控制"的改革设想。

"验评分离"是指将现行的验评标准中的质量检验与质量评定的内容分开,现行的施工规范中的施工工艺和质量验收的内容分开,将验评标准中的质量检验与现行施工规范中的质量验收衔接;现行施工规范中操作工艺属于一种方法性标准,可以作为企业标准或施工工艺规范,也可作为推荐性标准。质量评定为企业施工操作工艺水平进行评价,可作为行业推荐标准,通过政府认可来实施,为社会给企业的奖罚提供依据。

"强化验收"是指将现行施工规范中验收部分与评定标准中的质量检验内容合并起来,形成一个完整的最低质量标准,是施工企业必须达到,建设单位必须按其验收的质量标准。

"完善手段"包括两个方面的内容,一是完善施工工艺的检测手段;一是完善验收检验方法的内容,避免人为因素的干扰和观感的影响。

随着我国社会主义市场经济体制的逐步建立,我国标准体制的改革和标准体系的完善,分离以后的工程质量优良评定标准作为推荐性标准,并通过政府认可来实施。

"过程控制"要从工程的特点出发,在验收规范的全过程开展控制,质量验收规范要提出控制要求,也要体现过程控制。

2. 积极稳妥修订好质量验收规范

一些建筑工程结构类设计规范全面修订,相继全部完成。同时一些施工规范如《屋面防水技术规范》、《采暖通风与空调施工及验收规范》等已经修订完成,但还有大量的施工规范尚须修订,质量检验评定类标准即将全面修订。这次规范全面修订量大面广,以便于形成规范之间的配套使用。

对于验收规范和施工技术规范的修改,主要解决以下几个方面的内容:

(1)建立验收类规范和施工技术规范体系的要求

同一个对象只能制定一个标准,才能便于执行。这就要求标准规范之间应当协调一致,避免重复矛盾。解决这个矛盾着重在于要划清标准规范的体系,使得各个标准规范如同一个城市的规划一样,功能齐全、秩序井然,极大地发挥各个标准规范的作用。为此,根据有关方面的意见提出了建筑安装工程质量验收标准规范体系的框架,这个体系框架将作为指导编制组修订标准规范的指导思想。

(2)统一编制原则

① 为了便于工程验收规范、施工技术规范的修订加快进程,应在统一思想的基础上,明确这两类规范的编制原则。这个原则首先要结合当前我国的质量方针政策,确定质量责任和要求深度,然后修改和完善不合理的指标。

② 对于强制性的工程验收规范,重点将现行的"施工及验收规范"和"质量检验评定标准"中有关验收和质量检验的内容合并起来,制定独立的验收规范。在这样的规范中应取消现行的质量检验评定标准中的优良、合格评定划分,只给出一个指标,即验收指标,将属于涉及工程安全、影响使用功能和质量的给予重点突出并具体量化,对于验收的方法和手段给予规范化,形成对施工质量全过程控制的要求。

③ 对于推荐性的施工工艺规范,将现行的"施工及验收规范"中有关施工工艺和技术方面的内容可作为企业标准或行业推荐性标准。这些规范要同时兼顾现行的标准规范中有些操作规程的内容。

④ 对于质量检测方面的内容,应分清基本试验和现场检测。基本试验具有法定性,现场试验作为内控质量,用于质量判定时,应结合技术条件、试验程序和第三方确认的公正性。

⑤ 对于质量评定方面的内容,从有利于提高工程质量,方便优良工程的评定,结合当前有关建设工程质量方针和政策,制订出评定方面的推荐性标准。这方面的标准应考虑工程

安全、功能评价、建筑环境等方面的质量要求外,还应兼顾工程观感质量,编制出一项为工程评优服务的推荐性标准。

（3）措施应配套

制定的配套措施应围绕规范的贯彻实施,特别是强制性验收规范的贯彻执行。主要可以从下述内容进行:

① 与工程质量有关的行政措施配套;

② 规范的修订要配套,相关内容的规范应当同时完成,这种配套不仅包括施工规范本身,还应当包括相关的设计规范等;

③ 充分发挥学术民主,引导施工单位、质量监督机构、工程监理单位、检测机构、设计和科研单位关心这次规范的修订,多征求他们的意见,协商一致共同确认;

④ 与规范使用相配套的软件、标准图、手册和指南等要协调一致;

⑤ 新旧规范的搭接使用,应给出一定的时间间隔,给大家一个充分学习和掌握的过程。

3. 具体工作要求

（1）首先编制指导各个验收规范的强制性标准《建筑工程施工质量验收统一标准》,其次,还应编制出推荐性标准《建筑工程施工质量术语标准》,在这两项标准的基础上,通过GBJ 300—88 的修订,提出"验收规范"总的原则和要求,为其他验收规范提供一个统一遵守的准则。

（2）对 GBJ 301—88 中涉及到各个章的内容分别与相应的施工及验收规范进行合并,编制独立的验收规范。

（3）对下列标准进行合并,编制出完整的验收规范。GBJ 302《建筑采暖卫生与煤气工程质量检验评定标准》与 GBJ 242《采暖与卫生工程施工及验收规范》合并;GBJ 304《通风与空调工程质量检验评定标准》与 GBJ 243《通风与空调工程施工及验收规范》合并等。

（4）对《土方与爆破工程施工及验收规范》GBJ 201—83、《地基与基础工程施工及验收规范》GBJ 202—83、《地下防水工程施工及验收规范》GBJ 208—83、《采暖与卫生工程施工及验收规范》GBJ 242—82 等四项标准规范,已根据上述原则修订为验收规范。

（5）对有关施工工艺方面的标准规范、试验检测、质量评定方面的标准规范在今后的过程中逐步修订。

第三节　建筑工程施工质量验收系列规范编制过程和修订重点

一、编制过程

按照建设部建标［1999］244 号文的要求,《建筑工程施工质量验收统一标准》由建研院和中建协质量监督分会等 10 个单位 13 名人员参加,于 1999 年 4 月组成编制组。经过初稿、讨论稿、征求意见稿阶段,于 2000 年 9 月完成了送审稿,2000 年 10 月通过审定,2001 年 4 月完成报批稿,2001 年 7 月 20 日批准发布执行。

与统一标准同一系列的其他 14 项质量验收规范,从 2000 年 7 月开始陆续修订,至 2001 年 12 月底已有 13 项通过审定。现已陆续批准发行实施。

二、落实建设部标准定额司提出的编制原则及指导思想

1. 贯彻"验评分离、强化验收、完善手段、过程控制"的编制思想。

本次编制是将有关房屋工程的施工及验收规范和其工程质量检验评定标准合并,组成新的工程质量验收规范体系,实际上是重新建立一个技术标准体系,以统一房屋工程质量的验收方法、程序和质量指标。

验评分离:是将现行的验评标准中的质量检验与质量评定的内容分开,将现行的施工及验收规范中的施工工艺和质量验收的内容分开,将验评标准中的质量检验与施工规范中的质量验收衔接,形成工程质量验收规范。施工及验收规范中的施工工艺部分作为企业标准,或行业推荐性标准;验评标准中的评定部分,主要是为企业操作工艺水平进行评价,可作为行业推荐性标准,为社会及企业的创优评价提供依据。

强化验收:是将施工规范中的验收部分与验评标准中的质量检验内容合并起来,形成一个完整的工程质量验收规范,作为强制性标准,是建设工程必须完成的最低质量标准,是施工单位必须达到的施工质量标准,也是建设单位验收工程质量所必须遵守的规定。其规定的质量指标都必须达到。强化验收体现在(1)强制性标准;(2)只设合格一个质量等级;(3)强化质量指标都必须达到规定的指标;(4)增加检测项目。见验评分离、强化验收示意图(图1-3-1)。

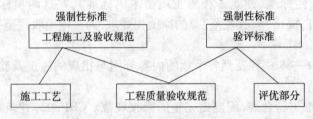

图1-3-1 验评分离、强化验收示意图

完善手段:以往不论是施工规范还是验评标准,对质量指标的科学检测重视不够,以致评定及验收中,科学的数据较少。为改善质量指标的量化,在这次修订中,努力补救这方面的不足,主要是从三个方面着手改进。一是完善材料、设备的检测;二是改进施工阶段的施工试验;三是开发竣工工程的抽测项目,减少或避免人为因素的干扰和主观评价的影响。工程质量检测,可分为基本试验、施工试验和竣工工程有关安全、使用功能抽样检测三个部分。基本试验具有法定性,其质量指标、检测方法都有相应的国家或行业标准,其方法、程序、设备仪器,以及人员素质都应符合有关标准的规定,其试验一定要符合相应标准方法的程序及要求,要有复演性,其数据要有可比性。施工试验是施工单位内部质量控制,判定质量时,要注意技术条件、试验程序和第三方见证,保证其统一性和公正性。竣工抽样试验是确认施工检测的程序、方法、数据的规范性和有效性,为保证工程的结构安全和使用功能的完善提供数据。统一施工检测及竣工抽样检测的程序、方法、仪器设备等。

过程控制:是根据工程质量的特点进行的质量管理。工程质量验收是在施工全过程控制的基础上。一是体现在建立过程控制的各项制度;二是在基本规定中,设置控制的要求,强化中间控制和合格控制,强调施工必须有操作依据,并提出了综合施工质量水平的考核。作为质量验收的要求;三是验收规范的本身,检验批、分项、分部、单位工程的验收,就是过程控制。

2. 管理内容的体现是贯彻有关管理规定的精神,具体是第三章基本规定中的施工现场管理体系,主要是施工的基本程序、控制重点、管理的基本要求等。基本规定的全部条文都是围绕管理提出的，第四章质量验收的划分，第六章验收程序和组织等，也都是管理的内容。这样有利于落实当前有关工程质量的法律、法规、质量责任制等。将《中华人民共和国建筑法》、《建设工程质量管理条例》的精神进行落实。并考虑参与工程建设的建设单位、勘察设计单位、施工单位、监理单位责任主体的质量责任落实，分清质量责任等。

3. 进一步明确了《建筑工程施工质量验收统一标准》及《建筑工程各专业质量验收规范》服务对象。

这些标准主要服务对象是施工单位、建设单位及监理单位。即施工单位应制订必要措施，保证所施工的工程质量达到《验收规范》的规定；建设单位、监理单位要按《验收规范》的规定进行验收，不能随便降低标准。《验收规范》是施工合同双方应共同遵守的标准。同时，也是参与建设工程各方应尽的责任，以及政府质量监督和解决施工质量纠纷仲裁的依据。

4. 质量验收规范标准水平的确定。

标准编制中水平的确定是标准修订的一个重要内容，以往都是以全国平均先进水平为准，但这次是施工规范和验评标准的合并，而在这个基础上确定新的验收标准的水平，却是一个很难解决的问题。因为新的验收标准只规定合格一个质量等级，又要求不能将现行的施工及验收规范、检验评定标准的规定降低。验收规范的质量指标又取消了70%合格，90%优良的允许偏差项目，新标准又规定各项质量指标必须全部达到。所以，必须讲明新验收标准的水平，虽只一个合格等级，但其标准是提高了，不是降低了，而且提高的幅度还比较大。新验收标准的水平确定在全国管理先进水平上，而不是像以往规范、标准的水平确定在全国平均先进水平上。

一、二级企业及管理水平较好的三级企业只要注意管理是能达到质量要求的，这些企业能完成当前任务的绝大部分，标准水平提高不会影响到建设任务的完成。

5. 同一个对象只能制订一个标准，以减少交叉，便于执行。这次质量验收规范的修订，基本能实现这个目标。现在建筑工程施工质量验收规范系列，满足了一个对象一个标准的目标。在这个系列中，14项规范不论是同时修订还是哪一个先修订，因为都是独立的，都不会发生交叉，都能保证正常使用。

6. 质量验收规范支持体系。以往的"施工规范"、"验评标准"都是独立的体系，又是交叉的，都是国家标准，是平行的，互相对立，又不相互支持。新的质量验收规范，将对工程质量的管理产生大的影响。其将形成一个完整的技术标准体系。

（1）《工程建设标准强制性条文》（规范中用黑体字注明），其相当于国际上发达国家的技术法规，是强制性的，是将直接涉及建设工程安全、人身健康、环境保护和公共利益的技术要求，用法规的形式规定下来，严格贯彻在工程建设工作中，不执行技术法规就是违法，就要受到处罚。这是《条例》为适应社会主义市场经济要求，工程建设标准管理体制推进改革的关键措施。这种管理体制，由于技术法规的数量相对较少，重点内容比较突出，因而运作起来比较灵活。不仅能够满足建设市场运行管理的需要，也不会给工程建设的发展、技术的进步造成障碍。这是我国工程建设标准体制的改革向国际惯例靠拢的重要步骤。

同时《工程建设标准强制性条文》的推出，是贯彻落实《条例》的一项重大举措。长期以来，教训告诉我们，一定要加强工程建设全过程的管理，一定要把工程建设和使用过程中的质量、安全隐患消灭在萌芽状态。《条例》的发布，对建立新的建设工程质量监督管理制度做出了重大决定，为保证工程质量提供了法律武器，一是对业主的行为进行严格规范。二是将建设单位、勘察、设计、施工、监理单位规定为质量责任主体,并将其在参与建设过程中容易出现问题的重要环节做出了明确规定,依法实行责任追究。规定了对施工图设计文件审查制度,施工许可制度,竣工备案制度。并规定了政府对工程质量的监督管理,将以建设工程的质量、安全和环境质量为主要目的,以法律、法规和工程建设强制性标准条文为依据,以政府认可的第三方强制性监督的主要方式,以地基基础、主体结构、环境质量和与此相关的工程建设各方责任主体的质量行为为主要内容的监督制度。三是对执行强制性技术标准条文做出了严格的规定,不执行工程建设强制性技术标准条文就是违法,根据违反强制性标准条文所造成后果的严重程度,规定了处罚措施。这就打破了以往政府单纯依靠行政手段强化建设工程质量管理的概念,走上了行政管理和技术规定并重的保证建设工程质量的道路,这就为我国在社会主义市场经济条件下,解决建设工程过程中可能出现的各种质量和安全问题奠定了基础。

(2)《工程建设标准强制性条文》的推出,为改革工程建设标准体制迈出了第一步,工程建设标准化是工程建设实行科学管理,强化政府宏观调整的基础和手段,对确保工程质量和安全、促进工程建设的技术进步、提高工程建设经济效益和社会效益都有重要意义。但是我国长期计划经济体制的约束,工程建设的技术法规虽起了很大的作用,但是由于标准体系中的强制性标准占现行标准总数的85%以上,有2700多项,总条目达15万条之多,给实施和监督这些强制性标准带来很大困难。一是这么多条数执行难,并且限制了企业的积极性、创造性和新技术的发展;二是处罚尺度难掌握,一般规定与强制性标准难以区分,处罚起来不便操作;三是现行的强制性标准内容杂、数量多,企业无从做起。这样久而久之,就使工程建设标准的执行,打了折扣。《条例》提出了工程建设标准强制性条文,初步形成了技术法规与技术标准相结合的管理体制,技术法规(强制性条文)是强制性的,不执行就要受到处罚。目前房屋建筑部分的强制性条文,是从84项标准中摘录出来的,原条文有近1.6万条之多,现在强制性条文是1544条,其中施工部分为304条,这样数量相对较少,重点突出执行起来就比较容易。而且,这次建筑工程的设计规范及质量验收规范修订,其中强制性标准条文,也同时进行了修订,施工部分只有274条,比304条少了30条。这样不断对《工程建设标准强制性条文》内容进行完善和改进,将逐步形成我国的工程建设技术法规体系,与国际惯例接轨。

(3)《工程建设标准强制性条文》的推出,是保证和提高建设工程质量的重要环节。强制性条文批准颁布实施,并明确了《条文》是参与工程建设活动各方执行和政府监督的依据;《条文》必须严格执行,如不执行,政府主管部门应按照《条例》规定,给予相应的处罚。造成工程质量事故的,还要追查有关单位和责任人的责任。并发布了《工程建设强制性标准实施监督管理规定》,用部门规章的形式规定下来。

(4)建立以验收规范为主体的整体施工技术体系(支撑体系),以保证本标准体系的落实和执行。

这样就使工程建设技术标准体系有了基础,发挥了全行业的力量,都来为建设工程的质量而努力,从而达到用全行业的力量共同来搞好工程质量。这也使行业得到了进一步的发展。

三、建筑工程质量验收规范系列标准框架体系各规范名称

1.《建筑工程施工质量验收统一标准》GB 50300—2001;

2.《建筑地基基础工程施工质量验收规范》GB 50202—2002;

3.《砌体工程施工质量验收规范》GB 50203—2002;

4.《混凝土结构工程施工质量验收规范》GB 50204—2002;

5.《钢结构工程施工质量验收规范》GB 50205—2002;

6.《木结构工程施工质量验收规范》GB 50206—2002;

7.《屋面工程质量验收规范》GB 50207—2002;

8.《地下防水工程质量验收规范》GB 50208—2002;

9.《建筑地面工程施工质量验收规范》GB 50209—2002;

10.《建筑装饰装修工程质量验收规范》GB 50210—2001;

11.《建筑给水排水及采暖工程施工质量验收规范》GB 50242—2002;

12.《通风与空调工程施工质量验收规范》GB 50243—2002;

13.《建筑电气工程施工质量验收规范》GB 50303—2002;

14.《电梯工程施工质量验收规范》GB 50310—2002;

15.《智能建筑工程质量验收规范》GB 50339—2003。

四、验收规范本身修改的主要内容

1. 验收规范的技术标准中增加了一定比例的质量管理的内容,除了前边讲的基本规定、一般规定的内容外,301条的验收内容,是确保工程质量,保证工程顺利进行,提高工程管理水平和经济效益的基础工作。附录A表由施工单位现场主管人员填写,实际是提醒施工人员核查施工管理的软件情况,不能像以往那样盲目上马施工。附录A表由总监理工程师检查,签字认可,目的是督促检查施工单位做好施工前的准备工作。监理单位开工的首要工作就是检查附录A表中规定的内容,为监理工作开好头,也为今后的继续监理工作打下良好基础。

2. 在建筑工程质量验收的划分上,增加了子单位工程、子分部工程和检验批。原GBJ 300—88验评标准,质量验收的划分只有单位工程、分部工程和分项工程。这次质量验收规范的编制,结合建设工程的单位工程的规模大和施工单位专业化的实际情况,为了大型单体工程能分期分批验收,及早形成固定资产投入使用,提高社会投资效益,一个单位工程可将能形成独立使用功能的部分作为一个子单位工程验收,只要能满足使用要求,一个单位工程可分为几个子单位工程分期验收。

同时,由于工程体量的增大,工程复杂程度的增加,参与建设的专业公司不断增多,增加了子分部工程的验收,就是按材料种类、施工特点、施工程序、专业系统及类别等,将能形成验收质量指标,对工程质量做出评价,既及时得到质量控制,又给承担施工的单位做出评价。在子分部工程评价指标中,增加了资料核查和观感质量的验收,并将竣工质量的抽查检测工作,凡能在分部(子分部)中检测的尽量放在分部(子分部)检测。这是对该施工单位的总体评价。对其来讲,相当于竣工验收。实际是将竣工验收的一些内容提前了。

检验批的提出。原"验评标准"中只有分项工程,但一个分项工程分为几次的分批验收,没有一个明确的说法,致使在叙述时,经常发生混淆。如一个6层砖混结构的主体分部工程有砌体分项、钢筋分项、混凝土分项、模板分项等,但砌体分项,每层验收一次,计验收6次,每次都为砌体分项工程。在原"验评标准"中只好将前边的砌体分项工程称为分项工程名称,后边的6个验收批叫分项工程。在参照产品检验分批验收做法的基础上,这次修订时,将分项工程就确定为分项工程,对分层验收的明确为检验批,就是将一个分项工程分为几个检验批来验收,这样层次就分清了。

3. 检验批只设2个质量指标,主控项目和一般项目,原"验评标准"的分项工程设有保证项目、基本项目和允许偏差项目三个指标。其重要程度依次降低,由于允许偏差项目排在最后,就认为是最不重要的检验项目。执行中有的将其不重视,有的又将其作为合格、优良的重要依据。实际情况是允许偏差项目中,有重要的,也有次要的,如柱、墙的垂直度,轴线位移,标高等,对工程的结构质量有重大影响,应严格控制。再就是允许偏差实行70%合格、90%优良,给工程质量造成了不可忽视的漏洞,这样处理起来比较困难。检验批改为2个质量指标后,可将影响结构安全和重要使用功能的允许偏差列入主控项目,必须达到规定指标;多数放在一般项目,给予控制,并列出极限指标,一般为1.5倍,且只能有20%的检查点超出,不能无限制超标。对一些次要的项目,可放入企业标准去控制,充分发挥企业的积极性。

4. 增加了竣工项目的见证取样检测和检测资料核查及结构安全和功能质量的抽测项目。见证取样国家已有规定,其方法都为基础试验方法,只是规定了见证取样和送检。但对竣工抽测项目是新的开展,由分部(子分部)、单位(子单位)工程中进行核查和抽测,项目由各分部(子分部)工程提出,有的在分部(子分部)验收时就进行了检查和抽测,到单位(子单位)工程时就是核查了,个别项目也可到单位(子单位)工程时抽测。这些措施是增加工程质量验收的科技含量,提高验收的科学性,也是真实反映工程质量的必要验收手段,落实"完善手段"的要求。这些项目已在附表G.0.1-3验收表中列出。各分部(子分部)工程中,也给予明确。

这些项目有了,但试验方法有的还不统一,有待今后进一步改进。

5. 增加了施工过程工序的验收。以往对一些过程工序质量只进行一般查看,由于其不是工程的本身质量,不列入验收内容。这些项目在以往的验收中,在一定程度上给予弱化。实际这些项目对工程质量影响很大,有的是直接的,有的是间接的,但其影响都很重要,这次"质量验收规范"都将其列为验收的分项工程或子分部工程,应该按规定进行验收。其主要是:土方工程的有支护土方子分部所含各分项工程,排桩、降水、排水、地下连续墙、锚杆、土钉墙、水泥土桩、沉井与沉箱、钢及钢筋混凝土支撑等。作为基础工程的子分部工程来验收。钢筋混凝土工程的模板工程,也作为分项工程来验收。电梯工程的设备进场验收,土建交接检验等项目也作为分项工程来验收。对保证工程质量有重要作用,施工单位必须把这些项目的工程质量搞好。对这些项目的验收,也有利于分清质量责任。

6. 在工程质量验收过程中,落实了工程质量的终身责任制,有了很好的可追溯性。单位工程验收签字的单位和人员,与国家颁发的工程质量竣工验收备案文件的规定一致,建设单位、监理单位、施工单位、设计单位、勘察单位,其代表人是建设单位的单位(项目)负责人。监理单位的总监理工程师、施工单位的单位负责人(或委托人)、设计单位的单位(项目)负责人及勘察单位的单位(项目)负责人。通常这些单位的公章和签字的负责人应该与承包合同的公章和签字人相一致。分部(子分部)工程验收签字人,有监理单位的应由监理单位的总监理工程师代表建设单位签字验收,设计单位、地基基础还有勘察单位主体结构有设计的单位项目负责人,施工单位、分包单位应由项目经理来签字。检验批、分项工程的验收分别由施工单位的项目专业质量员和项目专业技术负责人进行检查评定,监理单位的监理工程师签字验收。这样各个层次的施工质量负责人和质量验收负责人都比较明确,谁签字谁负责,便于层层追查,责任层层落实,落实到具体人员。

在验收过程中规定,必须是施工单位先自行检查评定合格后,再交付验收,检验批、分项工程由项目专业质量检查员,组织班组长等有关人员,按照施工依据的操作规程(企业标准)进行检查、评定,符合要求后签字,交监理工程师验收,分项工程由专项项目技术负责人签字,然后交监理工程师验收签认。对分部(子分部)工程完工后,由总承包单位组织分包单位的项目技术负责人、专业质量负责人、专业技术负责人、质量检查员、分包单位的项目经理等有关人员进行检查评定,达到要求后各方签字,然后交监理单位进行验收,监理单位应由总监理工程师组织专业监理工程师,总承包单位、分包单位的技术、质量部门负责人、专业质量检查人员、项目经理等人员进行验收,地基基础还应请勘察单位参加。总监理工程师认为达到验收规范的要求后,签字认可。分部(子分部)工程质量验收内容包括:所含检验批、分项工程的验收都必须合格。质量控制资料完整,安全和功能检验(检测)报告,核查及抽测项目的抽测结果情况,以及观感质量验收。

7. 不合格工程的处理更加明确了。这是与 GBJ 300—88 验评标准比较来讲的。当建筑工程质量不符合要求时处理,多数是发生在检验批,也有可能发生在分项或分部(子分部)工程。对不符合要求的处理分为五种情况。

(1)经返工重做或更换器具、设备的,应重新进行验收;

(2)当不符合验收要求,须经检测鉴定时,经有资格的检测单位检测鉴定能够达到设计要求的检验批,应予以验收;

(3)经有资格检测单位检测鉴定达不到设计要求,但经原设计单位核算,认可能够满足结构安全和使用功能的检验批,由设计单位出正式核验证明书,由设计单位承担责任,可予以验收。以上三款都属于合格验收的项目;

(4)不符合验收要求,经检测单位检测鉴定达不到设计要求,设计单位也不出具核验证明书的,经与建设单位协商,同意加固或返修处理,事前提出加固返修处理方案,按照方案经过加固补强或返修处理的分项、分部工程,虽改变外形尺寸,但仍能满足结构安全和使用功能,可按技术处理方案或协商文件进行验收。这是有条件的验收。这对达不到验收条件,给出了一个处理出路,因为不能将有问题的工程都拆掉。这款应属于不合格工程的验收,工业产品叫让步接受;

(5)经过返修或加固处理仍不能达到满足结构安全和使用要求的分部工程、单位工程(子单位工程),不能验收。尽管这种情况不多,但一定会有的,这种情况严禁验收,这种工程不能流向社会。

8. 抽样方案的提出,3.0.4 条、3.0.5 条对检验批质量检验时,抽样方案提出了原则要求。固定按一个百分率抽样的方案不科学,由于母体数量大小不一,按一个固定的百分率来抽样,其判定合格的差别较大,不少专家提出了很好的意见。由于建筑工程各检验批的情况差别较大,很难使用某种抽样方案,故在统一标准中,提出了常用的抽样方案,供各专业质量验收规范编写时选用,这就是计量、计数或计量计数等抽样方案;一次、二次或多次抽样方案;调整型抽样方案;全数抽样方案;以及经验抽样方案等。并且提出了对生产方风险(或错判概率)和使用方风险(或漏判概率)的原则要求。这些抽样方案在验收规范中都分别采用了,但对各检验批来讲,在各专业质量验收规范中没有广泛采用。多数在一些项目中采用了全数检验方案和经验抽样方案。

第二章 建筑工程施工质量验收统一标准内容介绍

第一节 总则及术语

《建筑工程施工质量验收统一标准》的总则主要阐明了验收规范的编制宗旨、适用范围和主要相关标准。用技术立法的形式，统一建筑工程施工质量验收的方法、内容和质量指标，统一验收组织和程序，促进企业加强管理，保证工程质量，提高社会效益。为了更正确地发挥标准的作用，规定了标准的适用范围和与之相联系的主要相关标准。

这次修订将建筑安装工程改为建筑工程是为了与《条例》的写法取得一致，其内容与建筑安装工程相同，同时将标准内部的"建筑工程"改为"建筑与结构"，以示区别。另外必须说明的是这次"验收规范"明确为施工质量验收规范，不含设计质量在内。但有些内容又含有一定的设计内容，如屋面工程质量验收规范、装饰装修工程质量验收规范、地下防水工程质量验收规范等，这些规范都没有写"施工"。这是因为其本身还有一定的设计内容要施工过程来进行。

一、适用范围

原"验评标准"的适用范围为工业与民用建筑工程和建筑设备安装工程。

《建筑工程质量验收规范》的适用范围是建筑工程施工质量的验收，不包括设计和使用中的质量问题。包括建筑工程的地基基础、主体结构、装饰工程、屋面工程，以及给水排水及采暖工程、电气安装工程、通风与空调工程及电梯工程。另外，还包括弱电部分，即智能建筑。由于协调得不及时，暂时还没有把房屋中的燃气管道工程包括进来。

《建筑工程施工质量验收统一标准》的内容包括两部分。

第一部分规定了房屋建筑工程各专业工程施工质量验收规范编制的统一准则。为统一房屋建筑工程各专业施工质量验收规范的编制，对检验批、分项、分部（子分部）、单位（子单位）工程的划分、质量指标的设置和要求、验收程序和组织提出了原则的要求，以指导本系列规范的编制，掌握内容的繁简、质量指标的多少、宽严程度等，使系列规范能够比较协调。

第二部分是直接规定了单位工程（子单位工程）的验收。从单位（子单位）工程的划分和组成、质量指标的设置到验收程序和组织都做了具体规定。所以《建筑工程施工质量验收规范》系列标准包括统一标准和各专业工程质量验收规范，必须配合使用。各专业工程质量验收规范，分别规定的是检验批、分项工程和分部（子分部）工程的质量验收内容、程序和组织；统一标准规定在各检验批、分项、分部（子分部）验收合格的基础上，对单位（子单位）工程质量验收的内容、程序和组织，系列规范共同来完成一个单位（子单位）工程的质量验收。

二、与质量验收规范配合使用的规范、标准

《建筑工程施工质量验收规范》系列标准编制，是在原《验评标准》、《施工规范》的基础上，将两者合一而成的，将两者中的质量验收部分，集中优化组合而成，既不是原《验评标

准》,也不是原《施工规范》,并且《质量验收规范》颁布实行以后,前两者将予以作废。所以讲这是一个新的质量验收规范体系。这个验收规范的编写依据有《中华人民共和国建筑法》、《建设工程质量管理条例》、《建筑结构可靠度设计统一标准》及其他有关设计规范的规定等。同时,强调本系列各专业质量验收规范必须与本统一标准配套使用。

此外,建筑施工所用的材料及半成品、成品,对其材质及性能要求,要依据国家和有关部门颁发的技术标准进行检测和验收;并参考了一些施工工艺和尚未纳入国家的规范和标准的规定。因此,本系列标准的编制依据是按现行国家有关工程质量的法律、法规、管理标准和工程技术标准编制的。

在执行统一标准时,必须同时执行相应的各专业质量验收规范,统一标准是规定质量验收程序及组织的规定和单位(子单位)工程的验收指标;相应标准是各分项工程质量验收指标的具体内容,因此应用标准时必须相互协调,同时满足二者的要求。各分项工程验收的具体方法见各专业质量验收规范。

本标准规范体系的落实和执行,还需要有关标准的支持,见支持体系示意图(图2-1-1)。

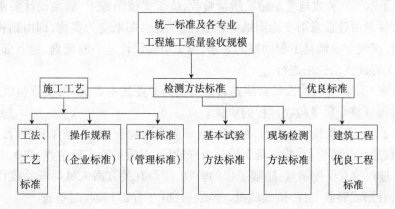

图2-1-1 工程质量验收规范支持体系示意图

这个支持体系与以往不一样的是,通过建筑工程施工质量验收系列标准的出台,将原来的《验评标准》和《施工规范》体系废除。单独的一个质量验收系列是不行的。落实贯彻这个系列规范,必须建立一个全行业的技术标准体系。质量验收规范必须有企业的企业标准作为施工操作、上岗培训、质量控制和质量验收的基础,来保证质量验收规范的落实。同时,要达到有效控制和科学管理,使质量验收的指标数据化,必须有完善的检测试验手段、试验方法和规定的设备等,才有可比性和规范性。另外,国家政府管理是最基本的,质量合格就行了,如企业和社会要发挥自己的积极性,提高社会信誉,创出更高质量的工程,政府还应有一个推荐性的评优良工程的标准,由社会来自行选用。这就更促进了建筑工程施工质量水平的提高。

三、术语

标准第二章列出了17个术语,是本标准有关章节中所引用的,也是本系列各专业施工质量验收规范引用依据。本标准的术语是从本标准的角度赋予其涵义的,并同时给出了相应的推荐性英文术语名称,这些只在本系列标准中引用。其余仅供参考。

第二节　基本规定

这是本标准第三章的内容。这一章是这次"验收规范"修订的重要改进,增加这一章有三个目的。第一是为了统帅整个"验收规范",将其中的重要思路给予明确,对保证质量验收的有关方面,提出要求;第二是提出了全过程进行质量控制的主导思路;第三是将检验批的检验项目抽样方案给予了原则提示。

一、规定了整个"验收规范"的基本要求

第3.0.3条提出了"建筑工程施工质量应按下列要求进行验收"。并作为强制性标准条文(具体应用后边讲解),其中10款规定将验收过程的重要要求和事件,都作了原则规定:

1. 规定了统一标准和施工质量相关专业验收规范配套使用,整个验收规范是一个整体,共同来完成一个单位(子单位)工程质量的验收。

2. 规定了本系列验收规范是施工质量验收,施工要按图施工,满足设计要求,体现设计意图,设计文件是由建设意图变为图纸是创造;施工是由图纸变为实物,即由精神变物质,是再创造;同时,又规定要满足工程勘察的要求,施工组织设计总平面规划、地下部分的施工方案等要参照工程勘察结论来进行。

3. 参加施工质量验收的人员必须是具备资质的专业技术人员,为质量验收的正确提出基本要求,来保证整个质量验收过程的质量。

4. 提出了施工质量验收重要程序,施工企业先自行检查评定,符合要求后,再交给监理单位验收的程序。分清生产、验收两个质量责任阶段,将质量落实到企业,谁生产谁负责。

5. 施工过程的重要控制点,隐蔽工程的验收,应与有关方面人员共同验收作为见证,共同验收确认,并形成验收文件,供检验批、分项、分部(子分部)验收时备查。

6. 见证取样送检,是当前一个时期加强工程质量管理的一项重要举措,部里以部门规章做了具体规定,这里给予体现。

7. 检验批的质量按主控项目、一般项目验收,进一步明确了具体质量要求,避免引起对质量指标范围和要求的不同。

8. 对涉及结构安全和使用功能的重要分部工程应进行抽样检测。这也是这次规范修订的重大改进,对工程的一个步骤完成后,进行成品抽测,这种检测是非破损或微破损检测,是验证性的检测。当一种检测方法检测结果,对工程质量有怀疑时,可用其他另一种方法进行,不到确有必要时,不宜进行半破损、破损检测。

9. 承担见证取样检测及有关结构安全检测的单位应具有相应资质。这是保证见证取样检测、结构安全检测工作正常进行,数据准确的必要条件。特别是对竣工后的抽样检测,更为重要。

10. 工程的观感质量应由验收人员通过现场检查,并应共同确认。这是一种专家评分共同确认的评价方法。但人员应符合第三款的规定,以保证观感检查的质量。

二、提出了全过程质量控制的思路,并贯穿"验收规范"的始终

过程控制是依据工程质量的特点而制订的,这次"验收规范"修订中,将控制落实在四个层次上。

首先在基本规定中,提出了原则要求。第3.0.1条针对施工现场提出了四项要求,一是有相应的施工技术标准,即操作依据,可以是企业标准、施工工艺、工法、操作规程等,是保证国家标准贯彻落实的基础,所以这些企业标准必须高于国家标准、行业标准;二是有健全的质量管理体系,按照质量管理规范建立必要的机构、制度,并赋予其应有的权责,保证质量控制措施的落实。可以是通过ISO9000系列认证的,也可以不是通过认证的,为了有可操作性,起码要满足附录A表的要求;三是有施工质量检验制度,包括材料、设备的进场验收检验,施工过程的试验、检验,竣工后的抽查检测,要有具体的规定、明确检验项目和制度等,重点是竣工后的抽查检测,检测项目、检测时间、检测人员应具体落实;四是提出了综合施工质量水平评定考核制度,是将企业资质、人员素质、工程实体质量及前三项的要求等,形成的综合效果和成效。包括工程质量的总体评价,企业的质量效益等。目的是经过综合评价,不断提高施工管理水平。

附录A表提出了"施工现场质量管理检查记录表",这是有可操作性的施工现场当前质量管理体系的主要内容。

第二,加强工序质量的控制是落实过程控制的基础。工程质量的过程控制是有形的,要落实到有可操作的工序中去。这次验收规范的编写充分考虑了这一点。在3.0.2条中具体有三项内容:材料质量、工序检查和专业工种交接检验。

1. 加强了材料、设备的进场验收

对主要材料、半成品、成品、建筑构配件、器具和设备规定了进场验收,规定了三个层次把关,一是上述物资凡进入现场,都应进行验收,对照产品出厂合格证和订货合同逐项进行检查,检查应有书面记录和专人签字,未经检验或检验达不到规定要求的,不得进入现场。二是凡涉及安全、功能的有关产品,应按相关专业工程质量验收规范的规定进行复验,在进行复验时,其批量的划分、试样的数量抽取方法、质量指标的确定等,都应按有关产品相应的产品标准规定进行。三是不经监理工程师检查认可签字,不得用于工程。

2. 加强工序质量的控制

对工序质量在编制过程中,提出了"三点制"的质量控制制度。一是建立控制点。按工序的工艺流程,在各点按施工技术标准进行质量控制,称为控制点,即将工艺流程中的能检查的点,提出控制措施进行控制,使工艺流程中的每个点在操作中都达到质量要求。二是检查点。在工艺流程控制点中,找比较重要的控制点,进行检查,查看其控制措施的落实情况,措施的有效情况,以及对其质量指标的测量,看其数据是否达到规范规定。这种检查不必停止生产,可边生产边检查。检查点的检查,可以是操作班组、专业质量检查员、监理工程师等,可做记录,也可不做记录。班组可将这些数据作为生产班组自检记录,以说明控制措施的有效性和控制的结果,专业质量检查人员也可作为控制数据记录。三是停止点。就是在一些重要的控制点和检查点进行全面检查,凡是能反映该工序质量的指标都可以检查和检验,这种检查可以是生产班、组自检,专职项目专业质量检查员认可,也可以是专职项目专业质量检查员自行检查。在检查时要停止生产或生产告一段落,检查完成应填写规定的表格,可作为生产过程控制结果的数据,也可能是检验批中的检验数据,填入检验批自行检验评定表。

这样对工序质量的控制就比较完善了,如果认真按规定执行,工序质量是会得到控制的。

三、各工序完成之后或各专业工种之间,应进行交接检验

绝大多数是工序施工完成,形成了检验批,也有一些不一定形成检验批。但为了给后道工序提供良好的工作条件,使后道工序的质量得到保证,同时经过后道工序的确认,也为前道工序质量给予认可,促进了前道工序的质量控制。既使质量得到控制,也分清了质量责任,促进了后道工序对前道工序质量的保护。所以,应该形成记录,并经监理工程师签字认可。这样,既能保证交接工作正确执行标准,符合规范规定,又便于对发生质量问题的责任分清,防止发生不必要的纠纷。

四、对检验批的验收提出了抽样方案的建议

第3.0.4、3.0.5条提出了抽样方案选择和风险概率的原则规定。

抽样方案,对检验批的合格判定至关重要,但由于工程质量的特殊性,抽样方案母体的规律性差,抽样方案的选择难度大,又由于各专业质量"验收规范"的情况不同,用同一种方法是不可能的,故提出了有五个类型的抽样方案,供选择;同时,还提出了风险概率的参考数据。对主控项目的错判概率 α、漏判概率 β 控制在5%以内;对一般项目错判概率 α 控制在5%以内,漏判概率 β 控制在10%以内,抽样的方案是:

(1) 计量、计数或计量计数等抽样方案;

(2) 一次、二次或多次抽样方案;

(3) 调整型抽样方案;

(4) 全数检验方案;

(5) 经实践检验有效的抽样方案。

这些抽样方案在验收规范中,都不同程度地使用了。

第三节　分项、分部、单位工程的划分

一、划分目的

一个房屋建筑(构筑)物的建成,由施工准备工作开始到竣工交付使用,要经过若干工序、若干工种的配合施工。所以,一个工程质量的优劣,取决于各个施工工序和各工种的操作质量。因此,为了便于控制、检查和验收每个施工工序和工种的质量,就把这些叫做分项工程。

为了能及时发现问题及时纠正,并能反映出该项目的质量特征,又不花费太多的人力物力,分项工程分为若干个检验批来验收,检验批划分的数量不宜太多,工程量也不宜太大。

同一分项工程的工种比较单一,因此往往不易反映出一些工程的全部质量面貌,所以又按建筑工程的主要部位、用途划分为分部工程来综合分项工程的质量。

单位工程竣工交付使用是建筑企业把最终的产品交给用户,在交付使用前应对整个建筑工程(构筑物)进行质量验收。

分项、分部(子分部)和单位(子单位)工程的划分目的,是为了方便质量管理和控制工程质量,根据某项工程的特点,将其划分为若干个检验批分项、分部(子分部)工程、单位(子单位)工程以对其进行质量控制和阶段验收。

特别应该注意的是,不论如何划分检验批、分项工程,都要有利于质量控制,能取得较完

整的技术数据;而且要防止造成检验批、分项工程的大小过于悬殊,由于抽样方法按一定的比例抽样,影响质量验收结果的可比性。

二、分项工程的划分

建筑与结构工程分项工程的划分应按主要工种工程划分,但也可按施工程序的先后和使用材料的不同划分,如瓦工的砌砖工程,钢筋工的钢筋绑扎工程,木工的木门窗安装工程,油漆工的混色油漆工程等。也有一些分项工程并不限于一个工种,由几个工种配合施工的,如装饰工程的护栏和扶手制作与安装,由于其材料可以是金属的、木质的,不一定由一个工种来完成。

建筑设备安装工程的分项工程一般应按工种种类及设备组别等划分,同时也可按系统、区段来划分。如碳素钢管给水管道、排水管道等;再如管道安装有碳素钢管道、铸铁管道、混凝土管道等;从设备组别来分,有锅炉安装、锅炉附属设备安装、卫生器具安装等。另外,对于管道的工作压力不同,质量要求也不同,也应分别划分为不同的分项工程。同时,还应根据工程的特点,按系统或区段来划分各自的分项工程,如住宅楼的下水管道,可把每个单元排水系统划分为一个分项工程。对于大型公共建筑的通风管道工程,一个楼层可分为数段,每段则为一个分项工程来进行质量控制和验收。

考虑到主体分部工程涉及人身安全以及它在单位工程中的重要性,对楼房还必须按楼层(段),单层建筑应按变形缝划分分项工程。对于其他分部工程的分项工程没有强行统一,一般情况下按楼层(段)划分,以便于质量控制和验收,完成一层,验收一层,及时发现问题,及时返修。所以在能按楼层划分时,应尽可能按楼层划分;对一些小的项目,或按楼层划分有困难的项目,也可不按楼层划分;对一个钢筋混凝土框架结构,每一楼层的模板、钢筋、混凝土一般应按施工先后,把竖向构件和水平构件的同工种工程各分为一个分项工程。总之,分项工程的划分,要视工程的具体情况,既便于质量管理和工程质量控制,也便于质量验收。划分的好坏,反映了工程管理水平。因为划得太小增加工作量,划得太大验收通不过返工量太大,大小悬殊太大,又使验收结果可比性差。

检验批的提出,分项工程是一个比较大的概念,真正进行质量验收的并不是一个分项工程的全部,而是其中的一部分。在原《验评标准》中这个问题没有很好解决,将一个分项工程和检验评定的那一部分,统称为分项工程,实际其范围是不一致的。如一个砖混结构的住宅工程,其主体部分由砌砖、模板、钢筋、混凝土等分项组成,在验收时,是分层验收的,如一层砌砖分项工程、二层砌砖分项工程等,前后两个砌砖分项工程的范围是不一样的。在原《验评标准》中,为了能将两者分开,将前者叫分项工程名称,后者叫分项工程,这种叫法是非常勉强的。这次验收规范的编制中,解决了这个问题,前者叫分项工程,后者叫检验批。一个分项工程可分为几个检验批来验收。这样做法和工业产品的方法一致了,也比较科学了。这样一来,分项工程的验收实际上就是检验批的验收,分项工程中的检验批都完成了,分项工程的验收也就完成了。前边讲的分项工程的划分,分项工程和检验批都有,但更主要是讲检验批的划分。《验收规范》由于不评优良等级了,对检验批划分大小的要求也不重要了。但由于其抽样方法用同一个百分比的做法,其大小相差太悬殊时,其验收结果可比性较差,所以,正常情况下,建议还是不要大小悬殊太大为好。

分项工程的划分,分项工程已在各专业规范中全部列出,已没有再划分的必要。分项工程的划分,实质上是检验批的划分。建议在施工组织设计中预先进行划分,使检验批的划分和验收更加合理和规范化。

三、分部工程的划分

分部工程按专业性质、建筑部位确定。当分部工程较大或较复杂时，为了方便验收和分清质量责任，可按材料种类、施工特点、施工程序、专业系统及类别等划分成为若干个子分部工程。建筑与结构按主要部位划分为地基与基础、主体结构、装饰装修及屋面等4个分部工程。为了方便管理又将每个分部工程划分为几个子分部工程。

地基与基础分部工程，包括±0.00以下的结构及防水分项工程。凡有地下室的工程其首层地面下的结构(现浇混凝土楼板或预制楼板)以下的项目，均纳入"地基与基础"分部工程；没有地下室的工程，墙体以防潮层分界，室内以地面垫层以下分界，灰土、混凝土等垫层应纳入装饰工程的建筑地面子分部工程；桩基础以承台上皮分界。地基与基础分部工程又划分为无支护土方、有支护土方、地基处理、桩基、地下防水、混凝土基础、砌体基础、劲钢(管)混凝土、钢结构等子分部工程。

主体分部工程与原标准没有大的变化，凡±0.00以上承重构件都为主体分部。对非承重墙的规定，凡使用板块材料，经砌筑、焊接的隔墙纳入主体分部工程，如各种砌块、加气条板等；凡采用轻钢、木材等用铁钉、螺钉或胶类粘结的均纳入装饰装修分部工程，如轻钢龙骨、木龙骨的隔墙、石膏板隔墙等。主体结构分部工程按材料不同又划分为混凝土结构、劲钢(管)混凝土结构、砌体结构、钢结构、木结构、网架和索膜结构等子分部工程。

建筑装饰装修分部工程包括地面与楼面工程(包括基层及面层)、门窗工程、幕墙工程及室内外的装修、装饰项目，如清水砖墙的勾缝工程、细木装饰、油漆、刷浆、玻璃工程等。建筑装饰装修分部工程又划分为地面工程、抹灰工程、门窗、吊顶、轻质隔墙、饰面板(砖)、幕墙、涂饰、裱糊与软包、细部等子分部工程。

建筑屋面分部工程包括屋顶的找平层、保温(隔热)层及各种防水层、保护层等。对地下防水、地面防水、墙面防水应分别列入所在部位的"地基与基础"、"装饰装修"、"主体"分部工程。建筑屋面分部工程又划分为卷材防水屋面、涂膜防水屋面、刚性防水屋面、瓦屋面和隔热屋面等子分部工程。

另外，对有地下室的工程，除±0.00及其以下结构及防水部分的分项工程列入"地基与基础"分部工程外，其他地面、装饰、门窗等分项工程仍纳入建筑装饰装修分部工程内。

建筑设备安装工程按专业划分为建筑给水排水及采暖工程、建筑电气安装工程、通风与空调工程、电梯安装工程和智能建筑等5个分部工程。

建筑给水排水及采暖分部工程，包括给水排水管道、采暖、卫生设施等。原来的煤气工程因故分出去了，不包括在本分部工程内。建筑给水排水及采暖分部工程又划分为室内给水系统、室内排水系统、室内热水供应系统、卫生器具安装、室内采暖系统、室外给水管网、室外排水管网、室外供热管网、建筑中水系统及游泳池系统、供热锅炉及辅助设备安装等子分部工程。

建筑电气安装分部工程，为了适应应用范围的变化，这次修订作了大的调整，按照不同区域、用途等划分成室外电气、变配电室、供电干线、电气动力、电气照明安装、备用和不间断电源安装、防雷及接地安装等子分部工程。

通风与空调分部工程按系统又划分为送排风系统、防排烟系统、除尘系统、空调风系统、净化空调系统、制冷设备系统、空调水系统等子分部工程。

电梯安装分部工程按其种类又划分为电力驱动的曳引式或强制式电梯安装、液压电梯安装、自动扶梯、自动人行道安装等子分部工程。

智能建筑分部工程是新增加的分部工程,即常称的弱电部分,由于各种设备管线的增多,从电气安装工程中分离出来,并进行了完善。其按用途又划分为通信网络系统、办公自动化系统、建筑设备监控系统、火灾报警及消防联动系统、安全防范系统、综合布线系统、智能化集成系统、电源与接地、环境、住宅(小区)智能化系统等子分部工程。

建筑工程分部(子分部)、分项工程已按要求进行了划分,上述主要讲述划分的原则,具体分项、分部(子分部)工程的划分详见建筑工程分部(子分部)、分项工程划分表(表2-3-1)。

表2-3-1　建筑工程分部(子分部)工程、分项工程划分

序号	分部工程	子分部工程	分　项　工　程
1	地基与基础	无支护土方	土方开挖、土方回填
		有支护土方	排桩,降水、排水,地下连续墙、锚杆、土钉墙、水泥土桩、沉井与沉箱,钢及混凝土支撑
		地基及地基处理	灰土地基,砂和砂石地基,碎砖三合土地基,土工合成材料地基,粉煤灰地基,重锤夯实地基,强夯地基,振冲地基,砂桩地基,预压地基,高压喷射注浆地基,土和灰土挤密桩地基,注浆地基,水泥粉煤灰碎石桩地基,夯实水泥土桩地基
		桩基	锚杆静压桩及静力压桩,预应力离心管桩,钢筋混凝土预制桩,钢桩,混凝土灌注桩(成孔、钢筋笼、清孔、水下混凝土灌注)
		地下防水	防水混凝土,水泥砂浆防水层,卷材防水层,涂料防水层,金属板防水层,塑料板防水层,细部构造,喷锚支护,复合式衬砌,地下连续墙,盾构法隧道;渗排水、盲沟排水,隧道、坑道排水;预注浆、后注浆,衬砌裂缝注浆
		混凝土基础	模板、钢筋、混凝土,后浇带混凝土,混凝土结构缝处理
		砌体基础	砖砌体,混凝土砌块砌体,配筋砌体、石砌体
		劲钢(管)混凝土	劲钢(管)焊接、劲钢(管)与钢筋的连接,混凝土
		钢结构	焊接钢结构、栓接钢结构、钢结构制作,钢结构安装,钢结构涂装
2	主体结构	混凝土结构	模板,钢筋,混凝土,预应力、现浇结构,装配式结构
		劲钢(管)混凝土结构	劲钢(管)焊接、螺栓连接、劲钢(管)与钢筋的连接,劲钢(管)制作、安装,混凝土
		砌体结构	砖砌体,混凝土小型空心砌块砌体、石砌体,填充墙砌体,配筋砖砌体
		钢结构	钢结构焊接,紧固件连接,钢零部件加工,单层钢结构安装,多层及高层钢结构安装,钢结构涂装,钢构件组装,钢构件预拼装,钢网架结构安装,压型金属板

序号	分部工程	子分部工程	分 项 工 程
2	主体结构	木结构	方木和原木结构、胶合木结构、轻型木结构,木构件防护
		网架和索膜结构	网架制作、网架安装,索膜安装,网架防火、防腐涂料
3	建筑装饰装修	地面	整体面层:基层,水泥混凝土面层,水泥砂浆面层,水磨石面层,防油渗面层,水泥钢(铁)屑面层,不发火(防爆的)面层;板块面层:基层,砖面层(陶瓷锦砖、缸砖、陶瓷地砖和水泥花砖面层),大理石面层和花岗岩面层,预制板块面层(预制水泥混凝土、水磨石板块面层),料石面层(条石、块石面层),塑料板面层,活动地板面层,地毯面层;木竹面层;基层、实木地板面层(条材、块材面层),实木复合地板面层(条材、块材面层),中密度(强化)复合地板面层(条材面层),竹地板面层
		抹灰	一般抹灰,装饰抹灰,清水砌体勾缝
		门窗	木门窗制作与安装,金属门窗安装,塑料门窗安装,特种门安装,门窗玻璃安装
		吊顶	暗龙骨吊顶,明龙骨吊顶
		轻质隔墙	板材隔墙、骨架隔墙、活动隔墙、玻璃隔墙
		饰面板(砖)	饰面板安装,饰面砖粘贴
		幕墙	玻璃幕墙,金属幕墙,石材幕墙
		涂饰	水性涂料涂饰,溶剂型涂料涂饰,美术涂饰
		裱糊与软包	裱糊、软包
		细部	橱柜制作与安装,窗帘盒、窗台板和暖气罩制作与安装,门窗套制作与安装,护栏和扶手制作与安装,花饰制作与安装
4	建筑屋面	卷材防水屋面	保温层,找平层,卷材防水层,细部构造
		涂膜防水屋面	保温层,找平层,涂膜防水层,细部构造
		刚性防水屋面	细石混凝土防水层,密封材料嵌缝,细部构造
		瓦屋面	平瓦屋面,油毡瓦屋面,金属板屋面,细部构造
		隔热屋面	架空屋面,蓄水屋面,种植屋面
5	建筑给水排水及采暖	室内给水系统	给水管道及配件安装、室内消火栓系统安装、给水设备安装、管道防腐、绝热
		室内排水系统	排水管道及配件安装、雨水管道及配件安装
		室内热水供应系统	管道及配件安装、辅助设备安装、防腐、绝热
		卫生器具安装	卫生器具安装、卫生器具给水配件安装、卫生器具排水管道安装
		室内采暖系统	管道及配件安装、辅助设备及散热器安装、金属辐射板安装、低温热水地板辐射采暖系统安装、系统水压试验及调试、防腐、绝热

序号	分部工程	子分部工程	分项工程
5	建筑给水排水及采暖	室外给水管网	给水管道安装、消防水泵接合器及室外消火栓安装、管沟及井室
		室外排水管网	排水管道安装、排水管沟与井池
		室外供热管网	管道及配件安装、系统水压试验及调试、防腐、绝热
		建筑中水系统及游泳池系统	建筑中水系统管道及辅助设备安装、游泳池水系统安装
		供热锅炉及辅助设备安装	锅炉安装、辅助设备及管道安装、安全附件安装、烘炉、煮炉和试运行、换热站安装、防腐、绝热
6	建筑电气	室外电气	架空线路及杆上电气设备安装,变压器、箱式变电所安装,成套配电柜、控制柜(屏、台)和动力、照明配电箱(盘)及控制柜安装,电线、电缆导管和线槽敷设,电线、电缆穿管和线槽敷设,电缆头制作、导线连接和线路电气试验,建筑物外部装饰灯具、航空障碍标志灯和庭院路灯安装,建筑照明通电试运行,接地装置安装
		变配电室	变压器、箱式变电所安装,成套配电柜、控制柜(屏、台)和动力、照明配电箱(盘)安装,裸母线、封闭母线、插接式母线安装,电缆沟内和电缆竖井内电缆敷设,电缆头制作、导线连接和线路电气试验,接地装置安装,避雷引下线和变配电室接地干线敷设
		供电干线	裸母线、封闭母线、插接式母线安装,桥架安装和桥架内电缆敷设,电缆沟内和电缆竖井内电缆敷设,电线、电缆穿管和线槽敷线,电缆头制作、导线连接和线路电气试验
		电气动力	成套配电柜、控制柜(屏、台)和动力、照明配电箱(盘)及安装,低压电动机、电加热器及电动执行机构检查、接线,低压电气动力设备检测、试验和空载试运行,桥架安装和桥架内电缆敷设,电线、电缆导管和线槽敷设,电线、电缆穿管和线槽敷线,电缆头制作、导线连接和线路电气试验,插座、开关、风扇安装
		电气照明安装	成套配电柜、控制柜(屏、台)和动力、照明配电箱(盘)安装,电线、电缆导管和线槽敷设,电线、电缆导管和线槽敷线,槽板配线,钢索配线,电缆头制作、导线连接和线路电气试验,普通灯具安装,专用灯具安装,插座、开关、风扇安装,建筑照明通电试运行
		备用和不间断电源安装	成套配电柜、控制柜(屏、台)和动力、照明配电箱(盘)安装,柴油发电机组安装,不间断电源的其他功能单元安装,裸母线、封闭母线、插接式母线安装,电线、电缆导管和线槽敷设,电线、电缆导管和线槽敷线,电缆头制作、导线连接和线路电气试验,接地装置安装

序号	分部工程	子分部工程	分 项 工 程
6	建筑电气	防雷及接地安装	接地装置安装,避雷引下线和变配电室接地干线敷设,建筑物等电位连接,接闪器安装
7	智能建筑	通信网络系统	通信系统,卫星及有线电视系统,公共广播系统
		办公自动化系统	计算机网络系统,信息平台及办公自动化应用软件,网络安全系统
		建筑设备监控系统	空调与通风系统,变配电系统,照明系统,给排水系统,热源和热交换系统,冷冻和冷却系统,电梯和自动扶梯系统,中央管理工作站与操作分站,子系统通信接口
		火灾报警及消防联动系统	火灾和可燃气体探测系统,火灾报警控制系统,消防联动系统
		安全防范系统	电视监控系统,入侵报警系统,巡更系统,出入口控制(门禁)系统,停车管理系统
		综合布线系统	缆线敷设和终接,机柜、机架、配线架的安装,信息插座和光缆芯线终端的安装
		智能化集成系统	集成系统网络,实时数据库,信息安全,功能接口
		电源与接地	智能建筑电源,防雷及接地
		环境	空间环境,室内空调环境,视觉照明环境,电磁环境
		住宅(小区)智能化系统	火灾自动报警及消防联动系统,安全防范系统(含电视监控系统、入侵报警系统、巡更系统、门禁系统、楼宇对讲系统、住户对讲呼救系统、停车管理系统),物业管理系统(多表现场计量及与远程传输系统、建筑设备监控系统、公共广播系统、小区网络及信息服务系统、物业办公自动化系统),智能家庭信息平台
8	通风与空调	送排风系统	风管与配件制作;风管系统安装;空气处理设备安装;部件制作;消声设备制作与安装,风管与设备防腐;风机安装;系统调试
		防排烟系统	风管与配件制作;部件制作;风管系统安装;防、排烟风口常闭正压风口与设备安装;风管与设备防腐;风机安装;系统调试
		除尘系统	风管与配件制作;部件制作;风管系统安装;除尘器与排污设备安装;风管与设备防腐;风机安装;系统调试
		空调风系统	风管与配件制作;部件制作;风管系统安装;空气处理设备安装;消声设备制作与安装,风管与设备防腐;风机安装;风管与设备绝热;系统调试
		净化空调系统	风管与配件制作;部件制作;风管系统安装;空气处理设备安装;消声设备制作与安装;风管与设备防腐;风机安装;风管与设备绝热;高效过滤器安装;系统调试

序号	分部工程	子分部工程	分 项 工 程
8	通风与空调	制冷设备系统	制冷机组安装;制冷剂管道及配件安装;制冷附属设备安装;管道及设备的防腐与绝热;系统调试
		空调水系统	管道冷热(媒)水系统安装;冷却水系统安装;冷凝水系统安装;阀门及部件安装;冷却塔安装;水泵及附属设备安装;管道与设备的防腐与绝热;系统调试
9	电梯	电力驱动的曳引式或强制式电梯安装工程	设备进场验收,土建交接检验,驱动主机,导轨,门系统,轿厢,对重(平衡重),安全部件,悬挂装置,随行电缆,补偿装置,电气装置,整机安装验收
		液压电梯安装工程	设备进场验收,土建交接检验,液压系统,导轨,门系统,轿厢,平衡重,安全部件,悬挂装置,随行电缆,电气装置,整机安装验收
		自动扶梯、自动人行道安装工程	设备进场验收,土建交接检验,整机安装验收
10	燃气工程	由于没有国家验收规范仅提供验收表格供参考	

四、单位工程的划分

1. **房屋建筑(构筑)物单位工程**

房屋建筑(构筑)物的单位工程是由建筑与结构及建筑设备安装工程共同组成,目的是突出房屋建筑(构筑)物的整体质量。这样划分与原"验评标准"相似。

一个独立的、单一的建筑物(构筑物)均为一个单位工程,如在一个住宅小区建筑群中,每一个独立的建筑物(构筑物),即一栋住宅楼,一个商店、锅炉房、变电站,一所学校的一个教学楼,一个办公楼、传达室等均各为一个单位工程。

一个单位工程有的是由地基与基础、主体结构、屋面、装饰装修四个建筑与结构分部工程和建筑设备安装工程的建筑给水排水及采暖、建筑电气、通风与空调、电梯和智能建筑五个分部工程,共9个分部工程组成,不论其工程量大小,都作为一个分部工程参与单位工程的验收。但有的单位工程中,不一定全有这些分部工程。如有些构筑物可能没有装饰装修分部工程;有的可能没有屋面工程等。对建筑设备安装工程来讲,一些高级宾馆、公共建筑可能五个分部工程全有,一般工程有的就没有通风与空调及电梯安装分部工程。有的构筑物可能连建筑给水排水及采暖、智能建筑分部工程也没有。所以说,房屋建筑物(构筑物)的单位工程目前最多是由九个分部工程所组成。

为了考虑大体量工程的分期验收,充分发挥基本建设投资效益,凡具有独立施工条件并能形成独立使用功能的建筑物及构筑物为一个单位工程,对建筑规模较大的单位工程,可将其能形成独立使用功能的部分划分为一个子单位工程。这样大大方便了大型、高层及超高层建筑的分段验收。如一个公共建筑有30层塔楼及裙房,该业主在裙房施工完,具备使用功能,就计划先投入使用,就可以先以子单位工程进行验收;如果塔楼30层分两个或三个子单位工程验收也是可以的。各子单位工程验收完,整个单位工程也就验收完了。并且应以子单位工程办理竣工验收备案手续。

2. 室外单位工程

为了加强室外工程的管理和验收,促进室外工程质量的提高,将室外工程根据专业类别和工程规模划分为室外建筑环境和室外安装两个室外单位工程,并又分成附属建筑、室外环境、给排水与采暖和电气子单位工程。

为了保证分项、分部、单位工程的划分检查评定和验收,应将其作为施工组织设计的一个组成部分,事前给予明确规定,则会对质量控制起到好的作用。

具体室外单位(子单位)工程的划分,详见室外工程单位(子单位)工程、分部(子分部)工程划分表(表2-3-2)。

表2-3-2　室外工程划分表

单位工程	子单位工程	分部(子分部)工程
室外建筑环境	附属建筑	车棚、围墙、大门、挡土墙、垃圾收集站
	室外环境	建筑小品、道路、亭台、连廊、花坛、场坪绿化
室外安装	给排水与采暖	室外给水系统、室外排水系统、室外供热系统
	电　气	室外供电系统、室外照明系统

第四节　分项、分部、单位工程的质量验收

一、分项工程的质量验收

1. 检验批质量的验收

分项工程分成一个或若干个检验批来验收。检验批合格质量应符合下列规定:

主控项目和一般项目的质量经抽样检验合格;

具有完整的施工操作依据、质量检查记录。

(1) 主控项目。主控项目的条文是必须达到的要求,是保证工程安全和使用功能的重要检验项目,是对安全、卫生、环境保护和公众利益起决定性作用的检验项目,是确定该检验批主要性能的。如果达不到规定的质量指标,降低要求就相当于降低该工程项目的性能指标,就会严重影响工程的安全性能;如果提高要求就等于提高性能指标,就会增加工程造价。如混凝土、砂浆的强度等级是保证混凝土结构、砌体工程强度的重要性能,所以说是必须全部达到要求的。

主控项目包括的内容主要有:

① 重要材料、构件及配件、成品及半成品、设备性能及附件的材质、技术性能等。检查出厂证明及试验数据,如水泥、钢材的质量;预制楼板、墙板、门窗等构配件的质量;风机等设备的质量。检查出厂证明,其技术数据、项目符合有关技术标准规定。

② 结构的强度、刚度和稳定性等检验数据、工程性能的检测。如混凝土、砂浆的强度;钢结构的焊缝强度;管道的压力试验;风管的系统测定与调整;电气的绝缘、接地测试;电梯

的安全保护、试运转结果等。检查测试记录,其数据及项目要符合设计要求和验收规范规定。

③ 一些重要的允许偏差项目,必须控制在允许偏差限值之内。

对一些有龄期的检测项目,在其龄期不到,不能提供数据时,可先将其他评价项目先评价,并根据施工现场的质量保证和控制情况,暂时验收该项目,待检测数据出来后,再填入数据。如果数据达不到规定数值,以及对一些材料、构配件质量及工程性能的测试数据有疑问时,应进行复试、鉴定及实地检验。

(2) 一般项目。一般项目是除主控项目以外的检验项目,其条文也是应该达到的,只不过对不影响工程安全和使用功能的少数条文可以适当放宽一些,这些条文虽不像主控项目那样重要,但对工程安全、使用功能,重点的美观都是有较大影响的。这些项目在验收时,绝大多数抽查的处(件),其质量指标都必须达到要求,有的专业质量验收规范规定有20%,建筑地基基础工程、砌体工程、混凝土结构工程、钢结构工程、建筑地面工程、建筑装饰装修工程、通风与空调工程、虽可以超过一定的指标,也是有限的,通常不得超过规定值的0.5倍(钢结构为1.2倍),与原"验评标准"比,这样就对工程质量的控制更严格了,进一步保证了工程质量。

一般项目包括的内容主要有:

① 允许有一定偏差的项目,而放在一般项目中,用数据规定的标准,有些规范可以有个别偏差超过范围,最多不超过20%的检查点可以超过允许偏差值,但也不能超过允许值的0.5倍(钢结构为0.2倍),对没有规定的规范,允许偏值应100%达到规范规定值。

② 对不能确定偏差值而又允许出现一定缺陷的项目,则以缺陷的数量来区分。如砖砌体预埋拉结筋,其留置间距偏差;混凝土钢筋露筋,露出一定长度等。

③ 一些无法定量的而采用定性的项目。如碎拼大理石地面颜色协调,无明显裂缝和坑洼;油漆工程中,中级油漆的光亮和光滑项目,卫生器具给水配件安装项目,接口严密,启闭部分灵活;管道接口项目,无外露油麻等。这些就要靠监理工程师来掌握了。

2. 分项工程质量的验收

分项工程质量验收合格应符合下列规定:

分项工程所含的检验批均应符合合格质量的规定;

分项工程所含的检验批的质量验收记录应完整。

分项工程质量的验收是在检验批验收的基础上进行的,是一个统计过程,有时也有一些直接的验收内容,所以在验收分项工程时应注意:

(1) 核对检验批的部位、区段是否全部覆盖分项工程的范围,有没有缺漏的部位没有验收到。

(2) 一些在检验批中无法检验的项目,在分项工程中直接验收。如砖砌体工程中的全高垂直度、砂浆强度的评定等。

(3) 检验批验收记录的内容及签字人是否正确、齐全。

二、分部(子分部)工程质量的验收

分部(子分部)工程质量验收合格应符合下列规定:

分部(子分部)工程所含分项工程的质量均应验收合格。

质量控制资料应完整。

地基与基础、主体结构和设备安装等分部工程有关安全及功能的检验和抽样检测结果应符合有关规定。

观感质量验收应符合。

其具体验收工作应在各专业工程质量验收规范中给予明确,这里只讲一下验收的原则。

分部、子分部工程的验收内容、程序都是一样的,在一个分部工程中只有一个子分部工程时,子分部就是分部工程。当不是一个子分部工程时,可以一个子分部、一个子分部地进行质量验收,然后,应将各子分部的质量控制资料进行核查;对地基与基础、主体结构和设备安装工程等分部工程中的子分部工程有关安全及功能的检验和抽样检测结果的资料核查;观感质量评价等。其各项内容的具体验收:

1. 分部(子分部)工程所含分项工程的质量均应验收合格

实际验收中,这项内容也是项统计工作。在做这项工作时应注意三点。

(1) 检查每个分项工程验收是否正确。

(2) 注意查对所含分项工程,有没有漏、缺的分项工程没有归纳进来,或是没有进行验收。

(3) 注意检查分项工程的资料完整不完整,每个验收资料的内容是否有缺漏项,以及分项验收人员的签字是否齐全及符合规定。

2. 质量控制资料应完整的核查

这项验收内容,实际也是统计、归纳和核查,主要包括三个方面的资料。

(1) 核查和归纳各检验批的验收记录资料,查对其是否完整。

(2) 检验批验收时,应具备的资料应准确完整才能验收。在分部、子分部工程验收时,主要是核查和归纳各检验批的施工操作依据、质量检查记录,查对其是否配套完整,包括有关施工工艺(企业标准)、原材料、构配件出厂合格证及按规定进行的试验资料的完整程度。一个分部、子分部工程能否具有数量和内容完整的质量控制资料,是验收规范指标能否通过验收的关键,但在实际工程中,资料的类别、数量会有欠缺,不够那么完整,这就要靠我们验收人员来掌握其程度,具体操作可参照单位工程的做法。

(3) 注意核对各种资料的内容、数据及验收人员的签字是否规范等。

3. 地基与基础、主体结构、设备安装分部工程有关安全及功能的检测和抽样检测结果应符合有关规定的检查

这项验收内容,包括安全及功能两个方面的检测资料。抽测其检测项目在各专业质量验收规范中已有明确规定,在验收时应注意三个方面的工作。

(1) 检查各规范中规定的检测的项目是否都进行了验收,不能进行检测的项目应该说明原因。

(2) 检查各项检测记录(报告)的内容、数据是否符合要求,包括检测项目的内容,所遵循的检测方法标准、检测结果的数据是否达到规定的标准。

(3) 核查资料的检测程序、有关取样人、检测人、审核人、试验负责人,以及公章签字是否齐全等。

4. 观感质量验收应符合要求

分部(子分部)工程的观感质量检查,是经过现场工程的检查,由检查人员共同确定评价的好、一般、差,在检查和评价时应注意以下几点:

（1）分部（子分部）工程观感质量评价是这次验收规范修订新增加的，目的有两个。一是现在的工程体量越来越大，越来越复杂，待单位工程全部完工后再检查，有的项目要看的看不见了，看了还应修的修不了，只能是既成事实。另一方面竣工后一并检查，由于工程的专业多，而检查人员中又不能太多，专业不全，不能将专业工程中的问题看出来。再就是有些项目完工以后，工地上就没有事了，各工种人员就撤出去了，即使检查出问题来，再让其来修理，用的时间也长。二是新的建筑企业资质就位后，分层次有了专业承包公司，对这些企业分包承包的工程，完工以后也应该有个评价，也便于对这些企业的监管。这样可克服上述的一些不足，同时，也便于分清质量责任，提高后道工序对前道工序的成品保护。

（2）在进行检查时，要注意一定要在现场，将工程的各个部位全部看到，能操作的应操作，观察其方便性、灵活性或有效性等；能打开观看的应打开观看，不能只看"外观"，应全面了解分部（子分部）的实物质量。

（3）评价方法，由于这次修订没有将观感质量放在重要位置，只是一个辅助项目，其评价内容只列出了项目，其具体标准没有具体化。基本上是各检验批的验收项目，多数在一般项目内。检查评价人员宏观掌握，如果没有较明显达不到要求的，就可以评一般；如果某些部位质量较好，细部处理到位，就可评好；如果有的部位达不到要求，或有明显的缺陷，但不影响安全或使用功能的，则评为差。评为差的项目能进行返修的应进行返修，不能返修的只要不影响结构安全和使用功能的可通过验收。有影响安全或使用功能的项目，不能评价，应修理后再评价。

评价时，施工企业应先自行检查合格后，由监理单位来验收，参加评价的人员应具有相应的资格，由总监理工程师组织，不少于三位监理工程师来检查，在听取其他参加人员的意见后，共同做出评价，但总监理工程师的意见应为主导意见。在做评价时，可分项目逐点评价，也可按项目进行大的方面综合评价，最后对分部（子分部）做出评价。

一个分部工程中有几个子分部工程时，每个子分部工程验收完，分部工程就验收完了。除了单位工程观感质量检查时，再宏观认可一下以外，不必要再进行分部工程质量验收了。

三、单位（子单位）工程质量竣工验收

单位工程质量验收，这次质量验收规范确定为强制性条文，目的是对工程交付使用前的最后一道工序把好关。具体落实的要求后边再讲。

1. 单位（子单位）工程的验收内容

单位（子单位）工程质量验收合格应符合下列规定：

（1）单位（子单位）工程所含分部（子分部）工程的质量均应验收合格。

（2）质量控制资料应完整。

（3）单位（子单位）工程所含分部工程有关安全和功能的检测资料应完整。

（4）主要功能项目的抽查结果应符合相关专业质量验收规范的规定。

（5）观感质量验收应符合要求。

单位（子单位）工程质量验收是统一标准两项内容中的一个，这部分内容只在统一标准中有，其他专业质量验收规范中没有。这部分内容是单位（子单位）工程的质量验收，是工程质量验收的最后一道把关，是对工程质量的一次总体综合评价，所以，标准规定为强制性条文，列为工程质量管理的一道重要程序。

参与建设的各方责任主体和有关单位及人员，应该重视这项工作，认真做好单位（子单

位)工程质量的竣工验收,把好工程质量关。

单位(子单位)工程质量验收,总体上讲还是一个统计性的审核和综合性的评价。是通过核查分部(子分部)工程验收质量控制资料,有关安全、功能检测资料进行的必要的主要功能项目的复核及抽测,以及总体工程观感质量的现场实物质量验收。下边就逐条给予说明。

2. 单位(子单位)工程所含分部(子分部)工程的质量均应验收合格

这项工作,总承包单位应事前进行认真准备,将所有分部、子分部工程质量验收的记录表,及时进行收集整理,并列出目次表,依序将其装订成册。在核查及整理过程中,应注意以下三点:

(1)核查各分部工程中所含的子分部工程是否齐全。

(2)核查各分部、子分部工程质量验收记录表的质量评价是否完善,有分部、子分部工程质量的综合评价,有质量控制资料的评价,地基与基础、主体结构和设备安装分部、子分部工程规定的有关安全及功能的检测和抽测项目的检测记录,以及分部、子分部观感质量的评价等。

(3)核查分部、子分部工程质量验收记录表的验收人员是否是规定的有相应资质的技术人员,并进行了评价和签认。

3. 质量控制资料应完整

总承包单位应将各分部、子分部工程应有的质量控制资料进行核查,如图纸会审及变更记录,定位测量放线记录,施工操作依据,原材料、构配件等质量证书,按规定进行检验的检测报告,隐蔽工程验收记录,施工中有关施工试验、测试、检验等,以及抽样检测项目的检测报告等,由总监理工程师进行核查确认,可按单位工程所包含的分部、子分部工程分别核查,也可综合抽查。其目的是强调建筑结构、设备性能、使用功能方面主要技术性能的检验。每个检验批规定了"主控项目",提出了主要技术性能的要求,检查单位工程的质量控制资料,并对主要技术性能进行系统的核查。如一个空调系统只有分部、子分部工程才能综合调试,取得需要的数据。

(1)工程质量控制资料的作用。

施工操作工艺、企业标准、施工图纸及设计文件,工程技术资料和施工过程的见证记录,是企业管理重要组成部分。因为任何一个基本建设项目,只有在运营上满足它的使用功能要求,才能充分发挥它的经济效益。只有工程符合社会需要,才能使它劳动消耗得到承认,才能使它的经济价值和使用价值得以实现,这才算是有了真正的经济效益。因此,确保建设工程的质量,将是整个基本建设工作的核心。为了证明工程质量,证明各项质量保证措施的有效运行,质量控制资料将是整个技术资料的核心。从工程质量管理出发可将技术资料分为:工程质量验收资料、工程质量记录资料、施工技术管理资料和竣工图等。

建筑工程质量控制资料是反映建筑工程施工过程中,各个环节工程质量状况的基本数据和原始记录;反映完工项目的测试结果和记录。这些资料是反映工程质量的客观见证,是评价工程质量的主要依据。工程质量资料是工程的"合格证"和技术证明书。由于工程质量整体测试,只能在建造的施工过程中分别测试、检验或间接的检测。由于工程的安全性能要求高,所以工程质量资料比产品的合格证更重要。从广义质量来说,工程质量资料就是工程质量的一部分,同时,工程质量资料是工程技术资料的核心,是企业经营管理的重要组成部分,更是质量管理的重要方面,是反映一个企业管理水平高低的重要见证。通过资料的定期分析研究,能帮助企业改进管理。在当前全面贯彻执行 ISO9000 质量管理体系系列标准中,资料是其一项重要内容,是证明管理有效性的重要依据,资料也是质量管理体系的重要组成部分,是评价管理水平的重要见证材料。由于产品结构和制造工艺复杂,必须在产品质量的形成过程中加强管理和实施监督,要求生产建立相应的质量体系,提供能充分证明质量符合要求的客观证据。从质量体系要素中的质量体系文件来看,一般包括四个层次:

① 质量手册。主要内容是阐述某企业的质量方针、质量体系和质量活动的文件。有企业的质量方针;企业的组织机构及质量职责;各项质量活动程序;质量手册的管理办法。

② 程序文件。是落实质量管理体系要素所开展的有关活动的规章制度和实施办法。按性质分为管理和技术性程序文件。管理性程序文件,包括有关规章制度、管理标准和工作标准,质量活动的实施办法等;技术性程序文件,包括技术规程、工艺规程、检验规程和作业指导书等。

③ 质量计划。包括应达到的质量目标;该项目各个阶层中责任和权限的分配;采用的特定程序、方法和作业指导书;有关试验、检验、验证和审核大纲;随项目的进展而修改和完善质量计划的方法;为达到质量目标必须采取的其他措施。

④ 质量记录。是证明各阶段产品质量是否达到要求和质量体系运行有效的证据。包括设计、检验、试验、审核、复审的质量记录和图表等,这些质量记录都是质量管理体系活动执行情况的见证,是质量体系文件最基础部分。质量记录是证明产品是否达到了规定的质量要求,并验证质量体系运行是否有效性的证据。

在验收一个分部、子分部工程的质量时,为了系统核查工程的结构安全和重要使用功能,虽然在分项工程验收时,已核查了规定提供的技术资料,但仍有必要再进行复核,只是不再像验收检验批、分项工程质量那样进行微观检查,而是从总体上通过核查质量控制资料来评价分部、子分部工程的结构安全与使用功能控制情况和质量水平。但目前由于材料供应渠道中的技术资料不能完全保证,加上有些施工单位管理不健全等情况,因此往往使一些工程中的资料不能达到完整,当一个分部、子分部工程的质量控制资料虽有欠缺,但能反映其结构安全和使用功能,是满足设计要求的,则可以认定该工程的质量控制资料为完整。如钢材,按标准要求既要有出厂合格证,又要有试验报告,即为完整。实际中,如有一批用于非重要构件的钢材没有出厂合格证,但经有资质检测单位检验,该批钢材物理及化学性能均符合设计和标准要求,则可以认为该批钢材的技术资料是完整。再如砌筑砂浆的试件应按规范要求的频率取样,在施工过程中,个别少量部位由于某种原因而没有按规定频率取样,但从现场的质量管理状况及已有的试件强度检验数据,反映具有代表性时,并经过施工、设计、监理及有关人员现场实物工程质量检查,其砂浆质量表现与其他部位没发现明显差别,也可认为是完整。

由于每个工程的具体情况不一,因此什么是完整,要视工程特点和已有资料的情况而定。总之,有一点要掌握,即验收或核验分部、子分部工程质量时,核查的质量控制资料,看其是否可以反映工程的结构安全和使用功能,是否达到设计要求。如果能反映和达到上述要求,即使有些欠缺也可认为是完整。

工程质量的质量资料,是从众多的工程技术资料中,筛选出的直接关系和说明工程质量状况的技术资料。多数是提供实施结果的见证记录、报告等文件材料。对于其他技术资料,由于工程不同或环境不同,要求也就不尽相同。各地区应根据实际情况增减。所以作为一个企业的领导,应该时刻注意管理措施的有效性,研究每一项资料的作用,有效的保留,作用小的改进,无效的去掉,劳而无功的事不干。有效的质量资料是工程质量的见证,少一张也不行,无用的多一张也不要。对非要不可的见证资料,一定要做到准、实、及时,对不准不实的资料宁愿不要,也不充数。

对一个单位工程全面进行技术资料核查,还可以防止局部错漏,从而进一步加强工程质量的控制。对结构工程及设备安装系统进行系统的核查,便于同设计要求对照检查,达到设计效果。

(2) 单位(子单位)工程质量控制资料的判定。

质量控制资料对一个单位工程来讲,主要是判定其是否能够反映保证结构安全和主要使用功能是否达到设计要求,如果能够反映出来,即或按标准及规范要求有少量欠缺时,也可以认可。因此,在标准中规定质量控制资料应完整。但在检验批时都应具备完整的施工操作依据、质量检查资料。对单位工程质量控制资料完整的判定,通常情况下可按以下三个层次进行判定:

① 该有的资料项目有了。在表 G.0.1-2 单位(子单位)工程质量控制资料核查记录表中,应该有的项目的资料有了,如建筑与结构项目中,共有 11 项资料。如果没有使用新材料、新工艺,该第 11 项的资料可以没有。如果该工程施工过程没有出现质量事故,该第 10 项的资料也就没有了。其该有的项目为 9 项就行了。

② 在每个项目中该有的资料有了。表中应有的项目中,应该有的资料有了,没有发生的资料应该没有,如第 7 项该工程是全现浇的,可以没有预制构件的资料;对工程结构、功能及有关质量不会出现影响其性能的资料,有缺点的也可以认可的。如第 3 项中的钢材,按"规定既要有质量合格证,也应有试验报告"为完整。但有个别非重要部位用的钢材,由于多方原因没有合格证,经过有资质的检测单位检验,该批钢材物理及化学性能符合设计和标准要求,也可以认为该批钢材的资料是完整的。

③ 在每个资料中该有的数据有了。在各项资料中,每一项资料应该有的数据有了。资料中应该证明的材料、工程性能的数据必须具备,如果其重要数据没有或不完备,这项资料就是无效的,就是有这样的资料,也证明不了该材料、工程的性能,也不能算资料完整,如水泥复试报告,通常其安定性、强度、初凝、终凝时间必须有确切的数据及结论。再如钢筋复试报告,通常应有抗拉强度及冷弯物理性能的数据及结论,符合设计及钢筋标准的规定。当要求进行化学成分试验时,应按要求做相应化学成分的试验,并有符合标准规定的数据及结论。这样可判定其应有的数据有了。

由于每个工程的具体情况不一,因此什么是资料完整,要视工程特点和已有资料的情况而定,总之,有一点验收人员应掌握的,看其是否可以反映工程的结构安全和使用功能,是否达到设计要求。如果资料能保证该工程结构安全和使用功能,能达到设计要求,则可认为是完整。否则,不能判为完整。

4. 单位(子单位)工程所含分部工程有关安全和功能的检测资料应完整

这项指标是这次验收规范修订中,新增加的一项内容。目的是确保工程的安全和使用功能。在分部、子分部工程中提出了一些检测项目,在分部、子分部工程检查和验收时,应进行检测来保证和验证工程的综合质量和最终质量。这种检测(检验)应由施工单位来检测,检测过程中可请监理工程师或建设单位有关负责人参加监督检测工作,达到要求后,并形成检测记录签字认可。在单位工程、子单位工程验收时，监理工程师应对各分部、子分部工程应检测的项目进行核对，对检测资料的数量、数据及使用的检测方法标准、检测程序进行核查，以及核查有关人员的签认情况等。核查后，将核查的情况填入 G.0.1－3 单位（子单位）工程安全和功能检测资料核查和主要功能抽查记录表。对 G.0.1－3 表的该项内容做出通过或不通过的结论。

5. 主要功能项目的抽查结果应符合相关专业质量验收规范的规定

主要功能抽查是这次验收规范修订时新增加的，是这次修订的特点之一，目的主要是综合检验工程质量能否保证工程的功能，满足使用要求。这项抽查检测多数还是复查性的和验证性的。

主要功能抽测项目已在各分部、子分部工程中列出，有的是在分部、子分部工程完成后进行检测，有的还要待相关分部、子分部工程完成后才能检测，有的则需要待单位工程全部完成后进行检测。这些检测项目应在单位工程完工，施工单位向建设单位提交工程验收报告之前，全部进行完毕，并将检测报告写好。至于在建设单位组织单位工程验收时，抽测什么项目，可由验收委员会（验收组）来确定。但其项目应在 G.0.1－3 表中所含项目，不能随便提出其他项目。如需要做 G.0.1－3 表未有的检测项目时，应进行专门研究来确定。通常监理单位应在施工过程中，提醒将抽测的项目在分部、子分部工程验收时抽测。多数情况是施工单位检测时，监理、建设单位都参加，不再重复检测，防止造成不必要的浪费及对工程的损害。

通常主要功能抽测项目，应为有关项目最终的综合性的使用功能，如室内环境检测、屋面淋水检测、照明全负荷试验检测、智能建筑系统运行等。只有最终抽测项目效果不佳，或其他原因，必须进行中间过程有关项目的检测时，要与有关单位共同制订检测方案，并要制订成品保护措施，采取完善的保护措施后进行，总之，主要功能抽测项目的进行，不要损坏建筑成品。

主要功能抽测项目进行，可对照该项目的检测记录逐项核查，可重新做抽测记录表，也可不形成抽测记录，在原检测记录上注明签认。

6. 观感质量验收应符合要求

观感质量评价：是工程的一项重要评价工作，是全面评价一个分部、子分部、单位工程的外观及使用功能质量的工作，可促进施工过程的管理、成品保护，提高社会效益和环境效益。观感质量检查绝不是单纯的外观检查，而是实地对工程的一个全面检查，核实质量控制资料，核查分项、分部工程验收的正确性，对在分项工程中不能检查的项目进行检查等。如工程完工，绝大部分的安全可靠性能和使用功能已达到要求，但出现不应出现的裂缝和严重影响使用功能的情况，应该首先弄清原因，然后再评价。地面严重空鼓、起砂，墙面空鼓粗糙，门窗开关不灵、关闭不严等项目的质量缺陷很多，就说明在分项、分部工程验收时，掌握标准不严。分项、分部无法测定和不便测定的项目，在单位工程观感评价中，给予核查。如建筑物的全高垂直度、上下窗口位置偏移及一些线角顺直等项目，只有在单位工程质量最终检查时，才能了解的更确切。

系统地对单位工程检查，可全面地衡量单位工程质量的实际情况，突出对工程整体检验和对用户着想的观点。分项、分部工程的验收，对其本身来讲虽是产品检验，但对交付使用一幢房子来讲，又是施工过程中的质量控制。只有单位工程的验收，才是最终建筑产品的验收。所以,在标准中,既加强了施工过程中的质量控制(分项、分部工程的验收),又严格进行了单位工程的最终评价,使建筑工程的质量得到有效保证。

单位工程观感质量的验收方法和内容与分部、子分部工程的观感质量验收一样,只是分部、子分部工程的范围小一些而已,一些分部、子分部工程的观感质量,可能在单位工程检查时已经看不到了。所以单位工程的观感质量更宏观一些。

其内容按各有关检验批的主控项目、一般项目有关内容综合掌握,给出好、一般、差的评价。

检查时应将建筑工程外檐全部看到,对建筑物的重要部位、项目及有代表性的房间、部位、设备、项目都应检查到。对其评价时,可逐点评价再综合评价;也可逐项给予评价;也可按大的分部、子分部或建筑与结构部分分别进行综合评价。评价时,要在现场由参加检查验收的监理工程师共同确定,确定时,可多听取被验收单位及参加验收的其他人员的意见。并由总监理工程师签认,总监理工程师的意见应有主导性。

其评价方法同分部、子分部工程观感质量验收项目。

在 GBJ 300—88 标准中,观感质量是评优良等级的主要质量指标。在这次验收规范修订中,将观感质量弱化了,只是一个验收的项目,并且评价好、一般、差都可通过验收,只要不出现影响结构安全和使用功能的项目就行。如果评价为差时,能进行修理的可进行修理,不能修理的可协商解决。

第五节　建筑工程质量不符合要求,返工处理后的验收

第 5.0.6 条、5.0.7 条规定了建筑工程质量不符合要求时,应按规定进行处理,共规定了五种情况,前三种是能通过正常验收的。第四种是特殊情况的处理,虽达不到验收规范的要求,但经过加固补强等措施能保证结构安全或使用功能。建设单位与施工单位可以协商,根据协商文件进行验收,是让步接受或有条件验收。第五种情况是不能验收。通常这样的事故是发生在检验批。当检验批、分项工程质量不符合要求时,通常应该在检验批质量验收过程中发现,对不符合要求的工程要进行分析,找出是哪个或哪几个项目达不到质量标准的规定。其中包括检验批的主控项目、一般项目有哪些条款不符合标准规定,影响到结构的安全。造成不符合规定的原因很多,有操作技术方面的,也有管理不善方面的,还有材料等质量方面的。因此,一旦发现工程质量任一项不符合规定时,必须及时组织有关人员,查找分析原因,并按有关技术管理规定,通过有关方面共同商量,制定补救方案,及时进行处理。经处理后的工程,再确定其质量是否可通过验收。

1. 经返工重做或更换器具、设备的检验批应重新进行验收

返工重做包括全部或局部推倒重来及更换设备、器具等的处理,处理或更换后,应重新按程序进行验收。如某住宅楼一层砌砖,验收时发现砖的强度等级为 MU5,达不到设计要求的 MU10,推倒后重新使用 MU10 砖砌筑,其砖砌体工程的质量,应重新按程序进行验收。

重新验收质量时,要对该项目工程按规定,重新抽样、选点、检查和验收,重新填检验批质量验收记录表。

2. 经有资质的检测单位检测鉴定能够达到设计要求的检验批,应予以验收

这种情况多是某项质量指标不够,多数是指留置的试块失去代表性,或因故缺少试块的情况,以及试块试验报告缺少某项有关主要内容,也包括对试块或试验结果报告有怀疑时,经有资质的检测机构,对工程进行检验测试,其测试结果证明,该检验批的工程质量能够达到原设计要求的。这种情况应按正常情况给予验收。

3. 经有资质的检测单位检测鉴定达不到设计要求,但经原设计单位核算认可能够满足结构安全和使用功能的检验批,可予以验收

这种情况与第二种情况一样,多是某项质量指标达不到规范的要求,多数也是指留置的试块失去代表性、或是因故缺少试块的情况,以及试块试验报告有缺陷,不能有效证明该项工程的质量情况,或是对该试验报告有怀疑时,要求对工程实体质量进行检测。经有资质的检测单位检测鉴定达不到设计要求,但这种数据距达到设计要求的差距有限,不是差距太大。经过原设计单位进行验算,认为仍可满足结构安全和使用功能,可不进行加固补强。如原设计计算混凝土强度为 27MPa,而选用了 C30 级混凝土,经检测的结果是 29MPa,虽未达到 C30 级的要求,但仍能大于 27MPa 是安全的。又如某五层砖混结构,一、二、三层用 M10 砂浆砌筑,四、五层为 M5 砂浆砌筑。在施工过程中,由于管理不善等,其三层砂浆强度仅达到 7.4MPa,没达到设计要求,按规定应不能验收,但经过原设计单位验算,砌体强度尚可满足结构安全和使用功能,可不返工和加固。由设计单位出具正式的认可证明,由注册结构工程师签字,并加盖单位公章。由设计单位承担质量责任。因为设计责任就是设计单位负责,出具认可证明,也在其质量责任范围内,可进行验收。

以上三种情况都应视为是符合规范规定质量合格的工程。只是管理上出现了一些不正常的情况,使资料证明不了工程实体质量,经过补办一定的检测手续,证明质量是达到了设计要求,给予通过验收是符合规范规定的。

4. 经返修或加固处理的分项、分部工程,虽改变外形尺寸但仍能满足安全使用要求,可按技术处理方案和协商文件进行验收

这种情况多数是某项质量指标达不到验收规范的要求,如同第二、三种情况,经过有资质的检测单位检测鉴定达不到设计要求,由其设计单位经过验算,也认为达不到设计要求。经过验算和事故分析,找出了事故原因,分清了质量责任,同时,经过建设单位、施工单位、监理单位、设计单位等协商,同意进行加固补强,并协商好,加固费用的来源,加固后的验收等事宜,由原设计单位出具加固技术方案,通常由原施工单位进行加固,虽然改变了个别建筑构件的外形尺寸,或留下永久性缺陷,包括改变工程的用途在内,应按协商文件验收,也是有条件的验收,由责任方承担经济损失或赔偿等。这种情况实际是工程质量达不到验收规范的合格规定,应算在不合格工程的范围。但在《条例》的第 24 条、第 32 条等条都对不合格工程的处理做出了规定,根据这些条款,提出技术处理方案(包括加固补强),最后能达到保证安全和使用功能,也是可以通过验收的。为了维护国家利益,不能出了质量事故的工程都推倒报废。只要能保证结构安全和使用功能的,仍作为特殊情况进行验收,是一个给出路的做法,不能列入违反《条例》的范围内。但加固后必须达到保证结构安全和使用功能的。例如,有一些工程出现达不到设计要求,经过验算满足不了结构安全和使用功能要求,需要进行加固补强,但加固补强后,改变了外形尺寸或造成永久性缺陷。这是指经过补强加大了截面,增大了体积,设置了支撑,加设了牛腿等,使原设计的外形尺寸有了变化。如墙体强度严重不足,采用双面加钢筋网灌喷豆石混凝土补强,加厚了墙体,缩小了房间的使用面积等。

造成永久性缺陷是指通过加固补强后，只是解决了结构性能问题，而其本质并未达到原设计要求的，均属造成永久性缺陷。如某工程地下室发生渗漏水，采用从内部增加防水层堵漏，满足了使用要求，但却使那部分墙体长期处于潮湿甚至水饱和状态；又如某工程的空心楼板的型号用错，以小代大，虽采取在板缝中加筋和在上边加铺钢筋网等措施，使承载力达到设计要求，但总是留下永久性缺陷。

以上两种情况，其工程质量不能正常验收，因上述情况，该工程的质量虽不能正常验收，但由于其尚可满足结构安全和使用功能要求，对这样的工程质量，可按协商验收。在工业生产中称为让步接受，就是某产品虽有个别质量指标达不到产品合同的要求，但在其使用中，其影响是有限的，可考虑这项质量指标降低要求，但产品的价格也应相应的调整。

5. 通过返修或加固处理仍不能满足安全使用要求的分部工程、单位（子单位）工程，严禁验收

这种情况是非常少的，但确实是有的。这种情况通常是在制订加固技术方案之前，就知道加固补强措施效果不会太好，或是加固费用太高不值得加固处理，或是加固后仍达不到保证安全、功能的情况。这种情况就应该坚决拆掉，不要再花大的代价来加固补强。这条是强制性条文，必须贯彻执行。

这样规定使整个规范的管理交圈了，同时严格了规范的贯彻执行，使得房屋工程质量管理工作，做得更细了，更有可操作性了。

6. 做好原始记录

经处理的工程必须有详尽的记录资料、处理方案等，原始数据应齐全、准确，能确切说明问题的演变过程和结论，这些资料不仅应纳入工程质量验收资料中，还应纳入单位工程质量事故处理资料中。对协商验收的有关资料，要经监理单位的总监理工程师签字验收。并将资料归纳在竣工资料中，以便在工程使用、管理、维修及改建、扩建时作为参考依据等。

第六节　验收程序及组织

一、生产者自我检查是工程质量验收的基础

标准规定工程质量的验收应在班组、企业自行检查评定合格的基础上，由监理工程师或总监理工程师组织有关人员进行验收。

工程质量验收首先是班组在施工过程中的自我检查，自我检查就是按照施工操作工艺的要求，边操作边检查，将有关质量要求及误差控制在规定的限值内。这就要求施工班组搞好自检。自检主要是在本班组（本工种）范围内进行，由承担检验批、分项工程的工种工人和班组等参加。在施工操作过程中或工作完成后，对产品进行自我检查和互相检查，及时发现问题，及时整改，防止质量验收成为"马后炮"。班组自我质量把关，在施工过程中控制质量，经过自检、互检使工程质量达到合格标准。单位工程项目专业质量检查员组织有关人员（专业工长、班组长、班组质量员），对检验批质量进行检查评定，由项目专业质量检查员评定，作为检验批、分项工程质量向下一道工序交接的依据。自检、互检突出了生产过程中加强质量控制。从检验批、分项工程开始加强质量控制，要求本班组（或工种）工人在自检的基础上，互相之间进行检查督促，取长补短，由生产者本身把好质量关，把质量问题和缺陷解决在施

工过程中。

自检、互检是班组在分项(或分部)工程交接(检验批、分项完工或中间交工验收)前,由班组先进行的检查;也可是分包单位在交给总包之前,由分包单位先进行的检查;还可以是由单位工程项目经理(或企业技术负责人)组织有关班组长(或分包)及有关人员参加的交工前的检查,对单位工程的观感和使用功能等方面易出现的质量疵病和遗留问题,尤其是各工种、分包之间的工序交叉可能发生建筑成品损坏的部位,均要及时发现问题及时改进,力争工程一次验收通过。

交接检是各班组之间,或各工种、各分包之间,在工序、检验批、分项或分部工程完毕之后,下一道工序、检验批、分项或分部(子分部)工程开始之前,共同对前一道工序、检验批、分项或分部(子分部)工程的检查,经后一道工序认可,并为他们创造了合格的工作条件。例如,基础公司把桩基交给承担主体结构施工的公司,瓦工班组把某层砖墙交给木工班组支模,木工班组把模板交给钢筋班组绑扎钢筋,钢筋班组把钢筋交给混凝土班组浇筑混凝土,建筑与结构施工队伍把主体工程(标高、预留洞、预埋铁件)交给安装队安装水电等等。交接检通常由工程项目经理(或项目技术负责人)主持,由有关班组长或分包单位参加,其是下道工序对上道工序质量的验收,也是班组之间的检查、督促和互相把关。交接检是保证下一道工序顺利进行的有力措施,也有利于分清质量责任和成品保护,也可以防止下道工序对上道工序的损坏,也促进了质量的控制。

在检验批、分项工程、分部(子分部)工程完成后,由施工企业项目专职质量检查员,对工程质量进行检查评定。其中地基与基础分部工程、主体分部工程,由企业技术、质量部门组织到施工现场进行检查评定,以保证达到标准的规定,以便顺利进行下道工序。项目专业质量检查员正确掌握国家验收标准和企业标准,是搞好质量管理的一个重要方面。

以往单位工程质量检查达不到标准,其中一个重要原因就是自检、互检、交接检执行不认真,检查马虎,流于形式,有的根本不进行自检、互检、交接检,干成啥样算啥样。有的工序、检验批、分项、分部以及分包之间,不检查、不验收、不交接就进行下道工序,单位工程不自检就交给用户,结果是质量粗糙,使用功能差,质量不好,责任不清。

质量检查首先是班组在生产过程中的自我检查,就是一种自我控制性的检查,是生产者应该做的工作。按照操作规程进行操作,依据标准进行工程质量检查,使生产出的产品达到标准规定的合格,然后交给工程项目技术负责人,组织进行检验批、分项、分部(子分部)工程质量检查评定。

施工过程中,操作者按规范要求随时检查,体现了谁生产谁负责质量的原则。工程项目专业质量检查员和技术负责人组织检查评定检验批、分项工程质量的检查评定;项目经理组织分部(子分部)工程质量的检查评定,企业技术负责人组织单位(子单位)工程质量的检查评定。在有分包的工程中总包单位对工程质量应全面负责,分包单位应对自己承建的分项、分部、子分部工程的质量负责,这些都体现了谁生产谁负责质量的原则。施工操作人员自己要把关,承建企业自己认真检查评定后才交给监理工程师进行验收。

好的质量是施工出来的,操作人员没有质量意识,管理人员没有质量观念,不从自己的工作做起,想搞好质量是不可能的。所以,这次标准修订过程中,贯彻了《条例》落实质量责任制,对质量终身负责的要求。规定了各质量责任主体都要承担质量责任,各自搞好自身的工作,从检验批、分项工程就严格掌握标准,加强控制,把质量问题消灭在施工过程中,而且层层把关,各负其责,搞好工程质量。

检验批工程质量检查评定由企业专职质量检查员负责检查评定。这是企业内部质量部门的检查,也是质量部门代表企业验收产品质量,保证企业生产合格的产品。检验批、分项工程的质量不能由班组来自我评定,应以专业质量检查员评定的为准。达不到标准的规定,生产者要负责任,企业的质量部门要起到督促检查的作用。企业的专职质量检查员必须掌握企业标准和国家质量验收规范的要求,经过培训持证上岗。

施工企业对检验批、分项工程、分部(子分部)工程、单位(子单位)工程,都应按照企业标准检查评定合格之后,将各验收记录表填写好,再交监理单位(建设单位)的监理工程师、总监理工程师进行验收。企业的自我检查评定是工程验收的基础。

有分包单位时,分包单位承担工程质量的验收。由于工程规模的增大,专业的增多,工程中的合理分包是正常的,也是必要的,这是提高工程质量的重要措施,分包单位对所承担的工程项目质量负责。并应按规定的程序进行自我检查评定,总包单位应派人参加。分包工程完成后,应将工程的有关资料交总包单位。监理、建设单位进行验收时,总包单位、分包单位的有关人员都应参加验收,以便对一些不足之处及时进行返修。

二、监理单位(建设单位)的验收

施工企业的质量检查人员(包括各专业的项目质量检查员),将企业检查评定合格的检验批、分项工程、分部(子分部)工程、单位(子单位)工程,填好表格后及时交监理单位,对一些政策允许的建设单位自行管理的工程,应交建设单位。监理单位或建设单位的有关人员应及时组织有关人员到工地现场,对该项工程的质量进行验收。监理或建设单位应加强施工过程的检查监督,对工程质量进行全面了解,验收时可采取抽样方法、宏观检查的方法,必要时进行抽样检测,来确定是否通过验收。由于监理人员或建设单位的现场质量检查人员,在施工过程中是进行旁站、平行或巡回检查,根据自己对工程质量了解的程度,对检验批的质量,可以抽样检查或抽取重点部位或是你认为必要查的部位进行检查,如果你认为在施工过程已对该工程的质量情况掌握了,也可以不查。

在对工程进行检查后,确认其工程质量符合标准规定,由有关人员签字认可,否则,不得进行下道工序的施工。

如果认为有的项目或地方不能满足验收规范的要求时,应及时提出,让施工单位进行返修。

三、验收程序及组织

1. 验收程序

为了方便工程的质量管理,根据工程特点,把工程划分为检验批、分项、分部(子分部)和单位(子单位)工程。验收的顺序首先验收检验批、或者是分项工程质量验收,再验收分部(子分部)工程质量、最后验收单位(子单位)工程的质量。

对检验批、分项工程、分部(子分部)工程、单位(子单位)工程的质量验收,都是先由施工企业检查评定后,再由监理或建设单位进行验收。

2. 验收组织

标准规定,检验批、分项、分部(子分部)和单位(子单位)工程分别由监理工程师或建设单位的项目技术负责人、总监理工程师或建设单位项目技术负责人负责组织验收。检验批、分项工程由监理工程师、建设单位项目技术负责人组织施工单位的项目专业技术负责人等进行验收。分部工程、子分部工程由总监理工程师、建设单位项目负责人组织施工单位项目负责人(项目经理)和技术、质量负责人及勘察、设计单位工程项目负责人参加验收,这是符合当前多数企业质量管理的实际情况的,这样做也突出了分部工程的重要性。

至于一些有特殊要求的建筑设备安装工程,以及一些使用新技术、新结构的项目,应按设计和主管部门要求组织有关人员进行验收。

第三章　　统一标准强制性条文应用指南

《建筑工程施工质量验收统一标准》是验收规范的统一规定,多数强制性条文都放在各专业质量验收规范中,但统一标准中还有单位工程的质量验收内容,同时,对验收全过程,也应有所要求,所以统一标准规定了6条强制性条文,其中5条都是为单位工程质量验收而设置的。另一条则是对整个验收过程提出的要求,是验收的基本条件和要求,是过程的要求,也是对各专业验收规范的要求和指导。

第一节　第3.0.3条应用指南

3.0.3条　建筑工程施工质量应按下列要求进行验收:

为了搞好建筑工程质量的验收,对建筑工程质量验收规范从编写到应用,对一些重要环节和事项提出要求,以保证工程质量验收工作的质量。所以,这一条是对建筑工程质量验收全过程提出的要求,包括各专业质量验收规范,其要求体现在各程序及过程之中,是保证建筑工程质量正确验收,提高其验收结果可比性的重要基础。

这一条是对整个建筑工程施工质量验收而设立的,面广、宏观,对贯彻其所采取的措施就更宏观了,在贯彻落实中应执行,统一标准本身应执行,各专业规范也应执行。在一定意义上,本条就是一个贯彻落实建筑工程施工质量验收规范,保证建筑工程施工质量验收质量的措施。同时,为保证本条这些规定的贯彻落实,提出一些相应的措施。

本条文规定了10款内容,下面分别予以叙述。

一、建筑工程施工质量验收应符合本标准和相关专业验收规范的规定。

【释义】

这款有三个层次的问题。一是一个建筑工程施工质量验收由统一标准和相关专业的质量验收规范共同来完成,统一标准规定了各专业标准的统一要求,同时,规定了单位工程的验收内容,就是说单位工程的验收由统一标准来完成。检测批、分项、子分部、分部工程由各专业质量验收规范分别完成。这个验收规范体系是一个整体。二是建筑工程质量验收其质量指标是一个对象只有一个标准,没有别的标准的要求。施工单位施工的工程质量应达到这个标准。建设单位应按这个标准来验收工程,不应降低这个标准。三是这个规范体系只是质量验收的标准,不规定完成任务的施工方法,这些方法要靠施工企业自行制订,尽管质量指标是一个,但完成这个指标的方法是多种多样的,施工企业可去自由发挥。

【措施】

这款的落实措施重点强调这是一个系列标准,一个单位工程的质量验收,是由统一标准和相关专业验收规范共同来完成的,在统一标准第一章总则中已明确了,第1.0.2条、1.0.3

条都说明了这个原则。在各专业验收规范的第一章总则中,都做出了明确规定。这是保证这个系列规范统一协调的基础。同时,其落实措施最具体的是推出检验批、分项工程、分部(子分部)工程、单位(子单位)工程的整套验收记录表格,来具体落实统一标准和各专业验收规范共同验收一个单位工程的质量。

【检查】

检查各项目检验批、分项、分部(子分部)、单位(子单位)工程项目验收的表格、内容、程序等是否按规定进行。保证各项目的验收都符合系列标准的要求。

【判定】

只要按制订的表格逐步验收,就是正确的。

二、建筑工程施工应符合工程勘察、设计文件的要求。

【释义】

这条是本系列质量验收规范的一条基本规定。包括二个方面的含义,一是施工依据设计文件进行,按图施工这是施工的常规。勘察是对设计及施工需要的工程地质提供地质资料及现场资料,是设计的主要基础资料之一。设计文件是将工程项目的要求,经济合理地将工程项目形成设计文件,设计符合有关技术法规和技术标准的要求,经过施工图设计文件审查。施工符合设计文件的要求是确保建设项目质量的基本要求,是施工必须遵守的。二是工程勘察还应为工程场地及施工现场场地条件提供地质资料,在进行施工总平面规划,应充分考虑工程环境及施工现场环境,也是对地下施工方案的制订以及判定桩基施工过程的控制效果等判定是否合理,工程勘察报告将起到重要作用。所以,施工也应符合工程勘察的有关建议。

【措施】

实施措施要做到三点:

1. 按照《建设工程质量管理条例》落实质量责任制,按图施工是施工企业的重要原则,必须先做好自身的工作,尽到自己的责任。

2. 制订有修改设计文件的制度和程序,施工中不得随意改变设计文件。如必须改时,应按程序由原设计单位进行修改,并出正式手续。

3. 在制订施工组织设计时,必须首先阅读工程勘察报告,根据其对施工现场提供的地质评价和建议,对工程现场环境有全面的了解,进行施工现场的总平面设计,制订地基开挖措施等有关技术措施,以保证工程施工的顺利进行。

【检查】

检查也应从两个方面进行。一是检查施工过程中,对没有按设计图纸施工的部位及项目是否都有正式的设计变更修改文件;二是检查在制订"施工组织设计"时是否了解了工程勘察报告,其一些排水、布局等方面,符合工程勘察的结论及建议。

【判定】

对受力部位及构件需要修改的都有正式的设计变更文件;在施工组织设计的内容及地下工程施工方案体现了工程勘察的结论及建议,应在施工组织设计审查批准中,进行检查。即为正确。

三、参加工程质量验收的各方人员应具备规定的资格。

【释义】

这是为保证工程质量验收质量的有效措施。因为验收规范的落实必须由掌握验收规范的人员来执行，没有一定的工程技术理论和工程实践经验的人来掌握验收规范，验收规范再好也是没有用的。所以：本条规定验收人员应具备规定的资格。检验批、分项工程质量的验收应为监理单位的监理工程师，施工单位的则为专业质量检查、项目技术负责人；分部(子分部)工程质量的验收应为监理单位的总监理工程师；勘察、设计单位的单位项目负责人；分包单位、总包单位的项目经理；单位(子单位)工程质量的验收应为监理单位的总监理工程师、施工单位的单位项目负责人、设计单位的单位项目负责人、建设单位的单位项目负责人。单位(子单位)工程质量控制资料核查与单位(子单位)工程安全和功能检验资料核查和主要功能抽查，应为监理单位的总监理工程师；单位(子单位)工程观感质量检查应由总监理工程师组织三名以上监理工程师和施工单位(含分包单位)项目经理等参加。各有关人员应按规定资格持上岗证上岗。

由于各地的情况不同，工程的内容、复杂程度不同，对专业质量检查员、项目技术负责人、项目经理等人员，不能规定死，非要求什么技术职称才行，这里只提一个原则要求，具体的由各地建设行政主管部门去规定。但有一点一定要引起重视，施工单位的质量检查员是掌握企业标准和国家标准的具体人员，他是施工企业的质量把关人员，要给他充分的权力，给他充分的独立执法的职能。各企业以及各地都应重视质量检查员的培训和选用。这个岗位一定要持证上岗。

【措施】

其落实措施是当地建设主管部门要有文件做出规定；根据工程的具体情况和本地区的人才情况，在保证工程质量的前提下，规定出相应的施工企业的项目经理、项目技术负责人、质量检查员的资格；监理人员的资格国家及各地已有规定，应按专业持证上岗；在没有委托监理的项目中，建设单位的验收人员应具有相应的资格。当地工程质量监督站应按规定对其进行检查。

【检查】

由各地工程质量监督机构按当地规定，对施工单位工程质量的检查评定人员进行检查核对其资格；检查核对监理人员的资格、专业及证书。对没有委托监理的应按规定检查其自行管理的能力，要相当于该项目的监理单位的资质。

【判定】

企业的质量检查员、项目经理及项目技术负责人、单位(项目)负责人；监理单位的监理工程师、总监理工程师及建设单位的相当人员，验收单位的验收人员。主要的有关人员符合当地建设行政主管部门的规定即为正确。

四、工程质量的验收均应在施工单位自行检查评定的基础上进行。

【释义】

这款有三个含义。一是分清责任，施工单位应对检验批、分项、分部(子分部)、单位(子单位)工程按操作依据的标准(企业标准)等进行自行检查评定。待检验批、分项、分部(子分部)、单位(子单位)工程符合要求后，再交给监理工程师、总监理工程师进行验收，以突出施工单位对施工工程的质量负责；二是企业应按不低于国家验收规范质量指标的企业标准来操作和自行检查评定。监理或总监理工程师应按国家验收规范验收，监理人员要对验收的工程质量负责；三是验收应形成资料，由企业检查人员和监理单位的监理工程师和总监理工程师签字认可。

【措施】

这款的落实措施应包括三个方面：

1. 县级当地建设行政主管部门应有具体规定,明确规定施工单位应有不低于国家标准的具体的操作规程,并按其进行培训、交底和具体操作,达到企业规定的质量目标,在检验批、分项、分部(子分部)、单位(子单位)工程的交付验收前,必须自行检查评定,达到企业施工技术标准规定的质量指标(不低于国标质量验收规范),才能交监理(或建设单位)进行验收。

2. 施工企业必须制订有不低于国家质量验收规范的操作依据——企业标准,企业标准是经总工程师或企业技术负责人批准,有批准人签字、批准日期、执行日期,有标准名称及编号。在企业标准体系中能查到。按其培训操作人员、进行技术交底和质量检查评定,是保证工程质量通过验收的基础。

3. 当地建设行政主管部门有健全的监督检查制度,对施工单位不经自行组织检查评定合格,或不经检查评定,不执行企业标准和国家质量验收规范,将不合格的工程[含检验批、分项、分部(子分部)、单位(子单位)工程]交出验收的,要进行处罚或给予不良行为记录出示。

同时,对监理单位(或建设单位)不按国家工程质量验收规范验收,将达不到合格的工程通过验收,要对监理(或建设)单位进行处罚或给予不良行为记录出示。同时,对达到国家工程质量验收规范而不验收的行为也要给予批评。以保证工程质量施工企业先检查评定合格,再验收的基本程序的贯彻落实。

【检查】

检查中重点注意两个方面。一是施工企业的操作依据及其执行情况的技术管理制度,施工企业质量控制措施的落实情况,自行检查的程序是否落实;二是检查监理单位是否是在施工企业自行检查评定合格的基础上进行验收。在检验批、分项、分部(子分部)、单位(子单位)工程等验收表上签字认可。

【判定】

各项验收记录表各方按程序签认了,即为正确。

五、隐蔽工程在隐蔽前应由施工单位通知有关单位进行验收,并应形成验收文件。

【释义】

这款也是程序规定。施工单位应对隐蔽工程先进行检查,符合要求后通知建设单位、监理单位、勘察、设计单位和质量监督单位等参加验收,对质量控制有把握时,也可按工程进度先通知,然后先行检查,或与有关人员一起检查认可。应由施工单位先填好验收表格,并填上自检的数据、质量情况等;然后再由监理工程师验收、并签字认可,形成文件。监理可以旁站或平行监理,也可抽查检验,这些应在监理方案中明确。

【措施】

这款的落实措施重点是施工企业要建立隐蔽工程验收制度,在施工组织设计中,对隐蔽验收的主要部位及项目列出计划,与监理工程师进行商量后确定下来。这样的好处,一是落实隐蔽验收的工作量及资料数量;二是使监理等有关方面心中有数,到了一定的部位就可主动安排时间,施工单位一通知,就能马上到;三是督促了施工单位必要的部位要按计划进行隐蔽验收。通知可提前一定的时间,但也应是自行验收合格后,再请监理工程师验收。

【检查】

这款的检查应在审查施工组织设计时就进行检查,检查有没有隐蔽工程验收计划;并应由监理单位来证实;监理单位也应该明确重要部位、重要工序的隐蔽工程的验收,并应与施工单位协商一致,列出自己的计划。

【判定】

有计划,各验收部位监理能及时到场验收,并形成隐蔽工程验收文件,有不少于三方的签认,即为正确。

六、涉及结构安全的试块、试件以及有关材料,应按规定进行见证取样检测。

【释义】

这款是为了加强工程结构安全的监督管理,保证建筑工程质量检测工作的科学性、公正性和准确性。建设部以〔2000〕211 号文“关于印发《房屋建筑工程和市政基础设施工程实施见证取样和送检的规定》的通知”,通知对其检测范围、数量、程序都做了具体规定。在建筑工程质量验收中,应按其规定执行。鉴于检测会增加工程造价,如果超出这个范围,其他项目进行见证取样检测的,应在承包合同中做出规定,并明确费用承担方,施工单位应在施工组织设计中具体落实。

文件规定的范围、数量如下:

1. 范围:下列试块、试件和材料必须实施见证取样和送检:

(1)用于承重结构的混凝土试块;

(2)用于承重墙体的砌筑砂浆试块;

(3)用于承重结构的钢筋及连接接头试件;

(4)用于承重墙的砖和混凝土小型砌块;

(5)用于拌制混凝土和砌筑砂浆的水泥;

(6)用于承重结构的混凝土中使用的掺加剂;

(7)地下、屋面、厕浴间使用的防水材料;

(8)国家规定必须实行见证取样和送检的其他试块、试件和材料。

2. 数量:见证取样和送检的比例不得低于有关技术标准中规定应取样数量的30%。

【措施】

这款的落实措施是:

1. 按建建〔2000〕211 号文确定该工程的材料种类和所需见证取样的项目及数量。注意项目不要超出 211 号文的规定,数量也要按规定取样数量的30%。

2. 按规定确定见证人员,见证人员应为建设单位或监理单位具备建筑施工试验知识的专业技术人员担任,并通知施工单位、检测单位和监督机构等。

3. 见证人应在试件或包装上做好标识、封套、标明工程名称、取样日期、样品名称及数量及见证人签名。

4. 见证及取样人员应对见证试样的代表性和真实性负责。见证人员应作见证记录,并归入施工技术档案。

5. 检测单位应按委托单,检查试样上的标识和封套,确认无误后,再进行检测。检测应符合有关规定和技术标准,检测报告应科学、真实、准确。检测报告除按正常报告签章外,还应加盖见证取样检测的专用章。

6. 定期检查其结果,并与施工单位质量控制试块的评定结果比较,及时发现问题及时纠正。

【检查】

检查有关措施的落实情况,人员确定正确;有见证取样送检的制度;并能落实执行;试验报告内容及程序等正确;有定期试验结果对比资料等。

【判定】

以上检查条款基本做到,即为正确。

七、检验批的质量应按主控项目和一般项目验收。

【释义】

这里包括二个方面的含义。一是验收规范的内容不全是检验批验收的内容,除了检验批的主控项目、一般项目外,还有总则,术语及符号、基本规定、一般规定等,对其施工工艺、过程控制、验收组织、程序、要求等的辅助规定。除了黑体字的强制性条文应作为强制执行的内容外,其他条文不作为验收内容。二是检验批的验收内容,只按列为主控项目、一般项目的条款来验收,只要这些条款达到规定后,检验批就应通过验收。不能随意扩大内容范围和提高质量标准。如需要扩大内容范围和提高质量标准时,可在承包合同中规定,并明确增加费用及扩大部分的验收规范和验收的人员等事项。

这些要求既是对执行验收的人员做出的规定,也是对各专业验收规范编写时的要求。

【措施】

这款的落实措施由规范组制订每个检验批验收表,推荐使用。这样全国就比较统一了。

【检查】

检查检验批验收的内容是否与推荐表的内容一致,或就是使用推荐的表。

【判定】

检查使用推荐的表格,或其内容与推荐表格的内容一致,即为正确。

八、对涉及结构安全和使用功能的重要分部工程应进行抽样检测。

【释义】

这款是这次验收规范修订的重大突破,以往工程完工后,通常是不能进行检测的,按设计文件要求施工完成就行了。以往多是过程中的检查或该工序完成后的检查。但是,有些工序当有关工序完成后很可能改变了前道工序原来的质量情况,如钢筋位置、绑扎完钢筋检查,位置都是符合要求的,但将混凝土浇筑完,钢筋的位置是否保持原样,就不好判定了,就需要验证检测。还有混凝土强度的实体检测、防水效果检测、管道强度及畅通的检测等,都需要验证性的检测。这样对正确评价工程质量很有帮助。这些项目在分部(子分部)工程中给出,可以由施工、监理、建设单位等一起抽样检测,也可以由施工方进行,请有关方面的人员参加。监理、建设单位等也可自己进行验证性抽测。但抽测范围、项目应严格控制,以免增加工程费用。目前,建议以验收规范列出的项目为准,不要再扩大和增加,维持一段时间以后,再做研究。同行们在执行中,有什么意见或建议,请告诉我们。

【措施】

抽测的项目已在各专业验收规范分部(子分部)工程中列出来了,为保证其抽样及时,就尽量在分部(子分部)工程中抽测,不要等到单位工程验收时才检测。为保证其规范性,施工单位应在施工开始就制订施工质量检验制度,将检测项目、检测时间、使用的方法标准、检测单位等说明,提高检测的计划性,保证检测项目的及时进行。

【检查】

对照抽测项目,检查施工单位制订的施工质量抽样检验制度。

【判定】

按规定的项目检测,都有检测计划,并都进行了检测,结果符合要求,即为正确。

九、承担见证取样检测及有关结构安全检测的单位应具有相应资质。

【释义】

这是保证见证取样检测、结构安全和使用功能抽样检测的数据可靠和结果的可比性,以及检测的规范性,确保检测的准确。检测单位应有相应的资质,操作人员应有上岗证,有必要的管理制度和检测程序及审核制度,有相应的检测方法标准,设备、仪器应通过计量认可,在有效期内,保持良好的精度状态。

相应资质是指经过管理部门确认其是该项检测任务的单位,具有相应设备及条件,人员经过培训有上岗证;有相应的管理制度,并通过计量部门的认可。不一定是当地的检测中心等检测单位,应考虑就近,以减少交通费用及时间。

【措施】

这款落实措施是在开工前制定施工质量检测制度,针对检测项目,应对检测单位进行资质查对,符合检测项目资质的检测单位才能承担其检测任务。符合要求后,再确定下来,给予检测委托书。

【检查】

检测单位由当地县级以上建设主管部门发的资质证书,人员上岗证。施工单位制订的有针对性的施工质量检测项目计划和制度,以及检测结果的规范性和可比性。

【判定】

先验收检测单位的资格,符合要求的,才能进行检测,并注明资质的文件,即为正确。

十、工程的观感质量应由验收人员通过现场检查,并应共同确认。

【释义】

这次验收规范为了强调完善手段和确保结构质量,对观感质量放到比较次要位置。但不能不要,一是观感质量还得兼顾,二是完工后的现场综合检查很必要,可以对工程的整体效果有一个核实,宏观性对工程整体进行一次全面验收检查,其内容也不仅局限于外观方面,如对缺损的局部,提出进一步完善修改;对一些可操作的部件,进行试用,能开启的进行开启检查等,以及对总体的效果进行评价等。但由于这项工作受人为及评价人情绪的影响较大,对不影响安全、功能的装饰等外观质量,只评出好、一般、差。而且规定并不影响工程质量的验收。好,一般都没有什么可说,通过验收就完了;但对差的评价,能修的就修,不能修的就协商解决。其评好、一般、差的标准,原则就是各分项工程的主控项目及一般项目中的有关标准,由验收人员综合考虑。故提出通过现场检查,并应共同确定。现场检查,房屋四周尽量走到,室内重要部位及有代表性房间尽量看到,有关设备能运行的尽可能要运行。验收人员以监理单位为主,由总监理工程师组织,不少于3个监理工程师参加,并有施工单位的项目经理、技术、质量部门的人员及分包单位项目经理及有关技术、质量人员参加,其观感质量的好、一般、差,经过现场检查,在听取各方面的意见后,由总监理工程师为主导和监理工程师共同确定。

这样做既能将工程的质量进行一次宏观全面评价,又不影响工程的结构安全和使用功能的评价,突出了重点,兼顾了一般。

【措施】

这款的落实措施是由总监理工程师负责,在监理计划中写明,监督部门监督落实。

【检查】

工程开工前或施工过程中,检查监理计划及执行情况,并在竣工验收的监督中作为一项主要内容,在监督报告中给予评价,是否做到。

【判定】

做到现场检查的程序,并由总监理工程师组织检查,即为正确。

第二节　第5.0.4条应用指南

5.0.4条　单位(子单位)工程质量验收合格应符合下列规定:

1. 单位(子单位)工程所含分部(子分部)工程的质量均应验收合格。

2. 质量控制资料应完整。

3. 单位(子单位)工程所含分部工程有关安全和功能的检测资料应完整。

4. 主要功能项目的抽查结果应符合相关专业质量验收规范的规定。

5. 观感质量验收应符合要求。

单位工程质量验收列为强制性标准条文的目的。单位工程的质量验收是建筑产品交给用户的最后一道手续,其质量验收是最后一道把关,对其进行资料、功能、外观等全面检查是应该的,是保护用户权益的必要措施。

单位(子单位)工程质量验收是统一标准两项内容中的一项,这部分内容只在统一标准中有,其他专业质量验收规范中没有。这部分内容是单位(子单位)工程的质量验收,是工程质量验收的最后一道把关,是对工程质量的一次总体综合评价,所以,标准规定为强制性条文,列为工程质量管理的一道重要程序。

【释义】

参与建设的各方责任主体和有关单位及人员,应该重视这项工作,认真做好单位(子单位)工程质量的竣工验收,把好工程质量关。

单位(子单位)工程质量验收,总体上讲还是一个统计性的审核和综合性的评价。是通过核查分部(子分部)工程验收质量控制资料,有关安全、功能检测资料,进行必要的主要功能项目的复核及抽测以及总体工程观感质量的现场实物质量验收。

本条规定了一个单位工程质量验收的五个方面的内容,下面逐条给予说明:

1. 单位(子单位)工程所含分部(子分部)工程的质量均应验收合格,这是个基本条件,贯彻了过程控制的原则,逐步由检验批、分项到分部(子分部)、到单位(子单位)工程的验收,突出了工程质量的特点,及工程质量的控制。

这项工作,总承包单位应事前进行认真准备,将所有分部、子分部工程质量验收的记录表及时进行收集整理,并列出目次表,依序将其装订成册。在核查及整理过程中,应注意以

下三点:

（1）核查各分部工程中所含的子分部工程是否齐全。

（2）核查各分部、子分部工程质量验收记录表的质量评价是否完善,有分部、子分部工程质量的综合评价、有质量控制资料的评价、地基与基础及主体结构和设备安装分部(子分部)工程规定的有关安全及功能的检测和抽测项目的检测记录,以及分部(子分部)工程观感质量的评价等。

（3）核查分部(子分部)工程质量验收记录表的验收人员是否是规定的有相应资质的技术人员,并进行了评价和签认。

2. 质量控制资料应完整。总承包单位应将各分部(子分部)工程应有的质量控制资料进行核查。核查图纸会审及变更记录、定位测量放线记录、施工操作依据、原材料、构配件等质量证书、按规定进行检验的检测报告、隐蔽工程验收记录、施工中有关施工试验、测试、检验等,以及抽样检测项目的检测报告等,由总监理工程师进行核查确认,可按单位工程所包含的分部(子分部)分别核查,也可综合抽查,其目的是强调建筑结构、设备性能、使用功能方面主要技术性能的检验。能说明工程质量是安全的,使用功能是保证的。

3. "单位(子单位)工程所含分部工程有关安全和功能的检测资料应完整"。单位工程有关安全、功能的检测按统一标准的规定,其检测项目尽可能在子分部、分部工程中完成,在单位工程验收时,检查其资料是否完整,包括该检测的项目检测、检测程序、检验方法和检验报告的结果都达到规范规定的要求。

4. 主要功能项目的抽查结果应符合相关专业质量验收规范的规定。一些抽查检测项目,不能在分部(子分部)进行检测的,只有到单位工程中检测,有的也只有到单位工程检测才有意义。

通常主要功能抽测项目,应为有关项目最终的综合性的使用功能,如室内环境检测、屋面淋水检测、照明全负荷试验检测、智能建筑系统运行等。只有最终抽测项目效果不佳,或其他原因,必须进行中间过程有关项目的检测时,要与有关单位共同制订检测方案,并要制订成品保护措施,采取完善的保护措施后进行,总之,主要功能抽测项目的进行,不要损坏建筑成品。

5. 观感质量验收应符合要求。观感质量评价是工程的一项重要评价工作,是全面评价一个分部(子分部)、单位工程的外观及使用功能质量,促进施工过程的管理、成品保护,提高社会效益和环境效益的工作。观感质量检查绝不是单纯的外观检查,而是实地对工程的一个全面检查,核实质量控制资料,核查分项、分部工程验收的正确性,以及在分部工程中不能检查的项目进行检查等。如工程完工,绝大部分的安全可靠性能和使用功能已达到要求,查看不应出现的裂缝的情况,地面空鼓、起砂、墙面空鼓粗糙,门窗开关不灵、关闭不严等项目的质量缺陷,就说明在分项、分部工程验收时,掌握标准不严。分项分部无法测定和不便测定的项目,在单位工程观感评价中,给予核查。如建筑物的全高垂直度、上下窗口位置偏移及一些线角顺直等项目,只有在单位工程质量最终检查时,才能了解得更确切。

【措施】

措施是保证强制性条文贯彻执行的条件,是检查执行强制性条文的重要内容。在实际中应结合工程特点及环境,制订具体措施,通常的措施是:

1. 单位(子单位)工程所含分部(子分部)工程的质量均应验收合格。措施是做好检验批及分项工程的验收工作,是分部(子分部)工程通过验收的基础。同时,检查分部(子分部)工程验收的程序,签认人员的意见签认完整。具体是每个分部(子分部)所含的分项工程的质量验收合格、质量控制资料能达到完整、观感质量符合规定、抽测项目检查结果符合有关规定。

2. 质量控制资料应完整。措施是按子分部工程逐项核查,以反映该子分部工程质量状况,其结果达到验收规范的规定。

3. 单位(子单位)工程所含分部工程有关安全和功能的检测资料应完整。措施是:

这项指标是这次验收规范修订中,新增加的一项内容。目的是确保工程的安全和使用功能。在分部、子分部工程提出了一些检测项目,在分部、子分部工程检查和验收时,应进行检测来保证和验证工程的综合质量和最终质量。这种检测(检验)应由施工单位来检测,检测过程中可请监理工程师或单位有关负责人参加监督检测,工作达到要求后,形成检测记录并签字认可。

4. 主要功能项目的抽查结果应符合相关专业质量验收规范的规定。措施:这项抽查检测多数还是复查性的和验证性的。主要功能抽测项目已在各分部、子分部工程中列出,有的是在分部、子分部完成后进行检测,有的还要待相关分部、子分部工程完成后才能检测,有的则需要待单位工程全部完成后进行检验。

5. 观感质量应符合要求,措施是进行现场检查,按照检验批主控项目、一般项目的有关观感检查的内容,宏观进行检查,并结合当地质量水平,按好、一般、差给出评价。

【检查】
检查各项目的验收是否符合有关规定的内容、程序,其质量指标是否达到规定的要求。

【判定】
1. 对一个分部(子分部)工程系统核查工程的结构安全和它的重要使用功能,而是从总体上通过核查质量控制资料来评价分部(子分部)工程的结构安全性与使用功能。但目前由于各种原因当一个分部(子分部)工程的质量控制资料虽有欠缺,但能反映其结构安全和使用功能,是满足设计要求的,则可以判定该工程的质量控制资料为完整的。

2. 由于每个工程的具体情况不一,因此什么是完整,要视工程特点和已有资料的情况而定。总之,有一点要掌握,即验收或核验分部(子分部)工程质量时,核查的质量控制资料,看其是否可以反映工程的结构安全和使用功能,是否达到设计要求。如果能反映和达到上述要求,即使有些欠缺也可判定为是完整。

3. 在单位(子单位)工程验收时,监理工程师应对各分部(子分部)工程应检测的项目进行核对,对检测资料的数量、数据及使用的检测方法标准、检测程序进行核查,核查有关人员的签认情况,以及该项内容做出通过或通不过的结论等。认为结论是正确的,则判定为符合要求。

4. 需在单位工程抽查检测的项目,其结果符合有关专业验收规范的规定,则判定为符合要求。

5. 对观感质量判定,只要是总监理工程师组织进行现场检查,并做出结论的,则判定为符合要求。

第三节　第5.0.7条应用指南

5.0.7条　通过返修或加固处理仍不能满足安全使用要求的分部工程、单位(子单位)工程,严禁验收。

列为强制性条文的目的。这条规定是确保使用安全的基本要求。在实际中,总还是有极少数、个别的工程,质量达不到验收规范的规定。就是进行返工或加固补强也难达到保证安全的要求,或是加固代价太大,不值得,或是建设单位不同意。这样的工程必须拆掉重建,不能保留。为了保证人民群众的生命财产安全、社会安定,政府工程建设主管部门必须严把这个关,这样的工程不能允许流向社会。同时,对造成这些劣质工程的责任主体,要给予严厉的处罚。

【释义】

这种情况是在对工程质量进行鉴定之后,加固补强技术方案制订之前,就能进行判断的情况,由于质量问题的严重,使用加固补强效果不好,或是费用太大不值得加固处理,以及加固处理后仍不能达到保证安全、功能的情况。这种工程不值得再加固处理了,应坚决拆掉。

【措施】

就是用检测手段取得有关数据,特别要处理好检测手段的科学性、可靠性,检测机构要有相应的资质,人员要有相应的资质,持证上岗。召开专家论证会,来确定是否有加固补强的意义,如能采取措施使工程发挥作用的,尽可能挽救。否则,必须坚决拆除。这条作为强制性条文,必须坚决执行。

【检查】

该工程是否经过检测、召开专家会进行论证,有论证的结论就行,就说明是符合程序的。

【判定】

只要专家论证会的结论是不能加固或虽能加固,但其经济上不合算时,即可判定是正确的。

第四节　第6.0.3条应用指南

6.0.3条　单位工程完工后,施工单位应自行组织有关人员进行检查评定,并向建设单位提交工程验收报告。

列为强制性条文的目的。单位工程完工后,施工单位应自行组织有关人员进行检查评定,并向建设单位提交工程验收报告。这是一条程序性的条文,又体现了分清质量责任,施工企业应尽的义务,作为强制性条文,将这项工作强化,以促进施工企业的质量管理工作。

【释义】

这条规定是体现施工单位对承担施工的工程质量负责的条文,施工单位应自行检查达到合格,才能交给监理单位(建设单位)验收。施工单位应进行的程序,用强制性标准条文规定下来,便于对施工行为的检查和考核。这也有利于分清质量责任,严格建设程序。

【措施】

施工企业的领导层及各部门,必须建立凡出厂的产品应达到国家标准的要求,才算完成了一个生产单位的基本任务,这是一个企业立业之本,所以在生产中必须制订有效措施,确保工程质量。在工程完工之后,用数据、事实来证明自己企业的成果,请用户来给自己的产品质量评价,不断改进或提高自己的质量水平和服务水平。

其措施就是要制订好自己企业的企业标准,来保证完成国家验收规范的要求。施工中提高管理和操作水平,达到一次成活、一次成优,不仅创出新的质量水平,也会创出好的经济效益。

【检查】

检查企业是否建立标准化体系,其企业标准的建立和管理是否落实,质量检查评定制度是否明确。并检查其检查是否认真按标准按程序正确进行。

【判定】

工程完工后,施工单位能及时组织自行检查评定,不进行自我验收,又能及时向建设单位提交验收报告的,即判定为符合要求。

第五节　第6.0.4条应用指南

6.0.4条　建设单位收到工程验收报告后,应由建设单位(项目)负责人组织施工(含分包单位)、设计、监理等单位(项目)负责人进行单位(子单位)工程验收。

列为强制性条文的目的。建设单位收到工程验收报告后,应由建设单位(项目)负责人组织施工(含分包单位)、设计、监理等单位(项目)负责人进行单位(子单位)工程验收。

这条也是一个程序性条文,也是明确建设单位的质量责任,以维护建设单位的利益和国家利益,给工程投入使用前,进行一次综合验收,以确保工程的使用安全和合法性。

【释义】

这条规定是体现建设单位对建设项目质量负责的条文,建设单位应组织有关人员按设计、施工合同要求,全面检查工程质量,做出验收或不验收的决定。这是建设单位应进行的程序,用强制性标准条文规定下来,便于建设单位的质量行为进行检查。也是建设单位对工程的一次全面评价检查,对工程项目进行总结的一个重要部分。

【措施】

建设单位应制订工程管理制度,将工程竣工验收作为一项重要内容,要求监理单位协助做好有关技术工作和具体事项。按规定,在接到施工单位提交的工程质量验收报告后,在规定时间内,组织竣工验收。在实际工作中,不一定等施工单位的报告,可同时进行准备竣工验收事项,报告只是一个程序而已。按验收程序及工程质量验收规范的规定,逐项进行检查、评价。技术工作应由监理单位提供有关资料。在综合验收的基础上,最后给出通过或不通过的综合验收结论。

【检查】

检查建设单位是否按程序组织验收,以及验收的标准是否适当,是不是形成走过场等。

【判定】

对不进行竣工验收、不按程序、不按验收规范规定进行验收,或将不合格项目验收为合格等都是违法的。否则判定为符合要求。

第六节　第6.0.7条应用指南

6.0.7条　单位工程质量验收合格后,建设单位应在规定时间内将工程竣工验收报告和有关文件,报建设行政管理部门备案。

列为强制性条文的目的。单位工程质量验收合格后,建设单位应在规定的时间内,向建设行政主管部门备案。

这是一条程序性的条文,列为强制性条文,是为了提高建设单位的责任心,体现社会主义市场经济下,政府对人民负责,督促建设单位搞好工程建设,使其符合国家工程质量验收规范的要求。工程是一个特殊的产品,社会性很强,其质量不好,会危及人民生命安全和社会稳定。也是政府规定建设单位应尽工程质量责任主体的最后一道重要程序,以确保工程的使用安全。

【释义】

这条是程序性的规定,是体现建设单位对工程项目负责的条文,一个工程有开始,有结束,是完整的。体现了一个工程建设过程的全面完成,是法律、法规规定工程启用的必要条件,也便于对建设单位质量行为的检查。是确保工程质量安全的一个重要程序,也是最后一道程序。

【措施】

措施是建设单位应遵守国家建设法规,做好一个建设质量责任主体的职责,主动制定有关规定,及时整理资料,在规定期限内向建设行政主管部门备案。在实际运行中,备案资料边验收就边准备就绪。

【检查】

是否平时做好有关竣工备案的各项准备工作,及时向政府备案。

【判定】

在规定时间内不向建设行政主管部门备案,或资料不全备案的单位是不予验收的,以及边备案就开始使用的,更严重的不备案就使用的,都是违法的。应判定为不符合要求。

建筑工程施工强制性条文检查记录

表1 基本要求

受检地区： 时间： 年 月 日

工程名称			结构类型	
建设单位			受检部位	
施工单位			负责人	
项目经理		技术负责人	开工日期	

《建筑工程施工质量验收统一标准》GB 50300—2001

条　号	项　目	检 查 内 容	判　定			
3.0.3	施工质量验收		A	B	C	D
	技术标准	施工技术标准储备、执行、降低、验收	A	B	C	D
	勘察、设计	按图施工、技术交底、设计变更、组织设计	A	B	C	D
	人员资格	项目经理、技术负责人、质检员、监理工程师	A	B	C	D
	验收过程	施工自检、监理(建设)单位验收	A	B	C	D
	隐蔽工程验收		A	B	C	D
	见证取样检测	措施、制度、人员、报告、结果分析	A	B	C	D
	检验批	主控项目和一般项目的填写制度及落实	A	B	C	D
	抽样检测	制度、检测结果	A	B	C	D
	检测单位	单位资格、人员、结果的规范性	A	B	C	D
	观感单位	监理计划	A	B	C	D
5.0.4	单位(子单位)	分部(子分部)、控制资料、安全和功能检测、抽查结果、观感验收	A	B	C	D
5.0.7	严禁验收	加固、论证、判定	A	B	C	D
6.0.3	验收报告	自检报告、检查程序	A	B	C	D
6.0.4	工程验收	监理(建设)单位验收程序、报告内容	A	B	C	D
6.0.7	工程备案	备案准备、时间	A	B	C	D
			A	B	C	D
			A	B	C	D
			A	B	C	D

"判定"填写说明：

1. A 表示符合强制性标准；B 表示可能违反强制性标准，经检测单位检测，设计单位核定后，再判定；C 表示违反强制性标准；D 表示严重违反强制性标准。

2. 由多项内容组成为一条的强制性条文，取最低级判定为条的判定。

第四章　表格编制及填表说明

第一节　施工现场质量管理检查记录表

该表是第3.0.1条的附表,健全的质量管理体系的具体要求。一般一个标段或一个单位(子单位)工程检查一次,在开工前检查,由施工单位现场负责人填写,由监理单位的总监理工程师(建设单位项目负责人)验收。下面分三个部分来说明填表要求和填写方法。

一、表头部分

填写参与工程建设各方责任主体的概况。由施工单位的现场负责人填写。

工程名称栏。应填写工程名称的全称,与合同或招投标文件中的工程名称一致。

施工许可证(开工证),填写当地建设行政主管部门批准发给的施工许可证(开工证)的编号。

建设单位栏填写合同文件中的甲方,单位名称也应写全称,与合同签章上的单位名称相同。建设单位项目负责人栏,应填合同书上签字人或签字人以文字形式委托的代表——工程的项目负责人。工程完工后竣工验收备案表中的单位项目负责人应与此一致。

设计单位栏填写设计合同中签章单位的名称,其全称应与印章上的名称一致。设计单位的项目负责人栏,应是设计合同书签字人或签字人以文字形式委托的该项目负责人,工程完工后竣工验收备案表中的单位项目负责人也应与此一致。

监理单位栏填写单位全称,应与合同或协议书中的名称一致。总监理工程师栏应是合同或协议书中明确的项目监理负责人,也可以是监理单位以文件形式明确的该项目监理负责人,必须有监理工程师任职资格证书,专业要对口。

施工单位栏填写施工合同中签章单位的全称,与签章上的名称一致。项目经理栏、项目技术负责人栏与合同中明确的项目经理、项目技术负责人一致。

表头部分可统一填写,不需具体人员签名,只是明确了负责人的地位。

二、检查项目部分

填写各项检查项目文件的名称或编号,并将文件(复印件或原件)附在表的后面供检查,检查后应将文件归还。

1. 现场质量管理制度。主要是图纸会审、设计交底、技术交底、施工组织设计编制审批程序、工序交接、质量检查评定制度,质量好的奖励及达不到质量要求处罚办法,以及质量例会制度及质量问题处理制度等。

2. 质量责任制栏,质量负责人的分工,各项质量责任的落实规定,定期检查及有关人员奖罚制度等。

3. 主要专业工种操作上岗证书栏。测量工,起重、塔吊等垂直运输司机,钢筋、混凝土、机械、焊接、瓦工、防水工等建筑结构工种。

电工、管道等安装工种的上岗证,以当地建设行政主管部门的规定为准。

4. 分包方资质与对分包单位的管理制度栏。专业承包单位的资质应在其承包业务的范围内承建工程,超出范围的应办理特许证书,否则不能承包工程。在有分包的情况下,总承包单位应有管理分包单位的制度,主要是质量、技术的管理制度等。

5. 施工图审查情况栏,重点是看建设行政主管部门出具的施工图审查批准书及审查机构出具的审查报告。如果图纸是分批交出的话,施工图审查可分段进行。

6. 地质勘察资料栏:有勘察资质的单位出具的正式地质勘察报告,地下部分施工方案制定和施工组织总平面图编制时参考等。

7. 施工组织设计、施工方案及审批栏。检查编写内容、有针对性的具体措施,编制程序、内容,有编制单位、审核单位、批准单位,并有贯彻执行的措施。

8. 施工技术标准栏。是操作的依据和保证工程质量的基础,承建企业应编制不低于国家质量验收规范的操作规程等企业标准。要有批准程序,由企业的总工程师、技术委员会负责人审查批准,有批准日期、执行日期、企业标准编号及标准名称。企业应建立技术标准档案。施工现场应有的施工技术标准都有。可作培训工人、技术交底和施工操作的的主要依据,也是质量检查评定的标准。

9. 工程质量检验制度栏。包括三个方面的检验,一是原材料、设备进场检验制度;二是施工过程的试验报告;三是竣工后的抽查检测,应专门制订抽测项目、抽测时间、抽测单位等计划,使监理、建设单位等都做到心中有数。可以单独搞一个计划,也可在施工组织设计中作为一项内容。

10. 搅拌站及计量设置栏。主要是说明设置在工地搅拌站的计量设施的精确度、管理制度等内容。预拌混凝土或安装专业就没有这项内容。

11. 现场材料、设备存放与管理栏。这是为保证材料、设备质量必须有的措施。要根据材料、设备性能制订管理制度,建立相应的库房等。

三、检查项目填写内容

1. 直接将有关资料的名称写上,资料较多时,也可将有关资料进行编号,将编号填写上,注明份数。

2. 填表时间是在开工之前,监理单位的总监理工程师(建设单位项目负责人)应对施工现场进行检查,这是保证开工后施工顺利和保证工程质量的基础,目的是做好施工前的准备。

3. 填写由施工单位负责人填写,填写之后,并将有关文件的原件或复印件附在后边,请总监理工程师(建设单位项目负责人)验收核查,验收核查后,返还施工单位,并签字认可。

4. 通常情况下一个工程的一个标段或一个单位工程只查一次,如分段施工、人员更换,或管理工作不到位时,可再次检查。

5. 如总监理工程师或建设单位项目负责人检查验收不合格,施工单位必须限期改正,否则不许开工。

填写式样见附录 A,施工现场质量管理检查记录表。

第二节　检验批质量验收记录表

一、表的名称及编号

检验批验收表为附录 D.0.1。

检验批由监理工程师或建设单位项目技术负责人组织项目专业质量检查员等进行验收,表的名称应在制订专用表格时就印好,前边印上分项工程的名称。表的名称下边注上"质量验收规范的编号"。

检验批表的编号按全部施工质量验收规范系列的分部工程、子分部工程统一为 8 位数的数码编号,写在表的右上角,前 6 位数字均印在表上,后留二个□,检查验收时填写检验批的顺序号。其编号规则为:

前边两个数字是分部工程的代码,01～09。地基与基础为 01,主体结构为 02,建筑装饰装修为 03,建筑屋面为 04,建筑给水排水及采暖为 05,建筑电气为 06,智能建筑为 07,通风与空调为 08,电梯为 09。

第 3、4 位数字是子分部工程的代码。

第 5、6 位数字是分项工程的代码。

其顺序号见统一标准附录 B,表 B.0.1,建筑工程分部(子分部)工程、分项工程划分表。

第 7、8 位数字是各分项工程检验批验收的顺序号。由于在大体量高层或超高层建筑中,同一个分项工程会有很多检验批的数量,故留了 2 位数的空位置。

如地基与基础分部工程,无支护土方子分部工程,土方开挖分项工程,其检验批表的编号为 010101□□,第一个检验批编号为:010101⓪①。

还需说明的是,有些子分部工程中有些项目可能在两个分部工程中出现,这就要在同一个表上编 2 个分部工程及相应子分部工程的编号;如砖砌体分项工程在地基与基础和主体结构中都有,砖砌体分项工程检验批的表编号为:010701□□、020301□□。

有些分项工程可能在几个子分部工程中出现,这就应在同一个检验批表上编几个分部工程及子分部工程的编号。如建筑电气的接地装置安装,在室外电气、变配电室、备用和不间断电源安装及防雷接地安装等子分部工程中都有。

其编号为:060109□□

060206□□

060608□□

060701□□

编号中的第 5、6 位数字分别是:第一行 09,是室外电气子分部工程的第 9 个分项工程,第二行的 06 是变配电室子分部工程的第 6 个分项工程,其余类推。

另外,有些规范的分项工程,在验收时也将其划分为几个不同的检验批来验收。如混凝土结构子分部工程的混凝土分项工程,分为原材料及配合比设计、混凝土施工 2 个检验批来验收。又如建筑装饰装修分部工程建筑地面子分部工程中的基层分项工程,其中有几种不同的检验批。故在其表名下加标罗马数字(Ⅰ)、(Ⅱ)、(Ⅲ)……。

二、表头部分的填写

1. 检验批表编号的填写,在 2 个方框内填写检验批序号。如为第 11 个检验批则填为①

①。

2. 单位(子单位)工程名称,按合同文件上的单位工程名称填写,子单位工程标出该部分的位置。分部(子分部)工程名称,按验收规范划定的分部(子分部)名称填写。验收部位是指一个分项工程中的验收的那个检验批的抽样范围,要标注清楚,如一层①~15轴线砖砌体。

施工单位、分包单位,填写施工单位的全称,与合同上公章名称一致。项目经理填写合同中指定的项目负责人。在装饰、安装分部工程施工中,有分包单位时,也应填写分包单位全称,分包单位的项目经理也应是合同中指定的项目负责人。这些人员由填表人填写,不要本人签字,只是标明他是项目负责人。

3. 施工执行标准名称及编号。这是这次验收规范编制的一个基本思路,由于验收规范只列出验收的质量指标,其工艺等只提出一个原则要求,具体的操作工艺就靠企业标准了。只有按照不低于国家质量验收规范的企业标准来操作,才能保证国家验收规范的实施。如果没有具体的操作工艺,保证工程质量就是一句空话。企业必须制订企业标准(操作工艺、工艺标准、工法等),来进行培训工人,技术交底,来规范工人班组的操作。为了能成为企业的标准体系的重要组成部分,企业标准应有编制人、批准人、批准时间、执行时间、标准名称及编号。填写表时只要将标准名称及编号填写上,就能在企业的标准系列中查到其详细情况,并要在施工现场有这项标准,工人在执行这项标准。

三、质量验收规范的规定栏

质量验收规范的规定填写具体的质量要求,在制表时就已填写好验收规范中主控项目、一般项目的全部内容。但由于表格的地方小,多数指标不能将全部内容填写下,所以,只将质量指标归纳、简化描述或题目及条文号填写上,作为检查内容提示,以便查对验收规范的原文;对计数检验的项目,将数据直接写出来。这些项目的主要要求用注的形式放在表的背面。如果是将验收规范的主控、一般项目的内容全摘录在表的背面,这样方便查对验收条文的内容。根据以往的经验,这样做就会引起只看表格,不看验收规范的后果,规范上还有基本规定、一般规定等内容,它们虽然不是主控项目和一般项目的条文,但这些内容也是验收主控项目和一般项目的依据。所以验收规范的质量指标不宜全抄过来,故只将其主要要求及如何判定注明。这些在制表时就印上去了。

四、主控项目、一般项目施工单位检查评定记录

填写方法分以下几种情况,判定验收不验收均按施工质量验收规定进行判定。

1. 对定量项目直接填写检查的数据。

2. 对定性项目,当符合规范规定时,采用打"√"的方法标注;当不符合规范规定时,采用打"×"的方法标注。

3. 有混凝土、砂浆强度等级的检验批,按规定制取试件后,可填写试件编号,待试件试验报告出来后,对检验批进行判定,并在分项工程验收时进一步进行强度评定及验收。

4. 对既有定性又有定量的项目,各个子项目质量均符合规范规定时,采用打"√"来标注;否则采用打"×"来标注。无此项内容的打"/"来标注。

5. 对一般项目合格点有要求的项目,应是其中带有数据的定量项目;定性项目必须基本达到。定量项目其中每个项目都必须有80%以上(混凝土保护层为90%)检测点的实测数值达到规范规定。其余20%按各专业施工质量验收规范规定,不能大于150%,钢结构为

120％，就是说有数据的项目，除必须达到规定的数值外，其余可放宽的，最大放宽到150％。

"施工单位检查评定记录"栏的填写，有数据的项目，将实际测量的数值填入格内，超企业标准的数字，而没有超过国家验收规范的用"○"将其圈住；对超过国家验收规范标准，而没有超过1.5倍的用"△"圈住。

五、监理(建设)单位验收记录

通常监理人员应进行平行、旁站或巡回的方法进行监理，在施工过程中，对施工质量进行察看和测量，并参加施工单位的重要项目的检测。对新开工程或首件产品进行全面检查，以了解质量水平和控制措施的有效性及执行情况，在整个过程中，随时可以测量等。在检验批验收时，对主控项目、一般项目应逐项进行验收。对符合验收规范规定的项目，填写"合格"或"符合要求"，对不符合验收规范规定的项目，暂不填写，待处理后再验收，但应做标记。

六、施工单位检查评定结果

施工单位自行检查评定合格后，应注明"主控项目全部合格，一般项目满足规范规定要求"。

专业工长(施工员)和施工班、组长栏目由本人签字，以示承担责任。专业质量检查员代表企业逐项检查评定合格，将表填写并写明结果，签字后，交监理工程师或建设单位项目专业技术负责人验收。

七、监理(建设)单位验收结论

主控项目、一般项目验收合格，混凝土、砂浆试件强度待试验报告出来后判定，其余项目已全部验收合格。注明"同意验收"。专业监理工程师、建设单位的专业技术负责人签字。

填写式样见附表B，砖砌体工程检验批质量验收记录表。

第三节　分项工程质量验收记录表

分项工程验收表为统一标准附录E.0.1。

分项工程验收由监理工程师建设单位项目专业技术负责人组织项目专业技术负责人等进行验收。分项工程是在检验批验收合格的基础上进行，通常起一个归纳整理的作用，是一个统计表，只要注意三点就可以了，一是检查检验批是否将整个工程覆盖了，有没有漏掉的部位；二是检查有混凝土、砂浆强度要求的检验批，到龄期后能否达到设计要求及规范规定；三是检验批有些检验项目无法检查时，需到竣工时才能检查的项目，在分项工程检查时验收。如墙体的全高垂直度、最后总标高等。同时，可将资料依次进行登记整理，方便管理。

表的填写：表名填上所验收分项工程的名称，表头及检验批部位、区段，施工单位检查评定结果，由施工单位项目专业质量检查员填写，由施工单位的项目专业技术负责人检查后给出评价并签字，交监理单位或建设单位验收。

监理单位的专业监理工程师(或建设单位的专业负责人)应逐项审查，同意项填写"合格或符合要求"，不同意项暂不填写，待处理后再验收，但应做标记。注明验收和不验收的意见，如同意验收并签字确认，不同意验收请指出存在问题，明确处理意见和完成时间。

填写式样见附表C，砖砌体分项工程质量验收记录表。

第四节 分部(子分部)工程质量验收记录表

分部(子分部)工程验收表为统一标准附录 F.0.1。

分部(子分部)工程验收记录表。分部(子分部)工程的验收,较88标准增加了内容,是质量控制的一个重点。由于单位工程体量的增大,复杂程度的增加,专业施工单位的增多,为了分清责任,及时整修等,分部(子分部)工程的验收就显得较重要,以往一些到单位工程验收的内容,移到分部(子分部)工程来了,除了分项工程的核查外,增加了质量控制资料核查,安全、功能项目的检测和观感质量的验收等。

分部(子分部)工程应由施工单位将自行检查评定合格的表填写好后,由项目经理交监理单位或建设单位验收。由总监理工程师组织施工项目经理及有关勘察(地基与基础分部)、设计(地基与基础及主体结构等分部)建设单位工程项目负责人进行验收,并按表的要求进行记录。

表的填写:

一、表名及表头部分

1. 表名:分部(子分部)工程的名称填写要具体,写在分部(子分部)工程的前边,并分别划掉分部或子分部。

2. 表头部分的工程名称填写工程全称,与检验批、分项工程、单位工程验收表的工程名称一致。

结构类型填写按设计文件提供的结构类型。层数应分别注明地下和地上的层数。

施工单位填写单位全称。与检验批、分项工程、单位工程验收表填写的名称一致。

技术部门负责人及质量部门负责人多数情况下填写项目的技术及质量负责人,只有地基与基础、主体结构及重要安装分部(子分部)工程应填写施工单位的技术部门及质量部门负责人。

分包单位的填写,有分包单位时才填,没有时就不填写,主体结构不应进行分包。分包单位名称要写全称,与合同或图章上的名称一致。分包单位负责人及分包单位技术负责人,填写本项目的项目负责人及项目技术负责人。

二、验收内容,共有四项内容:

1. 分项工程

按分项工程第一个检验批施工先后的顺序,将分项工程名称填写上,在第二格栏内分别填写各分项工程实际的检验批数量,即分项工程验收表上的检验批数量,并将各分项工程验收表按顺序附在表后。

施工单位检查评定栏,填写施工单位自行检查评定的结果。核查一下各分项工程是否都评定合格,有关有龄期试件的合格评定是否达到要求;有全高垂直度或总的标高的检验项目的应进行检查验收。自检符合要求的可打"√"标注。否则不能交给监理单位或建设单位验收,应进行返修达到合格后再提交验收。监理单位或建设单位由总监理工程师或建设单位项目专业技术负责人组织验收,在符合要求后,在验收意见栏内签注"同意验收"意见。

2. 质量控制资料

应按统一标准表 G.0.1-2 单位(子单位)工程质量控制资料核查记录中的相关内容来确定所验收的分部(子分部)工程的质量控制资料项目,按资料核查的要求,逐项进行核查。能基本反映工程质量情况,达到保证结构安全和使用功能的要求,即可通过验收。全部项目都通过,即可在施工单位检查评定栏内打"√"标注检查合格,并送监理单位或建设单位验收。监理单位总监理工程师组织审查,在符合要求后,在验收意见栏内签注"同意验收"意见。

有些工程可按子分部工程进行资料验收,有些工程可按分部工程进行资料验收,由于工程不同,不强求统一。

3. 安全和功能检验(检测)

这个项目是指竣工抽样检测的项目,能在分部(子分部)工程中检测的,尽量放在分部(子分部)工程中检测。检测内容按统一标准表 G.0.1-3 单位(子单位)工程安全和功能检验资料核查及主要功能抽查记录中相关内容确定核查和抽查项目。在核查时要注意,在开工之前确定的项目是否都进行了检测;逐一检查每个检测报告,核查每个检测项目的检测方法、程序是否符合有关标准规定;检测结果是否达到规范的要求;检测报告的审批程序签字是否完整。在每个报告上标注审查同意。每个检测项目都通过审查,即可在施工单位检查评定栏内打"√"标注检查合格。由项目经理送监理单位或建设单位验收,监理单位总监理工程师或建设单位项目专业负责人组织审查,在符合要求后,在验收意见栏内签注"同意验收"意见。

4. 观感质量

实际不单单是外观质量,还有能启动或运转的要启动或试运转,能打开看的打开看,有代表性的房间、部位都应走到,并由施工单位项目经理组织进行现场检查,经检查合格后,将施工单位填写的内容填写好后,由项目经理签字后交监理单位或建设单位验收。监理单位由总监理工程师或建设单位项目专业负责人组织验收,在听取参加检查人员意见的基础上,以总监理工程师或建设单位项目专业负责人为主导共同确定质量评价,好、一般、差。由施工单位的项目经理和总监理工程师或建设单位项目专业负责人共同签认。如评价观感质量差的项目,能修理的尽量修理,如果确难修理时,只要不影响结构安全和使用功能的,可采用协商解决的方法进行验收,并在验收表上注明,然后将验收评价结论填写在分部(子分部)工程观感质量验收意见栏格内。

三、验收单位签字认可。按表列参与工程建设责任单位的有关人员应亲自签名,以示负责,以便追查质量责任

勘察单位可只签认地基基础分部(子分部)工程,由项目负责人亲自签认。

设计单位可只签地基基础、主体结构及重要安装分部(子分部)工程,由项目负责人亲自签认。

施工单位总承包单位必须由项目经理亲自签认,有分包单位的分包单位也必须签认其分包的分部(子分部)工程,由分包项目经理亲自签认。

监理单位作为验收方。由总监理工程师亲自签认验收。如果按规定不委托监理单位的工程,可由建设单位项目专业负责人亲自签认验收。

填写式样见统一标准附表 F,分部(子分部)工程质量验收记录表。

第五节　单位(子单位)工程质量竣工验收记录表

单位(子单位)工程验收表为统一标准附录G(1、2、3、4)。

单位(子单位)工程质量验收由五部分内容组成,每一项内容都有自己的专门验收记录表,而单位(子单位)工程质量竣工验收记录表(表 G.0.1-1)是一个综合性的表,是各项目验收合格后填写的。

单位(子单位)工程由建设单位(项目)负责人组织施工(含分包单位)、设计单位、监理等单位(项目)负责人进行验收。单位(子单位)工程验收表中的表 G.0.1-1 由参加验收单位盖公章,并由负责人签字。表 G.0.1-2、3、4 则由施工单位项目经理和总监理工程师(建设单位项目负责人)签字。

一、表名及表头的填写

1. 将单位工程或子单位工程的名称(项目批准的工程名称)填写在表名的前边,并将子单位或单位工程的名称划掉。

2. 表头部分,按分部(子分部)表的表头要求填写。

二、验收内容之一是"分部工程",对所含分部工程逐项检查

首先由施工单位的项目经理组织有关人员逐个分部(子分部)进行检查评定。所含分部(子分部)工程检查合格后,由项目经理提交验收。经验收组成员验收后,由施工单位填写"验收记录"栏,注明共验收几个分部,经验收符合标准及设计要求的几个分部。审查验收的分部工程全部符合要求,由监理单位在验收结论栏内,写上"同意验收"的结论。

三、验收内容之二是"质量控制资料核查"

这项内容有专门的验收表格(表 G.0.1-2),也是先由施工单位检查合格,再提交监理单位验收。其全部内容在分部(子分部)工程中已经审查。通常单位(子单位)工程质量控制资料核查,也是按分部(子分部)工程逐项检查和审查,一个分部工程只有一个子分部工程时,子分部工程就是分部工程,多个子分部工程时,可一个一个地检查和审查,也可按分部工程检查和审查。每个子分部、分部工程检查审查后,也不必再整理分部工程的质量控制资料,只将其依次装订起来,前边的封面写上分部工程的名称,并将所含子分部工程的名称依次填写在下边就行了。然后将各子分部工程审查的资料逐项进行统计,填入验收记录栏内。通常共有多少项资料,经审查也都应符合要求。如果出现有核定的项目时,应查明情况,只要是协商验收的内容,填在验收结论栏内,通常严禁验收的事件,不会留在单位工程来处理。这项也是先施工单位自行检查评定合格后,提交验收,由总监理工程师或建设单位项目负责人组织审查符合要求后,在验收记录栏格内填写项数。在验收结论栏内,写上"同意验收"的意见。同时要在表 G.0.1-1 单位(子单位)工程质量竣工验收记录表中的序号 2 栏内的验收结论栏内填"同意验收"。

四、验收内容之三是安全和主要使用功能核查及抽查结果

这项内容有专门的验收表格(表 G.0.1-3),这个项目包括二个方面的内容。一是在分部(子分部)进行了安全和功能检测的项目,要核查其检测报告等验收资料结论是否符合设计要求。二是在单位工程进行的安全和功能抽测项目,要核查其项目是否与设计内容一致,

抽测的程序、方法是否符合有关规定,抽测报告的结论是否达到设计要求及规范规定。这个项目也是由施工单位检查评定合格,填好表格再提交验收。由总监理工程师或建设单位项目负责人组织审查,程序内容基本是一致的。按项目逐个进行核查验收。然后统计核查的项数和抽查的项数,填入核查意见栏,并分别统计符合要求的项数,也分别填入验收记录栏相应的空档内。通常两个项数是一致的,如果个别项目的抽测结果达不到设计要求,则可以进行返工处理达到符合要求。然后由总监理工程师或建设单位项目负责人在验收结论栏内填写"同意验收"的结论。

如果返工处理后仍达不到设计要求,就要按不合格处理程序进行处理。

五、验收内容之四是观感质量验收

观感质量检查的方法同分部(子分部)工程,单位工程观感质量检查验收不同的是项目比较多,是一个综合性验收。实际是复查一下各分部(子分部)工程验收后,到单位工程竣工的质量变化,成品保护以及分部(子分部)工程验收时,还没有形成部分的观感质量等。这个项目也是先由施工单位检查评定合格,再提交验收。由总监理工程师或建设单位项目负责人组织审查,程序和内容基本是一致的。按核查的项目数及符合要求的项目数填写在验收记录栏内,如果没有影响结构安全和使用功能的项目,由总监理工程师或建设单位项目负责人为主导意见,评价好、一般、差,则不论评价为好、一般、差的项目,都可作为符合要求的项目。由总监理工程师或建设单位项目负责人在验收结论栏内填写"同意验收"的结论。如果有不符合要求的项目,就要按不合格处理程序进行处理。

六、验收内容之五是综合验收结论

施工单位应在工程完工后,由项目经理组织有关人员对验收内容逐项进行查对,并将表格中应填写的内容进行填写,自检评定符合要求后,在验收记录栏内填写各有关项数,交建设单位组织验收。综合验收是指在前五项内容均验收符合要求后进行的验收,即按统一标准表 G.0.1-1 单位(子单位)工程质量竣工验收记录表进行验收。经各项目审查符合要求时,由监理单位或建设单位在"验收结论"栏内填写"同意验收"的意见。各栏均同意验收且经各参加检验方共同商定后,由建设单位填写"综合验收结论",可填写为"通过验收"。

七、参加验收单位签名

勘察单位、设计单位、施工单位、监理单位、建设单位都同意验收时,其各单位的单位项目负责人要亲自签字,以示对工程质量的负责,并加盖单位公章,注明签字验收的年月日。

施工现场质量管理检查记录表

附表 A

开工日期:2002 年 5 月 18 日

工程名称	北京中华小区 4 号住宅楼		施工许可证(开工证)		京施 0200318
建设单位	北京市建设开发公司		项目负责人		李小东
设计单位	大地设计事务所		项目负责人		田 北
监理单位	五环监理公司		总监理工程师		郝大海
施工单位	北京市朝天建筑工程公司	项目经理	王大有	项目技术负责人	刘玉河

序号	项 目	内 容
1	现场质量管理制度	① 质量例会制度;②月评比及奖罚制度;③ 三检及交接检制度;④ 质量与经济挂钩制度
2	质量责任制	① 岗位责任制;② 设计交底会制度;③ 技术交底制;④ 挂牌制度
3	主要专业工种操作上岗证书	测量工、钢筋工、起重工、电焊工、架子工有证
4	分包方资质与对分包单位的管理制度	
5	施工图审查情况	审查报告及审查批准书京设 02006
6	地质勘察资料	地质报告书
7	施工组织设计、施工方案及审批	施工组织设计、编制、审核、批准齐全
8	施工技术标准	有模板、钢筋、混凝土灌注等 20 多种
9	工程质量检验制度	① 有原材料及施工检验制度;② 抽测项目的检测计划
10	搅拌站及计量设置	有管理制度和计量设施精确度及控制措施
11	现场材料、设备存放与管理	钢材、砂、石、水泥及玻璃、地面砖的管理办法

检查结论:

现场质量管理制度基本完整。

总监理工程师　　　郝大海

(建设单位项目负责人)　　　2002 年 5 月 10 日

砖砌体混水工程检验批质量验收记录表
GB 50203—2002

附表B

单位(子单位)工程名称	北京中华小区4号住宅楼		
分部(子分部)工程名称	主体分部	验收部位	一层墙
施工单位	北京朝天建筑工程公司	项目经理	王大有
施工执行标准名称及编号	QJ68.006-2002 砌砖工艺标准		

		质量验收规范的规定		施工单位检查评定记录	监理(建设)单位验收记录
主控项目	1	砖强度等级	MU10	2份试验报告京试2002-018.023 MU10	符合要求
	2	砂浆强度等级	M10	试块编号6月10日4-06	
	3	水平灰缝砂浆饱满度	≥80%	90、96、97、90、95、96	
	4	斜槎留置	第5.2.3条	水平投影不小于高度2/3	
	5	直槎拉结筋及接槎处理	第5.2.4条	√	
	6	轴线位移	≤10mm	20处平均4mm,最大7mm	
	7	垂直度(每层)	≤5mm	3 4 4 4 3 3 3 5 4 3	
一般项目	1	组砌方法	第5.3.1条	√	符合要求
	2	水平灰缝厚度10mm	8~12mm	√	
	3	基础顶面、楼面标高	±15mm	6 5 7 3 7 9	
	4	表面平整(混水)	8mm	4 6 3 3	
	5	门窗洞口高宽度	±5mm	2 2 3 ⑤ 4 2 1 2 ⑤ 4	
	6	外墙上下窗口偏移	20mm	11 8 6 10	
	7	水平灰缝平直度	10mm	5 ⑫ 8 7	

施工单位检查评定结果	专业工长(施工员) 杨南 施工班组长 己二旦 检查评定合格 项目专业质量检查员:郭方正　　　　　　　　2002年6月11日
监理(建设)单位验收结论	同意验收 专业监理工程师:王育青 (建设单位项目专业技术负责人):　　　　　2002年6月11日

填表说明

主控项目：

1. 砖及砂浆强度等级，按设计要求检查和验收；砖应有检验报告，批量及强度满足设计要求为合格。

2. 砂浆有试验报告，计量配制，按规定留试块，在试块强度未出来之前，先将试块编号填写，出来后核对，并在分项工程中，按规定进行评定，符合要求为合格。

3. 水平灰缝砂浆饱满度不小于80%。用百格网检查，每检验批不少于5处，每处3块砖，砖底面砂浆痕迹的面积，取平均值，不小于80%为合格。

4. 斜槎留置，按规范留置，检查20%的斜槎，水平投影长度不小于高度的2/3为合格。

5. 直槎拉结筋及接槎处理。按规定设置，留槎正确，拉结筋数量、直径正确，竖向间距偏差±100mm，留置长度基本正确为合格。

6. 轴线位置偏移10mm，经纬仪、尺量及吊线测量，小于10mm为合格。

7. 垂直度每层5mm，2m托线板，不超过5mm为合格。

一般项目：

1. 组砌方法，上下错缝，内外搭砌，砖柱不用包心砌法。混水墙≤300mm的通缝，每间房不超过3处，且不得在同一墙体上，为合格。清水墙不得有通缝。

注：上下二皮砖搭接长度小于25mm的为通缝。

2. 水平灰缝厚度10mm，每20m查1处，量10皮砖砌体高度折算，按皮数杆10皮砖的高度计算。10皮砖在−8mm、+12mm范围内为合格。

3. 基础顶面、墙面标高±15mm。

4. 表面平整度混水墙8mm。

5. 门窗洞口高宽度（后塞口）±5mm。

6. 外墙上下窗口偏移20mm。

7. 水平灰缝平直度10mm。

　　各项目80%检测点应满足要求，其余20%点超过允许值，对于有些项目检测点较少，只有一点超过允许偏差值，也可按不超过20%处理。但不得超过其值的1.5倍，即为合格。否则，返工处理。

砖砌体分项工程质量验收记录表

附表 C

单位(子单位)工程名称	北京中华小区 4 号住宅楼		结构类型	砖混六层
分部(子分部)工程名称	主体分部		检验批数	6
施工单位	北京朝天建筑工程公司		项目经理	王大有
序号	检验批部位、区段	施工单位检查评定结果	监理(建设)单位验收结论	
1	一层墙①－⑮	√		
2	二层墙①－⑮	√		
3	三层墙①－⑮	√		
4	四层墙①－⑮	√		
5	五层墙①－⑮	√		
6	六层墙①－⑮	√	合　格	
7				

说明:
1. 全高垂直度:检查 4 点分别为 7、9、14、7。平均为 9.2,最大值为 14
2. 砂浆试块抗压强度依次为 11.8、11.9、12.1、9.6、10.2、10.8,平均 11.1MPa≥10MPa,最小 9.6 MPa ≥7.5 MPa
3. 全高标高:18.75m、+15mm。

检查结论	合格	验收结论	同意验收
	项目专业技术负责人:刘玉河 2002 年 7 月 16 日		监理工程师:王育书 (建设单位项目专业技术负责人) 2002 年 7 月 16 日

填表说明:

1. 将分项工程名称填写具体和检验批表的名称一致;

2. 检验批逐项填写,并注明部位、区段,以便检查是否有没有检查到的部位;

3. 由项目专业技术负责人和该专业的监理工程师签字。

主体分部(子分部)工程质量验收记录表

附表F

0203

单位(子单位)工程名称		北京中华小区4号住宅楼		结构类型及层数		砖混六层
施工单位		北京朝天建筑工程公司	技术部门负责人	郭天有	质量部门负责人	王春田
分包单位			分包单位负责人		分包技术负责人	

序号		分项工程名称	检验批数	施工单位检查评定	验收意见
1	分项工程	1 砖砌体分项工程	6	√	同意验收
		2 模板分项工程	6	√	
		3 钢筋分项工程	6	√	
		4 混凝土分项工程	6	√	
		5			
		6			
		7			
2		质量控制资料(按G.0.1-2表内容检查,全符合要求)		√	同意验收
3		安全和功能检验(检测)报告(按G.0.1-3表内容检查,全符合要求)		√	同意验收
4		观感质量验收(按G.0.1-4表内容检查,综合进行评价)		好	同意验收

验收单位	分包单位	项目经理:/
	施工单位	项目经理:张育 2002年8月5日
	勘察单位	项目负责人: 2002年8月5日
	设计单位	项目负责人:田忱 2002年8月5日
	监理(建设)单位	总监理工程师:郭大海 (建设单位项目专业负责人)　2002年8月5日

填表说明:

1. 分部(子分部)工程的名称填写要具体,并注明是分部还是子分部;

2. 分项工程填写要是全部分项工程,并写明检验批的数量;

3. 资料审查要按子分部工程分别检查,要按层次进行,并判断其能否达到完整的要求;判定达到要求施工单位填写"合格"或"√",监理单位填写"同意验收",并将资料附在后边;

4. 安全和功能抽查,每项检测有单项报告,其结果能达到设计要求;

5. 观感质量验收按单位工程的程序和要求进行,并附评价表;

6. 各单位的项目经理、项目负责人及总监理工程师签字确认。

表 G.0.1–1　单位(子单位)工程质量竣工验收记录表

工程名称	北京中化小区 4 号住宅楼		结构类型	砖混	层数/建筑面积	六层/3680m²
施工单位	北京市朝天建筑工程公司		技术负责人	郭天有	开工日期	2002 年 5 月 18 日
项目经理	王大有		项目技术负责人	刘玉河	竣工日期	

序号	项　目	验收记录	验收结论
1	分部工程	共 7 分部,经查符合标准及设计要求 7 分部	同意验收
2	质量控制资料核查	共 21 项,经审查符合要求 21 项,经核定符合规范要求 0 项	同意验收
3	安全和主要使用功能核查及抽查结果	共核查 13 项,符合要求 13 项,共抽查 3 项,符合要求 3 项,经返工处理符合要求 0 项	同意验收
4	观感质量验收	共抽查 15 项,符合要求 15 项,不符合要求 0 项	好
5	综合验收结论	验收	

参加验收单位	建设单位	监理单位	施工单位	设计单位	勘察单位
	(公章)	(公章)	(公章)	(公章)	(公章)
	单位(项目)负责人 年　月　日	总监理工程师 年　月　日	单位负责人 年　月　日	单位(项目)负责人 年　月　日	单位(项目)负责人 年　月　日

填表说明:

1. 单位(子单位)工程的名称要填写全称,即批准项目的名称,并注明是单位工程或子单位工程。

2. 安全和主要使用功能核查及抽查结果栏,包括两个方面,一个是在分部、子分部工程抽查过的项目检查检测报告的结论;另一方面是单位工程抽查的项目要检查其全部的检查方法程序和结论。

3. 综合验收结论,填写通过或同意验收。不同意验收就不一定形成表格,待返修完善后,再形成表格。

4. 验收单位签字人表上要求人员签名,对勘察单位在地基分部中签字。

5. 表 G.0.1–1 验收记录由施工单位填写,验收结论由监理(建设)单位填写。综合验收结论由参加验收各方共同商定,建设单位填写,应对工程质量是否符合设计和规范要求及总体质量水平做出评价。

表 G.0.1-2 单位(子单位)工程质量控制资料核查记录

工程名称			施工单位			
序号	项目	资 料 名 称	份数	核查意见		核查人
1	建筑与结构	图纸会审、设计变更、洽商记录	12	符合要求		
2		工程定位测量、放线记录	7	符合要求		
3		原材料出厂合格证书及进场检(试)验报告	206	符合要求		
4		施工试验报告及见证检测报告	115	符合要求		
5		隐蔽工程验收记录	27	符合要求		
6		施工记录	2(本)	符合要求		张育
7		预制构件、预拌混凝土合格证	/	/		
8		地基基础、主体结构检验及抽样检测资料	8	符合要求		
9		分项、分部工程质量验收记录	36	符合要求		
10		工程质量事故及事故调查处理资料	/	/		
11		新材料、新工艺施工记录	/	/		
12						
1	给排水与采暖	图纸会审、设计变更、洽商记录	9	符合要求		
2		材料、配件出厂合格证书及进场检(试)验报告	55	符合要求		
3		管道、设备强度试验、严密性试验记录	18	符合要求		
4		隐蔽工程验收记录	16	符合要求		张育
5		系统清洗、灌水、通水、通球试验记录	18	符合要求		
6						
7		施工记录	1本	符合要求		
8		分项、分部工程质量验收记录	16	符合要求		
1	建筑电气	图纸会审、设计变更、洽商记录	6	符合要求		
2		材料、设备出厂合格证书及进场检(试)验报告	30	符合要求		
3		设备调试记录	/	/		
4		接地、绝缘电阻测试记录	10	符合要求		张育
5		隐蔽工程验收记录	16	符合要求		
6		施工记录	2本	符合要求		
7		分项、分部工程质量验收记录	16	符合要求		
8						
		合计	21	21		

工程名称			施工单位		
序号	项目	资 料 名 称	份数	核查意见	核查人
1	通风与空调	图纸会审、设计变更、洽商记录			
2		材料、设备出厂合格证书及进场检(试)验报告			
3		制冷、空调、水管道强度试验、严密性试验记录			
4		隐蔽工程验收记录			
5		制冷设备运行调试记录			
6		通风、空调系统调试记录			
7		施工记录			
8		分项、分部工程质量验收记录			
1	电梯	土建布置图纸会审、设计变更、洽商记录			
2		设备出厂合格证书及开箱检验记录			
3		隐蔽工程验收记录			
4		施工记录			
5		接地、绝缘电阻测试记录			
6		负荷试验、安全装置检查记录			
7		分项、分部工程质量验收记录			
8					
1	智能建筑	图纸会审、设计变更、洽商记录、竣工图及设计说明			
2		材料、设备出厂合格证及技术文件及进场检(试)验报告			
3		隐蔽工程验收记录			
4		系统功能测定及设备调试记录			
5		系统技术、操作和维护手册			
6		系统管理、操作人员培训记录			
7		系统检测报告			
8		分项、分部工程质量验收报告			

结论:资料完整。　　　　　　　　　　同意验收。

施工单位项目经理　　　×年×月×日　　（建设单位项目负责人）　　　×年×月×日

总监理工程师

填表说明:
1. 对质量控制资料核查,应按项目分别进行,这样方便,施工单位应先将资料分项目整理成册,项目顺序按本表顺序。每个项目按层次核查,并判断其能否满足规定要求;
2. 核查由总监理工程师组织,有关专业监理工程师参加;
3. 由施工(总包)单位项目经理和总监理工程师签字;
4. 具体资料项目按专业验收规范的项目进行核查。

表 G.0.1－3 单位(子单位)工程安全和功能检验资料核查及主要功能抽查记录

工程名称				施工单位			
序号	项目	安全和功能检查项目	份数	核查意见	抽查结果	核查(抽查)人	
1	建筑与结构	屋面淋水试验记录	1	符合要求			
2		地下室防水效果检查记录	1	符合要求			
3		有防水要求的地面蓄水试验记录	36	符合要求			
4		建筑物垂直度、标高、全高测量记录	2	符合要求			
5		抽气(风)道检查记录	2	符合要求			
6		幕墙及外窗气密性、水密性、耐风压检测报告					
7		建筑物沉降观测测量记录	1		符合要求		
8		节能、保温测试记录	1	符合要求			
9		室内环境检测报告	1		符合要求		
10							
1	给排水与采暖	给水管道通水试验记录	6	符合要求			
2		暖气管道、散热器压力试验记录	16	符合要求			
3		卫生器具满水试验记录	26	符合要求			
4		消防管道、燃气管道压力试验记录	3	符合要求			
5		排水干管通球试验记录	6	符合要求			
6							
1	电气	照明全负荷试验记录	3		符合要求		
2		大型灯具牢固性试验记录					
3		避雷接地电阻测试记录	2	符合要求			
4		线路、插座、开关接地检验记录	34	符合要求			
5							
1	通风与空调	通风、空调系统试运行记录					
2		风量、温度测试记录					
3		洁净室洁净度测试记录					
4		制冷机组试运行调试记录					
5							
1	电梯	电梯运行记录					
2		电梯安全装置检测报告					
1	智能建筑	系统试运行记录					
2		系统电源及接地检测报告					
3							

结论:

施工单位项目经理　　　　×年×月×日　　　　总监理工程师　　　(建设单位项目负责人)　　　×年×月×日

注:抽查项目由验收组协商确定。

填表说明:

1. 按项目分别进行核查和检查,对在分部、子分部已抽查的项目,核查其结论是否符合设计要求;对在单位工程(子单位)抽查的项目,应进行全面检查,并核实其结论是否符合设计要求;

2. 总监理工程师组织有关监理工程师核查、检查,有关施工单位项目经理、技术负责人参加;

3. 由施工(总包)单位项目经理和总监理工程师签字。

表C.0.1-4 单位(子单位)工程观感质量检查记录

工程名称			施工单位									质 量 评 价		
序号		项 目		抽 查 质 量 状 况								好	一般	差
1	建筑与结构	室外墙面										√		
2		变形缝											√	
3		水落管、屋面										√		
4		室内墙面										√		
5		室内顶棚										√		
6		室内地面										√		
7		楼梯、踏步、护栏										√		
8		门窗											√	
1	给排水与采暖	管道接口、坡度、支架										√		
2		卫生器具、支架、阀门										√		
3		检查口、扫除口、地漏										√		
4		散热器、支架											√	
1	建筑电气	配电箱、盘、板、接线盒										√		
2		设备器具、开关、插座											√	
3		防雷、接地										√		
1	通风与空调	风管、支架										／		
2		风口、风阀												
3		风机、空调设备												
4		阀门、支架												
5		水泵、冷却塔												
6		绝热												
1	电梯	运行、平层、开关门										／		
2		层门、信号系统												
3		机房												
1	智能建筑	机房设备安装及布局										／		
2		现场设备安装												
3														
观感质量综合评价												好		

检查结论:好。

施工单位项目经理　　　　×年×月×日　　　　总监理工程师　*郑大海*

　　　　　　　　　　　　　　　　　　　　　（建设单位项目负责人）　　×年×月×日

注:质量评价为差的项目,应进行返修。

填表说明,重点注意:

1. 其他表都是施工单位先验收合格填写好,监理再验收;
2. 由总监理工程师组织有关监理工程师,会同参加验收的人员共同进行,通过现场全面检查,在听取有关人员的意见后,由总监理工程师为主与监理工程师共同确定质量评价;评价分为好、一般、差。只要不影响安全和使用功能,都可通过验收,评为差时,能修的尽量修,不能修的按5.0.6条第四款处理;
3. 由施工(总包)单位项目经理和总监理工程师签字。

第五章　施工质量验收用表

第一节　地基与基础工程质量验收用表

地基与基础分部工程中的混凝土基础、砌体基础和钢结构子分部工程质量验收用表，采用第二节主体结构分部工程中相应用表。

地基基础工程各子分部工程与分项工程相关表

序号	名称		01 无支护土方	02 有支护土方	03 地基及基础处理	04 桩基	05 地下防水	06 混凝土基础	07 砌体基础	08 劲(钢)管混凝土	09 钢结构	10
1	土方开挖	010101	●	●								
2	土方回填	010102	●	●								
3	排桩墙支护(Ⅰ)(Ⅱ)	010201		●								
4	降水与排水	010202		●								
5	地下连续墙(Ⅰ)(Ⅱ)	010405 010203		●								
6	锚杆及土钉墙支护	010204		●								
7	加筋水泥土桩墙支护	010205		●								
8	沉井与沉箱	010206		●								
9	钢或混凝土支撑	010207		●								
10	灰土地基	010301			●							
11	砂和砂石地基	010302			●							
12	土工合成材料地基	010303			●							
13	粉煤灰地基	010304			●							
14	强夯地基	010305			●							
15	振冲地基	010306			●							
16	砂桩地基	010307			●							
17	预压地基	010308			●							
18	高压喷射注浆地基	010309			●							
19	土和灰土挤密桩复合地基	010310			●							
20	注浆地基	010311			●							
21	水泥粉煤灰碎石桩复合地基	010312			●							
22	夯实水泥土桩复合地基	010313			●							
23	水泥土搅拌桩地基	010314			●							
24	静力压桩工程	010401				●						
25	预应力管桩工程	010402				●						
26	混凝土预制桩(钢筋骨架)工程(Ⅰ)(Ⅱ)	010403				●						
27	钢桩工程(Ⅰ)(Ⅱ)	010404				●						
28	混凝土灌注桩工程(Ⅰ)(Ⅱ)	010203 010405				●						
29	防水混凝土	010501					●					
30	水泥砂浆防水层	010502					●					

注:有●号者为该子分部工程所含的分项工程。

序号	名 称		01 无支护土方	02 有支护土方	03 地基及基础处理	04 桩基	05 地下防水	06 混凝土基础	07 砌体基础	08 劲(钢)管混凝土	09 钢结构	10
31	卷材防水层	010503					●					
32	涂料防水层	010504					●					
33	金属板防水层	010505					●					
34	塑料板防水层	010506					●					
35	细部构造	010507					●					
36	锚喷支护	010508					●					
37	复合式砌筑	010509					●					
38	地下连续墙	010510					●					
39	盾构法隧道	010511					●					
40	渗排水、盲沟排水	010512					●					
41	隧道、坑道排水	010513					●					
42	预注浆、后注浆	010514					●					
43	衬砌裂缝注浆	010515					●					
44												
45												
46												
47												
48												
49												
50												
51												
52												
53												
54												
55												
56												
57												
58												
59												
60												

注:有●号者为该子分部工程所含的分项工程。

地基基础工程验收资料

一、地基基础工程

    1. 施工图纸和设计变更记录；

    2. 原材料半成品质量合格证和进场检验记录；

    3. 砂浆、混凝土配合比通知；

    4. 砂浆、混凝土强度试验报告；

    5. 隐蔽工程验收记录；

    6. 桩的检测记录；

    7. 各种检测试验钎探记录；

    8. 见证取样试验记录；

    9. 施工记录；

    10. 各检验批质量验收记录；

    11. 其他必须提供的文件或记录。

二、地下防水工程

    1. 施工图及设计变更记录；

    2. 材料出厂合格证和进场复验报告；

    3. 材料代用核定记录；

    4. 施工方案(施工方法、技术措施、质量保证措施)；

    5. 中间检查记录；

    6. 隐蔽工程验收记录；

    7. 砂浆、混凝土配合比通知；

    8. 砂浆、混凝土强度试验记录；

    9. 抗渗试验报告；

    10. 施工记录；

    11. 各检验批质量验收记录；

    12. 其他必要的文件和记录。

土方开挖工程检验批质量验收记录表
GB 50202—2002

单位(子单位)工程名称								
分部(子分部)工程名称							验收部位	
施工单位							项目经理	
分包单位							分包项目经理	
施工执行标准名称及编号								

施工质量验收规范的规定							施工单位检查评定记录	监理(建设)单位验收记录
项目		允许偏差或允许值(mm)						
		柱基基坑基槽	挖方场地平整		管沟	地(路)面基层		
			人工	机械				
主控项目	1	标高	−50	±30	±50	−50	−50	
	2	长度、宽度(由设计中心线向两边量)	+200 −50	+300 −100	+500 −150	+10 0	—	
	3	边坡	设计要求					
一般项目	1	表面平整度	20	20	50	20	20	
	2	基底土性	设计要求					

	专业工长(施工员)		施工班组长	
施工单位检查评定结果				
	项目专业质量检查员:		年 月 日	
监理(建设)单位验收结论				
	专业监理工程师: (建设单位项目专业技术负责人):		年 月 日	

77

说　明

　　土方开挖是一个综合性项目,使用哪一项时,在哪一项打"√"注明。或在表名土方开挖前加上××土方开挖更清楚。

主控项目:

1. 标高。是指挖后的基底标高,用水准仪测量。检查测量记录。

2. 长度、宽度。是指基底的宽度、长度。用经纬仪、拉线尺量检查等,检查测量记录。

3. 边坡。符合设计要求。按6.2.3条观察检查或用坡度尺检查。只能坡不能陡。

一般项目:

1. 表面平整度。主要是指基底,用2m靠尺和楔形塞尺检查。

2. 基底土性。符合设计要求。观察检查或土样分析,通常请勘察、设计单位来验槽,形成验槽记录。

　　土方开挖前检查定位放线、排水和降低地下水位系统,合理安排土方运输车的行走路线及弃土场。

　　施工过程中检查平面位置、水平标高、边坡坡度、压实度、排水、降低地下水位系统,并随时观测周围的环境变化。

　　施工完成后,进行验槽。形成施工记录及检验报告,检查施工记录及验槽报告。

土方回填工程检验批质量验收记录表
GB 50202—2002

单位(子单位)工程名称							
分部(子分部)工程名称						验收部位	
施工单位						项目经理	
分包单位						分包项目经理	
施工执行标准名称及编号							

施工质量验收规范的规定							施工单位检查评定记录	监理(建设)单位验收记录
检查项目		允许偏差或允许值(mm)						
		柱基基坑基槽	场地平整		管沟	地(路)面基础层		
			人工	机械				
主控项目	1	标高	−50	±30	±50	−50	−50	
	2	分层压实系数	设计要求					
一般项目	1	回填土料	设计要求					
	2	分层厚度及含水量	设计要求					
	3	表面平整度	20	20	30	20	20	

施工单位检查评定结果	专业工长(施工员)		施工班组长	
	项目专业质量检查员：			年　月　日

监理(建设)单位验收结论	
	专业监理工程师： (建设单位项目专业技术负责人)：　　　　　　年　月　日

79

土方回填是一个综合性项目,使用哪一项时,在哪一项打"√"注明。或在表名土方回填前加上××土方回填,更清楚。

主控项目:

1. 标高。是指回填后的表面标高,用水准仪测量。检查测量记录。

2. 分层压实系数。符合设计要求。按规定方法取样,试验测量,不满足要求时随时进行返工处理,直到达到要求。检查测试记录。

一般项目:

1. 回填土料。符合设计要求。取样检查或直观鉴别。做出记录,检查试验报告。

2. 分层厚度及含水量。符合设计要求。用水准仪检查分层厚度。取样检测含水量。检查施工记录和试验报告。

3. 表面平整度。用水准仪或靠尺检查。控制在允许偏差范围内。

　　土方回填前清除基底的垃圾、树根等杂物,去除积水、淤泥,验收基底标高。如在松土上填方,在基底压实后再进行。填方土料按设计要求验收。

　　填方施工中检查排水措施,每层填筑厚度、含水量控制、压实程度、填筑厚度及压实遍数应根据土质、压实系数及所用机具确定。如无试验依据,可按表6.3.3选用。检查施工记录和试验报告。

排桩墙支护工程检验批质量验收记录表
（重复使用钢板桩）GB 50202—2002
（Ⅰ）

单位(子单位)工程名称					
分部(子分部)工程名称				验收部位	
施工单位				项目经理	
分包单位				分包项目经理	
施工执行标准名称及编号					

施工质量验收规范的规定				施工单位检查评定记录	监理(建设)单位验收记录
一般项目	1	桩垂直度	<1%L		
	2	桩身弯曲度	<2%L		
	3	齿槽平直度及光滑度	无电焊渣或毛刺		
	4	桩长度	不小于设计长度		

施工单位检查评定结果	专业工长(施工员)		施工班组长	
	项目专业质量检查员：		年　月　日	

监理(建设)单位验收结论	
	专业监理工程师： （建设单位项目专业技术负责人）：　　　　　　　　年　月　日

81

说　明
(I)

　　排桩墙支护包括灌注桩、预制桩、板桩等构成支护结构。

　　灌注桩、预制桩按其标准验收。钢板桩为工厂生产。新桩按出厂标准检验。重复使用的钢板,每次使用前应按规定进行验收。只有一般项目,不符合要求的修理或挑出去。

一般项目:

1. 桩垂直度。$<1\%L$。尺量检查。

2. 桩身弯曲度。$<2\%L$。拉线尺量检查。

3. 齿槽平直度及光滑度。无电焊渣和毛刺。用1m长的桩段做通过试验。

4. 桩长度。不小于设计长度。尺量检查。检查后形成验收记录。

排桩墙支护工程检验批质量验收记录表
（混凝土板桩）GB 50202—2002
（Ⅱ）

单位(子单位)工程名称					
分部(子分部)工程名称				验收部位	
施工单位				项目经理	
分包单位				分包项目经理	
施工执行标准名称及编号					

施工质量验收规范的规定			施工单位检查评定记录	监理(建设)单位验收记录
主控项目	1	桩长度	$+10mm$ $-0mm$		
	2	桩身弯曲度	$<0.1\% Lmm$		
一般项目	1	保护层厚度	$\pm5mm$		
	2	横截面相对两面之差	$5mm$		
	3	桩尖对桩轴线的位移	$10mm$		
	4	桩厚度	$+10mm$ $-0mm$		
	5	凹凸槽尺寸	$\pm3mm$		

施工单位检查评定结果	专业工长(施工员)		施工班组长	
	项目专业质量检查员：		年 月 日	

监理(建设)单位验收结论	
	专业监理工程师： （建设单位项目专业技术负责人）： 年 月 日

主控项目：

1. 桩长度。+10mm，−0mm。尺量检查。
2. 桩身弯曲度。<0.1%L。拉线和尺量检查。

一般项目：

1. 保护层厚度。±5mm。尺量检查。
2. 横截面相对两面之差。5mm。尺量检查。
3. 桩尖对桩轴线的位移。10mm。尺量检查。
4. 桩厚度。+10mm，−0mm。尺量检查。
5. 凹凸槽尺寸。±3mm。尺量检查。

　　排桩墙支护的基坑，开挖后应及时支护，每一道支护施工应确保基础变形在控制范围内。

降水与排水工程检验批质量验收记录表
GB 50202—2002

单位(子单位)工程名称					
分部(子分部)工程名称				验收部位	
施工单位				项目经理	
分包单位				分包项目经理	
施工执行标准名称及编号					

施工质量验收规范的规定			施工单位检查评定记录	监理(建设)单位验收记录
一般项目	1	排水沟坡度	1‰~2‰		
	2	井管(点)垂直度	1%		
	3	井管(点)间距(与设计相比)	≤150%		
	4	井管(点)插入深度(与设计相比)	≤200mm		
	5	过滤砂砾料填灌(与计算值相比)	≤5mm		
	6	井点真空度:轻型井点 喷射井点	>60kPa >93kPa		
	7	电渗井点阴阳极距离:轻型井点 喷射井点	80~100mm 120~150mm		

	专业工长(施工员)		施工班组长	
施工单位检查评定结果				
	项目专业质量检查员:		年 月 日	
监理(建设)单位验收结论				
	专业监理工程师: (建设单位项目专业技术负责人):		年 月 日	

说　明

　　本分项工程没有主控项目,只有一般项目。

一般项目:

1. 水沟坡度 1‰~2‰。观察检查。达到坑内无积水,沟内排水畅通。

2. 管(点)垂直度 1%。插管时观察检查。

3. 管(点)间距≤150mm,与设计相比。尺量检查。

4. 井管(点)插入深度≤200mm,与设计相比。用水准仪检查。

5. 过滤砂砾料填灌≤5mm,与计算值相比,检查回填料用量。

6. 井点真空度　轻型井点 >60kPa。检查真空度表。
　　　　　　　　喷射井点 >93kPa。检查真空度表。

7. 电渗井点阴阳极距离　轻型井点 80~100mm。尺量检查。
　　　　　　　　　　　　喷射井点 120~150mm。尺量检查。

　　检查后形成施工记录,检查施工记录。

地下连续墙工程检验批质量验收记录表
GB 50202—2002
（Ⅱ）

单位(子单位)工程名称					
分部(子分部)工程名称				验收部位	
施工单位				项目经理	
分包单位				分包项目经理	
施工执行标准名称及编号					

施工质量验收规范的规定				施工单位检查评定记录	监理(建设)单位验收记录
主控项目	1	墙体强度	设计要求		
	2	垂直度：永久结构 临时结构	1/300 1/150		
一般项目	1	导墙尺寸	宽度 $W+40$mm 墙面平整度 <5mm 导墙平面位置 ±10mm		
	2	沉渣厚度：永久结构 临时结构	≤100mm ≤200mm		
	3	槽深	+100mm		
	4	混凝土坍落度	180～220mm		
	5	钢筋笼尺寸	见验收表（Ⅰ） （010405）		
	6	地下墙表面平整度	永久结构 <100mm 临时结构 <150mm 插入式结构 <20mm		
	7	永久结构时的预埋件位置	水平向 ≤10mm 垂直向 ≤20mm		

施工单位检查评定结果	专业工长(施工员)		施工班组长	
	项目专业质量检查员：		年　月　日	

监理(建设)单位验收结论	
	专业监理工程师： (建设单位项目专业技术负责人)：　　　　　　　年　月　日

说　明

（Ⅱ）

地下连续墙由两部分组成,验收表(Ⅰ)钢筋笼的验收按钢筋混凝土灌注桩钢筋笼的标准验收见表010405。地下墙的混凝土部分的验收按本标准进行。永久结构的抗渗质量标准按《地下防水工程施工质量验收规范》验收,也应符合《混凝土结构工程施工质量验收规范》的规定。

主控项目:

1. 墙体强度。符合设计要求。$50m^3$ 的混凝土做一组试件,检查试块试压报告或取芯试压。

2. 垂直度。永久结构 $1/300$。检查成槽机上的监测系统或超声波测槽仪测定。

　　　　临时结构 $1/150$。检查成槽机上的监测系统或超声波测槽仪测定。

一般项目:

1. 导墙尺寸。宽度:$W+40mm$(W 地下墙设计厚度)。尺量检查。

　导墙平整度:$<5mm$。尺量检查。

　导墙平面位置:$\pm10mm$。尺量检查。

2. 沉渣厚度。永久结构 $\leqslant100mm$。重锤测量或沉积物测定仪测量。

　　　　　临时结构 $\leqslant200mm$。重锤测量或沉积物测定仪测量。

3. 槽深。$+100mm$。重锤测量。

4. 混凝土坍落度。$180\sim220mm$。坍落度测定器。

5. 钢筋笼尺寸。用混凝土灌注桩钢筋笼检验批(Ⅰ)进行验收合格。见表010405。

6. 地下墙表面平整度。永久结构 $<100mm$。符合设计要求。用 $2m$ 靠尺和塞尺检查。

　临时结构 $<150mm$。符合设计要求。用 $2m$ 靠尺和塞尺检查。

　插入式结构 $<20mm$。符合设计要求。用 $2m$ 靠尺和塞尺检查。

7. 永久结构时的预埋件位置。水平向 $\leqslant10mm$。尺量检查。

　　　　　　　　　　　　垂直向 $\leqslant20mm$。用水准仪检查。

　　施工前检查钢材、电焊条。已完工的导墙检查其净空尺寸、墙面平整度与垂直度。检查泥浆用的仪器、泥浆循环系统完好。

　　施工中检查成槽的垂直度、槽底的淤积物厚度、泥浆比重、钢筋笼尺寸、浇筑导管位置、混凝土上升速度、浇筑面标高、地下墙连接面的清洗程序、商品混凝土的坍落度、锁口管或接头箱的拔出时间及速度等。

　　成槽结束后应对成槽的宽度、深度及倾斜度进行检验,重要结构每段槽段都检查。一般结构可抽查总槽段数的20%,每槽段抽查1个段面。

　　永久性结构的地下墙,在钢筋笼沉放后,做二次清孔,沉渣厚度应符合要求。

　　检查后形成施工记录或检验报告。检查施工记录和检验报告。

锚杆及土钉墙支护工程检验批质量验收记录表
GB 50202—2002

单位(子单位)工程名称					
分部(子分部)工程名称				验收部位	
施工单位				项目经理	
分包单位				分包项目经理	
施工执行标准名称及编号					

施工质量验收规范的规定				施工单位检查评定记录	监理(建设)单位验收记录
主控项目	1	锚杆土钉长度	±30mm		
	2	锚杆锁定力	设计要求		
一般项目	1	锚杆或土钉位置	±100mm		
	2	钻孔倾斜度	±1°		
	3	浆体强度	设计要求		
	4	注浆量			
	5	土钉墙面厚度	±10mm		
	6	墙体强度	设计要求		

施工单位检查评定结果	专业工长(施工员)		施工班组长	
	项目专业质量检查员：		年 月 日	

监理(建设)单位验收结论		
	专业监理工程师： (建设单位项目专业技术负责人)：	年 月 日

主控项目：

1. 锚杆土钉长度。±30mm。尺量检查。
2. 锚杆锁定力。符合设计要求。现场抽样实测。

一般项目：

1. 锚杆或土钉位置。±100mm。尺量检查。
2. 钻孔倾斜度。±1°。测钻机倾角。
3. 浆体强度。符合设计要求。取样检验,检查试验报告。
4. 注浆量。实际注浆量大于理论计算量。检查计量数据。
5. 土钉墙面厚度。±10mm。尺量检查。符合设计要求。
6. 墙体强度。符合设计要求。取样检验。检查试验报告。

　　施工前检查降水系统确保正常工作,挖掘机、钻机、压浆泵、搅拌机等能正常运转。

　　施工中检查锚杆或土钉位置,钻孔直径、深度及角度,锚杆或土钉插入长度,注浆配比、压力及注浆量,喷锚墙面厚度及强度,锚杆或土钉应力等。

　　每段支护体施工完后,检查坡顶或坡面位移,坡顶沉降及周围环境变化,如有异常情况应采取措施,恢复正常后方可继续施工。

加筋水泥土桩墙支护工程检验批质量验收记录表
GB 50202—2002

010205□□

单位(子单位)工程名称				
分部(子分部)工程名称			验收部位	
施工单位			项目经理	
分包单位			分包项目经理	
施工执行标准名称及编号				

施工质量验收规范的规定				施工单位检查评定记录	监理(建设)单位验收记录
一般项目	1	型钢长度	±10mm		
	2	型钢垂直度	<1%		
	3	型钢插入标高	±30mm		
	4	型钢插入平面位置	10mm		

	专业工长(施工员)		施工班组长	
施工单位检查评定结果				
	项目专业质量检查员:		年　月　日	
监理(建设)单位验收结论				
	专业监理工程师: (建设单位项目专业技术负责人):		年　月　日	

说　明

　　水泥土墙支护结构指水泥土搅拌桩（包括加筋水泥土搅拌桩）、高压喷射注浆桩所构成的围护结构。尚应符合水泥土搅拌桩及高压喷射注浆桩的质量验收标准。

　　加筋水泥土桩墙支护工程没有主控项目均为一般项目。

1. 型钢长度。±10mm。尺量检查。
2. 型钢垂直度。<1%。经纬仪检查。
3. 型钢插入标高。±30mm。用水准仪检查。
4. 型钢插入平面位置。10mm。尺量检查。

　　水泥土搅拌桩质量验收标准见010314表及说明。

　　高压喷射注浆桩质量验收标准见010309表及说明。

沉井与沉箱工程检验批质量验收记录表
GB 50202—2002

单位(子单位)工程名称					
分部(子分部)工程名称				验收部位	
施工单位				项目经理	
分包单位				分包项目经理	
施工执行标准名称及编号					

		施工质量验收规范的规定		施工单位检查评定记录	监理(建设)单位验收记录
主控项目	1	混凝土强度	设计要求		
	2	封底前,沉井(箱)的下沉稳定	<10mm/8h		
	3	封底结束后的位置: 刃脚平均标高(与设计标高比) 刃脚平面中心线位移 四角中任何两角的底面高差	<100mm <1%H <1%L		
一般项目	1	钢材、对接钢筋、水泥、骨料等原材料检查	设计要求		
	2	结构体外观	无裂缝、无蜂窝、无空洞、不露筋		
	3	平面尺寸:长与宽 曲线部分半径 两对角线差 预埋件	±0.5% ±0.5% 1.0% 20mm		
	4	下沉过程中的偏差	高差 1.5%~2.0%		
			平面轴线 <1.5%H		
	5	封底混凝土坍落度	18~22cm		

施工单位检查评定结果	专业工长(施工员)		施工班组长	
	项目专业质量检查员:		年 月 日	

监理(建设)单位验收结论	
	专业监理工程师: (建设单位项目专业技术负责人):
	年 月 日

说 明

沉井是下沉结构,必须掌握确凿的地质资料。

沉井(箱)的施工由具有专业施工经验的单位承担。

制作、多次制作和下沉的沉井(箱),在每次制作接高时,应对下卧层作稳定复核计算,并确定确保沉井接高的稳定措施。

沉井施工除应符合本规范规定外,尚应符合现行国家标准《混凝土结构工程施工质量验收规范》GB 50204 及《地下防水工程施工质量验收规范》GB 50208 的规定。

沉井(箱)在施工前应对钢筋、电焊条及焊接成形的钢筋半成品进行检验。

混凝土浇筑前,应对模板尺寸、预埋件位置、模板的密封性进行检验。拆模后应检查浇筑质量(外观及强度),符合要求后方可下沉。浮运沉井尚需做起浮可能性检查。下沉过程中应对下沉偏差做过程控制检查。下沉后的接高应对地基强度、沉井的稳定做检查。封底结束后,应对底板的结构(有无裂缝)及渗漏做检查。

沉井(箱)竣工后的验收应包括沉井(箱)的平面位置、终端标高、结构完整性、渗水等进行综合检查。

主控项目:

1. 混凝土强度。符合设计要求。检查试件抗压报告或钻芯试件抗压。下沉必须达到 70% 设计强度。

2. 封底前,沉井(箱)的下沉稳定。<10mm/8h。用水准仪测量。

3. 封底结束后的位置。刃脚平均标高:<100mm(与设计标高比)。用水准仪测量。

 刃脚平面中心线位移:$<1\%H$。用经纬仪测量,下沉总深度 $H<10$m 时,控制在 100mm 之内。

 四角中任何两角的底面高差 $<1\%L$。但不超过 300mm。用水准仪检查,L 为两角的距离,$L<10$m 时,控制在 100mm 之内。

一般项目:

1. 钢材、对接钢筋、水泥、骨料等原材料检查。符合设计要求。检查产品合格证、检验报告。

2. 结构体外观。无裂缝、蜂窝、空洞和露筋。观察检查。

3. 平面尺寸:长与宽 ±0.5%。尺量检查,最大控制在 100mm 之内。

 曲线部分半径 ±0.5%。尺量检查,最大控制在 50mm 之内。

 两对角线差 1.0%。尺量检查。

 预埋件 20mm。尺量检查。

4. 下沉过程中的偏差,高差 1.5% ~2.0%,但最大不超过 1m,用水准仪测量。

 平面轴线 $<1.5\%H$,最大控制在 300mm 之内。H 为下沉深度,用经纬仪检查。

5. 封底混凝土坍落度 18~22cm。坍落度测定器。检查试验记录。

 检查后形成施工记录或检验报告。

 检查施工记录和检验报告。

钢或混凝土支撑系统工程检验批质量验收记录表
GB 50202—2002

010207□□

单位(子单位)工程名称					
分部(子分部)工程名称				验收部位	
施工单位				项目经理	
分包单位				分包项目经理	
施工执行标准名称及编号					

施工质量验收规范的规定				施工单位检查评定记录	监理(建设)单位验收记录
主控项目	1	支撑位置:标高 平面	30mm 100mm		
	2	预加顶力	±50kN		
一般项目	1	围图标高	30mm		
	2	立柱桩	设计要求		
	3	立柱位置:标高 平面	30mm 50mm		
	4	开挖超深(开槽放支撑不在此范围)	<200mm		
	5	支撑安装时间	设计要求		

施工单位检查评定结果	专业工长(施工员)		施工班组长	
	项目专业质量检查员:		年 月 日	

监理(建设)单位验收结论	
	专业监理工程师: (建设单位项目专业技术负责人):　　　　　　年　月　日

说　明

主控项目：

1. 支撑位置。标高 30mm。用水准仪检查,符合设计标高。

　　　　　平面 100mm。尺量检查。符合设计位置。

2. 预加顶力。±50kN。检查油泵读数或传感的读数。

一般项目：

1. 围图标高。30mm。用水准仪检查。

2. 立柱桩。符合设计要求。按相应桩基标准验收。

3. 立柱位置。标高 30mm。用水准仪检查。

　　　　　平面 50mm。尺量检查。

4. 开挖超深。<200mm。用水准仪检查。

5. 支撑安装时间。符合设计要求。

　　施工前熟悉支撑系统的图纸,掌握开挖及支撑设置的方式、预顶力及周围环境保护的要求。

　　施工过程中严格控制开挖和支撑的程序及时间,对支撑的位置(包括立柱及立柱的位置)、每层开挖深度、预加顶力(如需要时)、钢围图与围护体或支撑与围图的密贴度应做周密检查。

　　全部支撑安装结束后,仍维持整个系统的正常运转直至支撑全部拆除。

　　施工过程形成施工记录或检验报告。

　　检查施工记录和检验报告。

灰土地基工程检验批质量验收记录表
GB 50202—2002

单位(子单位)工程名称				
分部(子分部)工程名称			验收部位	
施工单位			项目经理	
分包单位			分包项目经理	
施工执行标准名称及编号				

		施工质量验收规范的规定		施工单位检查评定记录	监理(建设)单位验收记录
主控项目	1	地基承载力	设计要求		
	2	配合比	设计要求		
	3	压实系数	设计要求		
一般项目	1	石灰粒径(mm)	≤5		
	2	土料有机质含量(%)	≤5		
	3	土颗粒粒径(mm)	≤15		
	4	含水量(与要求的最优含水量比较)(%)	±2		
	5	分层厚度偏差(与设计要求比较)(mm)	±50		

	专业工长(施工员)		施工班组长	
施工单位检查评定结果				
	项目专业质量检查员:		年　月　日	
监理(建设)单位验收结论				
	专业监理工程师: (建设单位项目专业技术负责人):		年　月　日	

说　　明

主控项目:

1. 地基承载力,由设计提出要求,在施工结束,一定时间后进行灰土地基的承载力检验。其检验方法也因各地设计单位的习惯、经验等不同,选用标贯、静力触探及十字板剪切强度或承载力检验等方法。按设计指定方法检验。其结果必须达到设计要求的标准。

   每个单位工程不少于 3 点,1000m² 以上,每 100m² 抽查 1 点;3000m² 以上,每 300m² 抽查 1 点;独立柱每柱 1 点,基槽每 20 延长米 1 点。

2. 灰土配合比。土料、石灰或水泥材料质量、配合比用体积比拌和均匀,应符合设计要求;观察检查,必要时检查材料试验报告。

3. 压实系数。首先检查分层铺设的厚度,分段施工时,上下两层搭接的长度,夯实时的加水量,夯实遍数。按规定检测压实系数,结果符合设计要求。检查施工记录。

一般项目:

1. 石灰粒径。≤5mm,检查筛子及实施情况。

2. 土料有机质含量。≤5%,检查焙烧试验报告。

3. 土颗粒粒径。≤15mm,检查筛子及实施情况。

4. 含水量。±2%,与要求的最优含量比较,观察检查现场和检查烘干报告。

5. 分层厚度偏差。±50mm,与设计要求比较。水准仪核查。

   施工前检查土料、石灰(水灰)材质,配合比及拌和均匀情况。施工中检查分层铺设厚度、分段施工上下层搭接长度、加水量、夯压遍数及压实系数。施工结束后检查地基承载力。检查后形成施工记录或检验报告。检查施工记录和检验报告。

砂和砂石地基工程检验批质量验收记录表
GB 50202—2002

单位(子单位)工程名称					
分部(子分部)工程名称				验收部位	
施工单位				项目经理	
分包单位				分包项目经理	
施工执行标准名称及编号					

施工质量验收规范的规定				施工单位检查评定记录	监理(建设)单位验收记录
主控项目	1	地基承载力	设计要求		
	2	配合比	设计要求		
	3	压实系数	设计要求		
一般项目	1	砂、石料有机质含量(%)	≤5		
	2	砂、石料含泥量(%)	≤5		
	3	石料粒径(mm)	≤100		
	4	含水量(与最优含水量比较)(%)	±2		
	5	分层厚度(与设计要求比较)(mm)	±50		

	专业工长(施工员)		施工班组长	
施工单位检查评定结果				
	项目专业质量检查员:		年 月 日	
监理(建设)单位验收结论				
	专业监理工程师: (建设单位项目专业技术负责人):		年 月 日	

说　　明

主控项目：

1. 地基承载力。由设计提出要求，在施工结束后，一定时间后进行地基的承载力检验。其检验方法也因各地设计单位的习惯、经验等不同，选用标贯、静力触探及十字板剪切强度或承载力检验等方法。按设计指定方法检验。其结果必须达到设计要求的标准。

　　每个单位工程不少于 3 点，1000m² 以上，每 100m² 抽查 1 点；3000m² 以上，每 300m² 抽查 1 点；独立柱每柱 1 点，基槽每 20 延长米 1 点。

2. 配合比。砂、石材料质量及配合比符合设计要求，体积比或重量比均可，砂石搅拌均匀。检查施工记录。

3. 压实系数。现场施工随时检查分层铺筑厚度，分段施工搭接部位的压实情况，加水量区压实遍数，按规定检测压实系数，结果应符合设计要求。检查施工记录。

一般项目：

1. 砂、石料有机质含量：≤5%。检查焙烧试验报告。

2. 砂、石料含泥量：≤5%。现场检查及检查水洗试验报告。

3. 石料粒径：≤100mm。检查筛分报告。

4. 含水量：±2%。与最优含水量比较。检查烘干报告。

5. 分层厚度：±50mm，与设计厚度比较。水准仪检查。

　　施工前检查砂、石质量，配合比及砂石搅拌情况。施工中检查分层厚度、搭接部分压实情况、加水量、压实遍数、压实系数。施工结束后检查砂和砂石地基的承载力。

　　检查后形成施工记录或检验报告。

　　检查施工记录和检验报告。

土工合成材料地基工程检验批质量验收记录表
GB 50202—2002

单位(子单位)工程名称			
分部(子分部)工程名称		验收部位	
施工单位		项目经理	
分包单位		分包项目经理	
施工执行标准名称及编号			

施工质量验收规范的规定				施工单位检查评定记录	监理(建设)单位验收记录
主控项目	1	土工合成材料强度(%)	≤5		
	2	土工合成材料延伸率(%)	≤3		
	3	地基承载力	设计要求		
一般项目	1	土工合成材料搭接长度(mm)	≥300		
	2	土石料有机质含量(%)	≤5		
	3	层面平整度(mm)	≤20		
	4	每层铺设厚度(mm)	±25		

施工单位检查评定结果	专业工长(施工员)		施工班组长	
	项目专业质量检查员:			年　月　日

监理(建设)单位验收结论	
	专业监理工程师: (建设单位项目专业技术负责人):　　　　　　　　年　月　日

101

说　明

主控项目：

1. 土工合成材料强度。做拉伸试验，抗拉强度与设计要求标准相比较：≤5%。检查试验报告。

2. 土工合成材料延伸率。做拉伸试验，结果与设计要求标准相比较：≤3%。检查试验报告。

3. 地基承载力。由设计提出要求，在施工结束后，进行地基的承载力检验。其检验方法也因各地设计单位的习惯、经验等不同，选用标贯、静力触探及十字板剪切强度或承载力检验等方法。按设计指定方法检验。其结果必须达到设计要求。

　　每个单位工程不少于 3 点，1000m² 以上，每 100m² 抽查 1 点；3000m² 以上，每 300m² 抽查 1 点；独立柱每柱 1 点，基槽每 20 延长米 1 点。

一般项目：

1. 土工合成材料搭接长度：≥300mm。尺量检查。随时检查土工合成材料铺设方向、接缝情况、搭接长度及与结构连接情况等。

2. 土石料有机质含量：≤5%。检查焙烧试验报告。

3. 层面平整度：≤20mm。用 2m 靠尺检查。

4. 每层铺设厚度：±25mm，随时检查清基、铺设厚度、平整度，水准仪检查，与设计厚度比较。

　　施工前检查土工合成材料性能、强度、延伸率及土石料质量。施工中检查清基、回填铺料厚度及平整度。土工合成材料铺设方向、搭接长度及与结构连接状况。施工结束后检查承载力。

　　检查形成施工记录或检验报告。

　　检查施工记录和检验报告。

粉煤灰地基工程检验批质量验收记录表
GB 50202—2002

010304□□

单位(子单位)工程名称						
分部(子分部)工程名称					验收部位	
施工单位					项目经理	
分包单位					分包项目经理	
施工执行标准名称及编号						

		施工质量验收规范的规定		施工单位检查评定记录	监理(建设)单位验收记录
主控项目	1	压实系数	设计要求		
	2	地基承载力	设计要求		
一般项目	1	粉煤灰粒径(mm)	0.001~2.000		
	2	氧化铝及二氧化硅含量(%)	≥70		
	3	烧失量(%)	≤12		
	4	每层铺筑厚度(mm)	±50		
	5	含水量(与最优含水量比较)(%)	±2		

	专业工长(施工员)		施工班组长	
施工单位检查评定结果				
	项目专业质量检查员:			年　月　日
监理(建设)单位验收结论				
	专业监理工程师: (建设单位项目专业技术负责人):			年　月　日

说　明

主控项目：

1. 压实系数。现场施工随时检查分层铺筑厚度、碾压遍数，施工含水量控制，分段施工搭接区碾压程度，按规定检测压实系数，结果符合设计要求。检查施工记录和试验报告。

2. 地基承载力。由设计提出要求，在施工结束后，一定时间后进行地基的承载力检验。其检验方法也因各地设计单位的习惯、经验等不同，选用标贯、静力触探及十字板剪切强度或承载力检验等方法。按设计指定方法检验。其结果必须达到设计要求的标准。

   每个单位工程不少于 3 点，$1000m^2$ 以上，每 $100m^2$ 抽查 1 点；$3000m^2$ 以上，每 $300m^2$ 抽查 1 点；独立柱每柱 1 点，基槽每 20 延长米 1 点。

一般项目：

1. 粉煤灰粒径：$0.001 \sim 2.00mm$。检查过筛报告。
2. 氧化铝及二氧化硅含量：≥70%。检查试验报告。
3. 烧失量：≤12%。检查烧结试验报告。
4. 每层铺筑厚度：±50mm。水准仪检查。
5. 含水量：±2%，与最优含水量比较。现场取样、检查试验报告。

   施工前检查粉煤灰材料、基槽清底情况、地质条件。施工中检查铺筑厚度、碾压遍数、施工含水量控制、搭接区碾压程度、压实系数。施工结束后检查地基承载力。

   检查形成施工记录或检验报告。

   检查施工记录和检验报告。

强夯地基工程检验批质量验收记录表
GB 50202—2002

010305□□

单位(子单位)工程名称				
分部(子分部)工程名称			验收部位	
施工单位			项目经理	
分包单位			分包项目经理	
施工执行标准名称及编号				

施工质量验收规范的规定				施工单位检查评定记录	监理(建设)单位验收记录
主控项目	1	地基强度	设计要求		
	2	地基承载力	设计要求		
一般项目	1	夯锤落距(mm)	±300		
	2	锤重(kg)	±100		
	3	夯击遍数及顺序	设计要求		
	4	夯点间距(mm)	±500		
	5	夯击范围(超出基础范围距离)	设计要求		
	6	前后两遍间歇时间	设计要求		

	专业工长(施工员)		施工班组长	
施工单位检查评定结果				
	项目专业质量检查员:		年 月 日	
监理(建设)单位验收结论				
	专业监理工程师: (建设单位项目专业技术负责人):		年 月 日	

说　明

主控项目：

1. 地基强度。按设计指定方法检测，强度达到设计要求。
2. 地基承载力。由设计提出要求，在施工结束后，一定时间后进行地基的承载力检验。其检验方法也因各地设计单位的习惯、经验等不同，选用标贯、静力触探及十字板剪切强度或承载力检验等方法。按设计指定方法检验。其结果必须达到设计要求的标准。

   每个单位工程不少于 3 点，1000m² 以上，每 100m² 抽查 1 点；3000m² 以上，每 300m² 抽查 1 点；独立柱每柱 1 点，基槽每 20 延长米 1 点。

一般项目：

1. 夯锤落距：±300mm。根据设计及试夯确定落距，控制落距标志设在钢索上。开夯前尺量检查，施工中检查标志符合控制要求 ±300mm。
2. 锤重：±100kg。根据设计及试夯确定锤重。称量与设计锤重比较。符合 ±100kg。
3. 夯击遍数及顺序：符合设计要求。
4. 夯点间距：±500mm。尺量检查与设计比较。
5. 夯击范围（超出基础范围距离）。用尺量检查超出基础范围距离。符合设计要求。
6. 前后两遍间歇时间，符合设计要求。

   施工前检查夯锤重量、夯锤落距控制手段、排水设施及被夯地基的土质。施工中检查落距、夯击遍数、夯点位置、夯击范围。施工结束后检查地基的强度、承载力。

   检查后形成施工记录或检验报告。

   检查施工记录和检验报告。

振冲地基工程检验批质量验收记录表
GB 50202—2002

单位(子单位)工程名称					
分部(子分部)工程名称				验收部位	
施工单位				项目经理	
分包单位				分包项目经理	
施工执行标准名称及编号					

施工质量验收规范的规定			施工单位检查评定记录	监理(建设)单位验收记录
主控项目	1	填料粒径	设计要求	
	2	密实电流(黏性土)(A) 密实电流(砂性土或粉土)(A) (以上为功率30kW振冲器) 密实电流(其他类型振冲器)(A₀)	50~55 40~50 1.5~2.0	
	3	地基承载力	设计要求	
一般项目	1	填料含泥量(%)	<5	
	2	振冲器喷水中心与孔径中心偏差(mm)	≤50	
	3	成孔中心与设计孔位中心偏差(mm)	≤100	
	4	桩体直径(mm)	<50	
	5	孔深(mm)	±200	

	专业工长(施工员)		施工班组长	
施工单位检查评定结果				
	项目专业质量检查员:		年 月 日	
监理(建设)单位验收结论				
	专业监理工程师: (建设单位项目专业技术负责人):		年 月 日	

说　明

主控项目：

1. 填料粒径,符合设计要求,检查检验报告。

2. 密实电流控制

   黏性土(30kW 振冲器)50~55A,电流表读数。

   砂性土或粉土(30kW 振冲器)40~50A,电流表读数。

   其他类型振冲器1.5~2.0A。电流表读数,空振电流。

   边施工边检查,定时做好施工记录。检查施工记录。

3. 地基承载力。由设计提出要求,在施工结束后,一定时间后进行地基的承载力检验。其检验方法也因各地设计单位的习惯、经验等不同,选用标贯、静力触探及十字板剪切强度或承载力检验等方法。按设计指定方法检验。其结果必须达到设计要求的标准。

   每个单位工程不少于3点,1000m² 以上,每100m² 抽查1点;3000m² 以上,每300m² 抽查1点;独立柱每柱1点,基槽每20延长米1点。

一般项目：

1. 填料含泥量 <5%。检查检测报告。

2. 振冲器喷水中心与孔径中心偏差:≤50mm。与设计放线位置比,尺量检查,符合 ≤50mm 为合格。

3. 成孔中心与设计孔位中心偏差:≤100mm。尺量检查。符合 ≤100mm 为合格。

4. 桩体直径:<50mm。尺量检查。与设计直径比,<50mm 为合格。

5. 孔深:±200mm。尺量检查钻杆或重锤吊测。符合 ±200mm 为合格。

   施工前检查振冲器性能、电流表、电压表准确度及填料性能。施工过程中检查密实电流、供水压力、供水量、填料量、孔底留振时间、振冲点位置、孔径、孔深等。施工结束后按规定做地基强度或承载力检验。

   检查后形成施工记录或检验报告。

   检查施工记录和检验报告。

砂桩地基工程检验批质量验收记录表
GB 50202—2002

单位(子单位)工程名称					
分部(子分部)工程名称				验收部位	
施工单位				项目经理	
分包单位				分包项目经理	
施工执行标准名称及编号					

		施工质量验收规范的规定		施工单位检查评定记录	监理(建设)单位验收记录
主控项目	1	灌砂量(%)	≥95		
	2	地基强度	设计要求		
	3	地基承载力	设计要求		
一般项目	1	砂料的含泥量(%)	≤3		
	2	砂料的有机质含量(%)	≤5		
	3	桩位(mm)	≤50		
	4	砂桩标高(mm)	±150		
	5	垂直度(%)	≤1.5		

施工单位检查评定结果	专业工长(施工员)		施工班组长	
	项目专业质量检查员:		年 月 日	

监理(建设)单位验收结论	
	专业监理工程师: (建设单位项目专业技术负责人): 年 月 日

说　明

主控项目：

1. 灌砂量。≥95％。测量实际用砂量与设计体积比。不少于95％。

2. 地基强度。按设计指定方法检测，强度达到设计要求。

3. 地基承载力。由设计提出要求，在施工结束后，一定时间后进行地基的承载力检验。其检验方法也因各地设计单位的习惯、经验等不同，选用标贯、静力触探及十字板剪切强度或承载力检验等方法。按设计指定方法检验。其结果必须达到设计要求的标准。

　　每个单位工程不少于3点，$1000m^2$ 以上，每 $100m^2$ 抽查1点；$3000m^2$ 以上，每 $300m^2$ 抽查1点；独立柱每柱1点，基槽每20延长米1点。

一般项目：

1. 砂料的含泥量：≤3％。取样，进行检验。检查检验报告。

2. 砂料的有机质含量：≤5％。取样，用焙烧法试验。检查试验报告。

3. 桩位：≤50mm。尺量检查，根据桩孔放线检查。

4. 砂桩标高：±150mm。用水准仪检查。

5. 垂直度：≤1.5％。用经纬仪检查桩管垂直度。控制在1.5％内。

　　施工前应检查砂料的含泥量及有机质含量、样桩的位置。施工中检查桩位、灌砂量、标高、垂直度。施工结束后检验地基强度或承载力。

　　检查后形成施工记录或检验报告。

　　检查施工记录和检验报告。

预压地基工程检验批质量验收记录表
GB 50202—2002

单位(子单位)工程名称						
分部(子分部)工程名称					验收部位	
施工单位					项目经理	
分包单位					分包项目经理	
施工执行标准名称及编号						

施工质量验收规范的规定			施工单位检查评定记录	监理(建设)单位验收记录
主控项目	1	预压载荷(%)	≤2		
	2	固结度(与设计要求比)(%)	≤2		
	3	承载力或其他性能指标	设计要求		
一般项目	1	沉降速率(与控制值比)(%)	±10		
	2	砂井或塑料排水带位置(mm)	±100		
	3	砂井或塑料排水带插入深度(mm)	±200		
	4	插入塑料排水带时的回带长度(mm)	≤500		
	5	塑料排水带或砂井高出砂垫层距离(mm)	≥200		
	6	插入塑料排水带的回带根数(%)	<5		

施工单位检查评定结果	专业工长(施工员)		施工班组长	
	项目专业质量检查员:		年　月　日	

监理(建设)单位验收结论	专业监理工程师: (建设单位项目专业技术负责人):　　　　　年　月　日

111

主控项目：

1. 预压载荷。≤2%。用水准仪检查,符合设计要求。当真空预压时,真空度降低值<2%,与设计值比较。观察检查。堆载预压,必须分级堆载,以确保预压效果并避免坍滑事故,一般每天控制沉降在 10～15mm,边桩控制在 4～7mm。孔隙水压力增量不超过预压荷载增量60%,以这些来控制堆载速率。用水准仪检查。符合设计要求为合格。

2. 固结度。≤2%(与设计要求比)。按设计要求进行检验。

3. 承载力或其他性能指标。按设计要求或规定方法进行检验。通常施工结束后,做十字板剪切强度或标贯、静力触探;检测地基土强度及其他物理力学技术指标。重要建筑地基做承载力检验。

一般项目：

1. 沉降速率：±10%(与控制值比)。用预压载荷来控制沉降速率。用水准仪检查。

2. 砂井或塑料排水带位置：±100mm。尺量检查。
   按设计位置进行检测,符合±100mm 要求。

3. 砂井或塑料排水带插入深度：±200mm。插入时用水准仪检查,控制在±200mm 以内。

4. 插入塑料排水带时的回带长度：≤500mm。尺量检查。符合±≤500mm 的要求。

5. 塑料排水带或砂井高出砂垫层距离：≥200mm。插入时用钢尺检查,控制在±200mm 以内。

6. 插入塑料排水带的回带根数：<5%。观察检查。
   施工前检查施工监测措施,沉降、孔隙水压力原始数据,砂井塑料排水带位置及塑料排水带质量。
   施工中检查堆载高度、沉降速率、密封膜密封性、真空表读数。施工结束后检查地基土强度、物理力学指标以及承载力检验。
   检查后形成施工记录或检验报告。
   检查施工记录和检验报告。

高压喷射注浆地基工程检验批质量验收记录表
GB 50202—2002

单位(子单位)工程名称				
分部(子分部)工程名称			验收部位	
施工单位			项目经理	
分包单位			分包项目经理	
施工执行标准名称及编号				

施工质量验收规范的规定				施工单位检查评定记录	监理(建设)单位验收记录
主控项目	1	水泥及外掺剂质量	符合设计要求		
	2	水泥用量	设计要求		
	3	桩体强度或完整性检验	设计要求		
	4	地基承载力	设计要求		
一般项目	1	钻孔位置(mm)	≤50		
	2	钻孔垂直度(%)	≤1.5		
	3	孔深(mm)	±200		
	4	注浆压力	按设定参数指标		
	5	桩体搭接(mm)	>200		
	6	桩体直径(mm)	≤50		
	7	桩身中心允许偏差(mm)	≤0.2D		

	专业工长(施工员)		施工班组长	
施工单位检查评定结果				
	项目专业质量检查员:		年　月　日	
监理(建设)单位验收结论				
	专业监理工程师: (建设单位项目专业技术负责人):		年　月　日	

说 明

主控项目：

1. 水泥及外掺剂质量。按设计要求选用，并按规定做检测试验，检查合格证及试验报告。

2. 水泥用量。符合设计要求。检查水灰比及查看流量表。

3. 桩体强度或完整性检验。按设计要求进行检验。

4. 地基承载力。由设计提出要求，在施工结束后，一定时间后进行地基的承载力检验。其检验方法也因各地设计单位的习惯、经验等不同，选用标贯、静力触探及十字板剪切强度或承载力检验等方法。按设计指定方法检验。其结果必须达到设计要求的标准。

   每个单位工程不少于 3 点，1000m² 以上，每 100m² 抽查 1 点；3000m² 以上，每 300m² 抽查 1 点；独立柱每柱 1 点，基槽每 20 延长米 1 点。

一般项目：

1. 钻孔位置：≤50mm。按设计放线进行检查。尺量检查。

2. 钻孔垂直度：≤1.5%。用经纬仪测钻杆垂直度。

3. 孔深：±200mm，尺量检查。

4. 注浆压力：按设计设定的参数指标，查看压力表。

5. 桩体搭接：>200mm。尺量检查。

6. 桩体直径：≤50mm。尺量检查。

7. 桩身中心允许偏差：≤0.2D。开挖后桩顶下 500mm 处，用尺量检查桩的直径（D 为桩径）。

   施工前检查水泥、外掺剂的质量，桩位、压力表、流量表的精度和灵敏度，高压喷射设备的性能。施工中检查施工压力、水泥浆量、提升速度、旋转速度及施工程序等。施工结束后，检验桩体强度、平均直径、桩身中心位置，28d 后检验桩体质量及承载力等。

   检查后形成施工记录或检验报告。

   检查施工记录和检验报告。

土和灰土挤密桩复合地基工程检验批质量验收记录表

GB 50202—2002

单位(子单位)工程名称						
分部(子分部)工程名称					验收部位	
施工单位					项目经理	
分包单位					分包项目经理	
施工执行标准名称及编号						

		施工质量验收规范的规定		施工单位检查评定记录	监理(建设)单位验收记录
主控项目	1	桩体及桩间土干密度	设计要求		
	2	桩长(mm)	+500		
	3	地基承载力	设计要求		
	4	桩径(mm)	−20		
一般项目	1	土料有机质含量(%)	≤5		
	2	石灰粒径(mm)	≤5		
	3	桩位偏差	满堂布桩≤0.40D 条基布桩≤0.25D		
	4	垂直度(%)	≤1.5		
	5	桩径(mm)	−20		

施工单位检查评定结果	专业工长(施工员)		施工班组长	
	项目专业质量检查员:		年 月 日	

监理(建设)单位验收结论	
	专业监理工程师: (建设单位项目专业技术负责人): 年 月 日

说　明

主控项目：

1. 桩体及桩间土干密度。取样试验，干密度达到设计要求。检查试验报告。

2. 桩长。+500mm。尺量检查。测桩管长度或垂球测孔深。

3. 地基承载力。由设计提出要求，在施工结束后，一定时间后进行地基的承载力检验。其检验方法也因各地设计单位的习惯、经验等不同，选用标贯、静力触探及十字板剪切强度或承载力检验等方法。按设计指定方法检验。其结果必须达到设计要求的标准。

    每个单位工程不少于 3 点，1000m² 以上，每 100m² 抽查 1 点；3000m² 以上，每 300m² 抽查 1 点；独立柱每柱 1 点，基槽每 20 延长米 1 点。

4. 桩径。−20mm。尺量检查，个别断面的负值。

一般项目：

1. 土料有机质含量：≤5%。取样焙烧法试验。检查试验报告。

2. 石灰粒径：≤5mm。施工前过筛。做好记录。

3. 桩位偏差：满堂布桩≤0.40D。尺量检查。根据桩位放线检查。

    条基布桩≤0.25D。尺量检查。根据桩位放线检查。

4. 垂直度：≤1.5%。用经纬仪桩管。控制在 1.5% 以内，做好记录。

5. 桩径：−20mm，尺量检查。

    施工前检查土及灰土的质量、桩孔放样位置等。施工中检查桩孔直径、桩孔深度、夯击次数、填料的含水量等。施工结束后检验成桩的质量及地基承载力。

    检查后形成施工记录或检验报告。

    检查施工记录和检验报告。

注浆地基工程检验批质量验收记录表
GB 50202—2002

单位(子单位)工程名称				
分部(子分部)工程名称			验收部位	
施工单位			项目经理	
分包单位			分包项目经理	
施工执行标准名称及编号				

施工质量验收规范的规定				施工单位检查评定记录	监理(建设)单位验收记录
主控项目	1	原材料检验	水泥 / 设计要求		
			注浆用砂:粒径(mm) / <2.5		
			细度模数(%) / <2.0		
			含泥量及有机物含量(%) / <3		
			注浆用黏土:塑性指数 / >14		
			黏粒含量(%) / >25		
			含砂量(%) / <5		
			有机物含量(%) / <3		
			粉煤灰:细度 / 不粗于同时使用的水泥		
			烧失量(%) / <3		
			水玻璃:模数 / 2.5~3.3		
			其他化学浆液 / 设计要求		
	2	注浆体强度		设计要求	
	3	地基承载力		设计要求	
一般项目	1	各种注浆材料称量误差(%)		<3	
	2	注浆孔位(mm)		±20	
	3	注浆孔深(mm)		±100	
	4	注浆压力(与设计参数比)(%)		±10	

施工单位检查评定结果	专业工长(施工员)		施工班组长	
	项目专业质量检查员:		年 月 日	

| 监理(建设)单位验收结论 | 专业监理工程师:
(建设单位项目专业技术负责人): | | 年 月 日 | |

117

说　明

主控项目：

1-1 水泥。符合设计要求。检查产品合格证或检验报告。

1-2 注浆用砂。粒径＜2.5mm。检查试验报告。

　　　　　　　细度模数＜2.0。检查试验报告。

　　　　　　　含泥量及有机物含量＜3%。检查试验报告。

1-3 注浆用黏土。塑性指数＞14

　　　　　　　　黏粒含量＞25%

　　　　　　　　含砂量＜5%

　　　　　　　　有机物含量＜3%。

　　检查试验报告。

1-4 粉煤灰。细度。不粗于同时使用的水泥。

　　　　　　烧失量。＜3%。

　　检查试验报告。

1-5 水玻璃模数。2.5～3.3。检查试验报告。

1-6 其他化学浆液。符合设计要求。检查试验报告。

2. 注浆体强度。符合设计要求。检查试验报告。

3. 地基承载力。由设计提出要求，在施工结束后，一定时间后进行地基的承载力检验。其检验方法也因各地设计单位的习惯、经验等不同，选用标贯、静力触探及十字板剪切强度或承载力检验等方法。按设计指定方法检验。其结果必须达到设计要求的标准。

　　每个单位工程不少于 3 点，1000m² 以上，每 100m² 抽查 1 点；3000m² 以上，每 300m² 抽查 1 点；独立柱每柱 1 点，基槽每 20 延长米 1 点。

　　注浆后 15d（砂土、黄土）或 60d（黏性土）检验。检查孔数总量的 2%～5%，不合格率＜20%，否则应进行二次注浆。

一般项目：

1. 各种注浆材料称量误差：＜3%。检查称量记录及抽样检查。

2. 注浆孔位：±20mm。尺量检查。

3. 注浆孔深：≤100mm。尺量检查注浆管的长度。

4. 注浆压力（与设计参数比）：±10%，。检查压力表数据。

　　施工前检查注浆点位置、浆液配比、注浆技术参数、材料质量及注浆设备状况。施工中应抽查，注浆点位置、浆液配比、注浆技术性能、注浆顺序、压力控制等技术参数、检测要求、材料性能、注浆设备的正常运转等。施工结束对注浆体强度、承载能力等进行检测。

　　检查后形成施工记录或检验报告。

　　检查施工记录和检验报告。

水泥粉煤灰碎石桩复合地基工程检验批质量验收记录表
GB 50202—2002

010312□□

单位(子单位)工程名称						
分部(子分部)工程名称					验收部位	
施工单位					项目经理	
分包单位					分包项目经理	
施工执行标准名称及编号						

施工质量验收规范的规定				施工单位检查评定记录	监理(建设)单位验收记录
主控项目	1	原材料	设计要求		
	2	桩径(mm)	−20		
	3	桩身强度	设计要求		
	4	地基承载力	设计要求		
一般项目	1	桩身完整性	符合设计要求		
	2	桩位偏差	满堂布桩≤0.40D 条基布桩≤0.25D		
	3	桩垂直度(%)	≤1.5		
	4	桩长(mm)	+100		
	5	褥垫层夯填度	≤0.9		

施工单位检查评定结果	专业工长(施工员)		施工班组长	
	项目专业质量检查员:		年　月　日	

监理(建设)单位验收结论	
	专业监理工程师: (建设单位项目专业技术负责人)：　　　　　　　　　年　月　日

说　明

主控项目：

1. 原材料质量。检查产品合格证或试验报告。符合设计要求。

2. 桩径。−20mm。尺量检查或计算填充料量。−20mm 是指个别断面。

3. 桩身强度。检查 28d 试块强度，符合设计要求。

4. 地基承载力。由设计提出要求，在施工结束后，一定时间后进行地基的承载力检验。其检验方法也因各地设计单位的习惯、经验等不同，选用标贯、静力触探及十字板剪切强度或承载力检验等方法。按设计指定方法检验。其结果必须达到设计要求的标准。

　　每个单位工程不少于 3 点，1000m² 以上，每 100m² 抽查 1 点；3000m² 以上，每 300m² 抽查 1 点；独立柱每柱 1 点，基槽每 20 延长米 1 点。

一般项目：

1. 桩身完整性：按桩基检测技术规范，判定桩身完整情况。符合设计要求。

2. 桩位偏差：满堂布桩≤0.40D。尺量检查，根据桩位放线检查。
　　　　　　条基布桩≤0.25D。尺量检查，根据桩位放线检查。

3. 桩垂直度：≤1.5%。用经纬仪测桩管垂直度。

4. 桩长：+100mm。用尺量测桩管长度或垂球测孔深。

5. 褥垫层夯填度：≤0.9。将虚铺垫层厚度夯成 0.9 的厚度（即虚厚与夯实后厚之比）。尺量检查。

　　施工前检查水泥、粉煤灰、砂及碎石等原材料。施工中检查桩身混合料的配合比、坍落度和提拔钻杆速度、成孔深度、混合料灌入量。施工结束后，检查桩顶标高、桩位、桩体质量、地基承载力以及褥垫层质量。

　　检查后形成施工记录或检验报告。

　　检查施工记录和检验报告。

夯实水泥土桩复合地基工程检验批质量验收记录表
GB 50202—2002

010313□□

单位(子单位)工程名称					
分部(子分部)工程名称				验收部位	
施工单位				项目经理	
分包单位				分包项目经理	
施工执行标准名称及编号					

施工质量验收规范的规定			施工单位检查评定记录	监理(建设)单位验收记录
主控项目	1	桩径(mm)	−20	
	2	桩长(mm)	+500	
	3	桩体干密度	设计要求	
	4	地基承载力	设计要求	
一般项目	1	土料有机质含量(%)	≤5	
	2	含水量(与最优含水量比)(%)	±2	
	3	土料粒径(mm)	≤20	
	4	水泥质量	设计要求	
	5	桩位偏差	满堂布桩≤0.40D 条基布桩≤0.25D	
	6	桩孔垂直度(%)	≤1.5	
	7	褥垫层夯填度	≤0.9	

施工单位检查评定结果	专业工长(施工员)		施工班组长	
	项目专业质量检查员:		年 月 日	
监理(建设)单位验收结论	专业监理工程师: (建设单位项目专业技术负责人):		年 月 日	

121

说　明

主控项目：

1. 桩径：-20mm。尺量检查。-20mm 是个别断面。

2. 桩长：+500mm。测桩孔深度。尺量检查。

3. 桩体干密度：取样试验，结果符合设计要求。

4. 地基承载力：由设计提出要求，在施工结束后，一定时间后进行地基的承载力检验。其检验方法也因各地设计单位的习惯、经验等不同，选用标贯、静力触探及十字板剪切强度或承载力检验等方法。按设计指定方法检验。其结果必须达到设计要求的标准。

   每个单位工程不少于 3 点，1000m² 以上，每 100m² 抽查 1 点；3000m² 以上，每 300m² 抽查 1 点；独立柱每柱 1 点，基槽每 20 延长米 1 点。

一般项目：

1. 土料有机质含量：≤5%。取样，用焙烧法试验。检查试验报告。

2. 含水量：±2%。与最优含水量比取样用烘干法试验。检查试验报告。

3. 土料粒径：≤20mm。施工前过筛。做好记录。

4. 水泥质量：检查产品合格证和抽样试验报告，符合设计要求。

5. 桩位偏差：满堂布桩≤0.40D。尺量检查。根据桩位放线检查。

   　　　　　条基布桩≤0.25D。尺量检查。根据桩位放线检查。

6. 桩孔垂直度：≤1.5%。用经纬仪测桩管垂直度。

7. 褥垫层夯填度：≤0.9。尺量检查。虚铺厚度和夯后厚度比值。

   施工前检查水泥及夯实用土料的质量。施工中检查孔位、孔深、孔径、水泥和土的配比、混合料含水量。施工结束后，检查桩体质量及复合地基承载力做检验，褥垫层检查其夯填度。

   检查后形成施工记录或检验报告。

   检查施工记录和检验报告。

水泥土搅拌桩地基工程检验批质量验收记录表
GB 50202—2002

单位(子单位)工程名称						
分部(子分部)工程名称					验收部位	
施工单位					项目经理	
分包单位					分包项目经理	
施工执行标准名称及编号						

施工质量验收规范的规定				施工单位检查评定记录	监理(建设)单位验收记录
主控项目	1	水泥及外掺剂质量	符合设计要求		
	2	水泥用量	参数指标		
	3	桩体强度	设计要求		
	4	地基承载力	设计要求		
一般项目	1	机头提升速度(m/min)	≤ 0.5		
	2	桩底标高(mm)	± 200		
	3	桩顶标高(mm)	$+100$，-50		
	4	桩位偏差(mm)	< 50		
	5	桩径	$< 0.04D$		
	6	垂直度(%)	≤ 1.5		
	7	搭接(mm)	> 200		

	专业工长(施工员)		施工班组长	
施工单位检查评定结果				
	项目专业质量检查员：		年　月　日	
监理(建设)单位验收结论				
	专业监理工程师： (建设单位项目专业技术负责人)：		年　月　日	

123

说　明

主控项目：

1. 水泥及外掺剂质量。按设计要求选用，并按规定进行检测试验。检查产品合格证及试验报告。

2. 水泥用量。符合设计要求。检查水灰比及查看流量表。

3. 桩体强度。按设计要求进行检查。

4. 地基承载力。由设计提出要求，在施工结束后，一定时间后进行地基的承载力检验。其检验方法也因各地设计单位的习惯、经验等不同，选用标贯、静力触探及十字板剪切强度或承载力检验等方法。按设计指定方法检验。其结果必须达到设计要求的标准。

　　每个单位工程不少于 3 点，1000m² 以上，每 100m² 抽查 1 点；3000m² 以上，每 300m² 抽查 1 点；独立柱每柱 1 点，基槽每 20 延长米 1 点。

一般项目：

1. 机头提升速度：≤0.5m/min。量机头上升距离及时间。

2. 桩底标高：±200mm。量测机头深度计算。

3. 桩顶标高：+100mm，−50mm。水准仪检查（最上部 500mm 不计入）。

4. 桩位偏差：<50mm。尺量检查，根据设计桩位点位置。

5. 桩径：<0.04D。尺量检查桩的直径。

6. 垂直度：≤1.5%。用经纬仪检查。

7. 搭接：>200mm，尺量检查。

　　施工前检查水泥及外掺剂的质量、桩位、搅拌机工作性能及各种计量设备完好程度。施工中检查机头提升速度、水泥浆或水泥注入量、搅拌桩的长度及标高。施工结束后检查桩体强度，桩体直径及地基承载力。强度检查：承重桩取 90d 后的试件；支护桩取 28d 后的试件。

　　检查后形成施工记录或检验报告。

　　检查施工记录和检验报告。

静力压桩工程检验批质量验收记录表
GB 50202—2002

单位(子单位)工程名称					
分部(子分部)工程名称				验收部位	
施工单位				项目经理	
分包单位				分包项目经理	
施工执行标准名称及编号					

施工质量验收规范的规定				施工单位检查评定记录	监理(建设)单位验收记录
主控项目	1	桩体质量检验	符合设计要求		
	2	桩位偏差	见本规范表5.1.3		
	3	承载力	按基桩检测技术规范		
一般项目	1	成品桩质量:外观 外形尺寸 强度	表面平整,颜色均匀,掉角深度<10mm,蜂窝面积小于总面积0.5% 见本规范表5.4.5满足设计要求		
	2	硫磺胶泥质量(半成品)	设计要求		
	3	接桩	电焊接桩:焊缝质量	见本规范表5.5.4-2		
			电焊结束后停歇时间	min	>1.0		
			硫磺胶泥接桩: 胶泥浇注时间	min	<2		
			浇注后停歇时间	min	>7		
	4	电焊条质量	设计要求		
	5	压桩压力(设计有要求时)	%	±5		
	6	接桩时上下节平面偏差 接桩时节点弯曲矢高		<10		
			mm	<1/1000L		
	7	桩顶标高	mm	±50		

施工单位检查评定结果	专业工长(施工员)		施工班组长	
	项目专业质量检查员:		年 月 日	

监理(建设)单位验收结论	专业监理工程师: (建设单位项目专业技术负责人):	年 月 日

说 明

静力压桩包括锚杆静压桩及其他各种非冲击沉桩

主控项目:

1. 桩体质量检验。包括完整性、裂缝、断桩等。对设计甲级或地质条件复杂、抽检数量不少于总数的30%，且不少于20根。其他桩不少于总数20%。且不少于10根。对预制桩及地下水位以上的桩,检查总数的10%,且不少于10根,每个柱子承台下不少于1根。

2. 桩位偏差。项目如下表,尺量检查,根据桩位放线检查。

序号	项　　　目	允许偏差(mm)
1	盖有基础梁的桩: (1)垂直基础梁的中心线 (2)沿基础梁的中心线	$100 + 0.01H$ $150 + 0.01H$
2	桩数为1~3根桩基中的桩	100
3	桩数为4~16根桩基中的桩	1/2桩径或边长
4	桩数大于16根桩基中的桩: (1)最外边的桩 (2)中间桩	1/3桩径或边长 1/2桩径或边长

3. 承载力。设计等级为甲级或地质条件复杂,成桩质量可靠性低的灌注桩,应采用静载荷试验,数量不少于总桩数1%,且不少于3根。总桩数少于50根时,为2根。其他桩应用高应变动力检测。对地质条件、桩型,成桩机具和工艺相同,同一单位施工的桩基,检验桩数不少于总桩数的2%,且不少于5根。静载荷试验,高应变动力检测方法。检查检测报告。

一般项目:

1. 成品桩质量:外观,表面平整,颜色均匀,掉角深度 <10mm、蜂窝面积小于总面积的0.5%,观察检查。
   外形尺寸。桩横截面边长 ±5mm,桩顶对角线差 <10mm;桩尖中心线 <10mm。桩身弯曲矢高 <1/1000L。尺量检查。桩顶平整度 <2mm,水平尺检查。
   强度满足设计要求,混凝土试块28d强度。检查试验报告。

2. 硫磺胶泥质量:符合设计要求。检查产品合格证或抽样检验报告。

3. 接桩,电焊接桩,焊缝质量。按钢桩电焊接桩焊缝检查。焊后停歇时间 >1min,秒表测量。
   硫磺胶泥接桩,胶泥浇注时间 <2min;浇后停歇时间 >7 min,秒表检查。

4. 电焊条质量,符合设计要求,检查产品合格证。

5. 压桩压力。±5%。与设计要求比,检查压力表读数或施工记录。

6. 接桩时上下节平面偏差 <10mm。尺量检查。
   接桩时节点弯曲矢高 <1/1000L。拉线和尺量检查。

7. 桩顶标高。±50mm。用水准仪检查。

施工前检查成品桩外观及强度、接桩用焊条或半成品硫磺胶泥、压桩用压力表、锚杆规格及质量。硫磺胶泥半成品应每100kg做一组试件(3件)。压桩过程中检查压力、桩垂直度、接桩间歇时间、桩的连接质量及压入深度。重要工程应对电焊接桩的接头做10%的探伤检查。对承受反力的结构应加强观测。施工结束后检查承载力及桩体质量。

检查后形成施工记录或检验报告。

检查施工记录和检验报告。

126

先张法预应力管桩工程检验批质量验收记录表
GB 50202—2002

010402□□

单位(子单位)工程名称					
分部(子分部)工程名称				验收部位	
施工单位				项目经理	
分包单位				分包项目经理	
施工执行标准名称及编号					

		施工质量验收规范的规定		施工单位检查评定记录	监理(建设)单位验收记录
主控项目	1	桩体质量检验	设计要求		
	2	桩位偏差	见本规范表5.1.3		
	3	承载力	设计要求		
一般项目	1 成品桩质量	外观	无蜂窝、露筋、裂缝,色感均匀,桩顶处无孔隙		
		桩径(mm)	±5		
		管壁厚度(mm)	±5		
		桩尖中心线(mm)	<2		
		顶面平整度(mm)	10		
		桩体弯曲	<1/1000L		
	2	接桩:焊缝质量	见本规范表5.5.4-2		
		电焊结束后停歇时间(min)	>1.0		
		上下节平面偏差(mm)	<10		
		节点弯曲矢高	<1/1000L		
	3	停锤标准	设计要求		
	4	桩顶标高(mm)	±50		

	专业工长(施工员)		施工班组长	
施工单位检查评定结果				
	项目专业质量检查员:		年 月 日	
监理(建设)单位验收结论				
	专业监理工程师: (建设单位项目专业技术负责人):		年 月 日	

说 明

主控项目:

1. 桩体质量检验。包括完整性、裂缝、断桩等。对设计甲级或地质条件复杂,抽检数量不少于总数的30%,且不少于20根。其他桩不少于总数20%,且不少于10根。对预制桩及地下水位以上的桩,检查总数的10%,且不少于10根,每个柱子承台下不少于1根。

2. 桩位偏差。项目如下表,尺量检查,根据桩位放线检查。

序号	项 目	允许偏差
1	盖有基础梁的桩: (1)垂直基础梁的中心线 (2)沿基础梁的中心线	$100 + 0.01H$ $150 + 0.01H$
2	桩数为 1~3 根桩基中的桩	100
3	桩数为 4~16 根桩基中的桩	1/2 桩径或边长
4	桩数大于 16 根桩基中的桩: (1)最外边的桩 (2)中间桩	1/3 桩径或边长 1/2 桩径或边长

3. 承载力。设计等级为甲级或地质条件复杂,成桩质量可靠性低的灌注桩,应采用静载荷试验,数量不少于总桩数1%,且不少于3根。总桩数少于50根时,为2根。其他桩应用高应变动力检测。对地质条件、桩型、成桩机具和工艺相同,同一单位施工的桩基,检验桩数不少于总桩数的2%,且不少于5根。静载荷试验,高应变动力检测方法。检查检测报告。

一般项目:

1. 成品桩质量。外观:无蜂窝、露筋、裂缝,色感均匀,桩顶处无孔隙。观察检查。

    桩径 ±5mm;管壁厚度 ±5mm;桩尖中心线 <2mm,用尺量检查。

    桩顶平面度 10mm。用水平尺检查。

    桩体弯曲 <1/1000L。用拉线及尺量检查。L 为桩长。

2. 接桩:焊缝质量,按钢桩焊接接桩检查。

    电焊后停歇时间 >1.0min。用秒表测定。

    上下节平面偏差 <10mm。用尺量检查。

    节点弯曲矢高 <1/1000L。拉线和尺量检查。

3. 停锤标准。符合设计要求。现场实测或检查沉桩记录。

4. 桩顶标高。±50mm。用水准仪检查。

    施工前检查成品桩、接桩用电焊条质量。施工中检查桩的贯入情况、桩顶完整状况、电焊接桩质量、桩体垂直度、电焊后的停歇时间。重要工程应对电焊接头做 10% 焊缝探伤检查。施工结束后做承载力检验及桩体质量检验。

    检查后形成施工记录或检验报告。

    检查施工记录和检验报告。

混凝土预制桩(钢筋骨架)工程检验批质量验收记录表
GB 50202—2002
（Ⅰ）

010403□□

单位(子单位)工程名称					
分部(子分部)工程名称				验收部位	
施工单位				项目经理	
分包单位				分包项目经理	
施工执行标准名称及编号					

		施工质量验收规范的规定		施工单位检查评定记录	监理(建设)单位验收记录
主控项目	1	主筋距桩顶距离(mm)	±5		
	2	多节桩锚固钢筋位置(mm)	5		
	3	多节桩预埋铁件(mm)	±3		
	4	主筋保护层厚度(mm)	±5		
一般项目	1	主筋间距(mm)	±5		
	2	桩尖中心线(mm)	10		
	3	箍筋间距(mm)	±20		
	4	桩顶钢筋网片(mm)	±10		
	5	多节桩锚固钢筋长度(mm)	±10		

施工单位检查评定结果	专业工长(施工员)		施工班组长	
	项目专业质量检查员：		年 月 日	

监理(建设)单位验收结论	
	专业监理工程师： (建设单位项目专业技术负责人)： 年 月 日

129

说 明
（Ⅰ）

本检验批为混凝土预制桩"钢筋骨架"部分的验收内容。预制过程的控制。辅助检验批。

主控项目：

1. 主筋距桩顶距离：±5mm。尺量检查。

2. 多节桩锚固钢筋位置：5mm。尺量检查。

3. 多节桩预埋铁件：±3mm。尺量检查。

4. 主筋保护层厚度：±5mm。尺量检查。

一般项目：

1. 主筋间距：±5mm。尺量检查。

2. 桩尖中心线：10mm。尺量检查。

3. 箍筋间距：±20mm。尺量检查。

4. 桩顶钢筋网片：±10mm。尺量检查。

5. 多节桩锚固钢筋长度：±10mm。尺量检查。

本检验批是施工过程的质量控制，不符合要求时进行调整，符合要求再进行下道工序。

混凝土预制桩工程检验批质量验收记录表
GB 50202—2002
（Ⅱ）

单位(子单位)工程名称			
分部(子分部)工程名称		验收部位	
施工单位		项目经理	
分包单位		分包项目经理	
施工执行标准名称及编号			

		施工质量验收规范的规定		施工单位检查评定记录	监理(建设)单位验收记录
主控项目	1	桩体质量检验	设计要求		
	2	桩位偏差	见本规范表5.1.3		
	3	承载力	设计要求		
一般项目	1	砂、石、水泥、钢材等原材料(现场预制时)	设计要求		
	2	混凝土配合比及强度(现场预制时)	设计要求		
	3	成品桩外形	表面平整，颜色均匀，掉角深度＜10mm，蜂窝面积小于总面积0.5%		
	4	成品桩裂缝(收缩裂缝或起吊、装运、堆放引起的裂缝)	深度＜20mm，宽度＜0.25mm，横向裂缝不超过边长的一半		
	5	成品桩尺寸： 横截面边长(mm) 桩顶对角线差(mm) 桩尖中心线(mm) 桩身弯曲矢高 桩顶平整度(mm)	±5 ＜10 ＜10 ＜1/1000L ＜2		
	6	电焊接桩：焊缝质量 　电焊结束后停歇时间(min) 　上下节平面偏差 　节点弯曲矢高(min)	见本规范表5.5.4-2 ＞1.0 ＜10 ＜1/1000L		
	7	硫磺胶泥接桩：胶泥浇注时间(min) 浇注停歇时间(min)	＜2 ＞7		
	8	桩顶标高(mm)	±50		
	9	停锤标准	设计要求		

施工单位检查评定结果	专业工长(施工员)		施工班组长	
	项目专业质量检查员：		年　月　日	
监理(建设)单位验收结论	专业监理工程师： (建设单位项目专业技术负责人)：			年　月　日

说　明
（Ⅱ）

主控项目：

1. 桩体质量检验。包括桩完整性、裂缝、断桩等。对设计甲级或地质条件复杂，抽检数量不少于总桩数的30%，且不少于20根；其他桩应不少于20%，且不少于10根。对预制桩及地下水位以上的桩，检查总数量10%，且不少于10根。每个柱子承台不少于1根。

2. 桩位偏差。项目如下表，尺量检查，根据桩位放线检查。

序号	项　　目	允许偏差(mm)
1	盖有基础梁的桩： (1) 垂直基础梁的中心线 (2) 沿基础梁的中心线	$100 + 0.01H$ $150 + 0.01H$
2	桩数为 1~3 根桩基中的桩	100
3	桩数为 4~16 根桩基中的桩	1/2 桩径或边长
4	桩数大于 16 根桩基中的桩： (1) 最外边的桩 (2) 中间桩	1/3 桩径或边长 1/2 桩径或边长

3. 单桩承载力。设计等级为甲级或地质条件复杂，成桩质量可靠性低的灌注桩，应采用静载荷试验，数量不少于总桩数 1%，且不少于 3 根。总桩数少于 50 根时，为 2 根。其他桩应用高应变动力检测。对地质条件、桩型、成桩机具和工艺相同、同一单位施工的桩基，检验桩数不少于总桩数的 2%，且不少于 5 根。静载荷试验，高应变动力检测方法。检查检测报告。

一般项目：

1. 砂、石、水泥、钢材等原材料质量(现场预制时才检查)。符合设计要求。检查产品合格证及试验报告。

2. 混凝土配合比及强度(现场预制时才检查)。通过试验的配合比单配制的计量记录。按规定留置试块，28d 强度符合设计要求。检查配合比单、计量记录、试验报告。

3. 成品桩外形。表面平整，掉角深度 <10mm，蜂窝面积小于总面积 0.5%，颜色均匀。观察检查。

4. 成品桩裂缝(收缩或起吊、运输、堆放引起的裂缝)。深度 <20mm，宽度 <0.25mm，横向裂缝不超过边长的一半。用裂缝测定仪测量。此项地下水侵蚀地区，锤击数超过 500 击的长桩不适用。检查测定记录。

5. 成品桩尺寸。横截面边长 ±5mm；桩顶对角线差 <10mm；桩尖中心线 <10mm；桩身弯曲矢高 <1/1000L。用尺量检查。桩顶平整度 <2mm，用水平尺检查。

6. 电焊接桩。检查焊缝质量。按钢桩电焊接桩焊缝检查。

   焊后停歇时间 >1min。秒表测定。

   上下节平面偏差 <10mm。尺量检查。

   节点弯曲矢高 <1/1000L。尺量检查。

7. 硫磺胶泥接桩。胶泥浇注时间 <2min，秒表测定。

   浇注后停歇时间 >7 min，秒表测定。

8. 桩顶标高。±50mm。水准仪测定。

9. 停锤标准。符合设计要求，现场实测或检查沉桩记录。

   桩在现场预制时，检查原材料、钢筋骨架(表5.4.1)、混凝土强度；采用成品预制桩，检查桩的外观及尺寸。

   对长桩和总锤击数超过 500 击的桩，对其强度和龄期进行双控制。

   施工中桩体垂直度、沉桩情况、桩顶完整状况、接桩质量等进行检查，对电焊接桩，重要工程应做 10% 的焊缝探伤检查。施工结束后做承载力及桩体质量检验。

   检查后形成施工记录或检验报告。

   检查施工记录和检验报告。

钢桩(成品)工程检验批质量验收记录表
GB 50202—2002
(Ⅰ)

单位(子单位)工程名称				
分部(子分部)工程名称			验收部位	
施工单位			项目经理	
分包单位			分包项目经理	
施工执行标准名称及编号				

		施工质量验收规范的规定		施工单位检查评定记录	监理(建设)单位验收记录
主控项目	1	钢桩外径或断面尺寸:桩端　　桩身	$\pm 0.5\%D$　$\pm 1D$		
	2	矢高	$<1/1000L$		
一般项目	1	长度(mm)	$+10$		
	2	端部平整度(mm)	$\leqslant 2$		
	3	H 钢桩的方正度　$h>300mm$　$h<300mm$	$T+T'\leqslant 8$　$T+T'\leqslant 6$		
	4	端部平面与桩中心线的倾斜值(mm)	$\leqslant 2$		

	专业工长(施工员)		施工班组长	
施工单位检查评定结果				
	项目专业质量检查员:		年　月　日	
监理(建设)单位验收结论				
	专业监理工程师: (建设单位项目专业技术负责人):		年　月　日	

133

说　　明
（Ⅰ）

主控项目：

1. 钢桩外径或断面尺寸：桩端 $\pm 0.5\% D$，尺量检查。（D 为外径或边长）。
   桩身 $\pm 1D$，尺量检查。

2. 矢高 $<1/1000L$。拉线和尺量检查。

一般项目：

1. 长度：$+10$mm。尺量检查。

2. 端部平整度：$\leqslant 2$mm。用水平尺检查。

3. H 钢桩的方正度：$h>300$mm，$T+T'\leqslant 8$。尺量检查。
   $h<300$mm，$T+T'\leqslant 6$。尺量检查。

4. 端部平面与桩中心线的倾斜值：$\leqslant 2$mm。用水平尺检查。
   检查后形成检查记录。检查检查记录。

钢桩工程施工检验批质量验收记录表
GB 50202—2002
（Ⅱ）

单位(子单位)工程名称					
分部(子分部)工程名称				验收部位	
施工单位				项目经理	
分包单位				分包项目经理	
施工执行标准名称及编号					

		施工质量验收规范的规定		施工单位检查评定记录	监理(建设)单位验收记录
主控项目	1	桩位偏差	见本规范表5.1.3		
	2	承载力	设计要求		
一般项目	1	电焊接桩焊缝： (1)上下节端部错口 （外径≥700mm)(mm) （外径＜700mm)(mm) (2)焊缝咬边深度(mm) (3)焊缝加强层高度(mm) (4)焊缝加强层宽度(mm) (5)焊缝电焊质量外观 (6)焊缝探伤检验	≤3 ≤2 ≤0.5 2 2 无气孔,无焊瘤,无裂缝 满足设计要求		
	2	电焊结束后停歇时间(min)	＞1.0		
	3	节点弯曲矢高	＜1/1000L		
	4	桩顶标高(mm)	±50		
	5	停锤标准	设计要求		

施工单位检查评定结果	专业工长(施工员)		施工班组长	
	项目专业质量检查员：		年　月　日	

监理(建设)单位验收结论	
	专业监理工程师： (建设单位项目专业技术负责人)：　　　　　　年　月　日

说　明

（Ⅱ）

主控项目：

1. 桩位偏差：项目如下表，尺量检查，根据桩位放线检查。

序号	项　　目	允许偏差
1	盖有基础梁的桩： (1)垂直基础梁的中心线 (2)沿基础梁的中心线	$100 + 0.01H$ $150 + 0.01H$
2	桩数为 1～3 根桩基中的桩	100
3	桩数为 4～16 根桩基中的桩	1/2 桩径或边长
4	桩数大于 16 根桩基中的桩： (1)最外边的桩 (2)中间桩	1/3 桩径或边长 1/2 桩径或边长

2. 单桩承载力：设计等级为甲级或地质条件复杂，成桩质量可靠性低的灌注桩，应采用静载荷试验，数量不少于总桩数的 1% ，且不少于 3 根。总桩数少于 50 根时，为 2 根。其他桩应用高应变动力检测。对地质条件、桩型、成桩机具和工艺相同，同一单位施工的桩基，检验桩数不少于总桩数的 2% ，且不少于 5 根。静载荷试验，高应变动力检测方法。检查检测报告。

一般项目：

1. 电焊接桩焊缝：
   (1)上下节端部错口：外径≥700mm 时，≤3mm。尺量检查。
   　　　　　　　　　外径 <700mm 时，≤2mm。尺量检查。
   (2)焊缝咬边深度：≤0.5mm。焊缝检查仪检查。
   (3)焊缝加强层高度：2mm。焊缝检查仪检查。
   (4)焊缝加强层宽度：2mm。焊缝检查仪检查。
   (5)焊缝外观：无气孔、焊瘤、裂缝。观察检查。
   (6)焊缝探伤检验：10% 焊缝探伤检查。符合设计要求。按设计规定方法检查。
2. 电焊结束后停歇时间：>1.0min。秒表测定。
3. 节点弯曲矢高：<1/1000L。拉线和尺量检查。
4. 桩顶标高：±50mm。用水准仪测量。
5. 停锤标准：符合设计要求。现场实测或检查沉桩记录。

　　施工前成品钢桩作为一个检验批进行验收。施工中检查钢桩的垂直度、沉入过程、电焊连接质量、电焊后的停歇时间、桩顶锤击后的完整状况。施工结束后应做承载力检验。

　　检查后形成施工记录或检验报告。

　　检查施工记录和检验报告。

混凝土灌注桩(钢筋笼)工程检验批质量验收记录表
GB 50202—2002
(Ⅰ)

010203□□
010405□□

单位(子单位)工程名称					
分部(子分部)工程名称				验收部位	
施工单位				项目经理	
分包单位				分包项目经理	
施工执行标准名称及编号					

施工质量验收规范的规定				施工单位检查评定记录	监理(建设)单位验收记录
主控项目	1	主筋间距(mm)	±10		
	2	长度(mm)	±100		
一般项目	1	钢筋材质检验	设计要求		
	2	箍筋间距(mm)	±20		
	3	直径(mm)	±10		

专业工长(施工员)		施工班组长	
施工单位检查评定结果			
	项目专业质量检查员:		年　月　日
监理(建设)单位验收结论			
	专业监理工程师: (建设单位项目专业技术负责人):		年　月　日

137

说　明

主控项目：

1. 主筋间距：±10mm。尺量检查。
2. 长度：±100mm。尺量检查。

一般项目：

1. 钢筋材质检验。符合设计要求。检查合格证及检验报告。
2. 箍筋间距：±20mm。尺量检查。
3. 直径：±10mm。尺量检查。

　　检查后形成检查记录。检查检查记录和钢筋合格证及检验报告。

混凝土灌注桩工程检验批质量验收记录表
GB 50202—2002
(Ⅱ)

010405□□

单位(子单位)工程名称				
分部(子分部)工程名称			验收部位	
施工单位			项目经理	
分包单位			分包项目经理	
施工执行标准名称及编号				

		施工质量验收规范的规定		施工单位检查评定记录	监理(建设)单位验收记录
主控项目	1	桩位	见本规范表5.1.4		
	2	孔深(mm)	+300		
	3	桩体质量检验	设计要求		
	4	混凝土强度	设计要求		
	5	承载力	设计要求		
一般项目	1	垂直度	见本规范表5.1.4		
	2	桩径	见本规范表5.1.4		
	3	泥浆比重(黏土或砂性土中)	1.15~1.20		
	4	泥浆面标高(高于地下水位)(m)	0.5~1.0		
	5	沉渣厚度:端承桩(mm) 摩擦桩(mm)	≤50 ≤150		
	6	混凝土坍落度:水下灌注(mm) 干施工(mm)	160~220 70~100		
	7	钢筋笼安装深度(mm)	±100		
	8	混凝土充盈系数	>1		
	9	桩顶标高(mm)	+30,-50		

施工单位检查评定结果	专业工长(施工员)		施工班组长	
	项目专业质量检查员:		年 月 日	

监理(建设)单位验收结论	专业监理工程师: (建设单位项目专业技术负责人):			年 月 日

139

说　明

（Ⅱ）

主控项目：

1. 桩位：桩位允许偏差因桩的位置及成孔方法不同而不同。

桩　位	沉浆护壁钻孔灌注桩,套管成孔灌注桩				干成孔灌注桩	人工挖孔灌注桩	
	$D \leqslant 1000mm$	$D > 1000mm$	$D \leqslant 500mm$	$D > 500mm$		混凝土护壁	钢套管护壁
1~3 根,单排桩基垂直于中心线方向和群桩基础的边桩	$D/6$,且不大于 100mm	$100 + 0.01H$	70mm	100mm	70mm	50mm	100mm
条形基础沿中心线方向和群桩基础的中间桩	$D/4$,且不大于 150mm	$150 + 0.01H$	150mm	150mm	150mm	150mm	200mm

尺量检查。

2. 孔深：+300mm。只能深不能浅,测钻杆、套管长度或重锤测。嵌岩桩应确保进入设计要求的嵌岩深度。

3. 桩体质量检查：应用动力法检测,或钻芯取样至桩尖下 50cm。符合设计要求,按设计要求方法检测。设计为甲级地基或地质条件复杂,成桩质量可靠性低的灌注桩,抽检数量为总数的 30%,且不少于 20 根;其他桩不少于总数的 20%,且不少于 10 根;对混凝土预制桩及地下水位以上且终孔后经过核查的灌注桩,检查不少于总数 10%,且不少于 10 根。每个柱子承台下不少于 1 根。

4. 混凝土强度：每 50m³（不足 50m³）取一组试块,每根桩必须有一组试块。强度符合设计要求。

5. 承载力：设计等级为甲级或地质条件复杂,成桩质量可靠性低的灌注桩,应采用静载荷试验,数量不少于总桩数 1%,且不少于 3 根。总桩数少于 50 根时,为 2 根。其他桩应用高应变动力检测。对地质条件、桩型、成桩机具和工艺相同,同一单位施工的桩基,检验桩数不少于总桩数的 2%,且不少于 5 根。静载荷试验,高应变动力检测方法。检查检测报告。

一般项目：

1. 垂直度：除人工挖孔混凝土护壁桩为 <0.5%;其他桩为 <1%。检查套筒、钻杆的垂直度或吊垂球检查。

2. 桩径：套管成孔、干成孔的桩径为 −20mm;泥浆护壁钻孔为 ±50mm;人工挖孔为 +50mm。用井径仪、尺量检查。

3. 泥浆比重（黏土、砂性土中）。1.15~1.20。用比重计测量。

4. 泥浆面标高（高于地下水位）。0.5~1.0m。观察检查

5. 沉渣厚度：端承桩≤50mm。用沉渣仪或吊锤测量。

   摩擦桩≤150mm。用沉渣仪或吊锤测量。

6. 混凝土坍落度。水下灌注 160~220mm,灌注前坍落度仪测量。

   干施工 70~100mm。灌注前坍落度仪测量。

7. 钢筋笼安装深度。±100mm,尺量检查。

8. 混凝土充盈系数 >1。计量检查每根桩的实际灌注量与桩体积相比。

9. 桩顶标高。+30mm,−50mm。水准仪测量。扣除桩顶浮浆层及劣质桩体。

   施工前检查水泥、砂、石子（现场搅拌时）,按表格验收钢筋笼。施工中检查成孔、清渣、放置钢筋笼、灌注混凝土。人工挖孔桩孔底持力层土（岩）性。检查嵌岩桩桩端持力层的岩性。施工结束后观察混凝土强度、桩体质量及承载力。

   检查后形成施工记录或检验报告。检查施工记录和检验报告。

防水混凝土检验批质量验收记录表
GB 50208—2002

单位(子单位)工程名称					
分部(子分部)工程名称				验收部位	
施工单位				项目经理	
分包单位				分包项目经理	
施工执行标准名称及编号					

施工质量验收规范的规定				施工单位检查评定记录	监理(建设)单位验收记录
主控项目	1	原材料、配合比及坍落度	第4.1.7条		
	2	抗压强度、抗渗压力	第4.1.8条		
	3	细部做法	第4.1.9条		
一般项目	1	表面质量	第4.1.10条		
	2	裂缝宽度	≤0.2mm,并不得贯通		
	3	防水混凝土结构厚度≥250mm	+15mm,−10mm		
		迎水面钢筋保护层厚度≥50mm	±10mm		

	专业工长(施工员)		施工班组长	
施工单位检查评定结果				
	项目专业质量检查员:		年 月 日	
监理(建设)单位验收结论				
	专业监理工程师: (建设单位项目专业技术负责人):		年 月 日	

　　按混凝土外露面积每100m²抽查1处,每处10m²,且不得少于3处。

主控项目：

1. 防水混凝土的原材料、配合比及坍落度必须符合设计要求。同时原材料按第4.1.2条检查,配合比按第4.1.3条检查,坍落度按第4.1.4条检查。

　　检查出厂合格证、质量检验报告、计量措施和现场抽样试验报告。

2. 防水混凝土的抗压强度和抗渗压力必须符合设计要求。

　　检查混凝土抗压、抗渗试验报告。

3. 防水混凝土的变形缝、施工缝、后浇带、穿墙管道、埋设件等设置和构造,均须符合设计要求,严禁有渗漏。

　　观察检查和检查隐蔽工程验收记录。

一般项目：

1. 防水混凝土结构表面应坚实、平整,不得有露筋、蜂窝等缺陷;埋设件位置应正确。

　　观察和尺量检查。

2. 防水混凝土结构表面的裂缝宽度不应大于0.2mm,并不得贯通。

　　用刻度放大镜检查。

3. 防水混凝土结构厚度不应小于250mm,其允许偏差为+15mm、-10mm;迎水面钢筋保护层厚度不应小于50mm,其允许偏差为±10mm。

　　尺量检查和检查隐蔽工程验收记录。

水泥砂浆防水层工程检验批质量验收记录表
GB 50208—2002

单位(子单位)工程名称				
分部(子分部)工程名称			验收部位	
施工单位			项目经理	
分包单位			分包项目经理	
施工执行标准名称及编号				

施工质量验收规范的规定			施工单位检查评定记录	监理(建设)单位验收记录
主控项目	1	原材料及配合比	第4.2.7条	
	2	防水层各层之间结合牢固	第4.2.8条	
一般项目	1	表面质量	第4.2.9条	
	2	留槎、接槎	第4.2.10条	
	3	防水层厚度(设计值)	≥85%	

施工单位检查评定结果	专业工长(施工员)		施工班组长	
	项目专业质量检查员:		年 月 日	

监理(建设)单位验收结论	
	专业监理工程师: (建设单位项目专业技术负责人): 年 月 日

按施工面积每 100m² 抽查 1 处,每处 10m²,且不得少于 3 处。

主控项目:

1. 水泥砂浆防水层的原材料及配合比必须符合设计要求。原材料按第 4.2.2 条、配合比按第 4.2.3 条检查。

   检查出厂合格证、质量检验报告、计量措施和现场抽样试验报告。

2. 水泥砂浆防水层各层之间必须结合牢固,无空鼓现象。

   观察和用小锤轻击检查。

一般项目:

1. 水泥砂浆防水层表面应密实、平整,不得有裂纹、起砂、麻面等缺陷;阴阳角处应做成圆弧形。

   观察检查。

2. 水泥砂浆防水层施工缝留槎位置应正确,接槎应按层次顺序操作,层层搭接紧密。

   观察检查和检查隐蔽工程验收记录。

3. 水泥砂浆防水层的平均厚度应符合设计要求,最小厚度不得小于设计值的 85%。

   观察和尺量检查。

卷材防水层工程检验批质量验收记录表
GB 50208—2002

单位(子单位)工程名称				
分部(子分部)工程名称			验收部位	
施工单位			项目经理	
分包单位			分包项目经理	
施工执行标准名称及编号				

		施工质量验收规范的规定		施工单位检查评定记录	监理(建设)单位验收记录
主控项目	1	卷材及配套材料质量	第4.3.10条		
	2	细部做法	第4.3.11条		
一般项目	1	基层质量	第4.3.12条		
	2	卷材搭接缝	第4.3.13条		
	3	保护层	第4.3.14条		
	4	卷材搭接宽度允许偏差(mm)	-10		

施工单位检查评定结果	专业工长(施工员)		施工班组长	
	项目专业质量检查员：		年 月 日	

监理(建设)单位验收结论	
	专业监理工程师： (建设单位项目专业技术负责人)：　　　　　　　年　月　日

说　明

按铺贴面积每 $100m^2$ 抽查 1 处，每处 $10m^2$，且不得少于 3 处。

主控项目：

1. 卷材防水层所用卷材及主要配套材料必须符合设计要求。卷材按第 4.3.2 条检查，卷材厚度按第 4.3.4 条检查。

   检查出厂合格证、质量检验报告和现场抽样试验报告。

2. 卷材防水层及其转角处、变形缝、穿墙管道等细部做法均须符合设计要求。

   观察检查、检查隐蔽工程验收记录。

一般项目：

1. 卷材防水层的基层应牢固，基面应洁净、平整，不得有空鼓、松动、起砂和脱皮现象；基层阴阳角处应做成圆弧形。同时符合第 4.3.3 条规定。

   观察检查、检查隐蔽工程验收记录。

2. 卷材防水层的搭接缝应粘(焊)结牢固，密封严密，不得有皱折、翘边和鼓泡等缺陷。

   观察检查。

3. 侧墙卷材防水层的保护层与防水层应粘结牢固，结合紧密，厚度均匀一致。

   观察检查。

4. 卷材搭接宽度的允许偏差为 $-10mm$。

   观察和尺量检查。

涂料防水层工程检验批质量验收记录表
GB 50208—2002

单位(子单位)工程名称				
分部(子分部)工程名称			验收部位	
施工单位			项目经理	
分包单位			分包项目经理	
施工执行标准名称及编号				

		施工质量验收规范的规定		施工单位检查评定记录	监理(建设)单位验收记录
主控项目	1	涂料质量及配合比	第4.4.7条		
	2	细部做法	第4.4.8条		
一般项目	1	基层质量	第4.4.9条		
	2	表面质量	第4.4.10条		
	3	涂料层厚度(设计厚度)	≥80%		
	4	保护层与防水层粘结	第4.4.12条		

施工单位检查评定结果	专业工长(施工员)		施工班组长	
	项目专业质量检查员：　　　　　　　　　　　　　　　　年　月　日			

监理(建设)单位验收结论	
	专业监理工程师： (建设单位项目专业技术负责人)：　　　　　　　年　月　日

说　明

　　按涂层面积每100m²抽查1处,每处10m²,且不得少于3处。

主控项目:

1. 涂料防水层所用材料及配合比必须符合设计要求。涂料按第4.4.2条检查,厚度按第4.4.3条检查。
   检查出厂合格证、质量检验报告、计量措施和现场抽样试验报告。

2. 涂料防水层及其转角处、变形缝、穿墙管道等细部做法均须符合设计要求。
   观察检查、检查隐蔽工程验收记录。

一般项目:

1. 涂料防水层的基层应牢固,基面应洁净、平整,不得有空鼓、松动、起砂和脱皮现象;基层阴阳角处应做成圆弧形。
   观察检查、检查隐蔽工程验收记录。

2. 涂料防水层应与基层粘结牢固,表面平整、涂刷均匀,不得有流淌、皱折、鼓泡、露胎体和翘边等缺陷。
   观察检查。

3. 涂料防水层的平均厚度应符合设计要求,最小厚度不得小于设计厚度的80%。
   针测法或割取20mm×20mm实样用卡尺测量。

4. 侧墙涂料防水层的保护层与防水层粘结牢固,结合紧密,厚度均匀一致。同时应符合第4.3.8条规定。
   观察检查。

金属板防水层工程检验批质量验收记录表
GB 50208—2002

单位(子单位)工程名称				
分部(子分部)工程名称			验收部位	
施工单位			项目经理	
分包单位			分包项目经理	
施工执行标准名称及编号				

施工质量验收规范的规定				施工单位检查评定记录	监理(建设)单位验收记录
主控项目	1	金属板材及焊条(剂)质量	第4.6.6条		
	2	焊工合格证	第4.6.7条		
一般项目	1	表面质量	第4.6.8条		
	2	焊缝质量	第4.6.9条		
	3	焊缝外观及保护涂层	第4.6.10条		

	专业工长(施工员)		施工班组长	
施工单位检查评定结果	项目专业质量检查员:			年　月　日
监理(建设)单位验收结论	专业监理工程师: (建设单位项目专业技术负责人):			年　月　日

149

说 明

按铺设面积每 10m² 抽查 1 处,每处 10m²,且不得少于 3 处;焊缝检验按不同长度的焊缝各抽查5% ,但均不得少于 1 条。长度小于 500mm 的焊缝,每条检查 1 处;长度 500～2000mm 的焊缝,每条检查 2 处;长度大于 2000mm 的焊缝,每条检查 3 处;每处各检查 2 点。

主控项目:

1. 金属防水层所采用的金属板材和焊条(剂)必须符合设计要求。

   检查出厂合格证、质量检验报告和现场抽样试验报告。

2. 焊工必须经考试合格并取得相应的上岗证书。

   检查焊工执业资格、证书和考核日期。

一般项目:

1. 金属板表面不得有明显凹面和损伤。

   观察检查。

2. 焊缝不得有裂纹、未熔合、夹渣、焊瘤、咬边、烧穿、弧坑、针状气孔等缺陷。

   观察检查和无损检验。

3. 焊缝的焊波应均匀,焊渣和飞溅物应清除干净;保护涂层不得有漏涂、脱皮和反锈现象。

   观察检查。

塑料板防水层工程检验批质量验收记录表
GB 50208—2002

单位(子单位)工程名称					
分部(子分部)工程名称				验收部位	
施工单位				项目经理	
分包单位				分包项目经理	
施工执行标准名称及编号					

		施工质量验收规范的规定		施工单位检查评定记录	监理(建设)单位验收记录
主控项目	1	塑料板及配套材料质量	第4.5.4条		
	2	搭接缝焊接	第4.5.5条		
一般项目	1	基层质量	第4.5.6条		
	2	塑料板铺设	第4.5.7条		
	3	搭接宽度允许偏差	−10mm		

	专业工长(施工员)		施工班组长	
施工单位检查评定结果				
	项目专业质量检查员:		年 月 日	
监理(建设)单位验收结论				
	专业监理工程师: (建设单位项目专业技术负责人):		年 月 日	

151

说　明

按铺设面积每 $100m^2$ 抽查 1 处,每处 $10m^2$,且不得少于 3 处;焊缝的检验按焊缝数量抽查 5% ,每条焊缝为 1 处,且不得少于 3 处。

主控项目:

1. 防水层所用塑料板及配套材料必须符合设计要求。

   检查出厂合格证、质量检验报告和现场抽样试验报告。

2. 塑料板的搭接缝必须采用热风焊接,不得有渗漏。

   双焊缝间空腔内充气检查。

一般项目:

1. 塑料板防水层的基面应坚实、平整、圆顺,无漏水现象;阴阳角处应做成圆弧形。

   观察和尺量检查。

2. 塑料板的铺设应平顺并与基层固定牢固,不得有下垂、绷紧和破损现象。

   观察检查。

3. 塑料板搭接宽度的允许偏差为 $-10mm$ 。

   尺量检查。

细部构造检验批质量验收记录表
GB 50208—2002

单位(子单位)工程名称				
分部(子分部)工程名称			验收部位	
施工单位			项目经理	
分包单位			分包项目经理	
施工执行标准名称及编号				

施工质量验收规范的规定				施工单位检查评定记录	监理(建设)单位验收记录
主控项目	1	细部所用材料质量	第4.7.10条		
	2	细部构造做法	第4.7.11条		
一般项目	1	止水带埋设	第4.7.12条		
	2	穿墙管止水环加工	第4.7.13条		
	3	接缝表面及嵌缝	第4.7.14条		

	专业工长(施工员)		施工班组长	
施工单位检查评定结果				
	项目专业质量检查员:		年 月 日	
监理(建设)单位验收结论				
	专业监理工程师: (建设单位项目专业技术负责人):		年 月 日	

153

说 明

全数检查。

主控项目：

1. 细部构造所用止水带、遇水膨胀橡胶腻子止水条和接缝密封材料必须符合设计要求。

   检查出厂合格证、质量检验报告和进场抽样试验报告。

2. 变形缝、施工缝、后浇带、穿墙管道、埋设件等细部构造做法，均须符合设计要求，严禁有渗漏。同时变形缝应符合第 4.7.3 条、施工缝应符合第 4.7.4 条、后浇带符合第 4.7.5 条、穿墙管道应符合第 4.7.6 条、埋设件应符合第 4.7.7 条规定。

   观察检查和检查隐蔽工程验收记录。

一般项目：

1. 中埋式止水带中心线应与变形缝中心线重合，止水带应固定牢靠、平直，不得有扭曲现象。

   观察检查和检查隐蔽工程验收记录。

2. 穿墙管止水环与主管或翼环与套管应连续满焊，并做防腐处理。

   观察检查、检查隐蔽工程验收记录。

3. 接缝处混凝土表面应密实、洁净、干燥；密封材料应嵌填严密、粘结牢固，不得有开裂、鼓泡和下塌现象。

   观察检查。

锚喷支护工程检验批质量验收记录表
GB 50208—2002

单位(子单位)工程名称					
分部(子分部)工程名称				验收部位	
施工单位				项目经理	
分包单位				分包项目经理	
施工执行标准名称及编号					

施工质量验收规范的规定				施工单位检查评定记录	监理(建设)单位验收记录
主控项目	1	混凝土、钢筋网、锚杆质量	设计要求		
	2	混凝土抗压、抗渗压力、锚杆抗拔力	设计要求		
一般项目	1	喷层与围岩粘结	第5.1.11条		
	2	喷层厚度	第5.1.12条		
	3	表面质量	第5.1.13条		
	4	表面平整度允许偏差 且矢弦比	30mm ≤1/6		

施工单位检查评定结果	专业工长(施工员)		施工班组长	
	项目专业质量检查员:		年 月 日	

监理(建设)单位验收结论	
	专业监理工程师: (建设单位项目专业技术负责人): 年 月 日

155

说　明

　　按区间或小于区间断面的结构,每 20 延米检查 1 处,车站每 10 延米检查 1 处,每处 10m²,且不得少于 3 处。

主控项目:

1. 喷射混凝土所用原材料及钢筋网、锚杆必须符合设计要求。

　　检查出厂合格证、质量检验报告和现场抽样试验报告。

2. 喷射混凝土抗压强度、抗渗压力及锚杆抗拔力必须符合设计要求。

　　检查混凝土抗压、抗渗试验报告和锚杆抗拔力试验报告。

一般项目:

1. 喷层与围岩及喷层之间应粘结紧密,不得有空鼓现象。

　　用小锤轻击检查。

2. 喷层厚度有 60% 不小于设计厚度,平均厚度不得小于设计厚度,最小厚度不得小于设计厚度的 50%。

　　用针探或钻孔检查。

3. 喷射混凝土应密实、平整,无裂缝、脱落、漏喷、露筋、空鼓和渗漏水。

　　观察检查。

4. 喷射混凝土表面平整度的允许偏差为 30mm,且矢弦比不得大于 1/6。

　　尺量检查并记录数据。

复合式衬砌检验批质量验收记录表
GB 50208—2002

单位(子单位)工程名称				
分部(子分部)工程名称			验收部位	
施工单位			项目经理	
分包单位			分包项目经理	
施工执行标准名称及编号				

施工质量验收规范的规定				施工单位检查评定记录	监理(建设)单位验收记录
主控项目	1	材料质量	设计要求		
	2	混凝土抗压强度、抗渗压力	设计要求		
	3	细部构造做法	第5.3.8条		
一般项目	1	二次衬砌渗漏水量	第5.3.9条		
	2	二次衬砌质量	第5.3.10条		

施工单位检查评定结果	专业工长(施工员)		施工班组长	
	项目专业质量检查员:		年 月 日	

监理(建设)单位验收结论	
	专业监理工程师: (建设单位项目专业技术负责人): 年 月 日

说　　明

按区间或小于区间断面的结构,每 20 延米检查 1 处,车站每 10 延米检查 1 处,每处 $10m^2$,且不得少于 3 处。

主控项目：

1. 塑料防水板、土工复合材料和内衬混凝土原材料必须符合设计要求。

　检查出厂合格证、质量检验报告和现场抽样试验报告。

2. 防水混凝土的抗压强度和抗渗压力必须符合设计要求。

　检查混凝土抗压、抗渗试验报告。

3. 施工缝、变形缝、穿墙管道、埋设件等细部构造做法,均须符合设计要求,严禁有渗漏。

　观察检查和检查隐蔽工程验收记录。

一般项目：

1. 二次衬砌混凝土渗漏水量应控制在设计防水等级要求范围内。

　观察检查和渗漏水量测。

2. 二次衬砌混凝土表面应坚实、平整,不得有露筋、蜂窝等缺陷。

　观察检查。

地下连续墙工程检验批质量验收记录表
GB 50208—2002

单位(子单位)工程名称				
分部(子分部)工程名称			验收部位	
施工单位			项目经理	
分包单位			分包项目经理	
施工执行标准名称及编号				

施工质量验收规范的规定				施工单位检查评定记录	监理(建设)单位验收记录
主控项目	1	混凝土配合比、防水材料质量	第5.2.8条		
	2	混凝土抗压强度、抗渗压力	第5.2.9条		
一般项目	1	接缝处理	第5.2.10条		
	2	墙面露筋	第5.2.11条		
	3	表面平整度允许偏差 临时支护墙体单一或复合墙体	50mm		
			30mm		

	专业工长(施工员)		施工班组长	
施工单位检查评定结果				
	项目专业质量检查员:		年 月 日	
监理(建设)单位验收结论				
	专业监理工程师: (建设单位项目专业技术负责人):		年 月 日	

159

说　明

按连续墙每10个槽段抽查1处,每处为1个槽段,且不得少于3处。

主控项目:

1. 防水混凝土所用原材料、配合比以及其他防水材料必须符合设计要求。
   检查出厂合格证、质量检验报告、计量措施和现场抽样试验报告。

2. 地下连续墙混凝土抗压强度和抗渗压力必须符合设计要求。
   检查混凝土抗压、抗渗试验报告。

一般项目:

1. 地下连续墙的槽段接缝以及墙体与内衬结构接缝应符合设计要求。
   观察检查和检查隐蔽工程验收记录。

2. 地下连续墙墙面的露筋部位应小于1%墙面面积,且不得有露石和夹泥现象。
   观察检查。

3. 地下连续墙墙体表面平整度的允许偏差:
   临时支护墙体为50mm,单一或复合墙体为30mm。
   尺量检查。

盾构法隧道工程检验批质量验收记录表
GB 50208—2002

单位(子单位)工程名称				
分部(子分部)工程名称			验收部位	
施工单位			项目经理	
分包单位			分包项目经理	
施工执行标准名称及编号				

		施工质量验收规范的规定		施工单位检查评定记录	监理(建设)单位验收记录
主控项目	1	防水材料品种、规格、性能	设计要求		
	2	管片抗压强度、抗渗压力	设计要求		
一般项目	1	隧道渗漏水量	第5.4.10条		
	2	管片拼装接缝	设计要求		
	3	螺栓安装及防腐	第5.4.12条		

	专业工长(施工员)		施工班组长	
施工单位检查评定结果				
	项目专业质量检查员:			年 月 日
监理(建设)单位验收结论				
	专业监理工程师: (建设单位项目专业技术负责人):			年 月 日

161

　　按每连续 20 环抽查 1 处,每处为一环,且不得少于 3 处。

主控项目:

1. 盾构法隧道采用防水材料的品种、规格、性能必须符合设计要求。

　　检查出厂合格证、质量检验报告和现场抽样试验报告。

2. 钢筋混凝土管片的抗压强度和抗渗压力必须符合设计要求。

　　检查混凝土抗压、抗渗试验报告和单块管片检漏测试报告。

一般项目:

1. 隧道的渗漏水量应控制在设计的防水等级要求范围内。衬砌接缝不得有线流和漏泥砂现象。

　　观察检查和渗漏水量测。

2. 管片拼装接缝防水应符合设计要求。

　　检查隐蔽工程验收记录。

3. 环向及纵向螺栓应全部穿进并拧紧,衬砌内表面的外露铁件防腐处理应符合设计要求。

　　观察检查。

渗排水、盲沟排水检验批质量验收记录表
GB 50208—2002

单位(子单位)工程名称				
分部(子分部)工程名称			验收部位	
施工单位			项目经理	
分包单位			分包项目经理	
施工执行标准名称及编号				

		施工质量验收规范的规定		施工单位检查评定记录	监理(建设)单位验收记录
主控项目	1	反滤层质量	设计要求		
	2	集水管埋深及坡度	设计要求		
一般项目	1	渗排水层构造	第6.1.10条		
	2	渗排水层铺设	第6.1.11条		
	3	盲沟构造	第6.1.12条		

	专业工长(施工员)		施工班组长	
施工单位检查评定结果				
	项目专业质量检查员:		年　月　日	
监理(建设)单位验收结论				
	专业监理工程师: (建设单位项目专业技术负责人):		年　月　日	

163

按 10% 抽查,其中每两轴线间或每 10 延米为 1 处,且不得少于 3 处。

主控项目:

1. 反滤层的砂、石粒径和含泥量必须符合设计要求。

   检查砂、石试验报告。

2. 集水管的埋设深度及坡度必须符合设计要求。

   观察和尺量检查。

一般项目:

1. 渗排水层的构造应符合设计要求。

   检查隐蔽工程验收记录。

2. 渗排水层的铺设应分层、铺平、拍实。

   检查隐蔽工程验收记录。

3. 盲沟的构造应符合设计要求。

   检查隐蔽工程验收记录。

隧道、坑道排水工程检验批质量验收记录表
GB 50208—2002

单位(子单位)工程名称				
分部(子分部)工程名称			验收部位	
施工单位			项目经理	
分包单位			分包项目经理	
施工执行标准名称及编号				

施工质量验收规范的规定				施工单位检查评定记录	监理(建设)单位验收记录
主控项目	1	排水系统	设计要求		
	2	反滤层材料质量	设计要求		
	3	土工复合材料	设计要求		
一般项目	1	集水盲管、明沟坡度	第6.2.10条		
	2	导水盲管、排水管间距	第6.2.11条		
	3	盲沟断面、埋设集水管、检查井	第6.2.12条		
	4	缓冲排水层	第6.2.13条		

施工单位检查评定结果	专业工长(施工员)		施工班组长	
	项目专业质量检查员：		年 月 日	

监理(建设)单位验收结论	
	专业监理工程师： (建设单位项目专业技术负责人)：　　　　　　年　月　日

165

说　明

按 10% 抽查,其中每两轴线间或 10 延米为 1 处,且不得少于 3 处。

主控项目:

1. 隧道、坑道排水系统必须畅通。

　　观察检查。

2. 反滤层的砂、石粒径和含泥量必须符合设计要求。

　　检查砂、石试验报告。

3. 土工复合材料必须符合设计要求。

　　检查出厂合格证和质量检验报告。

一般项目:

1. 隧道纵向集水盲管和排水明沟的坡度应符合设计要求。

　　尺量检查。

2. 隧道导水盲管和横向排水管的设置间距应符合设计要求。

　　尺量检查。

3. 中心排水盲沟的断面尺寸、集水管埋设及检查井设置应符合设计要求。

　　观察和尺量检查。

4. 复合式衬砌的缓冲排水层应铺设平整、均匀、连续,不得有扭曲、皱折和重叠现象。

　　观察检查和检查隐蔽工程验收记录。

预注浆、后注浆工程检验批质量验收记录表
GB 50208—2002

单位(子单位)工程名称				
分部(子分部)工程名称			验收部位	
施工单位			项目经理	
分包单位			分包项目经理	
施工执行标准名称及编号				

施工质量验收规范的规定				施工单位检查评定记录	监理(建设)单位验收记录
主控项目	1	原材料及配合比	设计要求		
	2	注浆效果	设计要求		
一般项目	1	注浆孔数量、间距、孔深、角度	第7.1.9条		
	2	压力和进浆量控制	第7.1.10条		
	3	注浆范围	第7.1.11条		
	4	注浆沉降≤30mm 地面隆起＜20mm	第7.1.12条		

	专业工长(施工员)		施工班组长	
施工单位检查评定结果				
	项目专业质量检查员：		年 月 日	
监理(建设)单位验收结论				
	专业监理工程师： (建设单位项目专业技术负责人)：		年 月 日	

按注浆加固或堵漏面积每 $100m^2$ 抽查 1 处，每处 $10 \ m^2$，且不得少于 3 处。

主控项目：

1. 配制浆液的原材料及配合比必须符合设计要求。同时应符合第 7.1.2 条规定。

   检查出厂合格证、质量检验报告、计量措施和试验报告。

2. 注浆效果必须符合设计要求。

   采用钻孔取芯、压水（或空气）等方法检查。

一般项目：

1. 注浆孔的数量、布置间距、钻孔深度及角度应符合设计要求。

   检查隐蔽工程验收记录。

2. 注浆各阶段的控制压力和进浆量应符合设计要求。

   检查隐蔽工程验收记录。

3. 注浆时浆液不得溢出地面和超出有效注浆范围。

   观察检查。

4. 注浆对地面产生的沉降量不得超过 30mm，地面的隆起不得超过 20mm。

   用水准仪测量。

衬砌裂缝注浆工程检验批质量验收记录表
GB 50208—2002

单位(子单位)工程名称				
分部(子分部)工程名称			验收部位	
施工单位			项目经理	
分包单位			分包项目经理	
施工执行标准名称及编号				

施工质量验收规范的规定				施工单位检查评定记录	监理(建设)单位验收记录
主控项目	1	材料及配合比	设计要求		
	2	注浆效果	设计要求		
一般项目	1	钻孔埋管的孔径和孔距	第7.2.8条		
	2	注浆的控制压力和进浆量	第7.2.9条		

	专业工长(施工员)		施工班组长	
施工单位检查评定结果	项目专业质量检查员：			年　月　日
监理(建设)单位验收结论	专业监理工程师： (建设单位项目专业技术负责人)：			年　月　日

说　　明

按裂缝条数的 10% 抽查,每条裂缝为 1 处,且不得少于 3 处。

主控项目:

1. 注浆材料及其配合比必须符合设计要求。同时应符合第 7.2.2 条和第 7.2.3 条规定。

   检查出厂合格证、质量检验报告、计量措施和试验报告。

2. 注浆效果必须符合设计要求。

   渗漏水量测,必要时采用钻孔取芯、压水(或空气)等方法检查。

一般项目:

1. 钻孔埋管的孔径和孔距应符合设计要求。

   观察检查、检查隐蔽工程验收记录。

2. 注浆的控制压力和进浆量应符合设计要求。

   观察检查、检查隐蔽工程验收记录。

第二节 主体结构质量验收用表

主体结构各子分部工程与分项工程相关表

序号	分项工程 名 称		01 混凝土结构	02 劲钢(管)混凝土结构	03 砌体结构	04 钢结构	05 木结构	06 网架和索膜
1	模板(安装、预制构件、拆除)(Ⅰ)(Ⅱ)(Ⅲ)	010601,020101	●					
2	钢筋(原材料、加工、连接安装)(Ⅰ)(Ⅱ)(Ⅲ)(Ⅳ)	010602,020102	●					
3	混凝土(原材料、配合比、施工)(Ⅰ)(Ⅱ)(Ⅲ)	010603,020103	●					
4	预应力(原材料、制安、放张、灌浆及封锚)(Ⅰ)(Ⅱ)(Ⅲ)(Ⅳ)	020104	●					
5	现浇结构(结构、基础)(Ⅰ)(Ⅱ)	010604,020105	●					
6	装配式结构(预制构件、装配)(Ⅰ)(Ⅱ)	020106	●					
7	砖砌体	010701,020301			●			
8	混凝土小型空心砌块砌体	010702,020302			●			
9	石砌体	010704,020303			●			
10	填充墙砌体	020304			●			
11	配筋砖砌体	010703,020305			●			
12	钢结构焊接(Ⅰ)(Ⅱ)	010901,020401				●		
13	紧固件连接、高强螺栓连接(Ⅰ)(Ⅱ)	010902,020402				●		
14	钢零部件加工(Ⅰ)(Ⅱ)	010903,020403				●		
15	单层钢构件安装	020404				●		
16	多层钢构件安装	020405				●		
17	钢构件组装	020406				●		
18	钢构件预拼装	020407				●		
19	钢网架安装	020408				●		
20	压型金属板安装	020409				●		
21	防腐涂料涂装	010905,020410				●		
22	防火涂料涂装	010906,020411				●		
23	木屋盖工程(方木和原木)						●	
24	胶合木结构						●	
25	轻型木结构(规格材、钉连接)						●	
26	木结构防腐、防虫、防火						●	
27								
28								

主体结构验收资料

一、混凝土子分部工程验收资料

1. 设计变更文件；

2. 原材料出厂合格证和进场复验报告；

3. 钢筋接头的试验报告；

4. 混凝土工程施工记录；

5. 混凝土试件的性能试验报告；

6. 装配式结构预制构件的合格证和安装验收记录；

7. 预应力筋用锚具、连接器的合格证和进场复验报告；

8. 预应力筋安装、张拉及灌注记录；

9. 隐蔽工程验收记录；

10. 各检验批质量验收记录；

11. 混凝土结构实体检验记录；

12. 工程的重大质量问题的处理方案和验收记录；

13. 其他必要的文件和记录。

二、砌体子分部工程验收资料

1. 施工执行的技术标准、施工组织设计、施工方案；

2. 砌块及原材料的合格证书、产品性能检测报告；

3. 混凝土及砂浆配合比通知单；

4. 混凝土及砂浆试件抗压强度试验报告；

5. 施工质量控制资料；

6. 各检验批质量验收记录表；

7. 施工记录；

8. 重大技术问题处理或修改设计的技术文件；

9. 其他必要的文件和记录。

三、钢结构工程及分部工程竣工验收所需要的资料

1. 钢结构工程竣工图纸及相关设计文件；

2. 施工现场质量管理检查记录；

3. 有关安全及功能的检验和见证检测项目检查记录；

4. 有关观感质量检验项目检查记录；

5. 分部工程所含各分项工程质量验收记录；

6. 分项工程所含各检验批质量验收记录；

7. 强制性条文检验项目检查记录及证明文件；

8. 隐蔽工程检验项目检查验收记录；

9. 原材料、产品质量合格证明文件、中文标志及检验报告(厂家提供)；

10. 不合格项的处理及验收记录；

11. 重大质量、技术问题实施方案及验收记录；

12. 焊缝超声波探伤或射线探伤检测报告、记录；

13. 钢结构工程施工方案；

14. 各检验批质量验收记录,其他必要的文件和记录。

四、木结构子分部工程验收资料

1. 方木、原木、胶合木合格证明文件及检验报告；

2. 方木、原木、胶合木进场材质检验记录；

3. 各项木材含水率测定报告；

4. 胶缝完整性、胶缝脱胶试验报告；

5. 胶缝抗剪强度试验报告；

6. 层板接长指接弯曲强度试验报告；

7. 圈钉弯曲试验报告；

8. 胶合材弯曲试验报告；

9. 防护剂最低保持量及透入度测试报告；

10. 木结构防火措施检查记录；

11. 各检验批质量验收记录表；

12. 木结构施工方案；

13. 分项技术交底；

14. 其他必要的文件和记录。

模板安装工程检验批质量验收记录表
GB 50204—2002
(Ⅰ)

单位(子单位)工程名称													
分部(子分部)工程名称										验收部位			
施工单位										项目经理			
施工执行标准名称及编号													

施工质量验收规范的规定				施工单位检查评定记录								监理(建设)单位验收记录
主控项目	1	模板支撑、立柱位置和垫板		第4.2.1条								
	2	避免隔离剂沾污		第4.2.2条								
一般项目	1	模板安装的一般要求		第4.2.3条								
	2	用作模板地坪、胎膜质量		第4.2.4条								
	3	模板起拱高度		第4.2.5条								
	4	预埋件、预留孔洞允许偏差	预埋钢板中心线位置(mm)		3							
			预埋管、预留孔中心线位置(mm)		3							
			插筋 中心线位置(mm)		5							
			插筋 外露长度(mm)		+10,0							
			预埋螺栓 中心线位置(mm)		2							
			预埋螺栓 外露长度(mm)		+10,0							
			预留洞 中心线位置(mm)		10							
			预留洞 尺寸(mm)		+10,0							
	5	模板安装允许偏差	轴线位置(mm)		5							
			底模上表面标高(mm)		±5							
			截面内部尺寸(mm) 基础		±10							
			截面内部尺寸(mm) 柱、墙、梁		+4,−5							
			层高垂直度(mm) 不大于5m		6							
			层高垂直度(mm) 大于5m		8							
			相邻两板表面高低差(mm)		2							
			表面平整度(mm)		5							

施工单位检查评定结果	专业工长(施工员)		施工班组长	
	项目专业质量检查员:		年 月 日	

监理(建设)单位验收结论	专业监理工程师: (建设单位项目专业技术负责人):	年 月 日

174

说　　明
（ Ⅰ ）

主控项目：

1. 安装现浇结构的上层模板及其支架时，下层楼板应具有承受上层荷载的承载能力，或加设支架；上、下层支架的立柱应对准，并铺设垫板。对照模板设计文件观察检查。

2. 涂刷模板隔离剂时，不得沾污钢筋和混凝土接槎处。观察检查。

一般项目：

1. 模板安装的一般要求。观察检查。
   (1) 模板的接缝不应漏浆；在浇筑混凝土前，木模板应浇水湿润，但模板内不应有积水；
   (2) 模板与混凝土的接触面应清理干净并涂刷隔离剂，但不得采用影响结构性能或妨碍装饰工程施工的隔离剂；
   (3) 浇筑混凝土前，模板内的杂物应清理干净；
   (4) 对清水混凝土工程及装饰混凝土工程，应使用能达到设计效果的模板。

2. 用作模板的地坪、胎模等应平整光洁，不得产生影响构件质量的下沉、裂缝、起砂或起鼓。观察检查。

3. 对跨度不小于4m的现浇钢筋混凝土梁、板，其模板应按设计要求起拱；当设计无具体要求时，起拱高度宜为跨度的1‰～3‰。水准仪、拉线和尺量检查。

4. 固定在模板上的预埋件、预留孔和预留洞均不得遗漏，且应安装牢固，其偏差符合规定。尺量检查。

5. 现浇结构模板安装的偏差符合规定。经纬仪、水准仪、2m靠尺和塞尺、拉线和尺量检查。

预制构件模板工程检验批质量验收记录表
GB 50204—2002
（Ⅱ）

单位(子单位)工程名称					
分部(子分部)工程名称				验收部位	
施工单位				项目经理	
施工执行标准名称及编号					

		施工质量验收规范的规定			施工单位检查评定记录	监理(建设)单位验收记录
主控项目		避免隔离剂沾污		第4.2.2条		
一般项目	1	模板安装的一般要求		第4.2.3条		
	2	用作模板地坪、胎膜质量		第4.2.4条		
	3	模板起拱高度		第4.2.5条		
	4	预埋件、预留孔洞允许偏差	预埋钢板中心线位置(mm)	3		
			预埋管、预留孔中心线位置(mm)	3		
			插筋(mm) 中心线位置	5		
			插筋(mm) 外露长度	+10,0		
			预埋螺栓(mm) 中心线位置	2		
			预埋螺栓(mm) 外露长度	+10,0		
			预留洞(mm) 中心线位置	10		
			预留洞(mm) 尺寸	+10,0		
	5	预制构件模板允许偏差	长度(mm) 板、梁	±5		
			长度(mm) 薄腹梁、桁架	±10		
			长度(mm) 柱	0,−10		
			长度(mm) 墙板	0,−5		
			宽度(mm) 板、墙板	0,−5		
			宽度(mm) 梁、薄腹梁、桁架、柱	+2,−5		
			高(厚)度(mm) 板	+2,−3		
			高(厚)度(mm) 墙板	0,−5		
			高(厚)度(mm) 梁、薄腹梁、桁架、柱	+2,−5		
			侧向弯曲(mm) 梁、板、柱	$L/1000$ 且 ≤ 15		
			侧向弯曲(mm) 墙板、薄腹梁、桁架	$L/1500$ 且 ≤ 15		
			板的表面平整度(mm)	3		
			相邻两板表面高低差(mm)	1		
			对角线差(mm) 板	7		
			对角线差(mm) 墙板	5		
			翘曲 板、墙板	$L/1500$		
			设计起拱(mm) 薄腹梁、桁架、梁	±3		

施工单位检查评定结果	专业工长(施工员)		施工班组长	
	项目专业质量检查员：		年 月 日	

监理(建设)单位验收结论	专业监理工程师： (建设单位项目专业技术负责人)：	年 月 日

说 明
(II)

主控项目：

在涂刷模板隔离剂时,不得沾污钢筋和混凝土接槎处。观察检查。

一般项目：

1. 模板安装的一般要求。观察检查。

   （1）模板的接缝不应漏浆；在浇筑混凝土前,木模板应浇水湿润,但模板内不应有积水；

   （2）模板与混凝土的接触面应清理干净并涂刷隔离剂,但不得采用影响结构性能或妨碍装饰工程施工的隔离剂；

   （3）浇筑混凝土前,模板内的杂物应清理干净；

   （4）对清水混凝土工程及装饰混凝土工程,应使用能达到设计效果的模板。

2. 用作模板的地坪、胎模等应平整光洁,不得产生影响构件质量的下沉、裂缝、起砂或起鼓。观察检查。

3. 对跨度不小于4m的现浇钢筋混凝土梁、板,其模板应按设计要求起拱；当设计无具体要求时,起拱高度宜为跨度的1‰~3‰。水准仪、拉线和尺量检查。

4. 固定在模板上的预埋件、预留孔和预留洞均不得遗漏,且应安装牢固,其偏差符合规定。尺量检查。

5. 预制构件模板允许偏差,2m靠尺和塞尺检查,拉线和尺量检查。

模板拆除工程检验批质量验收记录表

GB 50204—2002

（Ⅲ）

单位(子单位)工程名称						
分部(子分部)工程名称					验收部位	
施工单位					项目经理	
施工执行标准名称及编号						

施工质量验收规范的规定				施工单位检查评定记录	监理(建设)单位验收记录
主控项目	1	底模及其支架拆除时的混凝土强度	第4.3.1条		
	2	后张法预应力构件侧模和底模的拆除时间	第4.3.2条		
	3	后浇带拆模和支顶	第4.3.3条		
一般项目	1	避免拆模损伤	第4.3.4条		
	2	模板拆除、堆放和清运	第4.3.5条		

施工单位检查评定结果	专业工长(施工员)		施工班组长	
	项目专业质量检查员：		年　月　日	

监理(建设)单位验收结论	
	专业监理工程师： (建设单位项目专业技术负责人)：　　　　　年　月　日

主控项目：

1. 底模及其支架拆除时混凝土强度应符合设计要求，或下表规定。
   检查同条件试件试验报告。

底模拆除时的混凝土强度要求	构件类型	构件跨度（m）	达到设计的混凝土立方体抗压强度标准值的百分率（%）
	板	≤2	≥50
		>2，≤8	≥75
		>8	≥100
	梁、拱、壳	≤8	≥75
		>8	≥100
	悬臂构件	—	≥100

2. 对后张法预应力混凝土结构构件，侧模应在预应力张拉前拆除；底模支架的拆除时间应按施工技术方案执行，当无具体要求时，不应在结构构件建立预应力前拆除。观察检查。

3. 后浇带模板的拆除和支顶应按施工技术方案执行。对照技术方案观察检查。

一般项目：

1. 侧模拆除时的混凝土强度应能保证其表面及棱角不受损伤。观察检查。

2. 模板拆除时，不应对楼层形成冲击荷载。拆除的模板和支架宜分散堆放并及时清运。按拆模方案观察检查。

钢筋原材料工程检验批质量验收记录表
GB 50204—2002
（Ⅰ）

单位(子单位)工程名称				
分部(子分部)工程名称			验收部位	
施工单位			项目经理	
施工执行标准名称及编号				

		施工质量验收规范的规定		施工单位检查评定记录	监理(建设)单位验收记录
主控项目	1	力学性能检验	第5.2.1条		
	2	抗震用钢筋强度实测值	第5.2.2条		
	3	化学成分等专项检验	第5.2.3条		
一般项目		外观质量	第5.2.4条		

	专业工长(施工员)		施工班组长	
施工单位检查评定结果				
	项目专业质量检查员：			年　月　日
监理(建设)单位验收结论				
	专业监理工程师： (建设单位项目专业技术负责人)：			年　月　日

说　明

（ I ）

主控项目：

1. 按现行国家标准 GB 1499 等规定，抽取试件作力学性能检验，其质量必须符合有关标准的规定。检查产品合格证和复验报告。

2. 对有抗震要求的框架结构其纵向受力钢筋的强度应满足设计要求；当设计无具体要求时，对一、二级抗震等级，检测所得的强度实测值应符合下列规定：

   （1）钢筋抗拉强度实测值与屈服强度实测值的比值不应小于 1.25；

   （2）钢筋屈服强度实测值与强度标准的比值不应大于 1.3；检查钢筋复试报告。

3. 当钢筋发生脆断，焊接性能不良或力学性能显著不正常时，应对该批钢筋进行化学万分检验或其他专项检验。检查化学成分等专项检验报告。

一般项目：

钢筋应平直、无损伤，表面不得有裂纹、油污、颗粒奖或片状老锈。观察检查。

钢筋原材料的资料中应注明代表的品种、规格及数量。原材料检验批的验收，可分几个检验批验收，总的代表用钢筋数量应满足工程所用的数量。其质量符合设计及合同约定。

对不同品种、规格的钢筋可分别统计，并应分别满足工程所用的数量。

钢筋加工工程检验工程批质量验收记录表
GB 50204—2002
（Ⅱ）

020102□□

单位(子单位)工程名称						
分部(子分部)工程名称					验收部位	
施工单位					项目经理	
施工执行标准名称及编号						

		施工质量验收规范的规定		施工单位检查评定记录	监理(建设)单 位验收记录
主控项目	1	受力钢筋的弯钩和弯折	第5.3.1条		
	2	箍筋弯钩形式	第5.3.2条		
一般项目	1	钢筋调直	第5.3.3条		
	2	钢筋加工的形状、尺寸	受力钢筋顺长度方向全长的净尺寸(mm)	±10	
			弯起钢筋的弯折位置(mm)	±20	
			箍筋内净尺寸	±5	

	专业工长(施工员)		施工班组长	
施工单位检查评定结果				
	项目专业质量检查员：		年　月　日	
监理(建设)单位验收结论				
	专业监理工程师： (建设单位项目专业技术负责人)：		年　月　日	

说　　明
（Ⅱ）

010602
020102

主控项目：

1. 受力钢筋弯钩和弯折应符合下列规定：
   （1）HPB235 级钢筋末端应作 180°弯钩,其弯弧内直径不应小于钢筋直径的 2.5 倍,弯钩的弯后平直部分长度不应小于钢筋直径的 3 倍。
   （2）135°弯钩,HRB335 级、HRB400 级钢筋的弯钩内直径不应小于钢筋直径的 4 倍,弯后平直部分长度符合设计要求。
   （3）不大于 90°的弯折时,弯弧内直径不应小于钢筋直径的 5 倍。尺量检查。

2. 除焊接封闭环式箍筋外,箍筋末端均应弯钩,形式符合设计要求,设计无要求时,应符合下列规定：
   （1）弯弧内直径应满足 4 项的要求,尚应不小于受力钢筋直径；
   （2）弯折角度：一般结构不小于 90°,有抗震要求结构应为 135°；
   （3）弯后平直部分长度：一般结构不小于箍筋直径的 5 倍,有抗震要求的结构,不小于箍筋直径的 10 倍。

一般项目：

1. 钢筋调直宜采用机械方法,也可采用冷拉方法。当采用冷拉方法调直钢筋时,HPB235 级钢筋的冷拉率不宜大于 4%；HRB335、HRB400 级和 RRB400 级钢筋的冷拉率不宜大于 1%。观察及尺量检查。

2. 钢筋加工的形状、尺寸应符合设计要求,其偏差率应符合下表要求。尺量检查。

项　　目	允许偏差（mm）
受力钢筋顺长方向全长的净尺寸	±10
弯起钢筋的弯折位置	±20
箍筋内净尺寸	±5

183

钢筋连接工程检验批质量验收记录表
GB 50204—2002
（Ⅲ）

单位(子单位)工程名称					
分部(子分部)工程名称				验收部位	
施工单位				项目经理	
施工执行标准名称及编号					

施工质量验收规范的规定				施工单位检查评定记录	监理(建设)单位验收记录
主控项目	1	纵向受力钢筋的连接方式	第5.4.1条		
	2	机械连接和焊接接头的力学性能	第5.4.2条		
一般项目	1	接头位置和数量	第5.4.3条		
	2	机械连接、焊接的外观质量	第5.4.4条		
	3	机械连接、焊接的接头面积百分率	第5.4.5条		
	4	绑扎搭接接头面积百分率和搭接长度	第5.4.6条附录B		
	5	搭接长度范围内的箍筋	第5.4.7条		

施工单位检查评定结果	专业工长(施工员)		施工班组长	
	项目专业质量检查员：		年 月 日	
监理(建设)单位验收结论	专业监理工程师： (建设单位项目专业技术负责人)：		年 月 日	

说　明
（Ⅲ）

主控项目：

1. 纵向受力钢筋的连接方式应符合设计要求。观察检查。

2. 连接接头力学性能，按《钢筋机械连接通用技术规程》JGJ 107、《钢筋焊接及验收规程》JGJ 18 的规定抽取钢筋机械连接接头、焊接接头试件作力学性能检验，其质量应符合有关规程的规定。检查接头力学试验报告。

一般项目：

1. 钢筋接头宜设置在受力较小处。同一纵向受力钢筋不宜设置两个或两个以上的接头，接头末端至钢筋弯起点的距离不少于钢筋直径的 10 倍。观察和尺量检查。

2. 机械连接接头、焊接接头的外观质量应符合《钢筋机械连接通用技术规程》JGJ 107、《钢筋焊接及验收规程》JGJ 18 的规定。观察检查。

3. 设置在同一构件内的受力钢筋接头宜相互错开。其同连接区段内纵向受力钢筋的接头面积百分率应符合设计要求，当设计无要求时应符合：
   （1）在受拉区不宜大于 50%；
   （2）接头不宜设置在有抗震设防要求的框架梁端、柱端的箍筋加密区；当无法避开时，对等强度高质量机械连接接头，不应大于 50%；
   （3）直接承受动力荷载的结构构件中，不宜采用焊接接头；当采用机械连接接头时，不应大于 50%。

4. 同一构件中相邻纵向受力钢筋绑扎搭接接头宜相互错开，绑扎搭接接头中钢筋的横向净距不应小于钢筋直径，且不应小于 25mm。同一连接区段内有搭接接头的纵向受力钢筋接头面积百分率应符合设计要求，当设计无要求时，应符合：
   （1）对梁类、板类及墙类构件，不宜大于 25%；
   （2）对柱类构件，不宜大于 50%；
   （3）当工程中确有必要增大接头面积百分率时，对梁类构件，不应大于 50%；对其他构件，可根据实际情况放宽。观察尺量检查；
   （4）纵向受力钢筋绑扎搭接接头的最小搭接长度应符合《混凝土结构工程施工质量验收规范》附录 B 的规定。

5. 在梁、柱构件的纵向受力钢筋搭接区内应按设计要求配置箍筋，当设计无要求时，应符合：
   （1）箍筋直径不应小于搭接钢筋较大直径的 0.25 倍；
   （2）受拉搭接区段的箍筋间距不应大于搭接钢筋较小直径的 5 倍，且不应大于 100mm；
   （3）受压搭接区段的箍筋间距不应大于搭接钢筋较小直径的 10 倍，且不应大于 200mm；
   （4）当柱中纵向受力钢筋直径大于 25mm 时，应在搭接接头两个端面外 100mm 范围内各设置两个箍筋，其间距宜为 50mm。尺量检查。

钢筋安装工程检验批质量验收记录表
GB 50204—2002
（Ⅳ）

单位(子单位)工程名称												
分部(子分部)工程名称								验收部位				
施工单位								项目经理				
施工执行标准名称及编号												

		施工质量验收规范的规定			施工单位检查评定记录							监理(建设)单位验收记录
主控项目		受力钢筋的品种、级别、规格和数量		第5.5.1条								
一般项目	1	接头位置和数量		第5.4.3条								
	2	机械连接、焊接的接头面积百分率		第5.4.5条								
	3	绑扎搭接接头面积百分率和搭接长度		第5.4.6条 附录B								
	4	搭接长度范围内的箍筋		第5.4.7条								
	5	钢筋安装允许偏差	绑扎钢筋网	长、宽(mm)	±10							
				网眼尺寸(mm)	±20							
			绑扎钢筋骨架	长(mm)	±10							
				宽、高(mm)	±5							
			受力钢筋	间距(mm)	±10							
				排距(mm)	±5							
				保护层厚度(mm) 基础	±10							
				柱、梁	±5							
				板、墙、壳	±3							
			绑扎箍筋、横向钢筋间距(mm)		±20							
			钢筋弯起点位置(mm)		20							
			预埋件	中心线位置(mm)	5							
				水平高差(mm)	+3,0							

施工单位检查评定结果	专业工长(施工员)		施工班组长	
	项目专业质量检查员：		年 月 日	

监理(建设)单位验收结论	专业监理工程师：
	(建设单位项目专业技术负责人)： 年 月 日

说　明

(Ⅳ)

主控项目：

　　钢筋安装时,受力钢筋的品种、级别、规格和数量必须符合设计要求。观察和尺量检查。

一般项目：

1. 钢筋接头宜设置在受力较小处。同一纵向受力钢筋不宜设置两个或两个以上的接头,接头末端至钢筋弯起点的距离不少于钢筋直径的 10 倍。观察和尺量检查。

2. 设置在同一构件内的受力钢筋接头宜相互错开。其同连接区段内纵向受力钢筋的接头面积百分率应符合设计要求,当设计无要求时应符合：
   （1）在受拉区不宜大于 50%；
   （2）接头不宜设置在有抗震设防要求的框架梁端、柱端的箍筋加密区；当无法避开时,对等强度高质量机械连接接头,不应大于 50%；
   （3）直接承受动力荷载的结构构件中,不宜采用焊接接头；当采用机械连接接头时,不应大于 50%。

3. 同一构件中相邻纵向受力钢筋绑扎接头宜相互错开,绑扎接头中钢筋的横向净距不应小于钢筋直径,且不应小于 25mm。同一连接区段内有搭接接头的纵向受力钢筋接头面积百分率应符合设计要求,当设计无要求时应符合：
   （1）对梁类、板类及墙类构件,不宜大于 25%；
   （2）对柱类构件,不宜大于 50%；
   （3）当工程中确有必要增大接头面积百分率时,对梁类构件,不应大于 50%；对其他构件,可根据实际情况放宽。观察尺量检查；
   （4）纵向受力钢筋绑扎搭接接头的最小搭接长度应符合《混凝土结构工程施工质量验收规范》附录 B 的规定。

4. 在梁、柱构件的纵向受力钢筋搭接区内应按设计要求配置箍筋,当设计无要求时应符合：
   （1）箍筋直径不应小于搭接钢筋较大直径的 0.25 倍；
   （2）受拉搭接区段的箍筋间距不应大于搭接钢筋较小直径的 5 倍,且不应大于 100mm；
   （3）受压搭接区段的箍筋间距不应大于搭接钢筋较小直径的 10 倍,且不应大于 200mm；
   （4）当柱中纵向受力钢筋直径大于 25mm 时,应在搭接接头两个端面外 100mm 范围内各设置两个箍筋,其间距宜为 50mm。尺量检查。

5. 钢筋安装位置允许偏差。尺量检查。

混凝土原材料检验批质量验收记录表
GB 50204—2002
（Ⅰ）

单位(子单位)工程名称					
分部(子分部)工程名称				验收部位	
施工单位				项目经理	
施工执行标准名称及编号					

施工质量验收规范的规定				施工单位检查评定记录	监理(建设)单位验收记录
主控项目	1	水泥进场检验	第7.2.1条		
	2	外加剂质量及应用	第7.2.2条		
	3	混凝土中氯化物、碱的总含量控制	第7.2.3条		
一般项目	1	矿物掺合料质量及掺量	第7.2.4条		
	2	粗细骨料的质量	第7.2.5条		
	3	拌制混凝土用水	第7.2.6条		

	专业工长(施工员)		施工班组长	
施工单位检查评定结果				
	项目专业质量检查员：		年 月 日	
监理(建设)单位验收结论				
	专业监理工程师： (建设单位项目专业技术负责人)：		年 月 日	

188

说　明
（Ⅰ）

主控项目：

1. 水泥进场检查及复试的要求，其性能指标应符合《硅酸盐水泥，普通硅酸盐水泥》GB 175 标准的规定。对使用中水泥质量有怀疑或水泥出厂超过三个月（快硬硅酸盐水泥超过一个月）应进行复试，并按复试结果使用。钢筋混凝土、预应力混凝土结构中，严禁使用含氯化物的水泥。检查产品合格证及复试报告。

2. 混凝土中掺用外加剂的质量应符合《混凝土外加剂》GB 8076、《混凝土外加剂应用技术规程》GB 50119 标准和有关环境保护的规定。预应力混凝土结构中，严禁使用含氯化物的外加剂，钢筋混凝土结构中，当使用含氯化物外加剂时应符合《混凝土质量控制标准》GB 50164 的规定。检查产品合格证、出厂检验报告及进场复试报告。

3. 混凝土中氯化物和碱的总含量应符合《混凝土结构设计规范》GB 50010 和设计要求。检查原材料试验报告、氯化物和碱的总含量计算书。

一般项目：

1. 混凝土中掺用矿物掺合料质量应符合《用于水泥和混凝土中的粉煤灰》GB 1596 标准，掺量应通过试验确定。检查产品合格证和进场复试报告。

2. 普通混凝土所用的粗、细骨料的质量应符合《普通混凝土用碎石或卵石质量标准及检验方法》JGJ 53、《普通混凝土用砂质量标准及检验方法》JGJ 52。检查进场复试报告。

3. 拌制混凝土宜采用饮用水，当采用其他水源时，水质应符合《混凝土拌合用水标准》JGJ 63 标准的规定。检查水质试验报告。

混凝土配合比设计检验批质量验收记录表
GB 50204—2002
（Ⅱ）

单位(子单位)工程名称						
分部(子分部)工程名称					验收部位	
施工单位					项目经理	
施工执行标准名称及编号						

	施工质量验收规范的规定			施工单位检查评定记录	监理(建设)单位验收记录
主控项目	配合比设计		第7.3.1条		
一般项目	1	开盘鉴定	第7.3.2条		
	2	砂、石含水率调整配合比	第7.3.3条		

施工单位检查评定结果	专业工长(施工员)		施工班组长	
	项目专业质量检查员：		年　月　日	

监理(建设)单位验收结论	
	专业监理工程师：
	(建设单位项目专业技术负责人)：　　　　　　　　　年　月　日

说　明
(Ⅱ)

主控项目：

　　配合比设计符合《普通混凝土配合比设计规程》JGJ 55 的规定,并按混凝土强度等级、耐久性和工作性能进行调整。有特殊要求的混凝土,其配合比尚应符合有关专门规定。检查配合比设计资料。

一般项目：

1. 开盘鉴定。首次使用的混凝土配合比应进行开盘鉴定,其工作性应满足设计配合比的要求。开始生产时应至少留置一组标准养护试件,作为验证配合比的依据。检查开盘鉴定报告及试件强度试验报告。

2. 配合比调整。混凝土拌制前,应测定砂、石含水率并根据测试结果调整材料用量,提出施工配合比。检查含水率测试报告和施工配合比通知单。

混凝土施工工程检验批质量验收记录表
GB 50204—2002
(Ⅲ)

单位(子单位)工程名称						
分部(子分部)工程名称					验收部位	
施工单位					项目经理	
施工执行标准名称及编号						
施工质量验收规范的规定				施工单位检查评定记录		监理(建设)单位验收记录
主控项目	1	混凝土强度等级及试件的取样和留置	第7.4.1条			
	2	混凝土抗渗及试件取样和留置	第7.4.2条			
	3	原材料每盘称量的偏差	第7.4.3条			
	4	初凝时间控制	第7.4.4条			
一般项目	1	施工缝的位置和处理	第7.4.5条			
	2	后浇带的位置和浇筑	第7.4.6条			
	3	混凝土养护	第7.4.7条			
施工单位检查评定结果	专业工长(施工员)			施工班组长		
	项目专业质量检查员:			年 月 日		
监理(建设)单位验收结论	专业监理工程师: (建设单位项目专业技术负责人):			年 月 日		

说　明
（Ⅲ）

主控项目：

1. 结构混凝土的强度等级必须符合设计要求。用于检查结构构件混凝土强度的试件,应在混凝土的浇筑地点随机抽取。取样与试件留置应符合下列规定：

   （1）每拌制 100 盘且不超过 $100m^3$ 的同配合比的混凝土,取样不得少于一次；

   （2）每工作班拌制的同一配合比的混凝土不足 100 盘时,取样不得少于一次；

   （3）当一次连续浇筑超过 $1000m^3$ 时,同一配合比的混凝土每 $200m^3$ 取样不得少于一次；

   （4）每一楼层、同一配合比的混凝土,取样不得少于一次；

   （5）每次取样应至少留置一组标准养护试件,同条件养护试件的留置组数应根据实际需要确定。检查施工记录及试件强度试验报告。

2. 对有抗渗要求的混凝土结构,其混凝土试件应在浇筑地点随机取样。同一工程、同一配合比的混凝土,取样不应少于一次,留置组数可根据实际需要确定。检查试件抗渗试验报告。

3. 混凝土原材料每盘称量的偏差应符合下表的规定。

材　料　名　称	允　许　偏　差
水泥、掺合料	±2%
粗、细骨料	±3%
水、外加剂	±2%

　每工作班抽查不少于一次,检查后形成记录。

4. 混凝土运输、浇筑及间歇的全部时间不应超过混凝土的初凝时间。同一施工段的混凝土应连续浇筑,并应在底层混凝土初凝之前将上一层混凝土浇筑完毕。当底层混凝土初凝后浇筑上一层混凝土时,应按施工技术方案中对施工缝的要求进行处理。观察及检查施工记录。

一般项目：

1. 施工缝的位置应在混凝土浇筑前按设计要求和施工方案确定。施工缝的处理应按施工技术方案执行。观察和检查施工记录。

2. 后浇带的留置位置应按设计要求和施工技术方案确定。后浇带混凝土浇筑应按施工技术方案进行。观察和检查施工记录。

3. 混凝土浇筑完毕后,应按施工技术方案及时采取有效的养护措施。

   （1）应在浇筑完毕后的 12h 以内对混凝土加以覆盖并保湿养护；

   （2）混凝土浇水养护的时间：对采用硅酸盐水泥、普通硅酸盐水泥或矿渣硅酸盐水泥拌制的混凝土,不得少于 7d；对掺用缓凝型外加剂或有抗渗要求的混凝土,不得少于 14d,日平均气温低于 5℃ 时,不得浇水,大体积混凝土应有控温措施；

   （3）浇水次数应能保持混凝土处于湿润状态；混凝土养护用水应与拌制用水相同；

   （4）采用塑料布覆盖养护的混凝土,其敞露的全部表面应覆盖严密,并应保持塑料布内有凝结水；也可涂刷养护剂；

   （5）在混凝土强度达到 $1.2N/mm^2$ 前,不得在其上踩踏或安装模板及支架。观察和检查施工记录。

预应力原材料检验批质量验收记录表
GB 50204—2002
（Ⅰ）

020104□□

单位(子单位)工程名称				
分部(子分部)工程名称			验收部位	
施工单位			项目经理	
施工执行标准名称及编号				

施工质量验收规范的规定			施工单位检查评定记录	监理(建设)单位验收记录
主控项目	1	预应力筋力学性能检验	第6.2.1条	
	2	无粘结预应力筋的涂包质量	第6.2.2条	
	3	锚具、夹具和连接器的性能	第6.2.3条	
	4	孔道灌浆用水泥和外加剂	第6.2.4条	
一般项目	1	预应力筋外观质量	第6.2.5条	
	2	锚具、夹具和连接器的外观质量	第6.2.6条	
	3	金属螺旋管的尺寸和性能	第6.2.7条	
	4	金属螺旋管的外观质量	第6.2.8条	

施工单位检查评定结果	专业工长(施工员)		施工班组长	
	项目专业质量检查员：			年　月　日

监理(建设)单位验收结论	
	专业监理工程师： (建设单位项目专业技术负责人)：　　　　　　　　　　　　年　月　日

194

说 明
(I)

主控项目：

1. 预应力筋的性能。预应力筋进场时，应按《预应力混凝土用钢绞线》GB/T 5224 等的规定抽取试件作力学性能检验，其质量必须符合有关标准的规定。检查产品合格证、出厂检验报告和进场复验报告。

2. 无粘结预应力筋的涂包质量应符合无粘结预应力钢绞线标准的规定。观察和检查产品合格证及进场检验报告。

3. 预应力筋用锚具、夹具和连接器应按设计要求采用，其性能应符合《预应力筋用锚具、夹具和连接器》GB/T 14370 等的规定。检查产品合格证和进场检验报告。

4. 孔道灌浆用水泥应采用普通硅酸盐水泥，其质量应符合《硅酸盐水泥、普通硅酸盐水泥》GB 175 的规定。孔道灌浆用外加剂的质量应符合《混凝土外加剂》GB 8076 的规定。检查产品合格证、出厂检验报告和进场复验报告。

一般项目：

1. 预应力筋使用前进行外观检查，其质量符合下列要求：

   （1）有粘结预应力筋展开后平顺，不得有弯折，表面不应有裂纹、小刺、机械损伤、氧化铁皮和油污等；

   （2）无粘结预应力筋护套应光滑、无裂缝，无明显褶皱，观察检查。

2. 预应力筋用锚具、夹具的连接器使用前应进行外观检查，其表面应无污物、锈蚀、机械损伤和裂纹。观察检查。

3. 预应力混凝土用金属螺旋管的尺寸和性能应符合《预应力混凝土用金属螺旋管》JG/T 3013 的规定。检查产品合格证、出厂检验报告和进场复验报告。

4. 预应力混凝土用金属螺旋管在使用前应进行外观检查，其内外表面应清洁，无锈蚀，不应有油污、孔洞和不规则的褶皱。咬口不应有开裂或脱扣。观察检查。

预应力制作与安装工程检验批质量验收记录表
GB 50204—2002
（Ⅱ）

单位(子单位)工程名称				
分部(子分部)工程名称			验收部位	
施工单位			项目经理	
施工执行标准名称及编号				

施工质量验收规范的规定				施工单位检查评定记录	监理(建设)单位验收记录
主控项目	1	预应力筋品种、级别、规格和数量	第6.3.1条		
	2	避免隔离剂沾污	第6.3.2条		
	3	避免电火花损伤	第6.3.3条		
一般项目	1	预应力筋切断方法和钢丝下料长度	第6.3.4条		
	2	锚具制作质量	第6.3.5条		
	3	预留孔道质量	第6.3.6条		
	4	预应力筋束形控制	第6.3.7条		
	5	无粘结预应力筋铺设	第6.3.8条		
	6	预应力筋防锈措施	第6.3.9条		

施工单位检查评定结果	专业工长(施工员)		施工班组长	
	项目专业质量检查员：			年　月　日

监理(建设)单位验收结论	
	专业监理工程师： (建设单位项目专业技术负责人)：　　　　　　　　　年　月　日

196

说　明
（Ⅱ）

主控项目：

1. 预应力筋安装时，其品种、级别、规格、数量必须符合设计要求。观察和尺量检查。

2. 先张法预应力施工时应选用非油质类模板隔离剂，并应避免沾污预应力筋。观察检查。

3. 施工过程中应避免电火花损伤预应力筋；受损伤的预应力筋应予以更换。观察检查。

一般项目：

1. 预应力筋下料应符合下列要求：
   （1）预应力筋应采用砂轮锯或切断机切断，不得采用电弧切割；
   （2）当钢丝束两端采用镦头锚具时，同一束中各根钢丝长度的极差不应大于钢丝长度的 1/5000，且不应大于 5mm。当成组张拉长度不大于 10m 的钢丝时，同组钢丝长度的极差不得大于 2mm。观察和尺量检查。

2. 预应力筋端部锚具的制作质量应符合下列要求：
   （1）挤压锚具制作时压力表油压应符合操作说明书的规定，挤压后预应力筋外端应露出挤压套筒 1～5mm；
   （2）钢绞线压花锚成形时，表面应清洁、无油污，梨形头尺寸和直线段长度应符合设计要求；
   （3）钢丝镦头的强度不得低于钢丝强度标准值的 98%。观察、尺量检查和检查镦头试验报告。

3. 后张法有粘结预应力筋预留孔道的规格、数量、位置和形状除应符合设计要求外，尚应符合下列规定：
   （1）预留孔道的定位应牢固，浇筑混凝土时不应出现移位和变形；
   （2）孔道应平顺，端部的预埋锚垫板应垂直于孔道中心线；
   （3）成孔用管道应密封良好，接头应严密且不得漏浆；
   （4）灌浆孔的间距：对预埋金属螺旋管不宜大于 30m；对抽芯成形孔道不宜大于 12m；
   （5）在曲线孔道的曲线波峰部位应设置排气兼泌水管，必要时可在最低点设置排水孔；
   （6）灌浆孔及泌水管的孔径应能保证浆液畅通。观察和尺量检查。

4. 预应力筋束形控制点的竖向位置偏差应符合下表规定。

截面高（厚）度（mm）	$h \leqslant 300$	$300 < h \leqslant 1500$	$h > 1500$
允许偏差（mm）	±5	±10	±15

5. 无粘结预应力筋的铺设除应符合规定外，尚应符合下列要求：
   （1）无粘结预应力筋的定位应牢固，浇筑混凝土时不应出现移位和变形；
   （2）端部和预埋锚垫板应垂直于预应力筋；
   （3）内埋式固定端垫板不应重叠，锚具与垫板应贴紧；
   （4）无粘结预应力筋成束布置时应能保证混凝土密实并能裹住预应力筋；
   （5）无粘结预应力筋的护套应完整，局部破损处应采用防水胶带缠绕紧密。观察检查。

6. 浇筑混凝土前穿入孔道的后张法有粘结预应力筋，宜采取防止锈蚀的措施。观察检查。

预应力张拉、放张检验批质量验收记录表
GB 50204—2002
(Ⅲ)

单位(子单位)工程名称					
分部(子分部)工程名称				验收部位	
施工单位				项目经理	
施工执行标准名称及编号					

施工质量验收规范的规定				施工单位检查评定记录	监理(建设)单位验收记录
主控项目	1	张拉或放张时的混凝土强度	第6.4.1条		
	2	张拉力、张拉或放张顺序及张拉工艺	第6.4.2条		
	3	实际预应力值控制	第6.4.3条		
	4	预应力筋断裂或滑脱	第6.4.4条		
一般项目	1	锚固阶段张拉端预应力筋的内缩量	第6.4.5条		
	2	先张法预应力筋张拉后位置	第6.4.6条		

	专业工长(施工员)		施工班组长	
施工单位检查评定结果				
	项目专业质量检查员:			年 月 日
监理(建设)单位验收结论				
	专业监理工程师: (建设单位项目专业技术负责人):			年 月 日

说 明
(Ⅲ)

020104

主控项目:

1. 预应力筋张拉或放张时,混凝土强度应符合设计要求;当设计无具体要求时,不应低于设计的混凝土立方体抗压强度标准值的75%。检查同条件养护试件试验报告。

2. 预应力筋的张拉力、张拉或放张顺序及张拉工艺应符合设计及施工技术方案的要求,并应符合下列规定:
   (1) 当施工需要超张拉时,最大张拉应力不应大于《混凝土结构设计规范》GB 50010 的规定;
   (2) 张拉工艺应能保证同一束中各根预应力筋的应力均匀一致;
   (3) 后张法施工中,当预应力筋是逐根或逐束张拉时,应保证各阶段不出现对结构不利的应力状态;同时宜考虑后批张拉预应力筋所产生的结构构件的弹性压缩对先批张拉预应力筋的影响,确定张拉力;
   (4) 先张法预应力筋放张时,宜缓慢放松锚固装置,使各根预应力筋同时缓慢放松;
   (5) 当采用应力控制方法张拉时,应校核预应力筋的伸长值。实际伸长值与设计计算理论伸长值的相对允许偏差为 ±6%。检查张拉记录。

3. 预应力筋张拉锚固后实际建立的预应力值与工程设计规定检验值的相对允许偏差为 ±5%。先张法施工,检查预应力筋应力检测记录,后张法施工,检查见证张拉记录。

4. 张拉过程中应避免预应力筋断裂或滑脱;当发生断裂或滑脱时,必须符合下列规定:
   (1) 对后张法预应力结构构件,断裂或滑脱的数量严禁超过同一截面预应力筋总根数的3%,且每束钢丝不得超过一根;对多跨双向连续板,其同一截面应按每跨计算;
   (2) 对先张法预应力构件,在浇筑混凝土前发生断裂或滑脱的预应力筋必须予以更换。观察和检查张拉记录。

一般项目:

1. 锚固阶段张拉端预应力筋的内缩量应符合设计要求;当设计无具体要求时,应符合下表的规定。

锚 具 类 别		内缩量限值(mm)
支承式锚具(镦头锚具等)	螺帽缝隙	1
	每块后加垫板的缝隙	1
锥塞式锚具		5
夹片式锚具	有顶压	5
	无顶压	6~8

2. 先张法预应力筋张拉后与设计位置的偏差不得大于5mm,且不得大于构件截面短边边长的4%。尺量检查。

199

预应力灌浆及封锚检验批质量验收记录表
GB 50204—2002
（Ⅳ）

单位(子单位)工程名称					
分部(子分部)工程名称				验收部位	
施工单位				项目经理	
施工执行标准名称及编号					

		施工质量验收规范的规定		施工单位检查评定记录	监理(建设)单位验收记录
主控项目	1	孔道灌浆的一般要求	第6.5.1条		
	2	锚具的封闭保护	第6.5.2条		
一般项目	1	外露预应力筋的切断方法和外露长度	第6.5.3条		
	2	灌浆用水泥浆的水灰比和泌水率	第6.5.4条		
	3	灌浆用水泥浆的抗压强度	第6.5.5条		

施工单位检查评定结果	专业工长(施工员)		施工班组长	
	项目专业质量检查员：		年　月　日	

监理(建设)单位验收结论	
	专业监理工程师：
	(建设单位项目专业技术负责人)：　　　　年　月　日

200

说 明
（Ⅳ）

主控项目：

1. 后张法有粘结预应力筋张拉后应尽早进行孔道灌浆，孔道内水泥浆应饱满、密实。观察和检查灌浆记录。

2. 锚具的封闭保护应符合设计要求；当设计无具体要求时，应符合下列规定：
   （1）应采取防止锚具腐蚀和遭受机械损伤的有效措施；
   （2）凸出式锚固端锚具的保护层厚度不应小于50mm；
   （3）外露预应力筋的保护层厚度：处于正常环境时，不应小于20mm；处于易受腐蚀的环境时，不应小于50mm，观察和尺量检查。

一般项目：

1. 后张法预应力筋锚固后的外露部分宜采用机械方法切割，其外露长度不宜小于预应力筋直径的1.5倍，且不宜小于30mm。观察和尺量检查。

2. 灌浆用水泥浆的水灰比不应大于0.45，搅拌后3h泌水率不宜大于2%，且不应大于3%，泌水应能在24h内全部重新被水泥浆吸收。同一配合比检查一次。检查水泥浆性能试验报告。

3. 灌浆用水泥浆的抗压强度不应小于30N/mm²。检查水泥浆试件强度试验报告。

现浇结构外观及尺寸偏差检验批质量验收记录表
GB 50204—2002
（Ⅰ）

单位(子单位)工程名称												
分部(子分部)工程名称					验收部位							
施工单位					项目经理							
施工执行标准名称及编号												

		施工质量验收规范的规定			施工单位检查评定记录								监理(建设)单位验收记录
主控项目	1	外观质量		第8.2.1条									
	2	过大尺寸偏差处理及验收		第8.3.1条									
一般项目	1	外观质量一般缺陷		第8.2.2条									
	2	轴线位置（mm）	基础	15									
			独立基础	10									
			墙、柱、梁	8									
			剪力墙	5									
	3	垂直度（mm）	层高 ≤5m	8									
			层高 >5m	10									
			全高(H)	$H/1000$ 且≤30									
	4	标高(mm)	层高	±10									
			全高	±30									
	5	截面尺寸(mm)		+8，−5									
	6	电梯井	进筒长、宽对定位中心线(mm)	+25，0									
			井筒全高(H)垂直度(mm)	$H/1000$ 且≤30									
	7	表面平整度(mm)		8									
	8	预埋设施中心线位置(mm)	预埋件	10									
			预埋螺栓	5									
			预埋管	5									
	9	预留洞中心线位置(mm)		15									

施工单位检查评定结果	专业工长(施工员)		施工班组长	
	项目专业质量检查员：		年　月　日	

监理(建设)单位验收结论	专业监理工程师： (建设单位项目专业技术负责人)：	年　月　日

202

说　明
（Ⅰ）

主控项目：

1. 外观质量不出现严重缺陷。现浇结构的外观质量不应有严重缺陷。参照下表中标准。对已经出现的严重缺陷，应由施工单位提出技术处理方案，并经监理（建设）单位认可后进行处理。经处理的部位，应重新检查验收。全数检查，观察和检查技术处理方案。

名称	现象	严重缺陷	一般缺陷
露筋	构件内钢筋未被混凝土包裹而外露	纵向受力钢筋有露筋	其他钢筋有少量露筋
蜂窝	混凝土表面缺少水泥砂浆而形成石子外露	构件主要受力部位有蜂窝	其他部位有少量蜂窝
孔洞	混凝土中孔穴深度和长度均超过保护层厚度	构件主要受力部位有孔洞	其他部位有少量孔洞
夹渣	混凝土中夹有杂物且深度超过保护层厚度	构件主要受力部位有夹渣	其他部位有少量夹渣
疏松	混凝土中局部不密实	构件主要受力部位有疏松	其他部位有少量疏松
裂缝	缝隙从混凝土表面延伸至混凝土内部	构件主要受力部位有影响结构性能或使用功能的裂缝	其他部位有少量不影响结构性能或使用功能的裂缝
连接部位缺陷	构件连接处混凝土缺陷及连接钢筋、连接件松动	连接部位有影响结构传力性能的缺陷	连接部位有基本不影响结构传力性能的缺陷
外形缺陷	缺棱掉角、棱角不直、翘曲不平、飞边凸肋等	清水混凝土构件有影响使用功能或装饰效果的外形缺陷	其他混凝土构件有不影响使用功能的外形缺陷
外表缺陷	构件表面麻面、掉皮、起砂、沾污等	具有重要装饰效果的清混凝土构件有外表缺陷	其他混凝土构件有不影响使用功能的外表缺陷

2. 过大尺寸偏差处理和验收。现浇结构不应有影响结构性能和使用功能的尺寸偏差。对超过尺寸允许偏差且影响结构性能和安装、使用功能的部位，应由施工单位提出技术处理方案，并经监理（建设）单位认可后进行处理。经处理的部位，应重新检查验收。全数检查。观察和尺量检查。

一般项目：

1. 外观质量一般缺陷。现浇结构的外观质量不宜有一般缺陷。对已经出现上表的一般缺陷，应由施工单位按技术处理方案进行处理，并重新检查验收。观察检查。

2~9. 现浇结构允许偏差。经纬仪、水准仪，2m 靠尺和塞尺，拉线和尺量检查。

混凝土设备基础外观及尺寸偏差检验批验收记录表
GB 50204—2002
（Ⅱ）

单位(子单位)工程名称						
分部(子分部)工程名称					验收部位	
施工单位					项目经理	
施工执行标准名称及编号						

		施工质量验收规范的规定			施工单位检查评定记录	监理(建设)单位验收记录
主控项目	1	外观质量		第8.2.1条		
	2	过大尺寸偏差处理及验收		第8.3.1条		
一般项目	1	外观质量一般缺陷		第8.2.2条		
	2	坐标位置(mm)		20		
	3	不同平面的标高(mm)		0，−20		
	4	平面外形尺寸(mm)		±20		
	5	凸台上平面外形尺寸(mm)		0，−20		
	6	凹穴尺寸(mm)		+20，0		
	7	平面水平度	每米(mm)	5		
			全长(mm)	10		
	8	垂直度	每米(mm)	5		
			全高(mm)	10		
	9	预埋地脚螺栓	标高(顶部)(mm)	+20，0		
			中心距(mm)	±2		
	10	预埋地脚螺栓孔	中心线位置(mm)	10		
			深度(mm)	+20，0		
			孔垂直度(mm)	10		
	11	预埋活动地脚螺栓锚板	标高(mm)	+20，0		
			中心线位置(mm)	5		
			带槽锚板平整度(mm)	5		
			带螺纹孔锚板平整度(mm)	2		

施工单位检查评定结果	专业工长(施工员)		施工班组长	
	项目专业质量检查员：		年　月　日	

监理(建设)单位验收结论	专业监理工程师：	
	(建设单位项目专业技术负责人)：	年　月　日

204

说　明
（Ⅱ）

主控项目：

1. 外观质量不出现严重缺陷。现浇结构的外观质量不应有严重缺陷。参照下表标准。对已经出现的严重缺陷，应由施工单位提出技术处理方案，并经监理（建设）单位认可后进行处理。经处理的部位，应重新检查验收。全数检查，观察和检查技术处理方案。

名称	现象	严重缺陷	一般缺陷
露筋	构件内钢筋未被混凝土包裹而外露	纵向受力钢筋有露筋	其他钢筋有少量露筋
蜂窝	混凝土表面缺少水泥砂浆而形成石子外露	构件主要受力部位有蜂窝	其他部位有少量蜂窝
孔洞	混凝土中孔穴深度和长度均超过保护层厚度	构件主要受力部位有孔洞	其他部位有少量孔洞
夹渣	混凝土中夹有杂物且深度超过保护层厚度	构件主要受力部位有夹渣	其他部位有少量夹渣
疏松	混凝土中局部不密实	构件主要受力部位有疏松	其他部位有少量疏松
裂缝	缝隙从混凝土表面延伸至混凝土内部	构件主要受力部位有影响结构性能或使用功能的裂缝	其他部位有少量不影响结构性能或使用功能的裂缝
连接部位缺陷	构件连接处混凝土缺陷及连接钢筋、连接件松动	连接部位有影响结构传力性能的缺陷	连接部位有基本不影响结构传力性能的缺陷
外形缺陷	缺棱掉角、棱角不直、翘曲不平、飞边凸肋等	清水混凝土构件有影响使用功能或装饰效果的外形缺陷	其他混凝土构件有不影响使用功能的外形缺陷
外表缺陷	构件表面麻面、掉皮、起砂、沾污等	具有重要装饰效果的清混凝土构件有外表缺陷	其他混凝土构件有不影响使用功能的外表缺陷

2. 过大尺寸偏差处理和验收。现浇结构不应有影响结构性能和使用功能的尺寸偏差。对超过尺寸允许偏差且影响结构性能和安装、使用功能的部位，应由施工单位提出技术处理方案，并经监理（建设）单位认可后进行处理。经处理的部位，应重新检查验收。全数检查。观察和尺量检查。

一般项目：

1. 外观质量一般缺陷。现浇结构的外观质量不宜有一般缺陷。对已经出现上表的一般缺陷，应由施工单位按技术处理方案进行处理，并重新检查验收。观察检查。
2. 设备基础允许偏差，经纬仪、水准仪、塞尺、拉线及尺量检查。

预制构件检验批质量验收记录表
GB 50204—2002
（Ⅰ）

020106□□

单位(子单位)工程名称						
分部(子分部)工程名称					验收部位	
施工单位					项目经理	
施工执行标准名称及编号						

		施工质量验收规范的规定			施工单位检查评定记录	监理(建设)单位验收记录
主控项目	1	构件标志和预埋件等		第9.2.1条		
	2	外观质量严重缺陷处理		第9.2.2条		
	3	过大尺寸偏差处理		第9.2.3条		
一般项目	1	外观质量一般缺陷处理		第9.2.4条		
	2	长度(mm)	板、梁	+10，-5		
			柱	+5，-10		
			墙板	±5		
			薄腹梁、桁架	+15，-10		
	3	宽度、高(厚)度(mm)	板、梁、柱、墙板、薄腹梁、桁架	±5		
	4	侧向弯曲(mm)	梁、柱、板	L/750 且≤20		
			墙板、薄腹梁、桁架	L/1000 且≤20		
	5	预埋件	中心线位置(mm)	10		
			螺栓位置(mm)	5		
			螺栓外露长度(mm)	+10，-5		
	6	预留孔	中心线位置(mm)	5		
	7	预留洞	中心线位置(mm)	15		
	8	主筋保护层厚度(mm)	板	+5，-3		
			梁、柱、墙板、薄腹梁、桁架	+10，-5		
	9	对角线差(mm)	板、墙板	10		
	10	表面平整度(mm)	板、墙板、柱、梁	5		
	11	预应力构件预留孔道位置(mm)	梁、墙板、薄腹梁、桁架	3		
	12	翘曲(mm)	板	L/750		
			墙板	L/1000		

施工单位检查评定结果	专业工长(施工员)	施工班组长	
	项目专业质量检查员：		年　月　日

监理(建设)单位验收结论	专业监理工程师： (建设单位项目专业技术负责人)：	年　月　日

主控项目：

1. 预制构件应在明显部位标明生产单位、构件型号、生产日期和质量验收标志。构件上的预埋件、插筋和预留孔洞的规格位置和数量应符合标准图或设计要求。全数观察检查。

2. 预制构件的外观质量不应有严重缺陷。对已经出现下表的严重缺陷，应按技术处理方案进行处理，并重新检查验收。观察和检查技术处理方案。

名称	现象	严重缺陷	一般缺陷
露筋	构件内钢筋未被混凝土包裹而外露	纵向受力钢筋有露筋	其他钢筋有少量露筋
蜂窝	混凝土表面缺少水泥砂浆而形成石子外露	构件主要受力部位有蜂窝	其他部位有少量蜂窝
孔洞	混凝土中孔穴深度和长度均超过保护层厚度	构件主要受力部位有孔洞	其他部位有少量孔洞
夹渣	混凝土中夹有杂物且深度超过保护层厚度	构件主要受力部位有夹渣	其他部位有少量夹渣
疏松	混凝土中局部不密实	构件主要受力部位有疏松	其他部位有少量疏松
裂缝	缝隙从混凝土表面延伸至混凝土内部	构件主要受力部位有影响结构性能或使用功能的裂缝	其他部位有少量不影响结构性能或使用功能的裂缝
连接部位缺陷	构件连接处混凝土缺陷及连接钢筋、连接件松动	连接部位有影响结构传力性能的缺陷	连接部位有基本不影响结构传力性能的缺陷
外形缺陷	缺棱掉角、棱角不直、翘曲不平、飞边凸肋等	清水混凝土构件有影响使用功能或装饰效果的外形缺陷	其他混凝土构件有不影响使用功能的外形缺陷
外表缺陷	构件表面麻面、掉皮、起砂、沾污等	具有重要装饰效果的清混凝土构件有外表缺陷	其他混凝土构件有不影响使用功能的外表缺陷

3. 预制构件不应有影响结构性能和安全、使用功能的尺寸偏差。对超过尺寸允许偏差且影响结构性能和安装、使用功能的部位，应按技术处理方案进行处理，并重新检查验收。尺量检查和检查技术处理方案。

一般项目：

1. 预制构件的外观质量不宜有一般缺陷。对已经出现上表的一般缺陷，应按技术处理方案进行处理，并重新检查验收。

1～12. 构件允许偏差，允许偏差项目90%以上应在范围内，10%以上的不应超过允许偏差的1.5倍。拉线及尺量检查，保护层厚度测定仪，2m靠尺及塞尺检查。

装配式结构施工检验批质量验收记录表

GB 50204—2002

（Ⅱ）

020106□□

单位(子单位)工程名称				
分部(子分部)工程名称			验收部位	
施工单位			项目经理	
施工执行标准名称及编号				

施工质量验收规范的规定			施工单位检查评定记录	监理(建设)单位验收记录
主控项目	1	预制构件进场检查	第9.4.1条		
	2	预制构件的连接	第9.4.2条		
	3	接头和拼缝的混凝土强度	第9.4.3条		
一般项目	1	预制构件支承位置和方法	第9.4.4条		
	2	安装控制标志	第9.4.5条		
	3	预制构件吊装	第9.4.6条		
	4	临时固定措施和位置校正	第9.4.7条		
	5	接头和拼缝的质量要求	第9.4.8条		

施工单位检查评定结果	专业工长(施工员)		施工班组长	
	项目专业质量检查员：		年 月 日	

监理(建设)单位验收结论	专业监理工程师： (建设单位项目专业技术负责人)： 年 月 日

说　明
（Ⅱ）

020106

主控项目：

1. 进入现场的预制构件,其外观质量、尺寸偏差及结构性能应符合标准图或设计的要求。检查构件合格证。

2. 预制构件与结构之间的连接应符合设计要求。连接处钢筋或埋件采用焊接或机械连接时,接头质量应符合《钢筋焊接及验收规程》JGJ 18、《钢筋机械连接通用技术规程》JGJ 107 的要求。观察,检查施工记录。

3. 承受内力的接头和拼缝,当其混凝土强度未达到设计要求时,不得吊装上一层结构构件;当设计无具体要求时,应在混凝土强度不小于 $10N/mm^2$ 或具有足够的支承时方可吊装上一层结构构件。已安装完毕的装配式结构,应在混凝土强度到达设计要求后,方可承受全部设计荷载。检查施工记录及试件强度试验报告。

一般项目：

1. 预制构件码放和运输时的支承位置和方法应符合标准图或设计的要求。观察检查。

2. 预制构件吊装前,应按设计要求在构件和相应的支承结构上标志中心线、标高等控制尺寸,按标准图或设计文件校核预埋构件及连接钢筋等,并作出标志。观察和尺量检查。

3. 预制构件应按标准图或设计的要求吊装。起吊时绳索与构件水平面的夹角不宜小于45°,否则应采用吊架或经验算确定。观察检查。

4. 预制构件安装就位后,应采取保证构件稳定的临时固定措施,并应根据水准点和轴线核正位置。观察和尺量检查。

5. 装配式结构中的接头和拼缝应符合设计要求;当设计无具体要求时,应符合下列规定:
   (1) 对承受内力的接头和拼缝应采用混凝土浇筑;其强度等级应比构件混凝土强度等级提高一级;
   (2) 对不承受内力的接头和拼缝应采用混凝土或砂浆浇筑,其强度等级不应低于 C15 或 M15;
   (3) 用于接头和拼缝的混凝土或砂浆,宜采取微膨胀措施和快硬措施,在浇筑过程中应振捣密实,并应采取必要的养护措施。检查施工记录及试件强度试验报告。

混凝土结构子分部工程
结构实体混凝土强度验收记录

0201 - 1

工程名称			结构类型							强度等级数量		
施工单位			项目经理							项目技术负责人		
强度等级	试件强度代表值(MPa)									强度评定结果	监理(建设)单位验收结构	

检查结论		验收结论	
项目专业技术负责人: 年 月 日		监理工程师: (建设单位项目专业技术负责人): 年 月 日	

注:1. 本表中强度等级数量应根据实际情况确定;

2. 同条件养护试件的取样、留置、养护和强度代表值的确定应符合规范 10.1 节和附录 D 的规定;

3. 表中与某一强度等级对应的试件强度代表值,上一行填写根据 GBJ 107 确定的数值,下一行填写乘以折算系数后的数值;

4. 表中对每一强度等级可填写 10 组试件的强度代表值,试件的具体组数应根据实际情况确定;

5. 同条件养护试件的留置组数、取样部位、放置位置、等效养护龄期、实际养护龄期和相应的温度测量等记录和资料应作为本表的附件。

210

混凝土结构子分部工程
结构实体钢筋保护层厚度验收记录

工程名称			结构类型			检测钢筋数量	梁	
施工单位			项目经理			项目技术负责人	板	
构件类别		钢筋保护层厚度（mm）				合格点率	评定结果	监理（建设）单位验收结构
		设计值	实测值					
梁	1							
	2							
	3							
	4							
	5							
板	1							
	2							
	3							
	4							
	5							

检查结论		验收结论	

项目专业技术负责人：

年 月 日

监理工程师：
（建设单位项目专业技术负责人）：

年 月 日

注:1.本表中梁类、板类构件数量应根据实际情况确定；
　　2.表中对每一构件可填写6根钢筋的保护层厚度实测值,钢筋的具体数量应根据实际情况确定；
　　3.钢筋保护层厚度检验的结构部位、构件数量、检验方法和验收符合规范10.1节和附录E的规定；
　　4.钢筋保护层厚度检验的结构部位、构件数量、检测钢筋数量和位置等记录和资料应作为本表的附件。

砖砌体(混水)工程检验批质量验收记录表
GB 50203—2002

010701□□
020301□□

单位(子单位)工程名称						
分部(子分部)工程名称					验收部位	
施工单位					项目经理	
施工执行标准名称及编号						

施工质量验收规范的规定				施工单位检查评定记录	监理(建设)单位验收记录
主控项目	1	砖强度等级	设计要求 MU		
	2	砂浆强度等级	设计要求 M		
	3	水平灰缝砂浆饱满度	≥80%		
	4	斜槎留置	第5.2.3条		
	5	直槎拉结筋及接槎处理	第5.2.4条		
	6	轴线位移	≤10mm		
	7	垂直度(每层)	≤5mm		
一般项目	1	组砌方法	第5.3.1条		
	2	水平灰缝厚度10mm	8~12mm		
	3	基础顶面、楼面标高	±15mm		
	4	表面平整度(混水)	8mm		
	5	门窗洞口高度、宽度	±5mm		
	6	外墙上下窗口偏移	20mm		
	7	水平灰缝平直度(混水)	10mm		

施工单位检查评定结果	专业工长(施工员)		施工班组长	
	项目专业质量检查员:			年　月　日

监理(建设)单位验收结论	
	专业监理工程师: (建设单位项目专业技术负责人):　　　　　　　年　月　日

212

说　明

主控项目：

1. 砖及砂浆强度等级，按设计要求检查和验收：

   砖应有进场验收报告，批量及强度满足设计要求为合格。

2. 砂浆有配合比报告，计量配制，按规定留试块，在试块强度未出来之前，先将试块编号填写，待试块强度出来后核对，并在分项工程中，按批进行强度评定，符合规范规定为合格。

3. 水平灰缝砂浆饱满度不小于80％。用百格网检查每检验批不少于5处，每处3块砖，砖底面砂浆痕迹的面积，取平均值。不小于80％为合格。

4. 斜槎留置，按规范留置，水平投影长度不小于高度的2/3为合格。

5. 直槎拉结筋及接槎处理。按规定设置，留槎正确，拉结筋数量、直径正确，竖向间距偏差±100mm，留置长度基本正确为合格。

6. 轴线位置偏移10mm，经纬仪、尺量及吊线测量，不大于10mm为合格。

7. 垂直度每层5mm，2m托线板，不超过5mm为合格。

一般项目：

1. 组砌方法，上下错缝，内外搭砌，砖柱不用包心砌法。混水墙≤300mm的通缝，每间房不超过3处，且不得在同一墙体上，为合格。清水墙不得有通缝。

   注：上下二皮砖搭接长度小于25mm的为通缝。

2. 水平灰缝厚度10mm，量10皮砖砌体高度拆算，按皮数杆10皮砖的高度计算。10皮砖在－8mm，＋12mm范围内为合格。

3. 基础顶面、墙面标高±15mm。

4. 表面平整度混水墙8mm。

5. 门窗洞口高、宽度（后塞口）±5mm。

6. 外墙上下窗口偏移20mm。

7. 水平灰缝平直度10mm。

   各项目80％检测点应满足要求，其余20％点可超过允许值，但不得超过其值的150％，即为合格，否则，返工处理。

   如果验收清水墙，其表面平整度为5mm；水平灰缝平直度为7mm；并增加项目清水墙游丁走缝偏差为20mm。

混凝土小型空心砌块砌体工程检验批质量验收记录表
GB 50203—2002

010702□□
020302□□

单位(子单位)工程名称					
分部(子分部)工程名称				验收部位	
施工单位				项目经理	
分包单位				分包项目经理	
施工执行标准名称及编号					

施工质量验收规范的规定			施工执行标准名称及编号	监理(建设)单位验收记录
主控项目	1	小砌块强度等级	设计要求 MU		
	2	砂浆强度等级	设计要求 M		
	3	砌筑留槎	第6.2.3条		
	4	水平灰缝饱满度	≥90%		
	5	竖向灰缝饱满度	≥80%		
	6.	轴线位移	≤10mm		
	7	垂直度(每层)	≤5mm		
一般项目	1	水平灰缝厚度竖向宽度	8~12mm		
	2	基础顶面和楼面标高	±15mm		
	3	表面平整度	清水 5mm 混水 8mm		
	4	门窗洞口	±5mm		
	5	窗口偏移	20mm		
	6	水平灰缝平直度	清水 7mm 混水 10mm		

	专业工长(施工员)		施工班组长	
施工单位检查评定结果				
	项目专业质量检查员:			年 月 日
监理(建设)单位验收结论				
	专业监理工程师: (建设单位项目专业技术负责人):			年 月 日

说　明

主控项目：

1. 小砌块强度等级符合设计要求，检查和验收：检查出厂合格证、试验报告、批量，符合设计要求为合格。

2. 砂浆强度等级符合设计要求，要有配合比报告，计量配制，在试块强度未出来之前，先将试块编号填写，出来后核对。并在分项工程中，按批进行评定，符合要求为合格。

3. 墙体转角处和纵横墙交接处应同时砌筑。临时间断处应砌成斜槎，斜槎水平投影长度不应小于高度的 2/3。观察检查。

4. 水平灰缝的砂浆饱满度不低于 90%，按净面积计算。用百格网检查，每批不少于 3 处，每处检测 3 块小砌块，取其平均值。

5. 竖向灰缝不低于 80%，竖缝凹槽填满砂浆，不出现瞎缝或透缝。观察检查。

6. 轴线位移 10mm，检查全部承重墙，不大于 10mm。

7. 层高垂直度，选质量较差的抽查，不少于 6 处，不大于 5mm。经纬仪、吊线和尺量检查。

一般项目：

1. 水平灰缝厚度和竖向灰缝宽度，宜为 10mm，以 8～12mm 为限。每个检验批不少于 3 处，用尺量小砌块 5 皮高度的砌体，检查 2m 砌体长度的竖向灰缝折算。

2. 基础顶面和楼面标高，±15mm，用水平仪和尺检测。

3. 表面平整度，清水墙 5mm，混水墙 8mm，用 2m 靠尺及塞尺测量。

4. 门窗洞口高宽（后塞口）±5mm，尺量检查。

5. 窗口偏移 20mm，吊线或经纬仪检查。

6. 水平灰缝平直度，拉 10m 小线尺量检查。

　　各项目的 80% 点允许偏差达到要求，其余 20% 的可超过允许值，但不得超过其值的 150%，即为合格，否则，返工处理。

石砌体工程检验批质量验收记录表
GB 50203—2002

010704□□
020303□□

单位(子单位)工程名称									
分部(子分部)工程名称							验收部位		
施工单位							项目经理		
施工执行标准名称及编号									

施工质量验收规范的规定			施工单位检查评定记录						监理(建设)单位验收记录
主控项目	1	石材强度等级	设计要求 MU						
	2	砂浆强度等级	设计要求 M						
	3	砂浆饱满度	≥80%						
	4	轴线位移	第7.2.3条						
	5	垂直度	第7.2.3条						
一般项目	1	顶面标高	第7.3.1条						
	2	砌体厚度	第7.3.1条						
	3	表面平整度	第7.3.1条						
	4	水平灰缝平直度	第7.3.1条						
	5	组砌形式	第7.3.2条						

施工单位检查评定结果	专业工长(施工员)		施工班组长	
	项目专业质量检查员：		年　月　日	
监理(建设)单位验收结论	专业监理工程师： (建设单位项目专业技术负责人)：		年　月　日	

216

主控项目:

1. 石材强度等级符合设计要求,检查石材试验报告。
2. 砂浆强度等级符合设计要求,有配合比报告,计量配制,在试块强度出来之前先将试件编号填写,试验报告出来后校对。
3. 砂浆饱满度不应小于80%,观察检查。每步架不少于1处。
4. 石砌体的轴线位置及垂直度允许偏差应符合下表规定。经纬仪、吊线及尺量检查。

项次	项目		允许偏差(mm)						
			毛石砌体		料石砌体				
			基础	墙	毛料石		粗料石		细料石
					基础	墙	基础	墙	墙、柱
1	轴线位置		20	15	20	15	15	10	10
2	墙面垂直度	每层		20		20		10	7
		全高		30		30		25	20

一般项目:

　　下表1~4砌体的一般尺寸允许偏差应符合规定。其每项的80%点符合要求,其余20%点,可放宽到偏差值的150%,但不应有超过150%的点出现。水准仪、拉线及尺量检查。

项次	项目		允许偏差(mm)					
			毛石砌体		料石砌体			
			基础	墙	基础	墙	基础	墙	墙、柱
1	基础和墙砌体顶面标高		±25	±15	±25	±15	±15	±15	±10
2	砌体厚度		+30	+20 −10	+30	+20 −10	+15	+10 −5	+10 −5
3	表面平整度	清水墙、柱	—	20	—	20	—	10	5
		混水墙、柱	—	20	—	20	—	15	—
4	清水墙水平灰缝平直度		—	—	—	—	—	10	5

5. 石砌体的组砌形式规定:观察检查。

　（1）内外搭砌,上下错缝,拉结石、丁砌石交错设置;

　（2）毛石墙拉结石每0.7m² 墙面不应少于1块。

填充墙砌体工程检验批质量验收记录表
GB 50203—2002

020304□□

单位(子单位)工程名称				
分部(子分部)工程名称			验收部位	
施工单位			项目经理	
分包单位			分包项目经理	
施工执行标准名称及编号				

施工质量验收规范的规定				施工单位检查评定记录	监理(建设)单位验收记录
主控项目	1	块材强度等级	设计要求 MU		
	2	砂浆强度等级	设计要求 M		
一般项目	1	无混砌现象	第9.3.2条		
	2	拉结钢筋网片位置	第9.3.4条		
	3	错缝搭砌	第9.3.5条		
	4	灰缝厚度、宽度	第9.3.6条		
	5	梁底砌法	第9.3.7条		
	6	水平灰缝砂浆饱满度	≥80%		
	7	轴线位移	≤10mm		
	8	垂直度	≤3m ≤5mm		
			<3m ≤10mm		
	9	表面平整度	≤8mm		
	10	门窗洞口高宽度(后塞口)	±5mm		
	11	外墙上下窗口偏移	20mm		

施工单位检查评定结果	专业工长(施工员)		施工班组长	
	项目专业质量检查员:		年 月 日	

监理(建设)单位验收结论	
	专业监理工程师: (建设单位项目专业技术负责人): 年 月 日

218

说 明

主控项目：

1～2. 砖、砌块和砌筑砂浆的强度按设计要求检查和验收，符合设计要求。检查产品合格证，按规定留置试块，在试块强度未出来之前，先将试块编号填写，出来后核对。

一般项目：

1. 蒸压加气混凝土砌块砌体和轻骨料混凝土小型空心砌块砌体不应与其他块材混砌。

2. 填充墙砌体留置的拉结钢筋或网片的位置应与块体皮数杆相符合。拉结钢筋或网片应置于灰缝中，埋置长度应符合设计要求，竖向位置偏差不应超过 1 皮砖高度。观察和用尺量检查。

3. 填充墙砌筑时应错缝搭砌，蒸压加气混凝土砌块搭砌长度不应小于砌块长度的 1/3；轻骨料混凝土小型空心砌块搭砌长度不应小于 90mm；竖向通缝不应大于 2 皮。观察和用尺检查。

4. 填充墙砌体的灰缝厚度和宽度应正确。空心砖、轻骨料混凝土小型空心砌块的砌体灰缝应为 8～12mm。蒸压加气混凝土砌块砌体的水平灰缝厚度及竖向灰缝宽度分别宜为 15mm 和 20mm。用尺量 5 皮空心砖或小砌块的高度和 2m 砌体长度折算。

5. 填充墙砌至接近梁、板底时，应留一定空隙，待填充墙砌筑完并应至少间隔 7d 后，再将其补砌挤紧。观察检查。

6. 填充墙砌体的砂浆饱满度，水平灰缝应≥80%；垂直灰缝、空心砖砌体不得有透缝；砌块饱满度的砂浆饱满度也应≥80%。用百格网检查，每步架不少于 3 处，每处 3 块砌块的平均值，垂直灰缝观察检查。

7～11. 允许偏差项目。各项目的 80% 点允许偏差达到要求，其余 20% 的点可超过允许偏差值，但不得超过其值的 150%，否则，返工处理。

配筋砌体工程检验批质量验收记录表
GB 50203—2002

单位(子单位)工程名称		
分部(子分部)工程名称		验收部位
施工单位		项目经理
分包单位		分包项目经理
施工执行标准名称及编号		

施工质量验收规范的规定			施工单位检查评定记录	监理(建设)单位验收记录
主控项目	1	钢筋品种规格数量	第8.2.1条		
	2	混凝土、砂浆强度	设计要求 C 设计要求 M		
	3	马牙槎及拉结筋	第8.2.3条		
	4	芯柱	第8.2.5条		
	5	柱中心线位置	≤10mm		
	6	柱层间错位	≤8mm		
	7	柱垂直度(每层)	≤10mm		
一般项目	1	水平灰缝钢筋	第8.3.1条		
	2	钢筋防腐	第8.3.2条		
	3	网状配筋及间距	第8.3.3条		
	4	组合砌体及拉结筋	第8.3.4条		
	5	砌块砌体钢筋搭接	第8.3.5条		

施工单位检查评定结果	专业工长(施工员)		施工班组长	
	项目专业质量检查员:			年 月 日

监理(建设)单位验收结论	
	专业监理工程师: (建设单位项目专业技术负责人): 年 月 日

220

说　明

主控项目：

1. 钢筋的品种、规格和数量符合设计要求；检查钢筋合格证书，钢筋性能试验报告、隐蔽工程记录。

2. 构造柱、芯柱、组合砌体构件、配筋砌体剪力墙构件的混凝土或砂浆强度等级符合设计要求，检查混凝土、砂浆试块试验报告。

3. 构造柱与墙体的连接处应砌成马牙槎，马牙槎应先退后进，预留的拉结钢筋应位置正确，施工中不得任意弯折。观察检查。

4. 配筋混凝土小型空心砌块砌体，芯柱混凝土应在装配式楼盖处贯通，不得削弱芯柱截面尺寸。观察检查。

5～7. 柱中心线位置、柱层间错位、柱垂直度允许偏差。用经纬仪和尺量检查；柱层高垂直度用 2m 托线板检查。

一般项目：

1. 设置在砌体水平灰缝内的钢筋，应居中置于灰缝中。水平灰缝厚度应大于钢筋直径 4mm 以上。砌体外露面砂浆保护层的厚度不应小于 15mm。观察及尺量检查。

2. 设置在砌体灰缝内的钢筋在潮湿环境或有化学侵蚀介质环境中应有防腐措施。
防腐涂料无漏刷（喷浸），无起皮脱落现象。观察检查。

3. 网状配筋砌体中，钢筋网及放置间距应符合设计规定。钢筋网沿砌体高度位置超过设计规定一皮砖厚不得多于 1 处。
钢筋规格检查钢筋网成品，钢筋网放置间距局部剔缝观察，或用探针刺入灰缝内检查，或用钢筋位置测定仪测定。

4. 组合砖砌体构件，竖向受力钢筋保护层应符合设计要求，距砖砌体表面距离不应小于 5mm；拉结筋两端应设弯钩，拉结筋及箍筋的位置应正确。钢筋保护层符合设计要求；拉结筋位置及弯钩设置 80% 及以上符合要求，箍筋间距超过规定者，每件不得多于 2 处，且每处不得超过 1 皮砖。支模前观察和尺量检查。

5. 配筋砌块砌体剪力墙中，采用搭接接头的受力钢筋搭接长度不应小于 $35d$，且不应少于 300mm。尺量检查。

钢结构制作(安装)焊接工程检验批质量验收记录表
GB 50205—2001
(Ⅰ)

		施工质量验收规范的规定		施工单位检查评定记录	监理(建设)单位验收记录
		单位(子单位)工程名称			
		分部(子分部)工程名称		验收部位	
		施工单位		项目经理	
		分包单位		分包项目经理	
		施工执行标准名称及编号			
主控项目	1	焊接材料品种、规格	第4.3.1条		
	2	焊接材料复验	第4.3.2条		
	3	材料匹配	第5.2.1条		
	4	焊工证书	第5.2.2条		
	5	焊接工艺评定	第5.2.3条		
	6	内部缺陷	第5.2.4条		
	7	组合焊缝尺寸	第5.2.5条		
	8	焊缝表面缺陷	第5.2.6条		
一般项目	1	焊接材料外观质量	第4.3.4条		
	2	预热和焊后热处理	第5.2.7条		
	3	焊缝外观质量	第5.2.8条		
	4	焊缝尺寸偏差	第5.2.9条		
	5	凹形角焊缝	第5.2.10条		
	6	焊缝感观	第5.2.11条		

专业工长(施工员)		施工班组长	

施工单位检查评定结果	项目专业质量检查员：　　　　　　　　　　　　年　月　日
监理(建设)单位验收结论	专业监理工程师： (建设单位项目专业技术负责人)：　　　　　　　　年　月　日

222

说　明

（Ⅰ）

钢构件制作和安装都用此表,制作时将安装划掉,安装时将制作划掉。

主控项目:

1. 焊接材料的品种、规格、性能。符合产品标准和设计要求。

   检查产品质量合格证明文件、中文标志及检验报告。

2. 重要结构用焊接材料抽样复试结果符合产品标准和设计要求。

   检查复试报告。

3. 焊条、焊丝、焊剂、电渣焊熔嘴等焊接材料与母材的匹配应符合设计要求及《建筑钢结构焊接技术规程》JGJ 81 的规定。焊接材料在使用前,应按规定进行烘焙和存放。检查质量证明书和烘焙记录。

4. 焊工必须有证书。持证焊工必须在其考试合格项目及其认可范围内施焊。检查焊工合格证及其认可范围、有效期。

5. 施工单位对其首次采用的钢材、焊接材料、焊接方法、焊后热处理等,应进行焊接工艺评定,并应根据评定报告确定焊接工艺。检查焊接工艺评定报告。

6. 设计要求全焊透的一、二级焊缝应采用超声波探伤进行内部缺陷的检验,超声波探伤不能对缺陷作出判断时,应采用射线探伤。

7. T 形接头、十字接头、角接接头等要求熔透的对接和角对接组合焊缝,其焊脚尺寸应符合第 5.2.5 条的规定。

8. 焊缝表面不得有裂纹、焊瘤等缺陷。一级、二级焊缝不得有表面气孔、夹渣、弧坑裂纹、电弧擦伤等缺陷。且一级焊缝不得有咬边、未焊满、根部收缩等缺陷。

   观察检查或使用放大镜、焊缝量规和钢尺检查,当存在疑义时,采用渗透或磁粉探伤检查。

一般项目:

1. 焊条外观不应有药皮脱落、焊芯生锈等缺陷,焊剂不应受潮、结块等外观质量。观察检查。

2. 对于需要进行焊前预热或焊后热处理的焊缝,预热区在焊道两侧,每侧宽度均应大于焊件厚度的 1.5 倍以上,且不应小于 100mm;后热处理应在焊后立即进行,保温时间应根据板厚按每 25mm 板厚 1h 确定。检查预、后热施工记录和工艺试验报告。

3. 二级、三级焊缝外观质量标准应符合本规范附录 A 中表 A.0.1 规定。三级对接焊缝应按二级焊缝标准进行外观质量检验。观察检查或使用放大镜、焊缝量规和钢尺检查。

4. 焊缝尺寸允许偏差应符合本规范附录 A 中表 A.0.2 的规定。用焊缝量规检查。

5. 焊成凹形的角焊缝,焊缝金属与母材间应平缓过渡;加工成凹形的角焊缝,不得在其表面留下切痕。观察检查。

6. 焊缝感观应达到:外形均匀、成型较好、焊道与焊道、焊道与基本金属间过渡较平滑,焊渣和飞溅物基本清除干净。观察检查。

焊钉(栓钉)焊接工程检验批质量验收记录表
GB 50205—2001
(Ⅱ)

010901□□
020401□□

单位(子单位)工程名称					
分部(子分部)工程名称				验收部位	
施工单位				项目经理	
分包单位				分包项目经理	
施工执行标准名称及编号					

施工质量验收规范的规定			施工单位检查评定记录	监理(建设)单位验收记录
主控项目	1	焊接材料品种规格	第4.3.1条		
	2	焊接材料复验	第4.3.2条		
	3	焊接工艺评定	第5.3.1条		
	4	焊后弯曲试验	第5.3.2条		
一般项目	1	焊钉和瓷环尺寸	第4.3.3条		
	2	焊缝外观质量	第5.3.3条		

专业工长(施工员)		施工班组长	

施工单位检查评定结果	
	项目专业质量检查员：　　　　　　　　　　　年 月 日

监理(建设)单位验收结论	
	专业监理工程师： (建设单位项目专业技术负责人)：　　　　　年 月 日

224

说 明
（Ⅱ）

主控项目：

1. 焊接材料的品种、规格、性能符合产品标准和设计要求。

   检查产品质量合格证明文件、中文标志和检验报告。

2. 重要结构用焊接材料抽样复试结果符合产品标准和设计要求。

   检查复试报告。

3. 施工单位对其采用的焊钉和钢材焊接应进行焊接工艺评定,其结果应符合设计要求和国家现行有关标准的规定。瓷环应按其产品说明书进行烘焙。

   检查焊接工艺评定报告和烘焙记录。

4. 焊钉焊接后应进行弯曲试验检查,其焊缝和热影响区不应有肉眼可见的裂纹。

   检查焊钉弯曲 30°后用角尺检查和观察检查。

一般项目：

1. 焊钉及焊接瓷环的规格、尺寸及偏差应符合《圆柱头焊钉》GB 10433 标准规定。

   尺量检查和游标卡尺量测。

2. 焊钉根部焊脚应均匀,焊脚立面的局部未熔合或不足 360°的焊脚应进行修补。

   观察检查。

普通紧固件连接工程检验批质量验收记录表
GB 50205—2001
（Ⅰ）

单位(子单位)工程名称				
分部(子分部)工程名称			验收部位	
施工单位			项目经理	
分包单位			分包项目经理	
施工执行标准名称及编号			分包项目经理	

施工质量验收规范的规定			施工单位检查评定记录	监理(建设)单位验收记录
主控项目	1	成品进场	第4.4.1条	
	2	螺栓实物复验	第6.2.1条	
	3	匹配及间距、边距	第6.2.2条	
一般项目	1	永久性普通螺栓紧固	第6.2.3条	
	2	自攻螺钉、钢拉铆钉、射钉等紧固的外观质量	第6.2.4条	

	专业工长(施工员)		施工班组长	
施工单位检查评定结果				
	项目专业质量检查员:			年　月　日
监理(建设)单位验收结论				
	专业监理工程师: (建设单位项目专业技术负责人):			年　月　日

226

说　明
（Ⅰ）

010902
020402

主控项目：

1. 钢结构连接用高强度大六角头螺栓连接副、扭剪型高强度螺栓连接副、钢网架用高强度螺栓、普通螺栓、铆钉、自攻钉、拉铆钉、射钉、锚栓（机械型和化学试剂型）、地脚锚栓等紧固标准件及螺母、垫圈等标准配件，其品种、规格、性能等应符合现行国家产品标准和设计要求。高强度大六角头螺栓连接副和扭剪型高强度螺栓连接副出厂时应分别随箱带有扭矩系数和紧固轴力（预拉力）的检验报告。

   检查产品质量合格证明文件、中文标志及检验报告。

2. 普通螺栓作为永久性连接螺栓时，当设计有要求或对其质量有疑义时，应进行螺栓实物最小拉力载荷复验，试验方法见本规范附录 B，其结果应符合《紧固件机构性能螺栓、螺钉和螺柱》GB 3098 的规定。

   检查螺栓实物复验报告。

   B.0.1　螺栓实物最小载荷检验。

   目的：测定螺栓实物的抗拉强度是否满足现行国家标准《紧固件机械性能螺栓、螺钉和螺柱》GB 3098.1 的要求。

   检验方法：用专用卡具将螺栓实物置于拉力试验机上进行拉力试验，为避免试件承受横向载荷，试验机的夹具应能自动调正中心，试验时夹头张拉的移动速度不应超过 25mm/min。

   螺栓实物的抗拉强度应根据螺纹应力截面积（As）计算确定，其取值应按现行国家标准《紧固件机械性能螺栓、螺钉和螺柱》GB 3098.1 的规定取值。

   进行试验时，承受拉力载荷的末旋合的螺纹长度应为 6 倍以上螺距；当试验拉力达到现行国家标准《紧固件机械性能螺栓、螺钉和螺柱》GB 3098.1 中规定的最小拉力载荷（As·σ_b）时不得断裂。当超过最小拉力载荷直至拉断时，断裂应发生在杆部或螺纹部分，而不应发生在螺头与杆部的交接外。

3. 连接薄钢板采用的自攻钉、拉铆钉、射钉等其规格尺寸应与被连接钢板相匹配，其间距、边距等应符合设计要求。

   观察和尺量检查。

一般项目：

1. 永久性普通螺栓紧固应牢固、可靠，外露丝扣不少于 2 扣。

   观察和用小锤敲击检查。

2. 自攻螺钉、钢拉铆钉、射钉等与连接钢板紧固密贴，外观排列整齐。

   观察或用小锤敲击检查。

227

高强度螺栓连接工程检验批质量验收记录表
GB 50205—2001
（Ⅱ）

单位(子单位)工程名称				
分部(子分部)工程名称			验收部位	
施工单位			项目经理	
分包单位			分包项目经理	
施工执行标准名称及编号				

施工质量验收规范的规定				施工单位检查评定记录	监理(建设)单位验收记录
主控项目	1	成品进场	第4.4.1条		
	2	扭矩系数或预拉力复验	第4.2.2条或第4.4.3条		
	3	抗滑移系数试验	第6.3.1条		
	4	终拧扭矩	第6.3.2条或第6.3.3条		
一般项目	1	成品进场检验	第4.4.4条		
	2	表面硬度试验	第4.4.5条		
	3	施拧顺序和初拧、复拧扭矩	第6.3.4条		
	4	连接外观质量	第6.3.5条		
	5	摩擦面外观	第6.3.6条		
	6	扩孔	第6.3.7条		

施工单位检查评定结果	专业工长(施工员)		施工班组长	
	项目专业质量检查员：			年 月 日
监理(建设)单位验收结论	专业监理工程师： (建设单位项目专业技术负责人)：			年 月 日

说　明
（Ⅱ）

主控项目：

1. 成品进场检查,钢结构连接用高强度大六角螺栓连接副、扭剪型高强度连接副的品种、规格、性能某应符合现行四家产品标准和设计要求。高强度大六角螺栓连接副和扭剪型高强度螺栓连接副出厂时应分别附带有扭矩系数和紧固轴力(预拉力)的检验报告。

   检查产品的质量合格证明文件、中文标志及检验报告等。

2. 高强度大六角头螺栓连接副扭矩系数,扭剪型高强度螺栓连接副预拉力,符合本规范附录 B 的规定。

   按附录 B 检验。检查复验报告。

3. 钢结构制作和安装单位应按本规范附录 B 的规定分别进行高强度螺栓连接摩擦面的抗滑移系数试验和复验,现场处理的构件摩擦面应单独进行摩擦面抗滑移系数试验,其结果应符合设计要求。

   按附录 B 检验。检查摩擦面抗滑移系数试验报告和复验报告。

4. 高强度大六角头螺栓连接副终拧完成 1h 后,48h 内应进行终拧矩检查,检查结果应符合本规范附录 B 的规定。扭剪型高强度螺栓连接副终拧后,除因构造原因无法使用专用扳手终拧掉梅花头者外,未在终拧中拧掉梅花头的螺栓数不应大于该节点螺栓数的 5% 。对所有梅花头未拧掉的扭剪型高强度螺栓连接副应采用扭矩法或转角法进行终拧并作标记。并按前述规定进行终拧扭矩检查。

   观察检查及本规范附录 B 进行检验。

一般项目：

1. 高强度螺栓连接副进场检查,检查包装箱上批号、规格、数量及生产日期。核查螺栓、螺母、垫圈外观表面的涂油保护,没有生锈和沾染脏物,螺纹没损伤。

   观察检查。

2. 建筑结构安全等级为一级,跨度 40m 及以上的螺栓球节点钢网架结构,其连接高强度螺栓进行表面硬度试验。8.8 级的高强度螺栓其硬度应为 HRC21 - 29;10.9 级高强度螺栓其硬度应为 HRC32 - 36,且不得有裂纹或损伤。

   用硬度计、10 倍放大镜或磁粉探伤。

3. 高强度螺栓连接副的施拧顺序和初拧、复拧扭矩符合设计要求和《钢结构高强度螺栓连接的设计施工及验收规程》JGJ 82 的规定。

   检查扭矩扳手标定记录和螺栓施工记录。

4. 高强度螺栓连接副终拧后,螺栓丝扣外露应为 2～3 扣,其中允许有 10% 的螺栓丝扣外露 1 扣或 4 扣。

   观察检查。

5. 高强度螺栓连接摩擦面应保持干燥、整洁,不应有飞边、毛刺、焊接飞溅物、焊疤、氧化铁皮、污垢等,除设计要求外摩擦面不应涂漆。

   观察检查。

6. 高强度螺栓应自由穿入螺栓孔。高强度螺栓孔不应采用气割扩孔,扩孔数量应征得设计同意,扩孔后的孔径不应超过 $1.2d$(d 为螺栓直径)。

   被扩螺栓孔全数检查。观察检查及用卡尺检查。

钢结构零、部件加工工程检验批质量验收记录表
GB 50205—2001
（Ⅰ）

020403□□

单位(子单位)工程名称					
分部(子分部)工程名称				验收部位	
施工单位				项目经理	
分包单位				分包项目经理	
施工执行标准名称及编号					

施工质量验收规范的规定			施工单位检查评定记录	监理(建设)单位验收记录
主控项目	1	材料品种、规格	第4.2.1条		
	2	钢材复验	第4.2.2条		
	3	切面质量	第7.2.1条		
	4	矫正和成型	第7.3.1条、第7.3.2条		
	5	边缘加工	第7.4.1条		
	6	制孔	第7.6.1条		
一般项目	1	材料规格尺寸	第4.2.3条、第4.2.4条		
	2	钢材表面质量	第4.2.5条		
	3	切割精度	第7.2.2条、第7.2.3条		
	4	矫正质量	第7.3.3条、第7.3.4条、第7.3.5条		
	5	边缘加工精度	第7.4.2条		
	6	制孔精度	第7.6.2条、第7.6.3条		

	专业工长(施工员)		施工班组长	
施工单位检查评定结果				
	项目专业质量检查员：			年 月 日
监理(建设)单位验收结论				
	专业监理工程师： (建设单位项目专业技术负责人)：			年 月 日

230

说　明

（Ⅰ）

主控项目：

1. 钢材、铸钢件的品种、规格、性能应符合产品标准和设计要求。

   检查质量合格证明文件、中文标志及检验报告。

2. 抽样复试的结果符合产品标准和设计要求。

   抽样的有：①外国进口钢材；②钢材混批；③板厚≥40mm 有 Z 向性能要求；④结构安全等级为一级，大跨度的主要受力构件的钢材；⑤设计要求复试钢材；⑥对质量有怀疑的钢材。

   全数检查，检查复试报告。

3. 钢材切割面或剪切面应无裂纹、夹渣、分层和大于 1mm 的缺棱。

   全数检查。观察或用放大镜及百分尺检查，有疑义时作渗透、磁粉或超声波探伤检查。

4. 碳素结构钢在环境温度低于 -16℃、低合金结构钢在环境温度低于 -12℃时，不应进行冷矫正和冷弯曲。碳素结构钢和低合金结构钢在加热矫正时，加热温度不应超过 900℃。低合金结构钢在加热矫正后应自然冷却。当零件采用热加工成型时，加热温度应控制在 900～1000℃；碳素结构钢和低合金结构钢在温度分别下降到 700℃和 800℃之前，应结束加工；低合金结构钢应自然冷却。

   全数检查。检查制作工艺报告和施工记录。

5. 气割或机械剪切的零件，进行边缘加工时，其刨削量不小于 2.0mm。

   检查工艺报告或施工记录。

6. A、B 级螺栓孔（Ⅰ类孔）应具有 H12 的精度，孔壁表面粗糙度 Ra 不应大于 12.5μm。其孔径的允许偏差应符合规范表 7.6.1－1 的规定。C 级螺栓孔（Ⅱ类孔），孔壁表面粗糙度 Ra 不应大于 25μm，其允许偏差应符合规范表 7.6.1－2 的规定。

   用游标卡尺或孔径量规检查。

一般项目：

1. 钢板厚度和型钢规格尺寸允许偏差符合产品标准规定。

   尺量检查或游标卡尺量测。

2. 钢材表面质量，符合有关产品规定，同时应符合：

   （1）锈蚀、麻点或划痕等其深度不大于厚度负允许偏差的 1/2。

   （2）锈蚀等符合《涂装前钢材表面锈蚀等级和除锈等级》GB 8923C 级及 C 级以上。

   （3）钢材端边或断口处不应有分层、夹渣等缺陷。

   观察检查。

3. 气割的允许偏差：零件宽度、长度：±3.0mm；切割面平面度：0.05 t，且≯2.0mm；割纹深度：0.3mm；局部缺口深度 1.0mm。机械剪切的允许偏差：零件宽度、长度±3.0mm；边缘缺棱 1.0mm；型钢端部垂直度 2.0mm。

   观察尺量检查、塞尺检查。

4. 矫正后的钢材表面，不应有明显的凹面或损伤，划痕深度不得大于 0.5mm，且不应大于该钢材厚度负允许偏差的 1/2。全数检查。

   冷矫正和冷弯曲的最小曲率半径和最大弯曲矢高应符合规范表 7.3.4 的规定。按冷矫正和冷弯曲的件数轴 10% 检查，且不少于 3 件。

   钢材矫正后的允许偏差，应符合表 7.3.5 的规定。按矫正件数抽查 10%，且不少于 3 件。

   观察和实测检查。

5. 边缘加工允许偏差：零件宽度、长度 ±1.0mm；边直线度：$L/3000$，且≯2.0mm；相邻两边夹角 ±6′；加工面垂直度：0.025 t，且≯0.5mm；加工表面粗糙度 $\overline{50}$。

6. 螺栓孔孔距的允许偏差应符合规范表 7.6.2 的规定。螺栓孔孔距超过规范表 7.6.2 规定时，应采用与母材材质相匹配的焊条补焊后重新制孔。全数检查。观察或尺量检查。

231

钢网架制作工程检验批质量验收记录表
GB 50205—2001
（Ⅱ）

单位(子单位)工程名称					
分部(子分部)工程名称				验收部位	
施工单位				项目经理	
分包单位				分包项目经理	
施工执行标准名称及编号					

施工质量验收规范的规定			施工单位检查评定记录	监理(建设)单位验收记录
主控项目	1	材料品种、规格	第4.5.1、4.6.1、4.7.1条		
	2	螺栓球加工	第7.5.1条、第4.6.2条		
	3	焊接球加工	第7.5.2条、第4.5.2条		
	4	封板、锥头套筒	第4.7.2条		
	5	制孔	第7.6.1条		
一般项目	1	材料规格尺寸	第4.2.3条、第4.2.4条		
	2	螺栓球加工精度	第7.5.3、4.6.3、4.6.4条		
	3	焊接球加工精度	第7.5.4、4.5.3、4.5.4条		
	4	管件加工精度	第7.5.5条		

	专业工长(施工员)		施工班组长	
施工单位检查评定结果				
	项目专业质量检查员：		年　月　日	
监理(建设)单位验收结论				
	专业监理工程师： (建设单位项目专业技术负责人)：		年　月　日	

232

主控项目：

1. 焊接球、螺栓球、封板、锥头、套筒及其制造所用材料的品种、规格、性能符合产品标准和设计要求。
   检查质量合格证明文件、中文标志及检验报告。

2. 螺栓球成型后,不应有裂纹、褶皱、过烧。
   10 倍放大镜观察检查或表面探伤。

3. 钢板压成半圆球后,不应有裂纹、褶皱;焊接球其对接坡口应采用机构加工,对接焊缝表面应打磨平整。
   焊接缝应进行无损检验,其质量符合设计要求,当设计无要求时,应符合二级焊缝标准。
   10 倍放大镜观察检查表面探伤或超声波探伤检查。

4. 封板、锥头、套筒外观不得有裂纹、过烧及氧化皮。
   放大镜观察和表面探伤检查。

5. A、B 级螺栓孔(Ⅰ类孔)应具有 H12 的精度,孔壁表面粗糙度 Ra 不应大于 12.5μm。其孔径的允许偏差应符合规范表 7.6.1-1 的规定。C 级螺栓孔(Ⅱ类孔),孔壁表面粗糙度 Ra 不应大于 25μm,其允许偏差应符合规范表 7.6.1-2 的规定。
   用游标卡尺或孔径量规检查。

一般项目：

1. 钢板厚度和型钢规格尺寸允许偏差符合产品标准规定。
   尺量检查或游标卡尺量测。

2. 钢材表面质量,符合有关产品规定,同时应符合：
   (1) 锈蚀、麻点或划痕等其深度不大于厚度允许偏差的 1/2。
   (2) 锈蚀符合《涂装前钢材表面锈蚀等级和除锈等级》GB 8923C 级及 C 级以上。
   (3) 钢材端边或断口处不应有分层、夹渣等缺陷。
   观察检查。

3. 螺栓球加工的允许偏差符合规范表 7.5.3 的规定。螺栓球螺纹尺寸符合《普通螺纹基本尺寸》GB 196 粗牙螺纹的规定。螺纹公差符合《普通螺纹公差与配合》GB 197 6H 级精度的规定。
   卡尺、游标卡尺、分度头、百分表、百分表 V 型块及标准螺纹规检查。

4. 焊接球表面无明显波纹及局部凹凸不平 >1.5mm。焊接球的直径、圆度、壁厚减薄量及允许偏差符合规范表 7.5.4 的规定。
   卡尺、游标卡尺、测厚仪及套模检查。

5. 钢网架(桁架)用钢管杆件加工允许偏差。长度为 ±1.0mm;端面对管轴的垂直度 0.005r;管口曲线为 1.0mm。
   钢尺、百分表、百分表 V 型块、套模及游标卡尺检查。

单层钢构件安装工程检验批质量验收记录表
GB 50205—2001

020404□□

单位(子单位)工程名称					
分部(子分部)工程名称				验收部位	
施工单位				项目经理	
分包单位				分包项目经理	
施工执行标准名称及编号					

施工质量验收规范的规定				施工单位检查评定记录	监理(建设)单位验收记录
主控项目	1	基础验收	第10.2.1,10.2.2,10.2.3条,10.2.4条		
	2	构件验收	第10.3.1条		
	3	顶紧接触面	第103.2条		
	4	垂直度和侧向弯曲矢高	第10.3.3条		
	5	主体结构尺寸	第10.3.4条		
一般项目	1	地脚螺栓精度	第10.2.5条		
	2	标记	第10.3.5条		
	3	桁架、梁安装精度	第10.3.6条		
	4	钢柱安装精度	第10.3.7条		
	5	吊车梁安装精度	第10.3.8条		
	6	檩条等安装精度	第10.3.9条		
	7	平台等安装精度	第10.3.10条		
	8	现场组对精度	第10.3.11条		
	9	结构表面	第10.3.12条		

	专业工长(施工员)		施工班组长	
施工单位检查评定结果				
	项目专业质量检查员:		年 月 日	
监理(建设)单位验收结论				
	专业监理工程师: (建设单位项目专业技术负责人):		年 月 日	

234

说　明

主控项目：

1. 基础验收。建筑物的定位轴线、基础轴线和标高、地脚螺栓的规格及其紧固应符合设计要求。基础顶面直接作为柱的支承面和基础顶面预埋钢板或支座作为柱的支承面时，其位置的允许偏差：支承面标高为 ±3.0mm，水平度为 $L/1000$；地脚螺栓中心偏移为 5.0mm；预留孔中心偏移为 10.0mm。采用坐浆垫板时，其允许偏差：顶面标高 +0.0，−3.0mm，水平度 $L/1000$，位置 20.0mm。采用杯口基础时，其杯口尺寸允许偏差：底面标高 +0.0，−5.0mm；杯口深度 ±5.0mm；杯口垂直度 $H/100$，$\not> 10.0$mm；位置 10.0mm。经纬仪、水准仪和尺量检查。

2. 构件验收。钢构件应符合设计要求和本规范的规定。运输、堆放和吊装等造成的钢构件变形及涂层脱落，应进行矫正和修补。观察和现场实测检查。

3. 设计要求顶紧的节点，接触面不应少于 70% 紧贴，且边缘最大间隙不应大于 0.8mm。钢尺和 0.3、0.8mm 厚的塞尺现场实测检查。

4. 钢屋（托）架、桁架、梁及受压杆件的垂直度和侧向弯曲矢高的允许偏差应符合规范表 10.3.3 的规定。吊线、拉线、经纬仪和尺量检查。

5. 单层钢结构主体结构的整体垂直度和整体平面弯曲的允许偏差。垂直度 $H/1000 \not> 25.0$mm；平面弯曲 $L/1500 \not> 25.0$mm。

一般项目：

1. 地脚螺栓（锚栓）尺寸的偏差。螺栓露出长度和螺纹长度均为：+30.0mm，−0.0mm；地脚螺栓（锚栓）的螺纹应受到保护。尺量检查。

2. 钢柱等主要构件的中心线及标高基准点等标记应齐全。观察检查。

3. 钢桁架（或梁）安装在混凝土柱上时，其支座中心对定位轴线的偏差不应大于 10mm；当采用大型混凝土屋面板时，钢桁架（或梁）间距的偏差不应大于 10mm。拉线及尺量检查。

4. 钢柱安装的允许偏差应符合本规范附录 E 中表 E.0.1 的规定。吊线、经纬仪、水准仪和尺量检查。

5. 钢吊车梁或直接承受动力荷载的类似构件，其安装的允许偏差应符合本规范附录 E 中表 E.0.2 的规定。

6. 檩条、墙架等次要构件安装的允许偏差应符合本规范附录 E 中表 E.0.3 的规定。

7. 钢平台、钢梯、栏杆安装应符合《固定式钢直梯》GB 4053.1、《固定式钢斜梯》GB 4053.2、《固定式防护栏杆》GB 4053.3、《固定式钢平台》GB 4053.4 的规定。钢平台、钢梯和防护栏杆安装的允许偏差应符合本规范附录 E 中表 E.0.4 的规定。

8. 现场焊缝组对间隙的允许偏差。无垫板间隙 +3.0，−0.0mm；有垫板间隙 +3.0mm，−2.0mm。尺量检查。

9. 钢结构表面应干净，结构主要表面不应有疤痕、泥沙等污垢。观察检查。

注：这张表在实际使用时，可根据工程的施工顺序，分为几个表来使用，以便达到及时验收的目的。

多层及高层钢构件安装工程检验批质量验收记录表
GB 50205—2001

单位(子单位)工程名称				
分部(子分部)工程名称			验收部位	
施工单位			项目经理	
分包单位			分包项目经理	
施工执行标准名称及编号				

		施工质量验收规范的规定		施工单位检查评定记录	监理(建设)单位验收记录
主控项目	1	基础验收	第11.2.1,11.2.2条 第11.2.3,11.2.4条		
	2	构件验收	第11.3.1条		
	3	钢柱安装精度	第11.3.2条		
	4	顶紧接触面	第11.3.3条		
	5	垂直度和侧向弯曲矢高	第11.3.4条		
	6	主体结构尺寸	第11.3.5条		
一般项目	1	地脚螺栓精度	第11.2.5条		
	2	标记	第11.3.7条		
	3	构件安装精度	第11.3.8,11.3.10条		
	4	主体结构总高度	第11.3.9条		
	5	吊车梁安装精度	第11.3.11条		
	6	檩条安装精度	第11.3.12条		
	7	平台等安装精度	第11.3.13条		
	8	现场组对精度	第11.3.14条		
	9	结构表面	第11.3.6条		

施工单位检查评定结果	专业工长(施工员)		施工班组长
	项目专业质量检查员:		年 月 日

监理(建设)单位验收结论	
	专业监理工程师: (建设单位项目专业技术负责人): 年 月 日

236

说　明

主控项目：

1. 基础验收。建筑物的定位轴线、基础上柱的定位轴线和标高、地脚螺栓（锚栓）的规格的位置、地脚螺栓（锚栓）紧固应符合设计要求。当设计无要求时，其建筑物轴线 $L/2000$，$\not> 3.0$mm；基础柱轴线 1.0mm；柱底标高 ± 2.0mm；地脚螺栓位移 2.0mm。尺量检查。

   多层建筑以基础顶面直接作为柱的支承面，或以基础顶面预埋钢板或支座作为柱的支承面时，其允许偏差：支承面标高为 ± 3.0mm，水平度为 $L/1000$，地脚螺栓中心偏移为 5.0mm，预留孔中心偏移 10.0mm。采用座浆垫板时，其允许偏差：顶面标 $+0.0$，-3.0mm；水平度 $L/1000$，位置 20.0mm。

   采用杯口基础时，杯口尺寸偏差：底面标高 $+0.0$，-5.0mm；杯口深度 ± 5.0mm；杯口垂直度 $H/1000$，$\not> 10.0$mm；位置 10.0mm。

2. 构件验收。钢构件应符合设计要求和本规范的规定。运输、堆放和吊装等造成的钢构件变形及涂层脱落，应进行矫正和修补。观察和尺量检查。

3. 钢柱安装允许偏差。柱底轴线对定位轴线偏移。3.0mm，柱子定位轴线 1.0mm；单节柱垂直度 $H/1000$，$\not> 10.0$mm。经纬仪和尺量检查。

4. 设计要求顶紧的节点，接触面不应少于 70% 紧贴，且边缘最大间隙不应大于 0.8mm。用 0.3mm，0.8mm 塞尺和尺量检查。

5. 钢主梁、次梁及受压杆件的垂直度和侧向弯曲矢高的允许偏差应符合本规范表 10.3.3 中有关钢层（托）架允许偏差的规定。吊线、拉线、经纬仪及尺量检查。

6. 主体结构尺寸。多层及高层钢结构主体结构的整体垂直度和整体平面弯曲的允许偏差。整体垂直度 $(H/2500 + 10)$，$\not> 50.0$mm；平面弯曲 $L/1500$，$\not> 25.0$mm。经纬仪、拉线和尺量检查。

一般项目：

1. 地脚螺栓尺寸允许偏差，螺栓露出长度和螺纹长度 0.0，$+30.0$mm。尺量检查。地脚螺栓（锚栓）的螺纹受到保护。

2. 标记。钢柱等主要构件的中心线及标高基准点等标记应齐全。观察检查。

3. 钢构件安装的允许偏差应符合规范附录 E 中表 E.0.5 的规定。按表的规定检查。当钢构件安装在混凝土柱上时，其支座中心对定位轴线的偏差不应大于 10mm，当采用大型混凝土屋面板时，钢梁（或桁架）间距的偏差不应大于 10mm。尺量检查。

4. 主体结构总高度的允许偏差应符合规范附录 E 中表 E.0.6 的规定。经纬仪和尺量检查。

5. 多层及高层钢结构中钢吊车梁或直接承受动力荷载的类似构件，其安装的允许偏差应符合本规范附录 E 中表 E.0.2 的规定。

6. 多层及高层钢结构中檩条、墙架等次要构件安装的允许偏差应符合本规范附录 E 中表 E.0.3 的规定。

7. 钢平台、钢梯、栏杆安装应符合《固定式钢直梯》GB 4053.1、《固定式钢斜梯》GB 4053.2、《固定式防护栏杆》GB 4053.3、《固定式钢平台》GB 4053.4 的规定。钢平台、钢梯和防护栏杆安装的允许偏差应符合本规范附录 E 中表 E.0.4 的规定。

8. 多层及高层钢结构中现场焊缝组对间隙的允许偏差。无垫板间隙，$+3.0$mm，0.0mm；有垫板间隙 $+3.0$mm，-2.0mm。尺量检查。

9. 钢结构表面应干净，结构主要表面不应有疤痕、泥沙等污垢。观察检查。

钢构件组装工程检验批质量验收记录表
GB 50205—2001

020406□□

单位(子单位)工程名称				
分部(子分部)工程名称			验收部位	
施工单位			项目经理	
分包单位			分包项目经理	
施工执行标准名称及编号				

施工质量验收规范的规定			施工单位检查评定记录	监理(建设)单位验收记录
主控项目	1	吊车梁(桁架)	第8.3.1条		
	2	端部铣平精度	第8.4.1条		
	3	外形尺寸	第8.5.1条		
一般项目	1	焊接H型钢接缝	第8.2.1条		
	2	焊接H型钢精度	第8.2.2条		
	3	焊接组装精度	第8.3.2条		
	4	顶紧接触面	第8.3.3条		
	5	轴线交点错位	第8.3.4条		
	6	焊缝坡口精度	第8.4.2条		
	7	铣平面保护	第8.4.3条		
	8	外形尺寸	第8.5.2条		

施工单位检查评定结果	专业工长(施工员)		施工班组长	
	项目专业质量检查员:			年 月 日

监理(建设)单位验收结论	
	专业监理工程师: (建设单位项目专业技术负责人):　　　　　　年 月 日

238

主控项目：

1. 吊车梁和吊车桁架不应下挠。水准仪和尺量检查。

2. 端部铣平的允许偏差，两端铣平时构件长度允许偏差 ±2.0mm；

    两端铣平时零件长度允许偏差 ±0.5mm；

    铣平面的平面度 0.3mm；

    铣平面与轴线垂直度 $L/1500$。

3. 钢构件外形尺寸的允许偏差符合规范表 8.5.1 的规定。全数尺量检查。

项 目	允 许 偏 差
单层柱、梁、桁架受力支托(支承面)表面至第一个安装孔距离	±1.0
多节柱铣平面至第一个安装孔距离	±1.0
实腹梁两端最外侧安装孔距离	±3.0
构件连接处的截面几何尺寸	±3.0
柱、梁连接处的腹板中心线偏移	2.0
受压构件(杆件)弯曲矢高	$L/1000$，且不应大于 10.0

一般项目：

1. 焊接 H 型钢的翼缘板拼接缝和腹板拼接缝的间距不应小于 200mm。翼缘板拼接长度不应小于 2 倍板宽；腹板拼接宽度不应小于 300mm，长度不应小于 600mm。观察和尺量检查。

2. 焊接 H 型钢的允许偏差应符合本规范附录 C 中表 C.0.1 的规定，用钢尺、角尺、塞尺等检查。

3. 焊接连接组装的允许偏差应符合本规范附录 C 中表 C.0.2 的规定。尺量检查。

4. 顶紧接触面应有 75% 以上的面积紧贴。按接触面的数量抽查 10%，且不应少于 10 个，用 0.3mm 塞尺检查，其塞入面积应小于 25%，边缘间隙不应大于 0.8mm。

5. 桁架结构杆件轴线交点错位的允许偏差不得大于 3.0mm，允许偏差不得大于 4.0mm。尺量检查。

6. 安装焊缝坡口的允许偏差，坡口角度 ±5°。钝边 ±1.0mm。焊缝量规检查。

7. 外露铣平面应防锈保护。观察检查。

8. 外形尺寸。钢构件外形尺寸一般项目的允许偏差应符合规范附录 C 中表 C.0.3~表 C.0.9 的规定。按附录 C 中表 C.0.3~表 C.0.9 检查方法检查。

钢构件预拼装工程检验批质量验收记录表
GB 50205—2001

单位(子单位)工程名称					
分部(子分部)工程名称				验收部位	
施工单位				项目经理	
分包单位				分包项目经理	
施工执行标准名称及编号					

	施工质量验收规范的规定		施工单位检查评定记录	监理(建设)单位验收记录
主控项目	多层板叠螺栓孔	第9.2.1条		
一般项目	预拼装精度	第9.2.2条		

	专业工长(施工员)		施工班组长	
施工单位检查评定结果				
	项目专业质量检查员：		年 月 日	
监理(建设)单位验收结论				
	专业监理工程师： (建设单位项目专业技术负责人)：		年 月 日	

说　明

主控项目:

　　高强度螺栓和普通螺栓连接的多层板叠,应采用试孔器进行检查,符合下列规定:

　　(1) 当采用比孔公称直径小 1.0mm 的试孔器检查时,每组孔的通过率不应小于 85%;

　　(2) 当采用比螺栓公称直径大 0.3mm 的试孔器检查时,通过率应为 100%。

　　按预拼装单元全数检查。采用试孔器检查。

一般项目:

　　预拼装的允许偏差应符合本规范附录 D 表 D 的规定。

　　按预拼装单元全数检查。按附录 D 表 D 规定方法检查。

钢网架安装工程检验批质量验收记录表
GB 50205—2001

单位(子单位)工程名称					
分部(子分部)工程名称				验收部位	
施工单位				项目经理	
分包单位				分包项目经理	
施工执行标准名称及编号					

施工质量验收规范的规定			施工单位检查评定记录	监理(建设)单位验收记录
主控项目	1	基础验收	第12.2.1,12.2.2条	
	2	支座	第12.2.3,12.2.4条	
	3	橡胶垫	第4.10.1条	
	4	拼装精度	第12.3.1,12.3.2条	
	5	节点承载力试验	第12.3.3条	
	6	结构挠度	第12.3.4条	
一般项目	1	锚栓精度	第12.2.5条	
	2	结构表面	第12.3.5条	
	3	安装精度	第12.3.6条	
	4	高强度螺栓紧固	第6.3.8条	

	专业工长(施工员)		施工班组长	
施工单位检查评定结果				
	项目专业质量检查员:		年 月 日	
监理(建设)单位验收结论				
	专业监理工程师: (建设单位项目专业技术负责人):		年 月 日	

242

说　明

主控项目：

1. 基础验收。钢网架结构支座定位轴线的位置、支座锚栓的规格符合设计要求。支承面顶板的位置、标高、水平度及支座锚栓位置的允许偏差。支承面顶板位置 15mm；顶面标高 0，－3mm；顶面水平度 $L/1000$；支座锚栓中心偏移 ±5mm。经纬仪、水平尺、水准仪及尺量检查。

2. 支座。支承垫块的种类、规格、摆放位置和朝向，必须符合设计要求和有关标准的规定。橡胶垫块与刚性垫块之间或不同类型刚性垫块之间不得互换使用。网架支座锚栓的紧固符合设计要求。观察和用钢尺实测。

3. 橡胶垫。橡胶垫的品种、规格、性能符合产品标准和设计要求。检查产品合格证、中文标志及检验报告。

4. 拼装精度。小拼单元的允许偏差符合规范表 12.3.1 的规定；中拼单元的允许偏差符合规范表 12.3.2 的规定。拉线和尺量等辅助量具实测。

5. 节点承载力试验。建筑结构安全等级为一级，跨度 40m 及以上的公共建筑钢网架结构，且设计有要求时，应按下列项目进行节点承载力试验，其结果应符合以下规定：

   （1）焊接球节点应按设计指定规格的球及其匹配的钢管焊接成试件，进行轴心拉、压承载力试验，其试验破坏荷载值大于或等于 1.6 倍设计承载力为合格。

   （2）螺栓球节点应按设计指定规格的球最大螺栓孔螺纹进行抗拉强度保证荷载试验，当达到螺栓的设计承载力时，螺孔、螺纹及封板仍完好无损为合格。

   每项试验做 3 个试件。在万能试验机上进行检验，检查试验报告。

6. 钢网架结构总拼完成后及屋面工程完成后应分别测量其挠度值，且所测的挠度值不应超过相应设计值的 1.15 倍。跨度 24m 及以下钢网架结构测量下弦中央一点，跨度 24m 以上钢网架结构测量下弦中央一点及各向下弦跨度的四等分点。用钢尺和水准仪实测。

一般项目：

1. 支座锚栓的螺纹得到保护，其尺寸的允许偏差符合规范表 10.2.5 的规定。尺量检查。

2. 结构表面。钢网架结构安装完成后，其节点及杆件表面应干净，不应有明显的疤痕、泥沙和污垢。螺栓球节点应将所有接缝用油腻子填嵌严密，并应将多余螺孔封口。观察检查。

3. 钢网架结构安装完成后，其安装的允许偏差应符合规范表 12.3.6 的规定。经纬仪、水准仪及尺量检查。

4. 螺栓球节点网架总拼完成后，高强度螺栓与球节点应紧固连接，高强度螺栓拧入螺栓球内的螺纹长度不应小于 1.0d（d 为螺栓直径），连接处不应出现有间隙、松动等未拧紧情况。普通扳手及尺量检查。

压型金属板工程检验批质量验收记录表
GB 50205—2001

020409□□

单位(子单位)工程名称				
分部(子分部)工程名称			验收部位	
施工单位			项目经理	
分包单位			分包项目经理	
施工执行标准名称及编号				

施工质量验收规范的规定				施工单位检查评定记录	监理(建设)单位验收记录
主控项目	1	压型金属板及其原材料	第4.8.1条 第4.8.2条		
	2	基板裂纹、涂层缺陷	第13.2.1条 第13.2.2条		
	3	现场安装	第13.3.1条		
	4	搭接	第13.3.2条		
	5	端部锚固	第13.3.3条		
一般项目	1	压型金属板精度	第4.8.3条		
	2	轧制精度	第13.2.3条 第13.2.5条		
	3	表面质量	第13.2.4条		
	4	安装质量	第13.3.4条		
	5	安装精度	第13.3.5条		

施工单位检查评定结果	专业工长(施工员)	施工班组长
	项目专业质量检查员:　　　　　　　　　　年　月　日	

监理(建设)单位验收结论	
	专业监理工程师: (建设单位项目专业技术负责人):　　　　　　　　　年　月　日

020409

主控项目：

1. 压型金属板及其材质。金属压型板及制造所采用原材料品种、规格、性能符合产品标准和设计要求。压型金属泛水板、包角板和零配件的品种、规格以及防水密封材料的性能符合产品标准和设计要求。检查产品质量合格证明文件、中文标志及检验报告等。

2. 基板裂纹。压型金属板成型后，其基板不应有裂纹。有涂层、镀层压型金属板成型后，涂、镀层不应有肉眼可见的裂纹、剥落和擦痕等。观察和 10 倍放大镜检查。

3. 压型金属板、泛水板和包角板等固定可靠、牢固，防腐涂料涂刷和密封材料敷设应完好，连接件数量、间距应符合设计要求和有关标准规定。观察及尺量检查。

4. 搭接压型金属板应在支承构件上可靠搭接，搭接长度应符合设计要求。截面高度 >70mm，搭接长度为375mm；截面高度≤70mm，屋面坡度 <1/10。搭接长度 250mm；屋面坡度≥1/10，搭接长度 200mm；墙面搭接长度 120mm。观察和尺量检查。

5. 端部锚固。组合楼板中压型钢板与主体结构（梁）的锚固支承长度应符合设计要求，且不应小于 50mm，端部锚固件连接应可靠，设置位置应符合设计要求。观察和尺量检查。

一般项目：

1. 压型金属板的规格和尺寸及允许偏差、表面质量、涂层质量，符合设计要求和本规范的规定。观察 10 倍放大镜和尺量检查。

2. 压型金属板的尺寸偏差符合规范表13.2.3 的规定，其安装偏差应符合表13.2.5 的规定。拉线和尺量检查。

3. 压型金属板成型后，表面应干净，不应有明显凹凸和皱褶。观察检查。

4. 压型金属板安装应平整、顺直，板面不应有施工残留物和污物。檐口和墙面下端应呈直线，不应有未经处理的错钻孔洞。观察检查。

5. 压型金属板安装的允许偏差应符合规范表13.3.5 的规定。拉线、吊线和尺量检查。

钢结构防腐涂料涂装工程检验批质量验收记录表
GB 50205—2001

010905□□
020410□□

单位(子单位)工程名称				
分部(子分部)工程名称			验收部位	
施工单位			项目经理	
分包单位			分包项目经理	
施工执行标准名称及编号				

施工质量验收规范的规定			施工单位检查评定记录	监理(建设)单位验收记录
主控项目	1	涂料性能	第4.9.1条	
	2	涂装基层验收	第14.2.1条	
	3	涂层厚度	第14.2.2条	
一般项目	1	涂料质量	第4.9.3条	
	2	表面质量	第14.2.3条	
	3	附着力测试	第14.2.4条	
	4	标志	第14.2.5条	

施工单位检查评定结果	专业工长(施工员)		施工班组长	
	项目专业质量检查员:		年 月 日	

监理(建设)单位验收结论	
	专业监理工程师: (建设单位项目专业技术负责人): 年 月 日

说　明

主控项目：

1. 钢结构防腐涂料、稀释料和固化剂的品种、规格、性能符合产品标准和设计要求。检查产品质量合格文件、中文标志和检验报告。

2. 涂装基层。涂装前钢材表面除锈应符合设计要求和有关标准的规定。处理后的钢材表面不应有焊渣、焊疤、灰尘、油污、水和毛刺等。当设计无要求时，钢材表面除锈等级应符合规范表 14.2.1 的规定。用铲刀检查和用《涂装前钢材表面锈蚀等级和除锈等级》GB 8923 规定的图片对照观察检查。

3. 涂层厚度。涂料、涂装遍数、涂层厚度均应符合设计要求。当设计对涂层厚度无要求时，涂层干漆膜总厚度：室外应为 $150\mu m$，室内应为 $125\mu m$，其允许偏差为 $-25\mu m$。每遍涂层干漆膜厚度的允许偏差为 $-5\mu m$。用干漆膜测厚仪检查。每个构件检测 5 处，每处的数值为 3 个相距 50mm 测点涂层干漆膜厚度的平均值。

一般项目：

1. 防腐涂料和防火涂料的型号、名称、颜色及有效期与其质量证明文件相符。开启后，不应存在结皮、结块、凝胶等现象。观察检查。

2. 构件表面不应误涂、漏涂，涂层不应脱皮和返锈等。涂层应均匀、无明显皱皮、流坠、针眼和气泡等。观察检查。

3. 当钢结构处在有腐蚀介质环境或外露且设计有要求时，应进行涂层附着力测试，在检测处范围内，当涂层完整程度达到 70% 以上时，涂层附着力达到合格质量标准的要求。按《漆膜附着力测定法》GB 1720 或《色漆和清漆、漆膜的划格试验》GB 9286 进行检查。

4. 涂装完成后，构件的标志、标记和编号应清晰完整。观察检查。

钢结构防火涂料涂装工程检验批质量验收记录表
GB 50205—2001

020411□□

单位(子单位)工程名称					
分部(子分部)工程名称				验收部位	
施工单位				项目经理	
分包单位				分包项目经理	
施工执行标准名称及编号					
施工质量验收规范的规定			施工单位检查评定记录		监理(建设)单位验收记录
主控项目	1	涂料性能	第4.9.2条		
	2	涂装基层验收	第14.3.1条		
	3	强度试验	第14.3.2条		
	4	涂层厚度	第14.3.3条		
	5	表面裂纹	第14.3.4条		
一般项目	1	产品质量	第4.9.3条		
	2	基层表面	第14.3.5条		
	3	涂层表面质量	第14.3.6条		

	专业工长(施工员)		施工班组长	
施工单位检查评定结果				
	项目专业质量检查员:			年 月 日
监理(建设)单位验收结论				
	专业监理工程师: (建设单位项目专业技术负责人):			年 月 日

248

主控项目：

1. 钢结构防火涂料的品种和技术性能符合设计要求，并经检测符合规定。检查产品质量证明文件、中文标志和检验报告。

2. 防火涂料涂装前钢材表面除锈及防锈底漆涂装应符合设计要求和有关标准的规定。表面除锈用铲刀检查和用《涂装前钢材表面锈蚀等级和除锈等级》GB 8923 规定的图片对照观察检查。底漆涂装用干漆膜测厚仪检查，每个构件检测 5 处，每处的数值为 3 个相距 50mm 测点涂层干漆膜厚度的平均值。

3. 钢结构防火涂料的粘结强度、抗压强度应符合《钢结构防火涂料应用技术规程》CECS 24：90 的规定。检验方法应符合《建筑构件防火喷涂材料性能试验方法》GB 9978 的规定。检查复检报告。

4. 薄涂型防火涂料的涂层厚度应符合有关耐火极限的设计要求。厚涂型防火涂料涂层的厚度，80％ 及以上面积应符合有关耐火极限的设计要求，且最薄处厚度不应低于设计要求的 85％。用涂层厚度测量仪、测针和钢尺检查。测量方法应符合《钢结构防火涂料应用技术规程》CECS 24：90 的规定及本规范附录 F。

5. 薄涂型防火涂料涂层表面裂纹宽度不应大于 0.5mm；厚涂型防火涂料涂层表面裂纹宽度不应大于 1mm。观察和尺量检查。

一般项目：

1. 防火涂料的型号、名称、颜色及有效期等与其质量证明文件相符，开启后不存在结皮、结块、凝胶等现象。观察检查。

2. 防火涂料涂装基层不应有油污、灰尘和泥沙等污垢。观察检查。

3. 防火涂料不应有误涂、漏涂，涂层应闭合无脱层、空鼓、明显凹陷、粉化松散和浮浆等外观缺陷，乳突已剔除。观察检查。

木屋盖工程检验批质量验收记录表
GB 50206—2002

020501□□

单位(子单位)工程名称		
分部(子分部)工程名称	木结构	验收部位
施工单位		项目经理
分包单位		分包项目经理
施工执行标准名称及编号		

		施工质量验收规范的规定		施工单位检查评定记录	监理(建设)单位验收记录
主控项目	1	木构件的木材缺陷限值	第4.2.1条		
	2	木构件的含水率限值	第4.2.2条		
一般项目	1	木桁架制作允许偏差	第4.3.1条		
	2	木桁架安装允许偏差	第4.3.2条		
	3	屋面木骨架安装允许偏差	第4.3.3条		
	4	木屋盖上弦平面支撑完整性	第4.3.4条		

施工单位检查评定结果	专业工长(施工员)		施工班组长	
	项目专业质量检查员:			年 月 日

监理(建设)单位验收结论	
	专业监理工程师: (建设单位项目专业技术负责人): 年 月 日

250

说　明

主控项目：

1. 根据木结构的受力情况，按规范表4.2.1规定的木材等级检查方木、板材及原木构件的木材缺陷限值。按表4.2.1-1、表4.2.1-2、表4.2.1-3的内容全数检查，符合要求后才用于工程，并作出评价做好记录。检查验收记录。

2. 按规定检查木构件的含水率。全部构件抽样测定的平均含水率值。平均含水率达到原木、方木构件 ≤25%；板材构件≤18%；通风条件差的构件≤20%。检查试验报告。

一般项目：

1. 木桁架、木梁及木柱制作的允许偏差。

   全数检查，符合表4.3.1的规定。做好记录并计算合格点率，检查施工记录。

2. 木桁架、梁、柱安装的允许偏差。

   全数检查。符合表4.3.2的规定。做好记录并计算合格点率，检查施工记录。

3. 屋面木屋架的安装允许偏差。

   全数检查。符合表4.3.3的规定。做好记录并计算合格点率，检查施工记录。

4. 木屋盖上弦平面横向支撑设置的完整性应符合设计要求。

   按照施工图纸检查全部横向支撑，做好施工记录，并计算合格点率，检查施工记录。

   施工单位按规范要求进行检查，检查结果填入验收记录。

胶合木工程检验批质量验收记录表
GB 50206—2002

020502□□

单位(子单位)工程名称				
分部(子分部)工程名称	木结构		验收部位	
施工单位			项目经理	
分包单位			分包项目经理	
施工执行标准名称及编号				

施工质量验收规范的规定			施工单位检查评定记录	监理(建设)单位验收记录
主控项目	1	层板木材缺陷限值	第5.2.1条	
	2	层板胶合木胶缝完整性	第5.2.2条	
	3	层板胶合木胶缝常规检验	第5.2.3条	
	4	指接范围木材和加工缺陷限值	第5.2.4条	
	5	层板接长的指接抗弯强度检验	第5.2.5条	
一般项目	1	胶合时木板截面厚度允许偏差	第5.3.1条	
	2	层板胶合木表面加工截面尺寸允许偏差	第5.3.2条	
	3	胶合木构件外观质量	第5.3.3条	

	专业工长(施工员)		施工班组长	
施工单位检查评定结果				
	项目专业质量检查员：			年 月 日
监理(建设)单位验收结论				
	专业监理工程师： (建设单位项目专业技术负责人)：			年 月 日

252

说　明

主控项目：

1. 根据胶合木结构对层板目测等级的要求，按表5.2.1的规定检查木材缺陷的限值。

   按表5.2.1－1和表5.2.1－2目测判定材质等级。符合要求后，并作出评价，做好记录，检查施工记录。

2. 按第5.2.2条每个树种、胶种、工艺过程做5个试件的胶缝检验试件。采用表5.2.2－1试验方法，胶缝脱胶率符合表5.2.2－2规定。做好脱胶试验记录。检查试验记录。

3. 胶缝完整性常规检验符合第5.2.3条规定。

   每个试件脱胶面达到表5.2.2－2和表5.2.3－1，表5.2.3－2要求。每条胶缝抗剪强度6.0N/mm^{2}或4.0N/mm^{2}抗剪强度相应的最小木材破坏率满足表5.2.3－3规定。试验形成验收记录。检查试验报告。

4. 指接范围内的木材缺陷及加工缺陷符合第5.2.4条的规定。

   按每工作班开始，中间及结尾和生产过程中每4h各抽查一块木板。做好检查记录。符合规范要求。尺量和观察检查。

5. 层板接长的指接弯曲强度符合第5.2.5条规定。

   每个生产工作班做3个试件，常规检验15个指接试件弯曲强度标准值≥fmk。

   做好弯曲强度试验报告及结论。检查试验报告。

一般项目：

1. 胶合时木板的厚度允许偏差符合规定。

   按每检验批100块进行检查。宽度方向厚度≤±0.2mm，长度方向厚度≤±0.3mm。尺量检查。

   每批都合格。检查施工记录。

2. 表面加工的截面允许偏差。

   达到宽度±2.0mm，高度±6.00mm，规方≤1/200的规定。每检验批检查10个构件。

   检查试验报告。

3. 胶合木结构的外观质量。

   按第5.3.3条A、B、C级分别检查。当检验批要求为A级时，应全数检查，当要求为B或C级时，检查10个。尺量检查。

   施工单位检查评定中应全数控制，达到规范规定。并填写好验收表格。

轻型木结构(规格材、钉连接)工程检验批质量验收记录表
GB 50202—2002

单位(子单位)工程名称			
分部(子分部)工程名称	木结构	验收部位	
施工单位		项目经理	
分包单位		分包项目经理	
施工执行标准名称及编号			

		施工质量验收规范的规定		施工单位检查评定记录	监理(建设)单位验收记录
主控项目	1	规格材应力等级检验	第6.2.1条		
	2	规格材质量、含水率检验	第6.2.2条		
	3	检验木基结构板材集中荷载,冲击荷载和均布荷载试验及结构胶合板单板的缺陷限值	第6.2.3条		
	4	测定普通圆钉的最小屈服强度	第6.2.4条		
一般项目	木框架各种构件钉连接		第6.3.1条		

施工单位检查评定结果	专业工长(施工员)		施工班组长	
	项目专业质量检查员:			年 月 日

监理(建设)单位验收结论	
	专业监理工程师: (建设单位项目专业技术负责人): 年 月 日

254

说　明

本表为轻型木结构的规格材、钉连接两个检验批使用,当分别使用时,可将没有的项目不检查。

主控项目:

1. 规格材的应力等级检验应符合规定。

抽取不少于15个试件进行抗弯强度试验,形成试验报告,试验结果应符合设计值的规定。表中填写试验结果及试验报告编号。检查试验报告。

2. 规格材的材质和含水率符合规定。

检查树种及规格材、材质应符合表6.2.2-1、表6.2.2-2和表6.2.2-3中的质量标准。含水率≤18%。表中填写检查和试验结果及试验报告编号。检查产品检查记录和含水率试验报告。

3. 木基结构板材进行集中荷载与冲击荷载和均布荷载试验,其结果应分别符合表6.2.3-1和表6.2.3-2的规定。

此外,结构用胶合板每层单板所含的板材缺陷不应超过表6.2.3-3中的规定,并对照木基结构板材的标识。

4. 普通圆钉的最小屈服强度符合设计要求。按第6.2.4条检查。每种规格钉随机抽取10枚,进行弯曲试验,最小屈服强度符合设计要求。

检查抽查的规格、数量,受弯试验报告编号及结论。检查试验报告。

一般项目:

木框架各种构件的钉连接、墙面板和屋面板与框架构件的钉连接及屋脊无支座时椽条与搁栅钉连接均应符合设计要求。

全数检查各种连接的检查结果。检查有关记录。

木结构防腐、防虫、防火工程检验批质量验收记录表
GB 50206—2002

020504□□

单位(子单位)工程名称				
分部(子分部)工程名称		木结构	验收部位	
施工单位			项目经理	
分包单位			分包项目经理	
施工执行标准名称及编号				

施工质量验收规范的规定			施工单位检查评定记录	监理(建设)单位验收记录
主控项目	1	木结构防腐、防虫构造措施	第7.2.1条	
	2	木构件防护剂的保持量和透入度	第7.2.2条	
	3	木结构防火构造措施	第7.2.3条	

	专业工长(施工员)		施工班组长	
施工单位检查评定结果				
	项目专业质量检查员：		年 月 日	
监理(建设)单位验收结论				
	专业监理工程师： (建设单位项目专业技术负责人)：		年 月 日	

256

　　本检验批全部为主控项目。

主控项目：

1. 木结构防腐的构造措施符合设计要求。

　　根据规定和施工图逐项检查防腐的构造措施,符合设计要求。观察检查,并形成记录。检查施工单位检查记录。

2. 木构件防护剂的保持量和透入度符合规定。

　　用化学试剂显色反应或 X 光衍射检测各不同树种木构件防护剂的保持量和透入度。符合设计要求。形成检测报告编号及结论。检查试验报告。

3. 木结构防火构造措施,符合设计文件要求。

　　按照设计要求和施工图逐项检查。防火层达到设计要求的厚度,且均匀。符合设计要求。

　　形成检查结果。观察检查和检查施工单位检查记录。

第三节　装饰装修工程质量验收用表

装饰装修工程各子分部工程与分项工程相关表

序号	名　　称		01 建筑地面	02 抹灰	03 门窗	04 吊顶	05 轻质隔墙	06 饰面板(砖)	07 幕墙	08 涂饰	09 裱糊与软包	10 细部
1	基层(基土垫层)工程(Ⅰ)	030101	●									
2	基层(灰土垫层)工程(Ⅱ)	030101	●									
3	基层(砂层和砂石垫层)工程(Ⅲ)	030101	●									
4	基层(碎石垫层和碎砖垫层)工程(Ⅳ)	30101	●									
5	基层(三合土垫层)工程(Ⅴ)	030101	●									
6	基层(炉渣垫层)工程(Ⅵ)	030101	●									
7	基层(水泥混凝土垫层)工程(Ⅶ)	030101	●									
8	基层(找平层)工程(Ⅷ)	030101	●									
9	基层(隔离层)工程(Ⅸ)	030101	●									
10	基层(填充层)工程(Ⅹ)	030101	●									
11	水泥混凝土面层工程	030102	●									
12	水泥砂浆面层工程	030103	●									
13	水磨石面层工程	030104	●									
14	水泥钢屑面层工程	030105	●									
15	防油渗面层工程	030106	●									
16	不发火(防爆)面层工程	030107	●									
17	砖面层工程	030108	●									
18	大理石和花岗石面层工程	030109	●									
19	预制板面层工程	030110	●									
20	料石面层工程	030111	●									
21	塑料板面层工程	030112	●									
22	活动地板面层工程	030113	●									
23	地毯面层工程	030114	●									
24	实木地板面层工程	030115	●									
25	实木复合地板面层工程	030116	●									
26	中密度(强化)复合地板面层工程	030117	●									
27	竹地板面层工程	030118	●									
28	一般抹灰工程	030201		●								
29	装饰抹灰工程	030202		●								
30	清水墙砌体勾缝工程	030203		●								
31	木门窗制作与安装工程	030301			●							

分项工程 序号 名称		01 建筑地面	02 抹灰	03 门窗	04 吊顶	05 轻质隔墙	06 饰面板（砖）	07 幕墙	08 涂饰	09 裱糊与软包	10 细部
32	金属门窗（钢、铝合金、涂色镀锌板门窗） 030302			●							
33	塑料门窗 030303			●							
34	特种门窗 030304			●							
35	门窗玻璃安装 030305			●							
36	暗龙骨吊顶 030401				●						
37	明龙骨吊顶 030402				●						
38	板材隔墙 030501					●					
39	骨架隔墙 030502					●					
40	活动隔墙 030503					●					
41	玻璃隔墙 030504					●					
42	饰面板安装 030601						●				
43	饰面砖粘贴 030602						●				
44	玻璃幕墙 030701							●			
45	金属幕墙 030702							●			
46	石材幕墙 030703							●			
47	水性涂料涂饰 030801								●		
48	溶剂形涂料涂饰 030802								●		
49	美术涂料涂饰 030803								●		
50	裱糊 030901									●	
51	软包 030902									●	
52	橱框制作与安装 031001										●
53	窗帘盒、窗台板和散热器罩制作与安装 031002										●
54	门窗套制作与安装 031003										●
55	护栏和扶手制作与安装 031004										●
56	花饰制作与安装 031005										●
57											
58											
59											
60											
61											

建筑装饰装修工程验收资料

一、建筑地面于分部工程

1. 设计变更文件
2. 原材料出厂合格证和进场检(试)验报告
3. 砂浆、混凝土配合比试验报告
4. 各层强度等级及密实度试验报告
5. 各类建筑地面施工质量控制文件
6. 楼梯、踏步项目检查记录
7. 各构造层隐蔽验收记录
8. 各检验批验收记录
9. 其他必要的文件和记录

二、装饰装修工程

1. 施工图及设计变更记录
2. 材料、半成品、五金配件、构件和组件合格证、性能检测报告、进场复验报告
3. 隐蔽工程验收记录
4. 施工记录
5. 各检验批质量验收记录
6. 其他必要的文件和记录
7. 特种门及其附件的生产许可文件
8. 后置埋件的现场拉拔检测报告
9. 外墙饰面砖墙板件的粘结强度检测报告
10. 建筑设计单位对幕墙工程设计的确认文件
11. 幕墙工程所用硅酮结构胶的认定证书和抽查合格证明;进口硅酮结构胶的商检证;硅酮结构胶相容性和剥离粘结性试验报告;石材用密封胶的耐污染性试验报告
12. 幕墙的抗风压性能、空气渗透性能、雨水渗漏性能及平面变形性能检测报告
13. 打胶、养护环境的温度、湿度记录;双组份硅酮结构胶的混匀性试验记录及拉断试验记录
14. 幕墙防雷装置测试记录
15. 饰面材料的墙板及确认文件

基土垫层工程检验批质量验收记录表
GB 50209—2002
（Ⅰ）

单位(子单位)工程名称					
分部(子分部)工程名称				验收部位	
施工单位				项目经理	
分包单位				分包项目经理	
施工执行标准名称及编号					

施工质量验收规范的规定				施工单位检查评定记录	监理(建设)单位验收记录
主控项目	1	基土土料	第4.2.4条		
	2	基土压实	第4.2.5条		
一般项目	1	表面允许偏差 表面平整度	15mm		
	2	标高	0，-50mm		
	3	坡度	2/1000，且不大于30mm		
	4	厚度(H)	<1/10H		

专业工长(施工员)		施工班组长	

施工单位检查评定结果

项目专业质量检查员：　　　　　　　　　　　　　年 月 日

监理(建设)单位验收结论

专业监理工程师：
(建设单位项目专业技术负责人)：　　　　　　　　年 月 日

说　明
（Ⅰ）

主控项目：

1. 基土严禁用淤泥、腐殖土、冻土、耕植土、膨胀土和含有有机物质大于8%的土作为填土。

   观察检查和检查土质记录。

2. 基土均匀密实，压实系数符合设计要求，设计无要求时，不应小于0.90。

   观察检查和检查试验记录。

一般项目：

   土表面的允许偏差。按本规范表4.1.5中的检验方法检验。

灰土垫层工程检验批质量验收记录表
GB 50209—2002
（Ⅱ）

单位(子单位)工程名称								
分部(子分部)工程名称						验收部位		
施工单位						项目经理		
分包单位						分包项目经理		
施工执行标准名称及编号								

施工质量验收规范的规定				施工单位检查评定记录							监理(建设)单位验收记录
主控项目	灰土体积比		设计要求								
一般项目	1	灰土材料质量	第4.3.6条								
	2	允许偏差 表面平整度	10mm								
	3	标高	±10mm								
	4	坡度	2/1000,且≯30mm								
	5	厚度(H)	<1/10H								

施工单位检查评定结果	专业工长(施工员) 施工班组长 项目专业质量检查员：　　　　　　　　　　年　月　日
监理(建设)单位验收结论	 专业监理工程师： (建设单位项目专业技术负责人)：　　　　　　年　月　日

说　明
（Ⅱ）

030101

主控项目：

灰土体积比符合设计要求。观察检查和检查配合比单及施工记录。

一般项目：

1. 熟化石灰颗粒粒径不大于 5mm；黏土（或粉质黏土、粉土）内不含有有机物质，颗粒粒径不大于 15mm。观察检查和检查试验记录。

2. 灰土垫层表面的允许偏差，按本规范表 4.1.5 中的检验方法检验。

砂垫层和砂石垫层工程检验批质量验收记录表
GB 50209—2002
(Ⅲ)

单位(子单位)工程名称													
分部(子分部)工程名称									验收部位				
施工单位									项目经理				
分包单位									分包项目经理				
施工执行标准名称及编号													

		施工质量验收规范的规定		施工单位检查评定记录									监理(建设)单位验收记录
主控项目	1	砂和砂石质量	第4.2.3条										
	2	垫层干密度	设计要求										
一般项目	1	垫层表面质量	第4.4.5条										
	2	允许偏差 表面平整度	15mm										
	3	标高	±20mm										
	4	坡度	2/1000,且≯30mm										
	5	厚度(H)	<1/10H										

施工单位检查评定结果	专业工长(施工员)		施工班组长	
	项目专业质量检查员:		年 月 日	

监理(建设)单位验收结论	
	专业监理工程师: (建设单位项目专业技术负责人):　　　　　　　年 月 日

265

说　明

（Ⅲ）

主控项目：

1. 砂和砂石不得含有草根等有机杂质；砂应采用中砂；石子最大粒径不得大于垫层厚度的2/3。观察检查和检查材料质量合格证及检测报告。

2. 砂垫层和砂石垫层的干密度（或贯入度），符合设计要求。观察检查和检查试验记录。

一般项目：

1. 表面无砂窝、石堆等质量缺陷。观察检查。

2～5. 砂层和砂石垫层表面的允许偏差，应按本规范表4.1.5中的检验方法检验。其中厚度偏差砂不大于60mm；砂石不大于100m。

碎石垫层和碎砖垫层工程检验批质量验收记录表
GB 50209—2002
（Ⅳ）

单位(子单位)工程名称												
分部(子分部)工程名称								验收部位				
施工单位								项目经理				
分包单位								分包项目经理				
施工执行标准名称及编号												

		施工质量验收规范的规定		施工单位检查评定记录								监理(建设)单位验收记录
主控项目	1	材料质量	第4.5.3条									
	2	垫层密实度	设计要求									
一般项目	1	允许偏差	表面平整度	15mm								
	2		标高	±20mm								
	3		坡度	2/1000,且>30mm								
	4		厚度(H)	<1/10H								

施工单位检查评定结果	专业工长(施工员)		施工班组长	
	项目专业质量检查员：		年 月 日	

监理(建设)单位验收结论	
	专业监理工程师： (建设单位项目专业技术负责人)： 年 月 日

说　明
(Ⅳ)

主控项目：

1. 碎石的强度应均匀，最大粒径不应大于垫层厚度的 2/3；碎砖不应采用风化、酥松、夹有有机杂质的砖料，颗粒粒径不应大于 60mm。观察检查和检查材料质量合格证及检测报告。
2. 碎石、碎砖垫层的密实度，符合设计要求。观察检查和检查试验记录。

一般项目：

　碎石、碎砖垫层的允许偏差，应按本规范表 4.1.5 中的检验方法检验。其中厚度偏差为 ±1/10 设计厚度。检查方法：观察检查和检查试验记录。

三合土垫层工程检验批质量验收记录表
GB 50209—2002
（Ⅴ）

单位(子单位)工程名称									
分部(子分部)工程名称							验收部位		
施工单位							项目经理		
分包单位							分包项目经理		
施工执行标准名称及编号									

		施工质量验收规范的规定		施工单位检查评定记录					监理(建设)单位验收记录
主控项目	1	材料质量	第4.6.3条						
	2	体积比	设计要求						
一般项目	1	允许偏差	表面平整度	10mm					
	2		标高	±10mm					
	3		坡度	2/1000,且>30mm					
	4		厚度(H)	<1/10H					

	专业工长(施工员)			施工班组长	
施工单位检查评定结果					
	项目专业质量检查员：			年 月 日	
监理(建设)单位验收结论					
	专业监理工程师： (建设单位项目专业技术负责人)：			年 月 日	

269

说 明
(Ⅴ)

主控项目：

1. 熟化石灰颗粒粒径不大于5mm；砂应用中砂，并不含有草根等有机物质；碎砖无风化、酥松、有机杂质，颗粒粒径不应大于60mm。观察检查和检查材料质量合格证和检测报告。
2. 三合土的体积比，符合设计要求。观察检查和检查配合比通知单。

一般项目：

三合土垫层的允许偏差，按本规范表4.1.5中的检验方法检验。其中垫层厚度偏差不大于10mm。

炉渣垫层工程检验批质量验收记录表
GB 50209—2002
（Ⅵ）

单位(子单位)工程名称											
分部(子分部)工程名称								验收部位			
施工单位								项目经理			
分包单位								分包项目经理			
施工执行标准名称及编号											

施工质量验收规范的规定				施工单位检查评定记录							监理(建设)单位验收记录
主控项目	1	材料质量	第4.7.4条								
	2	垫层体积比	设计要求								
一般项目	1	垫层与下一层粘结	第4.7.6条								
	2	允许偏差	表面平整度	10mm							
	3		标高	±10mm							
	4		坡度	2/1000,且≯30mm							
	5		厚度(H)	<1/10H							

施工单位检查评定结果	专业工长(施工员)			施工班组长	
	项目专业质量检查员：			年 月 日	

监理(建设)单位验收结论	
	专业监理工程师： (建设单位项目专业技术负责人)： 年 月 日

271

说　明
（Ⅵ）

主控项目：

1. 炉渣内不含有有机杂质和未燃尽的煤块，颗粒粒径不大于40mm，且颗粒粒径在5mm及其以下的颗粒，不得超过总体积的40%；熟化石灰颗粒粒径不得大于5mm。使用前炉渣浇水闷透，不少于5d，厚度不小于80mm。观察检查和检查检测报告。

2. 炉渣垫层的体积比，符合设计要求。观察检查和检查配合比通知单。

一般项目：

1. 炉渣垫层与其下一层结合牢固，不得有空鼓和松散炉渣颗粒。观察检查和用小锤轻击检查。

2. 炉渣垫层表面的允许偏差，应按本规范表4.1.5中的检验方法检验。

水泥混凝土垫层工程检验批质量验收记录表
GB 50209—2002
（Ⅶ）

单位(子单位)工程名称				
分部(子分部)工程名称			验收部位	
施工单位			项目经理	
分包单位			分包项目经理	
施工执行标准名称及编号				

施工质量验收规范的规定				施工单位检查评定记录										监理(建设)单位验收记录
主控项目	1	材料质量	第4.8.8条											
	2	混凝土强度等级	设计要求											
一般项目	1	允许偏差	表面平整度	10mm										
	2		标高	±10mm										
	3		坡度	2/1000,且≯30mm										
	4		厚度(H)	<1/10H										

施工单位检查评定结果	专业工长(施工员)		施工班组长	
	项目专业质量检查员：			年 月 日

监理(建设)单位验收结论	
	专业监理工程师：
	(建设单位项目专业技术负责人)： 年 月 日

说　明
(Ⅶ)

主控项目：

1. 水泥混凝土垫层采用的粗骨料，其最大粒径不大于垫层厚度的 2/3；含泥量不大于 2%；砂为中粗砂，其含泥量不大于 3%。观察检查和检查材料质量合格证及检测报告。

2. 混凝土的强度等级，符合设计要求，且不应小于 C10，厚度不小于 60mm。观察检查和检查检测报告。

一般项目：

水泥混凝土垫层表面的允许偏差，应按本规范表 4.1.5 中的检验方法检验。

找平层工程检验批质量验收记录表
GB 50209—2002
(Ⅷ)

单位(子单位)工程名称								
分部(子分部)工程名称						验收部位		
施工单位						项目经理		
分包单位						分包项目经理		
施工执行标准名称及编号								

		施工质量验收规范的规定			施工单位检查评定记录			监理(建设)单位验收记录
主控项目	1	材料质量		第4.9.6条				
	2	配合比或强度等级		设计要求				
	3	有防水要求套管地漏		第4.9.8条				
一般项目	1	找平层与下层结合		结合牢固无空鼓				
	2	找平层表面质量		第4.9.10条				
	3	表面平整度、标高	用胶粘剂做结合层,铺设拼花木板、塑料板、复合板、竹地板面层	表面平整度	2mm			
				标高	±4mm			
			用沥青玛琋脂做结合层铺拼花木板,板块面层及毛地板铺木地板	表面平整度	3mm			
				标高	±5mm			
			用水泥砂浆做结合层,铺板块面层,其他种类面层	表面平整度	5mm			
				标高	±8mm			
	4	坡度		2/1000 且不大于30mm				
	5	厚度(H)		<1/10H				

施工单位检查评定结果	专业工长(施工员)		施工班组长	
	项目专业质量检查员:		年 月 日	
监理(建设)单位验收结论	专业监理工程师: (建设单位项目专业技术负责人):		年 月 日	

275

说　明
(Ⅷ)

主控项目：

1. 找平层采用碎石或卵石的粒径不大于其厚度的 2/3，含泥量不应大于 2% ；砂为中粗砂，其含泥量不大于 3% 。观察检查和检查材料质量合格证及检测报告。

2. 水泥砂浆体积比或水泥混凝土强度等级，符合设计要求。水泥混凝土强度等级不应小于 C15。观察检查和检查配合比通知单及检测报告。

3. 有防水要求地面的立管、套管、地漏处严禁渗漏，坡向应正确、无积水。观察检查和蓄水、泼水检验及坡度尺检查。

一般项目：

1. 找平层与其下一层结合牢固，不得有空鼓。用小锤轻击检查。

2. 表面应密实，不得有起砂、蜂窝和裂缝等缺陷。观察检查。

3. 表面允许偏差，应按本规范表 4.1.5 中的检验方法检验。

隔离层工程检验批质量验收记录表
GB 50209—2002
（Ⅸ）

单位(子单位)工程名称				
分部(子分部)工程名称			验收部位	
施工单位			项目经理	
分包单位			分包项目经理	
施工执行标准名称及编号				

		施工质量验收规范的规定		施工单位检查评定记录								监理(建设)单位验收记录
主控项目	1	材料质量	第4.10.7条									
	2	隔离层设置要求	第4.10.8条									
	3	水泥类隔离层防水性能	第4.10.9条									
	4	防水层防水要求	第4.10.10条									
一般项目	1	隔离层厚度	设计要求									
	2	隔离层与下一层粘结	第4.10.12条									
	3	防水涂层	第4.10.12条									
	4	允许偏差 表面平整度	3mm									
	5	标高	±4mm									
	6	坡度	2/1000,且≥30mm									
	7	厚度(H)	<1/10H									

施工单位检查评定结果	专业工长(施工员)		施工班组长	
	项目专业质量检查员：		年 月 日	

监理(建设)单位验收结论	
	专业监理工程师： （建设单位项目专业技术负责人）：　　　　　　　　年 月 日

277

说　明

(Ⅸ)

主控项目：

1. 隔离层材质，符合设计要求和产品标准规定。观察检查和检查产品合格证明文件或检测报告。

2. 厕浴间和有防水要求的建筑地面必须设置防水隔离层。楼层结构必须采用现浇混凝土或整块预制混凝土板，混凝土强度等级不应小于 C20；楼板四周除门洞外，应做混凝土翻边，其高度不应小于 120mm。施工时结构层标高和预留孔洞位置应准确，严禁乱凿洞。观察和尺量检查。

3. 水泥类防水隔离层的防水性能和强度等级必须符合设计要求。观察检查和检查检测报告。

4. 防水隔离层严禁渗漏，坡向应正确、排水通畅。观察检查和蓄水、泼水检验或坡度尺检查。

一般项目：

1. 隔离层厚度应符合设计要求。观察检查和尺量检查。

2. 隔离层与其下一层粘结牢固，不得有空鼓；用小锤轻击检查。

3. 防水涂层应平整、均匀，无脱皮、起壳、裂缝、鼓泡等缺陷。观察检查。

4. 隔离层表面的允许偏差，应按本规范表 4.1.5 中的检验方法检验。

填充层工程检验批质量验收记录表
GB 50209—2002
（X）

单位(子单位)工程名称					
分部(子分部)工程名称				验收部位	
施工单位				项目经理	
分包单位				分包项目经理	
施工执行标准名称及编号					

施工质量验收规范的规定				施工单位检查评定记录	监理(建设)单位验收记录
主控项目	1	材料质量	第4.11.1条		
	2	配合比	设计要求		
一般项目	1	填充层铺设	第4.11.7条		
	2	表面平整度	板、块材料 5mm		
	3	表面平整度	松散材料 7mm		
	4	标高	±4mm		
	5	坡度	2/1000,且≯30mm		
		厚度(H)	<1/10H		

（一般项目栏左侧注：允许偏差）

专业工长(施工员)		施工班组长	
施工单位检查评定结果	项目专业质量检查员： 年 月 日		
监理(建设)单位验收结论	专业监理工程师： (建设单位项目专业技术负责人)： 年 月 日		

279

说　明
（X）

主控项目：

1. 填充层的材料质量,符合设计要求和产品标准。观察检查和检查材质合格证明文件及检测报告。
2. 填充层的配合比,符合设计要求。观察检查和检查配合比通知单。

一般项目：

1. 松散材料填充层铺设应密实;板块状材料填充层应压实、无翘曲。观察检查。
2. 填充层表面的允许偏差,应按本规范表 4.1.5 中的检验方法检验。

水泥混凝土面层工程检验批质量验收记录表
GB 50209—2002

单位(子单位)工程名称				
分部(子分部)工程名称			验收部位	
施工单位			项目经理	
分包单位			分包项目经理	
施工执行标准名称及编号				

施工质量验收规范的规定			施工单位检查评定记录	监理(建设)单位验收记录
主控项目	1 骨料粒径	第5.2.3条		
	2 面层强度等级	第5.2.4条		
	3 面层与下一层结合	第5.2.5条		
一般项目	1 表面质量	第5.2.6条		
	2 表面坡度	第5.2.7条		
	3 踢脚线与墙面结合	第5.2.8条		
	4 楼梯踏步	第5.2.9条		
	5 表面允许偏差 表面平整度	5mm		
	6 踢脚线下口平直	4mm		
	7 缝格平直	3mm		
	8 旋转楼梯踏步两端宽度	5mm		

	专业工长(施工员)		施工班组长	
施工单位检查评定结果	项目专业质量检查员：　　　　　　　　　　　　　　　年 月 日			
监理(建设)单位验收结论	专业监理工程师： (建设单位项目专业技术负责人)：　　　　　　　　　年 月 日			

281

主控项目：

1. 水泥混凝土采用的粗骨料，其最大粒径不应大于面层厚度的 2/3，细石混凝土面层采用的石子粒径不应大于 15mm。观察检查和检查产品合格证明文件及检测报告。

2. 面层的强度等级应符合设计要求，且水泥混凝土面层强度等级不应小于 C20；水泥混凝土垫层兼面层强度等级不应小于 C15。检查配合比通知单及检测报告。

3. 面层与下一层应结合牢固，无空鼓、裂纹。用小锤轻击检查。

注：空鼓面积不应大于 400cm²，且每自然间（标准间）不多于 2 处可不计。

一般项目：

1. 面层表面不应有裂纹、脱皮、麻面、起砂等缺陷。观察检查。

2. 面层表面的坡度，符合设计要求，不得有倒泛水和积水现象。观察和采用泼水或用坡度尺检查。

3. 水泥砂浆踢脚线与墙面应紧密结合，高度一致，出墙厚度均匀。用小锤轻击、尺量检查和观察检查。

注：局部空鼓长度不应大于 300mm，且每自然间（标准间）不多于 2 处可不计。

4. 楼梯踏步的宽度、高度应符合设计要求。楼层梯段相邻踏步高度不应大于 10mm，每踏步两端宽度差不应大于 10mm；旋转楼梯梯段的每踏步两端宽度的允许偏差为 5mm。楼梯踏步的齿角应整齐，防滑条应顺直。观察和尺量检查。

5. 水泥混凝土面层的允许偏差，按本规范表 5.1.7 中的检验方法检验。

水泥砂浆面层工程检验批质量验收记录表
GB 50209—2002

单位(子单位)工程名称						
分部(子分部)工程名称				验收部位		
施工单位				项目经理		
分包单位				分包项目经理		
施工执行标准名称及编号						

		施工质量验收规范的规定		施工单位检查评定记录	监理(建设)单位验收记录
主控项目	1	水泥质量	第5.3.2条		
	2	休积比和强度	第5.3.3条		
	3	层间结合	第5.3.4条		
一般项目	1	坡度	第5.3.5条		
	2	表面质量	第5.3.6条		
	3	踢脚线与墙面结合	第5.3.7条		
	4	楼梯踏步	第5.3.8条		
	5	表面平整度	4mm		
		踢脚线上口平直	4mm		
		缝格平直	3mm		

	专业工长(施工员)		施工班组长
施工单位检查评定结果			
	项目专业质量检查员:		年 月 日
监理(建设)单位验收结论			
	专业监理工程师: (建设单位项目专业技术负责人):		年 月 日

283

说　　明

主控项目

1. 水泥采用硅酸盐水泥、普通硅酸盐水泥,其强度等级不应小于32.5,不同品种,不同强度等级的水泥严禁混用;砂应为中粗砂,当采用石屑时,其粒径应为1～5mm,且含泥量不应大于3%。
   观察检查材质合格证明文件及检测报告。

2. 水泥砂浆面层的体积比(强度等级)必须符合设计要求;且体积比为1:2,强度等级不应小于M15。
   检查配合比通告单和检测报告。

3. 面层与下一层应结合牢固,无空鼓、裂纹。
   用小锤轻击检查。

一般项目

1. 面层表面的坡度应符合设计要求,不得有倒泛水和积水现象。
   观察和采用泼水或坡度尺检查。

2. 面层表面应洁净,无裂纹、脱皮、麻面、起砂等缺陷。
   观察检查。

3. 踢脚线与墙面应紧密结合,高度一致,出墙厚度均匀。
   用小锤轻击、钢尺和观察检查。

4. 楼梯踏步的宽度、高度应符合设计要求。楼层梯段相邻踏步高度差不应大于10mm,每踏步两端宽度差不应大于10mm;旋转楼梯梯段的每踏步两端宽度的允许偏差为5mm。楼梯踏步的齿角应整齐,防滑条应顺直。
   观察和钢尺检查。

5. 水泥砂浆面层的允许偏差应符合本规范表5.1.7的规定。
   应按本规范表5.1.7中的检验方法检验。

水磨石面层检验批质量验收记录表
GB 50209—2002

单位(子单位)工程名称						
分部(子分部)工程名称				验收部位		
施工单位				项目经理		
分包单位				分包项目经理		
施工执行标准名称及编号						

		施工质量验收规范的规定			施工单位检查评定记录	监理(建设)单位验收记录
主控项目	1	材料质量	第5.4.6条			
	2	拌合料体积比(水泥:石粒)	1:1.5～1:2.5			
	3	面层与下一层结合	牢固,无空鼓、无裂纹			
一般项目	1	面层表面质量	第5.4.9条			
	2	踢脚线	第5.4.10条			
	3	楼梯踏步	第5.4.11条			
	4	表面允许偏差	表面平整度 高级水磨石	2mm		
			普通水磨石	3mm		
	5		踢脚线上口平直	3mm		
	6		缝格平直 高级水磨石	2mm		
			普通水磨石	5mm		
	7	旋转楼梯踏步两端宽度		5mm		

专业工长(施工员)		施工班组长	

施工单位检查评定结果

项目专业质量检查员:　　　　　　　　　　年　月　日

监理(建设)单位验收结论

专业监理工程师:
(建设单位项目专业技术负责人):　　　　年　月　日

285

说　明

主控项目：

1. 水磨石面层的石粒，应采用坚硬可磨白云石、大理石等岩石加工而成，石粒应洁净无杂物，其粒径除特殊要求外应为 6～15mm；水泥强度等级不应小于 32.5；颜料应采用耐光、耐碱的矿物原料，不得使用酸性颜料。同时应符合第 5.4.2 条规定。观察检查和检查产品质量合格证明文件。

2. 水磨石面层拌合料的体积比，符合设计要求，宜为 1:1.5～1:2.5（水泥:石粒）。并同时应符合第 5.4.3 条规定。检查配合比通知单和检测报告。

3. 面层与下一层结合应牢固，无空鼓、裂纹。用小锤轻击检查。

注：空鼓面积不应大于 400cm²，且每自然间（标准间）不多于 2 处可不计。

一般项目：

1. 面层表面应光滑；无明显裂纹、砂眼和磨纹；石粒密实，显露均匀；颜色图案一致，不混色；分格条牢固、顺直和清晰。观察检查。

2. 踢脚线与墙面应紧密结合，高度一致，出墙厚度均匀。用小锤轻击、钢尺和观察检查。

注：局部空鼓长度不大于 300mm，且每自然间（标准间）不多于 2 处可不计。

3. 楼梯踏步的宽度、高度应符合设计要求。楼层梯段相邻踏步高度差不应大于 10mm，每踏步两端宽度差不应大于 10mm，旋转楼梯梯段的每踏步两端宽度的允许偏差为 5mm。楼梯踏步的齿角应整齐，防滑条应顺直。观察和钢尺检查。

4. 用 2m 靠尺和楔形塞尺检查表面平整度的允许偏差，拉 5m 线和用钢尺检查平直度偏差。

水泥钢(铁)屑面层工程检验批质量验收记录表
GB 50209—2002

单位(子单位)工程名称				
分部(子分部)工程名称			验收部位	
施工单位			项目经理	
分包单位			分包项目经理	
施工执行标准名称及编号				

施工质量验收规范的规定				施工单位检查评定记录	监理(建设)单位验收记录
主控项目	1	材料质量	第5.5.4条		
	2	面层和结合层强度	设计要求		
	3	面层与下一层结合	第5.5.6条		
一般项目	1	面层表面坡度	设计要求		
	2	面层表面质量	第5.5.8条		
	3	踢脚线与墙面结合	第5.5.9条		
	4	表面允许偏差 · 表面平整度	4mm		
	5	踢脚线上口平直	4mm		
	6	缝格平直	3mm		

专业工长(施工员)		施工班组长	
施工单位检查评定结果			
	项目专业质量检查员:		年 月 日
监理(建设)单位验收结论			
	专业监理工程师: (建设单位项目专业技术负责人):		年 月 日

287

主控项目：

1. 水泥强度等级不小于32.5；钢（铁）屑的粒径应为1～5mm；钢（铁）屑中不应有其他杂质，使用前应去油除锈，冲洗干净并干燥。观察检查和检查产品质量合格证明文件及检测报告。

2. 面层和结合层的强度等级，符合设计要求，且面层抗压强度不应小于40MPa；结合层体积比为1：2（相应的强度等级不应小于M15）。检查配合比通知单和检测报告。

3. 面层与下一层结合必须牢固，无空鼓。用小锤轻击检查。

一般项目：

1. 面层表面坡度，符合设计要求。用坡度尺检查。

2. 面层表面不应有裂纹、脱皮、麻面等缺陷。观察检查。

3. 踢脚线与墙面应结合牢固，高度一致，出墙厚度均匀。用小锤轻击、尺量检查和观察检查。

4. 用2m靠尺和楔形塞尺检查表面平整度的允许偏差，拉5m线和用钢尺检查缝格平直度的允许偏差。

防油渗面层工程检验批质量验收记录表
GB 50209—2002

030106□□

单位(子单位)工程名称									
分部(子分部)工程名称							验收部位		
施工单位							项目经理		
分包单位							分包项目经理		
施工执行标准名称及编号									

施工质量验收规范的规定				施工单位检查评定记录				监理(建设)单位验收记录	
主控项目	1	材料质量	第5.6.7条						
	2	强度等级抗渗性能	设计要求						
	3	面层与下一层结合	第5.6.9条						
	4	面层与基层粘结	第5.6.10条						
一般项目	1	表面坡度	第5.6.11条						
	2	表面质量	第5.6.12条						
	3	踢脚线与墙面结合	第5.6.13条						
	4	允许偏差 表面平整度	5mm						
	5	踢脚线上口平直	4mm						
	6	缝格平直	3mm						

	专业工长(施工员)		施工班组长	
施工单位检查评定结果				
	项目专业质量检查员:			年 月 日
监理(建设)单位验收结论				
	专业监理工程师: (建设单位项目专业技术负责人):			年 月 日

289

说　明

主控项目：

1. 防油渗混凝土所用的水泥应采用普通硅酸盐水泥，其强度等级应不小于 32.5；碎石应采用花岗石或石英石，严禁使用松散多孔和吸水率大的石子，粒径为 5～15mm，其最大粒径不应大于 20mm，含泥量不应大于 1%；砂应为中砂，洁净无杂物，其细度模数应为 2.3～2.6；掺入的外加剂和防油渗剂应符合产品质量标准。防油渗涂料应具有耐油、耐磨、耐火和粘结性能。观察检查和检查产品质量合格证明文件及检测报告。

2. 防油渗混凝土的强度等级和抗渗性能必须符合设计要求，且强度等级不应小于 C30；防油渗涂料抗拉结粘结强度不应小于 0.3MPa。检查配合比通知单和检测报告。

3. 防油渗混凝土面层与下一层应结合牢固、无空鼓。用小锤轻击检查。

4. 防油渗涂料面层与基层应粘结牢固，严禁有起皮、开裂、漏涂等缺陷。观察检查。

一般项目：

1. 防油渗面层表面坡度应符合设计要求，不得有倒泛水和积水现象。观察和泼水或用坡度尺检查。

2. 防油渗混凝土面层表面不应有裂纹、脱皮、麻面和起砂现象。观察检查。

3. 踢脚线与墙面应紧密结合、高度一致，出墙厚度均匀。用小锤轻击、尺量检查和观察检查。

4. 用 2m 靠尺和楔形塞尺检查表面平整度的允许偏差，拉 5m 线和用钢尺检查平直度的允许偏差。

不发火(防爆)面层工程检验批质量验收记录表
GB 50209—2002

030107□□

单位(子单位)工程名称				
分部(子分部)工程名称			验收部位	
施工单位			项目经理	
分包单位			分包项目经理	
施工执行标准名称及编号				

		施工质量验收规范的规定		施工单位检查评定记录	监理(建设)单位验收记录
主控项目	1	材料质量	第5.7.4条		
	2	面层强度等级	设计要求		
	3	面层与下一层结合	第5.7.6条		
	4	面层试件检验	设计要求		
一般项目	1	面层表面质量	第5.7.8条		
	2	踢脚线与墙面结合	第5.7.9条		
	3	允许偏差 表面平整度	5mm		
	4	踢脚线上口平直	4mm		
	5	缝格平直	3mm		

专业工长(施工员)		施工班组长	

施工单位检查评定结果	项目专业质量检查员： 　　　　　　　　　　　　　年　月　日

监理(建设)单位验收结论	专业监理工程师： (建设单位项目专业技术负责人)： 　　　　　　　　　　　　　年　月　日

291

说 明

030107

主控项目：

1. 不发火（防爆的）面层采用的碎石应选用大理石、白云石或其他石料加工而成，并以金属或石料撞击时不发生火花为合格；砂应质地坚硬、表面粗糙，其粒径宜为 0.15~5mm，含泥量不应大于 3%，有机物含量不应大于 0.5%；水泥应采用普通硅酸盐水泥，其强度等级不应小于 32.5；面层分格的嵌条应采用不发生火花的材料配制。配制时应随时检查，不得混入金属或其他易发生火花的杂质。观察检查和检查产品合格证明文件及检测报告。

2. 不发火（防爆的）面层的强度等级，符合设计要求。检查配合比单和检测报告。

3. 面层与下一层应结合牢固，无空鼓、无裂纹。用小锤轻击检查。

注：空鼓面积不应大于 400cm²，且每自然间（标准间）不多于 2 处可不计。

4. 不发火（防爆的）面层的试件，必须检验合格。检查检测报告。

一般项目：

1. 面层表面应密实，无裂缝、蜂窝、麻面等缺陷。观察检查。

2. 踢脚线与墙面应紧密结合、高度一致、出墙厚度均匀。用小锤轻击、钢尺和观察检查。

3. 用 2m 靠尺和楔形塞尺检查表面平整度的允许偏差，拉 5m 线和用钢尺检查平直度的允许偏差。

292

砖面层工程检验批质量验收记录表
GB 50209—2002

单位(子单位)工程名称								
分部(子分部)工程名称					验收部位			
施工单位					项目经理			
分包单位					分包项目经理			
施工执行标准名称及编号								

		施工质量验收规范的规定			施工单位检查评定记录	监理(建设)单位验收记录
主控项目	1	块材质量	第6.2.7条			
	2	面层与下一层结合	第6.2.8条			
一般项目	1	面层表面质量	第6.2.9条			
	2	邻接处镶边用料	第6.2.10条			
	3	踢脚线质量	第6.2.11条			
	4	楼梯踏步高度差	第6.2.12条			
	5	面层表面坡度	第6.2.13条			
	6	允许偏差 表面平整度	缸砖	4.0mm		
			水泥花砖	3.0mm		
			陶瓷锦砖、陶瓷地砖	2.0mm		
	7	缝格平直		3.0mm		
	8	接缝高低差	陶瓷锦砖、陶瓷地砖、水泥花砖	0.5mm		
			缸砖	1.5mm		
	9	踢脚线上口平直	陶瓷锦砖、陶瓷地砖、水泥花砖	3.0mm		
			缸砖	4.0mm		
	10	板块间隙宽度		2.0mm		

施工单位检查评定结果	专业工长(施工员)		施工班组长	
	项目专业质量检查员:			年 月 日
监理(建设)单位验收结论	专业监理工程师: (建设单位项目专业技术负责人):			年 月 日

293

说　明

主控项目：

1. 面层所用板块的品种、质量必须符合设计要求。尚应符合第6.2.3条规定。观察检查和检查产品合格证明文件及检测报告。

2. 面层与下一层的结合（粘结）应牢固，无空鼓。用小锤轻击检查。

注：凡单块砖边角有局部空鼓，且每自然间（标准间）不超过总数的5%可不计。

一般项目：

1. 砖面层的表面应洁净、图案清晰、色泽一致，接缝平整，深浅一致，周边顺直。板块无裂纹、掉角和缺楞等缺陷。观察检查。

2. 面层邻接处的镶边用料及尺寸应符合设计要求，边角整齐、光滑。尚应符合第6.2.4条有关规定。观察和用尺量检查。

3. 踢脚线表面应洁净、高度一致、结合牢固、出墙厚度一致。观察和用小锤轻击及尺量检查。

4. 楼梯踏步和台阶板块的缝隙宽度应一致、齿角整齐；楼层梯段相邻踏步高差不应大于10mm；防滑条顺直。观察和尺量检查。

5. 面层表面的坡度应符合设计要求，不倒泛水、无积水；与地漏、管道结合处应严密牢固、无渗漏。观察、泼水蓄水或坡度尺检查。

6. 用2m靠尺和楔形塞尺检查表面平整度的允许偏差，拉5m线和用钢尺检查平直度允许偏差；用钢尺和楔形塞尺检查高低差和间隙宽度允许偏差。

大理石和花岗石面层工程检验批质量验收记录表
GB 50209—2002

单位(子单位)工程名称				
分部(子分部)工程名称			验收部位	
施工单位			项目经理	
分包单位			分包项目经理	
施工执行标准名称及编号				

		施工质量验收规范的规定		施工单位检查评定记录	监理(建设)单位验收记录
主控项目	1	板块品种、质量	第6.3.5条		
	2	面层与下一层结合	第6.3.6条		
一般项目	1	面层表层质量	第6.3.7条		
	2	踢脚线表面质量	第6.3.8条		
	3	楼梯踏步和台阶质量	第6.3.9条		
	4	面层表面坡度等	第6.3.10条		
	5	允许偏差	表面平整度	1.0mm		
	6		缝格平直	2.0mm		
	7		接缝高低差	0.5mm		
	8		踢脚线上口平直	1.0mm		
	9		板块间隙宽度	1.0mm		

专业工长(施工员)		施工班组长	

施工单位检查评定结果	项目专业质量检查员： 年 月 日

监理(建设)单位验收结论	专业监理工程师： (建设单位项目专业技术负责人)： 年 月 日

主控项目：

1. 大理石、花岗石面层所用板块的品种、质量应符合设计要求。同时应符合第6.3.3条有关规定。观察检查和检查产品合格证明文件。

2. 面层与下一层应结合牢固，无空鼓。用小锤轻击检查。

注：凡单块板块边角有局部空鼓，且每自然间（标准间）不超过总数的5%可不计。

一般项目：

1. 大理石、花岗石面层的表面应洁净、平整、无磨痕，且应图案清晰、色泽一致、接缝均匀、周边顺直、镶嵌正确、板块无裂纹、掉角、缺楞等缺陷。观察检查。

2. 踢脚线表面应洁净，高度一致、结合牢固、出墙厚度一致。观察和用小锤轻击及尺量检查。

3. 楼梯踏步和台阶板块的缝隙宽度应一致、齿角整齐，楼房梯段相邻踏步高差不应大于10mm，防滑条应顺直、牢固。观察和尺量检查。

4. 面层表面的坡度应符合设计要求，不倒泛水、无积水；与地漏、管道结合处应严密牢固，无渗漏。观察、泼水、蓄水或坡度尺检查。

5. 2m靠尺和楔形塞尺检查表面平整度的允许偏差，拉5m线和用钢尺检查平直度允许偏差；用钢尺和楔形塞尺检查高低差和间隙宽度允许偏差。

注：表中括号内为碎拼大理石、花岗石面层偏差值。碎拼大理石、花岗石其他允许偏差项目不检查。

预制板块面层工程检验批质量验收记录表
GB 50209—2002

单位(子单位)工程名称													
分部(子分部)工程名称								验收部位					
施工单位								项目经理					
分包单位								分包项目经理					
施工执行标准名称及编号													

		施工质量验收规范的规定			施工单位检查评定记录								监理(建设)单位验收记录
主控项目	1	强度、规格、质量	第6.4.4条										
	2	面层与下一层结合	第6.4.4条										
一般项目	1	预制板块质量	第6.4.6条										
	2	预制板块面层质量	第6.4.7条										
	3	邻接处的镶边用料尺寸	第6.4.9条										
	4	踢脚线质量	第6.4.9条										
	5	楼梯踏步和台阶板块要求	第6.4.10条										
	6	表面允许偏差 / 表面平整度	高级水磨石	2mm									
			普通水磨石	3mm									
			混凝土	4mm									
	7	缝格平直	3mm										
	8	接缝高低差	高级水磨石	0.5mm									
			普通水磨石	1.0mm									
			混凝土	1.5mm									
	9	踢脚线上口平直	高级水磨石	3.0mm									
			普通水磨石及混凝土	4.0mm									
	10	板块间隙宽度	高级水磨石	2mm									
			混凝土	6mm									

施工单位检查评定结果	专业工长(施工员)		施工班组长	
	项目专业质量检查员:		年 月 日	
监理(建设)单位验收结论	专业监理工程师: (建设单位项目专业技术负责人):		年 月 日	

297

说　　明

主控项目：

1. 预制板块的强度等级、规格、质量应符合设计要求；水磨石板块尚应符合国家现行行业标准《建筑水磨石制品》JC 507 的规定。观察检查和检查产品合格证明文件及检测报告。

2. 面层与下一层应结合牢固、无空鼓。用小锤轻击检查。

注：凡单块板块料边角有局部空鼓，且每自然间（标准间）不超过总数的5%可不计。

一般项目：

1. 预制板块表面应无裂缝、掉角、翘曲等明显缺陷。观察检查。

2. 预制板块面层应平整洁净，图案清晰，色泽一致，接缝均匀，周边顺直，镶嵌正确。观察检查。

3. 面层邻接处的镶边用料尺寸应符合设计要求，边角整齐、光滑。观察和尺量检查。

4. 踢脚线表面应洁净、高度一致、结合牢固、出墙厚度一致。观察和用小锤轻击及尺量检查。

5. 楼梯踏步和台阶板块的缝隙宽度一致、齿角整齐，楼层梯段相邻踏步高度差不应大于 10mm，防滑条顺直。观察和尺量检查。

6. 2m 靠尺和楔形塞尺检查表面平整度的允许偏差，拉 5m 线和用钢尺检查平直度允许偏差；用钢尺和楔形塞尺检查高低差和间隙宽度允许偏差。

料石面层工程检验批质量验收记录表
GB 50209—2002

单位(子单位)工程名称				
分部(子分部)工程名称			验收部位	
施工单位			项目经理	
分包单位			分包项目经理	
施工执行标准名称及编号				

施工质量验收规范的规定				施工单位检查评定记录	监理(建设)单位验收记录
主控项目	1	料石质量	第6.5.5条		
	2	面层与下一层结合	第6.5.6条		
一般项目	1	组砌方法	第6.5.7条		
	2	允许偏差 表面平整度	条石、块石 10mm		
	3	缝格平直	条石、块石 8mm		
	4	接缝高低差 条石	2.0		
		接缝高低差 块石	—		
	5	板块间隙宽度	条石、块石 5mm		

专业工长(施工员)		施工班组长	
施工单位检查评定结果	项目专业质量检查员：		年 月 日
监理(建设)单位验收结论	专业监理工程师： (建设单位项目专业技术负责人)：		年 月 日

主控项目：

1. 面层材质应符合设计要求；条石的强度等级应大于 MU60，块石的强度等级应大于 MU30。同时应符合第 6.5.2 条和第 6.5.3 条规定。观察检查和检查材料质量合格证及检测报告。
2. 面层与下一层应结合牢固、无松动。观察检查和用小锤轻击检查。

一般项目：

1. 条石面层应组砌合理，无十字缝，铺砌方向和坡度应符合设计要求；块石面层石料缝隙应相互错开，通缝不超过两块石料。观察和用坡度尺检查。
2. 2m 靠尺和楔形塞尺检查表面平整度的允许偏差，拉 5m 线和用钢尺检查平直度允许偏差；用钢尺和楔形塞尺检查高低差和间隙宽度允许偏差。

塑料板面层工程检验批质量验收记录表
GB 50209—2002

		单位(子单位)工程名称			
分部(子分部)工程名称				验收部位	
施工单位				项目经理	
分包单位				分包项目经理	
施工执行标准名称及编号					

		施工质量验收规范的规定		施工单位检查评定记录								监理(建设)单位验收记录
主控项目	1	塑料板块质量	第6.6.4条									
	2	面层与下一层粘结	第6.6.5条									
一般项目	1	面层质量	第6.6.6条									
	2	焊接质量	第6.6.7条									
	3	镶边用料	第6.6.8条									
	4	允许偏差 表面平整度	2.0mm									
	5	缝格平直	3.0mm									
	6	接缝高低差	0.5mm									
	7	踢脚线上口平直	2.0mm									

施工单位检查评定结果	专业工长(施工员)		施工班组长	
	项目专业质量检查员:			年 月 日

监理(建设)单位验收结论	
	专业监理工程师: (建设单位项目专业技术负责人): 年 月 日

说　明

030112

主控项目：

1. 塑料板面层所用的塑料板块和卷材的品种、规格、颜色、等级应符合设计要求和现行国家标准的规定。观察检查和检查材质合格证明文件及检测报告。

2. 面层与下一层的粘结应牢固，胶粘剂符合第 6.6.3 条规定。不翘边、不脱胶、无溢胶。观察检查和用小锤敲击及尺量检查。

注：卷材局部脱胶处面积不应大于 20cm²，且相隔间距不小于 50cm 可不计；凡单块板料边角局部脱胶处且每自然间（标准间）不超过总数的 5% 者可不计。

一般项目：

1. 塑料板面层应表面洁净，图案清晰，色泽一致，接缝严密、美观。拼缝处的图案、花纹吻合，无胶痕；与墙边交接严密，阴阳角收边方正。观察检查。

2. 板块的焊接，焊缝应平整、光洁，无焦化变色、斑点、焊瘤和起鳞等缺陷，其凹凸允许偏差为 ±0.6mm。焊缝的抗拉强度不得小于塑料板强度的 75%。观察检查和检查检测报告。

3. 镶边用料应尺寸准确、边角整齐、拼缝严密、接缝顺直。用钢尺和观察检查。

4. 2m 靠尺和楔形塞尺检查表面平整度的允许偏差，拉 5m 线和用钢尺检查平直度允许偏差；用钢尺和楔形塞尺检查高低差和间隙宽度允许偏差。

活动地板面层工程检验批质量验收记录表
GB 50209—2002

单位(子单位)工程名称										
分部(子分部)工程名称							验收部位			
施工单位							项目经理			
分包单位							分包项目经理			
施工执行标准名称及编号										

施工质量验收规范的规定				施工单位检查评定记录						监理(建设)单位验收记录
主控项目	1	材料质量	第6.7.8条							
	2	面层质量要求	第6.7.9条							
一般项目	1	面层外面质量	第6.7.10条							
	2	允许偏差 表面平整度	2.0mm							
	3	缝格平直	2.5mm							
	4	接缝高低差	0.4mm							
	5	板块间隙宽度	0.3mm							

	专业工长(施工员)		施工班组长	
施工单位检查评定结果				
	项目专业质量检查员:		年 月 日	
监理(建设)单位验收结论				
	专业监理工程师: (建设单位项目专业技术负责人):		年 月 日	

303

说　　明

主控项目：

1. 面层材质必须符合设计要求，且应具有耐磨、防潮、阻燃、耐污染、耐老化和导静电等特点。同时应符合第6.7.3条规定。观察检查和检查产品合格证明文件及检测报告。
2. 活动地板面层应无裂纹、掉角和缺楞等缺陷。行走无声响、无摆动。观察和脚踩检查。

一般项目：

1. 活动地板面层应排列整齐、表面洁净、色泽一致、接缝均匀、周边顺直。观察检查。
2. 2m靠尺和楔形塞尺检查表面平整度的允许偏差，拉5m线和用钢尺检查平直度允许偏差；用钢尺和楔形塞尺检查高低差和间隙宽度允许偏差。

地毯面层工程检验批质量验收记录表
GB 50209—2002

030114□□

单位(子单位)工程名称				
分部(子分部)工程名称			验收部位	
施工单位			项目经理	
分包单位			分包项目经理	
施工执行标准名称及编号				

施工质量验收规范的规定				施工单位检查评定记录	监理(建设)单位验收记录
主控项目	1	地毯、胶料及辅料质量	第6.8.7条		
	2	地毯铺设质量	第6.8.8条		
一般项目	1	地毯表面质量	第6.8.9条		
	2	地毯细部连接	第6.8.10条		

	专业工长(施工员)		施工班组长	
施工单位检查评定结果				
	项目专业质量检查员:		年 月 日	
监理(建设)单位验收结论				
	专业监理工程师: (建设单位项目专业技术负责人):		年 月 日	

305

说 明

主控项目：

1. 地毯的品种、规格、颜色、花色、胶料和辅料及其材质必须符合设计要求和国家现行地毯产品标准的规定。观察检查和检查产品合格证明文件。

2. 地毯表面应平服、拼缝处粘贴牢固、严密平整、图案吻合。观察检查。

一般项目：

1. 地毯表面不应起鼓、起皱、翘边、卷边、显拼缝、露线和无毛边，绒面毛顺光一致，毯面干净，无污染和损伤。观察检查。

2. 地毯同其他面层连接处、收口处和墙边、柱子周围应顺直、压紧。观察检查。

实木地板面层工程检验批质量验收记录表
GB 50209—2002

单位(子单位)工程名称										
分部(子分部)工程名称								验收部位		
施工单位								项目经理		
分包单位								分包项目经理		
施工执行标准名称及编号										

		施工质量验收规范的规定			施工单位检查评定记录						监理(建设)单位验收记录
主控项目	1	材料质量		第7.2.7条							
	2	木栅栏安装		牢固平直							
	3	面层铺设		第7.2.9条							
一般项目	1	面层质量		第7.2.10条							
	2	面层缝隙		第7.2.5条 第7.2.11条							
	3	拼花地板		第7.2.12条							
	4	踢脚线		第7.2.13条							
	5	表面允许偏差	板面缝隙宽度	拼花地板	0.2mm						
				硬木地板	0.5mm						
				松木地板	1.0mm						
	6		表面平整度	拼花、硬木地板	2.0mm						
				松木地板	3.0mm						
	7		踢脚线上口平齐	3.0mm							
	8		板面拼缝平直	3.0mm							
	9		相邻板材高差	0.5mm							
	10		踢脚线与面层接缝	1.0mm							

施工单位检查评定结果	专业工长(施工员)		施工班组长	
	项目专业质量检查员:		年　月　日	

监理(建设)单位验收结论	专业监理工程师: (建设单位项目专业技术负责人):	年　月　日

说　明

主控项目：

1. 实木地板面层所采用的材质和铺设时的木材含水率必须符合设计要求。木搁栅、垫木和毛地板等必须做防腐、防蛀处理。同时应符合第 7.1.2 条规定。观察检查和检查产品合格证明书文件及检测报告。

2. 木搁栅安装应牢固、平直。同时应符合第 7.1.3 条、第 7.1.4 条、第 7.2.3 条、第 7.2.4 条规定。观察、脚踩检查。

3. 面层铺设应牢固；粘结无空鼓。观察、脚踩或用小锤轻击检查。

一般项目：

1. 实木地板面层应刨平、磨光，无明显刨痕和毛刺等现象；图案清晰、颜色均匀一致。观察、手摸和脚踩检查。

2. 面层缝隙应严密；接头位置应错开、表面洁净。同时应符合第 7.2.5 条规定。观察检查。

3. 拼花地板接缝应对齐，粘、钉严密；缝隙宽度均匀一致；表面洁净；胶粘无溢胶。观察检查。

4. 踢脚线表面应光滑，接缝严密，高度一致。观察和尺量检查。

5. 用钢尺检查缝隙宽度允许偏差；2m 靠尺和楔形塞尺检查表面平整度的允许偏差，拉 5m 通线用钢尺检查平齐和平直度允许偏差；用钢尺和楔形塞尺检查相邻板材高差允许偏差；用楔形塞尺检查接缝允许偏差。

实木复合地板面层工程检验批质量验收记录表
GB 50209—2002

单位(子单位)工程名称									
分部(子分部)工程名称							验收部位		
施工单位							项目经理		
分包单位							分包项目经理		
施工执行标准名称及编号									

施工质量验收规范的规定			施工单位检查评定记录						监理(建设)单位验收记录
主控项目	1	材料质量	第7.3.9条						
	2	木搁栅安装	应平直牢固						
	3	面层铺设质量	应牢固、粘结无空鼓						
一般项目	1	面层外观质量	第7.3.12条						
	2	面层接头	第7.3.13条						
	3	踢脚线	第7.3.14条						
	4	面层允许偏差 板面缝隙宽度	0.5mm						
	5	表面平整度	2.0mm						
	6	踢脚线上口平齐	3.0mm						
	7	板面拼缝平直	3.0mm						
	8	相邻板材高差	0.5mm						
	9	踢脚线与面层接缝	1.0mm						

施工单位检查评定结果	专业工长(施工员)		施工班组长	
	项目专业质量检查员:		年 月 日	

监理(建设)单位验收结论	专业监理工程师: (建设单位项目专业技术负责人):	年 月 日

309

说　明

主控项目：

1. 实木复合地板面层所采用的条材和块材，其技术等级及质量要求应符合设计要求。木搁栅、垫木和毛地板等必须做防腐、防蛀处理。同时应符合第7.1.2条、第7.3.2条规定。观察检查和检查产品合格证明文件及检测报告。

2. 木搁栅安装应牢固、平直。同时应符合第7.3.3条规定。观察、脚踩检查。

3. 面层铺设应牢固；粘贴无空鼓。观察、脚踩或用小锤轻击检查。

一般项目：

1. 实木复合地板面层图案和颜色应符合设计要求，图案清晰，颜色一致，板面无翘曲。观察、用2m靠尺和楔形塞尺检查。

2. 面层的接头应错开、缝隙严密、表面洁净。观察检查。

3. 踢脚线表面光滑，接缝严密，高度一致。观察和尺量检查。

4. 用钢尺检查缝隙宽度允许偏差；2m靠尺和楔形塞尺检查表面平整度的允许偏差，拉5m通线用钢尺检查平齐和平直度允许偏差；用钢尺和楔形塞尺检查相邻板材高差允许偏差；用楔形塞尺检查接缝允许偏差。

中密度(强化)复合地板面层工程检验批质量验收记录表
GB 50209—2002

单位(子单位)工程名称					
分部(子分部)工程名称				验收部位	
施工单位				项目经理	
分包单位				分包项目经理	
施工执行标准名称及编号					

		施工质量验收规范的规定		施工单位检查评定记录	监理(建设)单位验收记录
主控项目	1	材料质量	第7.4.3条		
	2	木搁栅安装	牢固、平直		
	3	面层铺设	牢固		
一般项目	1	面层外观质量	第7.4.6条		
	2	面层接头	第7.4.7条		
	3	踢脚线	第7.4.8条		
	4	面层允许偏差 板面缝隙宽度	0.5mm		
	5	表面平整度	2.0mm		
	6	踢脚线上口平齐	3.0mm		
	7	板面拼缝平直	3.0mm		
	8	相邻板材高差	0.5mm		
	9	踢脚线与面层接缝	1.0mm		

专业工长(施工员)		施工班组长	

施工单位检查评定结果	项目专业质量检查员:　　　　　　　　　　　　　　　年 月 日

监理(建设)单位验收结论	专业监理工程师: (建设单位项目专业技术负责人):　　　　　　　年 月 日

说 明

主控项目：

1. 中密度(强化)复合地板面层所采用的材料，其技术等级及质量要求应符合设计要求。木搁栅、垫木和毛地板等应做防腐、防蛀处理。同时应符合第 7.1.2 条规定。观察检查和检查材质合格证明文件及检测报告。

2. 木搁栅安装应牢固、平直。观察、脚踩检查。

3. 面层铺设应牢固。观察、脚踩检查。

一般项目：

1. 中密度(强化)复合地板面层图案和颜色应符合设计要求，图案清晰，颜色一致，板面无翘曲。观察、用 2m 靠尺和楔形塞尺检查。

2. 面层的接头应错开、缝隙严密、表面洁净。同时应符合第 7.4.2 条规定。观察检查。

3. 踢脚线表面应光滑，接缝严密，高度一致。观察和尺量检查。

4. 用钢尺检查缝隙宽度允许偏差；2m 靠尺和楔形塞尺检查表面平整度的允许偏差，拉 5m 通线用钢尺检查平齐和平直度允许偏差；用钢尺和楔形塞尺检查相邻板材高差允许偏差；用楔形塞尺检查接缝允许偏差。

竹地板面层工程检验批质量验收记录表
GB 50209—2002

030118□□

单位(子单位)工程名称				
分部(子分部)工程名称			验收部位	
施工单位			项目经理	
分包单位			分包项目经理	
施工执行标准名称及编号				

施工质量验收规范的规定				施工单位检查评定记录	监理(建设)单位验收记录
主控项目	1	材料质量	设计要求		
	2	木搁栅安装	牢固、平直		
	3	面层铺设	铺设牢固、无空鼓		
一般项目	1	面层品种规格	第7.5.6条		
	2	面层缝隙接头	第7.5.7条		
	3	踢脚线	第7.5.8条		
	4	面层允许偏差 板面缝隙宽度	0.5mm		
	5	表面平整度	2.0mm		
	6	踢脚线上口平齐	3.0mm		
	7	板面拼缝平直	3.0mm		
	8	相邻板材高差	0.5mm		
	9	踢脚线与面层接缝	1.0mm		

施工单位检查评定结果	专业工长(施工员)		施工班组长	
	项目专业质量检查员:		年 月 日	

监理(建设)单位验收结论	
	专业监理工程师: (建设单位项目专业技术负责人): 年 月 日

313

说　明

主控项目：

1. 竹地板面层所采用的材料，其技术等级和质量要求应符合设计要求。木搁栅、毛地板和垫木等应做防腐、防蛀处理。同时应符合第7.1.2条规定。

   观察检查和检查产品合格证明文件及检测报告。

2. 木搁栅安装应牢固、平直。

   观察、脚踩或用小锤轻击检查。

3. 面层铺设应牢固；粘贴无空鼓。

   观察、脚踩检查。

一般项目：

1. 竹地板面层品种与规格应符合设计要求，板面无翘曲。

   观察检查。

2. 面层缝隙应均匀、接头位置错开，表面洁净。

   观察检查。

3. 踢脚线表面光滑，接缝均匀，高度一致。

   观察和用尺量检查。

4. 用钢尺检查缝隙宽度允许偏差；2m靠尺和楔形塞尺检查表面平整度的允许偏差，拉5m通线用钢尺检查平齐和平直度允许偏差；用钢尺和楔形塞尺检查相邻板材高差允许偏差；用楔形塞尺检查接缝允许偏差。

一般抹灰工程检验批质量验收记录表
GB 50210—2001

030201□□

单位(子单位)工程名称					
分部(子分部)工程名称				验收部位	
施工单位				项目经理	
分包单位				分包项目经理	
施工执行标准名称及编号					

施工质量验收规范的规定			施工单位检查评定记录	监理(建设)单位验收记录
主控项目	1	基层表面	第4.2.2条		
	2	材料品种和性能	第4.2.3条		
	3	操作要求	第4.2.4条		
	4	层粘结及面层质量	第4.2.5条		
一般项目	1	表面质量	第4.2.6条		
	2	细部质量	第4.2.7条		
	3	层与层间材料要求 层总厚度	第4.2.8条		
	4	分格缝	第4.2.9条		
	5	滴水线(槽)	第4.2.10条		
	6	允许偏差	第4.2.11条		

施工单位检查评定结果	专业工长(施工员)		施工班组长	
	项目专业质量检查员:		年 月 日	

监理(建设)单位验收结论	
	专业监理工程师: (建设单位项目专业技术负责人): 年 月 日

315

说　明

主控项目：

1. 抹灰前基层表面的尘土、污垢、油渍等应清除干净，并应洒水润湿。

   检查施工记录。

2. 一般抹灰所用材料的品种和性能应符合设计要求。水泥的凝结时间和安定性复验应合格。砂浆的配合比应符合设计要求。

   检查产品合格证书、进场验收记录、复验报告和施工记录。

3. 抹灰工程应分层进行。当抹灰总厚度大于或等于 35mm 时，应采取加强措施。不同材料基体交接处表面的抹灰，应采取防止开裂的加强措施，当采用加强网时，加强网与各基体的搭接宽度不应小于 100mm。

   检查隐蔽工程验收记录和施工记录。

4. 抹灰层与基层之间及各抹灰层之间必须粘结牢固，抹灰层应无脱层、空鼓，面层应无爆灰和裂缝。

   观察；用小锤轻击检查；检查施工记录。

一般项目：

1. 一般抹灰工程的表面质量应符合下列规定：

   （1）普通抹灰表面应光滑、洁净、接槎平整，分格缝应清晰。

   （2）高级抹灰表面应光滑、洁净、颜色均匀、无抹纹，分格缝和灰线应清晰美观。

   　　观察和手摸检查。

2. 护角、孔洞、槽、盒周围的抹灰表面应整齐、光滑；管道后面的抹灰表面应平整。

   观察检查。

3. 抹灰层的总厚度应符合设计要求；水泥砂浆不得抹在石灰砂浆层上；罩面石膏灰不得抹在水泥砂浆层上。

   检查施工记录。

4. 抹灰分格缝的设置应符合设计要求，宽度和深度应均匀，表面应光滑，棱角应整齐。

   观察和尺量检查。

5. 有排水要求的部位应做滴水线（槽）。滴水线（槽）应整齐顺直，滴水线应内高外低，滴水槽的宽度和深度均不应小于 10mm。

   观察和尺量检查。

6. 一般抹灰工程质量的允许偏差符合下表规定。

项次	项　目	允许偏差（mm）		检　验　方　法
		普通抹灰	高级抹灰	
1	立面垂直度	4	3	用 2m 垂直检测尺检查
2	表面平整度	4	3	用 2m 靠尺和塞尺检查
3	阴阳角方正	4	3	用直角检测尺检查
4	分格条（缝）直线度	4	3	拉 5m 线，不足 5m 拉通线，用钢直尺检查
5	墙裙、勒脚上口直线度	4	3	拉 5m 线，不足 5m 拉通线，用钢直尺检查

注：1. 普通抹灰，本表第 4 项阴角方正可不检查；
　　2. 顶棚抹灰，本表第 2 项表面平整度可不检查，但应平顺。

装饰抹灰工程检验批质量验收记录表
GB 50210—2001

单位(子单位)工程名称				
分部(子分部)工程名称			验收部位	
施工单位			项目经理	
分包单位			分包项目经理	
施工执行标准名称及编号				

	施工质量验收规范的规定			施工单位检查评定记录	监理(建设)单位验收记录
主控项目	1	基层表面	第4.3.2条		
	2	材料品种和性能	第4.3.3条		
	3	操作要求	第4.3.4条		
	4	层粘结及面层质量	第4.3.5条		
一般项目	1	表面质量	第4.3.6条		
	2	分格条(缝)	第4.3.7条		
	3	滴水线	第4.3.8条		
	4	允许偏差	第4.3.9条		

施工单位检查评定结果	专业工长(施工员)		施工班组长	
	项目专业质量检查员:			年 月 日

监理(建设)单位验收结论	
	专业监理工程师: (建设单位项目专业技术负责人): 年 月 日

说　明

主控项目：

1. 抹灰前基层表面的尘土、污垢、油渍等应清除干净,并应洒水润湿。
   检查施工记录。

2. 装饰抹灰工程所用材料的品种和性能应符合设计要求。水泥的凝结时间和安定性复验应合格。砂浆的配合比应符合设计要求。
   检查产品合格证书、进场验收记录、复验报告和施工记录。

3. 抹灰工程应分层进行。当抹灰总厚度大于或等于35mm 时,应采取加强措施。不同材料基体交接处表面的抹灰,应采取防止开裂的加强措施,当采用加强网时,加强网与各基体的搭接宽度不应小于100mm。
   检查隐蔽工程验收记录和施工记录。

4. 各抹灰层之间及抹灰层与基体之间必须粘接牢固,抹灰层应无脱层、空鼓和裂缝。
   观察和用小锤轻击检查;检查施工记录。

一般项目：

1. 装饰抹灰工程的表面质量应符合下列规定:
   (1) 水刷石表面应石粒清晰、分布均匀、紧密平整、色泽一致,应无掉粒和接槎痕迹。
   (2) 斩假石表面剁纹应均匀顺直、深浅一致,应无漏剁处;阳角处应横剁并留出宽窄一致的不剁边条,棱角应无损坏。
   (3) 干粘石表面应色泽一致、不露浆、不漏粘,石粒应粘结牢固、分布均匀,阳角处应无明显黑边。
   (4) 假面砖表面应平整、沟纹清晰、留缝整齐、色泽一致,应无掉角、脱皮、起砂等缺陷。
   观察和手摸检查。

2. 装饰抹灰分格条(缝)的设置应符合设计要求,宽度和深度应均匀,表面应平整光滑,棱角应整齐。
   观察检查。

3. 有排水要求的部位应做滴水线(槽)。滴水线(槽)应整齐顺直,滴水线应内高外低,滴水槽的宽度和深度均不应小于10mm。
   观察和尺量检查。

4. 装饰抹灰工程质量的允许偏差符合下表规定。

项次	项　目	允许偏差（mm）				检　验　方　法
		水刷	斩假石	干粘石	假面砖	
1	立面垂直度	5	4	5	5	用2m垂直检测尺检查
2	表面平整度	3	3	5	4	用2m靠尺和塞尺检查
3	阳角方正	3	3	4	4	用直角检测尺检查
4	分格条(缝)直线度	3	3	3	3	拉5m线,不足5m拉通线,用钢直尺检查
5	墙裙、勒脚上口直线度	3	3	—	—	拉5m线,不足5m拉通线,用钢直尺检查

清水砌体勾缝工程检验批质量验收记录表
GB 50210—2001

单位(子单位)工程名称				
分部(子分部)工程名称			验收部位	
施工单位			项目经理	
分包单位			分包项目经理	
施工执行标准名称及编号				

施工质量验收规范的规定				施工单位检查评定记录	监理(建设)单位验收记录
主控项目	1	水泥及配合比	第4.4.2条		
	2	勾缝牢固性	第4.4.3条		
一般项目	1	勾缝外观质量	第4.4.4条		
	2	灰缝及表面	第4.4.5条		

	专业工长(施工员)	施工班组长
施工单位检查评定结果		
	项目专业质量检查员:	年 月 日
监理(建设)单位验收结论		
	专业监理工程师: (建设单位项目专业技术负责人):	年 月 日

319

说　　明

主控项目：

1. 清水砌体勾缝所用水泥的凝结时间和安定性复验应合格。砂浆的配合比应符合设计要求。

  检查复验报告和施工记录。

2. 清水砌体勾缝应无漏勾。勾缝材料应粘结牢固、无开裂。

  观察检查。

一般项目：

1. 清水砌体勾缝应横平竖直，交接处应平顺，宽度和深度应均匀，表面应压实抹平。

  观察和尺量检查。

2. 灰缝应颜色一致，砌体表面应洁净。

  观察检查。

木门窗制作工程检验批质量验收记录表
GB 50210—2001
（Ⅰ）

单位(子单位)工程名称						
分部(子分部)工程名称					验收部位	
施工单位					项目经理	
分包单位					分包项目经理	
施工执行标准名称及编号						

		施工质量验收规范的规定				施工单位检查评定记录	监理(建设)单位验收记录
主控项目	1	材料质量			第5.2.2条		
	2	木材含水率			第5.2.3条		
	3	防火、防腐、防虫			第5.2.4条		
	4	木节及虫眼			第5.2.5条		
	5	榫槽连接			第5.2.6条		
	6	胶合板门、纤维板门、模压门的质量			第5.2.7条		
一般项目	1	木门窗表面质量			第5.2.12条		
	2	木门窗割角、拼缝			第5.2.13条		
	3	木门窗槽、孔质量			第5.2.14条		
	4	制作允许偏差	翘曲	框	普通	3	
					高级	2	
				扇	普通	2	
					高级	2	
			对角线长度差	框、扇	普通	3	
					高级	2	
			表面平整度	扇	普通	2	
					高级	2	
			高度、宽度	框	普通	0；−2	
					高级	0；−1	
				扇	普通	+2；0	
					高级	+1；0	
			裁口、线条结合处高低差	框、扇	普通	1	
					高级	0.5	
			相邻棂子两端间距	扇	普通	2	
					高级	1	

施工单位检查评定结果	专业工长(施工员)		施工班组长	
	项目专业质量检查员：			年　月　日
监理(建设)单位验收结论	专业监理工程师： (建设单位项目专业技术负责人)：			年　月　日

说　明
（Ⅰ）

主控项目：

1. 木门窗的木材品种、材质等级、规格、尺寸、框扇的线型及人造木板的甲醛含量应符合设计要求。设计未规定材质等级时，所用木材的质量应符合本规范附录 A 的规定。

    观察；检查材料进场验收记录和复验报告。

2. 木门窗应采用烘干的木材，含水率应符合《建筑木门、木窗》JG/T 122 的规定。

    检查材料进场验收记录。

3. 木门窗的防火、防腐、防虫处理应符合设计要求。

    观察；检查材料进场验收记录。

4. 木门窗的结合处和安装配件处不得有木节或已填补的木节。木门窗如有允许限值以内的死节及直径较大的虫眼时，应用同一材质的木塞加胶填补。对于清漆制品，木塞的木纹和色泽应与制品一致。

    观察检查。

5. 门窗框和厚度大于 50mm 的门窗扇应用双榫连接。榫槽应采用胶料严密嵌合，并应用胶楔加紧。

    观察和手扳检查。

6. 胶合板门、纤维板门和模压门不得脱胶。胶合板不得刨透表层单板，不得有戗槎。制作胶合板门、纤维板门时，边框和横楞应在同一平面上，面层、边框及横楞应加压胶结。横楞和上、下冒头应各钻两个以上的透气孔，透气孔应通畅。

    观察检查。

一般项目：

1. 木门窗表面应洁净，不得有刨痕、锤印。

    观察检查。

2. 木门窗的割角、拼缝应严密平整。门窗框、扇裁口应顺直，刨面应平整。

    观察检查。

3. 木门窗上的槽、孔应边缘整齐，无毛刺。

    观察检查。

木门窗安装工程检验批质量验收记录表
GB 50210—2001
(Ⅱ)

单位(子单位)工程名称						
分部(子分部)工程名称					验收部位	
施工单位					项目经理	
分包单位					分包项目经理	
施工执行标准名称及编号						

施工质量验收规范的规定			施工单位检查评定记录								监理(建设)单位验收记录
主控项目	1	木门窗品种、规格、安装方向位置	第5.2.8条								
	2	木门窗安装牢固	第5.2.9条								
	3	木门窗扇安装	第5.2.10条								
	4	门窗配件安装	第5.2.11条								
一般项目	1	缝隙嵌填材料	第5.2.15条								
	2	批水、盖口条等细部	第5.2.16条								
	3	安装留缝隙值及允许偏差	第5.2.18条								

施工单位检查评定结果	专业工长(施工员)		施工班组长	
	项目专业质量检查员:			年 月 日

监理(建设)单位验收结论	
	专业监理工程师: (建设单位项目专业技术负责人):　　　　　　　年 月 日

030301

主控项目：

1. 木门窗的品种、类型、规格、开启方向、安装位置及连接方式应符合设计要求。
   观察和尺量检查。

2. 木门窗框的安装必须牢固。预埋木砖的防腐处理、木门窗框固定点的数量、位置及固定方法应符合设计
   要求。
   观察和手扳检查。

3. 木门窗扇必须安装牢固，并应开关灵活，关闭严密，无倒翘。
   观察、开启、关闭和手扳检查。

4. 木门窗配件的型号、规格、数量应符合设计要求，安装应牢固，位置应正确，功能应满足使用要求。
   观察、开启、关闭和手扳检查。

一般项目：

1. 木门窗与墙体间缝隙的填嵌材料应符合设计要求，填嵌应饱满。寒冷地区外门窗（或门窗框）与砌体间
   的空隙应填充保温材料。
   轻敲门窗框检查；检查隐蔽工程验收记录和施工记录。

2. 木门窗批水、盖口条、压缝条、密封条的安装应顺直，与门窗结合应牢固、严密。
   观察和手扳检查。

3. 安装留缝限值及允许偏差符合下表规定。

项次	项目		留缝限值（mm）		允许偏差（mm）		检验方法
			普通	高级	普通	高级	
1	门窗槽口对角线长度差		—	—	3	2	用钢尺检查
2	门窗框的正、侧面垂直度		—	—	2	1	用1m垂直检测尺检查
3	框与扇、扇与扇接缝高低差		—	—	2	1	用钢直尺和塞尺检查
4	门窗扇对口缝		1~2.5	1.5~2	—	—	用塞尺检查
5	工业厂房双扇大门对口缝		2~5	—	—	—	
6	门窗扇与上框间留缝		1~2	1~1.5	—	—	
7	门窗扇与侧框间留缝		1~2.5	1~1.5	—	—	
8	窗扇与下框间留缝		2~3	2~2.5	—	—	
9	门扇与下框间留缝		3~5	3~4	—	—	
10	双层门窗内外框间距		—	—	4	3	用钢尺检查
11	无下框时门扇与地面间留缝	外门	4~7	5~6	—	—	用塞尺检查
		内门	5~8	6~7	—	—	
		卫生间门	8~12	8~10	—	—	
		厂房大门	10~20	—	—	—	

金属门窗安装工程检验批质量验收记录表
（钢门窗）
GB 50210—2001
（Ⅰ）

030302□□

单位(子单位)工程名称					
分部(子分部)工程名称				验收部位	
施工单位				项目经理	
分包单位				分包项目经理	
施工执行标准名称及编号					

施工质量验收规范的规定				施工单位检查评定记录	监理(建设)单位验收记录
主控项目	1	门窗质量	第5.3.2条		
	2	框和副框安装,预埋件	第5.3.3条		
	3	门窗扇安装	第5.3.4条		
	4	配件质量及安装	第5.3.5条		
一般项目	1	表面质量	第5.3.6条		
	2	框与墙体间缝隙	第5.3.8条		
	3	扇密封胶条或毛毡密封条	第5.3.9条		
	4	排水孔	第5.3.10条		
	5	留缝限值和允许偏差	第5.3.11条		

	专业工长(施工员)		施工班组长	
施工单位检查评定结果				
	项目专业质量检查员：			年　月　日
监理(建设)单位验收结论				
	专业监理工程师： (建设单位项目专业技术负责人)：			年　月　日

325

说　明
（Ⅰ）

主控项目：

1. 金属门窗的品种、类型、规格、尺寸、性能、开启方向、安装位置、连接方式及铝合金门窗的型材壁厚应符合设计要求。金属门窗的防腐处理及填嵌、密封处理应符合设计要求。

   观察和尺量检查；检查产品合格证书、性能检测报告、进场验收记录和复验报告。

2. 金属门窗框和副框的安装必须牢固。预埋件的数量、位置、埋设方式、与框的连接方式必须符合设计要求。

   手扳检查。

3. 金属门窗扇必须安装牢固，并应开关灵活、关闭严密，无倒翘。推拉门窗扇必须有防脱落措施。

   观察、开、闭和手扳检查。

4. 金属门窗配件的型号、规格、数量应符合设计要求，安装应牢固，位置应正确，功能应满足使用要求。

   观察、开、闭和手扳检查。

一般项目：

1. 金属门窗表面应洁净、平整、光滑、色泽一致，无锈蚀。大面应无划痕、碰伤。漆膜或保护层应连续。

   观察检查。

2. 金属门窗框与墙体之间的缝隙应填嵌饱满，并采用密封胶密封。密封胶表面应光滑、顺直，无裂纹。

   观察和敲框检查。

3. 金属门窗扇的橡胶密封条或毛毡密封条应安装完好，不得脱槽。

   观察和开、闭检查。

4. 有排水孔的金属门窗，排水孔应畅通，位置和数量应符合设计要求。

   观察检查。

5. 钢门窗安装的留缝限值、允许偏差符合下表的规定。

项次	项　目		留缝限值	允许偏差	检　验　方　法
1	门窗槽口宽度、高度	≤1500mm	—	2.5	用钢尺检查
		>1500mm	—	3.5	
2	门窗槽口对角线长度差	≤2000mm	—	5	用钢尺检查
		>2000mm	—	6	
3	门窗框的正、侧面垂直度		—	3	用1m垂直检测尺检查
4	门窗横框的水平度		—	3	用1m水平尺和塞尺检查
5	门窗横框标高		—	5	用钢尺检查
6	门窗竖向偏离中心		—	4	用钢尺检查
7	双层门窗内外框间距		—	5	用钢尺检查
8	门窗框、扇配合间隙		≤2	—	用塞尺检查
9	无下框时门扇与地面间留缝		4～8	—	用塞尺检查

金属门窗安装工程检验批质量验收记录表
（铝合金门窗）
GB 50210—2001
（Ⅱ）

030302□□

单位(子单位)工程名称				
分部(子分部)工程名称			验收部位	
施工单位			项目经理	
分包单位			分包项目经理	
施工执行标准名称及编号				

施工质量验收规范的规定				施工单位检查评定记录	监理(建设)单位验收记录
主控项目	1	门窗质量	第5.3.2条		
	2	框和副框安装,预埋件	第5.3.3条		
	3	门窗扇安装	第5.3.4条		
	4	配件质量及安装	第5.3.5条		
一般项目	1	表面质量	第5.3.6条		
	2	推拉扇开关应力	第5.3.7条		
	3	框与墙体间缝隙	第5.3.8条		
	4	扇密封胶条或毛毡密封条	第5.3.9条		
	5	排水孔	第5.3.10条		
	6	安装允许偏差	第5.3.12条		

施工单位检查评定结果	专业工长(施工员)		施工班组长	
	项目专业质量检查员：			年 月 日

监理(建设)单位验收结论	
	专业监理工程师： (建设单位项目专业技术负责人)： 年 月 日

327

说　明
(Ⅱ)

030302

主控项目：

1. 金属门窗的品种、类型、规格、尺寸、性能、开启方向、安装位置、连接方式及铝合金门窗的型材壁厚应符合设计要求。金属门窗的防腐处理及填嵌、密封处理应符合设计要求。

   观察和尺量检查；检查产品合格证书、性能检测报告、进场验收记录和复验报告及隐藏工程验收记录。

2. 金属门窗框和副框的安装必须牢固。预埋件的数量、位置、埋设方式、与框的连接方式必须符合设计要求。

   手扳检查；检查隐藏工程验收记录

3. 金属门窗扇必须安装牢固，并应开关灵活、关闭严密，无倒翘。推拉门窗扇必须有防脱落措施。

   观察、开闭和手扳检查。

4. 金属门窗配件的型号、规格、数量应符合设计要求，安装应牢固，位置应正确，功能应满足使用要求。

   观察、开闭和手扳检查。

一般项目：

1. 金属门窗表面应洁净、平整、光滑、色泽一致，无锈蚀。大面应无划痕、碰伤。漆膜或保护层应连续。

   观察检查。

2. 铝合金门窗推拉门窗扇开关力应不大于100N。

   用弹簧秤检查。

3. 金属门窗框与墙体之间的缝隙应填嵌饱满，并采用密封胶密封。密封胶表面应光滑、顺直，无裂纹。

   观察、轻敲门框检查；检查隐藏工程验收记录。

4. 金属门窗扇的橡胶密封条或毛毡密封条应安装完好，不得脱槽。

   观察、开闭检查。

5. 有排水孔的金属门窗，排水孔应畅通，位置和数量应符合设计要求。

   观察检查。

6. 铝合金门窗安装的允许偏差符合下表规定。

项次	项　　目		允许偏差（mm）	检　验　方　法
1	门窗槽口宽度、高度	≤1500mm	1.5	用钢尺检查
		>1500mm	2	
2	门窗槽口对角线长度差	≤2000mm	3	用钢尺检查
		>2000mm	4	
3	门窗框的正、侧面垂直度		2.5	用垂直检测尺检查
4	门窗横框的水平度		2	用1m水平尺和塞尺检查
5	门窗横框标高		5	用钢尺检查
6	门窗竖向偏离中心		5	用钢尺检查
7	双层门窗内外框间距		4	用钢尺检查
8	推拉门窗扇与框搭接量		1.5	用钢直尺检查

金属门窗安装工程检验批质量验收记录表
（涂色镀锌钢板门窗）
GB 50210—2001
（Ⅲ）

030302□□

单位(子单位)工程名称					
分部(子分部)工程名称				验收部位	
施工单位				项目经理	
分包单位				分包项目经理	
施工执行标准名称及编号					

施工质量验收规范的规定				施工单位检查评定记录	监理(建设)单位验收记录
主控项目	1	门窗质量	第5.3.2条		
	2	框和副框安装,预埋件	第5.3.3条		
	3	门窗扇安装	第5.3.4条		
	4	配件质量及安装	第5.3.5条		
一般项目	1	表面质量	第5.3.6条		
	2	框与墙体间缝隙	第5.3.8条		
	3	扇密封胶条或毛毡密封条	第5.3.9条		
	4	排水孔	第5.3.10条		
	5	安装允许偏差	第5.3.13条		

	专业工长(施工员)		施工班组长	
施工单位检查评定结果				
	项目专业质量检查员:		年 月 日	
监理(建设)单位验收结论				
	专业监理工程师: (建设单位项目专业技术负责人):		年 月 日	

329

说　　明
（Ⅲ）

主控项目：

1. 金属门窗的品种、类型、规格、尺寸、性能、开启方向、安装位置、连接方式及铝合金门窗的型材壁厚应符合设计要求。金属门窗的防腐处理及填嵌、密封处理应符合设计要求。

   观察和尺量检查；检查产品合格证书、性能检测报告、进场验收记录和复验报告。

2. 金属门窗框和副框的安装必须牢固。预埋件的数量、位置、埋设方式、与框的连接方式必须符合设计要求。

   手扳检查。

3. 金属门窗扇必须安装牢固，并应开关灵活、关闭严密，无倒翘。推拉门窗扇必须有防脱落措施。

   观察、开闭和手扳检查。

4. 金属门窗配件的型号、规格、数量应符合设计要求，安装应牢固，位置应正确，功能应满足使用要求。

   观察、开闭和手扳检查。

一般项目：

1. 金属门窗表面应洁净、平整、光滑、色泽一致，无锈蚀。大面应无划痕、碰伤。漆膜或保护层应连续。

   观察检查。

2. 金属门窗框与墙体之间的缝隙应填嵌饱满，并采用密封胶密封。密封胶表面应光滑、顺直，无裂纹。

   观察和轮敲门框检查；检查隐藏工程验收记录。

3. 金属门窗扇的橡胶密封条或毛毡密封条应安装完好，不得脱槽。

   观察和开闭检查。

4. 有排水孔的金属门窗，排水孔应畅通，位置和数量应符合设计要求。

   观察检查。

5. 涂色镀锌钢板门窗安装的允许偏差符合下表的规定。

项次	项　目		允许偏差(mm)	检　验　方　法
1	门窗槽口宽度、高度	≤1500mm	2	用钢尺检查
		>1500mm	3	
2	门窗槽口对角线长度差	≤2000mm	4	用钢尺检查
		>2000mm	5	
3	门窗框的正、侧面垂直度		3	用垂直检测尺检查
4	门窗横框的水平度		3	用1m水平尺和塞尺检查
5	门窗横框标高		5	用钢尺检查
6	门窗竖向偏离中心		5	用钢尺检查
7	双层门窗内外框间距		4	用钢尺检查
8	推拉门窗扇与框搭接量		2	用钢直尺检查

塑料门窗安装工程检验批质量验收记录表
GB 50210—2001

030303□□

单位(子单位)工程名称				
分部(子分部)工程名称			验收部位	
施工单位			项目经理	
分包单位			分包项目经理	
施工执行标准名称及编号				

施工质量验收规范的规定			施工单位检查评定记录	监理(建设)单位验收记录
主控项目	1	门窗质量	第5.4.2条	
	2	框、扇安装	第5.4.3条	
	3	拼樘料与框连接	第5.4.4条	
	4	门窗扇安装	第5.4.5条	
	5	配件质量及安装	第5.4.6条	
	6	框与墙体缝隙填嵌	第5.4.7条	
一般项目	1	表面质量	第5.4.8条	
	2	密封条及旋转门窗间隙	第5.4.9条	
	3	门窗扇开关力	第5.4.10条	
	4	玻璃密封条、玻璃槽口	第5.4.11条	
	5	排水孔	第5.4.12条	
	6	安装允许偏差	第5.4.13条	

专业工长(施工员)		施工班组长	
施工单位检查评定结果			
	项目专业质量检查员:		年 月 日
监理(建设)单位验收结论			
	专业监理工程师: (建设单位项目专业技术负责人):		年 月 日

说　明

主控项目：

1. 塑料门窗的品种、类型、规格、尺寸、开启方向、安装位置、连接方式及填嵌密封处理应符合设计要求，内衬增强型钢的壁厚及设置应符合国家现行产品标准的质量要求。
   观察和尺量检查；检查产品合格证书、性能检测报告、进场验收记录和复验报告及隐蔽工程验收记录。

2. 塑料门窗框、副框和扇的安装必须牢固。固定片或膨胀螺栓的数量与位置应正确，连接方式应符合设计要求。固定点应距窗角、中横框、中竖框150～200mm，固定点间距应不大于600mm。
   观察和手扳检查和检查隐蔽工程验收记录。

3. 塑料门窗拼樘料内衬增强型钢的规格、壁厚必须符合设计要求，型钢应与型材内腔紧密吻合，其两端必须与洞口固定牢固。窗框必须与拼樘料连接紧密，固定点间距不大于600mm。
   观察、手扳和尺量检查；检查进场验收记录。

4. 塑料门窗扇应开关灵活、关闭严密，无倒翘。推拉门窗扇必须有防脱落措施。
   观察、开闭和手扳检查。

5. 塑料门窗配件的型号、规格、数量应符合设计要求，安装应牢固，位置应正确，功能应满足使用要求。
   观察、手扳检查和尺量检查。

6. 塑料门窗框与墙体间缝隙应采用闭孔弹性材料填嵌饱满，表面应采用密封胶密封。密封胶应粘结牢固，表面应光滑、顺直、无裂纹。观察检查；检查隐蔽工程验收记录。

一般项目：

1. 塑料门窗表面应洁净、平整、光滑，大面应无划痕、碰伤。观察检查。

2. 塑料门窗扇的密封条不得脱槽。旋转窗间隙应基本均匀。

3. 塑料门窗扇的开关力应符合下列规定：
   (1) 平开门窗扇平铰链的开关力应不大于80N；滑撑铰链的开关力应不大于80N，并不小于30N。
   (2) 推拉门窗扇的开关力应不大于100N。
      观察和用弹簧秤检查。

4. 玻璃密封条与玻璃及玻璃槽口的接缝应平整，不得卷边、脱槽。观察检查。

5. 排水孔应畅通，位置和数量应符合设计要求。观察检查。

6. 塑料门窗安装的允许偏差符合下表的规定。

项次	项　目		允许偏差（mm）	检验方法
1	门窗槽口宽度、高度	≤1500mm	2	用钢尺检查
		>1500mm	3	
2	门窗槽口对角线长度差	≤2000mm	3	用钢尺检查
		>2000mm	5	
3	门窗框的正、侧面垂直度		3	用1m垂直检测尺检查
4	门窗横框的水平度		3	用1m水平尺和塞尺检查
5	门窗横框标高		5	用钢尺检查
6	门窗竖向偏离中心		5	用钢直尺检查
7	双层门窗内外框间距		4	用钢尺检查
8	同樘平开门窗相邻扇高度差		2	用钢直尺检查
9	平开门窗铰链部位配合间隙		+2；−1	用塞尺检查
10	推拉门窗扇与框搭接量		+1.5；−2.5	用钢直尺检查
11	推拉门窗扇与竖框平行度		2	用1m水平尺和塞尺检查

特种门安装工程检验批质量验收记录表
GB 50210—2001

030304□□

		施工质量验收规范的规定		施工单位检查评定记录	监理(建设)单位验收记录
单位(子单位)工程名称					

单位(子单位)工程名称			
分部(子分部)工程名称		验收部位	
施工单位		项目经理	
分包单位		分包项目经理	
施工执行标准名称及编号			

		施工质量验收规范的规定		施工单位检查评定记录	监理(建设)单位验收记录
主控项目	1	门质量和性能	第5.5.2条		
	2	门品种规格、方向位置	第5.5.3条		
	3	机械、自动和智能化装置	第5.5.4条		
	4	安装及预埋件	第5.5.5条		
	5	配件、安装及功能	第5.5.6条		
一般项目	1	表面装饰	第5.5.7条		
	2	表面质量	第5.5.8条		
	3	推拉自动门留缝隙值及允许偏差	第5.5.9条		
	4	推拉自动门感应时间限值	第5.5.10条		
	5	旋转门安装允许偏差	第5.5.11条		

	专业工长(施工员)		施工班组长	
施工单位检查评定结果				
	项目专业质量检查员:		年 月 日	
监理(建设)单位验收结论				
	专业监理工程师: (建设单位项目专业技术负责人):		年 月 日	

333

说　明

主控项目：

1. 特种门的质量和各项性能应符合设计要求。
   检查生产许可证、产品合格证书和性能检测报告。

2. 特种门的品种、类型、规格、尺寸、开启方向、安装位置及防腐处理应符合设计要求。
   观察和尺量检查；检查进场验收记录。

3. 带有机械装置、自动装置或智能化装置的特种门，其机械装置、自动装置或智能化装置的功能应符合设计要求和有关标准的规定。
   启动机械装置、自动装置或智能化装置，观察。

4. 特种门的安装必须牢固。预埋件的数量、位置、埋设方式、与框的连接方式必须符合设计要求。
   观察和手扳检查；检查隐藏工程验收记录。

5. 特种门的配件应齐全，位置应正确，安装应牢固，功能应满足使用要求和特种门的各项性能要求。
   观察和手扳检查；检查产品合格证书、性能检测报告和进场验收记录。

一般项目：

1. 特种门的表面装饰应符合设计要求。
   观察检查。

2. 特种门的表面应洁净，无划痕、碰伤。
   观察检查。

3. 推拉自动门安装的留缝限值、允许偏差和检查方法应符合下表的规定。

项次	项　目		留缝限值（mm）	允许偏差（mm）	检　验　方　法
1	门槽口宽度、高度	≤1500mm	—	1.5	钢尺检查
		>1500mm	—	2	
2	门槽口对角线长度差	≤2000mm	—	2	钢尺检查
		>2000mm	—	2.5	
3	门框的正、侧面垂直度		—	1	用1m垂直检测尺检查
4	门构件装配间隙		—	0.3	用塞尺检查
5	门梁导轨水平度		—	1	用1m水平尺和塞尺检查
6	下导轨与门梁导轨平行度		—	1.5	用钢尺检查
7	门扇与侧框间留缝		1.2～1.8	—	用塞尺检查
8	门扇对口缝		1.2～1.8	—	用塞尺检查

4. 推拉自动门的感应时间限值符合下表的规定。

项次	项　目	感应时间限值（s）	检　验　方　法
1	开门响应时间	≤0.5	用秒表检查
2	堵门保护延时	16～20	用秒表检查
3	门扇全开启后保持时间	13～17	用秒表检查

5. 旋转门安装的允许偏差符合下表的规定。

项次	项　目	允许偏差（mm）		检　验　方　法
		金属框架玻璃旋转门	木质旋转门	
1	门扇正、侧面垂直度	1.5	1.5	用1m垂直检测尺检查
2	门扇对角线长度差	1.5	1.5	用钢尺检查
3	相邻扇高度差	1	1	用钢尺检查
4	扇与圆弧边留缝	1.5	2	用塞尺检查
5	扇与上顶间留缝	2	2.5	用塞尺检查
6	扇与地面间留缝	2	2.5	用塞尺检查

门窗玻璃安装工程检验批质量验收记录表
GB 50210—2001

单位(子单位)工程名称				
分部(子分部)工程名称			验收部位	
施工单位			项目经理	
分包单位			分包项目经理	
施工执行标准名称及编号				

施工质量验收规范的规定				施工单位检查评定记录	监理(建设)单位验收记录
主控项目	1	玻璃品种、规格、质量	第5.6.2条		
	2	玻璃裁割与安装质量	第5.6.3条		
	3	安装方法	第5.6.4条		
		钉子或钢丝卡			
	4	木压条	第5.6.5条		
	5	密封条	第5.6.6条		
	6	带密封条的玻璃压条	第5.6.7条		
一般项目	1	玻璃表面	第5.6.8条		
	2	玻璃与型材	第5.6.9条		
		镀膜层及磨砂层			
	3	腻子	第5.6.10条		

施工单位检查评定结果	专业工长(施工员)		施工班组长	
	项目专业质量检查员:			年 月 日

监理(建设)单位验收结论	
	专业监理工程师:
	(建设单位项目专业技术负责人): 年 月 日

说 明

主控项目：

1. 玻璃的品种、规格、尺寸、色彩、图案和涂膜朝向应符合设计要求。单块玻璃大于1.5 m² 时应使用安全玻璃。

   观察和检查产品合格证书、性能检测报告和进场验收记录。

2. 门窗玻璃裁割尺寸应正确。安装后的玻璃应牢固，不得有裂纹、损伤和松动。

   观察和轻敲检查。

3. 玻璃的安装方法应符合设计要求。固定玻璃的钉子或钢丝卡的数量、规格应保证玻璃安装牢固。

   观察和检查。

4. 镶钉木压条接触玻璃处，应与裁口边缘平齐。木压条应互相紧密连接，并与裁口边缘紧贴，割角应整齐。

   观察检查。

5. 密封条与玻璃、玻璃槽口的接触应紧密、平整。密封胶与玻璃、玻璃槽口的边缘应粘结牢固、接缝平齐。

   观察检查。

6. 带密封条的玻璃压条，其密封条必须与玻璃全部贴紧，压条与型材之间应无明显缝隙，压条接缝应不大于0.5mm。

   观察和尺量检查。

一般项目：

1. 玻璃表面应洁净，不得有腻子、密封胶、涂料等污渍。中空玻璃内外表面均应洁净，玻璃中空层内不得有灰尘和水蒸气。

   观察检查。

2. 门窗玻璃不应直接接触型材。单面镀膜玻璃的镀膜层及磨砂玻璃的磨砂面应朝向室内。中空玻璃的单面镀膜玻璃应在最外层，镀膜层应朝向室内。

   观察检查。

3. 腻子应填抹饱满、粘结牢固；腻子边缘与裁口应平齐。固定玻璃的卡子不应在腻子表面显露。

   观察检查。

暗龙骨吊顶工程检验批质量验收记录表
GB 50210—2001

030401□□

单位(子单位)工程名称						
分部(子分部)工程名称					验收部位	
施工单位					项目经理	
分包单位					分包项目经理	
施工执行标准名称及编号						

施工质量验收规范的规定				施工单位检查评定记录	监理(建设)单位验收记录
主控项目	1	标高、尺寸、起拱、造型	第6.2.2条		
	2	饰面材料	第6.2.3条		
	3	吊杆、龙骨、饰面材料安装	第6.2.4条		
	4	吊杆、龙骨材质间距及连接方式	第6.2.5条		
	5	石膏板接缝	第6.2.6条		
一般项目	1	材料表面质量	第6.2.7条		
	2	灯具等设备	第6.2.8条		
	3	龙骨、吊杆接缝	第6.2.9条		
	4	填充材料	第6.2.10条		
	5	允许偏差	第6.2.11条		

施工单位检查评定结果	专业工长(施工员)		施工班组长	
	项目专业质量检查员:		年 月 日	
监理(建设)单位验收结论				
	专业监理工程师: (建设单位项目专业技术负责人):		年 月 日	

337

说　明

主控项目：

1. 吊顶标高、尺寸、起拱和造型应符合设计要求。
   观察和尺量检查。
2. 饰面材料的材质、品种、规格、图案和颜色应符合设计要求。
   观察和检查产品合格证书、性能检测报告、进场验收记录和复验报告。
3. 暗龙骨吊顶工程的吊杆、龙骨和饰面材料的安装必须牢固。
   观察和手扳检查；检查隐藏工程验收记录和施工记录。
4. 吊杆、龙骨的材质、规格、安装间距及连接方式应符合设计要求。金属吊杆、龙骨应经过表面防腐处理；木吊杆、龙骨应进行防腐、防火处理。
   观察和尺量检查；检查产品合格证书、性能检测报告、进场验收记录和隐藏工程验收记录。
5. 石膏板的接缝应按其施工工艺标准进行板缝防裂处理。安装双层石膏板时，面层板与基层板的接缝应错开，并不得在同一根龙骨上接缝。
   观察检查。

一般项目：

1. 饰面材料表面应洁净、色泽一致，不得有翘曲、裂缝及缺损。压条应平直、宽窄一致。
   观察和尺量检查。
2. 饰面板上的灯具、烟感器、喷淋头、风口箅子等设备的位置应合理、美观，与饰面板的交接应吻合、严密。
   观察检查。
3. 金属吊杆、龙骨的接缝应均匀一致，角缝应吻合，表面应平整，无翘曲、锤印。木质吊杆、龙骨应顺直，无劈裂、变形。
   观察检查；检查隐藏工程验收记录和施工记录。
4. 吊顶内填充吸声材料的品种和铺设厚度应符合设计要求，并应有防散落措施。
   观察检查。
5. 暗龙骨吊顶工程安装的允许偏差符合下表的规定：

项次	项目	允许偏差（mm）				检　验　方　法
		纸面石膏板	金属板	矿棉板	木板、塑料板、格栅	
1	表面平整	3	2	2	2	用2m靠尺和塞尺检查
2	接缝直线	3	1.5	3	3	拉5m线，不足5m拉通线，用钢直尺检查
3	接缝高低差	1	1	1.5	1	用钢直尺和塞尺检查

明龙骨吊顶工程检验批质量验收记录表
GB 50210—2001

030402□□

单位(子单位)工程名称				
分部(子分部)工程名称			验收部位	
施工单位			项目经理	
分包单位			分包项目经理	
施工执行标准名称及编号				

施工质量验收规范的规定			施工单位检查评定记录	监理(建设)单位验收记录
主控项目	1	吊顶标高起拱及造型	第6.3.2条		
	2	饰面材料	第6.3.3条		
	3	饰面材料安装	第6.3.4条		
	4	吊杆、龙骨材质	第6.3.5条		
	5	吊杆、龙骨安装	第6.3.6条		
一般项目	1	饰面材料表面质量	第6.3.7条		
	2	灯具等设备	第6.3.8条		
	3	龙骨接缝	第6.3.9条		
	4	填充吸声材料	第6.3.10条		
	5	允许偏差	第6.3.11条		

	专业工长(施工员)		施工班组长	
施工单位检查评定结果				
	项目专业质量检查员:			年 月 日
监理(建设)单位验收结论				
	专业监理工程师: (建设单位项目专业技术负责人):			年 月 日

339

主控项目：

1. 吊顶标高、尺寸、起拱和造型应符合设计要求。
   观察和尺量检查。

2. 饰面材料的材质、品种、规格、图案和颜色应符合设计要求。当饰面材料为玻璃板时，应使用安全玻璃或采取可靠的安全措施。
   观察和检查产品合格证书、性能检测报告和进场验收记录。

3. 饰面材料的安装应稳固严密。饰面材料与龙骨的搭接宽度应大于龙骨受力面宽度的2/3。
   观察、手扳和尺量检查。

4. 吊杆、龙骨的材质、规格、安装间距及连接方式应符合设计要求。金属吊杆、龙骨应进行表面防腐处理；木龙骨应进行防腐、防火处理。
   观察和尺量检查；检查产品合格证书、进场验收记录；及隐藏工程验收记录。

5. 明龙骨吊顶工程的吊杆和龙骨安装必须牢固。
   手扳检查；检查隐藏工程验收记录和施工记录。

一般项目：

1. 饰面材料表面应洁净、色泽一致，不得有翘曲、裂缝及缺损。饰面板与明龙骨的搭接应平整、吻合，压条应平直、宽窄一致。
   观察和尺量检查。

2. 饰面板上的灯具、烟感器、喷淋头、风口篦子等设备的位置应合理、美观，与饰面板的交接应吻合、严密。
   观察检查。

3. 金属龙骨的接缝应平整、吻合、颜色一致，不得有划伤、擦伤等表面缺陷。木质龙骨应平整、顺直，无劈裂。
   观察检查。

4. 吊顶内填充吸声材料的品种和铺设厚度应符合设计要求，并应有防散落措施。
   检查施工记录。

5. 明龙骨吊顶工程安装的允许偏差符合下表的规定。

项次	项目	允许偏差（mm）				检　验　方　法
		石膏板	金属板	矿棉板	塑料板、玻璃板	
1	表面平整	3	2	3	2	用2m靠尺和塞尺检查
2	接缝直线	3	2	3	3	拉5m线，不足5m拉通线，用钢直尺检查
3	接缝高低差	1	1	2	1	用钢直尺和塞尺检查

板材隔墙工程检验批质量验收记录表
GB 50210—2001

单位(子单位)工程名称				
分部(子分部)工程名称			验收部位	
施工单位			项目经理	
分包单位			分包项目经理	
施工执行标准名称及编号				

		施工质量验收规范的规定		施工单位检查评定记录	监理(建设)单位验收记录
主控项目	1	板材品种、规格、质量	第7.2.3条		
	2	预埋件、连接件	第7.2.4条		
	3	安装质量	第7.2.5条		
	4	接缝材料、方法	第7.2.6条		
一般项目	1	安装位置	第7.2.7条		
	2	表面质量	第7.2.8条		
	3	孔洞、槽、盒	第7.2.9条		
	4	允许偏差	第7.2.10条		

施工单位检查评定结果	专业工长(施工员)		施工班组长	
	项目专业质量检查员:		年 月 日	

监理(建设)单位验收结论	
	专业监理工程师:
	(建设单位项目专业技术负责人):　　　　　　年 月 日

说　明

主控项目：

1. 隔墙板材的品种、规格、性能、颜色应符合设计要求。有隔声、隔热、阻燃、防潮等特殊要求的工程，板材应有相应性能等级的检测报告。
   观察和检查产品合格证书、进场验收记录和性能检测报告。

2. 安装隔墙板材所需预埋件、连接件的位置、数量及连接方法应符合设计要求。
   观察和尺量检查；检查隐藏工程证收记录。

3. 隔墙板材安装必须牢固。现制钢丝网水泥隔墙与周边墙体的连接方法应符合设计要求，并应连接牢固。
   观察和手扳检查。

4. 隔墙板材所用接缝材料的品种及接缝方法应符合设计要求。
   观察和检查产品合格证书和施工记录。

一般项目：

1. 隔墙板材安装应垂直、平整、位置正确，板材不应有裂缝或缺损。
   观察和尺量检查。

2. 板材隔墙表面应平整光滑、色泽一致、洁净，接缝应均匀、顺直。
   观察和手摸检查。

3. 隔墙上的孔洞、槽、盒应位置正确、套割方正、边缘整齐。
   观察检查。

4. 板材隔墙安装的允许偏差符合下表的规定。

项次	项目	允许偏差（mm）				检验方法
		复合轻质墙板		石膏空心板	钢丝网水泥板	
		金属夹芯板	其他复合板			
1	立面垂直	2	3	3	3	用2m垂直检测尺检查
2	表面平整	2	3	3	3	用2m靠尺和塞尺检查
3	阴阳角方正	3	3	3	4	用直角检测尺检查
4	接缝高低差	1	2	2	3	用钢直尺和塞尺检查

骨架隔墙工程检验批质量验收记录表
GB 50210—2001

单位(子单位)工程名称				
分部(子分部)工程名称			验收部位	
施工单位			项目经理	
分包单位			分包项目经理	
施工执行标准名称及编号				

		施工质量验收规范的规定		施工单位检查评定记录	监理(建设)单位验收记录
主控项目	1	材料品种、规格、质量	第7.3.3条		
	2	龙骨连接	第7.3.4条		
	3	龙骨间距及构造连接	第7.3.5条		
	4	防火、防腐	第7.3.6条		
	5	墙面板安装	第7.3.7条		
	6	墙面板接缝材料及方法	第7.3.8条		
一般项目	1	表面质量	第7.3.9条		
	2	孔洞、槽、盒	第7.3.10条		
	3	填充材料	第7.3.11条		
	4	允许偏差	第7.3.12条		

施工单位检查评定结果	专业工长(施工员)		施工班组长	
	项目专业质量检查员:		年 月 日	

监理(建设)单位验收结论	
	专业监理工程师: (建设单位项目专业技术负责人): 年 月 日

主控项目：

1. 骨架隔墙所用龙骨、配件、墙面板、填充材料及嵌缝材料的品种、规格、性能和木材的含水率应符合设计要求。有隔声、隔热、阻燃、防潮等特殊要求的工程，材料应有相应性能等级的检测报告。

观察和检查产品合格证书、进场验收记录、性能检测报告和复验报告。

2. 骨架隔墙工程边框龙骨必须与基体结构连接牢固，并应平整、垂直、位置正确。

手扳和尺量检查；检查隐蔽工程验证记录。

3. 骨架隔墙中龙骨间距和构造连接方法应符合设计要求。骨架内设备管线的安装、门窗洞口等部位加强龙骨应安装牢固、位置正确，填充材料的设置应符合设计要求。

观察检查和检查隐蔽工程验收记录。

4. 木龙骨及木墙面板的防火和防腐处理必须符合设计要求。

检查隐蔽工程验收记录。

5. 骨架隔墙的墙面板应安装牢固，无脱层、翘曲、折裂及缺损。

观察和手扳检查。

6. 墙面板所用接缝材料的接缝方法符合设计要求。

观察检查。

一般项目：

1. 骨架隔墙表面应平整光滑、色泽一致、洁净、无裂缝，接缝应均匀、顺直。

观察和手摸检查。

2. 骨架隔墙上的孔洞、槽、盒应位置正确、套割吻合、边缘整齐。

观察检查。

3. 骨架隔墙内的填充材料应干燥，填充应密实、均匀、无下坠。

轻敲检查及检查隐藏工程验收记录。

4. 骨架隔墙安装的允许偏差符合下表的规定。

项次	项　目	允许偏差（mm）		检　验　方　法
		纸面石膏板	人造木板、水泥纤维板	
1	立面垂直	3	4	用2m垂直检测尺检查
2	表面平整	3	3	用2m靠尺和塞尺检查
3	阴阳角方正	3	3	用直角检测尺检查
4	接缝直线	—	3	拉5m线，不足5m拉通线，用钢直尺检查
5	压条直线	—	3	拉5m线，不足5m拉通线，用钢直尺检查
6	接缝高低差	1	1	用钢直尺和塞尺检查

活动隔墙工程检验批质量验收记录表
GB 50210—2001

030503□□

		施工质量验收规范的规定			施工单位检查评定记录	监理(建设)单位验收记录
单位(子单位)工程名称						
分部(子分部)工程名称				验收部位		
施工单位				项目经理		
分包单位				分包项目经理		
施工执行标准名称及编号						

		施工质量验收规范的规定		施工单位检查评定记录	监理(建设)单位验收记录
主控项目	1	材料品种、规格、质量	第7.4.3条		
	2	轨道安装	第7.4.4条		
	3	构配件安装	第7.4.5条		
	4	制作方法,组合方式	第7.4.6条		
一般项目	1	表面质量	第7.4.7条		
	2	孔洞、槽、盒	第7.4.8条		
	3	隔墙推拉	第7.4.9条		
	4 允许偏差	立面垂直度(mm)	3		
		表面平整度(mm)	2		
		接缝直线度(mm)	3		
		接缝高低差(mm)	2		
		接缝宽度(mm)	2		

施工单位检查评定结果	专业工长(施工员)		施工班组长	
	项目专业质量检查员:			年 月 日

监理(建设)单位验收结论	
	专业监理工程师: (建设单位项目专业技术负责人): 年 月 日

说　　明

主控项目：

1. 活动隔墙所用墙板、配件等材料的品种、规格、性能和木材的含水率应符合设计要求。有阻燃、防潮等特性要求的工程,材料应有相应性能等级的检测报告。
   观察和检查产品合格证书、进场验收记录、性能检测报告和复验报告。
2. 活动隔墙轨道必须与基体结构连接牢固,并应位置正确。
   尺量和手扳检查。
3. 活动隔墙用于组装、推拉和制动的构配件必须安装牢固、位置正确,推拉必须安全、平稳、灵活。
   尺量和手扳检查;推拉检查。
4. 活动隔墙制作方法、组合方式应符合设计要求。
   观察检查。

一般项目：

1. 活动隔墙表面应色泽一致、平整光滑、洁净,线条应顺直、清晰。
   观察和手摸检查。
2. 活动隔墙上的孔洞、槽、盒应位置正确、套割吻合、边缘整齐。
   观察和尺量检查。
3. 活动隔墙推拉应无噪声。
   推拉检查。
4. 活动隔墙安装的允许编差检验方法：
   (1) 立面垂直度用 2m 垂直检测尺检查;
   (2) 立面平装度用 2m 靠尺和塞尺检查;
   (3) 按缝直线度拉 5m 小线拉通线,用钢直尺检查;
   (4) 按缝交低差用直尺及塞尺检查;
   (5) 按缝宽度用钢直尺检查。

玻璃隔墙工程检验批质量验收记录表
GB 50210—2001

单位(子单位)工程名称						
分部(子分部)工程名称					验收部位	
施工单位					项目经理	
分包单位					分包项目经理	
施工执行标准名称及编号						

施工质量验收规范的规定				施工单位检查评定记录	监理(建设)单位验收记录
主控项目	1	材料品种、规格、质量	第7.5.3条		
	2	砌筑或安装	第7.5.4条		
	3	砖隔墙拉结筋	第7.5.5条		
	4	板隔墙安装	第7.5.6条		
一般项目	1	表面质量	第7.5.7条		
	2	接缝	第7.5.8条		
	3	嵌缝及勾缝	第7.5.9条		
	4	允许偏差	第7.5.10条		

专业工长(施工员)		施工班组长	
施工单位检查评定结果			
	项目专业质量检查员:		年　月　日
监理(建设)单位验收结论			
	专业监理工程师: (建设单位项目专业技术负责人):		年　月　日

说　明

主控项目：

1. 玻璃隔墙工程所用材料的品种、规格、性能、图案和颜色应符合设计要求。玻璃板隔墙应使用安全玻璃。
   观察和检查产品合格证书、进场验收记录和性能检测报告。

2. 玻璃砖隔墙的砌筑或玻璃板隔墙的安装方法应符合设计要求。
   观察检查。

3. 玻璃砖隔墙砌筑中埋设的拉结筋必须与基体结构连接牢固，并应位置正确。
   手扳和尺量检查；检查隐藏工程验收记录。

4. 玻璃板隔墙的安装必须牢固。玻璃板隔墙胶垫的安装应正确。
   观察和手推检查；检查施工记录。

一般项目：

1. 玻璃隔墙表面应色泽一致、平整洁净、清晰美观。
   观察检查。

2. 玻璃隔墙接缝应横平竖直，玻璃应无裂痕、缺损和划痕。
   观察检查。

3. 玻璃板隔墙嵌缝及玻璃砖隔墙勾缝应密实平整、均匀顺直、深浅一致。
   观察检查。

4. 玻璃隔墙安装的允许偏差符合下表的规定。

项次	项　目	允许偏差（mm）		检 验 方 法
		玻璃砖	玻璃板	
1	立面垂直	3	2	用2m垂直检测尺检查
2	表面平整	3	—	用2m靠尺和塞尺检查
3	阴阳角方正	—	2	用直角检测尺检查
4	接缝直线	—	2	拉5m线,不足5m拉通线,用钢直尺检查
5	接缝高低差	3	2	用钢直尺和塞尺检查
6	接缝宽度	—	1	用钢直尺检查

饰面板安装工程检验批质量验收记录表
GB 50210—2001

单位(子单位)工程名称						
分部(子分部)工程名称					验收部位	
施工单位					项目经理	
分包单位					分包项目经理	
施工执行标准名称及编号						

施工质量验收规范的规定				施工单位检查评定记录	监理(建设)单位验收记录
主控项目	1	饰面板品种、规格、质量	第8.2.2条		
	2	饰面板孔、槽、位置、尺寸	第8.2.3条		
	3	饰面板安装	第8.2.4条		
一般项目	1	饰面板表面质量	第8.2.5条		
	2	饰面板嵌缝	第8.2.6条		
	3	湿作业施工	第8.2.7条		
	4	饰面板孔洞套割	第8.2.8条		
	5	允许偏差	第8.2.9条		

	专业工长(施工员)		施工班组长	
施工单位检查评定结果				
	项目专业质量检查员:			年 月 日
监理(建设)单位验收结论				
	专业监理工程师: (建设单位项目专业技术负责人):			年 月 日

349

说 明

主控项目：

1. 饰面板的品种、规格、颜色和性能应符合设计要求，木龙骨、木饰面板和塑料饰面板的燃烧性能等级应符合设计要求。

   观察和检查产品合格证书、进场验收记录和性能检测报告。

2. 饰面板孔、槽的数量、位置和尺寸应符合设计要求。

   检查进场验收记录和施工记录。

3. 饰面板安装工程的预埋件（或后置埋件）、连接件的数量、规格、位置、连接方法和防腐处理必须符合设计要求。后置埋件的现场拉拔强度必须符合设计要求。饰面板安装必须牢固。

   手扳检查；检查进场验收记录、现场拉拔检测报告；检查隐藏工程验收记录和施工记录。

一般项目：

1. 饰面板表面应平整、洁净、色泽一致，无裂纹和缺损。石材表面应无泛碱等污染。

   观察检查。

2. 饰面板嵌缝应密实、平直，宽度和深度应符合设计要求，嵌填材料色泽应一致。

   观察和尺量检查。

3. 采用湿作业法施工的饰面板工程，石材应进行防碱背涂处理。饰面板与基体之间的灌注材料应饱满、密实。

   用小锤轻击和检查施工记录。

4. 饰面板上的孔洞应套割吻合，边缘应整齐。

   观察检查。

5. 饰面板安装的允许偏差符合下表的规定。

项次	项 目	允许偏差（mm）							检 验 方 法
		石 材			瓷板	木材	塑料	金属	
		光面	剁斧石	蘑菇石					
1	立面垂直	2	3	3	2	1.5	2	2	用2m垂直检测尺检查
2	表面平整	2	3	—	1.5	1	3	3	用2m靠尺和塞尺检查
3	阴阳角方正	2	4	4	2	1.5	3	3	用直角检测尺检查
4	接缝直线	2	4	4	2	1	1	1	拉5m线，不足5m拉通线，用钢直尺检查
5	墙裙、勒脚上口直线度	2	3	3	2	2	2	2	拉5m线，不足5m拉通线，用钢直尺检查
6	接缝高低差	0.5	3	—	0.5	0.5	1	1	用钢直尺和塞尺检查
7	接缝宽度	1	2	2	1	1	1	1	用钢直尺检查

饰面砖粘贴工程检验批质量验收记录表
GB 50210—2001

单位(子单位)工程名称				
分部(子分部)工程名称			验收部位	
施工单位			项目经理	
分包单位			分包项目经理	
施工执行标准名称及编号				

施工质量验收规范的规定			施工单位检查评定记录	监理(建设)单位验收记录
主控项目	1	饰面砖品种、规格、质量	第8.3.2条		
	2	饰面砖粘贴材料	第8.3.3条		
	3	饰面砖粘贴	第8.3.4条		
	4	满粘法施工	第8.3.5条		
一般项目	1	饰面砖表面质量	第8.3.6条		
	2	阴阳角及非整砖	第8.3.7条		
	3	墙面突出物周围	第8.3.8条		
	4	饰面砖接缝、填嵌、宽深	第8.3.9条		
	5	滴水线(槽)	第8.3.10条		
	6	允许偏差	第8.3.11条		

	专业工长(施工员)		施工班组长	
施工单位检查评定结果				
	项目专业质量检查员：		年 月 日	
监理(建设)单位验收结论				
	专业监理工程师： (建设单位项目专业技术负责人)：		年 月 日	

351

说　　明

主控项目：

1. 饰面砖的品种、规格、图案、颜色和性能应符合设计要求。
   观察和检查产品合格证书、进场验收记录、性能检测报告和复验报告。

2. 饰面砖粘贴工程的找平、防水、粘结和勾缝材料及施工方法应符合设计要求和国家现行产品标准和工程技术标准的规定。
   检查产品合格证书、复验报告和隐藏工程验收记录。

3. 饰面砖粘贴必须牢固。
   检查样板件粘结强度检测报告和施工记录。

4. 满粘法施工的饰面砖工程应无空鼓、裂缝。
   观察和小锤轮击检查。

一般项目：

1. 饰面砖表面应平整、洁净、色泽一致,无裂纹和缺损。
   观察检查。

2. 阴阳角处搭接方式、非整砖使用部位应符合设计要求。
   观察检查。

3. 墙面突出物周围的饰面砖应整砖套割吻合,边缘应整齐。墙裙、贴脸突出墙面的厚度应一致。
   观察和尺量检查。

4. 饰面砖接缝应平直、光滑,填嵌应连续、密实;宽度和深度应符合设计要求。
   观察和尺量检查。

5. 有排水要求的部位应做滴水线(槽)。滴水线(槽)应顺直,流水坡向应正确,坡度应符合设计要求。
   观察和用水平尺检查。

6. 饰面砖粘贴的允许偏差符合下表的规定。

项次	项　目	允许偏差（mm）		检 验 方 法
		外墙面砖	内墙面砖	
1	立面垂直	3	2	用2m垂直检测尺检查
2	表面平整	4	3	用2m靠尺和塞尺检查
3	阴阳角方正	3	3	用直角检测尺检查
4	接缝直线	3	2	拉5m线,不足5m拉通线,用钢直尺检查
5	接缝高低差	1	0.5	用钢直尺和塞尺检查
6	接缝宽度	1	1	用钢直尺检查

玻璃幕墙工程检验批质量验收记录表
（主控项目）
GB 50210—2001
（Ⅰ）

单位(子单位)工程名称				
分部(子分部)工程名称			验收部位	
施工单位			项目经理	
分包单位			分包项目经理	
施工执行标准名称及编号				

		施工质量验收规范的规定		施工单位检查评定记录	监理(建设)单位验收记录
主控项目	1	各种材料、构件、组件	第9.2.2条		
	2	造型和立面分格	第9.2.3条		
	3	玻璃	第9.2.4条		
	4	与主体结构连接件	第9.2.5条		
	5	连接件紧固件螺栓	第9.2.6条		
	6	玻璃下端托条	第9.2.7条		
	7	明框幕墙玻璃安装	第9.2.8条		
	8	超过4m高全玻璃幕墙安装	第9.2.9条		
	9	点支承幕墙安装	第9.2.10条		
	10	细部	第9.2.11条		
	11	幕墙防水	第9.2.12条		
	12	结构胶、密封胶打注	第9.2.13条		
	13	幕墙开启窗	第9.2.14条		
	14	防雷装置	第9.2.15条		

施工单位检查评定结果	专业工长(施工员)		施工班组长	
	项目专业质量检查员：			年 月 日

监理(建设)单位验收结论	
	专业监理工程师： (建设单位项目专业技术负责人)： 年 月 日

说 明
（Ⅰ）

主控项目：

1. 玻璃幕墙工程所使用的各种材料、构件和组件的质量，应符合设计要求及国家现行产品标准和工程技术规范的规定。

    检查材料、构件、组件的产品合格证书、进场验收记录、性能检测报告和材料的复验报告。

2. 玻璃幕墙的造型和立面分格应符合设计要求。

    观察和尺量检查。

3. 玻璃幕墙使用的玻璃应符合下列规定：

    （1）幕墙应使用安全玻璃，玻璃的品种、规格、颜色、光学性能及安装方向应符合设计要求。

    （2）幕墙玻璃的厚度不应小于6.0mm。全玻幕墙肋玻璃的厚度不应小于12mm。

    （3）幕墙的中空玻璃应采用双道密封。明框幕墙的中空玻璃应采用聚硫密封胶及丁基密封胶；隐框和半隐框幕墙的中空玻璃应采用硅酮结构密封胶及丁基密封胶；镀膜面应在中空玻璃的第2或第3面上。

    （4）幕墙的夹层玻璃应采用聚乙烯醇缩丁醛（PVB）胶片干法加工合成的夹层玻璃。点支承玻璃幕墙夹层玻璃的夹层胶片（PVB）厚度不应小于0.76mm。

    （5）钢化玻璃表面不得有损伤；8.0mm以下的钢化玻璃应进行引爆处理。

    （6）所有幕墙玻璃均应进行边缘处理。

    观察和尺量检查；检查施工记录。

4. 玻璃幕墙与主体结构连接的各种预埋件、连接件、紧固件必须安装牢固，其数量、规格、位置、连接方法和防腐处理应符合设计要求。观察和检查隐蔽工程验收记录和施工记录。

5. 各种连接件、紧固件的螺栓应有防松动措施；焊接连接应符合设计要求和焊接规范的规定。

    观察和检查隐蔽工程验收记录和施工记录。

6. 隐框或半隐框玻璃幕墙，每块玻璃下端应设置两个铝合金或不锈钢托条，其长度不应小于100mm，厚度不应小于2mm，托条外端应低于玻璃外表面2mm。观察和检查施工记录。

7. 明框玻璃幕墙的玻璃安装应符合下列规定：

    （1）玻璃槽口与玻璃的配合尺寸应符合设计要求和技术标准的规定。

    （2）玻璃与构件不得直接接触，玻璃四周与构件凹槽底部应保持一定的空隙，每块玻璃下部应至少放置两块宽度与槽口宽度相同、长度不小于100mm的弹性定位垫块；玻璃两边嵌入量及空隙应符合设计要求。

    （3）玻璃四周橡胶条的材质、型号应符合设计要求，镶嵌应平整，橡胶条长度应比边框内槽长1.5%～2.0%，橡胶条在转角处斜面断开，并应用胶粘剂粘结牢固后嵌入槽内。

    检验方法：观察；检查施工记录。

8. 高度超过4m的全玻幕墙应吊挂在主体结构上，吊夹具应符合设计要求，玻璃与玻璃、玻璃与玻璃肋之间的缝隙，应采用硅酮结构密封胶填嵌严密。

    观察和检查施工记录及检查隐藏工程验收记录。

9. 点支承玻璃幕墙应采用带万向头的活动不锈钢爪，其钢爪间的中心距离应大于250mm。

    观察和尺量检查。

10. 玻璃幕墙四周、玻璃幕墙内表面与主体结构之间的连接节点、各种变形缝、墙角的连接节点应符合设计要求和技术标准的规定。

    观察和检查隐蔽工程验收记录和施工记录。

11. 玻璃幕墙应无渗漏。在易渗漏部位进行淋水检查。

12. 玻璃幕墙结构胶和密封胶的打注应饱满、密实、连续、均匀、无气泡，宽度和厚度应符合设计要求和技术标准的规定。观察和尺量检查;检查施工记录。
13. 玻璃幕墙开启窗的配件应齐全,安装应牢固,安装位置和开启方向、角度应正确;开启应灵活,关闭应严密。观察和开闭检查。
14. 玻璃幕墙的防雷装置必须与主体结构的防雷装置可靠连接。
   观察和检查隐蔽工程验收记录和施工记录。

玻璃幕墙工程检验批质量验收记录表
（一般项目）
GB 50210—2001
（Ⅱ）

030701□□

单位(子单位)工程名称						
分部(子分部)工程名称					验收部位	
施工单位					项目经理	
分包单位					分包项目经理	
施工执行标准名称及编号						

施工质量验收规范的规定				施工单位检查评定记录	监理(建设)单位验收记录
一般项目	1	幕墙表面质量	第9.2.16条		
	2	玻璃表面质量	第9.2.17条		
	3	铝合金型材表面质量	第9.2.18条		
	4	明框外露框或压条	第9.2.19条		
	5	密封胶缝	第9.2.20条		
	6	防火保温材料	第9.2.21条		
	7	隐蔽节点	第9.2.22条		
	8 明框幕墙安装允许偏差(mm)	幕墙垂直度	幕墙高度≤30m	10	
			30m<幕墙高度≤60m	15	
			60m<幕墙高度≤90m	20	
			幕墙高度>90m	25	
		幕墙水平	幕墙幅宽≤35m	5	
			幕墙幅宽>35m	7	
		构件直线度		2	
		构件水平度	构件长度≤2m	2	
			构件长度>2m	3	
		相邻构件错位		1	
		分格框对角线长度差	对角线长度≤2m	3	
			对角线长度>2m	4	

施工单位检查评定结果	专业工长(施工员)		施工班组长	
	项目专业质量检查员：		年 月 日	

监理(建设)单位验收结论	专业监理工程师： (建设单位项目专业技术负责人)：	年 月 日

356

一般项目：

1. 玻璃幕墙表面应平整、洁净；整幅玻璃的色泽应均匀一致；不得有污染和镀膜损坏。
   观察检查。
2. 每平方米玻璃的表面质量符合表9.2.17的规定。
3. 一个分格铝合金型材的表面质量和检验方法应符合表9.2.18的规定。

表9.2.17　每平方米玻璃的表面质量和检验方法

项次	项　目	质量要求	检验方法
1	明显划伤和长度＞100mm的轻微划伤	不允许	观察
2	长度≤100mm的轻微划伤	≤8条	用钢尺检查
3	擦伤总面积	≤500mm²	用钢尺检查

表9.2.18　一个分格铝合金型材的表面质量和检验方法

项次	项　目	质量要求	检验方法
1	明显划伤和长度＞100mm的轻微划伤	不允许	观察
2	长度≤100mm的轻微划伤	≤2条	用钢尺检查
3	擦伤总面积	≤100mm²	用钢尺检查

4. 明框玻璃幕墙的外露框或压条应横平竖直，颜色、规格应符合设计要求，压条安装应牢固。单元玻璃幕墙的单元拼缝或隐框玻璃幕墙的分格玻璃拼缝应横平竖直、均匀一致。
   观察和手扳检查；检查进场验收记录。
5. 玻璃幕墙的密封胶缝应横平竖直、深浅一致、宽窄均匀、光滑顺直。
   观察和手摸检查。
6. 防火、保温材料填充应饱满、均匀，表面应密实、平整。
   检查隐蔽工程验收记录。
7. 玻璃幕墙隐蔽节点的遮封装修应牢固、整齐、美观。
   观察和手扳检查。
8. 明框玻璃幕墙安装的允许偏差用经纬仪、水准仪、拉线和尺量检查。
9. 隐框、半隐框玻璃幕墙安装的允许偏差符合下表规定。

项次	项　目		允许偏差（mm）	检　验　方　法
1	幕墙垂直度	幕墙高度≤30m	10	用经纬仪检查
		30m＜幕墙高度≤60m	15	
		60m＜幕墙高度≤90m	20	
		幕墙高度＞90m	25	
2	幕墙水平度	层高≤3m	3	用水平仪检查
		层高＞3m	5	
3	幕墙表面平整度		2	用2m靠尺和塞尺检查
4	板材立面垂直度		2	用垂直检测尺检查
5	板材上沿水平度		2	用1m水平尺和钢直尺检查
6	相邻板材板角错位		1	用钢直尺检查
7	阳角方正		2	用直角检测尺检查
8	接缝直线度		3	拉5m线，不足5m拉通线，用钢直尺检查
9	接缝高低差		1	用钢直尺和塞尺检查
10	接缝宽度		1	用钢直尺检查

金属幕墙工程检验批质量验收记录表
（主控项目）
GB 50210—2001
（Ⅰ）

030702□□

单位(子单位)工程名称					
分部(子分部)工程名称				验收部位	
施工单位				项目经理	
分包单位				分包项目经理	
施工执行标准名称及编号					

		施工质量验收规范的规定		施工单位检查评定记录	监理(建设)单位验收记录
主控项目	1	材料、配件质量	第9.3.2条		
	2	造型和立面分格	第9.3.3条		
	3	金属面板质量	第9.3.4条		
	4	预埋件、后置埋件	第9.3.5条		
	5	立柱与预埋件与横梁连接,面板安装	第9.3.6条		
	6	防火、保温、防潮材料	第9.3.7条		
	7	框架及连接件防腐	第9.3.8条		
	8	防雷装置	第9.3.9条		
	9	连接节点	第9.3.10条		
	10	板缝注胶	第9.3.11条		
	11	防水	第9.3.12条		

施工单位检查评定结果	专业工长(施工员)		施工班组长	
	项目专业质量检查员：		年 月 日	

监理(建设)单位验收结论	
	专业监理工程师：
	(建设单位项目专业技术负责人)： 年 月 日

说　明
（Ⅰ）

主控项目：

1. 金属幕墙工程所使用的各种材料和配件,应符合设计要求及国家现行产品标准和工程技术规范的规定。
   检查产品合格证书、性能检测报告、材料进场验收记录和复验报告。

2. 金属幕墙的造型和立面分格应符合设计要求。
   观察和尺量检查。

3. 金属面板的品种、规格、颜色、光泽及安装方向应符合设计要求。
   观察和检查进场验收记录。

4. 金属幕墙主体结构上的预埋件、后置埋件的数量、位置及后置埋件的拉拔力必须符合设计要求。
   检查拉拔力检测报告和隐蔽工程验收记录。

5. 金属幕墙的金属框架立柱与主体结构预埋件的连接、立柱与横梁的连接、金属面板的安装必须符合设计要求,安装必须牢固。
   手扳检查;检查隐蔽工程验收记录。

6. 金属幕墙的防火、保温、防潮材料的设置应符合设计要求,并应密实、均匀、厚度一致。
   检查隐蔽工程验收记录。

7. 金属框架及连接件的防腐处理应符合设计要求。
   检查隐蔽工程验收记录和施工记录。

8. 金属幕墙的防雷装置必须与主体结构的防雷装置可靠连接。
   检查隐蔽工程验收记录。

9. 各种变形缝、墙角的连接节点应符合设计要求和技术标准的规定。
   观察和检查隐蔽工程验收记录。

10. 金属幕墙的板缝注胶应饱满、密实、连续、均匀、无气泡,宽度和厚度应符合设计要求和技术标准的规定。
    观察和尺量检查;检查施工记录。

11. 金属幕墙应无渗漏。
    在易渗漏部位进行淋水检查。

金属幕墙工程检验批质量验收记录表
（一般项目）
GB 50210—2001
（Ⅱ）

单位(子单位)工程名称						
分部(子分部)工程名称					验收部位	
施工单位					项目经理	
分包单位					分包项目经理	
施工执行标准名称及编号						

施工质量验收规范的规定					施工单位检查评定记录	监理(建设)单位验收记录
一般项目	1	金属板表面质量平整、洁净、色泽一致		第9.3.13条		
	2	压条平直、洁净、接口严密、安装牢固		第9.3.14条		
	3	密封胶缝横平竖直、深浅一致、宽窄均匀、光滑顺直		第9.3.15条		
	4	滴水线坡向正确、顺直		第9.3.16条		
	5	表面质量		第9.3.17条		
	6	安装允许偏差	幕墙垂直度	幕墙高度≤30m	10	
				30m<幕墙高度≤60m	15	
				60m<幕墙高度≤90m	20	
				幕墙高度>90m	25	
			幕墙水平度	层高≤3m	3	
				层高>3m	5	
			幕墙表面平整度		2	
			板材立面垂直度		3	
			板材上沿水平度		2	
			相邻板材板角错位		1	
			阳角方正		2	
			接缝直线度		3	
			接缝高低差		1	
			接缝宽度		1	

施工单位检查评定结果	专业工长(施工员)		施工班组长	
	项目专业质量检查员：		年 月 日	
监理(建设)单位验收结论	专业监理工程师： (建设单位项目专业技术负责人)：		年 月 日	

说　明
（Ⅱ）

一般项目：

1. 金属板表面应平整、洁净、色泽一致。
   观察检查。

2. 金属幕墙的压条应平直、洁净、接口严密、安装牢固。
   观察和手扳检查。

3. 金属幕墙的密封胶缝应横平竖直、深浅一致、宽窄均匀、光滑顺直。
   观察检查。

4. 金属幕墙上的滴水线、流水坡向应正确、顺直。
   观察和水平尺检查。

5. 每平方米金属板的表面质量符合下表的规定。

项次	项目	质量要求	检验方法
1	明显划伤和长度 >100mm 的轻微划伤	不允许	观察
2	长度≤100mm 的轻微划伤	≤8 条	用钢尺检查
3	擦伤总面积	≤500mm^2	用钢尺检查

6. 金属幕墙安装的允许偏差。用经纬仪、水准仪、靠尺、塞尺、垂直检测尺及拉线和尺量检查。

石材幕墙工程检验批质量验收记录表
（主控项目）
GB 50210—2001
（Ⅰ）

单位(子单位)工程名称					
分部(子分部)工程名称				验收部位	
施工单位				项目经理	
分包单位				分包项目经理	
施工执行标准名称及编号					

		施工质量验收规范的规定		施工单位检查评定记录	监理(建设)单位验收记录
主控项目	1	幕墙材料质量	第9.4.2条		
	2	造型、分格、颜色、光泽、花纹、图案	第9.4.3条		
	3	石材孔、槽深度、位置、尺寸	第9.4.4条		
	4	预埋件和后置埋件	第9.4.5条		
	5	各种构件连接	第9.4.6条		
	6	框架和连接件防腐	第9.4.7条		
	7	防雷装置	第9.4.8条		
	8	防火、保温、防潮材料	第9.4.9条		
	9	结构变形缝、墙角连接点	第9.4.10条		
	10	表面和板缝处理	第9.4.11条		
	11	板缝注胶	第9.4.12条		
	12	防水	第9.4.13条		

施工单位检查评定结果	专业工长(施工员)		施工班组长	
	项目专业质量检查员：			年 月 日

监理(建设)单位验收结论	
	专业监理工程师： (建设单位项目专业技术负责人)： 年 月 日

362

说　明
（Ⅰ）

主控项目：

1. 石材幕墙工程所用材料的品种、规格、性能和等级，应符合设计要求及国家现行产品标准和工程技术规范的规定。石材的弯曲强度不应小于 8.0MPa；吸水率应小于 0.8%。石材幕墙的铝合金挂件厚度不应小于 4.0mm，不锈钢挂件厚度不应小于 3.0mm。

   观察和尺量检查；检查产品合格证书、性能检测报告、材料进场验收记录和复验报告。

2. 石材幕墙的造型、立面分格、颜色、光泽、花纹和图案应符合设计要求。

   观察检查。

3. 石材孔、槽的数量、深度、位置、尺寸应符合设计要求。

   检查进场验收记录或施工记录。

4. 石材幕墙主体结构上的预埋件和后置埋件的位置、数量及后置埋件的拉拔力必须符合设计要求。

   检查拉拔力检测报告和隐蔽工程验收记录。

5. 石材幕墙的金属框架立柱与主体结构预埋件的连接、立柱与横梁的连接、连接件与金属框架的连接、连接件与石材面板的连接必须符合设计要求，安装必须牢固。

   手扳检查；检查隐蔽工程验收记录。

6. 金属框架和连接件的防腐处理应符合设计要求。

   检验方法：检查隐蔽工程验收记录。

7. 石材幕墙的防雷装置必须与主体结构防雷装置可靠连接。

   观察和检查隐蔽工程验收记录和施工记录。

8. 石材幕墙的防火、保温、防潮材料的设置应符合设计要求，填充应密实、均匀、厚度一致。

   检查隐蔽工程验收记录。

9. 各种结构变形缝、墙角的连接节点应符合设计要求和技术标准的规定。

   检查隐蔽工程验收记录和施工记录。

10. 石材表面和板缝的处理应符合设计要求。

    观察检查。

11. 石材幕墙的板缝注胶应饱满、密实、连续、均匀、无气泡，板缝宽度和厚度应符合设计要求和技术标准的规定。

    观察和尺量检查；检查施工记录。

12. 石材幕墙应无渗漏。

    在易渗漏部位进行淋水检查。

石材幕墙工程检验批质量验收记录表
（一般项目）
GB 50210—2001
（Ⅱ）

单位（子单位）工程名称							
分部（子分部）工程名称					验收部位		
施工单位					项目经理		
分包单位				分包项目经理			
施工执行标准名称及编号							

		施工质量验收规范的规定				施工单位检查评定记录	监理（建设）单位验收记录
一般项目	1	表面质量		第9.4.14条			
	2	压条		第9.4.15条			
	3	细部质量		第9.4.16条			
	4	密封胶缝		第9.4.17条			
	5	滴水线		第9.4.18条			
	6	石材表面质量		第9.4.19条			
	7	安装允许偏差（mm）	幕墙垂直度	幕墙高度≤30m	10		
				30m＜幕墙高度≤60m	15		
				60m＜幕墙高度≤90m	20		
				幕墙高度＞90m	25		
			幕墙水平度		3		
			幕墙表面平整度	光2	麻3		
			板材立面垂直度		3		
			板材上沿水平度		2		
			相邻板材板角错位		1		
			阳角方正	光2	麻4		
			接缝直线度	光3	麻4		
			接缝高低差	光1	麻1		
			接缝宽度	光1	麻2		

施工单位检查评定结果	专业工长（施工员）		施工班组长	
	项目专业质量检查员：		年　月　日	

监理（建设）单位验收结论	专业监理工程师： （建设单位项目专业技术负责人）：	年　月　日

364

说　明
（Ⅱ）

一般项目：

1. 石材幕墙表面应平整、洁净，无污染、缺损和裂痕。颜色和花纹应协调一致，无明显色差，无明显修痕。
   观察检查。

2. 石材幕墙的压条应平直、洁净、接口严密、安装牢固。
   观察和手扳检查。

3. 石材接缝应横平竖直、宽窄均匀；阴阳角石板压向应正确，板边合缝应顺直；凸凹线出墙厚度应一致，上下口应平直；石材面板上洞口、槽边应套割吻合，边缘应整齐。
   观察和尺量检查。

4. 石材幕墙的密封胶缝应横平竖直、深浅一致、宽窄均匀、光滑顺直。
   观察检查。

5. 石材幕墙上的滴水线、流水坡向应正确、顺直。
   观察和用水平尺检查。

6. 每平方米石材的表面质量符合下表的规定。

项次	项　　目	质量要求	检验方法
1	裂痕、明显划伤和长度 >100mm 的轻微划伤	不允许	观察
2	长度 ≤100mm 的轻微划伤	≤8 条	用钢尺检查
3	擦伤总面积	≤500mm²	用钢尺检查

7. 石材幕墙安装的允许偏差。用经纬仪、水准仪、靠尺、高尺、垂直检测尺及拉线和尺量检查。

水性涂料涂饰工程检验批质量验收记录表
GB 50210—2001

单位(子单位)工程名称						
分部(子分部)工程名称					验收部位	
施工单位					项目经理	
分包单位					分包项目经理	
施工执行标准名称及编号						

		施工质量验收规范的规定			施工单位检查评定记录	监理(建设)单位验收记录
主控项目	1	涂料品种、型号、性能		第10.2.2条		
	2	涂饰颜色和图案		第10.2.3条		
	3	涂饰综合质量		第10.2.4条		
	4	基层处理		第10.2.5条		
一般项目	1	与其他材料和设备衔接处		第10.2.9条		
	2	薄涂料涂饰质量允许偏差	颜色	普通涂饰 均匀一致		
				高级涂饰 均匀一致		
			泛碱、咬色	普通涂饰 允许少量轻微		
				高级涂饰 不允许		
			流坠、疙瘩	普通涂饰 允许少量轻微		
				高级涂饰 不允许		
			砂眼、刷纹	普通涂饰 允许少量轻微砂眼、刷纹通顺		
				高级涂饰 无砂眼、无刷纹		
			装饰线、分色线直线度	普通涂饰 2mm		
				高级涂饰 1mm		
	3	厚涂料涂饰质量允许偏差	颜色	普通涂饰 均匀一致		
				高级涂饰 均匀一致		
			泛碱、咬色	普通涂饰 允许少量轻微		
				高级涂饰 不允许		
			点状分布	普通涂饰 —		
				高级涂饰 疏密均匀		
	4	复层涂饰质量允许偏差	颜色	均匀一致		
			泛碱、咬色	不允许		
			喷点疏密程度	均匀,不允许连片		

施工单位检查评定结果	专业工长(施工员)		施工班组长	
	项目专业质量检查员:			年 月 日
监理(建设)单位验收结论	专业监理工程师: (建设单位项目专业技术负责人):			年 月 日

366

说　明

主控项目：

1. 水性涂料涂饰工程所用涂料的品种、型号和性能应符合设计要求。
   检查产品合格证书、性能检测报告和进场验收记录。

2. 水性涂料涂饰工程的颜色、图案应符合设计要求。
   观察检查。

3. 水性涂料涂饰工程应涂饰均匀、粘结牢固，不得漏涂、透底、起皮和掉粉。
   观察和手摸检查。

4. 水性涂料涂饰工程的基层处理。
   （1）混凝土、抹灰基层上，应先涂刷抗碱封闭底漆。
   （2）旧墙上应清理除去疏松的旧装饰层，并涂界面剂。
   （3）混凝土、抹灰层涂刷溶剂型涂料时，含水率不大于8%；涂刷乳液型涂料时，含水率不大于10%；木材基层的含水率不大于12%。
   （4）基层腻子应平整、坚实、牢固、无粉化、起皮及裂缝，内墙腻子的粘结强度应符合《建筑室内用腻子》JG/T 3049 的规定。
   （5）厨房、卫生间必须用耐水腻子。
   观察和手摸检查；检查施工记录。

一般项目：

1. 涂层与其他装修材料和设备衔接处应吻合，界面应清晰。
   观察检查。

2. 薄涂料的涂饰质量。
   观察及拉线检查。

3. 厚涂料的涂饰质量。
   观察检查。

4. 复层涂料的涂饰质量。
   观察检查。

溶剂型涂料涂饰工程检验批质量验收记录表
GB 50210—2001

单位(子单位)工程名称								
分部(子分部)工程名称						验收部位		
施工单位						项目经理		
分包单位						分包项目经理		
施工执行标准名称及编号								

			施工质量验收规范的规定			施工单位检查评定记录	监理(建设)单位验收记录
主控项目	1		涂料品种、型号、性能		第10.3.2条		
	2		颜色、光泽、图案		第10.3.3条		
	3		涂饰综合质量		第10.3.4条		
	4		基层处理		第10.3.5条		
一般项目	1		与其他材料、设备衔接处界面应清晰		第10.3.8条		
	2	色漆涂饰质量及允许偏差	颜色	普通涂饰	均匀一致		
				高级涂饰	均匀一致		
			光泽、光滑	普通涂饰	光泽基本均匀光滑无挡手感		
				高级涂饰	光泽均匀一致光滑		
			刷纹	普通涂饰	刷纹通顺		
				高级涂饰	无刷纹		
			裹棱、流坠、皱皮	普通涂饰	明显处不允许		
				高级涂饰	不允许		
			装饰线、分色线直线度	普通涂饰	2mm		
				高级涂饰	1mm		
	3	清漆涂饰质量	颜色	普通涂饰	基本一致		
				高级涂饰	均匀一致		
			木纹	普通涂饰	棕眼刮平、木纹清楚		
				高级涂饰	棕眼刮平、木纹清楚		
			光泽、光滑	普通涂饰	光泽基本均匀光滑无挡手感		
				高级涂饰	光泽均匀一致光滑		
			刷纹	普通涂饰	无刷纹		
				高级涂饰	无刷纹		
			裹棱、流坠、皱皮	普通涂饰	明显处不允许		
				高级涂饰	不允许		

施工单位检查评定结果	专业工长(施工员)		施工班组长	
	项目专业质量检查员:			年　月　日
监理(建设)单位验收结论	专业监理工程师: (建设单位项目专业技术负责人):			年　月　日

368

主控项目：

1. 溶剂型涂料涂饰工程所选用涂料的品种、型号和性能应符合设计要求。
   检查产品合格证书、性能检测报告和进场验收记录。

2. 溶剂型涂料涂饰工程的颜色、光泽、图案应符合设计要求。
   观察检查。

3. 溶剂型涂料涂饰工程应涂饰均匀、粘结牢固，不得漏涂、透底、起皮和反锈。
   观察和手摸检查。

4. 溶剂型涂料涂饰工程的基层处理。

   （1）混凝土、抹灰基层上，应先涂刷抗碱封闭底漆。

   （2）旧墙上应清理除去疏松的旧装饰层，并涂界面剂。

   （3）混凝土、抹灰层涂刷溶剂型涂料时，含水率不大于8%；涂刷乳液型涂料时，含水率不大于10%；木材基层的含水率不大于12%。

   （4）基层腻子应平整、坚实、牢固、无粉化、起皮及裂缝，内墙腻子的粘结强度应符合《建筑室内用腻子》JG/T 3049 的规定。

   （5）厨房、卫生间必须用耐水腻子。

   观察和手摸检查；检查施工记录。

一般项目：

1. 涂层与其他装修材料和设备衔接处应吻合，界面应清晰。
   观察检查。

2. 色漆的涂饰质量。
   观察和手摸检查。

3. 清漆的涂饰质量。
   观察和手摸检查。

美术涂饰工程检验批质量验收记录表
GB 50210—2001

单位(子单位)工程名称					
分部(子分部)工程名称			验收部位		
施工单位			项目经理		
分包单位			分包项目经理		
施工执行标准名称及编号					

施工质量验收规范的规定				施工单位检查评定记录	监理(建设)单位验收记录
主控项目	1	材料品种、型号、性能	第10.4.2条		
	2	涂饰综合质量	第10.4.3条		
	3	基层处理	第10.4.4条		
	4	套色、花纹、图案	第10.4.5条		
一般项目	1	表面质量	第10.4.6条		
	2	仿花纹涂饰表面质量	第10.4.7条		
	3	套色涂饰图案	第10.4.8条		

施工单位检查评定结果	专业工长(施工员)		施工班组长	
	项目专业质量检查员:			年 月 日

监理(建设)单位验收结论	
	专业监理工程师: (建设单位项目专业技术负责人):
	年 月 日

说　明

主控项目：

1. 美术涂饰所用材料的品种、型号和性能应符合设计要求。
   观察和检查产品合格证书、性能检测报告和进场验收记录。

2. 美术涂饰工程应涂饰均匀，粘结牢固，不得漏涂、透底、起皮、掉粉和反锈。
   观察和手摸检查。

3. 美术涂饰工程的基层处理。
   （1）混凝土、抹灰基层上，应先涂刷抗碱封闭底漆。
   （2）旧墙上应清理除去疏松的旧装饰层，并涂界面剂。
   （3）混凝土、抹灰层涂刷溶剂型涂料时，含水率不大于8%；涂刷乳液型涂料时，含水率不大于10%；木材基层的含水率不大于12%。
   （4）基层腻子应平整、坚实、牢固、无粉化、起皮及裂缝，内墙腻子粘结强度应符合《建筑室内用腻子》JG/T 3049 的规定。
   （5）厨房、卫生间必须用耐水腻子。
   观察和手摸检查；检查施工记录。

4. 美术涂饰的套色、花纹和图案应符合设计要求。
   观察检查。

一般项目：

1. 美术涂饰表面应洁净，不得有流坠现象。
2. 仿花纹涂饰的饰面应具有被模仿材料的纹理。
3. 套色涂饰的图案不得移位，纹理和轮廓应清晰。
   各项均为观察检查。

裱糊工程检验批质量验收记录表
GB 50210—2001

单位(子单位)工程名称					
分部(子分部)工程名称				验收部位	
施工单位				项目经理	
分包单位				分包项目经理	
施工执行标准名称及编号					

		施工质量验收规范的规定		施工单位检查评定记录	监理(建设)单位验收记录
主控项目	1	材料品种、型号、规格、性能	第11.2.2条		
	2	基层处理	第11.2.3条		
	3	各幅拼接	第11.2.4条		
	4	壁纸、墙布粘贴	第11.2.5条		
一般项目	1	裱糊表面质量	第11.2.6条		
	2	壁纸压痕及发泡层	第11.2.7条		
	3	与装饰线、设备线盒交接	第11.2.8条		
	4	壁纸、墙布边缘	第11.2.9条		
	5	壁纸、墙布阴、阳角无接缝	第11.2.10条		

施工单位检查评定结果	专业工长(施工员)	施工班组长
	项目专业质量检查员：　　　　　　　　　　　　　　　年　月　日	

监理(建设)单位验收结论	
	专业监理工程师： (建设单位项目专业技术负责人)：　　　　　　　年　月　日

372

说　明

主控项目：

1. 壁纸、墙布的种类、规格、图案、颜色和燃烧性能等级必须符合设计要求及国家现行标准的有关规定。
   检查产品合格证书、进场验收记录和性能检测报告和观察检查。

2. 裱糊工程基层处理质量。
   （1）混凝土、抹灰基层上，应先涂刷抗碱封闭底漆。
   （2）旧墙上应清理除去疏松的旧装饰层，并涂界面剂。
   （3）混凝土、抹灰层涂刷溶剂型涂料时，含水率不大于8%；涂刷乳液型涂料时，含水率不大于10%；木材基层的含水率不大于12%。
   （4）基层腻子应平整、坚实、牢固、无粉化、起皮及裂缝，腻子的粘结强度应符合《建筑室内用腻子》JG/T 3049 的规定。
   （5）基层表面平整度、立面垂直度及阴阳角方正应达到高级抹灰的要求。均不应超过 3mm 的允许偏差。
   （6）基层表面颜色应一致。
   （7）裱糊层应用封闭底胶涂刷基层。
   观察、手摸检查；检查施工记录。

3. 裱糊后各幅拼接应横平竖直，拼接处花纹、图案应吻合，不离缝，不搭接，不显拼缝。
   拼缝检查距离墙面 1.5m 处正视检查。

4. 壁纸、墙布应粘贴牢固，不得有漏贴、补贴、脱层、空鼓和翘边。
   观察和手摸检查。

一般项目：

1. 裱糊后的壁纸、墙布表面应平整，色泽应一致，不得有波纹起伏、气泡、裂缝、皱折及斑污，斜视时应无胶痕。

2. 复合压花壁纸的压痕及发泡壁纸的发泡层应无损坏。

3. 壁纸、墙布与各种装饰线、设备线盒应交接严密。

4. 壁纸、墙布边缘应平直整齐，不得有纸毛、飞刺。

5. 壁纸、墙布阴角处搭接应顺光，阳角处应无接缝。
   各项均为观察检查。

软包工程检验批质量验收记录表
GB 50210—2001

单位(子单位)工程名称				
分部(子分部)工程名称			验收部位	
施工单位			项目经理	
分包单位			分包项目经理	
施工执行标准名称及编号				

施工质量验收规范的规定			施工单位检查评定记录	监理(建设)单位验收记录
主控项目	1	材料质量 第11.3.2条		
	2	安装位置、构造做法 第11.3.3条		
	3	龙骨、衬板、边框安装 第11.3.4条		
	4	单块面料 第11.3.5条		
一般项目	1	软包表面质量 第11.3.6条		
	2	边框安装质量 第11.3.7条		
	3	清漆涂饰 第11.3.8条		
	4	安装允许偏差 垂直度(mm) 3		
		边框宽度、高度(mm) 0;-2		
		对角线长度差(mm) 3		
		裁口、线条接缝高低差(mm) 1		

施工单位检查评定结果	专业工长(施工员)	施工班组长
	项目专业质量检查员:	年 月 日

监理(建设)单位验收结论	
	专业监理工程师: (建设单位项目专业技术负责人): 年 月 日

说　　明

主控项目：

1. 软包面料、内衬材料及边框的材质、颜色、图案、燃烧性能等级和木材的含水率应符合设计要求及国家现行标准的有关规定。
   观察和检查产品合格证书、进场验收记录和性能检测报告。
2. 软包工程的安装位置及构造做法应符合设计要求。
   观察和尺量检查；检查施工记录。
3. 软包工程的龙骨、衬板、边框应安装牢固，无翘曲，拼缝应平直。
   观察和手扳检查。
4. 单块软包面料不应有接缝，四周应绷压严密。
   观察和手摸检查。

一般项目：

1. 软包工程表面应平整、洁净，无凹凸不平及皱折；图案应清晰、无色差，整体应协调美观。
   观察检查。
2. 软包边框应平整、顺直、接缝吻合。其表面涂饰质量应符合本规范第 10 章的有关规定。
   观察和手摸检查。
3. 清漆涂饰木制边框的颜色、木纹应协调一致。
   观察检查。
4. 软包工程安装的允许偏差，用 1m 垂直检测尺、钢尺及塞尺检查。

橱柜制作与安装工程检验批质量验收记录表
GB 50210—2001

031001□□

单位(子单位)工程名称				
分部(子分部)工程名称			验收部位	
施工单位			项目经理	
分包单位			分包项目经理	
施工执行标准名称及编号				

施工质量验收规范的规定			施工单位检查评定记录	监理(建设)单位验收记录
主控项目	1	材料质量	第12.2.3条		
	2	预埋件或后置埋件	第12.2.4条		
	3	制作、安装、固定方法	第12.2.5条		
	4	橱柜配件	第12.2.6条		
	5	抽屉和柜门	第12.2.7条		
一般项目	1	橱柜表面质量	第12.2.8条		
	2	橱柜裁口	第12.2.9条		
	3	橱柜安装允许偏差	外形尺寸(mm)	3	
			立面垂直度(mm)	2	
			门与框架的平行度(mm)	2	

施工单位检查评定结果	
	项目专业质量检查员：　　　　　　　　　　　年　月　日

监理(建设)单位验收结论	
	专业监理工程师： (建设单位项目专业技术负责人)：　　　　　年　月　日

376

说 明

主控项目：

1. 橱柜制作与安装所用材料的材质和规格、木材的燃烧性能等级和含水率、花岗石的放射性及人造木板的甲醛含量应符合设计要求及国家现行标准的有关规定。
   观察；检查产品合格证书、进场验收记录、性能检测报告和复验报告。

2. 橱柜安装预埋件或后置埋件的数量、规格、位置应符合设计要求。
   检查隐蔽工程验收记录和施工记录。

3. 橱柜的造型、尺寸、安装位置、制作和固定方法应符合设计要求。橱柜安装必须牢固。
   观察和尺量检查；手扳检查。

4. 橱柜配件的品种、规格应符合设计要求。配件应齐全，安装应牢固。
   观察和手扳检查；检查进场验收记录。

5. 橱柜的抽屉和柜门应开关灵活、回位正确。
   观察和开闭检查。

一般项目：

1. 橱柜表面应平整、洁净、色泽一致，不得有裂缝、翘曲及损坏。
   观察检查。

2. 橱柜裁口应顺直、拼缝应严密。
   观察检查。

3. 橱柜安装的允许偏差，用尺量及 1m 垂直检测尺检查。

窗帘盒、窗台板和散热器罩制作与安装
工程检验批质量验收记录表
GB 50210—2001

单位(子单位)工程名称						
分部(子分部)工程名称					验收部位	
施工单位					项目经理	
分包单位					分包项目经理	
施工执行标准名称及编号						

施工质量验收规范的规定				施工单位检查评定记录	监理(建设)单位验收记录
主控项目	1	材料质量	第12.3.3条		
	2	造型尺寸、安装、固定方法	第12.3.4条		
	3	窗帘盒配件	第12.3.5条		
一般项目	1	表面质量	第12.3.6条		
	2	与墙面、窗框衔接	第12.3.7条		
	3 安装允许偏差(mm)	水平度	2		
		上口、下口直线度	3		
		两端距窗洞口长度差	2		
		两端出大墙厚度差	3		

专业工长(施工员)		施工班组长	

施工单位检查评定结果	
	项目专业质量检查员:　　　　　　　　　　　年　月　日

监理(建设)单位验收结论	
	专业监理工程师: (建设单位项目专业技术负责人):　　　　　　年　月　日

说　明

主控项目：

1. 窗帘盒、窗台板和散热器罩制作与安装所使用材料的材质和规格、木材的燃烧性能等级和含水率、花岗石的放射性及人造木板的甲醛含量应符合设计要求及国家现行标准的有关规定。
   观察；检查产品合格证书、进场验收记录、性能检测报告和复验报告。

2. 窗帘盒、窗台板和散热器罩的造型、规格、尺寸、安装位置和固定方法必须符合设计要求。窗帘盒、窗台板和散热器罩的安装必须牢固。
   观察；尺量检查；手扳检查。

3. 窗帘盒配件的品种、规格应符合设计要求，安装应牢固。
   手扳检查；检查进场验收记录。

一般项目：

1. 窗帘盒、窗台板和散热器罩表面应平整、洁净、线条顺直、接缝严密、色泽一致，不得有裂缝、翘曲及损坏。
   观察检查。

2. 窗帘盒、窗台板和散热器罩与墙面、窗框的衔接应严密，密封胶缝应顺直、光滑。
   观察检查。

3. 窗帘盒、窗台板和散热器罩安装的允许偏差用水平尺、塞尺及拉线尺量检查。

门窗套制作与安装工程检验批质量验收记录表
GB 50210—2001

031003□□

单位(子单位)工程名称				
分部(子分部)工程名称			验收部位	
施工单位			项目经理	
分包单位			分包项目经理	
施工执行标准名称及编号				

施工质量验收规范的规定				施工单位检查评定记录	监理(建设)单位验收记录
主控项目	1	材料质量	第12.4.3条		
	2	造型、尺寸及固定方法	第12.4.4条		
一般项目	1	表面质量	第12.4.5条		
	2	安装允许偏差	正、侧面垂直度(mm) 3		
			门窗套上口水平度(mm) 1		
			门窗套上口直线度(mm) 3		

施工单位检查评定结果	专业工长(施工员)		施工班组长	
	项目专业质量检查员：			年 月 日

监理(建设)单位验收结论	
	专业监理工程师： (建设单位项目专业技术负责人)：　　　　　　年 月 日

380

说 明

主控项目:

1. 门窗套制作与安装所使用材料的材质、规格、花纹和颜色、木材的燃烧性能等级和含水率、花岗石的放射性及人造木板的甲醛含量应符合设计要求及国家现行标准的有关规定。

   观察;检查产品合格证书、进场验收记录,性能检测报告和复验报告。

2. 门窗套的造型、尺寸和固定方法应符合设计要求,安装应牢固。

   观察、尺量和手扳检查。

一般项目:

1. 门窗套表面应平整、洁净、线条顺直、接缝严密、色泽一致,不得有裂缝、翘曲及损坏。

   观察检查。

2. 门窗套安装的允许偏差,用 1m 垂直检测尺、塞尺及拉线和尺量检查。

护栏和扶手制作与安装工程检验批质量验收记录表
GB 50210—2001

031004□□

单位(子单位)工程名称						
分部(子分部)工程名称					验收部位	
施工单位					项目经理	
分包单位					分包项目经理	
施工执行标准名称及编号						

施工质量验收规范的规定				施工单位检查评定记录	监理(建设)单位验收记录
主控项目	1	材料质量	第12.5.3条		
	2	造型、尺寸、安装位置	第12.5.4条		
	3	预埋件及连接	第12.5.5条		
	4	护栏高度、位置与安装	第12.5.6条		
	5	护栏玻璃	第12.5.7要		
一般项目	1	转角、接缝及表面质量	第12.5.8条		
	2	安装允许偏差	护栏垂直度(mm)	3	
			栏杆间距(mm)	3	
			扶手直线度(mm)	4	
			扶手高度(mm)	3	

	专业工长(施工员)		施工班组长	
施工单位检查评定结果				
	项目专业质量检查员:			年 月 日
监理(建设)单位验收结论				
	专业监理工程师: (建设单位项目专业技术负责人):			年 月 日

382

说　明

主控项目:

1. 护栏和扶手制作与安装所使用材料的材质、规格、数量和木材、塑料的燃烧性能等级应符合设计要求。
   观察和检查产品合格证书、进场验收记录和性能检测报告。

2. 护栏和扶手的造型、尺寸及安装位置应符合设计要求。
   观察和尺量检查;检查进场验收记录。

3. 护栏和扶手安装预埋件的数量、规格、位置以及护栏与预埋件的连接节点应符合设计要求。
   检查隐蔽工程验收记录和施工记录。

4. 护栏高度、栏杆间距、安装位置必须符合设计要求。护栏安装必须牢固。
   观察、尺量和手扳检查。

5. 护栏玻璃应使用公称厚度不小于 12mm 的钢化玻璃或钢化夹层玻璃。当护栏一侧距楼地面高度为 5m 及以上时,应使用钢化夹层玻璃。
   观察和尺量检查;检查产品合格证书和进场验收记录。

一般项目:

1. 护栏和扶手转角弧度应符合设计要求,接缝应严密,表面应光滑,色泽应一致,不得有裂缝、翘曲及损坏。
   观察和手模检查。

2. 护栏和扶手安装的允许偏差,用1m 垂直检测尺及拉线和尺量检查。

花饰制作与安装工程检验批质量验收记录表
GB 50210—2001

单位(子单位)工程名称						
分部(子分部)工程名称					验收部位	
施工单位					项目经理	
分包单位					分包项目经理	
施工执行标准名称及编号						

施工质量验收规范的规定						施工单位检查评定记录	监理(建设)单位验收记录
主控项目	1	材料质量、规格			第12.6.3条		
	2	造型、尺寸			第12.6.4条		
	3	安装位置与固定方法			第12.6.5条		
一般项目	1	表面质量			第12.6.6条		
	2	安装允许偏差	条型花饰的水平度或垂直度	每米	室内 1		
				室外 2		
			全长	室内 3		
				室外 6		
		单独花饰中心位置偏移		室内 10		
				室外 15		

施工单位检查评定结果	专业工长(施工员)		施工班组长	
	项目专业质量检查员:		年 月 日	

监理(建设)单位验收结论	
	专业监理工程师: (建设单位项目专业技术负责人): 年 月 日

说　　明

主控项目：

1. 花饰制作与安装所使用材料的材质、规格应符合设计要求。
   观察和检查产品合格证书和进场验收记录。
2. 花饰的造型、尺寸应符合设计要求。
   观察和尺量检查。
3. 花饰的安装位置和固定方法必须符合设计要求，安装必须牢固。
   观察、尺量和手扳检查。

一般项目：

1. 花饰表面应洁净，接缝应严密吻合，不得有歪斜、裂缝、翘曲及损坏。
   观察检查。
2. 花饰安装的允许偏差，用1m垂直检测尺及拉线和尺量检查。

第四节 屋面工程质量验收用表

屋面工程各子分部工程与分项工程相关表

子分部工程 分项工程		01 卷材防水屋面	02 涂膜防水屋面	03 刚性防水屋面	04 瓦屋面	05 隔热屋面	06	07	08	09	10
序号	名称										
1	保温层　040101,040201	●	●								
2	找平层　040102,040202	●	●								
3	卷材防水层　040103	●									
4	涂膜防水层　040203		●								
5	细石混凝土防水层　040301			●							
6	密封材料嵌缝　040302			●							
7	平瓦屋面　040401				●						
8	油毡瓦屋面　040402				●						
9	金属板材屋面　040403				●						
10	细部构造　040104,040204,040304,040404	●	●	●	●						
11	架空屋面　040501					●					
12	蓄水屋面　040502					●					
13	种植屋面　040503					●					
14											
15											
16											
17											
18											
19											
20											
21											
22											
23											
24											
25											
26											
27											
28											
29											
30											
31											

屋面工程验收资料

1. 施工图纸及设计变更文件
2. 原材料出厂合格证、质量检验报告和进场复验报告
3. 施工方案及技术交底记录
4. 隐蔽工程验收记录
5. 施工检验记录
6. 淋水或蓄水检验记录
7. 各检验批验收记录
8. 其他必要的文件和记录

屋面保温层工程检验批质量验收记录表
GB 50207—2002

040101□□
040201□□

单位(子单位)工程名称						
分部(子分部)工程名称				验收部位		
施工单位				项目经理		
分包单位				分包项目经理		
施工执行标准名称及编号						

施工质量验收规范的规定				施工单位检查评定记录	监理(建设)单位验收记录
主控项目	1	材料质量	设计要求		
	2	保温层含水率	设计要求		
一般项目	1	保温层铺设	第4.2.10条		
	2	倒置式屋面保护层	第4.2.12条		
	3	保温层厚度允许偏差 松散、整体	+10%，-5%		
		板块	±5%		

	专业工长(施工员)		施工班组长	
施工单位检查评定结果				
	项目专业质量检查员：		年 月 日	
监理(建设)单位验收结论				
	专业监理工程师： (建设单位项目专业技术负责人)：		年 月 日	

388

主控项目：

1. 保温材料的堆积密度或表观密度、导热系数以及板材的强度、吸水率，必须符合设计要求。

   检查出厂合格证、质量检验报告和现场抽样复验报告。

2. 保温层的含水率必须符合设计要求。

   检查现场抽样检验报告。

一般项目：

1. 保温层的铺设应符合下列要求：

   （1）松散保温材料：分层铺设，压实适当，表面平整，找坡正确。

   （2）板状保温材料：紧贴（靠）基层，铺平垫稳，拼缝严密，找坡正确。

   （3）整体现浇保温层：拌和均匀，分层铺设，压实适当，表面平整，找坡正确。

   观察检查。

2. 保温层厚度的允许偏差：松散保温材料和整体现浇保温层为 +10%，-5%；板状保温材料为 ±5%，且不得大于 4mm。

   用钢针插入和尺量检查。

3. 当倒置式屋面保护层采用卵石铺压时，卵石应分布均匀，卵石的质（重）量应符合设计要求。

   观察检查和按堆积密度计算其质（重）量。

屋面找平层工程检验批质量验收记录表
GB 50207—2002

单位(子单位)工程名称					
分部(子分部)工程名称				验收部位	
施工单位				项目经理	
分包单位				分包项目经理	
施工执行标准名称及编号					

施工质量验收规范的规定				施工单位检查评定记录	监理(建设)单位验收记录
主控项目	1	材料质量及配合比	设计要求		
	2	排水坡度	设计要求		
一般项目	1	交接处和转角处细部处理	第4.1.9条		
	2	表面质量	第4.1.10条		
	3	分格缝位置和间距	第4.1.11条		
	4	表面平整度允许偏差	5mm		

施工单位检查评定结果	专业工长(施工员)	施工班组长
	项目专业质量检查员：	年 月 日

监理(建设)单位验收结论	
	专业监理工程师： (建设单位项目专业技术负责人)：　　　　　　年 月 日

390

说　明

主控项目：

1. 找平层的材料质量及配合比,必须符合设计要求。

   检查出厂合格证、质量检验报告和计量措施。

2. 屋面(含天沟、檐沟)找平层的排水坡度,必须符合设计要求。

   用水平仪(水平尺)、拉线和尺量检查。

一般项目：

1. 基层与突出屋面结构的交接处和基层的转角处,均应做成圆弧形,且整齐平顺。

   观察和尺量检查。

2. 水泥砂浆、细石混凝土找平层应平整、压光,不得有酥松、起砂、起皮现象;沥青砂浆找平层不得有拌和不匀、蜂窝现象。

   观察检查。

3. 找平层分格缝的位置和间距应符合设计要求。

   观察和尺量检查。

4. 找平层表面平整度的允许偏差为5mm。

   用2m靠尺和楔形塞尺检查。

卷材防水层工程检验批质量验收记录表
GB 50207—2002

040103□□

单位(子单位)工程名称											
分部(子分部)工程名称					验收部位						
施工单位					项目经理						
分包单位					分包项目经理						
施工执行标准名称及编号											

		施工质量验收规范的规定		施工单位检查评定记录									监理(建设)单位验收记录
主控项目	1	卷材及配套材料质量	设计要求										
	2	卷材防水层	第4.3.16条										
	3	防水细部构造	第4.3.17条										
一般项目	1	卷材搭接缝与收头质量	第4.3.18条										
	2	卷材保护层	第4.3.19条										
	3	排汽屋面孔道留置	第4.3.20条										
	4	卷材铺贴方向	铺贴方向正确										
	5	搭接宽度允许偏差	−10mm										

	专业工长(施工员)		施工班组长	
施工单位检查评定结果				
	项目专业质量检查员:		年 月 日	
监理(建设)单位验收结论				
	专业监理工程师: (建设单位项目专业技术负责人):		年 月 日	

392

说　明

主控项目：

1. 卷材防水层所用卷材的种类、材质、厚度及配套材料的相容性必须符合设计要求。
   检查出厂合格证、质量检验报告和现场抽样复验报告。

2. 卷材防水层不得有渗漏或积水现象。
   雨后或淋水、蓄水检验。

3. 卷材防水层在天沟、檐沟、檐口、水落口、泛水、变形缝和伸出屋面管道的防水构造，必须符合设计要求。
   同时应符合第9章细部构造有关规定。
   观察检查和检查隐蔽工程验收记录。

一般项目：

1. 卷材防水层的搭接缝应粘（焊）结牢固，密封严密，不得有皱折、翘边和鼓泡等缺陷；防水层的收头应与基层粘结并固定牢固，缝口封严，不得翘边。
   观察检查。

2. 卷材防水层上的撒布材料和浅色涂料保护层应铺撒或涂刷均匀，粘结牢固；水泥砂浆、块材或细石混凝土保护层与卷材防水层间应设置隔离层；刚性保护层的分格缝留置应符合设计要求。
   观察检查。

3. 排汽屋面的排汽道应纵横贯通，不得堵塞。排汽管应安装牢固，位置正确，封闭严密。
   观察检查。

4. 卷材的铺贴方向应正确。

5. 卷材搭接宽度的允许偏差为 −10mm。
   观察和尺量检查。

涂膜防水层工程检验批质量验收记录表
GB 50207—2002

040203□□

单位(子单位)工程名称					
分部(子分部)工程名称				验收部位	
施工单位				项目经理	
分包单位				分包项目经理	
施工执行标准名称及编号					

施工质量验收规范的规定				施工单位检查评定记录	监理(建设)单位验收记录
主控项目	1	防水涂料及胎体增强材料质量	第5.3.9条		
	2	涂膜防水层不得渗漏或积水	第5.3.10条		
	3	防水细部构造	第5.3.11条		
一般项目	1	涂膜施工	第5.3.13条		
	2	涂膜保护层	第5.3.14条		
	3	涂膜厚度符合设计要求,最小厚度	≥80%设计厚度		

施工单位检查评定结果	专业工长(施工员)		施工班组长	
	项目专业质量检查员:			年 月 日

监理(建设)单位验收结论	
	专业监理工程师: (建设单位项目专业技术负责人): 年 月 日

说　明

主控项目：

1. 防水涂料和胎体增强材料必须符合设计要求，同时应符合第 5.3.2 条、第 5.3.6 条、第 5.3.7 规定。
   检查出厂合格证、质量检验报告和现场抽样复验报告。

2. 涂膜防水层不得有渗漏或积水现象。
   雨后或淋水、蓄水检验。

3. 涂膜防水层在天沟、檐沟、檐口、水落口、泛水、变形缝和伸出屋面管道的防水构造，必须符合设计要求。
   同时应配合第 9 章细部构造有关规定。
   观察检查和检查隐蔽工程验收记录。

一般项目：

1. 涂膜防水层施工应符合第 5.3.3 条规定。与基层应粘结牢固，表面平整，涂刷均匀，无流淌、皱折、鼓泡、露胎体和翘边等缺陷。
   观察检查。

2. 涂膜防水层上的撒布材料或浅色涂料保护层应铺撒或涂刷均匀，粘结牢固；水泥砂浆、块材或细石混凝土保护层与涂膜防水层间应设置隔离层；刚性保护层的分格缝留置应符合设计要求。成品保护应符合第 4.3.14 条规定。
   观察检查。

3. 涂膜防水层的平均厚度应符合设计要求，尚应符合第 5.3.4 条规定，最小厚度不应小于设计厚度的80%。
   针测法或取样量测。

细石混凝土防水层工程检验批质量验收记录表
GB 50207—2002

040301□□

单位(子单位)工程名称				
分部(子分部)工程名称			验收部位	
施工单位			项目经理	
分包单位			分包项目经理	
施工执行标准名称及编号				

施工质量验收规范的规定				施工单位检查评定记录	监理(建设)单位验收记录
主控项目	1	材料质量及配合比	第6.1.7条		
	2	细石混凝土防水层不得渗漏或积水	第6.1.8条		
	3	细部防水构造	第6.1.9条		
一般项目	1	防水层施工表面质量	第6.1.10条		
	2	防水层厚度和钢筋位置	第6.1.11条		
	3	分格缝位置和间距	第6.1.12条		
	4	表面平整度允许偏差	5mm		

施工单位检查评定结果	专业工长(施工员)		施工班组长	
	项目专业质量检查员:			年 月 日

监理(建设)单位验收结论	
	专业监理工程师: (建设单位项目专业技术负责人):
	年 月 日

说　明

主控项目：

1. 细石混凝土的原材料及配合比必须符合设计要求，尚应符合第 6.1.2 条和第 6.1.3 条规定。
   检查出厂合格证、质量检验报告、计量措施和现场抽样复验报告。

2. 细石混凝土防水层不得有渗漏或积水现象。
   雨后或淋水、蓄水检验。

3. 细石混凝土防水层在天沟、檐沟、檐口、水落口、泛水、变形缝和伸出屋面管道的防水构造，必须符合设计要求，同时应符合第 9 章细部构造的有关规定。
   观察检查和检查隐蔽工程验收记录。

一般项目：

1. 细石混凝土防水层应表面平整、压实抹光，不得有裂缝、起壳、起皮、起砂等缺陷。
   观察和尺量检查。

2. 细石混凝土防水层的厚度和钢筋位置应符合设计要求。
   观察和尺量检查。

3. 细石混凝土分格缝的位置和间距应符合设计要求。
   观察和尺量检查。

4. 细石混凝土防水层表面平整度的允许偏差为 5mm。
   用 2m 靠尺和楔形塞尺检查。

密封材料嵌缝工程检验批质量验收记录表
GB 50207—2002

单位(子单位)工程名称				
分部(子分部)工程名称			验收部位	
施工单位			项目经理	
分包单位			分包项目经理	
施工执行标准名称及编号				

施工质量验收规范的规定				施工单位检查评定记录	监理(建设)单位验收记录
主控项目	1	密封材料质量	设计要求		
	2	嵌缝施工质量	第6.2.7条		
一般项目	1	嵌缝基层处理	第6.2.8条		
	2	外观质量	第6.2.10条		
	3	接缝宽度允许偏差	±10%		

	专业工长(施工员)		施工班组长	
施工单位检查评定结果	项目专业质量检查员:			年　月　日
监理(建设)单位验收结论	专业监理工程师: (建设单位项目专业技术负责人):			年　月　日

398

说　明

主控项目：

1. 密封材料的质量必须符合设计要求。

   检查出厂合格证、配合比和现场抽样复验报告。

2. 密封材料嵌填必须密实、连续、饱满,粘结牢固,无气泡、开裂、脱落等缺陷。其背衬材料及外露材料保护层应符合第 6.2.4 条规定。

   观察检查。

一般项目：

1. 嵌填密封材料的基层应牢固、干净、干燥,表面应平整、密实,尚应符合第 6.2.2 条和第 6.2.3 条规定。

   观察检查。

2. 嵌填的密封材料表面应平滑,缝边应顺直,无凹凸不平现象。并应符合第 6.2.5 条规定。

   观察检查。

3. 密封防水接缝宽度的允许偏差为 ±10%,接缝深度为宽度的 0.5~0.7 倍。

   尺量检查。

平瓦屋面工程检验批质量验收记录表
GB 50207—2002

040401□□

单位(子单位)工程名称				
分部(子分部)工程名称			验收部位	
施工单位			项目经理	
分包单位			分包项目经理	
施工执行标准名称及编号				

		施工质量验收规范的规定		施工单位检查评定记录	监理(建设)单位验收记录
主控项目	1	平瓦及脊瓦质量	设计要求		
	2	平瓦铺置	第7.1.5条		
一般项目	1	挂瓦条、铺瓦质量	第7.1.6条		
	2	脊瓦搭盖	第7.1.7条		
	3	泛水做法	第7.1.8条		

施工单位检查评定结果	专业工长(施工员)		施工班组长	
	项目专业质量检查员:			年 月 日

监理(建设)单位验收结论	
	专业监理工程师: (建设单位项目专业技术负责人): 　　　　　　年 月 日

400

说　明

主控项目：

1. 平瓦及其脊瓦的质量必须符合设计要求。

   观察检查和检查出厂合格证或质量检验报告。

2. 平瓦必须铺置牢固。地震设防地区或坡度大于50%的屋面，应采取固定加强措施。

   观察与手扳检查。

一般项目：

1. 挂瓦条应分档均匀，铺钉平整、牢固；瓦面平整，行列整齐，搭接紧密，檐口平直。有关尺寸应符合第7.1.3条规定。

   观察检查。

2. 脊瓦应搭盖正确，间距均匀，封固严密；屋脊和斜脊应顺直，无起伏现象。

   观察或手扳检查。

3. 泛水做法应符合设计要求，顺直整齐，结合严密，无渗漏，尚应符合第7.1.2条有关规定。

   观察检查和雨后或淋水检验。

油毡瓦屋面工程检验批质量验收记录表
GB 50207—2002

040402□□

单位(子单位)工程名称					
分部(子分部)工程名称				验收部位	
施工单位				项目经理	
分包单位				分包项目经理	
施工执行标准名称及编号					

施工质量验收规范的规定				施工单位检查评定记录	监理(建设)单位验收记录
主控项目	1	油毡瓦质量	设计要求		
	2	油毡瓦固定	第7.2.6条		
一般项目	1	油毡瓦铺设方法	第7.2.7条		
	2	油毡瓦与基层连接	第7.2.8条		
	3	泛水做法	第7.2.9条		

施工单位检查评定结果	专业工长(施工员)		施工班组长	
	项目专业质量检查员：		年 月 日	

监理(建设)单位验收结论	
	专业监理工程师： (建设单位项目专业技术负责人)： 年 月 日

主控项目：

1. 油毡瓦的质量必须符合设计要求。

　　检查出厂合格证和质量检验报告。

2. 油毡瓦所用固定钉必须钉平、钉牢,严禁钉帽外露油毡瓦表面。

　　观察检查。

一般项目：

1. 油毡瓦的铺设方法应正确;油毡瓦之间的对缝,上下层不得重合,且应符合第7.2.4条规定。

　　观察检查。

2. 油毡瓦应与基层紧贴,瓦面平整,檐口顺直,且应符合第7.2.3条规定。

　　观察检查。

3. 泛水做法应符合设计要求,顺直整齐,结合严密,不渗漏。

　　观察检查和雨后或淋水检验。

金属板材屋面工程检验批质量验收记录表
GB 50207—2002

单位(子单位)工程名称					
分部(子分部)工程名称				验收部位	
施工单位				项目经理	
分包单位				分包项目经理	
施工执行标准名称及编号					

施工质量验收规范的规定				施工单位检查评定记录	监理(建设)单位验收记录
主控项目	1	板材及辅助材料的规格和质量	设计要求		
	2	连接和密封	第7.3.6条		
一般项目	1	金属板材铺设	第7.3.7条		
	2	檐口线及泛水做法	第7.3.8条		

	专业工长(施工员)		施工班组长	
施工单位检查评定结果				
	项目专业质量检查员:		年 月 日	
监理(建设)单位验收结论				
	专业监理工程师: (建设单位项目专业技术负责人):		年 月 日	

404

说　明

主控项目：

1. 金属板材及辅助材料的规格和质量,必须符合设计要求。

   检查出厂合格证和质量检验报告。

2. 金属板材的连接和密封处理必须符合设计要求,不得有渗漏现象,且应符合第7.3.3条规定。

   观察检查和雨后或淋水检验。

一般项目：

1. 金属板材屋面应安装平整,固定方法正确,密封完整;排水坡度应符合设计要求,且应符合第7.3.4条规定。

   观察和尺量检查。

2. 金属板材屋面的檐口线、泛水段应顺直,无起伏现象。

   观察检查。

细部构造工程检验批质量验收记录表
GB 50207—2002

040104□□
040204□□
040304□□
040404□□

单位(子单位)工程名称			
分部(子分部)工程名称		验收部位	
施工单位		项目经理	
分包单位		分包项目经理	
施工执行标准名称及编号			

施工质量验收规范的规定				施工单位检查评定记录	监理(建设)单位验收记录
主控项目	1	天沟、檐沟排水坡度	设计要求		
	2 防水构造	(1) 天沟、檐沟	第9.0.4条		
		(2) 檐口	第9.0.5条		
		(3) 水落口	第9.0.7条		
		(4) 泛水	第9.0.6条		
		(5) 变形缝	第9.0.8条		
		(6) 伸出屋面管道	第9.0.9条		

施工单位检查评定结果	专业工长(施工员)		施工班组长	
	项目专业质量检查员：			年 月 日

监理(建设)单位验收结论	
	专业监理工程师： (建设单位项目专业技术负责人)： 年 月 日

说　明

主控项目：

1. 天沟、檐沟的排水坡度，符合设计要求。用水平仪（水平尺）、拉线和尺量检查。

2. 天沟、檐沟、檐口、水落口、泛水、变形缝和伸出屋面管道的防水构造，必须符合设计要求和规范规定。
   观察检查和检查隐蔽工程验收记录。

   （1）天沟、檐沟的防水构造要求：

   ① 沟内附加层在天沟、檐沟与屋面交接处宜空铺，空铺的宽度不应小于200mm。

   ② 卷材防水层应由沟底翻上至沟外檐顶处，卷材收头应用水泥钉固定，并用密封材料封严。

   ③ 涂膜收头用防水涂料多遍涂刷或用密封材料封严。

   ④ 在天沟、檐沟与细石混凝土防水层的交接处，留凹槽并用密封材料嵌填严密。

   （2）檐口的防水构造要求：

   ① 铺贴檐口800mm范围内的卷材采取满粘法。

   ② 卷材收头应压入凹槽，用金属压条钉压，并用密封材料封口。

   ③ 涂膜收头用防水涂料多遍涂刷或用密封材料封严。

   ④ 檐口下端做出鹰嘴和滴水槽。

   （3）女儿墙泛水的防水构造要求：

   ① 铺贴泛水的卷材采取满粘法。

   ② 砖墙上的卷材收头可直接铺压在女儿墙压顶下，压顶做防水处理；也可压入砖墙凹槽内固定密封，凹槽距屋面找平层不小于250mm，凹槽上部的墙体做防水处理。

   ③ 涂膜防水层应直接涂刷至女儿墙的压顶下，收头处理用防水涂料多遍涂刷封严，压顶做防水处理。

   ④ 混凝土墙上的卷材收头采用金属压条钉压，并用密封材料封严。

   （4）水落口的防水构造要求：

   ① 水落口杯上口的标高应设置在沟底的最低处。

   ② 防水层贴入落口杯口不应小于50mm。

   ③ 水落口周围直径500mm范围内的坡度不应小于5%，并采用防水涂料或密封材料涂封，其厚度不应小于2mm。

   ④ 水落口杯与基层接触处应留宽20mm、深20mm凹槽，并嵌填密封材料。

   （5）变形缝的防水构造要求：

   ① 变形缝的泛水高度不应小于250mm。

   ② 防水层应铺贴到变形缝两侧砌体的上部。

   ③ 变形缝内应填充聚苯乙烯泡沫塑料，上部填放衬垫材料，并用卷材封盖。

   ④ 变形缝顶部应加扣混凝土或金属盖板，混凝土盖板的接缝应用密封材料嵌填。

   （6）伸出屋面管道的防水构造要求：

   ① 管道根部直径500mm范围内，找平层应抹出高度不小于30mm的圆台。

   ② 管道周围与找平层或细石混凝土防水层之间，应预留20mm×20mm凹槽，并用密封材料嵌填严密。

   ③ 管道根部四周应增设附加层，宽度和高度均不应小于300mm。

   ④ 管道上的防水层收头处应用金属箍坚固，并用密封材料封严。

架空屋面工程检验批质量验收记录表
GB 50207—2002

单位(子单位)工程名称				
分部(子分部)工程名称			验收部位	
施工单位			项目经理	
分包单位			分包项目经理	
施工执行标准名称及编号				

	施工质量验收规范的规定			施工单位检查评定记录	监理(建设)单位验收记录
主控项目	板材及辅助材料质量		设计要求		
一般项目	1	架空隔热制品铺设	第8.1.5条		
	2	隔热板相邻高低差	≤3mm		

	专业工长(施工员)		施工班组长	
施工单位检查评定结果				
	项目专业质量检查员：			年　月　日
监理(建设)单位验收结论				
	专业监理工程师： (建设单位项目专业技术负责人)：			年　月　日

408

说　明

主控项目：

　　架空隔热制品的质量必须符合设计要求，严禁有断裂和露筋等缺陷。且应符合第8.1.3条规定。

　　观察检查和检查构件合格证或试验报告。

一般项目：

1. 架空隔热制品的铺设应平整、稳固，缝隙勾填应密实；架空隔热制品距山墙或女儿墙不得小于250mm，架空层中不得堵塞，架空高度及变形缝做法应符合设计要求。

　　观察和尺量检查。

2. 相邻两块制品的高低差不得大于3mm。

　　用直尺和楔形塞尺检查。

蓄水、种植屋面工程检验批质量验收记录表
GB 50207—2002

040502□□
040503□□

单位(子单位)工程名称					
分部(子分部)工程名称				验收部位	
施工单位				项目经理	
分包单位				分包项目经理	
施工执行标准名称及编号					

施工质量验收规范的规定				施工单位检查评定记录	监理(建设)单位验收记录
主控项目	1	蓄水屋面溢水口、过水孔等设置	设计要求		
	2	蓄水屋面防水层不得渗漏	第3.2.6条		
	3	种植屋面泄水孔设置	设计要求		
	4	种植屋面防水不得渗漏	第8.3.6条		

	专业工长(施工员)		施工班组长	
施工单位检查评定结果				
	项目专业质量检查员:		年 月 日	
监理(建设)单位验收结论				
	专业监理工程师: (建设单位项目专业技术负责人):		年 月 日	

410

说　明

主控项目：

1. 蓄水屋面上设置的溢水口、过水孔、排水管、溢水管，其大小、位置、标高的留设必须符合设计要求。

   观察和尺量检查。

2. 蓄水屋面防水层施工必须符合设计要求，不得有渗漏现象。

   蓄水至规定高度观察检查。

3. 种植屋面挡墙泄水孔的留设必须符合设计要求，并不得堵塞。

   观察和尺量检查。

4. 种植屋面防水层施工必须符合设计要求，不能有渗漏现象。

   蓄水至规定高度观察检查。

   对蓄水、种植屋面除按本表进行质量验收外。屋面防水层是什么屋面还应该按屋面的要求进行全面验收。如卷材屋面应按"卷材防水层工程检验批质量验收表"的内容进行验收。

第五节 建筑给水排水与采暖工程质量验收用表

建筑给水、排水与采暖分部工程各子分部工程与分项工程相关表

序号	名 称		01 室内给水系统	02 室内排水系统	03 室内热水供应系统	04 卫生器具安装	05 室内采暖系统	06 室外给水管网	07 室外排水管网	08 室外供热管网	09 建筑中水系统及游泳池系统	10 辅助设备安装及供热锅炉
1	室内给水管道及配件安装	050101	●									
2	室内消火栓安装	050102	●									
3	给水设备安装	050103	●									
4	室内排水管道及配件安装	050201		●								
5	雨水管道及配件安装	050202		●								
6	室内热水管道及配件安装	050301			●							
7	热水供应系统辅助设备安装	050302			●							
8	卫生器具及给水配件安装 050401,050402					●						
9	卫生器具排水管道安装	050403				●						
10	室内采暖管道及配件安装	050501					●					
11	室内采暖辅助设备及散热器、金属辐射板安装 050502,050503						●					
12	低温热水地板辐射采暖系统安装 050504						●					
13	室外给水管道安装	050601						●				
14	室外消防水泵结合器、消火栓安装 050602							●				
15	管沟及井室	050603						●				
16	室外排水管道安装	050701							●			
17	室外排水管沟及井池	050702							●			
18	室外供热管网安装	050801								●		
19	建筑中水系统及游泳池系统安装 050901,050902										●	
20	锅炉安装	051001										●
21	锅炉辅助设备安装（Ⅰ）	051002										●
22	锅炉辅助设备工艺管道安装（Ⅱ） 051002											●
23	锅炉安全附件安装	051003										●
24	换热站安装	051004										●
25												
26												
27												
28												
29												

建筑给水、排水与采暖质量验收资料

1. 施工图及设计变更记录
2. 主要材料、成品、半成品、配件、器具和设备出厂合格证及进场检(试)验报告
3. 隐蔽工程检查验收记录
4. 中间试验记录
5. 设备试运转记录
6. 安全、卫生和使用功能检验和检测记录
7. 各检验批质量验收记录
8. 其他必须提供的文件或记录

室内给水管道及配件安装工程检验批质量验收记录表
GB 50242—2002

单位(子单位)工程名称			
分部(子分部)工程名称		验收部位	
施工单位		项目经理	
分包单位		分包项目经理	
施工执行标准名称及编号			

		施工质量验收规范的规定		施工单位检查评定记录	监理(建设)单位验收记录
主控项目	1	给水管道　水压试验	设计要求		
	2	给水系统　通水试验	第4.2.2条		
	3	生活给水系统管道　冲洗和消毒	第4.2.3条		
	4	直埋金属给水管道　防腐	第4.2.4条		
一般项目	1	给排水管铺设的平行、垂直净距	第4.2.5条		
	2	金属给水管道及管件焊接	第4.2.6条		
	3	给水水平管道　坡度坡向	第4.2.7条		
	4	管道支、吊架	第4.2.9条		
	5	水表安装	第4.2.10条		

		水平管道纵、横方向弯曲允许偏差	钢　管	每米	1mm					
				全长25m以上	≯25mm					
			塑料管、复合管	每米	1.5mm					
				全长25m以上	≯25mm					
			铸铁管	每米	2mm					
				全长25m以上	≯25mm					
一般项目	6	立管垂直度允许偏差	钢　管	每米	3mm					
				5m以上	≯8mm					
			塑料管、复合管	每米	2mm					
				5m以上	≯8mm					
			铸铁管	每米	3mm					
				5m以上	≯10mm					
		成排管段和成排阀门	在同一平面上的间距	3mm						

施工单位检查评定结果	专业工长(施工员)		施工班组长	
	项目专业质量检查员：		年　月　日	

监理(建设)单位验收结论	专业监理工程师： (建设单位项目专业技术负责人)	年　月　日

414

说　明

主控项目:

1. 室内给水管道的水压试验必须符合设计要求。当设计未注明时,各种材质的给水管道系统试验压力均为工作压力的 1.5 倍,但不得小于 0.6MPa。

   金属及复合管给水管道系统在试验压力下观测 10min,压力降不应大于 0.02MPa,然后降到工作压力进行检查,应不渗不漏;塑料管给水系统应在试验压力下稳压 1h,压力降不得超过 0.05MPa,然后在工作压力的 1.15 倍状态下稳压 2h,压力降不得超过 0.03MPa,同时检查各连接处不得渗漏。检查试验记录。

2. 给水系统交付使用前必须进行通水试验并做记录。观察和开启阀门、水嘴等放水检查。可全部系统或分区(段)进行。

3. 生活给水系统管道在交付使用前必须冲洗和消毒,并经有关部门取样检验,符合国家《生活饮用水标准》方可使用。检查检测报告。

4. 室内直埋给水管道(塑料管道和复合管道除外)应做防腐处理。埋地管道防腐层材质和结构应符合设计要求。观察或局部解剖检查。

一般项目:

1. 给水引入管与排水出管的水平净距不得小于 1m。室内给水与排水管道平行敷设时,两管间的最小水平净距不得小于 0.5m,交叉铺设时,垂直净距不得小于 0.15m。给水管应铺在排水管上面,若给水管必须铺在排水管的下面时,给水管应加套管,其长度不得小于排水管管径的 3 倍。全数尺量检查。

2. 管道及管件焊接的焊缝表面质量应符合下列要求:

   (1) 焊缝外形尺寸应符合图纸和工艺文件的规定,焊缝高度不得低于母材表面,焊缝与母材应圆滑过渡。

   (2) 焊缝及热影响区表面应无裂纹、未熔合、未焊透、夹渣、弧坑和气孔等缺陷。观察检查。

3. 给水水平管道应有 2‰~5‰ 的坡度,坡向泄水装置。水平尺和尺量检查。

4. 管道的支、吊架安装应平整牢固,其间距应符合本规范第 3.3.8 条、第 3.3.9 第、第 3.3.10 条的规定。观察、尺量及手扳检查。

5. 水表应安装在便于检修、不受暴晒、污染和冻结的地方。安装螺翼式水表,表前与阀门应有不小于 8 倍水表接口直径的直线管段。表外壳距墙表面净距为 10~30mm;水表进水口中心标高按设计要求,允许偏差为 ±10mm。观察和尺量检查。

6. 给水管道和阀门安装的允许偏差。用水平尺、直尺、拉线和尺量检查。

室内消火栓系统安装工程检验批质量验收记录表
GB 50242—2002

单位(子单位)工程名称				
分部(子分部)工程名称			验收部位	
施工单位			项目经理	
分包单位			分包项目经理	
施工执行标准名称及编号				

	施工质量验收规范的规定			施工单位检查评定记录	监理(建设)单位验收记录
主控项目	室内消火栓试射试验		设计要求		
一般项目	1	室内消火栓水龙带在箱内安放	第4.3.2条		
	2	栓口朝外,并不应安装在门轴侧			
		栓口中心距地面1.1m 允许偏差	±20mm		
		阀门中心距箱侧面140mm。允许偏差距箱后内表面100mm。允许偏差	±5		
		消火栓箱体安装的垂直度。允许偏差	3		

施工单位检查评定结果	专业工长(施工员)	施工班组长
	项目专业质量检查员:	年 月 日

监理(建设)单位验收结论	
	专业监理工程师: (建设单位项目专业技术负责人) 年 月 日

416

说　明

主控项目：

室内消火栓系统安装完成后取屋顶层(或水箱间内)试验消火栓和首层取二处消火栓做试射试验，达到设计要求为合格。按系统实地试射检查。

一般项目：

1. 安装消火栓。水龙带与水枪和快速接头绑扎好后，应根据箱内构造将水龙带挂放在箱内的挂钉、托盘或支架上。观察检查。

2. 箱式消火栓的安装应符合下列规定：
   (1) 栓口应朝外，并不应安装在门轴侧。
   (2) 栓口中心距地面为1.1m，允许偏差±20mm。
   (3) 阀门中心距箱侧面为140mm，距箱后内表面为100mm，允许偏差±5mm。
   (4) 消火栓箱体安装的垂直度允许偏差为3mm。
       观察和尺量检查。

给水设备安装工程检验批质量验收记录表
GB 50242—2002

050103□□

单位(子单位)工程名称					
分部(子分部)工程名称				验收部位	
施工单位				项目经理	
分包单位				分包项目经理	
施工执行标准名称及编号					

施工质量验收规范的规定					施工单位检查评定记录	监理(建设)单位验收记录
主控项目	1	水泵基础		第4.4.2条		
	2	水泵试运转的轴承温升		设计要求		
	3	敞口水箱满水试验和密闭水箱(罐)水压试验		第4.4.3条		
一般项目	1	水箱支架或底座安装		第4.4.4条		
	2	水箱溢流管和泄放管安装		第4.4.5条		
	3	立式水泵减振装置		第4.4.6条		
	4	安装允许偏差	静置设备	坐标	15mm	
				标高	±5mm	
				垂直度(每米)	5mm	
		离心式水泵	立式垂直度(每米)	0.1mm		
			卧式水平度(每米)	0.1mm		
			联轴器同心度	轴向倾斜(每米)	0.8mm	
				径向移位	0.1mm	
	5	保温层允许偏差	允许偏差	厚度δ	+0.1δ −0.05δ	
			表面平整度(mm)	卷材	5	
				涂料	10	

施工单位检查评定结果	专业工长(施工员)		施工班组长		
	项目专业质量检查员:			年 月 日	
监理(建设)单位验收结论	专业监理工程师: (建设单位项目专业技术负责人)			年 月 日	

418

主控项目：

1. 水泵就位前的基础混凝土强度、坐标、标高、尺寸和螺栓孔位置必须符合设计规定。
   对照图纸用仪器和尺量检查。
2. 水泵试运转的轴承温升必须符合设备说明书的规定。
   全数温度计实测检查。
3. 敞口水箱的满水试验和密闭水箱（罐）的水压试验必须符合设计与本规范的规定。
   满水试验静置24h观察，不渗不漏；水压试验在试验压力下10min压力不降，不渗不漏。全数检查。

一般项目：

1. 水箱支架或底座安装、其尺寸及位置应符合设计规定，埋设平整牢固。
   对照图纸，全数尺量检查。
2. 水箱溢流管和泄放管应设置在排水地点附近但不得与排水管直接连接。
   全数观察检查。
3. 立式水泵的减振装置不应采用弹簧减振器。
   全数观察检查。
4. 室内给水设备安装的允许偏差。
   经纬仪、拉线和尺量检查。
5. 管道及设备保温层的厚度和平整度的允许偏差。
   用钢针刺入用2m靠尺和楔形塞尺检查。

室内排水管道及配件安装工程检验批质量验收记录表
GB 50242—2002

单位(子单位)工程名称							
分部(子分部)工程名称					验收部位		
施工单位					项目经理		
分包单位					分包项目经理		
施工执行标准名称及编号							

		施工质量验收规范的规定				施工单位检查评定记录	监理(建设)单位验收记录
主控项目	1	排水管道 灌水试验			第5.2.1条		
	2	生活污水铸铁管,塑料管坡度			第5.2.2、5.2.3条		
	3	排水塑料管安装伸缩节			第5.2.4条		
	4	排水主立管及水平干管通球试验			第5.2.5条		
一般项目	1	生活污水管道上设检查口和清扫口			第5.2.6、5.2.7条		
	2	金属和塑料管支、吊架安装			第5.2.8、5.2.9条		
	3	排水通气管安装			第5.2.10条		
	4	医院污水和饮食业工艺排水			第5.2.11、5.2.12条		
	5	室内排水管道安装			第5.2.13、5.2.14、5.2.15条		
	6	排水管安装允许偏差	坐标		15mm		
			标高		±15mm		
		横管纵横方向弯曲	铸铁管	每1m	≯1mm		
				全长(25m以上)	≯25mm		
			钢管	每1m 管径≤100mm	1mm		
				每1m 管径>100mm	1.5mm		
				全长(25m以上) 管径≤100mm	≯25mm		
				全长(25m以上) 管径>100mm	≯38mm		
			塑料管	每1m	1.5mm		
				全长(25m以上)	≯38mm		
			钢筋混凝土管	每1m	3mm		
				全长(25m以上)	≯75mm		
		立管垂直度	铸铁管	每1m	3mm		
				全长(5m以上)	≯15mm		
			钢管	每1m	3mm		
				全长(5m以上)	≯10mm		
			塑料管	每1m	3mm		
				全长(5m以上)	≯15mm		
施工单位检查评定结果		专业工长(施工员)			施工班组长		
		项目专业质量检查员:			年 月 日		
监理(建设)单位验收结论		专业监理工程师: (建设单位项目专业技术负责人)			年 月 日		

420

说　明

主控项目:

1. 隐蔽或埋地的排水管道在隐蔽前必须做灌水试验,其灌水高度应不低于底层卫生器具的上边缘或底层地面高度。满水 15min 水面下降后,再灌满观察 5min,液面不降,管道及接口无渗漏为合格。全部系统或区(段)。观察检查。

2. 管道坡度
   (1)生活污水铸铁管道的坡度必须符合设计或规范表 5.2.2 的规定。
   (2)生活污水塑料管道的坡度必须符合设计或规范表 5.2.3 的规定。
   　　水平尺、拉线尺量检查。

3. 排水塑料管必须按设计要求及位置装设伸缩节。如设计无要求时,伸缩节间距不得大于 4m。高层建筑中明设排水塑料管道应按设计要求设置阻火圈或防火套管。观察检查。

4. 排水主立管及水平干管应做通球试验,通球球径不小于排水管道管径的 2/3,通球率必须达到 100%,通球检查。

一般项目:

1. 检查口、清扫口
   (1)在生活污水管道上设置的检查口或清扫口,当设计无要求时应符合规范第 5.2.6 条的规定。
   (2)埋在地下或地板下的排水管道的检查口,应设在检查井内。井底表面标高与检查口的法兰相平,井底表面应有 5% 坡度,坡向检查口。尺量检查。

2. 支架
   (1)金属排水管道上的吊钩或卡箍应固定在承重结构上。固定件间距:横管不大于 2m;立管不大于 3m。楼层高度小于或等于 4m,立管可安装 1 个固定件。立管底部的弯管处应设支墩或采取固定措施。
   (2)排水塑料管道支、吊架间距应符合下表的规定。

管径(mm)	50	75	110	125	160
立管(m)	1.2	1.5	2.0	2.0	2.0
横管(m)	0.5	0.75	1.10	1.30	1.6

观察和尺量检查。

3. 排水通气管道不得与风道或烟道连接,且应符合下列规定:
   (1)通气管道应高出屋面 300mm,但必须大于最大积雪厚度。
   (2)在通气管出口 4m 以内有门、窗时,通气管应高出门、窗顶 600mm 或引向无门、窗一侧。
   (3)在经常有人停留的平屋顶上,通气管应高出屋面 2m,并应根据防雷要求设置防雷装置。
   (4)屋顶有隔热层应从隔热层板面算起。观察和尺量检查。

4. 污水、工艺排水
   (1)安装未经消毒处理的医院含菌污水管道,不得与其他排水管道直接连接。
   (2)饮食业工业设备引出的排水管及饮用水水箱的溢流管,不得与污水管道直接连接,并应留出不小于 100mm 的隔断空间。观察和尺量检查。

5. 排水管道安装
   (1)通向室外的排水管,穿过墙壁或基础必须下返时,应采用 45° 三通和 45° 弯头连接,并应在垂直管段顶部设置清扫口。
   (2)由室内通向室外排水检查井的排水管,井内引入管应高于排出管道或两管顶相平。并有不小于 90° 的水流转角,如跌落差大于 300mm 可不受角度限制。

（3）用于室内排水的水平管道与水平管道、水平管道与立管的连接。应采用45°三通或45°四通和90°斜三通或90°斜四通。立管与排出管道的连接,应采用两个45°弯头或曲率半径不小于4倍管径的90°弯头。观察和尺量检查。

6. 室内排水管道安装的允许偏差。用水准仪、拉线和尺量检查。

雨水管道及配件安装工程检验批质量验收记录表
GB 50242—2002

050202□□

														监理(建设)单位

单位(子单位)工程名称						
分部(子分部)工程名称					验收部位	
施工单位					项目经理	
分包单位					分包项目经理	
施工执行标准名称及编号						

		施工质量验收规范的规定			施工单位检查评定记录	监理(建设)单位验收记录
主控项目	1	室内雨水管道灌水试验		第5.3.1条		
	2	塑料雨水管安装伸缩节		第5.3.2条		
	3	地下埋设雨水管道最小坡度	(1) 50mm	20‰		
			(2) 75mm	15‰		
			(3) 100mm	8‰		
			(4) 125mm	6‰		
			(5) 150mm	5‰		
			(6) 200~400mm	4‰		
			(7) 悬吊雨水管最小坡度≤5‰			
一般项目	1	雨水管不得与生活污水管相连接		第5.3.4条		
	2	雨水斗安装		第5.3.5条		
	3	悬吊式雨水管道检查口间距	管径≤150 ≯15m			
			管径≥200 ≯20m			
	4	焊缝允许偏差	焊口平直度 管壁厚10mm以内	管壁厚1/4		
			焊缝加强面 高度	+1mm		
			宽度			
			咬边 深度	小于0.5mm		
			长度 连续长度	25mm		
			总长度(两侧)	小于焊缝长度的10%		
	5	雨水管道安装的允许偏差同室内排水管		第5.3.7条		

施工单位检查评定结果	专业工长(施工员)		施工班组长	
	项目专业质量检查员:		年 月 日	

监理(建设)单位验收结论	
	专业监理工程师: (建设单位项目专业技术负责人) 年 月 日

423

说 明

主控项目：

1. 安装在室内的雨水管道安装后应做灌水试验,灌水高度必须到每根立管上部的雨水斗。
2. 灌水试验持续1h,不渗不漏。全部系统或区(段)。观察检查。
3. 雨水管道如采用塑料管,其伸缩节安装应符合设计要求。对照图纸观察检查。
4. 悬吊式雨水管道的敷设坡度不得小于5‰;埋地雨水管道的最小坡度应符合5.3.3条的规定。用水平尺、拉线及尺量检查。

一般项目：

1. 雨水管道不得与生活污水管道相连接。观察检查。
2. 雨水斗管的连接应固定在屋面承重结构上。雨水斗边缘与屋面相连接应严密不漏。连接管管径当设计无要求时,不得小于100mm。观察和尺量检查。
3. 悬吊式雨水管道的检查口或带法兰堵口的三通的间距。管径≤150mm 时检查口间距≥15m。管径≥200mm 时,检查口间距≥20m。
   拉线、尺量检查。
4. 雨水钢管管道焊接的焊口允许偏差。焊接检验尺和游标卡尺、直尺检查。
5. 雨水管道安装的允许偏差应符合规范表5.2.16 的规定。尺量检查。

			坐　　标		15mm					
一般项目	排水管安装允许偏差		标　　高		±15mm					
		横管纵横方向弯曲	铸铁管	每1m	≥1mm					
				全长(25m以上)	≥25mm					
			钢管	每1m	管径≤100mm	1mm				
					管径>100mm	1.5mm				
				全长(25m以上)	管径≤100mm	≥25mm				
					管径>100mm	≥38mm				
			塑料管	每1m	1.5mm					
				全长(25m以上)	≥38mm					
			钢筋混凝土管	每1m	3mm					
				全长(25m以上)	≥75mm					
		立管垂直度	铸铁管	每1m	3mm					
				全长(5m以上)	≥15mm					
			钢管	每1m	3mm					
				全长(5m以上)	≥10mm					
			塑料管	每1m	3mm					
				全长(5m以上)	≥15mm					

室内热水管道及配件安装工程检验批质量验收记录表
GB 50242—2002

单位(子单位)工程名称							
分部(子分部)工程名称						验收部位	
施工单位						项目经理	
分包单位						分包项目经理	
施工执行标准名称及编号							

		施工质量验收规范的规定				施工单位检查评定记录	监理(建设)单位验收记录
主控项目	1	热水供应系统管道水压试验		设计要求			
	2	热水供应系统管道安装补偿器		第6.2.2条			
	3	热水供应系统管道冲洗		第6.2.3条			
一般项目	1	管道安装坡度			设计规定		
	2	温度控制器和阀门安装			第6.2.5条		
	3	管道安装允许偏差	水平管道纵横方向弯曲	钢管	每米	1mm	
					全长25m以上	≯25mm	
				塑料管复合管	每米	1.5mm	
					全长25m以上	≯25mm	
			立管垂直度	钢管	每米	3mm	
					25m以上	≯8mm	
				塑料管复合管	每米	2mm	
					25m以上	≯8mm	
			成排管段和成排阀门	在同一平面上的间距 3mm			
	4	保温层允许偏差	厚度		$+0.1\delta,-0.05\delta$		
			表面平整度	卷材	5mm		
				涂抹	10mm		

施工单位检查评定结果	专业工长(施工员)		施工班组长	
	项目专业质量检查员:		年 月 日	
监理(建设)单位验收结论	监理工程师: (建设单位项目专业技术负责人)			年 月 日

425

说　明

主控项目：

1. 热水供应系统安装完毕，管道保温之前应进行水压试验。试验压力应符合设计要求。当设计未注明时，热水供应系统水压试验压力应为系统顶点的工作压力加 0.1MPa，同时在系统顶点的试验压力不小于 0.3MPa。钢管或复合管道系统试验压力下 10min 内压力降不大于 0.02MPa，然后降至工作压力检查，压力应不降，且不渗不漏；塑料管道系统在试验压力下稳压 1h，压力降不得超过 0.05MPa，然后在工作压力 1.15 倍状态下稳压 2h，压力降不得超过 0.3MPa，连接处不得渗漏。全部系统或分区（段）。打压试验检查。

2. 热水供应管道应尽量利用自然弯补偿热伸缩，直接段过长则应设置补偿器。补偿器形式、规格、位置应符合设计要求，并按有关规定进行预拉伸。对照设计图纸检查。

3. 热水供应系统竣工后必须进行冲洗。现场观察检查。检查隐蔽记录。

一般项目：

1. 管道安装坡度应符合设计规定。水平尺、拉线尺量检查。

2. 温度控制器及阀门应安装在便于观察和维护的位置。观察检查。

3. 热水供应管道和阀门安装的允许偏差应符合规范表 4.2.8 的规定。用尺量检查。

4. 热水供应系统管道应保温（浴室内明装管道除外），保温材料、厚度、保护壳等应符合设计规定。保温层厚度和平整度的允许偏差应符合规范 4.4.8 条的规定。用钢针刺入尺量检查和 2m 靠尺检查。

热水供应系统辅助设备安装工程检验批质量验收记录表
GB 50242—2002

单位(子单位)工程名称											
分部(子分部)工程名称							验收部位				
施工单位							项目经理				
分包单位							分包项目经理				
施工执行标准名称及编号											

		施工质量验收规范的规定			施工单位检查评定记录						监理(建设)单位验收记录
主控项目	1	热交换器,太阳能热水器排管和水箱等水压和满水试验		第6.3.1条 第6.3.2条 第6.3.5条							
	2	水泵基础		第6.3.3条							
	3	水泵试运转温升		第6.3.4条							
一般项目	1	太阳能热水器安装		第6.3.6条							
	2	太阳能热水器上、下集箱的循环管道坡度		第6.3.7条							
	3	水箱底部与上水管间距		第6.3.8条							
	4	集热排管安装紧固		第6.3.9条							
	5	热水器最低处安装泄水装置		第6.3.10条							
	6	太阳能热水器、热水箱上、下各管道保温、防冻		第6.3.11条 第6.3.12条							
	7	设备安装允许偏差	静置设备	坐 标	15mm						
				标 高	±5mm						
				垂直度每米	5mm						
			离心式水泵	立式水泵垂直度每米	0.1mm						
				卧式水泵水平度每米	0.1mm						
				联轴器 轴向倾斜(每米)	0.8mm						
				同心度 径向位移	0.1mm						
	8	热水器安装允许偏差	标高	中心线距地面 mm	±20mm						
			朝向	最大偏移角	不大于15°						

施工单位检查评定结果	专业工长(施工员)		施工班组长	
	项目专业质量检查员:		年　月　日	

监理(建设)单位验收结论	监理工程师: (建设单位项目专业技术负责人)	年　月　日

说　明

主控项目：

1. 水压和满水试验

   (1) 在安装太阳能集热器玻璃前，应对集热排管和上、下集管作水压试验，试验压力为工作压力的 1.5 倍。试验压力下 10min 内压力不降，不渗不漏。全系统检查。

   (2) 热交换器应以工作压力的 1.5 倍作水压试验。蒸汽部分应不低于蒸汽供汽压力加 0.3MPa；热水部分应不低于 0.4MPa。试验压力下 10min 内压力不降，不渗不漏。全系统检查。

   (3) 敞口水箱的满水试验和密闭水箱(罐)的水压试验必须符合设计与本规范的规定。

   　　满水试验静置 24h，观察不渗不漏；水压试验在试验压力下 10min 压力不降，不渗不漏。逐个检查。

2. 水泵就位前的基础混凝土的强度、坐标、标高、尺寸和螺栓孔位置必须符合设计要求。

   对照图纸和尺量检查。逐台检查。

3. 水泵试运转的轴承温升必须符合设备说明书的规定。温度计实测检查。

一般项目：

1. 安装固定式太阳能热水器，朝向应正南。如受条件限制时，其偏移角度不得大于 15°。集热器的倾角，对于春、夏、秋三个季节使用的，应采用当地纬度为倾角；若以夏季为主，可比当地纬度减少 10°。观察和分度仪检查。逐台检查。

2. 由集热器上、下管接往热水箱的循环管道应有 ≥5‰ 的坡度。尺量检查。

3. 自然循环的热水箱底部与集热器上管之间的距离为 0.3～0.1m。尺量检查。逐台检查。

4. 制作吸热钢板凹槽时，其圆度应准确，间距应一致。安装集热排管时，应用卡箍和钢丝紧固在钢板凹槽内。手扳和尺量检查。抽查 5 处。

5. 太阳能热水器的最低处应安装泄水装置。观察检查。抽查 5 处。

6. 热水箱及上、下管等循环管道均应保温。观察检查。抽查 5 处。凡以水作介质的太阳能热水器，在 0℃ 以下地区使用，应采取防冻措施。观察检查。逐台检查。

7. 热水供应辅助设备安装的允许偏差。应符合规范表 4.4.7 的规定，用尺量检查。

8. 太阳能热水器安装的允许偏差。应符合规范表 6.3.14 的规定。尺量检查、分度仪检查。逐台检查。

卫生器具及给水配件安装工程检验批质量验收记录表
GB 50242—2002

050401□□
050402□□

		单位(子单位)工程名称											

单位(子单位)工程名称					
分部(子分部)工程名称				验收部位	
施工单位				项目经理	
分包单位				分包项目经理	
施工执行标准名称及编号					

		施工质量验收规范的规定			施工单位检查评定记录	监理(建设)单位验收记录
主控项目	1	排水栓与地漏安装		第7.2.1条		
	2	卫生器具满水试验和通水试验		第7.2.2条		
	3	卫生器具给水配件		第7.3.1条		
一般项目	1	卫生器具安装允许偏差	坐标	单独器具	10mm	
				成排器具	5mm	
			标高	单独器具	±15mm	
				成排器具	±10mm	
			器具水平度		2mm	
			器具垂直度		3mm	
	2	给水配件安装允许偏差	高、低水箱、阀角及截止阀、水嘴		±10mm	
			淋浴器喷头下沿		±15mm	
			浴盆软管淋浴器挂钩		±20mm	
	3	浴盆检修门、小便槽冲洗管安装		第7.2.4条、第7.2.5条		
	4	卫生器具的支、托架		第7.2.6条		
	5	浴盆软管淋浴器挂钩高度距地1.8m		第7.3.3条		

施工单位检查评定结果	专业工长(施工员)		施工班组长	
	项目专业质量检查员:		年 月 日	

监理(建设)单位验收结论	专业监理工程师: (建设单位项目专业技术负责人)	年 月 日

429

说　明

主控项目：

1. 卫生器具交工前应做满水和通水试验。满水后各连接件不渗不漏；通水试验给、排水畅通。

2. 排水栓和地漏的安装应平正、牢固，低于排水表面，周边无渗漏。地漏水封高度不得小于50mm。试水观察检查。

3. 卫生器具给水配件安装应完好无损伤、接口严密，启闭部件灵活。观察、手扳检查。

一般项目：

1. 卫生器具的安装允许偏差应符合规范表7.2.3的规定。拉线、吊线和尺量检查。

2. 卫生器具给水配件安装标高的允许偏差应符合规范表7.3.2的规定。尺量检查。

3. 有饰面的浴盆，应留有通向浴盆排水口的检修门。观察检查。

　　小便槽冲洗管，应采用镀锌钢管或硬质塑料管。冲洗孔应斜向下方安装，冲洗水流同墙面成45°角。镀锌钢管钻孔后应进行二次镀锌。观察检查。

4. 卫生器具的支、托架必须防腐良好，安装平整、牢固，与器具接触紧密、平稳。观察和手扳检查。

5. 浴盆软管淋浴器挂钩的高度，如设计无要求，应距地面1.8m，尺量检查。

卫生器具排水管道安装工程检验批质量验收记录表
GB 50242—2002

单位(子单位)工程名称											
分部(子分部)工程名称								验收部位			
施工单位								项目经理			
分包单位								分包项目经理			
施工执行标准名称及编号											

		施工质量验收规范的规定			施工单位检查评定记录							监理(建设)单位验收记录
主控项目	1	器具受水口与立管,管道与楼板接合		第7.4.1条								
	2	连接排水管道接口应严密,其支托架安装		第7.4.2条								
一般项目	1	安装允许偏差	横管弯曲度	每1m长	2mm							
				横管长度≤10m,全长	<8mm							
				横管长度>10m,全长	10mm							
			卫生器具排水管口及横支管的纵横坐标	单独器具	10mm							
				成排器具	5mm							
			卫生器具接口标高	单独器具	±10mm							
				成排器具	±5mm							
	2	排水管管径和管径最小坡度	污水盆(池)管径	50mm	25‰							
			单、双格洗涤盆(池)管径	50mm	25‰							
			洗手盆、洗脸盆管径	32~50mm	20‰							
			浴盆管径	50mm	20‰							
			淋浴器管径	50mm	20‰							
			大便器 高低水箱管径	100mm	12‰							
			自闭式冲洗阀管径	100mm	12‰							
			拉管式冲洗阀管径	100mm	12‰							
			小便器 冲洗阀管径	40~50mm	20‰							
			自动冲洗水箱管径	40~50mm	20‰							
			化验盆(无塞)管径	40~50mm	25‰							
			净身器管径	40~50mm	20‰							
			饮水器管径	20~50mm	10‰~20‰							

施工单位检查评定结果	专业工长(施工员)		施工班组长	
	项目专业质量检查员:		年 月 日	
监理(建设)单位验收结论	专业监理工程师: (建设单位项目专业技术负责人)		年 月 日	

说　明

主控项目：

1. 与排水横管连接的各卫生器具受水口和立管均应采取妥善可靠的固定措施；管道与楼板的接合部位应采取牢固可靠的防渗、防漏措施。观察和手扳检查。

2. 连接卫生器具的排水管道接口应紧密不漏，其固定支架、管卡等支撑位置应正确、牢固。与管的接触应平整。观察及通水检查。

一般项目：

1. 卫生器具排水管道安装的允许偏差，应符合规范表 7.4.3 的规定。用水平尺和尺量检查。

2. 连接卫生器具的排水管道管径和最小坡度，按设计要求。如设计无要求时，应符合规范表 7.4.4 的规定。用水平尺和尺量检查。

室内采暖管道及配件安装工程检验批质量验收记录表
GB 50242—2002

050501□□

单位(子单位)工程名称				
分部(子分部)工程名称			验收部位	
施工单位			项目经理	
分包单位			分包项目经理	
施工执行标准名称及编号				

		施工质量验收规范的规定			施工单位检查评定记录	监理(建设)单位验收记录
主控项目	1	管道安装坡度	第8.2.1条			
	2	采暖系统水压试验	第8.6.1条			
	3	采暖系统冲洗、试运行和调试	第8.6.2条、第8.6.3条			
	4	补偿器的制作、安装及预拉伸	第8.2.2条、第8.2.5条、第8.2.6条			
	5	平衡阀、调节阀、减压阀安装	第8.2.3条、第8.2.4条			
一般项目	1	热量表、疏水器、除污器等安装	第8.2.7条			
	2	钢管焊接	第8.2.8条			
	3	采暖入口及分户计量入户装置安装	第8.2.9条			
	4	管道连接及散热器支管安装	8.2.10,8.2.11,8.2.12,8.2.13,8.2.14,8.2.15			
	5	管道及金属支架的防腐	第8.2.16条			
	6	管道安装允许偏差	横管道纵、横方向弯曲(mm) 每米	管径≤100mm 1		
				管径>100mm 1.5		
			全长(25m以上)	管径≤100mm ≯13		
				管径>100mm ≯25		
			立管垂直度(mm) 每米	2		
			全长(5m以上)	≯10		
			弯管 椭圆率	管径≤100mm 10%		
				管径>100mm 8%		
			褶皱不平度(mm)	管径≤100mm 4		
				管径>100mm 5		
	7	管道保温允许偏差	厚 度	$+0.1\delta$ -0.05δ		
			表面平整度(mm) 卷材	5		
			涂料	10		

施工单位检查评定结果	专业工长(施工员)		施工班组长		
	项目专业质量检查员:			年 月 日	
监理(建设)单位验收结论	专业监理工程师: (建设单位项目专业技术负责人)			年 月 日	

433

说　明

主控项目：

1. 管道安装坡度应符合设计或规范 8.2.1 条的规定。气水同向流动：3‰坡度；气水逆向流动：5‰坡度。支管：1‰坡度。观察、水平尺、拉线、尺量检查。坡度的正、负偏差不应超过规定值的 1/3。

2. 系统水压试验应符合规范 8.6.1 条的规定。查看系统或分区（段）的水压试验。

3. 系统的冲洗、试运行和调试结果应符合规范 8.6.2 条和 8.6.3 条的要求。现场观察冲洗结果，测量室温满足设计要求。

4. 补偿器的制作、安装及预拉伸应符合设计和规范第 8.2.2 条、8.2.5 条和第 8.2.6 的要求，现场观察，并检验预拉伸记录。

5. 平衡阀、调节阀、减压阀安装完，应进行调试并作上标志。对照图纸现场察看，并检查测试记录。

一般项目：

1. 热量表、疏水器、除污器、过滤器及阀门型号、规格及公称压力及安装位置应符合设计要求。对照图纸检验产品合格证，必要时进行解体检查。

2. 钢管管道焊口尺寸应符合规范表 5.3.8 的要求。焊接检验尺、游标卡尺和直尺检查。

3. 系统入口及分户计量系统入户装置应符合设计要求，并应便于检修和观察。现场观察。

4. 管道连接及散热器支管应符合规范的第 8.2.10 条，第 8.2.11 条，第 8.2.12 条，第 8.2.13 条，第 8.2.14 条，第 8.2.15 条规定。

5. 管道、金属支架和设备的防腐和涂漆应附着良好、无脱皮、起泡、流淌和漏涂缺陷。观察检查。

6. 管道安装允许偏差。按系统内直线管段长度为 50m 抽查 2 段，不足 50m 不少于 2 段。有分隔墙建筑，以隔墙分为段数，抽查 5%，但不少于 10 段，用水平尺、直尺、拉线检查。

   立管垂直度：一根立管为一段，二层及以上按楼层分段。抽查 5%，但不少于 10 段。用吊线坠和尺量检查。

7. 管道保温允许偏差。保温厚度，钢针尺量检查；表面平整度，用 2m 长靠尺和塞尺检查。

室内采暖辅助设备及散热器及金属辐射板安装工程检验批质量验收记录表
GB 50242—2002

050502□□
050503□□

单位(子单位)工程名称					
分部(子分部)工程名称				验收部位	
施工单位				项目经理	
分包单位				分包项目经理	
施工执行标准名称及编号					

		施工质量验收规范的规定		施工单位检查评定记录	监理(建设)单位验收记录
主控项目	1	散热器水压试验	第8.3.1条		
	2	金属辐射板水压试验	第8.4.1条		
	3	金属辐射板安装	第8.4.2条、第8.4.3条		
	4	水泵、水箱安装	第8.3.2条		
一般项目	1	散热器的组对	第8.3.3条、第8.3.4条		
	2	散热器的安装	第8.3.5条、第8.3.6条		
	3	散热器表面防腐涂漆	第8.3.8条		
	散热器安装允许偏差	散热器背面与墙内表面距离	3mm		
		与窗中心线或设计定位尺寸	20mm		
		散热器垂直度	3mm		

	专业工长(施工员)		施工班组长	
施工单位检查评定结果				
	项目专业质量检查员：		年　月　日	
监理(建设)单位验收结论				
	监理工程师： (建设单位项目专业技术负责人)		年　月　日	

说　明

主控项目：

1. 散热器水压试验应符合设计要求或规范第 8.3.1 条规定。现场观察和检查试验记录，全数检查。

2. 金属辐射板水压试验应符合规范第 8.4.1 条规定。现场观察和检查试验记录，全数检查。

3. 金属辐射板安装应符合规范第 8.4.2 条和第 8.4.3 条要求。观察、水平尺、拉线和尺量检查。

4. 水泵、水箱安装应符合规范第 4.4 节的相关规定和检查。热交换器安装应符合规范第 13.6 节的相关规定和检查。

一般项目：

1. 散热器的组对应符合设计要求或规范第 8.3.3 条、第 8.3.4 条的规定。组对应平直、紧密；垫片应合格。观察及尺量检查。

2. 散热器安装应符合设计要求或规范第 8.3.5 条、第 8.3.6 条的规定。支、托架牢固，数量符合要求；距墙满足规定。观察及尺量检查。

3. 铸铁或钢制散热器表面防腐及面漆应附着良好，色泽均匀、无脱皮、起泡、流淌和漏涂缺陷。观察检查。

4. 散热器安装允许偏差应符合规范第 8.3.7 条规定。吊线和尺量检查。

低温热水地板辐射采暖安装工程检验批质量验收记录表
GB 50242—2002

单位(子单位)工程名称					
分部(子分部)工程名称				验收部位	
施工单位				项目经理	
分包单位				分包项目经理	
施工执行标准名称及编号					

		施工质量验收规范的规定		施工单位检查评定记录	监理(建设)单位验收记录
主控项目	1	加热盘管埋地	第8.5.1条		
	2	加热盘管水压试验	第8.5.2条		
	3	加热盘管弯曲的曲率半径	第8.5.3条		
一般项目	1	分、集水器规格及安装	设计要求		
	2	加热盘管安装	第8.5.5条		
	3	防潮层、防水层、隔热层、伸缩缝	设计要求		
	4	填充层混凝土强度	设计要求		

	专业工长(施工员)		施工班组长	
施工单位检查评定结果				
	项目专业质量检查员:		年 月 日	
监理(建设)单位验收结论				
	监理工程师: (建设单位项目专业技术负责人)		年 月 日	

说　　明

主控项目:

1. 加热盘管埋地部位不应有接头。隐蔽前现场察看,全数检查。

2. 加热盘管水压试验应符合规范第 8.5.2 条规定。试验压力为工作压力的 1.5 倍,但不小于 0.6MPa。稳压 1h 内压力降不大于 0.05MPa,且不渗、不漏。

3. 加热盘管弯曲部分不得出现硬折弯,曲率半径应符合规定;塑料管不应小于管道外径的 8 倍,复合管不应小于管道外径的 5 倍。尺量和观察,全数检查。

一般项目:

1. 分、集水器型号、规格、公称压力及安装应符合设计要求。对照图纸及产品说明书、尺量检查,全数检查。

2. 加热盘管安装应符合设计要求,间距偏差不大于 ±10mm。拉线和尺量检查。

3. 防潮层、防水层、隔热层、伸缩缝应符合设计要求。填充层浇筑前观察检查。

4. 填充层混凝土强度等级应符合设计要求。做混凝土试块抗压强度试验,检查试压报告。

室外给水管道安装工程检验批质量验收记录表
GB 50242—2002

050601□□

单位(子单位)工程名称				验收部位	
分部(子分部)工程名称					
施工单位				项目经理	
分包单位				分包项目经理	
施工执行标准名称及编号					

		施工质量验收规范的规定			施工单位检查评定记录	监理(建设)单位验收记录
主控项目	1	埋地管道覆土深度		第9.2.1条		
	2	给水管道不得直接穿越污染源		第9.2.2条		
	3	管道上可拆和易腐件,不埋在土中		第9.2.3条		
	4	管井内安装与井壁的距离		第9.2.4条		
	5	管道的水压试验		第9.2.5条		
	6	埋地管道的防腐		第9.2.6条		
	7	管道冲洗和消毒		第9.2.7条		
一般项目	1	管道和支架的涂漆		第9.2.9条		
	2	阀门、水表安装位置		第9.2.10条		
	3	给水与污水管平行铺设的最小间距		第9.2.11条		
	4	管道连接应符合规范要求		9.2.12、9.2.13、9.2.14 9.2.15、9.2.16、9.2.17		
	5 管道安装允许偏差	坐标	铸铁管	埋地	100mm		
				敷设在沟槽内	50mm		
			钢管、塑料管、复合管	埋地	100mm		
				敷沟内或架空	40mm		
		标高	铸铁管	埋地	±50mm		
				敷设在沟槽内	±30mm		
			钢管、塑料管、复合管	埋地	±50mm		
				敷沟内或架空	±30mm		
		水平管纵横向弯曲	铸铁管	直段(25m以上) 起点~终点	40mm		
			钢管、塑料管、复合管	直段(25m以上) 起点~终点	30mm		

施工单位检查评定结果	专业工长(施工员)		施工班组长	
	项目专业质量检查员:		年 月 日	

监理(建设)单位验收结论	监理工程师: (建设单位项目专业技术负责人)		年 月 日

439

说　明

主控项目：

1. 给水管道在埋地敷设时，应在冰冻线以下，否则应做可靠的保温防潮措施。在无冰冻地区管顶的覆土厚度≮500mm，穿越道路≮700mm。观察检查。

2. 给水管道不得直接穿越污水井、化粪池、公共厕所等污染源。观察检查。

3. 管道接口法兰、卡扣、卡箍等应安装在检查井或地沟内，不应埋在土壤中。观察检查。

4. 给水系统各种井室内管道安装，如设计无要求，井壁距法兰或承口的距离：管径≤450mm 时，≮250mm；管径＞450mm 时，≮350mm。尺量检查。

5. 管网必须进行水压试验，试验压力为工作压力的 1.5 倍，但不得小于 0.6MPa。
   管材为钢管、铸铁管时，试验压力下 10min 内压力降不应大于 0.05MPa，然后降至工作压力进行检查，压力应保持不变，不渗不漏；管材为塑料管时，试验压力下，稳压 1h 压力降不大于 0.05MPa，然后降至工作压力进行检查，压力应保持不变，不渗不漏。检查试压记录。

6. 镀锌钢管、钢管的埋地防腐应符合设计要求，如设计未规定，按表 9.2.6 的规定执行。卷材与管材间应粘贴牢固，无空鼓、滑移、接口不严等。观察和切开防腐层检查。每 50m 抽查一处，不少于 5 处。

7. 给水管道在竣工后，必须对管道进行冲洗，饮用水管道还要在冲洗后消毒，满足饮用水卫生要求。观察冲洗水的浊度，查看检验报告。

一般项目：

1. 管道和金属支架的涂漆应附着良好，无脱皮、起泡、流淌和漏涂等缺陷。现场观察检查。

2. 管道连接应符合工艺要求，阀门、水表等安装位置应正确。塑料给水管道上的水表、阀门等设施其重量或启闭装置的扭矩不得作用于管道上，当管径≥50mm 时必须设独立的支承装置。现场观察检查。

3. 给水管道与污水管道在不同标高平行敷设，其垂直间距在 500mm 以内时，给水管管径≤200mm 的，管壁水平间距≮1.5m，管径＞200mm，≮3m。观察和尺量检查。

4. 管道连接符合下列要求：
   (1) 铸铁管承插捻口连接的对口间隙≮3mm，最大间隙不得大于规范表 9.2.12 的规定。尺量检查。
   (2) 铸铁管沿直线敷设，承插捻口连接的环型间隙应为 10～12mm，沿曲线敷设，每个接口允许有 2°转角。
   (3) 捻口用的油麻填料必须清洁，填塞后应捻实，其深度应占整个环型间隙深度的 1/3。尺量检查。
   (4) 捻口用水泥强度应不低于 32.5MPa，接口水泥应密实饱满，其接口水泥面凹入承口边缘的深度不得大于 2mm。观察和尺量检查。
   (5) 采用水泥捻口的给水铸铁管，在有侵蚀性地下水时，接口处涂抹沥青防腐层。观察检查。
   (6) 采用橡胶圈接口的埋地给水管道，在土壤或地下水对橡胶圈有腐蚀的地段，在回填土前应用沥青胶泥、沥青麻丝或沥青锯末等材料封闭橡胶圈接口。橡胶圈接口的管道，每个接口的最大偏转角不得超过 3°～5°，详见规范表 9.2.17 的规定。观察尺量检查。

5. 管道的坐标、标高、坡度应符合设计要求，管道安装的允许偏差应符合规范表 9.2.8 的规定。观察、拉线和尺量检查。

消防水泵接合器及消火栓安装工程检验批质量验收记录表
GB 50242—2002

050602□□

单位(子单位)工程名称				
分部(子分部)工程名称			验收部位	
施工单位			项目经理	
分包单位			分包项目经理	
施工执行标准名称及编号				

		施工质量验收规范的规定		施工单位检查评定记录	监理(建设)单位验收记录
主控项目	1	系统水压试验	第9.3.1条		
	2	管道冲洗	第9.3.2条		
	3	消防水泵接合器和室外消火栓位置标识	第9.3.3条		
一般项目	1	地下式消防水泵接合器、消火栓安装	第9.3.5条		
	2	阀门安装应方向正确,启闭灵活	第9.3.6条		
	3	室外消火栓和消防水泵接合器安装尺寸,栓口安装高度允许偏差	±20m		

施工单位检查评定结果	专业工长(施工员)		施工班组长	
	项目专业质量检查员:		年 月 日	

监理(建设)单位验收结论	
	监理工程师: (建设单位项目专业技术负责人)　　　　　　　　　年 月 日

说　明

主控项目：

1. 消防系统必须进行水压试验，试验压力为工作压力的 1.5 倍，但不得小于 0.6MPa。试验压力下，10min 内压力降不大于 0.05MPa，然后降至工作压力进行检查，压力保持不变，不渗不漏。检查试压报告。

2. 消防管道在竣工前，必须对管道进行冲洗。观察冲洗出水的浊度。

3. 消防水泵接合器和消火栓的位置标志应明显。栓口的位置应方便操作。当采用墙壁式时，如设计未要求，进、出水栓口的中心安装高度距地面应为 1.10m，其上方应设有防坠落物打击的措施。观察和尺量检查。

一般项目：

1. 地下式消防水泵接合器顶部进水口或地下式消火栓的顶部出水口与消防井盖底面的距离不得大于 400mm，井内应有足够的操作空间，并设爬梯。寒冷地区井内应做防冻保护。

2. 消防水泵接合器的安全阀及止回阀安装位置和方向应正确，阀门启闭应灵活。现场观察和手扳检验。

3. 室外消火栓和消防水泵接合器的各项安装尺寸应符合设计要求，栓口安装高度允许偏差为 ±20mm，尺量检查。

管沟及井室工程检验批质量验收记录表
GB 50242—2002

050603□□

单位(子单位)工程名称					
分部(子分部)工程名称				验收部位	
施工单位				项目经理	
分包单位				分包项目经理	
施工执行标准名称及编号					

		施工质量验收规范的规定		施工单位检查评定记录	监理(建设)单位验收记录
主控项目	1	管沟的基层处理和井室的地基	设计要求		
	2	各类井盖的标识应清楚,使用正确	第9.4.2条		
	3	通车路面上的各类井盖安装	第9.4.3第		
	4	重型井圈与墙体结合部处理	第9.4.4条		
一般项目	1	管沟及各类井室的位置坐标,沟底标高	设计要求		
	2	管沟的沟底要求	第9.4.6条		
	3	管沟岩石基底要求	第9.4.7条		
	4	管沟回填的要求	第9.4.8条		
	5	井室的施工要求	第9.4.9条		
	6	井室内应严密,不透水	第9.4.10条		

施工单位检查评定结果	专业工长(施工员)		施工班组长	
	项目专业质量检查员:		年　月　日	

监理(建设)单位验收结论	
	监理工程师: (建设单位项目专业技术负责人)　　　　年　月　日

说　明

主控项目：

1. 管沟的基层处理和井室的地基必须符合设计要求。现场观察检查。

2. 各类井室的井盖应符合设计要求，应有明显的文字标识，各种井盖不得混用。现场观察检查。

3. 设在通车路面下或小区道路下的各种井室，必须使用重型井圈和井盖，井盖上表面应与路面相平，允许偏差为±5mm。绿化带上和不通车的地方可采用轻型井圈和井盖，井盖的上表面应高出地、草坪50mm，并在井口周围以2%的坡度向外做水泥砂浆护坡。观察和尺量检查。

4. 重型铸铁或混凝土井圈，不得直接放在井室的砖墙上，砖墙上应做不少于80mm厚的细石混凝土垫层。观察和尺量检查。

一般项目：

1. 管沟的坐标、位置、沟底标高应符合设计要求。观察、尺量检查。

2. 管沟的沟底层应是原土层，或是夯实的回填土，沟底应平整，坡度应顺畅，不得有尖硬的物体，块石等。观察检查。

3. 如沟基为岩石、不易清除的块石或为砾石层时，沟底应下挖100～200mm，填铺细砂或粒径不大于5mm的细土，夯实到沟底标高后，方可进行管道敷设。观察和尺量检查。

4. 管沟回填土，管顶上部200mm以内应用砂子或无块石及冻土块的土，并不得用机械回填；管顶上部500mm以内不得回填直径大于100mm的块石和冻土块，500mm以上部位回填土中的块石或冻土块不得集中。上部用机械回填时，机械不得在管沟上行走。观察和尺量检查。

5. 井室的砌筑应按设计或给定的标准图施工。井室的底标高在地下水位以上时，基层应为素土夯实；在地下水位以下时，基层应打100mm厚的混凝土底板。砌筑应采用水泥砂浆，内表面抹灰后应严密不透水。观察和尺量检查。

6. 管道穿过井壁处，应用水泥砂浆分二次填塞严密、抹平，不得渗漏。观察检查。

室外排水管道安装工程检验批质量验收记录表
GB 50242—2002

单位(子单位)工程名称					
分部(子分部)工程名称				验收部位	
施工单位				项目经理	
分包单位				分包项目经理	
施工执行标准名称及编号					

		施工质量验收规范的规定		施工单位检查评定记录	监理(建设)单位验收记录
主控项目	1	管道坡度符合设计要求、严禁无坡和倒坡	设计要求		
	2	灌水试验和通水试验	第10.2.2条		
一般项目	1	排水铸铁管的水泥捻口	第10.2.4条		
	2	排水铸铁管,除锈、涂漆	第10.2.5条		
	3	承插接口安装方向	第10.2.6条		
	4	混凝土管或钢筋混凝土管抹带接口的要求	第10.2.7条		
	5 允许偏差	坐标 埋地	100mm		
		坐标 敷设在沟槽内	50mm		
		标高 埋地	±20mm		
		标高 敷设在沟槽内	±20mm		
		水平管道纵横向弯曲 每5m长	10mm		
		水平管道纵横向弯曲 全长(两井间)	30mm		

施工单位检查评定结果	专业工长(施工员)		施工班组长	
	项目专业质量检查员:		年 月 日	

监理(建设)单位验收结论	
	监理工程师: (建设单位项目专业技术负责人)　　　　　　　年　月　日

说　明

主控项目：

1. 排水管道的坡度，必须符合设计要求，严禁无坡或倒坡。用水准仪、拉线尺量检查。

2. 排水管道埋没前必须做灌水试验和通水试验，排水应畅通，无堵塞，管接口无渗漏。

　　按排水检查井分段试验，试验水头应以试验段上游管顶加 1m。时间不少于 30min。观察检查。

一般项目：

1. 排水铸铁管采用水泥捻口时，油麻填塞应密实，接口水泥应密实饱满，其接口面凹入承口边缘且深度不得大于 2mm。观察和尺量检查。

2. 排水铸铁管外壁在安装前应除锈，涂二遍石油沥青漆。观察检查。

3. 承插接口的排水管道安装时，管道和管件的承口应与水流方向相反。观察检查。

4. 混凝土管或钢筋混凝土管采用抹带接口时，应符合下列规定：

　　(1) 抹带前应将管口的外壁凿毛，扫净，当管径小于或等于 500mm 时，抹带可一次完成；当管径大于 500mm 时，应分二次抹成，抹带不得有裂纹。

　　(2) 钢丝网应在管道就位前放入下方，抹压砂浆时应将钢丝网抹压牢固，钢丝网不得外露。

　　(3) 抹带厚度不得小于管壁的厚度，宽度宜为 80~200mm。观察和尺量检查。

5. 管道的坐标和标高应符合设计要求，安装的允许偏差用水准仪、拉线和尺量检查。

室外排水管沟及井池工程检验批质量验收记录表
GB 50242—2002

单位(子单位)工程名称					
分部(子分部)工程名称				验收部位	
施工单位				项目经理	
分包单位				分包项目经理	
施工执行标准名称及编号					
施工质量验收规范的规定				施工单位检查评定记录	监理(建设)单位验收记录
主控项目	1	沟基的处理和井池的底板	设计要求		
	2	检查井、化粪池的底板及进、出口水管标高	设计要求		
一般项目	1	井池的规格,尺寸和位置砌筑、抹灰	第10.3.3条		
	2	井盖标识、选用正确	第10.3.4条		
施工单位检查评定结果	专业工长(施工员)			施工班组长	
	项目专业质量检查员:			年 月 日	
监理(建设)单位验收结论	监理工程师: (建设单位项目专业技术负责人)			年 月 日	

447

说　明

主控项目：

1. 沟基的处理和井池的底板强度必须符合设计要求。现场观察和尺量检查,检查混凝土强度报告。
2. 排水检查井、化粪池的底板及进、出水管的标高,必须符合设计,其允许偏差为 ±15mm。用水准仪及尺量检查。

一般项目：

1. 井、池的规格、尺寸和位置应正确,砌筑和抹灰符合要求。观察及尺量检查。
2. 井盖选用应正确,标志应明显,标高应符合设计要求。观察、尺量检查。

室外供热管道及配件安装工程检验批质量验收记录表
GB 50242—2002

050801□□

单位(子单位)工程名称					
分部(子分部)工程名称				验收部位	
施工单位				项目经理	
分包单位				分包项目经理	
施工执行标准名称及编号					

		施工质量验收规范的规定			施工单位检查评定记录	监理(建设)单位验收记录
主控项目	1	平衡阀及调节阀安装位置及调试		设计要求		
	2	直埋无补偿供热管道预热伸长及三通加固		设计要求		
	3	补偿器位置和预拉伸。支架位置和构造		设计要求		
	4	检查井、入口管道布置方便操作维修		第11.2.4条		
	5	直埋管道及接口现场发泡保温处理		第11.2.5条		
	6	管道系统的水压试验		第11.3.1条,第11.3.4条		
	7	管道冲洗		第11.3.2条		
	8	通热试运行调试		第11.3.3条		
一般项目	1	管道的坡度		设计要求		
	2	除污器构造、安装位置		第11.2.7条		
	3	管道的焊接		第11.2.9条,第11.2.10条		
	4	管道安装对应位置尺寸		第11.2.11、11.2.12、11.2.13条		
	5	管道防腐应符合规范		第11.2.14条		
	6	安装允许偏差	坐标(mm) 敷设在沟槽内及架空	20		
			坐标(mm) 埋地	50		
			标高(mm) 敷设在沟槽内及架空	±10		
			标高(mm) 埋地	±15		
			水平管道纵、横方向弯曲(mm) 每米 管径≤100mm	1		
			水平管道纵、横方向弯曲(mm) 每米 管径>100mm	1.5		
			水平管道纵、横方向弯曲(mm) 全长(25m) 管径≤100mm	≯13		
			水平管道纵、横方向弯曲(mm) 全长(25m) 管径>100mm	≯25		
			椭圆率 管径≤100mm	8%		
			椭圆率 管径>100mm	5%		
			褶皱不平度(mm) 管径≤100mm	4		
			褶皱不平度(mm) 管径125~200mm	5		
			褶皱不平度(mm) 管径250~400mm	7		
	7	管道保温允许偏差	厚度	+0.1δ,−0.05δ		
			表面平整度(mm) 卷材	5		
			表面平整度(mm) 涂抹	10		

施工单位检查评定结果	专业工长(施工员)		施工班组长		
	项目专业质量检查员:		年	月	日
监理(建设)单位验收结论	监理工程师: (建设单位项目专业技术负责人)		年	月	日

说 明

050801

主控项目:

1. 平衡阀及调节阀型号、规格及公称压力符合设计要求。安装按要求进行调试,并作出标志。对照设计图纸及产品合格证,观察、调试报告。

2. 直埋无补偿供热管道预热伸长及三通加固符合设计要求。回填前应注意检查预制保温层外壳及接口的完好性。回填按要求进行。观察检查和检查隐蔽验收记录。

3. 补偿器的位置必须符合设计要求,并进行预拉伸。管道固定支架的位置和构造必须符合设计要求。对照图纸查验预拉伸记录。

4. 检查井室,用户入口处管道布置应便于操作及维修,支、吊、托架稳固,并满足设计要求。对照图纸观察检查。

5. 直埋管道的保温应符合设计要求,接口在现场发泡时,接头处厚度应与管道保温层厚度一致,接头处保护层必须与管道保护层成一体,符合防潮防水要求。对照图纸,观察检查。

6. 供热管道的水压试验压力应为工作压力的 1.5 倍,但不得小于 0.6MPa。试验压力在 10min 内压力下降应不大于 0.05MPa,然后降至工作压力下检查,不渗不漏。检查试压报告。

7. 管道试压合格后,应进行冲洗。观察检查,以水色不浑浊为合格。

8. 管道冲洗完毕应通水、加热,进行试运行和调试。当不具备加热条件时,应延期进行。测量各建筑物热力入口处供回水温度及压力。全数检查。

一般项目:

1. 管道水平敷设其坡度应符合设计要求。对照图纸,用水准仪(水平尺)、拉线和尺量检查。

2. 除污器构造应符合设计要求,安装位置和方向应正确。管网冲洗后应消除内部污物。打开清扫口检查。

3. 管道及管件焊接的焊缝表面质量应符合规定:
   (1)焊缝外形尺寸应符合图纸和工艺文件的规定,焊缝高度不得低于母材表面,焊缝与母材应圆滑过渡;
   (2)焊缝及热影响区表面应无裂纹、未熔合、未焊透、夹渣、弧坑和气孔等缺陷。观察检查。
   管道焊口的允许偏差应符合规范表 5.3.8 的规定。

4. 管道安装对应位置尺寸应符合规范第 11.2.11 条,第 11.2.12 条和 11.2.13 的规定
   (1)供热管道的供水管或蒸汽管,如设计无规定时,应敷设在载热介质前进方向的右侧或上方。观察检查。
   (2)地沟内的管道安装位置,其净距(保温层外表面)应符合下列规定:尺量检查。
   ① 与沟壁　　100~150mm;　　　与沟底　　100~200mm;
   ② 与沟顶(不通行地沟) 50~100mm;　　(半通行和通行地沟)　200~300mm;尺量检查。
   (3)架空敷设的供热管道安装高度,如设计无规定时,应符合下列规定(以保温层表面计算):
   ① 人行地区,不小于 2.5m;
   ② 通行车辆地区,不小于 4.5m;
   ③ 跨越铁路,距轨顶不小于 6m。尺量检查。

5. 防锈漆的厚度应均匀,不得有脱皮、起泡、流淌和漏涂等缺陷。观察检查。

6. 室外供热管道安装的允许偏差。用水准仪(水平尺)直尺、拉线和用外卡钳和尺量检查。

7. 管道保温层的厚度和平整度的允许偏差应符合规范表 4.4.8 的规定。对照图纸观察和尺量检查。

450

建筑中水系统及游泳池水系统安装工程检验批质量验收记录表
GB 50242—2002

050901□□

050902□□

单位(子单位)工程名称				
分部(子分部)工程名称			验收部位	
施工单位			项目经理	
分包单位			分包项目经理	
施工执行标准名称及编号				

		施工质量验收规范的规定		施工单位检查评定记录	监理(建设)单位验收记录
主控项目	1	中水水箱设置	第12.2.1条		
	2	中水管道上装设用水器	第12.2.2条		
	3	中水管道严禁与生活饮用水管道连接	第12.2.3条		
	4	管道暗装时的要求	第12.2.4条		
	5	游泳池给水配件材质	第12.3.1条		
	6	游泳池毛发聚集器过滤网	第12.3.2条		
	7	游泳池池面应采取措施防止冲洗排水流入地内	第12.3.3条		
一般项目	1	中水管道及配件材质	第12.2.5条		
	2	中水管道与其他管道平行交叉铺设的净距	第12.2.6条		
	3	游泳池加药、消毒设备及管材	第12.3.4条 第12.3.5条		

施工单位检查评定结果	专业工长(施工员)		施工班组长	
	项目专业质量检查员：		年　月　日	

监理(建设)单位验收结论	
	监理工程师： (建设单位项目专业技术负责人)　　　　　　　　　　年　月　日

主控项目：

1. 中水高位水箱应与生活高位水箱分设在不同的房间内,条件不允许只能设在一个房间时,与生活高位水水箱的净距离应大于2m。观察和尺量检查。

2. 中水给水管道不得装设取水水嘴。便器冲洗宜采用密闭型设备和器具。绿化、浇洒、汽车冲洗宜采用壁式或地下式的给水栓。观察检查。

3. 中水供水管道严禁与生活饮用水给水管道连接,并应采取下列措施:

   (1)中水管道外壁应涂线绿色标志;

   (2)中水池(箱)、阀门、水表及给水栓均应有"中水"标志。观察检查。

4. 中水管道不宜暗装于墙体和楼板内。如必须暗装于墙槽内时,必须在管道上有明显且不会脱落的标志。观察检查。

5. 游泳池的给水口、回水口、泄水口应采用耐腐蚀的铜、不锈钢、塑料等材料制造。溢流槽、格栅应为耐腐蚀材料制造,并为组装型。安装时其外表应与池壁或池底面相平。观察检查。

6. 游泳池的毛发聚集器应采用铜或不锈钢等耐腐蚀材料制造,过滤筒(网)的孔径应不大于3mm,其面积应为连接管截面积的1.5~2倍。观察和尺量检查。

7. 游泳池地面,应采取有效措施防止冲洗排水流入池内。观察检查。

一般项目：

1. 中水给水管道管材及配件应采用耐腐蚀的给水管管材及附件。观察检查。

2. 中水管道与生活饮用水管道、排水管道平行埋设时,其水平净距离不得小于0.5m;交叉埋设时,中水管道应位于生活饮用水管道下面,排水管道的上面,其净距离不应小于0.15m。观察和尺量检查。

3. 游泳池安装要求:

   (1)游泳池循环水系统加药(混凝剂)的药品溶解池,溶液池及定量投加设备应采用耐腐蚀材料制作。输送溶液的管道应采用塑料管、胶管或铜管。观察检查。

   (2)游泳池的浸脚、浸腰消毒池的给水管、投药管、溢流管、循环管和泄空管应采用耐腐蚀材料制成。观察检查。

锅炉安装工程检验批质量验收记录表
GB 50242—2002

单位(子单位)工程名称							
分部(子分部)工程名称				验收部位			
施工单位				项目经理			
分包单位				分包项目经理			
施工执行标准名称及编号							

		施工质量验收规范的规定			施工单位检查评定记录		监理(建设)单位验收记录
主控项目	1	锅炉基础验收		设计要求			
	2	燃油、燃汽及非承压锅炉安装		13.2.2,13.2.3,13.2.4			
	3	锅炉烘炉和试运行		13.5.1,13.5.2,13.5.3			
	4	排污管和排污阀安装		第13.2.5条			
	5	锅炉和省煤器的水压试验		第13.2.6条			
	6	机械炉排冷态试运行		第13.2.7条			
	7	本体管道焊接		第13.2.8条			
一般项目	1	锅炉煮炉		第13.5.4条			
	2	铸铁省煤器肋片破损数		第13.2.12条			
	3	锅炉本体安装的坡度		第13.2.13条			
	4	锅炉炉底风室		第13.2.14条			
	5	省煤器出入口管道及阀门		第13.2.15条			
	6	电动调节阀安装		第13.2.16条			
	7	锅炉安装允许偏差	坐标		10mm			
			标高		±5mm			
			中心线垂直度	立式锅炉炉体全高	4mm			
				卧式锅炉炉体全高	3mm			
	8	链条炉排安装允许偏差	炉排中心位置		2mm			
			前后中心线的相对标高差		5mm			
			前轴、后轴的水平度(每米)		1mm			
			墙壁板间两对角线长度之差		5mm			
	9	往复炉排安装允许偏差	炉排片间隙	纵向	1mm			
				两侧	2mm			
			两侧板对角线长度之差		5mm			
	10	省煤器支架安装允许偏差	支承架的水平方向位置		3mm			
			支承架的标高		0,-5mm			
			支承架纵横水平度(每米)		1mm			

施工单位检查评定结果	专业工长(施工员)		施工班组长	
	项目专业质量检查员:		年 月 日	
监理(建设)单位验收结论	监理工程师: (建设单位项目专业技术负责人)		年 月 日	

说　明

主控项目：

1. 锅炉设备基础的验收应符合规范表13.2.1的规范。检查基础验收记录。

2. 燃油、燃汽及非承压锅炉的安装应符合设计及规范第13.2.2条,第13.2.3条和第13.2.4条的相关要求。对照设计图纸、产品说明书检查。

3. 锅炉烘炉和试运行应符合规定第13.5.1条,第13.5.2条和第13.5.3条的规范。观看烘炉及试运行全过程,检查烘炉记录。

4. 锅炉排污管道及排污阀不得采用螺纹连接。观察检查。

5. 锅炉和省煤器的水压试验应符合规范第13.2.6条规定。观察检查,检查试压报告。

6. 机械炉排冷态试运转不应少于8h。观察试运转全过程。

7. 锅炉本体管道焊接质量应符合规范第13.2.8条的规定。焊接检验尺测量,观察和检查无损探伤检测报告。

一般项目：

1. 锅炉煮炉应符合规范第13.5.4条的要求。打开锅筒和集箱检查孔检查。

2. 铸铁省煤器肋片破损数不大于总片数的5%,有破损肋片的根数不大于总根数的10%,观察检查。

3. 锅炉本体安装的坡度应符合设计要求。用水平尺或水准仪检查。

4. 锅炉炉底风管应封、堵严密。观察检查。

5. 省煤器出入口的管道及阀门安装应符合锅炉图纸要求。对照设计或锅炉图纸检查。

6. 电动调节阀安装。安在调节机构与电动执行机构的转臂应在同一平面内动作,传动部分灵活,无空行程及卡阻现象,其行程及伺服时间应满足使用要求。运行时观察检查。

7. 锅炉安装的坐标用经纬仪、拉线和尺量;标高用水准仪、拉线和尺量;中心线和垂直度用吊线坠和尺量。逐台检查。

8. 炉排中心位置用经纬仪、拉线和尺量检查;前后轴心线的相对标高用水准仪、拉线和尺量检查;水平度用水平尺和尺量检查;对角线长度差用钢丝线和尺量检查。

9. 炉排片间隙用钢板尺检查,每台检查不少于5处;对角线长度差用钢丝线和尺量检查。

10. 支承架的位置用经纬仪、拉线和尺量检查;标高用水准仪、拉线和尺量检查;水平度用水平尺和尺量检查。

锅炉辅助设备安装工程检验批质量验收记录表
GB 50242—2002
（Ⅰ）

051002□□

单位(子单位)工程名称					
分部(子分部)工程名称				验收部位	
施工单位				项目经理	
分包单位				分包项目经理	
施工执行标准名称及编号					

施工质量验收规范的规定				施工单位检查评定记录	监理(建设)单位验收记录
主控项目	1	辅助设备基础验收	设计要求		
	2	风机试运转	第13.3.2条		
	3	分汽缸、分水器、集水器水压试验	第13.3.3条		
	4	敞口水箱、密闭水箱、满水或压力试验	第13.3.4条		
	5	地下直埋油罐气密性试验	第13.3.5条		
	6	各种设备的操作通道	第13.3.7条		
一般项目	1	单斗式提升机安装	第13.3.12条		
	2	风机传动部位安全防护装置	第13.3.13条		
	3	手摇泵、注水器安装高度	第13.3.15条、第13.3.17条		
	4	水泵安装及试运转	第13.3.14条、第13.3.16条		
	5	除尘器安装	第13.3.18条		
	6	除氧器排汽管	第13.3.19条		
	7	软化水设备安装	第13.3.20条		

		施工质量验收规范的规定			施工单位检查评定记录	监理(建设)单位验收记录
一般项目	8 安装允许偏差	送、引风机	坐标	10mm		
			标高	±5mm		
		各种静置设备	坐标	15mm		
			标高	±5mm		
			垂直度(每米)	2mm		
		离心式水泵	泵体水平度(每米)	0.1mm		
		联轴器同心度	轴向倾斜(每米)	0.8mm		
			径向位移	0.1mm		

施工单位检查评定结果	专业工长(施工员)		施工班组长	
	项目专业质量检查员：		年 月 日	

监理(建设)单位验收结论	监理工程师： (建设单位项目专业技术负责人)	年 月 日

说　明
（Ⅰ）

051002

主控项目：

1. 辅助设备基础的验收应符合规范表 13.2.1 条的规定。检查基础验收记录。
2. 风机试运转应符合规范第 13.3.2 条规定。轴承温升用温度计，轴承径向振幅用测振仪表。逐台检查。
3. 分汽缸、分水器、集水器水压试验应符合规定。试验压力下观察 10min。
4. 敞口水箱、密闭水箱应做满水和水压试验。试验压力为工作压力的 1.5 倍，但不小于 0.6MPa，压力下 10min 无压降、无渗漏；满水试验静置 24h 观察，密闭水箱水压试验观察 10min。
5. 地下直埋油罐应做气密性试验。试验压力降不小于 0.03MPa；试验压力下观察 30min，无渗漏、无压降。
6. 各种设备的操作通道净距应符合设计要求，设计不明确时不应小于 1.5mm，辅助通道应不小于 0.8mm。

一般项目：

1. 单斗式提升机安装应符合规定。导轨间距偏差 ≯2mm；垂直式导轨的垂直度偏差 1‰，倾斜式倾斜度偏差 2‰；料斗的吊点与料斗重心在同一垂线上，重合度偏差 <10mm。行程开关位置准确，料斗运行平稳，翻转灵活。吊线坠、拉线和尺量检查。
2. 安装锅炉送风机安装转动应灵活、无卡碰，传动部位应设置安全防护装置。观察和启动检查。
3. 手摇泵高度距地面 800mm，注水器安装高度为 1~1.2m。尺量检查。
4. 水泵安装和试运转应泵壳无裂缝、砂眼及凹凸不平；多级泵平衡管路无损伤或拆陷现象，蒸气往复泵主要部件活动灵活。水泵运转无卡碰，进出口部位阀门灵活，轴承温升符合说明书要求。通电、操作和测检查。
5. 除尘器安装应平衡牢固，位置及进、出口方向正确，烟道及引风机连接采用软管烟管重量不得压在风机上。观察检查。
6. 除氧器排汽管安装直通室外。观察检查。
7. 软化水设备安装的视范应在便于观察的方向，树脂装填的高度应符合说明书要求。对照说明书检查。
8. 坐标用经纬仪、拉线和尺；标高用水准仪、拉线和尺量；垂直度用吊线和尺量；水平度用水平仪、水平尺和楔形塞尺；同心度用百分表或测微螺钉和塞尺。逐台检查。

456

工艺管道安装工程检验批质量验收记录表
GB 50242—2002
（Ⅱ）

单位(子单位)工程名称						
分部(子分部)工程名称					验收部位	
施工单位					项目经理	
分包单位					分包项目经理	
施工执行标准名称及编号						

		施工质量验收规范的规定			施工单位检查评定记录	监理(建设)单位验收记录
主控项目	1	工艺管道水压试验		第13.3.6条		
	2	仪表、阀门的安装		第13.3.8条		
	3	管道焊接		第13.3.9条		
一般项目	1	管道及设备表面涂漆		第13.3.22条		
	2	安装允许偏差	坐标 架空	15mm		
			坐标 地沟	10mm		
			标高 架空	±15mm		
			标高 地沟	±10mm		
			水平管道纵、横方向弯曲 $DN \leq 100mm$（每米）	2‰,最大50mm		
			水平管道纵、横方向弯曲 $DN > 100mm$（每米）	3‰,最大70mm		
			立管垂直（每米）	2‰,最大15mm		
			成排管道间距	3mm		
			交叉管的外壁或绝热层间距	10mm		
	3	管道设备保温	厚度	$+0.1\delta, -0.05\delta$		
			表面平整度 卷材	5mm		
			表面平整度 涂抹	10mm		

施工单位检查评定结果	专业工长(施工员)		施工班组长	
	项目专业质量检查员：		年　月　日	

监理(建设)单位验收结论	
	监理工程师： (建设单位项目专业技术负责人)　　　　　　　年　月　日

457

说　明

（Ⅱ）

主控项目：

1. 工艺管道水压试验，压力为系统中最大压力的 1.5 倍，在试验压力下 10min 压力降不超过 0.05MPa，然后降至工作压力，不渗不漏。并检查试压记录。

2. 仪表、阀门、法兰及管件的安装位置正确，不得紧贴墙壁、楼板或管架，应便于检修。观察检查。

3. 管道焊接表面质量外形尺寸符合图纸、工艺文件规定，高度不低于母材表面，焊缝与母材圆滑过渡；无裂纹、未熔合、未焊透、夹渣、弧坑和气孔等缺陷。观察检查。允许偏差。焊缝平直度 1/4 厚管；焊缝加强面，高度及宽度 3mm；咬边深度 <0.5mm，长度连续长度 25mm，总长度 10%。

一般项目：

1. 管道及设备表面涂漆，必须清除表面尘垢、锈、焊渣等。涂漆厚度应均匀，不得有脱皮、起泡、流淌和漏除。现场观察。

2. 坐标用经纬仪、拉线和尺量；标高用水准仪、拉线和尺量；管道弯曲用直尺和拉线；垂直度用吊线坠和尺；管道间距用直尺尺量。

3. 保温层厚度用钢针和尺量检查；平整度用 2m 靠尺和楔形塞尺检查。

锅炉安全附件安装工程检验批质量验收记录表
GB 50242—2002

051003□□

单位(子单位)工程名称						
分部(子分部)工程名称				验收部位		
施工单位				项目经理		
分包单位				分包项目经理		
施工执行标准名称及编号						

		施工质量验收规范的规定		施工单位检查评定记录	监理(建设)单位验收记录
主控项目	1	锅炉和省煤器安全阀定压	第13.4.1条		
	2	压力表刻度极限、表盘直径	第13.4.2条		
	3	水位表安装	第13.4.3条		
	4	锅炉的超温、超压及高低水位报警装置	第13.4.4条		
	5	安全阀排汽管、泄水管安装	第13.4.5条		
一般项目	1	压力表安装	第13.4.6条		
	2	测压仪表取源部件安装	第13.4.7条		
	3	温度计安装	第13.4.8条		
	4	压力表与温度计在管道上相对位置	第13.4.9条		

施工单位检查评定结果	专业工长(施工员)		施工班组长	
	项目专业质量检查员:		年　月　日	

监理(建设)单位验收结论	
	监理工程师: (建设单位项目专业技术负责人)　　　　　　年　月　日

459

主控项目：

1. 锅炉和省煤器安全阀的定压和调整蒸汽锅炉，工作压力 +0.02MPa，工作压力 +0.04MPa；热水锅炉 1.12 倍工作压力，且≮工作压力 +0.07MPa，1.14 倍工作压力，且≮工作压力 +0.10MPa；省煤器，1.1 倍工作压力。装有两个安全阀时，其中一个按较高值，另一个按低值定压。装有一个安全阀时，应按较低值定压。
   检查定压合格证书。

2. 压力表刻度极限应大于或等于工作压力的 1.5 倍，表盘直径不小于 100mm。观察尺量检查。

3. 水位表安装：①水位表应有指示最高、最低水位标志，玻璃管（板）最低、最高可见边缘应比最高、最低安全水位高出和低出 25mm。②水位表有防护装置。③电接点式水位表的零点应与锅炉筒正常水平重合。④采用双色水位表时，每只锅炉只能装设一个，另一个装普通水位表。⑤水位表应有放水旋塞（阀门）和接到安全地点的放水管。
   观察和尺量检查。

4. 锅炉的高、低水位报警器和超温、超压报警器及联锁保护装置应安装齐全、有效。
   启动、联动试验并查看相关记录。

5. 安全阀排汽管、泄水管安装通向室外安全地点，排汽管上不得安装阀门。观察检查。

一般项目：

1. 压力表安装：①装在便于观察和吹洗的位置，并防止受高温、冰冻和振动影响。同时应有照明。②必须装有存水弯管，钢管煨制时内径不小于 10mm，铜管煨制时内径不小于 6mm。③压力表与存水弯管之间应装有三通旋塞。
   观察和尺量检查。

2. 测压仪表取源部件安装：①测量液体压力。在管道的下半部与管道的水平中心线成 0°~45° 夹角范围内。②测量蒸汽压力，在管道的上半部或下半部与水平中心线成 0°~45° 夹角范围内。③测量气体压力的，在管道的上半部。
   观察和量角器检查。

3. 温度计安装：①套管温度计底部应插入流动介质内，不得装在引出管上或死角处。②压力式温度计毛细管应固定好，并有保护措施，转弯处的弯曲半径≮50mm，温包全部浸入介质内。③热电偶温度计的保护套应保证规定的插入深度。
   观察和尺量检查。

4. 压力表与温度计在同一管道上安装时，按介质流动方向，温度计应在压力表下标处安装。如在上标安装时，其间距不应小于 300mm。
   观察和尺量检查。

换热站安装工程检验批质量验收记录表
GB 50242—2002

051004□□

单位(子单位)工程名称				
分部(子分部)工程名称			验收部位	
施工单位			项目经理	
分包单位			分包项目经理	
施工执行标准名称及编号				

		施工质量验收规范的规定			施工单位检查评定记录	监理(建设)单位验收记录
主控项目	1	热交换器水压试验		第13.6.1条		
	2	高温水循环泵与换热器相对位置		第13.6.2条		
	3	壳管式热交换器距离墙及屋顶距离		第13.6.3条		
一般项目	1	设备、阀门及仪表安装		第13.6.5条		
	2	静置设备允许偏差	坐 标	15mm		
			标 高	±5mm		
			垂直(lm)	2mm		
		离心式水泵允许偏差	泵体水平度(lm)	0.1mm		
		联轴器同心度	轴向倾斜(lm)	0.8mm		
			径向位移	0.1mm		
	3	管道允许偏差	坐标 架 空	15mm		
			地 沟	10mm		
			标高 架 空	±15mm		
			地 沟	±10mm		
			水平管道纵、横方向弯曲 $DN \leqslant 100mm$	2‰,最大50mm		
			$DN > 100mm$	3‰,最大70mm		
			立管垂直	2‰,最大15mm		
			成排管道间距	3mm		
			交叉管的外壁或绝热层间距	10mm		
	4	管道设备保温允许偏差	厚 度	$+0.1\delta, -0.05\delta$		
			表面平整度 卷 材	5mm		
			涂 抹	10mm		

施工单位检查评定结果	专业工长(施工员)		施工班组长		
	项目专业质量检查员:		年	月	日

监理(建设)单位验收结论	监理工程师:				
	(建设单位项目专业技术负责人)		年	月	日

461

说 明

主控项目：

1. 热交换器水压试验。以最大工作压力的 1.5 倍作水压试验；蒸汽部分不低于供汽压力加 0.3MPa；热水部分应不低于 0.4MPa。

   试验压力下观察 10min。压力不降。检查试压报告。

2. 高温水循环水泵的安装应符合设计要求。对照设计图纸检查。

3. 壳管式热交换器安装，如无设计要求时，距墙或屋顶距离应不得小于换热管的长度。观察和尺量检查。

一般项目：

1. 设备、阀门及仪表安装应符合相关要求。观察检查。

2. 坐标用经纬仪、拉线和尺量；标高用水准仪、拉线和尺量；垂直度用吊线坠和尺量；水平度用水平仪（水平尺）和楔形塞尺；同心度用百分表或测微螺钉和塞尺。

3. 坐标、标高、垂直度检验方法同 2；管道弯曲用直尺和拉线；管道间距用直尺和拉线；管道间距用直尺。

4. 保温层厚度用钢针和尺量；平整度用 2m 靠尺和楔形塞尺。

462

第六节 建筑电气工程质量验收用表

建筑电气安装工程分部（子分部）工程与分项工程相关表

分项工程		01 室外电气安装工程	02 变配电室安装工程	03 供电干线安装工程	04 电气动力安装工程	05 电气照明安装工程	06 备用和不间断电源安装工程	07 防雷及接地装置安装工程
序号	名 称							
1	架空线路及杆上电气设备安装　060101	●						
2	变压器、箱式变电所安装　060102,060201	●	●					
3	成套配电柜、控制柜（屏、台）和动力、照明配电箱（盘）安装（Ⅰ）060103,060202,060601（Ⅱ）060401,（Ⅲ）060501	●	●		●	●	●	
4	低压电动机、电加热器及电动执行机构检查接线　060402				●			
5	柴油发电机组安装　060602						●	
6	不间断电源安装　060603						●	
7	低压电气动力设备试验和试运行　060403				●			
8	裸母线、封闭母线、插接式母线安装 060203,060301,060604		●	●			●	
9	电缆桥架安装和桥架内电缆敷设 060302,060404			●	●			
10	电缆沟内和电缆竖井内电缆敷设 060204,060303		●	●				
11	电线导管、电缆导管和线槽敷设（Ⅰ）060304,060405,060502,060605（Ⅱ）060104	●		●	●	●	●	
12	电线、电缆穿管和线槽敷线 060105,060305,060406,060503,060606	●		●	●	●	●	
13	槽板配线　060504					●		
14	钢索配线　060505					●		
15	电缆头制作、接线和线路绝缘测试 060106,060205,060306,060407,060506,060607	●	●	●	●	●	●	
16	普通灯具安装　060507					●		
17	专用灯具安装　060508					●		
18	建筑物景观照明灯、航空障碍标志灯和庭院灯安装　060107,060509					●		
19	开关、插座、风扇安装　060408,060510				●	●		
20	建筑物照明通电试运行　060108,060511	●				●		
21	接地装置安装 060109,060206,060608,060701	●	●				●	●
22	避雷引下线和变配电室接地干线敷设（Ⅰ）060702,（Ⅱ）060207		●					●
23	接闪器安装　060704							●
24	建筑物等电位联结　060703							●

建筑电气工程验收资料

1. 施工图及设计变更记录
2. 主要设备、器具、材料合格证及进场复验报告
3. 隐蔽工程验收记录
4. 电气设备交接试验记录
5. 接地电阻、绝缘电阻测试记录
6. 空载试运行和负荷试运行记录
7. 调试记录
8. 建筑照明通电试运行记录
9. 各检验批质量验收记录
10. 其他必要的文件和记录

架空线路及杆上电气设备安装工程检验批质量验收记录表
GB 50303—2002

		单位(子单位)工程名称										
		分部(子分部)工程名称					验收部位					
		施工单位					项目经理					
		分包单位					分包项目经理					
		施工执行标准名称及编号										

		施工质量验收规范的规定		施工单位检查评定记录						监理(建设)单位验收记录
主控项目	1	变压器中性点的接地及接地电阻值测试	第4.1.3条							
	2	杆上高压电气设备的交接试验	第4.1.4条							
	3	杆上低压配电装置和馈电线路的交接试验	第4.1.5条							
	4	电杆坑、拉线坑深度允许偏差(mm)	+100,-50							
	5	架空导线的弧垂值允许偏差	±5%							
	6	水平排列的同档导线间的弧垂值允许偏差(mm)	±50							
一般项目	1	拉线及其绝缘子、金具安装	第4.2.1条							
	2	电杆组立	第4.2.2条							
	3	横担安装及横担的镀锌处理	第4.2.3条							
	4	导线架设	第4.2.4条							
	5	线路安全距离	第4.2.5条							
	6	杆上电气设备安装	第4.2.6条							

	专业工长(施工员)		施工班组长	
施工单位检查评定结果				
	项目专业质量检查员:		年 月 日	
监理(建设)单位验收结论				
	监理工程师: (建设单位项目专业技术负责人)		年 月 日	

主控项目：

1. 变压器中性点应与接地装置引出干线直接连接、接地装置的接地电阻值必须符合设计要求。

2. 杆上变压器和高压绝缘子、高压隔离开关、跌落式熔断器、避雷器等必须按本规范第 3.1.8 条的规定交接试验合格。

3. 杆上低压配电箱的电气装置和馈电线路交接试验应符合下列规定：1）每路配电开关及保护装置的规格、型号，应符合设计要求；2）相间和相对地间的绝缘电阻值应大于 0.5MΩ；3）电气装置的交流工频耐压试验电压 1kV，当绝缘电阻值大于 10 MΩ 时，可采用 2500V 兆欧表摇测替代，试验持续时间 1min，无击穿闪络现象。

一般项目：

1. 拉线的绝缘子及金具应齐全，位置正确，承力拉线应与线路中心线方向一致，转角拉线应与线路分角线方向一致。拉线应收紧，收紧程度与杆上导线数量规格及弧垂值相适配。

2. 电杆组立应正直，直线杆横向位移不应大于 50mm，杆梢偏移不应大于梢径的 1/2，转角杆紧线后不向内角倾斜，向外角倾斜不应大于一个梢径。

3. 直线杆单横担应装于受电侧，终端杆、转角杆的单横担装于拉线侧。横担的上下歪斜和左右扭斜，从横担端部测量不应大于 20mm。横担等镀锌制品应热浸镀锌。

4. 导线无断股、扭绞和死弯，与绝缘子固定可靠，金具规格应与导线规格适配。

5. 线路跳线、过引线、接户线的线间和线对地间的安全距离，电压等级为 6～10kV 的，应大于 300mm，电压等级为 1kV 及以下的，应大于 150mm。用绝缘导线架设的线路，绝缘破口处应修补完整。

6. 杆上电气设备安装应符合下列规定：1）固定电气设备的支架、紧固件为热浸镀锌制品，紧固件及防松零件齐全；2）变压器油位正常、附件齐全、无渗油现象，外壳涂层完整；3）跌落式熔断安装的相间距离不小于 500mm；熔管试操作能自然打开旋下；4）杆上隔离开关分、合操动灵活，操动机构机械销定可靠，分合时三相同期性好，分闸后，刀片与静触头间空气间隙距离不小于 200mm；地面操作杆的接地（PE）可靠，且有标识；5）杆上避雷器排列整齐，相间距离不小于 350mm，电源侧引线铜线截面积不小于 16mm²、铝线截面积不小于 25mm²，接地侧引线铜线截面积不小于 25mm²，铝线截面积不小于 35mm²。与接地装置引出线连接可靠。

检查数量： 主控项目 1～3　全数检查：4～6　抽查 10%，少于 5 基（档），全数检查。
　　　　　　一般项目 5、6　全数检查：1～4　抽查 10%，少于 5 组（基、副），全数检查，第 2 项中的转角杆全数检查。

检验方法： 见本规范第 28.0.7 条。

判　定： 应检数量全部符合本规范规定判定为合格。

变压器、箱式变电所安装工程检验批质量验收记录表
GB 50303—2002

060102□□
060201□□

单位(子单位)工程名称					
分部(子分部)工程名称				验收部位	
施工单位				项目经理	
分包单位				分包项目经理	
施工执行标准名称及编号					

		施工质量验收规范的规定		施工单位检查评定记录	监理(建设)单位验收记录
主控项目	1	变压器安装及外观检查	第5.1.1条		
	2	变压器中性点、箱式变电所 N 和 PE 母线的接地连接及支架或框架接地	第5.1.2条		
	3	变压器的交接试验	第5.1.3条		
	4	箱式变电所及落地配电箱的固定、箱体的接地或接零	第5.1.4条		
	5	箱式变电所的交接试验	第5.1.5条		
一般项目	1	有载调压开关检查	第5.2.1条		
	2	绝缘件和测温仪表检查	第5.2.2条		
	3	装有滚轮的变压器固定	第5.2.3条		
	4	变压器的器身检查	第5.2.4条		
	5	箱式变电所内外涂层和通风口检查	第5.2.5条		
	6	箱式变电所柜内接线和线路标记	第5.2.6条		
	7	装有气体继电器的变压器的坡度	第5.2.7条		

施工单位检查评定结果	专业工长(施工员)		施工班组长	
	项目专业质量检查员:		年　　月　　日	

监理(建设)单位验收结论	
	监理工程师: (建设单位项目专业技术负责人)　　　　　　　年　　月　　日

说 明

主控项目：

1. 变压器安装应位置正确,附件齐全,油浸变压器油位正常,无渗油现象。

2. 接地装置引出的接地干线与变压器的低压侧中性点直接连接;接地干线与箱式变电所的 N 母线和 PE 母线直接连接;变压器箱体、干式变压器的支架或外壳应接地(PE)。所有连接应可靠,紧固件及防松零件齐全。

3. 变压器必须按本规范第 3.1.8 条的规定交接试验合格。

4. 箱式变电所及落地式配电箱的基础应高于室外地坪,周围排水通畅。用地脚螺栓固定的螺帽齐全,拧紧牢固;自由安放的应垫平放正。金属箱式变电所及落地式配电箱,箱体应接地(PE)或接零(PEN)可靠,且有标识。

5. 箱式变电所的交接试验,必须符合下列规定:1)由高压成套开关柜、低压成套开关柜和变压器三个独立单元组合成的箱式变电所高压电气设备部位,按本规范 3.1.8 的规定交接试验合格;2)高压开关、熔断器等与变压器组合在同一个密闭油箱内的箱式变电所,交接试验按产品提供的技术文件要求执行;3)低压成套配电柜交接试验符合本规范 4.1.5 条的规定。

一般项目：

1. 有载调压开关的传动部分润滑应良好,动作灵活,点动给定位置与开关实际位置一致,自动调节符合产品的技术文件要求。

2. 绝缘件应无裂纹、缺损和瓷件瓷釉损坏等缺陷,外表清洁,测温仪表指示准确。

3. 装有滚轮的变压器就位后,应将滚轮用能拆卸的制动部件固定。

4. 变压器应按产品技术文件要求进行检查器身,当满足下列条件之一时,可不检查器身。1)制造厂规定不检查器身者;2)就地生产仅作短途运输的变压器,且在运输过程中有效监督,无紧急制动、剧烈振动、冲撞或严重颠簸等异常情况者。

5. 箱式变电所内外涂层完整、无损伤,有通风口的风口防护网完好。

6. 箱式变电所的高低压柜内部接线完整、低压每个输出回路标记清晰,回路名称准确。

7. 装有气体继电器的变压器顶盖,沿气体继电器的气流方向有 1.0% ~1.5% 的升高坡度。

检查数量： 全数检查。

检验方法： 见本规范第 28.0.7 条。

判　定： 检查全部符合本规范规定判定为合格。

成套配电柜、控制柜(屏、台)和动力、照明配电箱(盘)安装工程检验批质量验收记录表
GB 50303—2002
(Ⅰ)高压开关柜

060103□□
060202□□
060601□□

单位(子单位)工程名称					
分部(子分部)工程名称				验收部位	
施工单位				项目经理	
分包单位				分包项目经理	
施工执行标准名称及编号					

施工质量验收规范的规定				施工单位检查评定记录	监理(建设)单位验收记录
主控项目	1	金属框架的接地或接零	第6.1.1条		
	2	手车抽出式柜的推拉和动、静触头检查	第6.1.3条		
	3	成套配电柜的交接试验	第6.1.4条		
	4	柜间线路绝缘电阻测试	第6.1.6条		
	5	柜间二次回路耐压试验	第6.1.7条		
一般项目	1	柜间或与基础型钢的连接	第6.2.2条		
	2	柜间安装相互间接缝、成列盘面偏差检查	第6.2.3条		
	3	柜内部检查试验	第6.2.4条		
	4	柜间配线	第6.2.5条		
	5	柜与其面板间可动部位的配线	第6.2.7条		
	6	基础型钢安装允许偏差	不直度(mm/m)	≤1		
			水平度(mm/全长)	≤5		
			不平行度(mm/全长)	≤5		
	7	柜、盘等垂直度允许偏差	≤1.5‰		

施工单位检查评定结果	专业工长(施工员)		施工班组长	
	项目专业质量检查员:		年　月　日	

监理(建设)单位验收结论	监理工程师: (建设单位项目专业技术负责人)　　　　　　　　年　月　日

说　明
（Ⅰ）

060103
060202
060601

主控项目：

1. 柜、屏、台、箱、盘的金属框架及基础型钢必须接地（PE）或接零（PEN）可靠；装有电器的可开启门，门和框架的接地端子间应用裸编织铜线连接，且有标识。

2. 手车、抽出式成套配电柜推拉灵活，无卡阻碰撞现象。动触头与静触头的中心线应一致，且触头接触紧密，投入时，接地触头先于主触头接触；退出时，接地触头后于主触头脱开。

3. 高压成套配电柜必须按本规范第3.1.8条的规定交接试验合格，且应符合下列规定：1）继电保护元器件、逻辑元件、变送器和控制用计算机等单体校验合格，整组试验动作正确，整定参数符合设计要求；2）凡经法定程序批准，进入市场投入使用的新高压电气设备和继电保护装置，按产品技术文件要求交接试验。

4. 柜、屏、台、箱、盘间线路的线间和线对地间绝缘电阻值，馈电线路必须大于0.5MΩ；二次回路必须大于1MΩ。

5. 柜、屏、台、箱、盘间二次回路交流工频耐压试验，当绝缘电阻值大于10MΩ时，用2500V兆欧表摇测1min，应无闪络击穿现象；当绝缘电阻值在1～10MΩ时，做1000V交流工作频耐压试验，时间1min，应无闪络击穿现象。

一般项目：

1. 柜、屏、台、箱、盘相互间或与基础型钢应用镀锌螺栓连接，且防松零件齐全。

2. 柜、屏、台、箱、盘安装垂直度允许偏差为1.5‰，相互间接缝不应大于2mm，成列盘面偏差不应大于5mm。

3. 柜、屏、台、箱、盘内检查试验应符合下列规定：1）控制开关及保护装置的规格、型号符合设计要求；2）闭锁装置动作准确、可靠；3）主开关的辅助开关切换动作与主开关动作一致；4）柜、屏、台、箱、盘上的标识器件标明被控设备编号及名称，或操作位置，接线端子有编号，且清晰、工整、不易脱色；5）回路中的电子元件不应参加交流工频耐压试验；48V及以下回路可不作交流工频耐压试验。

4. 柜、屏、台、箱、盘间配线：电流回路应采用额定电压不低于750V，芯线截面积不小于2.5mm² 的铜芯绝缘电线或电缆；除电子元件回路或类似回路外，其他回路的电线应采用额定电压不低于750V，芯线截面不小于1.5mm² 的铜芯绝缘电线或电缆。

   二次回路连线应成束绑扎，不同电压等级、交流、直流线路及计算机控制线路应分别绑扎，且有标识；固定后不应妨碍手车开关或抽出式部件的拉出或推入。

5. 连接柜、屏、台、箱、盘面板上的电器及控制台、板等可动部位的电线应符合下列规定：1）采用多股铜芯软电线，敷设长度留有适当裕量；2）线束有外套塑料管等加强绝缘保护层；3）与电器连接时，端部绞紧，且有不开口的终端子或搪锡，不松散、断股；4）可转动部位的两端用卡子固定。

检查数量： 主控项目1、3　全数检查；2、4、5　抽查10%，少于5回路（台），全数检查。
　　　　　　一般项目6　全数检查；1～5、7　抽查10%，少于5处（台），全数检查。

检查方法： 见本规范第28.0.7条。

判　定： 应检数量全部符合本规范规定判为合格。

470

成套配电柜、控制柜(屏、台)和动力、照明配电箱(盘)
安装工程检验批质量验收记录表
GB 50303—2002
(Ⅱ)低压成套柜(屏、台)

060401□□

单位(子单位)工程名称						
分部(子分部)工程名称				验收部位		
施工单位				项目经理		
分包单位				分包项目经理		
施工执行标准名称及编号						

		施工质量验收规范的规定		施工单位检查评定记录		监理(建设)单位验收记录
主控项目	1	金属框架的接地或接零	第6.1.1条			
	2	电击保护和保护导体的截面积	第6.1.2条			
	3	手车抽出式柜的推拉和动、静触头检查	第6.1.3条			
	4	成套配电柜的交接试验	第6.1.5条			
	5	柜(屏、盘、台等)间线路绝缘电阻值测试	第6.1.6条			
	6	柜(屏、盘、台等)间二次回路耐压试验	第6.1.7条			
	7	直流屏试验	第6.1.8条			
一般项目	1	柜(屏、盘、台等)间或与基础型钢的连接	第6.2.2条			
	2	柜(屏、盘、台等)间接缝、成列安装盘面偏差	第6.2.3条			
	3	柜(屏、盘、台等)内部检查试验	第6.2.4条			
	4	低压电器组合	第6.2.5条			
	5	柜(屏、盘、台等)间配线	第6.2.6条			
	6	柜(台)与其面板间可动部位的配线	第6.2.7条			
	7	型钢安装允许偏差	不直度(mm/m)	≤1		
			水平度(mm/全长)	≤5		
			不平行度(mm/全长)	≤5		
	8	垂直度允许偏差	≤1.5‰			

施工单位检查评定结果	专业工长(施工员)		施工班组长	
	项目专业质量检查员:		年　月　日	

监理(建设)单位验收结论	监理工程师: (建设单位项目专业技术负责人)	年　月　日

说　明
（Ⅱ）

主控项目：

1. 柜、屏、台、箱、盘的金属框架及基础型钢必须接地（PE）或接零（PEN）可靠；装有电器的可开启门，门和框架和接地端子间应用裸编织铜线连接，且有标识。

2. 低压成套配电柜、控制柜（屏、台）和动力、照明配电箱（盘）应有可靠的电击保护。柜（屏、台、箱、盘）内保护导体应有裸露的连接外部保护导体的端子，当设计无要求时，柜（屏、台、箱、盘）内保护导体最小截面积 Sp 不应小于表 6.1.2 的规定。

3. 手车、抽出式成套配电柜推拉应灵活，无卡阻碰撞现象。动触头与静触头的中心线应一致，且触头接触紧密，投入时，接地触头先于主触头接触；退出时，接地触头后于主触头脱开。

4. 低压成套配电柜交接试验，必须符合本规范第 4.1.5 条的规定。

5. 柜、屏、台、箱、盘间线路的线间和线对地间绝缘电阻值，馈电线路必须大于 0.5MΩ；二次回路必须大于 1MΩ。

6. 柜、屏、台、箱、盘间二次回路交流工频耐压试验，当绝缘电阻值大于 10MΩ 时，用 2500V 兆欧表摇测 1min，应无闪络击穿现象；当绝缘电阻值在 1～10MΩ 时，做 1000V 交流工频耐压试验，时间 1min，应无闪络击穿现象。

7. 直流屏试验，应将屏内电子器件从线路上退出，检测主回路线间和线对地间绝缘电阻值应大于 0.5MΩ，直流屏所附蓄电池组的充、放电应符合产品技术文件要求；整流器的控制调整和输出特性试验应符合产品技术文件要求。

一般项目：

1. 柜、屏、台、箱、盘相互间或与基础型钢应用镀锌螺栓连接，且防松零件齐全。

2. 柜、屏、台、箱、盘安装垂直度允许偏差为 1.5‰，相互间接缝不应大于 2mm，成列盘面偏差不应大于 5mm。

3. 柜、屏、台、箱、盘内检查试验应符合下列规范：1）控制开关及保护装置的规格、型号符合设计要求；2）闭锁装置动作准确、可靠；3）主开关的辅助开关切换动作与主开关动作一致；4）柜、屏、台、箱、盘上的标识器件标明被控制设备编号及名称，或操作位置，接线端子有编号，且清晰、工整、不易脱色；5）回路中的电子元件不应参加交流工频耐压试验；48V 及以下回路可不作交流工频耐压试验。

4. 低压电器组合应符合下列规定：1）发热元件安装在散热良好的位置；2）熔断器的熔体规格、自动开关的整定值符合设计要求；3）切换压板接触良好，相邻压板间有安全距离，切换时，不触及相邻的压板；4）信号回路的信号灯、按钮、光字牌、电铃、电笛、事故电钟等动作和信号显示准确；5）外壳需接地（PE）或接零（PEN）的，连接可靠；6）端子排安装牢固，端子有序号，强电、弱电端子隔离布置，端子规格与芯线截面积大小适配。

5. 柜、屏、台、箱、盘间配线：电流回路应采用额定电压不低于 750V、芯线截面积不小于 2.5mm² 的铜芯绝缘电线或电缆；除电子元件回路或类似回路外，其他回路的电线应采用额定电压不低于 750V，芯线截面不小于 1.5mm² 的铜芯绝缘电线或电缆。

   二次回路连线应成束绑扎，不同电压等级、交流、直流线路及计算机控制线路应分别绑扎，且有标识；固定后不应妨碍手车开关或抽出式部件的拉出或推入。

6. 连接柜、屏、台、箱、盘面板上的电器及控制台、板等可动部位的电线应符合下列规定：1）采用多股铜芯软电线，敷设长度留有适当裕量；2）线束有外套塑料管等加强绝缘保护层；3）与电器连接时，端部绞紧，且有不开口的终端子或搪锡，不松散、断股；4）可转动部位的两端用卡子固定。

检查数量：主控项目 1、4、7　全数检查；2　抽查 20%，少于 5 台，全数检查；3、5、6 抽查 10%，少于 5 台全数检查。

　　　　　　一般项目 7　全数检查；1～6、8　抽查 10%，少于 5 处（台），全数检查。

检验方法：见本规范第 28.0.7 条。

判　　定：应检数量全部符合本规范规定判为合格。

成套配电柜、控制柜(屏、台)和动力、照明配电箱(盘) 安装工程检验批质量验收记录表 GB 50303—2002

(Ⅲ)照明配电箱(盘)

060501□□

单位(子单位)工程名称					
分部(子分部)工程名称				验收部位	
施工单位				项目经理	
分包单位				分包项目经理	
施工执行标准名称及编号					

施工质量验收规范的规定			施工单位检查评定记录	监理(建设)单位验收记录
主控项目	1	金属箱体的接地或接零	第6.1.1条		
	2	电击保护和保护导体截面积	第6.1.2条		
	3	箱(盘)间线路绝缘电阻值测试	第6.1.6条		
	4	箱(盘)内结线及开关动作	第6.1.9条		
一般项目	1	箱(盘)内检查试验	第6.2.4条		
	2	低压电器组合	第6.2.5条		
	3	箱(盘)间配线	第6.2.6条		
	4	箱与其面板间可动部位的配线	第6.2.7条		
	5	箱(盘)安装位置、开孔、回路编号等	第6.2.8条		
	6	垂直度允许偏差	≤1.5‰		

	专业工长(施工员)		施工班组长	
施工单位检查评定结果				
	项目专业质量检查员:		年 月 日	
监理(建设)单位验收结论				
	监理工程师: (建设单位项目专业技术负责人)		年 月 日	

说　明
(Ⅲ)

主控项目：

1. 柜、屏、台、箱、盘的金属框架及基础型钢必须接地（PE）或接零（PEN）可靠；装有电器的可开启门，门和框架的接地端子间应用裸编织铜线连接，且有标识。

2. 低压成套配电柜、控制柜（屏、台）和动力、照明配电箱（盘）应有可靠的电击保护。柜（屏、台、箱、盘）内保护导体应有裸露的连接外部保护导体的端子，当设计无要求时，柜（屏、台、箱、盘）内保护导体最小截面积 S_P 不应小于表6.1.2的规定。

3. 柜、屏、台、箱、盘间线路的线间和线对地间绝缘电阻值，馈电线路必须大于0.5MΩ；二次回路必须大于1MΩ。

4. 照明配电箱（盘）安装应符合下列规定：1）箱（盘）内配线整齐，无绞接现象。导线连接紧密，不伤芯线，不断股。垫圈下螺丝两侧压的导线截面积相同，同一端子上导线连接不多于2根，防松垫圈等零件齐全；2）箱（盘）内开关动作灵活可靠，带有漏电保护的回路，漏电保护装置动作电流不大于30mA，动作时间不大于0.1s；3）照明箱（盘）内，分别设置零线（N）和保护地线（PE线）汇流排，零线和保护地线经汇流排配出。

一般项目：

1. 柜、屏、台、箱、盘内检查试验符合下列规定：1）控制开关及保护装置的规格、型号符合设计要求；2）闭锁装置动作准确、可靠；3）主开关的辅助开关切换动作与主开关动作一致；4）柜、屏、台、箱、盘上的标识器件标明被控设备编号及名称，或操作位置，接线端子有编号，且清晰、工整，不易脱色；5）回路中的电子元件不应参加交流工频耐压试验；48V以下回路可不作交流工频耐压试验。

2. 低压电器组合应符合下列规范：1）发热元件安装在散热良好的位置；2）熔断器的熔体规格、自动开关的整定值符合设计要求；3）切换压板接触良好，相邻压板间有安全距离，切换时，不触及相邻的压板；4）信号回路的信号灯、按钮、光字牌、电铃、电笛、事故电钟等动作和信号显示准确；5）外壳需接地（PE）或接零 PEN，连接可靠；6）端子排安装牢固，端子有序号，强电、弱电端子隔离布置，端子规格与芯线截面积大小适配。

3. 柜、屏、台、箱、盘间配线：电流回路应采用额定电压不低于750V、芯线截面积不小于2.5mm² 的铜芯绝缘电线或电缆，除电子元件回路或类似回路外，其他回路的电线应采用额定电压不低于750V，芯线截面不小于1.5mm² 的铜芯绝缘电线或电缆。

   二次回路连线应成束绑扎，不同电压等级、交流、直流线路及计算机控制线路应分别绑扎，且有标识；固定后不应妨碍手车开关或抽出式部件的拉出或推入。

4. 连接柜、屏、台、箱、盘面板上的电器及控制台、板等可动部位的电线应符合下列规定：1）采用多股铜芯软电线，敷设长度留有适当裕量；2）线束有外套塑料管等加强绝缘保护层；3）与电器连接时，端部绞紧，且有不开口的终端端子或搪锡，不松散、断股；4）可转动部位的两端应用卡子固定。

5. 照明配电箱（盘）安装应符合下列规定：1）位置正确，部件齐全，箱体开孔与导管管径适配，暗装配电箱箱盖紧贴墙面，箱（盘）涂层完整；2）箱（盘）内接线整齐，回路编号齐全，标识正确；3）箱（盘）不采用可燃材料制作；4）箱（盘）安装牢固，垂直度允许偏差为1.5‰；底边距地面为1.5m，照明配电板底边距地面不小于1.8m。

检查数量： 主控项目1　全数检查；2　抽查20%，少于5台，全数检查；3、4　抽查10%，少于5台，全数检查。
　　　　　一般项目　抽查10%，少于5台，全数检查。

检验方法： 见本规范第28.0.7条。

判　定： 应检数量全部符合本规范规定判为合格。

低压电动机、电加热器及电动执行机构工程检查接线检验批质量验收记录表
GB 50303—2002

060402□□

单位(子单位)工程名称				
分部(子分部)工程名称			验收部位	
施工单位			项目经理	
分包单位			分包项目经理	
施工执行标准名称及编号				

施工质量验收规范的规定				施工单位检查评定记录	监理(建设)单位验收记录
主控项目	1	可接近的裸露导体接地或接零	第7.1.1条		
	2	绝缘电阻值测试	第7.1.2条		
	3	100kW 以上的电动机直流电阻测试	第7.1.3条		
一般项目	1	设备安装和防水防潮处理检查情况	第7.2.1条		
	2	电动机抽芯检查前的条件确认	第7.2.2条		
	3	电动机的抽芯检查	第7.2.3条		
	4	接线盒内裸露导线的距离,绝缘防护措施	第7.2.4条		

	专业工长(施工员)		施工班组长	
施工单位检查评定结果				
	项目专业质量检查员:		年 月 日	
监理(建设)单位验收结论				
	监理工程师: (建设单位项目专业技术负责人)		年 月 日	

说　明

主控项目：

1. 电动机、电加热器及电动执行机构的可接近裸露导体必须接地(PE)或接零(PEN)。

2. 电动机、电加热器及电动执行机构绝缘电阻值应大于 0.5MΩ。

3. 100kW 以上的电动机，应测量各相直流电阻值，相互差不应大于最小值的 2%；无中性点引出的电动机，测量线间直流电阻值，相互差不应大于最小值的 1%。

一般项目：

1. 电气设备安装应牢固，螺栓及防松零件齐全，不松动。防水防潮电气设备的接线入口及接线盒盖等应做密封处理。

2. 除电动机随带技术文件说明不允许在施工现场抽芯检查外，有下列情况之一的电动机，应抽芯检查：1)出厂时间已超过制造厂保证期限，无保证期限的已超过出厂时间一年以上；2)外观检查、电气试验、手动盘转和试运转，有异常情况。

3. 电动机抽芯检查应符合下列规定：1)线圈绝缘层完好、无伤痕，端部绑线不松动，槽楔固定、无断裂，引线焊接饱满，内部清洁，通风孔道无堵塞；2)轴承无锈斑，注油(脂)的型号、规格和数量正确，转子平衡块紧固，平衡螺栓锁紧。风扇叶片无裂纹；3)连接用紧固件的防松零件齐全完整；4)其他指标符合产品技术文件的特有要求。

4. 在设备接线盒内裸露的不同相导线间和导线对地间最小距离应大于 8mm，否则应采取绝缘防护措施。

检查数量： 主控项目 1、3　　全数检查；2　　　抽查 30%，少于 5 台，全数检查。

　　　　　　一般项目 2、3　　全数检查；1、4　　抽查 30%，少于 5 台(处)，全数检查。

检验方法： 见本规范第 28.0.7 条。

判　　定： 应检数量全部符合本规范规定判为合格。

柴油发电机组安装工程检验批质量验收记录表
GB 50303—2002

单位(子单位)工程名称						
分部(子分部)工程名称					验收部位	
施工单位					项目经理	
分包单位					分包项目经理	
施工执行标准名称及编号						

		施工质量验收规范的规定		施工单位检查评定记录	监理(建设)单位验收记录
主控项目	1	电气交接试验	第8.1.1条		
	2	馈电线路的绝缘电阻值测试和耐压试验	第8.1.2条		
	3	相序检验	第8.1.3条		
	4	中性线与接地干线的连接	第8.1.4条		
一般项目	1	随带控制柜的检查	第8.2.1条		
	2	可接近裸露导体的接地或接零	第8.2.2条		
	3	受电侧低压配电柜的试验和机组整体负荷试验	第8.2.3条		

施工单位检查评定结果	专业工长(施工员)		施工班组长	
	项目专业质量检查员：		年　月　日	
监理(建设)单位验收结论	监理工程师： (建设单位项目专业技术负责人)		年　月　日	

说　　明

主控项目：

1. 发电机的试验必须符合本规范附录 A 的规定。

2. 发电机组至低压配电柜馈电线路的相间、相对地间的绝缘电阻值应大于 $0.5M\Omega$；塑料绝缘电缆馈电线路直流耐压试验为 2.4kV，时间 15min，泄漏电流稳定，无击穿现象。

3. 柴油发电机馈电线路连接后，两端的相序必须与原供电系统的相序一致。

4. 发电机中性线（工作零线）应与接地干线直接连接，螺栓防松零件齐全，且有标识。

一般项目：

1. 发电机组随带的控制柜接线应正确，紧固件紧固状态良好，无遗漏脱落。开关、保护装置的型号、规格正确，验证出厂试验的锁定标记应无位移，有位移应重新按制造厂要求试验标定。

2. 发电机本体和机械部位的可接近裸露导体应接地（PE）或接零（PEN）可靠，且有标识。

3. 受电侧低压配电柜的开关设备、自动或手动切换装置和保护装置等试验合格，应按设计的自备电源使用分配预案进行负荷试验，机组连续运行 12h 无故障。

检查数量：主控项目全数检查。

　　　　　　一般项目全数检查。

检验方法：见本规范第 28.0.7 条。

判　　定：应检数量全部符合本规范规定判为合格。

不间断电源安装工程检验批质量验收记录表
GB 50303—2002

单位(子单位)工程名称					
分部(子分部)工程名称				验收部位	
施工单位				项目经理	
分包单位				分包项目经理	
施工执行标准名称及编号					

		施工质量验收规范的规定		施工单位检查评定记录	监理(建设)单位验收记录
主控项目	1	核对规格、型号和接线检查	第9.1.1条		
	2	电气交接试验及调整	第9.1.2条		
	3	装置间的连线绝缘电阻值测试	第9.1.3条		
	4	输出端中性线的重复接地	第9.1.4条		
一般项目	1	主回路和控制电线、电缆敷设及连接	第9.2.2条		
	2	可接近裸露导体的接地或接零	第9.2.3条		
	3	运行时噪声的检查	第9.2.4条		
	4	机架组装紧固及水平度、垂直度偏差	≤1.5‰		

	专业工长(施工员)		施工班组长	
施工单位检查评定结果				
	项目专业质量检查员：		年 月 日	
监理(建设)单位验收结论				
	监理工程师： (建设单位项目专业技术负责人)		年 月 日	

说　明

主控项目：

1. 不间断电源的整流装置、逆变装置和静态开关装置的规格、型号必须符合设计要求。内部结线连接正确、紧固件齐全，可靠不松动，焊接连接无脱落现象。

2. 不间断电源的输入、输出各级保护系统和输出的电压稳定性、波形畸变系数、频率、相位、静态开关的动作等各项技术性能指标试验调整必须符合产品技术文件要求，且符合设计文件要求。

3. 不间断电源装置间连线的线间、线对地间绝缘电阻值应大于 $0.5M\Omega$。

4. 不间断电源输出端的中性线（N 极），必须与由接地装置直接引来的接地干线相连接，做重复接地。

一般项目：

1. 引入或引出不间断电源装置的主回路电线、电线和控制电线、电缆应分别穿保护管敷设，在电缆支架上平行敷设应保持 150mm 的距离；电线、电缆的屏蔽护套接地连接可靠，与接地干线就近连接，紧固件齐全。

2. 不间断电源装置的可接近裸露导体应接地（PE）或接零（PEN）可靠，且有标识。

3. 不间断电源正常运行时产生的 A 声级噪声，不应大于 45dB；输出额定电流为 5A 及以下的小型不间断电源噪声，不应大于 30dB。

4. 安放不间断电源的机架组装应横平竖直，水平度、垂直度允许偏差不应大于 1.5‰，紧固件齐全。

检查数量：主控项目全数检查。

　　　　　　一般项目 2～4　全数检查；　　1　抽查 10%，少于 5 条回路，全数检查。

检验方法：见本规范第 28.0.7 条。

判　定：应检数量全部符合本规范规定判为合格。

低压电气动力设备试验和试运行工程检验批质量验收记录表
GB 50303—2002

060403□□

单位(子单位)工程名称				
分部(子分部)工程名称			验收部位	
施工单位			项目经理	
分包单位			分包项目经理	
施工执行标准名称及编号				

施工质量验收规范的规定				施工单位检查评定记录	监理(建设)单位验收记录
主控项目	1	试运行前,相关电气设备和线路的试验	第10.1.1条		
	2	现场单独安装的低压电器交接试验	第10.1.2条		
一般项目	1	运行电压、电流及其指示仪表检查	第10.2.1条		
	2	电动机试通电检查	第10.2.2条		
	3	交流电动机空载起动及运行状态记录	第10.2.3条		
	4	大容量(630A 及以上)电线或母线连接处的温升检查	第10.2.4条		
	5	电动执行机构的动作方向及指示检查	第10.2.5条		

施工单位检查评定结果	专业工长(施工员)		施工班组长	
	项目专业质量检查员:		年　月　日	

监理(建设)单位验收结论	
	监理工程师: (建设单位项目专业技术负责人)　　　　　　　　年　月　日

481

说　明

主控项目：

1. 试运行前，相关电气设备和线路应按本规范的规定试验合格。
2. 现场单独安装的低压电器交接试验项目应符合本规范附录 B 的规定。

一般项目：

1. 成套配电(控制)柜、台、箱、盘的运行电压、电流应正常，各种仪表指标正常。
2. 电动机应试通电，检查转向和机械转动有无异常情况；可空载试运行的电动机，时间一般为 2h，记录空载电流，且检查机身和轴承的温升。
3. 交流电动机在空载状态下(不投料)可启动次数及间隔时间应符合产品技术条件的要求；无要求时，连续启动 2 次的时间间隔不应小于 5min，再次启动应在电动机冷却至常温下。空载状态(不投料)运行，应记录电流、电压、温度、运行时间等有关数据，且应符合建筑设备或工艺装置的空载状态运行(不投料)要求。
4. 大容量(630A 及以上)导线或母线连接处，在设计计算负荷运行情况下应作温度抽测记录，温升值稳定且不大于设计值。
5. 电动执行机构的动作方向及指标，应与工艺装置的设计要求保持一致。

检查数量：主控项目功率为 40kW 及以上全数检查，功率小于 40kW，抽查 20%，少于 5 台(件)，全数检查。
　　　　　一般项目功率为 40kW 及以上全数检查，功率小于 40kW，抽查 20%，少于 5 台(件)，全数检查。

检验方法：见本规范第 28.0.7 条。

判　　定：应检数量全部符合本规范规定判为合格。

裸母线、封闭母线、插接式母线安装工程检验批质量验收记录表
GB 50303—2002

060203□□
060301□□
060604□□

单位(子单位)工程名称							
分部(子分部)工程名称					验收部位		
施工单位					项目经理		
分包单位					分包项目经理		
施工执行标准名称及编号							

		施工质量验收规范的规定		施工单位检查评定记录	监理(建设)单位验收记录
主控项目	1	可接近裸露导体的接地或接零	第11.1.1条		
	2	母线与母线、母线与电器接线端子的螺栓搭接	第11.1.2条		
	3	封闭、插接式母线的组对连接	第11.1.3-2-3条		
	4	室内裸母线的最小安全净距	第11.1.4条		
	5	高压母线交流工频耐压试验	第11.1.5条		
	6	低压母线交接试验	第11.1.6条		
	7	封闭、插接式母线与外壳同心;允许偏差(mm)	≤±5		
一般项目	1	母线支架的安装	第11.2.1条		
	2	母线与母线、母线与电器接线端子搭接面处理	第11.2.2条		
	3	母线的相序排列及涂色	第11.2.3条		
	4	母线在绝缘子上的固定	第11.2.4条		
	5	封闭、插接式母线的组装和固定	第11.2.5条		

施工单位检查评定结果	专业工长(施工员)		施工班组长	
	项目专业质量检查员:		年　月　日	

监理(建设)单位验收结论	监理工程师: (建设单位项目专业技术负责人)　　　　　　　　　年　月　日

说　明

主控项目：

1. 绝缘子的底座、套管的法兰、保护网（罩）及母线支持等可接近裸露导体应接地（PE）或接零（PEN）可靠。不应作为接地（PE）或接零（PEN）的接续导体。

2. 母线与母线或母线与电器接线端子，当采用螺栓搭接连接时，应符合下列规定：1）母线的各类搭接连接的钻孔直径和搭接长度符合本规范附录 C 的规定，用力矩扳手拧紧钢制连接螺栓的力矩值符合本规范附录 D 的规定；2）母线接触面保持清洁，涂电力复合脂，螺栓孔周边无毛刺；3）连接螺栓两侧有平垫圈，相邻垫圈间有大于 3mm 的间隙，螺母侧装有弹簧垫圈或锁紧螺母；4）螺栓受力均匀，不使电器的接线端子受额外应力。

3. 封闭、插接式母线安装应符合下列规定：1）母线与外壳同心，允许偏差为 ±5mm；2）当段与段连接时，两相邻段母线及外壳对准，连接后不使母线及外壳受额外应力；3）母线的连接方法符合产品技术文件要求。

4. 室内裸母线的最小安全净距应符合本规范附录 E 的规定。

5. 高压母线交流工频耐压试验必须按本规范第 3.1.8 条的规定交接试验合格。

6. 低压母线交接试验应符合本规范第 4.1.5 条的规定。

一般项目：

1. 母线的支架与预埋铁件采用焊接固定时，焊缝应饱满；采用膨胀螺栓固定时，选用的螺栓应适配，连接应牢固。

2. 母线与母线、母线与电器接线端子搭接，搭接面的处理应符合下列规定：1）铜与铜：室外、高温且潮湿的室内，搭接面搪锡；干燥的室内，不搪锡；2）铝与铝：搭接面不作涂层处理；3）钢与钢：搭接面搪锡或镀锌；4）铜与铝：在干燥的室内，铜导体搭接面搪锡；在潮湿场所，铜导体搭接面搪锡，且采用铜铝过渡板与铝导体连接；5）钢与铜或铝：钢搭接面搪锡。

3. 母线的相序排列及涂色，当设计无要求时应符合下列规定：1）上、下布置的交流母线，由上至下排列为 A、B、C 相；直流母线正极在上，负极在下；2）水平布置的交流母线，由盘后向盘前排列为 A、B、C 相；直流母线正极在后，负极在前；3）面对引下线的交流母线，由左至右排列为 A、B、C 相；直流母线正极在左，负极在右；4）母线的涂色：交流，A 相为黄色、B 相为绿色、C 相为红色；直流，正极为赭色、负极为蓝色；在连接处或支持件边缘两侧 10mm 以内不涂色。

4. 母线在绝缘子上安装应符合下列规定：1）金具与绝缘子间的固定平整牢固，不使母线受额外应力；2）交流母线的固定金具或其他支持金具不形成闭合铁磁回路；3）除固定点外，当母线平置时，母线支持夹板的上部压板与母线间有 1～1.5mm 的间隙；当母线立置时，上部压板与母线间有 1.5～2mm 的间隙；4）母线的固定点，每段设置一个，设置于全长或两母线伸缩节的中点；5）母线采用螺栓搭接时，连接处距绝缘子的支持夹板边缘不小于 50mm。

5. 封闭、插接式母线组装和固定位置应正确，外壳与底座间、外壳各连接部位和母线的连接螺栓应按产品技术文件要求选择正确、连接紧固。

检查数量：主控项目 5、6　全数检查；1～4、7　抽查 10 处，少于 10 处，全数检查。
　　　　　　一般项目 1、2、4、5　抽查 10%，少于 5 处，全数检查；3　抽查 5 处，少于 5 处，全数检查。

检验方法：见本规范第 28.0.7 条。

判　　定：应检数量全部符合本规范规定判为合格。

电缆桥架安装和桥架内电缆敷设工程检验批质量验收记录表
GB 50303—2002

060404□□

单位(子单位)工程名称				
分部(子分部)工程名称			验收部位	
施工单位			项目经理	
分包单位			分包项目经理	
施工执行标准名称及编号				

		施工质量验收规范的规定		施工单位检查评定记录	监理(建设)单位验收记录
主控项目	1	金属电缆桥架、支架和引入、引出的金属导管的接地或接零	第12.1.1条		
	2	电缆敷设检查	第12.1.2条		
一般项目	1	电缆桥架检查	第12.2.1条		
	2	桥架内电缆敷设和固定	第12.2.2条		
	3	电缆的首端、末端和分支处的标志牌	第12.2.3条		

	专业工长(施工员)		施工班组长	
施工单位检查评定结果	项目专业质量检查员:		年 月 日	
监理(建设)单位验收结论	监理工程师: (建设单位项目专业技术负责人)		年 月 日	

485

主控项目：

1. 金属电缆桥架及其支架和引入或引出的金属电缆导管必须接地（PE）或接零（PEN）可靠，且必须符合下列规定：1）金属电缆桥架及其支架全长应不少于 2 处与接地（PE）或接零（PEN）干线相连接；2）非镀锌电缆桥架间连接板的两端跨接铜芯接地线，接地线最小允许截面积不小于 4mm² ；3）镀锌电缆桥架间连接板的两端不跨接接地线，但连接板两端不少于 2 个有防松螺帽或防松垫圈的连接固定螺栓。

2. 电缆敷设严禁有绞拧、铠装压扁、护层断裂和表面严重划伤等缺陷。

一般项目：

1. 电缆桥架安装应符合下列规定：1）直线段钢制电缆桥架长度超过 30m、铝合金或玻璃钢制电缆桥架长度超过 15m 设有伸缩节；电缆桥架跨越建筑物变形缝处设置补偿装置；2）电缆桥架转弯处的弯曲半径，不小于桥架内电缆最小允许弯曲半径，电缆最小允许弯曲半径见表 12.2.1 – 1；3）当设计无要求时，电缆桥架水平安装的支架间距为 1.5 ~ 3m；垂直安装的支架间距不大于 2m；4）桥架与支架间螺栓、桥架连接板螺栓固定紧固无遗漏，螺母位于桥架外侧；当铝合金桥架与钢支架固定时，有相互间绝缘的防电化腐蚀措施；5）电缆桥架敷设在易燃易爆气体管道和热力管道的下方，当设计无要求时，与管道的最小净距，符合表 12.2.1 – 2 的规定；6）敷设在竖井内和穿越不同防火区的桥架，按设计要求位置，有防火隔堵措施；7）支架与预埋件焊接固定时，焊缝饱满；膨胀螺栓固定时，选用螺栓适配，螺栓紧固，防松零件齐全。

2. 桥架内电缆敷设应符合下列规定：1）大于 45°倾斜敷设的电缆每隔 2m 处设固定点；2）电缆出入电缆沟、竖井、建筑物、柜（盘）、台处以及管子管口处等做密封处理；3）电缆敷设排列整齐，水平敷设的电缆，首尾两端、转弯两侧及每隔 5 ~ 10m 处设固定点；敷设于垂直桥架内的电缆固定点间距，不大于表 12.2.2 的规定。

3. 电缆的首端、末端和分支处应设标志牌。

检查数量： 主控项目 1 与接地干线连接处，全数检查，其余抽查 20% ，少于 5 处，全数检查；2　抽查全长的 10% 。

一般项目抽查 10% ，少于 5 处，全数检查。

检验方法： 见本规范第 28.0.7 条。

判　　定： 应检数量全部符合本规范规定判为合格。

电缆沟内和电缆竖井内电缆敷设工程检验批质量验收记录表
GB 50303—2002

单位(子单位)工程名称				
分部(子分部)工程名称			验收部位	
施工单位			项目经理	
分包单位			分包项目经理	
施工执行标准名称及编号				

		施工质量验收规范的规定		施工单位检查评定记录	监理(建设)单位验收记录
主控项目	1	金属电缆支架、电线导管的接地或接零	第13.1.1条		
	2	电缆敷设检查	第13.1.2条		
一般项目	1	电缆支架安装	第13.2.1条		
	2	电缆的弯曲半径	第13.2.2条		
	3	电缆的敷设固定和防火措施	第13.2.3条		
	4	电缆的首端、末端和分支处的标志牌	第13.2.4条		

	专业工长(施工员)		施工班组长	
施工单位检查评定结果				
	项目专业质量检查员:		年 月 日	
监理(建设)单位验收结论				
	监理工程师: (建设单位项目专业技术负责人)		年 月 日	

说　明

主控项目:

1. 金属电缆支架、电缆导管必须接地(PE)或接零(PEN)可靠。
2. 电缆敷设严禁有绞拧、铠装压扁、护层断裂和表面严重划伤等缺陷。

一般项目:

1. 电缆支架安装应符合下列规定:1)当设计无要求时,电缆支架最上层至竖井顶部或楼板的距离不小于 150~200mm;电缆支架最下层至沟底或地面的距离不小于 50~100mm;2)当设计无要求时,电缆支架层间最小允许距离符合表 13.2.1 的规定;3)支架与预埋件焊接固定时,焊缝饱满;用膨胀螺栓固定时,选用螺栓适配,螺栓紧固,防松零件齐全。
2. 电缆在支架上敷设,转弯处的最小允许弯曲半径应符合本规范表 12.2.1–1 的规定。
3. 电缆敷设固定应符合下列规定:1)垂直敷设或大于 45°倾斜敷设的电缆在每个支架上固定;2)交流单芯电缆或分相后的每相电缆固定用的夹具和支架,不形成闭合铁磁回路;3)电缆排列整齐,少交叉;当设计无要求时,电缆支持点间距,不大于表 13.2.3 的规定;4)当设计无要求时,电缆与管道的最小净距,符合本规范表 12.2.1–2 的规定,且敷设在易燃易爆气体管道和热力管道的下方;5)敷设电缆的电缆沟和竖井,按设计要求位置,有防火隔堵措施。
4. 电缆的首端、末端和分支处应设标志牌。

检查数量: 主控项目抽查 20%,少于 10 处,全数检查。
　　　　　　一般项目抽查 10%,少于 5 处,全数检查。

检验方法: 见本规范第 28.0.7 条。

判　　定: 应检数量全部符合本规范规定判为合格。

电线导管、电缆导管和线槽敷设工程检验批质量验收记录表
GB 50303—2002
（Ⅰ）室内

060304□□
060405□□
060502□□
060605□□

单位(子单位)工程名称				
分部(子分部)工程名称			验收部位	
施工单位			项目经理	
分包单位			分包项目经理	
施工执行标准名称及编号				

		施工质量验收规范的规定		施工单位检查评定记录	监理(建设)单位验收记录
主控项目	1	金属导管、金属线槽的接地或接零	第14.1.1条		
	2	金属导管的连接	第14.1.2条		
	3	防爆导管的连接	第14.1.3条		
	4	绝缘导管在砌体剔槽埋设	第14.1.4条		
一般项目	1	电缆导管的弯曲半径	第14.2.3条		
	2	金属导管的防腐	第14.2.4条		
	3	柜、台、箱、盘内导管管口高度	第14.2.5条		
	4	暗配导管的埋设深度,明配导管的固定	第14.2.6条		
	5	线槽固定及外观检查	第14.2.7条		
	6	防爆导管的连接、接地、固定和防腐	第14.2.8条		
	7	绝缘导管的连接和保护	第14.2.9条		
	8	柔性导管的长度、连接和接地	第14.2.10条		
	9	导管和线槽在建筑物变形缝处的处理	第14.2.11条		

施工单位检查评定结果	专业工长(施工员)		施工班组长	
	项目专业质量检查员:		年　月　日	
监理(建设)单位验收结论	监理工程师: (建设单位项目专业技术负责人)		年　月　日	

489

说　明
（Ⅰ）室内

060304
060405
060502
060605

主控项目：

1. 金属的导管和线槽必须接地(PE)或接零(PEN)可靠,并符合下列规定:1)镀锌的钢导管、可挠性导管和金属线槽不得熔焊跨接接地线,以专用接地卡跨接的两卡间连线为铜芯软导线,截面积不小于$4mm^2$;2)当非镀锌导管采用螺纹连接时,连接处的两端焊跨接接地线;当镀锌钢导管采用螺纹连接时,连接处的两端用专用接地卡固定跨接接地线;3)金属线槽不作设备的接地导体,当设计无要求时,金属线槽全长不少于2处与接地(PE)或接零(PEN)干线连接;4)非镀锌金属线槽间连接板的两端跨接铜芯接地线,镀锌线槽间连接板的两端不跨接接地线,但连接板两端不少于2个有防松螺帽或防松垫圈的连接固定螺栓。

2. 金属导管严禁对口熔焊连接;镀锌和壁厚小于等于2mm的钢导管不得套管熔焊连接。

3. 防爆导管不应采用倒扣连接;当连接有困难时,应采用防爆活接头,其接合面应严密。

4. 当绝缘导管在砌体上剔槽埋设时,应采用强度等级不小于M10的水泥砂浆抹面保护,保护层厚度大于15mm。

一般项目：

1. 电缆导管的弯曲半径不应小于电缆最小允许弯曲半径,电缆最小允许弯曲半径符合本规范表12.2.1-1的规定。

2. 金属导管内外壁应防腐处理;埋设于混凝土内的导管内壁应防腐处理,外壁可不防腐处理。

3. 室内进入落地式柜、台、箱、盘内的导管口,应高出柜、台、箱、盘的基础面50~80mm。

4. 暗配的导管,埋设深度与建筑物、构筑物表面的距离不应小于15mm;明配的导管应排列整齐,固定点间距均匀,安装牢固;在终端、弯头中点或柜、台、箱、盘等边缘的距离150~500mm范围内设置管卡,中间直线段管卡间的最大距离应符合表14.2.6的规定。

5. 线槽应安装牢固,无扭曲变形,紧固件的螺母应在线槽外侧。

6. 防爆导管敷设应符合下列规定:1)导管间及与灯具、开关、线盒等的螺纹连接处紧密牢固,除设计有特殊要求外,连接处不跨接接地线,在螺纹上涂以电力复合酯或导电性防锈酯;2)安装牢固顺直,镀锌层锈蚀或剥落处做防腐处理;

7. 绝缘导管敷设应符合下列规定:1)管口平整光滑;管与管、管与盒(箱)等器件采用插入法连接时,连接处结合面涂专用胶合剂,接口牢固密封;2)直埋于地下或楼板内的刚性绝缘导管,在穿出地面或楼板易受机械损伤的一段,采取保护措施;3)当设计无要求时,埋设在墙内或混凝土内的绝缘导管,采用中型以上的导管;4)沿建筑物、构筑物表面和在支架上敷设的刚性绝缘导管,按设计要求装设温度补偿装置。

8. 金属、非金属柔性导管敷设应符合下列规定:1)刚性导管经柔性导管与电气设备、器具连接,柔性导管的长度在动力工程中不大于0.8m,在照明工程中不大于1.2m;2)可挠金属管或其他柔性导管与刚性导管或电气设备、器具间的连接采用专用接头;复合型可挠金属管或其他柔性导管的连接处密封良好,防液复盖层完整无损;3)可挠性金属导管和金属柔性导管不能做接地(PE)或接零(PEN)的接续导体。

9. 导管和线槽,在建筑物变形缝处,应设补偿装置。

检查数量： 主控项目抽查10%,少于10处,全数检查。

　　　　　一般项目9　全数检查;3、5抽查10%,少于5处,全数检查;1、2、4、6~8按不同导管分类,敷设方式各抽查10%,少于5处,全数检查。

检验方法： 见本规范第28.0.7条。

判　　定： 应检数量全部符合本规范规定判为合格。

电线导管、电缆导管和线槽敷设工程检验批质量验收记录表
GB 50303—2002
（Ⅱ）室外

单位(子单位)工程名称			
分部(子分部)工程名称		验收部位	
施工单位		项目经理	
分包单位		分包项目经理	
施工执行标准名称及编号			

		施工质量验收规范的规定		施工单位检查评定记录	监理(建设)单位验收记录
主控项目	1	金属导管的接地或接零	第14.1.1－1,2条		
	2	金属导管的连接	第14.1.2条		
一般项目	1	埋地导管的选择和埋设深度	第14.2.1条		
	2	导管的管口设置和处理	第14.2.2条		
	3	电缆导管的弯曲半径	第14.2.3条		
	4	金属导管的防腐	第14.2.4条		
	5	绝缘导管的连接和保护	第14.2.9条		
	6	柔性导管的长度、连接和接地	第14.2.10条		

施工单位检查评定结果	专业工长(施工员)		施工班组长	
	项目专业质量检查员：		年　　月　　日	

监理(建设)单位验收结论	
	监理工程师： (建设单位项目专业技术负责人)　　　　　　　　　年　　月　　日

491

说 明
(Ⅱ)室外

主控项目：

1. 金属的导管和线槽必须接地(PE)或接零(PEN)可靠，并符合下列规定：1)镀锌的钢导管、可挠性导管和金属线槽不得熔焊跨接接地线，以专用接地卡跨接的两卡间连线为铜芯软导线，截面积不小于4mm²；2)当非镀锌钢导管采用螺纹连接时，连接处的两端焊跨接接地线；当镀锌钢导管采用螺纹连接时，连接处的两端专用接地卡固定跨接接地线。

2. 金属导管严禁对口熔焊连接；镀锌和壁厚小于等于2mm的钢导管不得套管熔焊连接。

一般项目：

1. 室外埋地敷设的电缆导管，埋深不应小于0.7m。壁厚小于等于2mm的钢电线导管不应埋设于室外土壤内。

2. 室外导管的管口应设置在盒、箱内。在落地式配电箱内的管口，箱底无封板的，管口应高出基础面50～80mm。所有管口在穿入电线、电缆后应做密封处理。由箱式变电所或落地式配电箱引向建筑物的导管，建筑物一侧的导管管口应设在建筑物内。

3. 电缆导管的弯曲半径不应小于电缆最小允许弯曲半径，电缆最小允许弯曲半径符合本规范12.2.1－1的规定。

4. 金属导管内外壁应做防腐处理；埋设于混凝土内的导管内壁应做防腐处理，外壁可不做防腐处理。

5. 绝缘导管敷设应符合下列规定：1)管口平整光滑；管与管、管与盒(箱)等器件采用插入法连接时，连接处结合面涂专用胶合剂，接口牢固密封；2)直埋于地下或楼板内的刚性绝缘导管，在穿出地面或楼板易受机械损伤的一段，采取保护措施；3)当设计无要求时，埋设在墙内或混凝土内的绝缘导管，采用中型以上的导管；4)沿建筑物、构筑物表面和在支架上敷设的刚性绝缘导管，按设计要求装设温度补偿装置。

6. 金属、非金属柔性导管敷设应符合下列规定：1)刚性导管经柔性导管与电气设备、器具连接，柔性导管的长度在动力工程中不大于0.8m，在照明工程中不大于1.2m；2)可挠金属管或其他柔性导管与刚性导管或电气设备、器具间的连接采用专用接头；复合型可挠金属管或其他柔性导管的连接处密封良好，防腐液覆盖完整无损；3)可挠性金属导管和金属柔性导管不能做接地(PE)或接零(PEN)的接续导体。

检查数量： 主控项目抽查10%，少于10处，全数检查。

　　　　　　一般项目1、2　抽查10%，少于5处，全数检查；3～6按不同导管种类、敷设方式各抽查10%，少于5处，全数检查。

检验方法： 见本规范第28.0.7条。

判　　定： 应检数量全部符合本规范规定判为合格。

电线、电缆穿管和线槽敷线工程检验批质量验收记录表
GB 50303—2002

单位(子单位)工程名称				
分部(子分部)工程名称			验收部位	
施工单位			项目经理	
分包单位			分包项目经理	
施工执行标准名称及编号				

施工质量验收规范的规定				施工单位检查评定记录	监理(建设)单位验收记录
主控项目	1	交流单芯电缆不得单独穿于钢导管内	第15.1.1条		
	2	电线穿管	第15.1.2条		
	3	爆炸危险环境照明线路的电线、电缆选用和穿管	第15.1.3条		
一般项目	1	电线、电缆管内清扫和管口处理	第15.2.1条		
	2	同一建筑物、构筑物内电线绝缘层颜色的选择	第15.2.2条		
	3	线槽敷线	第15.2.3条		

施工单位检查评定结果	专业工长(施工员)		施工班组长	
	项目专业质量检查员:		年　月　日	
监理(建设)单位验收结论	监理工程师: (建设单位项目专业技术负责人)		年　月　日	

493

说　明

（Ⅰ）

主控项目：

1. 三相或单相的交流单芯电缆，不得单独穿于钢导管内。

2. 不同回路、不同电压等级和交流与直流的电线，不应穿于同一导管内；同一交流回路的电线应穿于同一金属导管内，且管内电线不得有接头。

3. 爆炸危险环境照明线路的电线和电缆额定电压不得低于750V，且电线必须穿于钢导管内。

一般项目：

1. 电线、电缆穿管前，应清除管内杂物和积水。管口应有保护措施，不进入接线盒（箱）的垂直管口穿入电线、电缆后，管口应密封。

2. 当采用多相供电时，同一建筑物、构筑物的电缆绝缘层颜色选择应一致，即保护地线（PE线）应是黄绿相间色，零线用淡蓝色；相线用：A 相——黄色、B 相——绿色、C 相——红色。

3. 线槽敷设应符合下列规定：1）电线在线槽内有一定余量，不得有接头。电线按回路编号分段绑扎，绑扎点间距不应大于2m；2）同一回路的相线和零线，敷设于同一金属线槽内；3）同一电源的不同回路无抗干扰要求的线路可敷设于同一线槽内；敷设于同一线槽内有抗干扰要求的线路用隔板隔离，或采用屏蔽电线且屏蔽护套一端接地。

检查数量： 主控项目抽查10%，少于 10 处，全数检查。

一般项目抽查10%，少于 5 处（回路），全数检查。

检验方法： 见本规范第 28.0.7 条。

判　　定： 应检数量全部符合本规范规定判为合格。

槽板配线工程检验批质量验收记录表
GB 50303—2002

060504□□

单位(子单位)工程名称						
分部(子分部)工程名称					验收部位	
施工单位					项目经理	
分包单位					分包项目经理	
施工执行标准名称及编号						

施工质量验收规范的规定				施工单位检查评定记录	监理(建设)单位验收记录
主控项目	1	槽板配线的电线连接	第16.1.1条		
	2	槽板敷设和木槽板阻燃处理	第16.1.2条		
一般项目	1	槽板的盖板和底板固定	第16.2.1条		
	2	槽板盖板、底板的接口设置和连接	第16.2.2条		
	3	槽板的保护套管和补偿装置设置	第16.2.3条		

施工单位检查评定结果	专业工长(施工员)		施工班组长	
	项目专业质量检查员：		年 月 日	

监理(建设)单位验收结论	
	监理工程师： (建设单位项目专业技术负责人) 年 月 日

说　明

主控项目：

1. 槽板内电线无接头,电线连接设在器具处;槽板与各种器具连接时,电线应留有余量,器具底座压住槽板端部。

2. 槽板敷设应紧贴建筑物表面,且横平竖直、固定可靠,严禁用木楔固定;木槽板应经阻燃处理,塑料槽板表面应有阻燃标识。

一般项目：

1. 木槽板无劈裂,塑料槽板无扭曲变形。槽板底板固定点间距应小于 500mm;槽板盖板固定点间距应小于 300mm;底板距终端 50mm 和盖板距终端 30mm 处应固定。

2. 槽板的底板接口与盖板接口应错开 20mm,盖板在直线段和 90°转角处应成 45°斜口对接,T 形分支处应成三角叉接,盖板应无翘角,接口应严密整齐。

3. 槽板穿过梁、墙和楼板处应有保护套管,跨越建筑物变形缝处槽板应设补偿装置,且与槽板结合严密。

检查数量：主控项目抽查 10 处,少于 10 处,全数检查。

　　　　　一般项目抽查 10 处,少于 10 处,全数检查。

检验方法：见本规范第 28.0.7 条。

判　定：应检数量全部符合本规范规定判为合格。

钢索配线工程检验批质量验收记录表
GB 50303—2002

单位(子单位)工程名称					
分部(子分部)工程名称				验收部位	
施工单位				项目经理	
分包单位				分包项目经理	
施工执行标准名称及编号					

		施工质量验收规范的规定		施工单位检查评定记录	监理(建设)单位验收记录
主控项目	1	钢索的选用	第17.1.1条		
	2	钢索终端固定及其接地接零	第17.1.2条		
	3	张紧钢索用的花篮螺栓设置	第17.1.3条		
一般项目	1	中间吊架及防跳锁定零件	第17.2.1条		
	2	钢索的承载和表面检查	第17.2.2条		
	3	钢索配线零件间和线间距离	第17.2.3条		

施工单位检查评定结果	专业工长(施工员)		施工班组长	
	项目专业质量检查员:		年 月 日	

监理(建设)单位验收结论	
	监理工程师: (建设单位项目专业技术负责人)　　　　　年　月　日

说　明

主控项目:

1. 应采用镀锌钢索,不应采用含油芯的钢索。钢索的钢丝直径应小于 0.5mm,钢索不应有扭曲和断股等缺陷。

2. 钢索的终端拉环埋件应牢固可靠,钢索与终端拉环套接处应采用心形环,固定钢索的线卡不应少于 2 个,钢索端头应用镀锌铁线绑扎紧密,且应接地(PE)或接零(PEN)可靠。

3. 当钢索长度在 50m 及以下时,应在钢索一端装设花篮螺栓紧固;当钢索长度大于 50m 时,应在钢索两端装设花篮螺栓紧固。

一般项目:

1. 钢索中间吊架间距不应大于 12m,吊架与钢索连接处的吊钩深度不应小于 20mm,并应有防止钢索跳出的锁定零件。

2. 电线和灯具在钢索上安装后,钢索应承受全部负载,且钢索表面应整洁、无锈蚀。

3. 钢索配线的零件间和线间距离应符合表 17.2.3 的规定。

检查数量: 主控项目抽查 5 条(终端),少于 5 条(终端),全数检查。

一般项目 1、2 抽查 5 条,少于 5 条,全数检查;3 按不同配线规格各抽查 10 处,少于 10 处,全数检查。

检验方法: 见本规范第 28.0.7 条。

判　　定: 应检数量全部符合本规范规定判为合格。

电缆头制作、接线和线路绝缘测试工程检验批质量验收记录表
GB 50303—2002

060106□□,060407□□
060205□□,060506□□
060306□□,060607□□

单位(子单位)工程名称				
分部(子分部)工程名称			验收部位	
施工单位			项目经理	
分包单位			分包项目经理	
施工执行标准名称及编号				

		施工质量验收规范的规定		施工单位检查评定记录	监理(建设)单位验收记录
主控项目	1	高压电力电缆直流耐压试验	第18.1.1条		
	2	低压电线和电缆绝缘电阻测试	第18.1.2条		
	3	铠装电力电缆头的接地线	第18.1.3条		
	4	电线、电缆接线	第18.1.4条		
一般项目	1	芯线与电器设备的连接	第18.2.1条		
	2	电线、电缆的芯线连接金具	第18.2.2条		
	3	电线、电缆回路标记、编号	第18.2.3条		

	专业工长(施工员)		施工班组长	
施工单位检查评定结果				
	项目专业质量检查员:		年 月 日	
监理(建设)单位验收结论				
	监理工程师: (建设单位项目专业技术负责人)		年 月 日	

499

说 明

060106
060205
060306
060407
060506
060607

主控项目:

1. 高压电力电缆直流耐压试验必须按本规范第3.1.8条的规定交接试验合格。

2. 低压电线和电缆,线间和线对地间的绝缘电阻值必须大于0.5MΩ。

3. 铠装电力电缆头的接地线应采用铜绞线或镀锡铜编织线,截面积不应小于表18.1.3的规定。

4. 电线、电缆接线必须准确,并联运行电线或电缆的型号、规格、长度、相位应一致。

一般项目:

1. 芯线与电器设备的连接应符合下列规定:1)截面积在10mm² 及以下的单股铜芯线和单股铝芯线直接与设备、器具的端子连接;2)截面积在2.5mm² 及以下的多股铜芯线拧紧搪锡或接续端子后与设备、器具的端子连接;3)截面积大于2.5mm² 的多股铜芯线,除设备自带插接式端子外,接续端子后与设备或器具的端子连接;多股铜芯线与插接式端子连接前,端部拧紧搪锡;4)多股铝芯线接续端子后与设备、器具的端子连接;5)每个设备和器具的端子接线不多于2根电线。

2. 电线、电缆的芯线连接金具(连接管和端子),规格应与芯线的规格适配,且不得采用开口端子。

3. 电线、电缆的回路标记应清晰,编号准确。

检查数量: 主控项目1 全数检查;2、3 抽查10% ,少于5个回路,全数检查;4 抽查10个回路。

一般项目1、2 抽查10% ,少于10处,全数检查;3 抽查5个回路。

检验方法: 见本规范第28.0.7条。

判 定: 应检数量全部符合本规范规定判为合格。

普通灯具安装工程检验批质量验收记录表
GB 50303—2002

060507□□

		单位(子单位)工程名称			
		分部(子分部)工程名称		验收部位	
		施工单位		项目经理	
		分包单位		分包项目经理	
		施工执行标准名称及编号			

		施工质量验收规范的规定		施工单位检查评定记录	监理(建设)单位验收记录
主控项目	1	灯具的固定	第19.1.1条		
	2	花灯吊钩选用、固定及悬吊装置的过载试验	第19.1.2条		
	3	钢管吊灯灯杆检查	第19.1.3条		
	4	灯具的绝缘材料耐火检查	第19.1.4条		
	5	灯具的安装高度和使用电压等级	第19.1.5条		
	6	距地高度小于2.4m的灯具金属外壳的接地或接零	第19.1.6条		
一般项目	1	引向每个灯具的导线线芯最小截面积	第19.2.1条		
	2	灯具的外形,灯头及其接线检查	第19.2.2条		
	3	变电所内灯具的安装位置	第19.2.3条		
	4	装有白炽灯泡的吸顶灯具隔热检查	第19.2.4条		
	5	在重要场所的大型灯具的玻璃罩安全措施	第19.2.5条		
	6	投光灯的固定检查	第19.2.6条		
	7	室外壁灯的防水检查	第19.2.7条		

	专业工长(施工员)		施工班组长	
施工单位检查评定结果				
	项目专业质量检查员:		年 月 日	
监理(建设)单位验收结论				
	监理工程师: (建设单位项目专业技术负责人)		年 月 日	

说　明

主控项目：

1. 灯具的固定应符合下列规定：1）灯具重量大于 3kg 时，固定在螺栓或预埋吊钩上；2）软线吊灯，灯具重量在 0.5kg 及以下时，采用软电线自身吊装；大于 0.5kg 的灯具采用吊链，且软电线编叉在吊链内，使电线不受力；3）灯具固定牢固可靠，不使用木楔，每个灯具固定用螺钉或螺栓不少于 2 个；当绝缘台直径在 75mm 及以下时，采用 1 个螺钉或螺栓固定。

2. 花灯吊钩圆钢直径不应小于灯具挂销直径，且不应小于 6mm。大型花灯的固定及悬吊装置，应按灯具重的 2 倍做过载试验。

3. 当钢管做灯杆时，钢管内径不应小于 10mm，钢管厚度不应小于 1.5mm。

4. 固定灯具带电部件的绝缘材料以及提供防触电保护的绝缘材料，应耐燃烧和防明火。

5. 当设计无要求时，灯具的安装高度和使用电压等级应符合下列规定：1）一般敞开式灯具，灯头对地面距离不小于下列数值（采用安全电压时除外）：①室外：2.5m（室外墙上安装）；②厂房：2.5m；③室内：2m；④软吊线带升降器的灯具在吊线展开后：0.8m；2）危险性较大及特殊危险场所，当灯具距地面高度小于 2.4m 时，使用额定电压为 36V 及以下的照明灯具，或有专用保护措施。

6. 当灯具距地面高度小于 2.4m 时，灯具的可接近裸露导体必须接地（PE）或接零（PEN）可靠，并应有专用接地螺栓，且有标识。

一般项目：

1. 引向每个灯具的导线线芯最小截面积应符合表 19.2.1 的规定；

2. 灯具的外形、灯头及其接线应符合下列规定：1）灯具及其配件齐全，无机械损伤、变形、涂层剥落和灯罩破裂等缺陷；2）软线吊灯的软线两端做保护扣，两端芯线搪锡；当装升降器时，套塑料软管，采用安全灯头；3）除敞开式灯具外，其他各类灯具灯泡容量在 100W 及以上者采用瓷质灯头；4）连接灯具的软线盘扣、搪锡压线，当采用螺口灯头时，相线接于螺口灯头中间的端子上；5）灯头的绝缘外壳不破损和漏电；带有开关的灯头，开关手柄无裸露的金属部位。

3. 变电所内，高低压配电设备及裸母线的正上方应安装灯具。

4. 装有白炽灯泡的吸顶灯具，灯泡不应紧贴灯罩；当灯泡与绝缘台间距离小于 5mm 时，灯泡与绝缘台间应采取隔热措施。

5. 安装在重要场所大型灯具的玻璃罩，应采取防止玻璃罩碎裂后向下溅落的措施。

6. 投光灯的底座及支架应固定牢固，枢轴应沿需要的光轴方向拧紧固定。

7. 安装在室外的壁灯应有泄水孔，绝缘台与墙面之间应有防水措施。

检查数量： 主控项目 2　　全数检查；1、3 ~ 6　　抽查 10%，少于 10 套，全数检查。

　　　　　　一般项目 3、5、6　全数检查；1、2、4、7　抽查 10%，少于 10 套，全数检查。

检验方法： 见本规范第 28.0.7 条。

判　　定： 应检数量全部符合本规范规定判为合格。

专用灯具安装工程检验批质量验收记录表
GB 50303—2002

060508□□

		施工质量验收规范的规定		施工单位检查评定记录	监理(建设)单位验收记录
单位(子单位)工程名称					
分部(子分部)工程名称			验收部位		
施工单位			项目经理		
分包单位			分包项目经理		
施工执行标准名称及编号					

		施工质量验收规范的规定		施工单位检查评定记录	监理(建设)单位验收记录
主控项目	1	36V 及以下行灯变压器和行灯安装	第20.1.1条		
	2	游泳池和类似场所灯具的等电位联结,电源的专用漏电保护装置	第20.1.2条		
	3	手术台无影灯的固定、供电电源和电线选用	第20.1.3条		
	4	应急照明灯具的安装	第20.1.4条		
	5	防爆灯具的选型及其开关的位置和高度	第20.1.5条		
一般项目	1	36V 及以下行灯变压器固定及电缆选择	第20.2.1条		
	2	手术台无影灯安装检查	第20.2.2条		
	3	应急照明灯具光源和灯罩选用	第20.2.3条		
	4	防爆灯具及开关的安装检查	第20.2.4条		

施工单位检查评定结果	专业工长(施工员)		施工班组长	
	项目专业质量检查员:		年 月 日	
监理(建设)单位验收结论	监理工程师: (建设单位项目专业技术负责人)		年 月 日	

503

说　明

主控项目：

1. 36V 及以下行灯变压器和行灯安装必须符合下列规定：1）行灯电压不大于 36V，在特殊潮湿场所或导电良好的地面上以及工作地点狭窄、行动不便的场所行灯电压不大于 12V；2）变压器外壳、铁芯和低压侧的任意一端或中性点，接地（PE）或接零（PEN）可靠；3）行灯变压器为双圈变压器，其电源侧和负荷侧有熔断器保护，熔丝额定电流分别不应大于变压器一次、二次的额定电流；4）行灯灯体及手柄绝缘良好，坚固耐热耐潮湿；灯头与灯体结合紧固，灯头无开关，灯泡外部有金属保护网、反光罩及悬吊挂钩，挂钩固定在灯具的绝缘手柄上。

2. 游泳池和类似场所灯具（水下灯及防水灯具）的等电位联结应可靠，且有明显标识，其电源的专用漏电保护装置应全部检测合格。自电源引入灯具的导管必须采用绝缘导管，严禁采用金属或有金属护层的导管。

3. 手术台无影灯安装应符合下列规定：1）固定灯座的螺栓数量不少于灯具法兰底座上的固定孔数，且螺栓直径与底座孔径相适配；螺栓采用双螺母锁固；2）在混凝土结构上螺栓与主筋相焊接或将螺栓末端弯曲与主筋绑扎锚固；3）配电箱内装有专用的总开关及分路开关，电源分别接在两条专用的回路上，开关至灯具的电线采用额定电压不低于 750V 的铜芯多股绝缘电线。

4. 应急照明灯具安装应符合下列规定：1）应急照明灯的电源除正常电源外，另有一路电源供电；或者是独立于正常电源的柴油发电机组供电；或由蓄电池柜供电或选用自带电源型应急灯具；2）应急照明在正常电源断电后，电源转换时间为：疏散照明≤15s；备用照明≤15s（金融商店交易所≤1.5s）；安全照明≤0.5s；3）疏散照明由安全出口标志灯和疏散标志灯组成。安全出口标志灯距地高度不低于 2m，且安装在疏散出口和楼梯口里侧的上方；4）疏散标志灯安装在安全出口的顶部，楼梯间、疏散走道及其转角处应安装在 1m 以下的墙面上。不易安装的部位可安装在上部。疏散通道上的标志灯间距不大于 20m（人防工程不大于 10m）；5）疏散标志灯的设置，不影响正常通行，且不在其周围设置容易混同疏散标志灯的其他标志牌等；6）应急照明灯具、运行中温度大于 60℃ 的灯具，当靠近可燃物时，采取隔热、散热等防火措施。当采用白炽灯、卤钨灯等光源时，不直接安装在可燃装修材料或可燃物件上；7）应急照明线路在每个防火分区有独立的应急照明回路，穿越不同防火分区的线路有防火隔堵措施；8）疏散照明线路采用耐火电线、电缆，穿管明敷或在非燃烧体内穿刚性导管暗敷，暗敷保护层厚度不小于 30mm。电线采用额定电压不低于 750V 的铜芯绝缘电线。

5. 防爆灯具安装应符合下列规定：1）灯具的防爆标志、外壳防护等级和温度组别与爆炸危险环境相适配。当设计无要求时，灯具种类和防爆结构的选型应符合表 20.1.5 的规定；2）灯具配套齐全，不用非防爆零件替代灯具配件（金属护网、灯罩、接线盒等）；3）灯具的安装位置离开释放源，且不在各种管道的泄压口及排放口上下方安装灯具；4）灯具及开关安装牢固可靠，灯具吊管及开关与接线盒螺纹啮合扣数不少于 5 扣，螺纹加工光滑、完整、无锈蚀，并在螺纹上涂以电力复合酯或导电性防锈酯；5）开关安装位置便于操作，安装高度 1.3m。

一般项目：

1. 36V 及以下行灯变压器和行灯安装应符合下列规定：1）行灯变压器的固定支架牢固，油漆完整；2）携带式局部照明灯电线采用橡套软线。

2. 手术台无影灯安装应符合下列规定：1）底座紧贴顶板，四周无缝隙；2）表面保持整洁、无污染，灯具镀、涂层完整无划伤。

3. 应急照明灯具安装应符合下列规定：1）疏散照明采用荧光灯或白炽灯；安全照明采用卤钨灯，或采用瞬时可靠点燃的荧光灯；2）安全出口标志灯和疏散标志灯装有玻璃或非燃材料的保护罩，面板亮度均匀度为1：10（最低：最高），保护罩应完整、无裂纹。

4. 防爆灯具安装应符合下列规定：1）灯具及开关的外壳完整，无损伤、无凹陷或沟槽，灯罩无裂纹，金属护网无扭曲变形，防爆标志清晰；2）灯具及开关的紧固螺栓无松动、锈蚀，密封垫圈完好。

检查数量:主控项目 1~3   全数检查;4   电源、持续供电时间、电源切换时间全数检查,其余抽查 10%;5   抽查 10 套,少于 10 套,全数检查。

　　　　　　一般项目 1、2   全数检查;3、4   抽查 10%,少于 10 套,全数检查。
检验方法:见本规范第 28.0.7 条。
判　　定:应检数量全部符合本规范规定判为合格。

建筑物景观照明灯、航空障碍标志灯和庭院灯安装工程检验批质量验收记录表

单位(子单位)工程名称						
分部(子分部)工程名称				验收部位		
施工单位				项目经理		
分包单位				分包项目经理		
施工执行标准名称及编号						

		施工质量验收规范的规定			施工单位检查评定记录	监理(建设)单位验收记录
主控项目	1	建筑物彩灯灯具、配管及规定固定		第21.1.1条		
	2	霓虹灯灯管、专用变压器、导线的检查及固定		第21.1.2条		
	3	建筑物景观照明灯的绝缘、固定、接地或接零		第21.1.3条		
	4	航空障碍标志灯的位置、固定及供电电源		第21.1.4条		
	5	庭院灯安装、绝缘、固定、防水密封及接地或接零		第21.1.5条		
一般项目	1	建筑物彩灯安装检查		第21.2.1条		
	2	霓虹灯、霓虹灯变压器相关控制装置及线路		第21.2.2条		
	3	建筑物景观照明灯具的构架固定和外露电线电缆保护		第21.2.3条		
	4	航空障碍标志灯同一场所安装的水平、垂直距离		第21.2.4条		
	5	庭院灯的安装杆上路灯固定、灯具的按线盒及熔断器防水要求		第21.2.5条		

施工单位检查评定结果	专业工长(施工员)		施工班组长	
	项目专业质量检查员:		年　月　日	

监理(建设)单位验收结论	监理工程师: (建设单位项目专业技术负责人)	年　月　日

说　明

主控项目：

1. 建筑物彩灯安装应符合下列规定：1）建筑物顶部彩灯采用有防雨性能的专用灯具，灯罩要拧紧；2）彩灯配线管路按明配管敷设，且有防雨功能。管路间、管路与灯头盒间螺纹连接，金属导管及彩灯的构架、钢索等可接近裸露导体接地（PE）或接零（PEN）可靠；3）垂直彩灯悬挂挑臂采用不小于 10 号的槽钢。端部吊挂钢索用的吊钩螺栓直径不小于 10mm，螺栓在槽钢上固定，两侧有螺帽，且加平垫及弹簧垫圈紧固；4）悬挂钢丝绳直径不小于 4.5mm，底把圆钢直径不小于 16mm，地锚采用架空外线用拉线盘，埋设深度大于 1.5m；5）垂直彩灯采用防水吊线灯头，下端灯头距离地面高于 3m；

2. 霓虹灯安装应符合下列规定：1）霓虹灯管完好，无破裂；2）灯管采用专用的绝缘支架固定，且牢固可靠。灯管固定后，与建筑物、构筑物表面的距离不小于 20mm；3）霓虹灯专用变压器采用双圈式，所供灯管长度不大于允许负载长度，露天安装的有防雨措施；4）霓虹灯专用变压器的二次电线和灯管间的连接线采用额定电压大于 15kV 的高压绝缘电线。二次电线与建筑物、构筑物表面的距离不小于 20mm。

3. 建筑物景观照明灯具安装应符合下列规定：1）每套灯具的导电部分对地绝缘电阻值大于 2MΩ；2）在人行道等人员来往密集场所安装的落地式灯具，无围栏防护，安装高度距地面 2.5m 以上；3）金属构架和灯具的可接近裸露导体及金属软管的接地（PE）或接零（PEN）可靠，且有标识。

4. 航空障碍标志灯安装应符合下列规定：1）灯具装设在建筑物或构筑物的最高部位。当最高部位平面面积较大或为建筑群时，除在最高端装设外，还在其外侧转角的顶端分别装设灯具；2）当灯具在烟囱顶上装设时，安装在低于烟囱口 1.5～3m 的部位且呈正三角形水平排列；3）灯具的选型根据安装高度决定；低光强的（距地面 60m 以下装设时采用）为红色光，其有效光强大于 1600cd。高光强的（距地面 150m 以上装设时采用）为白色光，有效光强随背景亮度而定；4）灯具的电源按主体建筑中最高负荷等级要求供电；5）灯具安装牢固可靠，且设置维修和更换光源的措施。

5. 庭院灯安装应符合下列规定：1）每套灯具的导电部位对地绝缘电阻值大于 2 MΩ；2）立柱式路灯、落地式路灯、特种园艺灯等灯具与基础固定可靠，地脚螺栓备帽齐全。灯具的接线盒或熔断器盒，盒盖的防水密封垫完整；3）金属立柱及灯具可接近裸露导体接地（PE）或接零（PEN）可靠，接地线单设干线，干线沿庭院灯布置位置形成环网状，且不少于 2 处与接地装置引出线连接。由干线引出支线与金属灯柱及灯具的接地端子连接，且有标识。

一般项目：

1. 建筑物彩灯安装应符合下列规定：1）建筑物顶部彩灯灯罩完整，无碎裂；2）彩灯电线导管防腐完好，敷设平整、顺直。

2. 霓虹灯安装应符合下列规定：1）当霓虹灯变压器明装时，高度不小于 3m；低于 3m 采取防护措施；2）霓虹灯变压器的安装位置方便检修，且隐蔽在不易被非检修人触及的场所，不装在吊平顶内；3）当橱窗内装有霓虹灯时，橱窗门与霓虹灯变压器一次侧开关有联锁装置，确保开门不接通霓虹灯变压器的电源；4）霓虹灯变压器二侧的电线采用玻璃制品绝缘支持物固定，支持点距离不大于下列数值：水平线段：0.5m；垂直线段：0.75m。

3. 建筑物景观照明灯具构架应固定可靠，地脚螺栓拧紧，备帽齐全；灯具的螺栓紧固、无遗漏。灯具外露的电线或电缆应有柔性金属导管保护；

4. 航空障碍标志灯安装应符合下列规定：1）同一建筑物或建筑群灯具间的水平、垂直距离不大于 45m；2）灯具的自动通、断电源控制装置动作准确。

5. 庭院灯安装应符合下列规定：1）灯具的自动通、断电源控制装置动作准确，每套灯具熔断器盒内熔丝齐全，规格与灯具适配；2）架空线路电杆上的路灯，固定可靠，紧固件齐全、拧紧，灯位正确；每套灯具配有熔断器保护。

检查数量：主控项目 1 钢索等悬挂结构及接地全数检查；灯具和线路抽查 10%，少于 10 套，全数检查；2～4

全数检查;5 抽查 10% ,少于 5 套,全数检查。

一般项目 2~4　全数检查;1、5 抽查 10% ,少于 5 套,全数检查。

检验方法:见本规范第 28.0.7 条。

判　　定:应检数量全部符合本规范规定判为合格。

开关、插座、风扇安装工程检验批质量验收记录表
GB 50303—2002

060510□□

单位(子单位)工程名称					
分部(子分部)工程名称				验收部位	
施工单位				项目经理	
分包单位				分包项目经理	
施工执行标准名称及编号					

		施工质量验收规范的规定		施工单位检查评定记录	监理(建设)单位验收记录
主控项目	1	交流、直流或不同电压等级在同一场所的插座应有区别	第22.1.1条		
	2	插座的接线	第22.1.2条		
	3	特殊情况下的插座安装	第22.1.3条		
	4	照明开关的选用、开关的通断位置	第22.1.4条		
	5	吊扇的安装高度、挂钩选用和吊扇的组装及试运转	第22.1.5条		
	6	壁扇、防护罩的固定及试运转	第22.1.6条		
一般项目	1	插座安装和外观检查	第22.2.1条		
	2	照明开关的安装位置、控制顺序	第22.2.2条		
	3	吊扇的吊杆、开关和表面检查	第22.2.3条		
	4	壁扇的高度和表面检查	第22.2.4条		

施工单位检查评定结果	专业工长(施工员)		施工班组长	
	项目专业质量检查员:		年 月 日	
监理(建设)单位验收结论	监理工程师: (建设单位项目专业技术负责人)		年 月 日	

509

说 明

主控项目:

1. 当交流、直流或不同电压等级的插座安装在同一场所时,应有明显的区别,且必须选择不同结构、不同规格和不能互换的插座;配套的插头应按交流、直流或不同电压等级区别使用。

2. 插座接线应符合下列规定:1)单相两孔插座,面对插座的右孔或上孔与相线连接,左孔或下孔与零线连接;单相三孔插座,面对插座的右孔与相线连接,左孔与零线连接;2)单相三孔、三相四孔及三相五孔插座的接地(PE)或接零(PEN)线接在上孔。插座的接地端子不与零线端子连接。同一场所的三相插座,接线的相序一致;3)接地(PE)或接零(PEN)线在插座间不串联连接。

3. 特殊情况下插座安装应符合下列规定:1)当接插有触电危险家用电器的电源时,采用能断开电源的带开关插座,开关断开相线;2)潮湿场所采用密封型并带保护地线触头的保护型插座,安装高度不低于1.5m。

4. 照明开关安装应符合下列规定:1)同一建筑物、构筑物的开关采用同一系列的产品,开关的通断位置一致,操作灵活、接触可靠;2)相线经开关控制;民用住宅无软线引至床边的床头开关。

5. 吊扇安装应符合下列规定:1)吊扇挂钩安装牢固,吊扇挂钩的直径不小于吊扇挂销直径,且不小于8mm;有防振橡胶垫;挂销的防松零件齐全、可靠;2)吊扇扇叶距地高度不小于2.5m;3)吊扇组装不改变扇叶角度,扇叶固定螺栓防松零件齐全;4)吊杆间、吊杆与电机间螺纹连接,啮合长度不小于20mm,且防松零件齐全紧固;5)吊扇接线正确,当运转时扇叶无明显颤动和异常声响。

6. 壁扇安装应符合下列规定:1)壁扇底座采用尼龙塞或膨胀螺栓固定;尼龙塞或膨胀螺栓的数量不少于2个,且直径不小于8mm。固定牢固可靠;2)壁扇防护罩扣紧,固定可靠,当运转时扇叶和防护罩无明显颤动和异常声响。

一般项目:

1. 插座安装应符合下列规定:1)当不采用安全型插座时,托儿所、幼儿园及小学等儿童活动场所安装高度不小于1.8m;2)暗装的插座面板紧贴墙面,四周无缝隙,安装牢固,表面光滑整洁,无碎裂、划伤,装饰帽齐全;3)车间及试(实)验室的插座安装高度距地面不小于0.3m;特殊场所暗装的插座不小于0.15m;同一室内插座安装高度一致;4)地插座面板与地面齐平或紧贴地面,盖板固定牢固,密封良好。

2. 照明开关安装应符合下列规定:1)开关安装位置便于操作,开关边缘距门框边缘的距离0.15~0.2m,开关距地面高度1.3m;拉线开关距地面高度2~3m,层高小于3m时,拉线开关距顶板不小于100mm,拉线出口垂直向下;2)相同型号并列安装及同一室内开关安装高度一致,且控制有序不错位。并列安装的拉线开关的相邻间距不小于20mm;3)暗装的开关面板应紧贴墙面,四周无缝隙,安装牢固,表面光滑整洁、无碎裂、划伤,装饰帽齐全。

3. 吊扇安装应符合下列规定:1)涂层完整,表面无划痕,无污染,吊杆上下扣碗安装牢固到位;2)同一室内并列安装的吊扇开关高度一致,且控制有序不错位。

4. 壁扇安装应符合下列规定:1)壁扇下侧边缘距地面高度不小于1.8m;2)涂层完整,表面无划痕、无污染,防护罩无变形。

检查数量: 主控项目1按不同用途的插座抽查10个,少于5个,全数检查;2~6抽查10%,少于5个,全数检查。

　　　　　　一般项目抽查10%。

检验方法: 见本规范第28.0.7条。

判 定: 同一场所安装的开关、插座高度一致,是指控制在目视检查无大差异,实测在±10mm内,并列安装的要平齐。其余应检数量符合本规范规定判为合格。

建筑物照明通电试运行工程检验批质量验收记录表
GB 50303—2002

单位(子单位)工程名称				
分部(子分部)工程名称			验收部位	
施工单位			项目经理	
分包单位			分包项目经理	
施工执行标准名称及编号				

		施工质量验收规范的规定		施工单位检查评定记录	监理(建设)单位验收记录
主控项目	1	灯具回路控制与照明箱及回路的标识一致,开关与灯具控制顺序相对应	第23.1.1条		
	2	照明系统全负荷通电连续试运行无故障	第23.1.2条		

施工单位检查评定结果	专业工长(施工员)		施工班组长	
	项目专业质量检查员:　　　　　　　　　　年　　月　　日			
监理(建设)单位验收结论	监理工程师: (建设单位项目专业技术负责人)　　　　　　　　　年　　月　　日			

说 明

主控项目：

1. 照明系统通电,灯具回路控制应与照明配电箱及回路的标识一致;开关与灯具控制顺序相对应,风扇的转向及调速开关应正常。

2. 公用建筑照明系统通电连续试运行时间应 24h,民用住宅照明系统通电连续试运行时间应为 8h。所有照明灯具均应开启,且每 2h 记录运行状态一次,连续试运行时间内无故障。

检查数量：全数检查。

检验方法：见本规范第 28.0.7 条。

判　　定：应检数量全部符合本规范规定判为合格。

接地装置安装工程检验批质量验收记录表
GB 50303—2002

单位(子单位)工程名称					
分部(子分部)工程名称				验收部位	
施工单位				项目经理	
分包单位				分包项目经理	
施工执行标准名称及编号					

施工质量验收规范的规定			施工单位检查评定记录	监理(建设)单位验收记录
主控项目	1	接地装置测试点的设置	第24.1.1条	
	2	接地电阻值测试	第24.1.2条	
	3	防雷接地的人工接地装置的接地干线埋设	第24.1.3条	
	4	接地模块的埋设深度、间距和基坑尺寸	第24.1.4条	
	5	接地模块设置应垂直或水平就位	第24.1.5条	
一般项目	1	接地装置埋设深度、间距和搭接长度和防腐措施	第24.2.1条	
	2	接地装置的材质和最小允许规格尺寸	第24.2.2条	
	3	接地模块与干线的连接和干线材质选用	第24.2.3条	

	专业工长(施工员)		施工班组长	
施工单位检查评定结果				
	项目专业质量检查员:		年 月 日	
监理(建设)单位验收结论				
	监理工程师: (建设单位项目专业技术负责人)		年 月 日	

513

说　明

主控项目：

1. 人工接地装置或利用建筑物基础钢筋的接地装置必须在地面以上按设计要求位置设测试点。

2. 测试接地装置的接地电阻值必须符合设计要求。

3. 防雷接地的人工接地装置的接地干线埋设，经人行通道处埋地深度不应小于1m，且应采取均压措施或在其上方铺设卵石或沥青地面。

4. 接地模块顶面埋深不应小于0.6m，接地模块间距不应小于模块长度的3～5倍。接地模块埋设基坑，一般为模块外形尺寸的1.2～1.4倍，且在开挖深度内详细记录地层情况。

5. 接地模块应垂直或水平就位，不应倾斜设置，保持与原土层接触良好。

一般项目：

1. 当设计无要求时，接地装置顶面埋设深度不应小于0.6m。圆钢、角钢及钢管接地极应垂直埋入地下，间距不应小于5m。接地装置的焊接应采用搭接焊，搭接长度应符合下列规定：1）扁钢与扁钢搭接为扁钢宽度的2倍，不少于三面施焊；2）圆钢与圆钢搭接为圆钢直径的6倍，双面施焊；3）圆钢与扁钢搭接为圆钢直径的6倍，双面施焊；4）扁钢与钢管，扁钢与角钢焊接，紧贴角钢外侧两面，或紧贴3/4钢管表面，上下两侧施焊；5）除埋设在混凝土中的焊接接头外，有防腐措施。

2. 当设计无要求时，接地装置的材料采用为钢材，热浸镀锌处理，最小允许规格、尺寸应符合表24.2.2的规定。

3. 接地模块应集中引线，用干线把接地模块并联焊接成一个环路，干线的材质与接地模块焊接点的材质应相同，钢制的采用热浸镀锌扁钢，引出线不少于2处。

检查数量：主控项目全数检查。

　　　　　一般项目1、2　抽查10处，少于10处，全数检查；3　全数检查。

检验方法：见本规范第28.0.7条。

判　　定：应检数量全部符合本规范规定判为合格。

避雷引下线和变配电室接地干线敷设工程检验批质量验收记录表
GB 50303—2002
（Ⅰ）防雷引下线

单位(子单位)工程名称					
分部(子分部)工程名称				验收部位	
施工单位				项目经理	
分包单位				分包项目经理	
施工执行标准名称及编号					

施工质量验收规范的规定				施工单位检查评定记录	监理(建设)单位验收记录
主控项目	1	引下线的敷设、明敷引下线焊接处的防腐	第25.1.1条		
	2	利用金属构件、金属管道作接地线时与接地干线的连接	第25.1.3条		
一般项目	1	钢制接地线的连接和材料规格、尺寸	第25.2.1条		
	2	明敷接地引下线支持件的设置	第25.2.2条		
	3	接地线穿越墙壁、楼板和地坪处的保护	第25.2.3条		
	4	幕墙金属框架和建筑物金属门窗与接地干线的连接	第25.2.7条		

施工单位检查评定结果	专业工长(施工员)		施工班组长	
	项目专业质量检查员：		年 月 日	

监理(建设)单位验收结论	监理工程师： (建设单位项目专业技术负责人)		年 月 日	

说　明
（Ⅰ）

主控项目:

1. 暗敷在建筑物抹灰层内的引下线应有卡钉分段固定;明敷的引下线应平直、无急弯,与支架焊接处,油漆防腐,且无遗漏。

2. 当利用金属构件、金属管道做接地线时,应在构件或管道与接地干线间焊接金属跨接线。

一般项目:

1. 钢制接地线的焊接连接应符合本规范第24.2.1条的规定,材料采用及最小允许规格、尺寸符合本规范第24.2.2条的规定。

2. 明敷接地引下线及室内接地干线的支持件间距应均匀,水平直线部分0.5～1.5m;垂直直线部分1.5～3m;弯曲部分0.3～0.5m。

3. 接地线在穿越墙壁、楼板和地坪处应加套钢管或其他坚固的保护套管,钢套管应与接地线做电气连通。

4. 设计要求接地的幕墙金属框架和建筑物的金属门窗,应就近与接地干线连接可靠,连接处不同金属间应有防电化腐蚀措施。

检查数量:主控项目1　抽查10%,少于5处,全数检查;2　全数检查。

　　　　　　一般项目1、3、4　抽查10%,少于5处,全数检查;2　抽查10 m,少于10 m,全数检查。

检验方法:见本规范第28.0.7条。

判　　定:应检数量全部符合本规范规定判为合格。

避雷引下线和变配电室接地干线敷设工程检验批质量验收记录表
GB 50303—2002
（Ⅱ）变配电室接地干线

单位(子单位)工程名称				
分部(子分部)工程名称			验收部位	
施工单位			项目经理	
分包单位			分包项目经理	
施工执行标准名称及编号				

		施工质量验收规范的规定		施工单位检查评定记录	监理(建设)单位验收记录
主控项目		变配电室内接地干线与接地装置引出线的连接	第25.1.2条		
一般项目	1	钢制接地线的连接和材料规格、尺寸	第25.2.1条		
	2	室内明敷接地干线支持件的设置	第25.2.2条		
	3	接地线穿越墙壁、楼板和地坪处的保护	第25.2.3条		
	4	变配电室内明敷接地干线敷设	第25.2.4条		
	5	电缆穿过零序电流互感器时,电缆头的接地线检查	第25.2.5条		
	6	配电间的栅栏门、金属门绞链的接地连接及避雷器接地	第25.2.6条		

施工单位检查评定结果	专业工长(施工员)		施工班组长	
	项目专业质量检查员:		年 月 日	

监理(建设)单位验收结论	
	监理工程师: (建设单位项目专业技术负责人)　　　　　　年　月　日

说　明

（Ⅱ）

主控项目：

变压器室、高低压开关室内的接地干线应有不少于 2 处与接地装置引出干线连接。

一般项目：

1. 钢制接地线的焊接连接应符合本规范第 24.2.1 条的规定，材料采用及最小允许规格、尺寸符合本规范第 24.2.2 条的规定。

2. 明敷接地引下线及室内接地干线的支持件间距应均匀，水平直线部分 0.5～1.5m；垂直直线部分 1.5～3m；弯曲部分 0.3～0.5m。

3. 接地线在穿越墙壁、楼板和地坪处应加套钢管或其他坚固的保护套管，钢套管应与接地线做电气连通。

4. 变配电室内明敷接地干线安装应符合下列规定：1）便于检查，敷设位置不妨碍设备的拆卸与检修；2）当沿建筑物墙壁水平敷设时，距地面高度 250～300mm；与建筑物墙壁间的间隙 10～15mm；3）当接地线跨越建筑物变形缝时，设补偿装置；4）接地线表面沿长度方向，每段为 15～100mm，分别涂以黄色和绿色相间的条纹；5）变压器室、高压配电室的接地干线上应设置不少于 2 个供临时接地用的接线柱或接地螺栓。

5. 当电缆穿过零序电流互感器时，电缆头的接地线应通过零序电流互感器后接地；由电缆头至穿过零序电流互感器的一段电缆金属护层和接地线应对地绝缘。

6. 配电间隔和静止补偿装置的栅栏门及变配电室金属门绞链处的接地连接，应采用编织铜线。变配电所的避雷器应用最短的接地线与接地干线连接。

检查数量： 主控项目全数检查。

一般项目 1、4 抽查 10%，少于 10 处，全数检查；2 抽查 10m，少于 10m，全数检查；3、5 抽查 5 处，少于 5 处，全数检查；6 全数检查。

检验方法： 见本规范第 28.0.7 条。

判　　定： 应检数量全部符合本规范规定判为合格。

接闪器安装工程检验批质量验收记录表
GB 50303—2002

单位(子单位)工程名称				
分部(子分部)工程名称			验收部位	
施工单位			项目经理	
分包单位			分包项目经理	
施工执行标准名称及编号				

		施工质量验收规范的规定		施工单位检查评定记录	监理(建设)单位验收记录
主控项目		避雷针、带与顶部外露的其他金属物体的连接	第26.1.1条		
一般项目	1	避雷针、带的位置及固定	第26.2.1条		
	2	避雷带的支持件间距、固定及承力检查	第26.2.2条		

施工单位检查评定结果	专业工长(施工员)		施工班组长	
	项目专业质量检查员:		年　月　日	
监理(建设)单位验收结论	监理工程师: (建设单位项目专业技术负责人)		年　月　日	

说　明

主控项目：

　　建筑物顶部的避雷针、避雷带等必须与顶部外露的其他金属物体连成一个整体的电气通路，且与避雷引下线连接可靠。

一般项目：

1. 避雷针、避雷带应位置正确，焊接固定的焊缝饱满无遗漏，螺栓固定的应备帽等防松零件齐全，焊接部分补刷的防腐油漆完整。
2. 避雷带应平正顺直，固定点支持件间距均匀、固定可靠，每个支持件应能承受大于 49N(5kg) 的垂直拉力。当设计无要求时，支持件间距符合本规范第 25.2.2 条的规定。

检查数量：主控项目全数检查。

　　　　　　一般项目 1　全数检查；2　抽查 10%，少于 10 m 或 10 个支持件，全数检查。

检验方法：见本规范第 28.0.7 条。

判　　定：应检数量全部符合本规范规定判为合格。

建筑物等电位联结工程检验批质量验收记录表
GB 50303—2002

060705□□

单位(子单位)工程名称				
分部(子分部)工程名称			验收部位	
施工单位			项目经理	
分包单位			分包项目经理	
施工执行标准名称及编号				

		施工质量验收规范的规定		施工单位检查评定记录	监理(建设)单位验收记录
主控项目	1	建筑物等电位联结干线的连接及局部等电位箱间的连接	第27.1.1条		
	2	等电位联结的线路最小允许截面积	第27.1.2条		
一般项目	1	等电位联结的可接近裸露导体或其他金属部件、构件与支线的连接可靠,导通正常	第27.2.1条		
	2	需等电位联结的高级装修金属部件或零件等电位联结的连接	第27.2.2条		

施工单位检查评定结果	专业工长(施工员)		施工班组长	
	项目专业质量检查员:		年　月　日	

监理(建设)单位验收结论				
	监理工程师: (建设单位项目专业技术负责人)		年　月　日	

主控项目：

1. 建筑物等电位联结干线应从与接地装置有不少于 2 处直接连接的接地干线或总等电位箱引出,等电位联结干线或局部等电位箱间的连接线形成环形网路,环形网路应就近与等电位联结干线或局部等电位箱连接。支线间不应串联连接。

2. 等电位联结的线路最小允许截面积应符合表 27.1.2 的规定。

一般项目：

1. 等电位联结的可接近裸露导体或其他金属部件、构件与支线连接应可靠,熔焊、钎焊或机械紧固应导通正常。

2. 需等电位联结的高级装修金属部件或零件,应有专用接线螺栓与等电位联结支线连接,且有标识;连接处螺帽紧固、防松零件齐全。

检查数量： 主控项目抽查 10% ,少于 10 处,全数检查,等电位箱处全数检查。

一般项目抽查 10% ,少于 10 处,全数检查。

检验方法： 见本规范第 28.0.7 条。

判　定： 应检数量全部符合本规范规定判为合格。

举 例 说 明

为介绍填表方法,假设一个工程为×××电视台大楼,工程的概况和建筑电气分部工程施工质量验收的填表方法如下:

一、工程概况

该大楼为十六层混凝土框架结构,地下一层为设备用房,地上一层为大厅,二至五层为会议及接待等用房,六层为技术层,七至十六层为办公用房。

二、设备分布

电气分部有高低压变配电室、动力、照明、防雷及接地、备用柴油发电机组等系统。高低压配电室、冷冻机室、锅炉房、消防泵房、备用柴油发电机房等设在地下室。

三、工程划分

1. 分部工程为建筑电气工程
2. 子分部及分项工程

该工程含子分部工程六个;分项工程按子分部与分项工程相关表划分各含有若干个:

(1)变电室安装工程,内含分项工程7个;

(2)供电干线安装工程,内含分项工程6个;

(3)电气动力安装工程,内含分项工程8个;

(4)电气照明安装工程,内含分项工程8个;

(5)备用和不间断电源安装工程,内含分项工程6个;

(6)防雷及接地装置安装工程,内含分项工程2个。

3. 检验批按本规范第28.0.1条划分

四、填表说明

1. 检验批质量验收记录

(1)表中的"施工执行标准名称及编号",填写企业标准、工艺标准、工法、操作工艺等。

(2)施工单位检查评定记录,企业检查评定应按企业标准、工艺标准检查,企业标准要不低于国家标准,达不到国家施工质量验收规范规定的,应重新返工,只有全部达到要求后,才能签字交监理工程师验收。

(3)监理工程师根据条目提示和规范规定及检验方法进行检查或抽查后,确定能否同意验收,同意验收,填写"合格",并签字。

2. 分项工程质量验收记录

按子分部工程所含该分项工程的各检验批进行填写,若仅划有分部未划分子分部工程时,则按分部工程所含该分项工程的检验批进行填写。

3. 分部(子分部)工程质量验收记录

(1)按分部(子分部)工程的划分情况进行填写,工程划分有子分部工程,在填写分部(子分部)工程质量验收记录时,要把表头"分部(子分部)工程验收记录"划去"分部"两字。依序号填写该分部工程所含分项工程的名称,"检验批数"为该分项工程的检验批数。逐个验收所含子分部工程。

(2)当工程划分仅有分部工程时,把表头"分部(子分部)工程验收记录"划去"子分部"三字,直接填写该分部工程所含分项工程的名称,"检验批数"为该分项工程所含的检验批数。

(3)当划分有子分部工程的分部工程,各子分部工程验收完后,通常不必要再进行分部工程验收。但由于电气工程中有些原材料等试验资料是共用的,也可不按子分部工程进行相应整理。只要其质量控制达到要求就行了。在整理资料时按分部工程整理。

成套配电柜、控制柜(屏、台)和动力、照明配电箱(盘)安装
检验批质量验收记录(样表)
GB 50303—2002
(Ⅱ) 低压成套柜(屏、台)

060401 [0][1]

工 程 名 称	×××电视台大楼			
分部(子分部)工程名称	电气动力安装工程		验收部位	冷冻及水泵房
施工单位	浙江省开元安装集团有限公司		项目经理	徐为民
分包单位	/		分包项目经理	
施工执行标准名称及编号	成套配电柜、屏、盘、台安装企业标准 QJ/KY－05.2.28－01			

		建筑电气工程施工质量验收规范 (GB 50303—200)	施工单位检查评定记录	监理(建设) 单位验收记录
主控项目	1	金属框架的接地或接零	第6.1.1条 √	合格
	2	电击保护和保护导体的截面积	第6.1.2条 √	
	3	抽出式柜的推拉和动、静触头检查	第6.1.3条 ——	
	4	成套配电柜的交接试验	第6.1.5条 √	
	5	柜(屏、盘、台等)间线路绝缘电阻值测试	第6.1.6条 √	
	6	柜(屏、盘、台等)间二次回路耐用压试验	第6.1.7条 √	
	7	直流屏试验	第6.1.8条 ——	
一般项目	1	柜(屏、盘、台等)间或与地基型钢的连接	第6.2.1条 √	合格
	2	柜(屏、盘、台等)间安装接缝、成列安装盘面偏差检查	第6.2.2条 √	
	3	柜(屏、盘、台等)内部检查试验	第6.2.3条 √	
	4	低压电器组合	第6.2.4条 √	
	5	柜(屏、盘、台等)间配线	第6.2.5条 √	
	6	柜(台)与其面板间可动部位的配线	第6.2.6条 √	
	7	基础型钢安装允许偏差 不直度(mm/m)	1	0 0.5 0.5 0	
		水平度(mm/全长)	5	2 1 1 3	
	8	基础型钢不平行度允许偏差 (mm/全长)	5	2 3 1 2	
	9	垂直度允许偏差(mm)(2.4m高)	1.5‰	2 1 1 2 1 1 2 1	

	专业工长(施工员)	李军	施工班组长	林立
施工单位检查评定结果	**检查评定合格** 项目专业质量检查员:余彬彬　　　　　　　　　　2002年6月1日			
监理(建设)单位验收结论	**同意验收** 监理工程师 (建设单位项目专业技术负责人):张中民　　　　2002年6月1日			

524

成套配电柜、控制柜(屏、台)和动力、照明配电箱(盘)安装
分项工程质量验收记录表
GB 50303—2002
(样表)

工程名称	×××电视台大楼	结构类型		框架	层数	2
施工单位	浙江省开元安装集团有限公司	技术部门负责人		徐为民	质量部门负责人	于国庆
分包单位	/	分包单位负责人		/	分包技术负责人	/
序号	检验批部位、区段	施工单位检查评定结果		监理(建设)单位验收结论		
1	冷冻及水泵房	合格		合格		
2	消防泵房	合格		合格		

验 收 单 位	合格 项目专业 技术负责人:于国庆 2002 年 6 月 10 日	验 收 结 论	同意验收 监理工程师 (建设单位项目专业技术负责人):张中民 2001 年 6 月 10 日

电气动力安装工程（子分部）工程验收记录
（样表）

工程名称	×××电视大楼		结构类型	混砖	层数	16
施工单位	浙江省开元安装集团有限公司		技术部门负责人	钱玉明	质量部门负责人	吴一鸣
分包单位	/		分包单位负责人	/	分包技术负责人	/
序号	子分部工程名称		检验批数	施工单位检查评定	验收意见	
1	成套配电柜、控制柜（屏、台）和动力、照明配电箱（盘）安装		2	√		
2	低压电动机、电加热器及电动执行机构检查接线		2	√		
3	低压电气动力设备试验和试运行		2	√	同意验收	
4	电缆桥架安装和桥架内电缆敷设		1	√		
5	电线导管、电缆导管和线槽敷设		4	√		
6	电线、电缆穿管和线槽敷线		4	√		
7	电缆头制作、接线和线路绝缘测试		3	√		
8	开关、插座、风扇安装		3	√		
质量控制资料			12份	√	同意验收	
安全和功能检验（检测）报告			8份	√	同意验收	
观感质量验收			好		同意验收	
验收单位	分包单位		项目经理：/		年　月　日	
	施工单位		项目经理：徐为民		01年6月20日	
	勘察单位		项目负责人：/		年　月　日	
	设计单位		项目负责人：钱　治		01年6月20日	
	监理（建设）单位	总监理工程师：于大治 （建设单位项目专业负责人）：			01年6月20日	

526

第七节　智能建筑工程质量验收用表

　　智能建筑工程质量验收用表是根据《智能建筑工程质量验收规范》培训教材与标准表格及《智能建筑工程培训规程》及其培训教材编写的,其中包括了各检测内容,共计表格 62 张及其说明。

智能建筑工程各子分部工程和分项工程相关表

序号	名　　称	通信网络系统	信息网络系统	建筑设备监控系统	火灾报警及消防联动系统	安全防范系统	综合布线系统	智能化系统集成	电源与接地	环境	住宅(小区)智能化
											子分部工程
	分项工程										
1	智能建筑分项工程施工现场质量管理检查记录070001	●	●	●	●	●	●	●	●	●	●
2	智能建筑工程材料、设备进场检验记录表070002	●	●	●	●	●	●	●	●	●	●
3	智能建筑工程强制性条文检查记录表070003	●	●	●	●	●	●	●	●	●	●
4	智能建筑隐蔽工程(随工检查)验收表070004	●	●	●	●	●	●	●	●	●	●
5	智能建筑工程设备(单元)单体检测调试记录070005	●	●	●	●	●	●	●	●	●	●
6	智能建筑工程系统工程检测调试记录070006	●	●	●	●	●	●	●	●	●	●
7	智能建筑工程系统试运行记录表070007	●	●	●	●	●	●	●	●	●	●
8	智能建筑工程系统观感质量检查记录070008	●	●	●	●	●	●	●	●	●	●
9	智能建筑工程系统安全和功能检验资料检查记录表070009	●	●	●	●	●	●	●	●	●	●
10	智能建筑工程系统验收相关项目结论汇总表070010	●	●	●	●	●	●	●	●	●	●
11	智能建筑子分部(系统)工程质量验收记录070011	●	●	●	●	●	●	●	●	●	●
12	智能建筑工程分项(子系统)工程质量验收记录070012	●	●	●	●	●	●	●	●	●	●
13	智能建筑工程系统工程质量资料检查记录070013	●	●	●	●	●	●	●	●	●	●
14	程控电话交换系统分项工程质量验收表070101	●									
15	会议电视系统分项工程质量验收记录表070102	●									
16	接入网设备系统分项工程质量验收表070103	●									

序号	名称	通信网络系统	信息网络系统	建筑设备监控系统	火灾报警及消防联动系统	安全防范系统	综合布线系统	智能化系统集成	电源与接地	环境	住宅（小区）智能化
17	卫星数字电视系统分项工程质量验收记录表 070104	●									
18	有线电视系统分项工程质量验收记录表 070105	●									
19	公共广播与紧急广播系统分项工程质量验收记录表 070106	●									
20	计算机网络系统分项工程质量验收记录表 070201		●								
21	应用软件系统分项工程质量验收记录表 070200		●								
22	网络安全系统分项工程质量验收记录表 070203		●								
23	空调与通风系统分项工程质量验收记录表 070301			●							
24	变配电系统分项工程质量验收记录表 070302			●							
25	公共照明系统分项工程质量验收记录表 070303			●							
26	给排水系统分项工程质量验收记录表 070304			●							
27	热源和热交换系统分项工程质量验收记录表 070305			●							
28	冷冻和冷却水系统分项工程质量验收记录表 070306			●							
29	电梯和自动扶梯系统分项工程质量验收记录表 070307			●							
30	数据通信接口分项工程质量验收记录表 070308			●							
31	中央管理工作站及操作分站分项工程质量验收记录表 070309			●							
32	系统实时性、可维护性、可靠性分项工程质量验收记录表 070310			●							

子分部工程 / 分项工程

序号	名称	通信网络系统	信息网络系统	建筑设备监控系统	火灾报警及消防联动系统	安全防范系统	综合布线系统	智能化系统集成	电源与接地	环境	住宅(小区)智能化
33	现场设备安装及检测分项工程质量验收记录表070311			●							
34	火灾自动报警及消防联动系统分项工程质量验收记录表070401				●						
35	火灾自动报警系统施工调试报告070402				●						
36	火灾自动报警系统竣工用户验收表070403				●						
37	火灾自动报警系统运行日登记表070404				●						
38	火灾自动报警系统控制器日检登记表070405				●						
39	火灾自动报警系统季(年)检登记表070406				●						
40	综合防范功能分项工程质量验收记录表070501					●					
41	视频安防监控系统分项工程质量验收记录表070502					●					
42	入侵报警系统分项工程质量验收记录表070503					●					
43	出入口控制(门禁)系统分项工程质量验收记录表070504					●					
44	巡更管理系统分项工程质量验收记录表070505					●					
45	停车场(库)管理系统分项工程质量验收记录表070506					●					
46	安全防范综合管理系统分项工程质量验收记录表070507					●					
47	综合布线系统安装分项工程质量验收记录表070601						●				
48	综合布线系统性能检测分项工程质量验收记录表070602						●				

序号	名称	通信网络系统	信息网络系统	建筑设备监控系统	火灾报警及消防联动系统	安全防范系统	综合布线系统	智能化系统集成	电源与接地	环境	住宅(小区)智能化
49	系统集成网络连接分项工程质量验收记录表070701							●			
50	系统数据集成分项工程质量验收记录表070702							●			
51	系统集成整体协调分项工程质量验收记录表070703							●			
52	系统集成综合管理及冗余功能分项工程质量验收记录表070704							●			
53	系统集成可维护性和安全性分项工程质量验收记录表070705							●			
54	电源系统分项工程质量验收记录表(Ⅰ、Ⅱ)070801								●		
55	防雷与接地系统分项工程质量验收记录表070802								●		
56	环境检测分项工程质量验收记录表070901									●	
57	住宅(小区)智能化分项工程质量验收记录表(Ⅰ)071001										●
58	住宅(小区)智能化分项工程质量验收记录表(Ⅱ)071002										●
59	住宅(小区)智能化分项工程质量验收记录表(Ⅲ)071003										●
60	住宅(小区)智能化分项工程质量验收记录表(Ⅳ)071004										●
61	住宅(小区)智能化分项工程质量验收记录表(Ⅴ)071005										●
62	住宅(小区)智能化分项工程质量验收记录表(Ⅵ)071006										●

智能建筑分部工程验收资料

一、智能建筑工程分部(子分部)工程竣工验收(各系统验收)包括以下内容:

1. 工程实施及质量控制检查;
2. 系统检测合格;
3. 运行管理队伍组建完成,管理制度健全;
4. 运行管理人员已完成培训,并具备独立上岗能力;
5. 竣工验收文件资料完整;
6. 系统检测项目的抽检和复核应符合设计要求;
7. 观感质量验收应符合要求;
8. 根据《智能建筑设计标准》GB/T 50314 的规定,智能建筑的等级符合设计的等级要求;
9. 竣工验收结论及遗留问题的处理说明。

二、验收资料:

1. 工程合同技术文件
2. 设计更改审核
3. 工程实施及质量控制检验报告及记录
4. 系统检测报告及记录
5. 系统的技术、操作和维护手册
6. 竣工图及竣工文件
7. 重大施工事故报告及处理
8. 监理文件

资料审查合格即可验收,验收组还可以根据行业要求,增加验收文件,增加的文件也应审查合格。

智能建筑分项工程施工现场质量管理检查记录表

070001□□

单位(子单位)工程名称		施工许可证(开工证)号	
建设单位		项目负责人	
		项目专业技术负责人	
设计单位		项目负责人	
		项目专业负责人	
监理单位		总监理工程师	
		专业监理工程师	
总包单位		项目经理(负责人)	
		项目专业负责人	
安装单位		项目经理(负责人)	
		项目质量技术负责人	
承包的子分部(系统)/分项(子系统)工程名称			

进场开工日期	年		月		日	计划竣工日期	年		月		日

序号	检 查 项 目	检查内容记录
1	安装单位现场质量管理(含质量责任制及质量检验等)制度	
2	总包、分包(安装)单位资质	
3	总包对分包(安装)单位的关系确认文件及相关管理制度	
4	项目管理(含工程技术人员)资格证书	
5	主要专业工种操作上岗证书	
6	工程合同技术文件	
7	施工图审查情况	
8	施工组织设计、施工方案及审批	
9	施工技术标准	
10	现场准备、材料存放与管理	
11	检测设备、计量仪表管理(含周期检定与使用、保管)制度	
12	开工报告	

检查结果:

总监理工程师:
(建设单位项目专业技术负责人):

年 月 日

说　明

1. 安装单位现场质量管理制度。包括质量管理、检验及责任制度。

   ①现场质量管理制度。主要是图纸会审、设计交底、技术交底、施工组织设计编制审批程序、工序交接、质量检验、检查评定制度,质量好奖励及达不到质量要求处罚办法,以及质量例会制度及质量问题处理制度等。

   ②质量责任制度,质量负责人的分工,各项质量责任的落实规定,定期检查及有人员奖罚制度。

2. 总包、分包安装单位资质。有符合规定的承包资质及专业承包资质。

3. 总包对分包单位的质量认可,控制措施及相关管理制度的确认。

4. 项目管理资格证书,主要项目技术负责人的资格符合设计及招标合同的要求。

5. 主要专业工种操作上岗证书。安装工、调试工、电工及机械工的证书符合工种操作要求。

6. 工程合同技术文件。正式的合同书及技术要求。

7. 经过审查合格的施工图等设计文件。

8. 施工组织设计经过审查批准的,有针对性的可操作的技术文件。突出了工程的特点及重点。

9. 施工技术标准。有专业工程主要工种的操作规程。

10. 施工现场总平面及现场实地标识布置情况和材料存放情况,以及管理制度。

11. 计量、品种、数量、计量检查标识及设备仪表使用管理制度。

12. 开工报告的日期。

智能建筑工程材料、设备进场检验记录表

工程名称：　　　　　　　　　　　　　　　　　　　　070002□□

材料、构配件名称				进场日期	
材料品种		规　格		进场数量	
生产厂家		出厂批号			

施工单位检查意见：

　　　　　　　　　　　　　　　　　质检员：　　　　材料员：　　　年　月　日

项目监理机构验收意见：

　　　　　　　　　　　　　　　　　　　　　专业监理工程师：　　　年　月　日

本表由施工单位填写,监理机构验收合格后,作为质量证明资料,施工单位保存。

说　　明

验收情况：

1. 数量＿＿＿＿＿＿＿＿件；＿＿＿＿＿＿＿＿ t。
2. 表面质量检查：

   损坏：

   破包：

   污染：
3. 抽样复试情况。
4. 存放地点。

附件：

1. 生产厂家生产许可证；
2. 出厂合格证；
3. 试验报告；
4. 厂家质量保证书；
5. 进口商检证及中文资料；
6. 复试报告；
7. 其他资料。

智能建筑工程强制性条文检查记录表

070003□□

单位(子单位)工程名称				结构类型	
建设单位				受检部位	
施工单位				负责人	
项目经理		技术负责人		开工日期	

检测依据《智能建筑工程施工质量验收规范》GB 50339—2003

条号	项　目	检　查　内　容	判　定			
			A	B	C	D
5.5.2	防火墙和防病毒软件	检查产品销售许可证及相关规定				
5.5.3	智能建筑网络安全系统检查	防火墙和防病毒软件的安全保障功能及可靠性				
7.2.6	检测消防控制室向建筑设备监控系统传输、显示火灾报警信息的一致性和可靠性	1. 检测与建筑设备监控系统的接口 2. 对火灾报警的响应 3. 火灾运行模式				
7.2.9	新型消防设施的设置及功能检测	1. 早期烟雾火灾报警系统 2. 大空间早期火灾智能检测系统 3. 大空间红外图像矩阵火灾报警及灭火系统 4. 可燃气体泄漏报警及联动控制系统				
7.2.11	安全防范系统对火灾自动报警的响应及火灾模式的功能检测	1. 视频安防监控系统的录像、录音响应 2. 门禁系统的响应 3. 停车场(库)的控制响应 4. 安全防范管理系统的响应				
11.1.7	电源与接地系统	1. 引接验收合格的电源和防雷接地装置 2. 智能化系统的接地装置 3. 防过流与防过压元件的接地装置 4. 防电磁干扰屏蔽的接地装置 5. 防静电接地装置				
安装单位检查结果	质检员： 　　年　月　日		监理(建设)单位验收结论	专业监理工程师 (建设单位项目专业技术负责人)： 　　年　月　日		

070003

1. A 表示符合强制性标准;B 表示可能违反强制性标准,经检测单位检测,设计单位核定后,再判定;C 表示违反强制性标准;D 表示严重违反强制性标准。
2. 由多项内容组成为一条强制性条文时,取最低项级为该条的判定。

智能建筑隐蔽工程(随工检查)验收表

系统工程名称：＿＿＿＿＿＿＿＿＿＿＿＿＿＿＿

070004□□

建设单位	施工单位	监理单位

隐蔽工程（随工检查）内容与检查	检 查 内 容	检 查 结 果		
		安装质量	楼层（部位）	图号

验收意见：

建设单位／总包单位	施工单位	监理单位
验收人：	验收人：	验收人：
日期：	日期：	日期：
盖章：	盖章：	盖章：

070004

1. 检查内容包括：

　　1）管道排列、走向、弯曲处理、固定方式；

　　2）管道连接、管道搭接、接地；

　　3）管口安放护圈标识；

　　4）接线盒及桥架加盖；

　　5）线缆对管道及线间绝缘电阻；

　　6）线缆接头处理等。

2. 检查结果的安装质量栏内，按检查内容序号，合格的打"√"，不合格的打"×"，并注明对应的楼层（部位）、图号。

3. 综合安装质量的检查结果，在验收意见栏内填写验收意见并扼要说明情况。

智能建筑工程设备(单元)单体检测调试记录

070005□□

单位(子单位)工程名称				
所属子分部(系统)/ 分项(子系统)工程名称				
依据 GB 50339 的条目				
检测调试部位、区、段				
安装单位			项目经理(负责人)	
施工执行标准名称及编号				

设备(单元)名称、型号、规格	检测调试内容(项目、参数)及其标准(设计、合同)规定要求	检测调试结果

安装单位检查评定结果	专业工长(施工员)		施工班组长	
	检测调试人员			
	项目专业质量检查员:　　　　　　　　　　　　年　月　日			

监理(建设)单位验收结论	
	专业监理工程师(建设单位项目专业技术负责人):　　　　年　月　日

070005

按设备说明书的技术条件及设计要求调试,符合设计要求。

542

智能建筑工程_____系统工程检测调试记录

单位(子单位)工程名称			
所属子分部(系统)/ 分项(子系统)工程名称			
依据 GB 50339 的条目			
检测调试部位、区、段			
安装单位		项目经理(负责人)	
施工执行标准名称及编号			

检测调试内容及其方法、过程记录	
检测调试结果	

安装单位检查评定结果	专业工长(施工员)		施工班组长	
	检测调试人员			
	项目专业质量检查员：　　　　　　　　　　　年　月　日			
监理(建设)单位验收结论	专业监理工程师 (建设单位项目专业技术负责人)：　　　　　年　月　日			

说　　明

按系统设计要求进行各项目的调试,达到设计要求。

智能建筑工程_____系统试运行记录表

070007□□

单位(子单位)工程名称			
所属子分部(系统)/分项(子系统)工程名称			
系统所在部位、区、段			
试运行日期	由 年 月 日 至 年 月 日	试运行负责人	
安装单位		项目经理 (负责人)	
施工执行标准名称及编号			

记录时间 (至少每班记录一次)	试运行情况及备注 (表达系统正常/不正常,故障情况及排除修复情况等)	值班人(记录) 签名
年 月 日 时 分		

安装单位检查评定结果	专业工长(施工员)		施工班组长	
	检测调试人员			
	项目专业质量检查员:			年 月 日

监理(建设)单位验收结论	
	专业监理工程师(建设单位项目专业技术负责人):　　　　　年 月 日

说　明

按表内项目要求进行记录。

智能建筑工程＿＿＿＿＿＿＿＿＿＿系统观感质量检查记录表

070008□□

单位(子单位)工程名称					
所属子分部(系统)/分项(子系统)工程名称					
总包单位			项目经理(负责人)		
安装单位			项目经理(负责人)		
序号	检 查 项 目	抽查百分数/抽查部位、区、段	质量评价汇总统计		
			好	一般	差
观感质量验收综合意见					

安装单位	监理(建设)单位
项目质量技术负责人： 项目经理(负责人)： 年 月 日	专业监理工程师： (建设单位项目专业技术负责人)： 年 月 日

按设计要求进行全面检查。

智能建筑工程_____系统
安全和功能检验资料核查记录表

单位(子单位)工程名称					
所属子分部(系统)/分项(子系统)工程名称					
总包单位			项目经理(负责人)		
安装单位			项目经理(负责人)		

序号	安全和功能目录	资料份数	核查意见	抽查结果	核查(抽查)人

核查、抽查结论	项目质量技术负责人: 项目经理(负责人): 年 月 日	专业监理工程师: (建设单位项目专业技术负责人): 年 月 日

注:抽查项目由验收组协商确定。

说　明

　　按各系统设计要求,对主要安全和功能项目检测检验资料进行全面核查,必要时可参与了解检测过程或对主要安全和功能项目进行抽项检测检验。

智能建筑工程_____系统验收相关项目结论汇总表

单位(子单位)工程名称					
所属子分部(系统)/分项(子系统)工程名称					
系统所在部位、区、段					
安装单位			项目经理(负责人)		

项目	结论 通过	结论 不通过	备注	签名			
工程量完成及质量控制验收				验收人：	年	月	日
系统检测验收				验收人：	年	月	日
系统功能抽查				抽查人：	年	月	日
观感质量验收				验收人：	年	月	日
资料审查				审查人：	年	月	日
人员培训考评				考评人：	年	月	日
运行管理队伍及规章制度审查				审查人：	年	月	日
设计等级要求评定				评定人：	年	月	日
系统验收				验收机构负责人：	年	月	日
备注							

验收机构人员			
姓名	工作单位	职务、职称	在验收机构的职务和分工职责

说　明

070010

按表列项目逐项列出该系统工程各项的验收结论，验收人签字负责。

智能建筑＿＿＿＿＿＿＿＿＿＿子分部（系统）工程质量验收记录表

070011□□

单位（子单位）工程名称			
验收部位、区、段			
安装单位		项目经理（负责人）	
施工执行标准名称及编号			

序号	检验批部位、区、段	安装单位检查评定意见	监理（建设）单位验收意见
质量控制资料			
安全和功能自检记录（检测报告）			
观感质量验收			

验收结论	本分项（子系统）工程于　　年　月　日经各方一致同意通过验收

安装单位	监理（建设）单位
项目质量技术负责人： 项目经理（负责人）： 　　　　　　　　年　月　日	专业监理工程师： （建设单位项目专业技术负责人）： 　　　　　　　　年　月　日

070011

　　对分项工程所含各检验批的验收结论进行全面审查,符合设计要求,包括分项工程内的检验批是否全部覆盖了该分项工程的部位、区、段,有没有漏缺的部位、区、段。

智能建筑工程_____分项(子系统)工程质量验收记录表

070012□□

单位(子单位)工程名称			
验收部位、区、段			
安装单位		项目经理(负责人)	
施工执行标准名称及编号			
序号	分项(子系统)工程名称	安装单位检查评定意见	监理(建设)单位验收意见
1			
2			
3			
4			
5			
6			
7			
8			
9			
10			
11			
12			
13			
14			
15			
16			
质量控制资料			
安全和功能自检记录(检测报告)			
观感质量验收			
验收结论	本子分部[含上列各分项(子系统)]工程于 年 月 日经各方一致同意通过验收		
	安装单位	监理(建设)单位	
	项目质量技术负责人: 项目经理(负责人): 　　　　　　年 月 日	专业监理工程师: (建设单位项目专业技术负责人): 　　　　　　年 月 日	

555

说　　明

070012

对分部工程(系统)所含各子系统(分项工程)的验收结论进行全面审查,符合设计要求,并对分部工程(系统)内的分项工程是否全部覆盖了该分部工程(系统)的部位、区、段。

智能建筑工程_____系统工程质量资料核查记录表

单位(子单位)工程名称				
所属子分部(系统)/分项(子系统)工程名称				
总包单位		项目经理(负责人)		
安装单位		项目经理(负责人)		
序号	资 料 名 称	份数	核查意见	核查人
1	工程合同技术文件			
2	竣工图及相关技术文件			
3	图纸会审记录、工程洽商文件、设计变更文件			
4	材料设备出厂合格证、技术文件			
5	进场设备及主要材料检查记录			
6	进场材料、设备检(试)验报告			
7	隐蔽工程验收记录			
8	设备(单元)单体检测调试记录(报告)			
9	系统工程检测调试记录(报告)			
10	系统试运行记录(报告)			
11	施工检查、测试记录			
12	安全和功能资料检查及主要功能抽查记录			
13	观感质量检查验收记录			
14	检验批工程质量验收记录			
15	分项(子系统)质量验收记录			
16	子分部(系统)质量验收记录			
17	分部质量验收记录			
18	系统技术、操作和维护手册			
19	系统管理、操作人员培训记录			
安装单位检查评定结果	项目质量技术负责人: 项目经理(负责人): 年 月 日			
监理(建设)单位验收结论	专业监理工程师: (建设单位项目专业技术负责人): 年 月 日			

按设计要求逐项检查,主要资料能否说明系统工程的质量情况和安全使用的要求。

程控电话交换系统分项工程质量验收记录表

单位(子单位)工程名称				子分部工程	通信网络系统
分项工程名称		程控电话交换系统		验收部位	
施工单位				项目经理	
施工执行标准名称及编号					
分包单位				分包项目经理	
检测项目				检查评定记录	备注
1	通电测试前检查	标称工作电压为 −48V			
2	硬件检查测试	可见可闻报警信号工作正常			
		装入测试程序,通过自检,确认硬件系统无故障			
3	系统检查测试	系统各类呼叫,维护管理,信号方式及网络支持功能			
4	初验测试	可靠性	不得导致50%以上的用户线、中继线不能进行呼叫处理		
			每一用户群通话中断或停止接续,每群每月不大于0.1次		
			中继群通话中断或停止接续: 0.15次/月(≤64话路) 0.1次/月(64~480话路)		
			个别用户不正常呼入、呼出接续: 每千门用户,≤0.5户次/月; 每百条中继,≤0.5线次/月		
			一个月内,处理机再启动指标为1~5次(包括3类再启动)		
			软件测试故障不大于8个/月,硬件更换印刷电路板次数每月不大于0.05次/100户及0.005次/30路PCM系统		
			长时间通话,12对话机保持48h		

4	初验测试	障碍率测试:局内障碍率不大于 3.4×10^{-4}			同时 40 个用户模拟呼叫 10 万次
		性能测试	本局呼叫		每次抽测 3~5 次
			出、入局呼叫		中继 100% 测试
			汇接中继测试(各种方式)		各抽测 5 次
			其他各类呼叫		
			计费差错率指标不超过 10^{-4}		
			特服业务(特别为 110、119、120 等)		作 100% 测试
			用户线接入调制解调器,传输速率为 2400bps,数据误码率不大于 1×10^{-5}		
			2B+D 用户测试		
		中继测试:中继电路呼叫测试,抽测 2~3 条电路(包括各种呼叫状态)			主要为信令和接口
		接通率测试	局间接通率应达 99.96% 以上		60 对用户,10 万次
			局间接通率应达 98% 以上		呼叫 200 次
		采用人机命令进行故障诊断测试			

检测意见:

监理工程师签字: 检测机构负责人签字:

(建设单位项目专业技术负责人)

日期: 日期:

说　　明

4.2.6 智能建筑通信系统安装工程的检测阶段、检测内容、检测方法及性能指标要求应符合《程控电话交换设备安装工程验收规范》YD 5077等有关国家现行标准的要求。

4.2.7 通信系统接入公用通信网信道的传输速率、信号方式、物理接口和接口协议应符合设计要求。

4.2.8 通信系统的工程实施及质量控制和系统检测的内容应符合表4.2.8的要求。

4	程控电话交换设备安装工程系统检测内容
1）	系统功能
2）	中继电路测试
3）	用户连通性能测试
4）	基本业务与可选业务
5）	冗余设备切换
6）	路由选择
7）	信号与接口
8）	过负荷测试
9）	计费功能
5	系统维护管理
1）	软件版本符合合同规定
2）	人机命令核实
3）	告警系统
4）	故障诊断
5）	数据生成
6	网络支撑
1）	网管功能
2）	同步功能
7	模拟测试
1）	呼叫接通率
2）	计费准确率

应符合YD 5077有关规定。

会议电视系统分项工程质量验收记录表

单位(子单位)工程名称				子分部工程	通信网络系统
分项工程名称		会议电视系统		验收部位	
施工单位				项目经理	
施工执行标准名称及编号					
分包单位				分包项目经理	
检 测 项 目			检查评定记录		备注
1	单机测试	指标符合设计或生产厂家说明书要求			
2	信道测试（传输性能限值）	国内段电视会议链路:传输信道速率2048kbps,误比特率(BER)1×10^{-6};1小时最大误码数7142;1小时严重误码事件为0;无误码秒(EFS%)92			
		国际段电视会议链路:传输信道速率2048kbps,误比特率(BER)1×10^{-6};1小时最大误码数7142;1小时严重误码事件为2;无误码秒(EFS%)92			
		国内、国际全程链路:传输信道速率2048kbps,误比特率(BER)3×10^{-6};1小时最大误码数21427;1小时严重误码事件为2;无误码秒(EFS%)92			
		国内段电视会议链路:传输信道速率64kbps,误比特率(BER)1×10^{-6}			
3	系统效果质量检测	主观评定画面质量和声音清晰度			
		外接时钟度不低于10^{-12}量级			
4	监测管理系统检测	具备本地、远端监测、诊断和实时显示功能			

检测意见:

监理工程师签字: 检测机构负责人签字:
(建设单位项目专业技术负责人)
日期: 日期:

3	会议电视系统安装工程系统测试内容
1）	单机测试
2）	信道测试
3）	传输性能指标测试
4）	画面显示效果与切换
5）	系统控制方式检查
6）	时钟与同步
4	监测管理系统检测
1）	系统故障检测与诊断
2）	系统实时显示功能
5	计费功能

符合 YD 5077 有关规定及设计要求。

接入网设备系统分项工程质量验收记录表

单位(子单位)工程名称				子分部工程	通信网络系统
分项工程名称		接入网设备		验收部位	
施工单位				项目经理	
施工执行标准名称及编号					
分包单位				分包项目经理	
检 测 项 目				检查评定记录	备注
1	安装环境检查		机房环境		
			电源		
			接地电阻值		
2	设备安装检查		管线敷设		
			设备机柜及模块		
3	系统检测	收发器线路接口	功率谱密度		
			纵向平衡损耗		
			过压保护		
		用户网络接口	25.6Mbit/s 电接口		
			10BASE－T 接口		
			USB 接口		
			PCI 接口		
		业务节点接口(SNI)	STM－1(155Mbit/s)光接口		
			电信接口		
		分离器测试			
		传输性能测试			
		功能验证测试	传输功能		
			管理功能		

检测意见：

监理工程师签字：
（建设单位项目专业技术负责人）

检测机构负责人签字：

日期：

日期：

说　明

序号	Ⅲ 接入网设备(非对称数字用户环路 ADSL)安装工程 检 测 内 容
	检 测 内 容
1	安装环境检查
1)	机房环境
2)	电源供给
3)	接地电阻值
2	设备安装验收检查
1)	管线敷设
2)	设备机柜及模块安装检查
3	系统检测
1)	收发器线路接口测试(功率谱密度,纵向平衡损耗,过压保护)
2)	用户网络接口(UNI)测试
	a. 25.6Mbit/s 电接口
	b. 10BASE–T 接口
	c. 通用串行总线(USB)接口
	d. PCI 总线接口
3)	业务节点接口(SNI)测试
	a. STM–1(155Mbit/s)光接口
	b. 电信接口(34Mbit/s、155Mbit/s)
4)	分离器测试(包括局端和远端)
	a. 直流电阻
	b. 交流阻抗特性
	c. 纵向转换损耗
	d. 损耗/频率失真
	e. 时延失真
	f. 脉冲噪声
	g. 话音频带插入损耗
	h. 频带信号衰减
5)	传输性能测试
6)	功能验证测试
	a. 传递功能(具备同时传送 IP、POTS 或 ISDN 业务能力)
	b. 管理功能(包括配置管理、性能管理和故障管理)

符合设计要求。

卫星数字电视系统分项工程质量验收记录表

070104□□

单位(子单位)工程名称			子分部工程	通信网络系统
分项工程名称	卫星数字电视系统		验收部位	
施工单位			项目经理	
施工执行标准名称及编号				
分包单位			分包项目经理	

检 测 项 目		检查评定记录	备注
1	卫星天线的安装质量		
2	高频头至室内单元的线距		
3	功放器及接收站位置		
4	缆线连接的可靠性		
5	系统输出电平(dBμm)		
6			
7			
8			

检测意见:

监理工程师签字:

(建设单位项目专业技术负责人)

日期:

检测机构负责人签字:

日期:

566

4.2.9　卫星数字电视及有线电视系统的系统检测应符合下列要求：

1. 卫星数字电视及有线电视系统的安装质量检查应符合国家现行标准的有关规定。

2. 在工程实施及质量控制阶段，应检查卫星天线的安装质量；高频头至室内单元线距的质量。

3. 功放器及接收站位置符合设计要求。

4. 缆线连接的可靠性。符合设计要求为合格。

5. 卫星数字电视的输出电平应符合国家现行标准的有关规定：30~60dBμm 。

有线电视系统分项工程质量验收记录表

070105□□

单位(子单位)工程名称			子分部工程	通信网络系统
分项工程名称		有线电视系统	验收部位	
施工单位			项目经理	
施工执行标准名称及编号				
分包单位			分包项目经理	
检 测 项 目			检查评定记录	备注
1	系统输出电平 (dBμm)(系统内的所有频道)			
2	系统载噪比(系统总频道的10%)			
3	载波互调比(系统总频道的10%)			
4	交扰调制比(系统总频道的10%)			
5	回波值(系统总频道的10%)			
6	色/亮度时延差(系统总频道的10%)			
7	载波交流声(系统总频道的10%)			
8	伴音和调频广播的声音(系统总频道的10%)			
9	电视图像主观评价≥4分			

检测意见：

监理工程师签字：　　　　　　　　　　　　　　检测机构负责人签字：
(建设单位项目专业技术负责人)
日期：　　　　　　　　　　　　　　　　　　　日期：

说　明

4.2.9　卫星数字电视及有线电视系统系统检测

4. 采用主观评测检查有线电视系统的性能,主要技术指标应符合表4.2.9-1的规定。

表4.2.9-1　有线电视主要技术指标

序号	项目名称	测 试 频 道	主观评测标准
1	系统输出电平（dBμm）	系统内的所有频道	60~80
2	系统载噪比	系统总频道的10%且不少于5个,不足5个全检,且分布于整个工作频道的高、中、低段	无噪波,即无"雪花干扰"
3	载波互调比	系统总频道的10%且不少于5个,不足5个全检,且分布于整个工作频道的高、中、低段	图像中无垂直、倾斜或水平条纹
4	交扰调制比	系统总频道的10%且不少于5个,不足5个全检,且分布于整个工作频道的高、中、低段	图像中无移动、垂直或斜图案,即无"窜台"
5	回波值	系统总频道的10%且不少于5个,不足5个全检,且分布于整个工作频道的高、中、低段	图像中无沿水平方向分布在右边一条或多条轮廓线,即无"重影"
6	色/亮度时延差	系统总频道的10%且不少于5个,不足5个全检,且分布于整个工作频道的高、中、低段	图像中色、亮信息对齐,即无"彩色鬼影"
7	载波交流声	系统总频道的10%且不少于5个,不足5个全检,且分布于整个工作频道的高、中、低段	图像中无上下移动的水平条纹,即无"滚道"现象
8	伴音和调频广播的声音	系统总频道的10%且不少于5个,不足5个全检,且分布于整个工作频道的高、中、低段	无背景噪声,如丝丝声、哼声、蜂鸣声和串音等

5. 电视图像质量的主观评价应不低于4分。具体标准见表4.2.9-2。

表4.2.9-2　图像的主观评价标准

等级	图 像 质 量 损 伤 程 度
5分	图像上不觉察有损伤或干扰存在
4分	图像上有稍可觉察的损伤或干扰,但不令人讨厌
3分	图像上有明显觉察的损伤或干扰,令人讨厌
2分	图像上损伤或干扰比较严重,令人相当讨厌
1分	图像上损伤或干扰极严重,不能观看

6. HFC网络和双向数字电视系统正向测试的调制误差率和相位抖动,反向测试的侵入噪声、脉冲噪声和反向隔离度的参数指标应满足设计要求;并检测其数据通信、VOD、图文播放等功能;HFC用户分配网应采用中心分配结构,具有可寻址路权控制及上行信号汇集均衡等功能;应检测系统的频率配置、抗干扰性能,其用户输出电平应取62~68dBμm。

公共广播与紧急广播系统分项工程质量验收记录表

070106□□

单位(子单位)工程名称				子分部工程	通信网络系统
分项工程名称		公共广播与紧急广播系统		验收部位	
施工单位				项目经理	
施工执行标准名称及编号					
分包单位				分包项目经理	
检 测 项 目			检查评定记录		备注
1	安装质量	不平衡度			
		音频线敷设			
		接地及安装			
		阻抗匹配			
2	放声系统分布				
3	音质音量	最高输出电平			
		输出信噪比			
		声压级			
		频宽			
4	音响效果主观评价				
5	功能检测	业务内容			
		消防联动			
		功放冗余			
		分区划分			

检测意见：

监理工程师签字：
（建设单位项目专业技术负责人）
日期：

检测机构负责人签字：

日期：

570

说　　明

4.2.10　公共广播与紧急广播系统检测应符合下列要求：

1. 系统的输入输出不平衡度、音频线的敷设、接地形式及安装质量应符合设计要求,设备之间阻抗匹配合理；
2. 放声系统应分布合理,符合设计要求；
3. 最高输出电平、输出信噪比、声压级和频宽的技术指标应符合设计要求；
4. 通过对响度、音色和音质的主观评价,评定系统的音响效果；
5. 功能检测应包括：

　　1）业务宣传、背景音乐和公共寻呼插播；

　　2）紧急广播与公共广播共用设备时,其紧急广播由消防分机控制,具有最高优先权,在火灾和突发事故发生时,应能强制切换为紧急广播并以最大音量播出；紧急广播功能检测按本规范第 7 章的有关规定执行；

　　3）功率放大器应冗余配置,并在主机故障时,按设计要求备用机自动投入运行；

　　4）公共广播系统应分区控制,分区的划分不得与消防分区的划分产生矛盾。

计算机网络系统分项工程质量验收记录表
（Ⅰ）

单位(子单位)工程名称				子分部工程	通信网络系统
分项工程名称		计算机网络系统		验收部位	
施工单位				项目经理	
施工执行标准名称及编号					
分包单位				分包项目经理	
检 测 项 目				检查记录	备注
主控项目	1	网络设备连通性			
	2	各用户间通信性能	允许通信		
			不允许通信		
			符合设计规定		
	3	局域网与公用网连通性			
	4	路由检测			
一般项目	1	容错功能检测	故障判断		
			自动恢复		
			切换时间		
			故障隔离		
			自动切换		
	2	网络管理功能检测	拓扑图		
			设备连接图		
			自诊断		
			节点流量		
			广播率		
			错误率		

检测意见：

监理工程师签字：　　　　　　　　　　　检测机构负责人签字：

（建设单位项目专业技术负责人）

日期：　　　　　　　　　　　　　　　　日期：

572

5.3.3　连通性检测应符合以下要求：

1. 根据网络设备的连通图，网管工作站应能够和任何一台网络设备通信；
2. 各子网（虚拟专网）内用户之间的通信功能检测：根据网络配置方案的要求，允许通信的计算机之间可以进行资源共享和信息交换，不允许通信的计算机之间无法通信；并保证网络节点符合设计规定的通信协议和适用标准；
3. 根据配置方案的要求，检测局域网内的用户与公用网之间的通信能力。

5.3.4　对计算机网络进行路由检测，路由检测方法可采用相关测试命令进行测试，或根据设计要求使用网络测试仪测试网络路由设置的正确性。

5.3.5　容错功能的检测方法应采用人为设置网络故障，检测系统正确判断故障及故障排除后系统自动恢复的功能；切换时间应符合设计要求。检测内容应包括以下两个方面：

1. 对具备容错能力的网络系统，应具有错误恢复和故障隔离功能，主要部件应冗余设置，并在出现故障时可自动切换；
2. 对有链路冗余配置的网络系统，当其中的某条链路断开或有故障发生时，整个系统仍应保持正常工作，并在故障恢复后应能自动切换回主系统运行。

5.3.6　网络管理功能检测应符合下列要求：

1. 网管系统应能够搜索到整个网络系统的拓扑结构图和网络设备连接图；
2. 网络系统应具备自诊断功能，当某台网络设备或线路发生故障后，网管系统应能够及时报警和定位故障点；
3. 应能够对网络设备进行远程配置和网络性能检测，提供网络节点的流量，广播率和错误率等参数。

应用软件系统分项工程质量验收记录表

070202□□

单位(子单位)工程名称					子分部工程		信息网络系统
分项工程名称			应用软件系统		验收部位		
施工单位					项目经理		
施工执行标准名称及编号							
分包单位					分包项目经理		

		检 测 项 目		检查记录	备注
主控项目	1	功能性测试	安装:按安装手册中的规定成功安装		
			功能:按使用说明书中的范例、逐项测试		
	2	性能测试	响应时间		
			吞吐量		
			辅助存储区		
			处理精度测试		
	3	文档测试			
	4	可靠性测试			
	5	互连测试			
	6	回归(一致性)测试			
一般项目	1	操作界面测试			
	2	可扩展性测试			
	3	可维护性测试			

检测意见:

监理工程师签字:
(建设单位项目专业技术负责人)
日期:

检测机构负责人签字:

日期:

574

5.4.3　软件产品质量检查应按照本规范第 3.2.6 条的规定执行。应采用系统的实际数据和实际应用案例进行测试。

5.4.4　应用软件检测时,被测软件的功能、性能确认宜采用黑盒法进行,主要测试内容应包括:

1. 功能测试:在规定的时间内运行软件系统的所有功能,以验证系统是否符合功能需求;

2. 性能测试:检查软件是否满足设计文件中规定的性能,应对软件的响应时间、吞吐量、辅助存储区、处理精度进行检测;

3. 文档测试:检测用户文档的清晰性和准确性,用户文档中所列应用案例必须全部测试;

4. 可靠性测试:对比软件测试报告中可靠性的评价与实际试运行中出现的问题,进行可靠性验证;

5. 互连测试:应验证两个或多个不同系统之间的互连性;

6. 回归测试:软件修改后,应经回归测试验证是否因修改引出新的错误,即验证修改后的软件是否仍能满足系统的设计要求。

5.4.5　应用软件的操作命令界面应为标准图形交互界面,要求风格统一、层次简洁,操作命令的命名不得具有二义性。

5.4.6　应用软件应具有可扩展性,系统应预留可升级空间以供纳入新功能,宜采用能适应最新版本的信息平台,并能适应信息系统管理功能的变动。

网络安全系统分项工程质量验收记录表

		检 测 项 目		检查记录	备注

单位(子单位)工程名称			子分部工程	信息网络系统
分项工程名称		网络安全系统	验收部位	
施工单位			项目经理	
施工执行标准名称及编号				
分包单位			分包项目经理	

		检 测 项 目		检查记录	备注
主控项目	1	计算机	安全产品认证		
			安全专用产品销售许可证		
	2	安全系统配置	防火墙		
			防病毒		
	3	信息安全性	来自防火墙外的模拟网络攻击		
			对内部终端机的访问控制		
			办公网络与控制网络的隔离		
			防病毒系统的有效性		
			入侵检测系统的有效性		
			内容过滤系统的有效性		
	4	操作系统安全性	操作系统		
			文件系统		
			用户账号		
			服务器		
			审计系统		
	5	应用系统安全性	身份认证		
			访问控制		
一般项目	1	物理层安全性	安全管理制度		
			中心机房的环境要求		
			涉密单位的保密要求		
	2	应用系统安全	数据完整性		
			数据保密性		
			安全审计		

检测意见:

监理工程师签字:　　　　　　　　　　　　　检测机构负责人签字:
(建设单位项目专业技术负责人)
日期:　　　　　　　　　　　　　　　　　　日期:

5.5.2　计算机信息系统安全专用产品必须具有公安部计算机管理监察部门审批颁发的"计算机信息系统安全专用产品销售许可证";特殊行业有其他规定时,还应遵守行业的相关规定。

5.5.3　如果与因特网连接,智能建筑网络安全系统必须安装防火墙和防病毒系统。

5.5.4　网络层安全的安全性检测应符合以下要求:

1. 防攻击:信息网络应能抵御来自防火墙以外的网络攻击,使用流行的攻击手段进行模拟攻击,不能攻破判为合格;

2. 因特网访问控制:信息网络应根据需求控制内部终端机的因特网连接请求和内容,使用终端机用不同身份访问因特网的不同资源,符合设计要求判为合格;

3. 信息网络与控制网络的安全隔离:测试方法应按 GB 50339—2003 第 5.3.2 条的要求,保证做到未经授权,从信息网络不能进入控制网络;符合此要求者判为合格;

4. 防病毒系统的有效性:将含有当前已知流行病毒的文件(病毒样本)通过文件传输、邮件附件、网上邻居等方式向各点传播,各点的防病毒软件应能正确地检测到该含病毒文件,并执行杀毒操作;符合本要求者判为合格;

5. 入侵检测系统的有效性:如果安装了入侵检测系统,使用流行的攻击手段进行模拟攻击(如 DOS 拒绝服务攻击),这些攻击应被入侵检测系统发现和阻断;符合此要求者判为合格;

6. 内容过滤系统的有效性:如果安装了内容过滤系统,则尝试访问若干受限网址或者访问受限内容,这些尝试应该被阻断;然后,访问若干未受限的网址或者内容,应该可以正常访问;符合此要求者为合格。

5.5.5　系统层安全应满足以下要求:

1. 操作系统应选用经过实践检验的具有一定安全强度的操作系统;

2. 使用安全性较高的文件系统;

3. 严格管理操作系统的用户账号,要求用户必须使用满足安全要求的口令;

4. 服务器应只提供必须的服务,其他无关的服务应关闭,对可能存在漏洞的服务或操作系统,应更换或者升级相应的补丁程序;扫描服务器,无漏洞者为合格;

5. 认真设置并正确利用审计系统,对一些非法的侵入尝试必须有记录;模拟非法尝试,审计日志中有正确记录者判为合格。

5.5.6　应用层安全应符合下列要求:

1. 身份认证:用户口令应该加密传输,或者禁止在网络上传输;严格管理用户账号,要求用户必须使用满足安全要求的口令;

2. 访问控制:必须在身份认证的基础上根据用户及资源对象实施访问控制;用户能正确访问其获得授权的对象资源,同时不能访问未获得授权的资源,符合此要求者判为合格。

一般项目及检查方法

5.5.7　物理层安全应符合下列要求:

1. 中心机房的电源与接地及环境要求应符合 GB 50339—2003 第 11 章、第 12 章的规定;

2. 对于涉及国家秘密的党政机关、企事业单位的信息网络工程,应按《涉密信息设备使用现场的电磁泄漏发射保护要求》BMB5、《涉及国家秘密的计算机信息系统保密技术要求》BMZ1 和《涉及国家秘密的计算机信息系统安全保密评测指南》BMZ3 等国家现行标准的相关规定进行检测和验收。

5.5.8　应用层安全应符合下列要求:

1. 完整性:数据在存储、使用和网络传输过程中,不得被篡改、破坏;

2. 保密性:数据在存储、使用和网络传输过程中,不应被非法用户获得;

3. 安全审计:对应用系统的访问应有必要的审计记录。

空调与通风系统分项工程质量验收记录表

070301□□

单位(子单位)工程名称				子分部工程	建筑设备监控系统
分项工程名称		空调与通风系统		验收部位	
施工单位				项目经理	
施工执行标准名称及编号					
分包单位				分包项目经理	
检 测 项 目				检查评定记录	备注
主控项目	1	空调系统温度控制	控制稳定性		
			响应时间		
			控制效果		
	2	空调系统相对湿度控制	控制稳定性		
			响应时间		
			控制效果		
	3	新风量自动控制	控制稳定性		
			响应时间		
			控制效果		
	4	预定时间表自动启停	稳定性		
			响应时间		
			控制效果		
	5	节能优化控制	稳定性		
			响应时间		
			控制效果		
	6	设备连锁控制	正确性		
			实时性		
	7	故障报警	正确性		
			实时性		
一般项目	1	现场设备安装质量			
	2	现场设备性能			
	3	对现场配置和运行情况评价			

检测意见：

监理工程师签字：	检测机构负责人签字：
(建设单位项目专业技术负责人)	
日期：	日期：

578

说　明

6.3.5　空调与通风系统功能检测

建筑设备监控系统应对空调系统进行温湿度及新风量自动控制、预定时间表自动启停、节能优化控制等控制功能进行检测。应着重检测系统测控点(温度、相对湿度、压差和压力等)与被控设备(风机、风阀、加湿器及电动阀门等)的控制稳定性、响应时间和控制效果,并检测设备连锁控制和故障报答的正确性。

检测数量为每类机组按总数的20%抽检,且不得少于5台,每类机组不足5台时全部检测。被检测机组全部符合设计要求为检测合格。

一般项目:

6.3.17　现场设备安装质量检查

现场设备安装质量应符合 GB 50303 第6章及第7章、设计文件和产品技术文件的要求,检查合格率到100% 时为合格。

1. 传感器:每种类型传感器抽检10%且不少于10台,传感器少于10台时全部检查。
2. 执行器:每种类型执行器抽检10%且不少于10台,执行器少于10台时全部检查。
3. 控制箱(柜):各类控制箱(柜)抽检20%且不少于10台,少于10台时全部检查。

6.3.18　现场设备性能检测

1. 传感器精度测试,检测传感器采样显示值与现场实际值的一致性;依据设计要求及产品技术条件,按照设计总数的10%进行抽测,且不得少于10个,总数少于10个时全部检测,合格率达到100%时为检测合格。
2. 控制设备及执行器性能测试,包括控制器、电动风阀、电动水阀和变频器等,主要测定控制设备的有效性、正确性和稳定性;测试核对电动调节阀在零开度、50%和80%的行程处与控制指令的一致性及响应速度;测试结果应满足合同技术文件及控制工艺对设备性能的要求。

检测为20%抽测,但不得少于5个,设备数量少于5个时全部测试,检测合格率达到100%时为检测合格。

6.3.19　根据现场配置和运行情况对以下项目做出评测

1. 控制网络和数据库的标准化、开放性。
2. 系统的冗余配置,主要指控制网络、工作站、服务器、数据库和电源等。
3. 系统可扩展性,控制器 I/O 口的备用量应符合合同技术文件要求,但不应低于 I/O 口实际使用数的10%;机柜至少应留有10%的卡件安装空间和10%的备用接线端子。
4. 节能措施评测,包括空调设备的优化控制、冷热源自动调节、照明设备自动控制、风机变频调速、VAV 变风量控制等。根据合同技术文件的要求,通过对系统数据库记录分析、现场控制效果测试和数据计算后做出是否满足设计要求的评测。

结论为符合设计要求或不符合设计要求。

变配电系统分项工程质量验收记录表

单位(子单位)工程名称			子分部工程	建筑设备监控系统
分项工程名称		变配电系统	验收部位	
施工单位			项目经理	
施工执行标准名称及编号				
分包单位			分包项目经理	

		检 测 项 目	检查评定记录	备注
主控项目	1	电气参数测量		
	2	电气设备工作状态测量		
	3	变配电系统故障报警		
	4	高低压配电柜运行状态		
	5	电力变压器温度		
	6	应急发电机组工作状态		
	7	储油罐液位		
	8	蓄电池组及充电设备工作状态		
	9	不间断电源工作状态		
一般项目	1	现场设备安装质量		
	2	现场设备性能		
	3	对现场配置和运行情况评价		

检测意见：

监理工程师签字：　　　　　　　　　　　　　检测机构负责人签字：
（建设单位项目专业技术负责人）
日期：　　　　　　　　　　　　　　　　　　日期：

580

6.3.6 变配电系统功能检测

建筑设备监控系统应对变配电系统的电气参数和电气设备工作状态进行监测,检测时应利用工作站数据读取和现场测量的方法对电压、电流、有功(无功)功率、功率因数、用电量等各项参数的测量和记录进行准确性和真实性检查,显示的电力负荷及上述各参数的动态图形能比较准确地反映参数变化情况,并对报警信号进行验证。

检测方法为抽检,抽检数量按每类参数抽20%,且数量不得少于20点,数量少于20点时全部检测。被检参数合格率100%时为检测合格。

对高低压配电柜的运行状态、电力变压器的温度、应急发电机组的工作状态、储油罐的液位、蓄电池组及充电设备的工作状态、不间断电源的工作状态等参数进行检测时,应全部检测,合格率100%时为检测合格。

一般项目:

6.3.17 现场设备安装质量检查

现场设备安装质量应符合GB 50303第6章及第7章、设计文件和产品技术文件的要求,检查合格率到100%时为合格。

1. 传感器:每种类型传感器抽检10%且不少于10台,传感器少于10台时全部检查。

2. 执行器:每种类型执行器抽检10%且不少于10台,执行器少于10台时全部检查。

3. 控制箱(柜):各类控制箱(柜)抽检20%且不少于10台,少于10台时全部检查。

6.3.18 现场设备性能检测

1. 传感器精度测试,检测传感器采样显示值与现场实际值的一致性;依据设计要求及产品技术条件,按照设计总数的10%进行抽测,且不得少于10个,总数少于10个时全部检测,合格率达到100%时为检测合格。

2. 控制设备及执行器性能测试,包括控制器、电动风阀、电动水阀和变频器等,主要测定控制设备的有效性、正确性和稳定性;测试核对电动调节阀在零开度、50%和80%的行程处与控制指令的一致性及响应速度;测试结果应满足合同技术文件及控制工艺对设备性能的要求。

检测为20%抽测,但不得少于5个,设备数量少于5个时全部测试,检测合格率达到100%时为检测合格。

6.3.19 根据现场配置和运行情况对以下项目做出评测

1. 控制网络和数据库的标准化、开放性。

2. 系统的冗余配置,主要指控制网络、工作站、服务器、数据库和电源等。

3. 系统可扩展性,控制器I/O口的备用量应符合合同技术文件要求,但不应低于I/O口实际使用数的10%;机柜至少应留有10%的卡件安装空间和10%的备用接线端子。

4. 节能措施评测,包括空调设备的优化控制、冷热源自动调节、照明设备自动控制、风机变频调速、VAV变风量控制等。根据合同技术文件的要求,通过对系统数据库记录分析、现场控制效果测试和数据计算后做出是否满足设计要求的评测。

结论为符合设计要求或不符合设计要求。

公共照明系统分项工程质量验收记录表

070303□□

单位(子单位)工程名称				子分部工程	建筑设备监控系统
分项工程名称		公共照明系统		验收部位	
施工单位				项目经理	
施工执行标准名称及编号					
分包单位				分包项目经理	

检 测 项 目				检查评定记录	备注
主控项目	1	公共照明设备监控	公共区域1		
			公共区域2		
			公共区域3		
			公共区域4		
			公共区域5		
			公共区域6 (园区或景观)		
			公共区域7 (园区或景观)		
	2	检查手动开关功能			
一般项目	1	现场设备安装质量			
	2	现场设备性能			
	3	对现场配置和运行情况评价			

检测意见：

监理工程师签字：
(建设单位项目专业技术负责人)
日期：

检测机构负责人签字：

日期：

582

6.3.7　公共照明系统功能检测

建筑设备监控系统应对公共照明设备(公共区域、过道、园区和景观)进行监控,应以光照度、时间表等为控制依据,设置程序控制灯组的开关,检测时应检查控制动作的正确性;并检查其手动开关功能。

检测方式为抽检,按照明回路总数的 20% 抽检,数量不得少于 10 路,总数少于 10 路时应全部检测。抽检数量合格率 100% 时为检测合格。

一般项目:

6.3.17　现场设备安装质量检查

现场设备安装质量应符合 GB 50303 第 6 章及第 7 章、设计文件和产品技术文件的要求,检查合格率到 100% 时为合格。

1. 传感器:每种类型传感器抽检 10% 且不少于 10 台,传感器少于 10 台时全部检查。
2. 执行器:每种类型执行器抽检 10% 且不少于 10 台,执行器少于 10 台时全部检查。
3. 控制箱(柜):各类控制箱(柜)抽检 20% 且不少于 10 台,少于 10 台时全部检查。

6.3.18　现场设备性能检测

1. 传感器精度测试,检测传感器采样显示值与现场实际值的一致性;依据设计要求及产品技术条件,按照设计总数的 10% 进行抽测,且不得少于 10 个,总数少于 10 个时全部检测,合格率达到 100% 时为检测合格。
2. 控制设备及执行器性能测试,包括控制器、电动风阀、电动水阀和变频器等,主要测定控制设备的有效性、正确性和稳定性;测试核对电动调节阀在零开度、50% 和 80% 的行程处与控制指令的一致性及响应速度;测试结果应满足合同技术文件及控制工艺对设备性能的要求。

检测为 20% 抽测,但不得少于 5 个,设备数量少于 5 个时全部测试,检测合格率达到 100% 时为检测合格。

6.3.19　根据现场配置和运行情况对以下项目做出评测

1. 控制网络和数据库的标准化、开放性。
2. 系统的冗余配置,主要指控制网络、工作站、服务器、数据库和电源等。
3. 系统可扩展性,控制器 I/O 口的备用量应符合合同技术文件要求,但不应低于 I/O 口实际使用数的 10%;机柜至少应留有 10% 的卡件安装空间和 10% 的备用接线端子。
4. 节能措施评测,包括空调设备的优化控制、冷热源自动调节、照明设备自动控制、风机变频调速、VAV 变风量控制等。根据合同技术文件的要求,通过对系统数据库记录分析、现场控制效果测试和数据计算后做出是否满足设计要求的评测。

结论为符合设计要求或不符合设计要求。

给排水系统分项工程质量验收记录表

070304□□

单位(子单位)工程名称					子分部工程	建筑设备监控系统
分项工程名称			给排水系统		验收部位	
施工单位					项目经理	
施工执行标准名称及编号						
分包单位					分包项目经理	
检测项目				检查评定记录		备注
主控项目	1	给水系统	参数检测	液位		
				压力		
				水泵运行状态		
			自动调节水泵转速			
			水泵投运切换			
			故障报警及保护			
	2	排水系统	参数检测	液位		
				压力		
				水泵运行状态		
			自动调节水泵转速			
			水泵投运切换			
			故障报警及保护			
	3	中水系统监控	液位			
			压力			
			水泵运行状态			
一般项目	1	现场设备安装质量				
	2	现场设备性能				
	3	对现场配置和运行情况评价				

检测意见：

监理工程师签字：
(建设单位项目专业技术负责人)
日期：

检测机构负责人签字：

日期：

584

说　明

6.3.8　给排水系统功能检测

建筑设备监控系统应对给水系统、排水系统和中水系统进行液位、压力等参数检测及水泵运行状态的监控和报警进行验证。检测时应通过工作站参数设置或人为改变现场测控点状态，监视设备的运行状态，包括自动调节水泵转速、投运水泵切换及故障状态报警和保护等项是否满足设计要求。

检测方式为抽检，抽检数量按每类系统的50%，且不得少于5套，总数少于5套时全部检测。被检系统合格率100%时为检测合格。

一般项目：

6.3.17　现场设备安装质量检查

现场设备安装质量应符合 GB 50303 第6章及第7章、设计文件和产品技术文件的要求，检查合格率到100% 时为合格。

1. 传感器：每种类型传感器抽检10%且不少于10台，传感器少于10台时全部检查。
2. 执行器：每种类型执行器抽检10%且不少于10台，执行器少于10台时全部检查。
3. 控制箱（柜）：各类控制箱（柜）抽检20%且不少于10台，少于10台时全部检查。

6.3.18　现场设备性能检测

1. 传感器精度测试，检测传感器采样显示值与现场实际值的一致性；依据设计要求及产品技术条件，按照设计总数的10%进行抽测，且不得少于10个，总数少于10个时全部检测，合格率达到100%时为检测合格。
2. 控制设备及执行器性能测试，包括控制器、电动风阀、电动水阀和变频器等，主要测定控制设备的有效性、正确性和稳定性；测试核对电动调节阀在零开度、50%和80%的行程处与控制指令的一致性及响应速度；测试结果应满足合同技术文件及控制工艺对设备性能的要求。

检测为20%抽测，但不得少于5个，设备数量少于5个时全部测试，检测合格率达到100%时为检测合格。

6.3.19　根据现场配置和运行情况对以下项目做出评测

1. 控制网络和数据库的标准化、开放性。
2. 系统的冗余配置，主要指控制网络、工作站、服务器、数据库和电源等。
3. 系统可扩展性，控制器 I/O 口的备用量应符合合同技术文件要求，但不应低于 I/O 口实际使用数的10%；机柜至少应留有10%的卡件安装空间和10%的备用接线端子。
4. 节能措施评测，包括空调设备的优化控制、冷热源自动调节、照明设备自动控制、风机变频调速、VAV 变风量控制等。根据合同技术文件的要求，通过对系统数据库记录分析、现场控制效果测试和数据计算后做出是否满足设计要求的评测。

结论为符合设计要求或不符合设计要求。

热源和热交换系统分项工程质量验收记录表

070305□□

单位(子单位)工程名称					子分部工程	建筑设备监控系统
分项工程名称			热源和热交换系统		验收部位	
施工单位					项目经理	
施工执行标准名称及编号						
分包单位					分包项目经理	

		检 测 项 目		检查评定记录	备注
主控项目	1	热源系统	参数检测		
			系统负荷调节		
			预定时间表启停		
			节能优化控制		
			故障检测记录与报警		
	2	热交换系统	参数检测		
			系统负荷调节		
			预定时间表启停		
			节能优化控制		
			故障检测记录与报警		
	3	能耗计量与统计			
一般项目	1	现场设备安装质量			
	2	现场设备性能			
	3	对现场配置和运行情况评价			

检测意见：

监理工程师签字：
（建设单位项目专业技术负责人）
日期：

检测机构负责人签字：

日期：

586

6.3.9　热源和热交换系统功能检测

建筑设备监控系统应对热源和热交换系统进行系统负荷调节、预定时间表自动启停和节能优化控制。检测时应通过工作站或现场控制器对热源和热交换系统的设备运行状态、故障等的监视、记录与报警进行检测，并检测对设备的控制功能。

核实热源和热交换系统能耗计量与统计资料。

检测方式为全部检测，被检系统合格率100%时为检测合格。

一般项目：

6.3.17　现场设备安装质量检查

现场设备安装质量应符合 GB 50303 第 6 章及第 7 章、设计文件和产品技术文件的要求，检查合格率到 100% 时为合格。

1. 传感器：每种类型传感器抽检 10% 且不少于 10 台，传感器少于 10 台时全部检查。
2. 执行器：每种类型执行器抽检 10% 且不少于 10 台，执行器少于 10 台时全部检查。
3. 控制箱（柜）：各类控制箱（柜）抽检 20% 且不少于 10 台，少于 10 台时全部检查。

6.3.18　现场设备性能检测

1. 传感器精度测试，检测传感器采样显示值与现场实际值的一致性；依据设计要求及产品技术条件，按照设计总数的 10% 进行抽测，且不得少于 10 个，总数少于 10 个时全部检测，合格率达到 100% 时为检测合格。
2. 控制设备及执行器性能测试，包括控制器、电动风阀、电动水阀和变频器等，主要测定控制设备的有效性、正确性和稳定性；测试核对电动调节阀在零开度、50% 和 80% 的行程处与控制指令的一致性及响应速度；测试结果应满足合同技术文件及控制工艺对设备性能的要求。

检测为 20% 抽测，但不得少于 5 个，设备数量少于 5 个时全部测试，检测合格率达到 100% 时为检测合格。

6.3.19　根据现场配置和运行情况对以下项目做出评测

1. 控制网络和数据库的标准化、开放性。
2. 系统的冗余配置，主要指控制网络、工作站、服务器、数据库和电源等。
3. 系统可扩展性，控制器 I/O 口的备用量应符合合同技术文件要求，但不应低于 I/O 口实际使用数的 10%；机柜至少应留有 10% 的卡件安装空间和 10% 的备用接线端子。
4. 节能措施评测，包括空调设备的优化控制、冷热源自动调节、照明设备自动控制、风机变频调速、VAV 变风量控制等。根据合同技术文件的要求，通过对系统数据库记录分析、现场控制效果测试和数据计算后做出是否满足设计要求的评测。

结论为符合设计要求或不符合设计要求。

冷冻和冷却水系统分项工程质量验收记录表

单位(子单位)工程名称				子分部工程	建筑设备监控系统
分项工程名称			冷冻和冷却水系统	验收部位	
施工单位				项目经理	
施工执行标准名称及编号					
分包单位				分包项目经理	

		检 测 项 目		检查评定记录	备注
主控项目	1	冷冻水系统	参数检测		
			系统负荷调节		
			预定时间表启停		
			节能优化控制		
			故障检测记录与报警		
			设备运行联动		
	2	冷却水系统	参数检测		
			系统负荷调节		
			预定时间表启停		
			节能优化控制		
			故障检测记录与报警		
			设备运行联动		
	3	能耗计量与统计			
一般项目	1	现场设备安装质量			
	2	现场设备性能			
	3	对现场配置和运行情况评价			

检测意见：

监理工程师签字：   检测机构负责人签字：

(建设单位项目专业技术负责人)

日期：   日期：

说　明

6.3.10　冷冻和冷却水系统功能检测

建筑设备监控系统应对冷水机组、冷冻冷却水系统进行系统负荷调节、预定时间表自动启停和节能优化控制。检测时应通过工作站对冷水机组、冷冻冷却水系统设备控制和运行参数、状态、故障等的监视、记录与报警情况进行检查，并检查设备运行的联动情况。

核实冷冻水系统能耗计量与统计资料。

检测方式为全部检测，满足设计要求时为检测合格。

一般项目：

6.3.17　现场设备安装质量检查

现场设备安装质量应符合 GB 50303 第 6 章及第 7 章、设计文件和产品技术文件的要求，检查合格率到 100% 时为合格。

1. 传感器：每种类型传感器抽检 10% 且不少于 10 台，传感器少于 10 台时全部检查。

2. 执行器：每种类型执行器抽检 10% 且不少于 10 台，执行器少于 10 台时全部检查。

3. 控制箱（柜）：各类控制箱（柜）抽检 20% 且不少于 10 台，少于 10 台时全部检查。

6.3.18　现场设备性能检测

1. 传感器精度测试，检测传感器采样显示值与现场实际值的一致性；依据设计要求及产品技术条件，按照设计总数的 10% 进行抽测，且不得少于 10 个，总数少于 10 个时全部检测，合格率到 100% 时为检测合格。

2. 控制设备及执行器性能测试，包括控制器、电动风阀、电动水阀和变频器等，主要测定控制设备的有效性、正确性和稳定性；测试核对电动调节阀在零开度、50% 和 80% 的行程处与控制指令的一致性及响应速度；测试结果应满足合同技术文件及控制工艺对设备性能的要求。

检测为 20% 抽测，但不得少于 5 个，设备数量少于 5 个时全部测试，检测合格率达到 100% 时为检测合格。

6.3.19　根据现场配置和运行情况对以下项目做出评测

1. 控制网络和数据库的标准化、开放性。

2. 系统的冗余配置，主要指控制网络、工作站、服务器、数据库和电源等。

3. 系统可扩展性，控制器 I/O 口的备用量应符合合同技术文件要求，但不应低于 I/O 口实际使用数的 10%；机柜至少应留有 10% 的卡件安装空间和 10% 的备用接线端子。

4. 节能措施评测，包括空调设备的优化控制、冷热源自动调节、照明设备自动控制、风机变频调速、VAV 变风量控制等。根据合同技术文件的要求，通过对系统数据库记录分析、现场控制效果测试和数据计算后做出是否满足设计要求的评测。

结论为符合设计要求或不符合设计要求。

电梯和自动扶梯系统分项工程质量验收记录表

070307□□

单位(子单位)工程名称					子分部工程	建筑设备监控系统
分项工程名称			电梯和自动扶梯系统		验收部位	
施工单位					项目经理	
施工执行标准名称及编号						
分包单位					分包项目经理	

		检 测 项 目		检查评定记录	备注
主控项目	1	电梯系统	电梯运行状态		
			故障检测记录与报警		
	2	自动扶梯系统	扶梯运行状态		
			故障检测记录与报警		
	3				
一般项目	1	现场设备安装质量			
	2	现场设备性能			
	3	对现场配置和运行情况评价			

检测意见：

监理工程师签字：　　　　　　　　　　　　　检测机构负责人签字：
(建设单位项目专业技术负责人)
日期：　　　　　　　　　　　　　　　　　　日期：

590

说　　明

6.3.11　电梯和自动扶梯系统功能检测

建筑设备监控系统应对建筑物内电梯和自动扶梯系统进行监测。检测时应通过工作站对系统的运行状态与故障进行监视,并与电梯和自动扶梯系统的实际工作情况进行核实。

检测方式为全部检测,合格率100%时为检测合格。

一般项目:

6.3.17　现场设备安装质量检查

现场设备安装质量应符合 GB 50303 第6章及第7章、设计文件和产品技术文件的要求,检查合格率到100% 时为合格。

1. 传感器:每种类型传感器抽检10%且不少于10台,传感器少于10台时全部检查。
2. 执行器:每种类型执行器抽检10%且不少于10台,执行器少于10台时全部检查。
3. 控制箱(柜):各类控制箱(柜)抽检20%且不少于10台,少于10台时全部检查。

6.3.18　现场设备性能检测

1. 传感器精度测试,检测传感器采样显示值与现场实际值的一致性;依据设计要求及产品技术条件,按照设计总数的10%进行抽测,且不得少于10个,总数少于10个时全部检测,合格率达到100%时为检测合格。
2. 控制设备及执行器性能测试,包括控制器、电动风阀、电动水阀和变频器等,主要测定控制设备的有效性、正确性和稳定性;测试核对电动调节阀在零开度、50%和80%的行程处与控制指令的一致性及响应速度;测试结果应满足合同技术文件及控制工艺对设备性能的要求。

检测为20%抽测,但不得少于5个,设备数量少于5个时全部测试,检测合格率达到100%时为检测合格。

6.3.19　根据现场配置和运行情况对以下项目做出评测

1. 控制网络和数据库的标准化、开放性。
2. 系统的冗余配置,主要指控制网络、工作站、服务器、数据库和电源等。
3. 系统可扩展性,控制器 I/O 口的备用量应符合合同技术文件要求,但不应低于 I/O 口实际使用数的10%;机柜至少应留有10%的卡件安装空间和10%的备用接线端子。
4. 节能措施评测,包括空调设备的优化控制、冷热源自动调节、照明设备自动控制、风机变频调速、VAV 变风量控制等。根据合同技术文件的要求,通过对系统数据库记录分析、现场控制效果测试和数据计算后做出是否满足设计要求的评测。

结论为符合设计要求或不符合设计要求。

数据通信接口分项工程质量验收记录表

单位(子单位)工程名称				子分部工程	建筑设备监控系统
分项工程名称		数据通信接口		验收部位	
施工单位				项目经理	
施工执行标准名称及编号					
分包单位				分包项目经理	

检 测 项 目				检 查 评 定 记 录	备 注
主控项目	1	子系统1	工作状态参数		
			报警信息		
			控制命令响应		
	2	子系统2	工作状态参数		
			报警信息		
			控制命令响应		
	3	子系统3	工作状态参数		
			报警信息		
			控制命令响应		
	4	子系统4	工作状态参数		
			报警信息		
			控制命令响应		
一般项目	1	现场设备安装质量			
	2	现场设备性能			
	3	对现场配置和运行情况评价			

检测意见：

监理工程师签字：
（建设单位项目专业技术负责人）
日期：

检测机构负责人签字：

日期：

592

070308

6.3.12　建筑设备监控系统与子系统(设备)间的数据通信接口功能检测

建筑设备监控系统与带有通信接口的各子系统以数据通信的方式相连时,应在工作站监测子系统的运行参数(含工作状态参数和报警信息),并和实际状态核实,确保准确性和响应时间符合设计要求;对可控的子系统,应检测系统对控制命令的响应情况。

数据通信接口应按下列要求检测:

数据通信接口应按本规范第3.2.7条的规定对接口进行全部检测,检测合格率100%时为检测合格。

一般项目:

6.3.17　现场设备安装质量检查

现场设备安装质量应符合GB 50303第6章及第7章、设计文件和产品技术文件的要求,检查合格率到100%时为合格。

1. 传感器:每种类型传感器抽检10%且不少于10台,传感器少于10台时全部检查。

2. 执行器:每种类型执行器抽检10%且不少于10台,执行器少于10台时全部检查。

3. 控制箱(柜):各类控制箱(柜)抽检20%且不少于10台,少于10台时全部检查。

6.3.18　现场设备性能检测

1. 传感器精度测试,检测传感器采样显示值与现场实际值的一致性;依据设计要求及产品技术条件,按照设计总数的10%进行抽测,且不得少于10个,总数少于10个时全部检测,合格率达到100%时为检测合格。

2. 控制设备及执行器性能测试,包括控制器、电动风阀、电动水阀和变频器等,主要测定控制设备的有效性、正确性和稳定性;测试核对电动调节阀在零开度、50%和80%的行程处与控制指令的一致性及响应速度;测试结果应满足合同技术文件及控制工艺对设备性能的要求。

检测为20%抽测,但不得少于5个,设备数量少于5个时全部测试,检测合格率达到100%时为检测合格。

6.3.19　根据现场配置和运行情况对以下项目做出评测

1. 控制网络和数据库的标准化、开放性。

2. 系统的冗余配置,主要指控制网络、工作站、服务器、数据库和电源等。

3. 系统可扩展性,控制器I/O口的备用量应符合合同技术文件要求,但不应低于I/O口实际使用数的10%;机柜至少应留有10%的卡件安装空间和10%的备用接线端子。

4. 节能措施评测,包括空调设备的优化控制、冷热源自动调节、照明设备自动控制、风机变频调速、VAV变风量控制等。根据合同技术文件的要求,通过对系统数据库记录分析、现场控制效果测试和数据计算后做出是否满足设计要求的评测。

结论为符合设计要求或不符合设计要求。

中央管理工作站及操作分站分项工程质量验收记录表

070309□□

单位(子单位)工程名称				子分部工程	建筑设备监控系统
分项工程名称		中央管理工作站及操作分站		验收部位	
施工单位				项目经理	
施工执行标准名称及编号					
分包单位				分包项目经理	
检 测 项 目			检查评定记录		备注
主控项目	1	数据测量显示			
	2	设备运行状态显示			
	3	报警信息显示			
	4	报警信息存储统计和打印			
	5	设备控制和管理			
	6	数据存储和统计			
	7	历史数据趋势图			
	8	数据报表生成和打印			
	9	人机界面			
	10	操作权限设定			
一般项目	1	现场设备安装质量			
	2	现场设备性能			
	3	对现场配置和运行情况评价			

检测意见：

监理工程师签字：　　　　　　　　　　　　检测机构负责人签字：
（建设单位项目专业技术负责人）
日期：　　　　　　　　　　　　　　　　　日期：

594

说　　明

6.3.13　中央管理工作站与操作分站功能检测

对建筑设备监控系统中央管理工作站与操作分站功能进行检测时,应主要检测其监控和管理功能,检测时应以中央管理工作站为主,对操作分站主要检测其监控和管理权限以及数据与中央管理工作站的一致性。

应检测中央管理工作站显示和记录的各种测量数据、运行状态、故障报警等信息的实时性和准确性,以及对设备进行控制和管理的功能,并检测中央站控制命令的有效性和参数设定的功能,保证中央管理工作站的控制命令被无冲突地执行。

应检测中央管理工作站数据的存储和统计(包括检测数据、运行数据)、历史数据趋势图显示、报警存储统计(包括各类参数报警、通信报警和设备报警)情况,中央管理工作站存储的历史数据时间应大于3个月。

应检测中央管理工作站数据报表生成及打印功能,故障报警信息的打印功能。

应检测中央管理工作站操作的方便性,人机界面应符合友好、汉化、图形化要求,图形切换流程清楚易懂,便于操作。对报警信息的显示和处理应直观有效。

应检测操作权限,确保系统操作的安全性。

以上功能全部满足设计要求时为检测合格。

一般项目:

6.3.17　现场设备安装质量检查

现场设备安装质量应符合 GB 50303 第 6 章及第 7 章、设计文件和产品技术文件的要求,检查合格率到100% 时为合格。

1. 传感器:每种类型传感器抽检 10% 且不少于 10 台,传感器少于 10 台时全部检查。
2. 执行器:每种类型执行器抽检 10% 且不少于 10 台,执行器少于 10 台时全部检查。
3. 控制箱(柜):各类控制箱(柜)抽检 20% 且不少于 10 台,少于 10 台时全部检查。

6.3.18　现场设备性能检测

1. 传感器精度测试,检测传感器采样显示值与现场实际值的一致性;依据设计要求及产品技术条件,按照设计总数的 10% 进行抽测,且不得少于 10 个,总数少于 10 个时全部检测,合格率达到 100% 时为检测合格。
2. 控制设备及执行器性能测试,包括控制器、电动风阀、电动水阀和变频器等,主要测定控制设备的有效性、正确性和稳定性;测试核对电动调节阀在零开度、50% 和 80% 的行程处与控制指令的一致性及响应速度;测试结果应满足合同技术文件及控制工艺对设备性能的要求。

   检测为 20% 抽测,但不得少于 5 个,设备数量少于 5 个时全部测试,检测合格率达到 100% 时为检测合格。

6.3.19　根据现场配置和运行情况对以下项目做出评测

1. 控制网络和数据库的标准化、开放性。
2. 系统的冗余配置,主要指控制网络、工作站、服务器、数据库和电源等。
3. 系统可扩展性,控制器 I/O 口的备用量应符合合同技术文件要求,但不应低于 I/O 口实际使用数的10%;机柜至少应留有 10% 的卡件安装空间和 10% 的备用接线端子。
4. 节能措施评测,包括空调设备的优化控制、冷热源自动调节、照明设备自动控制、风机变频调速、VAV 变风量控制等。根据合同技术文件的要求,通过对系统数据库记录分析、现场控制效果测试和数据计算后做出是否满足设计要求的评测。

   结论为符合设计要求或不符合设计要求。

系统实时性、可维护性、可靠性分项工程质量验收记录表

单位(子单位)工程名称				子分部工程	建筑设备监控系统
分项工程名称		系统实时性、可维护性、可靠性		验收部位	
施工单位				项目经理	
施工执行标准名称及编号					
分包单位				分包项目经理	

		检 测 项 目		检查评定记录	备注
主控项目	1	关键数据采样速度	满足合同文件		
			满足设备性能指标		
	2	系统响应时间	满足合同文件		
			满足设备性能指标		
	3	报警信号响应速度	满足合同文件		
			满足设备性能指标		
	4	应用软件在线编程和修改功能	在线编程及修改		
			软件下载		
	5	设备故障自检测	现场故障指示		
			工作站显示和报警		
	6	网络通信故障自检测	网络故障指示		
			工作站显示和报警		
	7	系统可靠性:启停设备时			
		电源切换为UPS供电时			
		中央站冗余主机自动投入时			
一般项目	1	现场设备安装质量			
	2	现场设备性能			
	3	对现场配置和运行情况评价			

检测意见:

监理工程师签字:　　　　　　　　　　　　　　检测机构负责人签字:
(建设单位项目专业技术负责人)
日期:　　　　　　　　　　　　　　　　　　　日期:

596

6.3.14　系统实时性检测

采样速度、系统响应时间应满足合同技术文件与设备工艺性能指标的要求;抽检10%且不少于10台,少于10台时全部检测,合格率90%及以上时为检测合格。

报警信号响应速度应满足合同技术文件与设备工艺性能指标的要求;抽检20%且不少于10台,少于10台时全部检测,合格率100%时为检测合格。

6.3.15　系统可维护功能检测

应检测应用软件的在线编程(组态)和修改功能,在中央站或现场进行控制器或控制模块应用软件的在线编程(组态)、参数修改及下载,全部功能得到验证为合格,否则为不合格。

设备、网络通信故障的自检测功能,自检必须指示出相应设备的名称和位置,在现场设置设备故障和网络故障,在中央站观察结果显示和报警,输出结果正确且故障报警准确者为合格,否则为不合格。

6.3.16　系统可靠性检测

系统运行时,启动或停止现场设备,不应出现数据错误或产生干扰,影响系统正常工作。检测时采用远动或现场手动启/停现场设备,观察中央站数据显示和系统工作情况,工作正常的为合格,否则为不合格。

切断系统电网电源,转为UPS供电时,系统运行不得中断。电源转换时系统工作正常的为合格,否则为不合格。

中央站冗余主机自动投入时,系统运行不得中断;切换时系统工作正常的为合格,否则为不合格。

一般项目:

6.3.17　现场设备安装质量检查

现场设备安装质量应符合GB 50303第6章及第7章、设计文件和产品技术文件的要求,检查合格率到100%时为合格。

1. 传感器:每种类型传感器抽检10%且不少于10台,传感器少于10台时全部检查。

2. 执行器:每种类型执行器抽检10%且不少于10台,执行器少于10台时全部检查。

3. 控制箱(柜):各类控制箱(柜)抽检20%且不少于10台,少于10台时全部检查。

6.3.18　现场设备性能检测

1. 传感器精度测试,检测传感器采样显示值与现场实际值的一致性;依据设计要求及产品技术条件,按照设计总数的10%进行抽测,且不得少于10个,总数少于10个时全部检测,合格率达到100%时为检测合格。

2. 控制设备及执行器性能测试,包括控制器、电动风阀、电动水阀和变频器等,主要测定控制设备的有效性、正确性和稳定性;测试核对电动调节阀在零开度、50%和80%的行程处与控制指令的一致性及响应速度;测试结果应满足合同技术文件及控制工艺对设备性能的要求。

检测为20%抽测,但不得少于5个,设备数量少于5个时全部测试,检测合格率达到100%时为检测合格。

6.3.19　根据现场配置和运行情况对以下项目做出评测

1. 控制网络和数据库的标准化、开放性。

2. 系统的冗余配置,主要指控制网络、工作站、服务器、数据库和电源等。

3. 系统可扩展性,控制器I/O口的备用量应符合合同技术文件要求,但不应低于I/O口实际使用数的10%;机柜至少应留有10%的卡件安装空间和10%的备用接线端子。

4. 节能措施评测,包括空调设备的优化控制、冷热源自动调节、照明设备自动控制、风机变频调速、VAV变风量控制等。根据合同技术文件的要求,通过对系统数据库记录分析、现场控制效果测试和数据计算后做出是否满足设计要求的评测。

结论为符合设计要求或不符合设计要求。

现场设备安装及检测分项工程质量验收记录表

070311□□

	单位(子单位)工程名称			子分部工程	建筑设备监控系统
	检测内容		现场设备安装及检测	验收部位	
	施工单位			项目经理	
	施工执行标准名称及编号				
	分包单位			分包项目经理	
	检 测 项 目			检 查 评 定 记 录	备 注
1	现场设备安装	传感器安装			
		执行器安装			
		控制箱(柜)安装			
		其他			
2	设备性能检测	传感器测试			
		控制设备性能测试			
		执行器性能测试			
		其他			
3	评测项目	控制网络			
		数据库			
		系统冗余配置			
		系统可扩展性			
		节能措施			

检测意见：

监理工程师签字：
(建设单位项目专业技术负责人)
日期：

检测机构负责人签字：

日期：

6.3.17　现场设备安装质量检查

现场设备安装质量应符合 GB 50303 第 6 章及第 7 章、设计文件和产品技术文件的要求,检查合格率到 100% 时为合格。

1. 传感器:每种类型传感器抽检 10% 且不少于 10 台,传感器少于 10 台时全部检查。

2. 执行器:每种类型执行器抽检 10% 且不少于 10 台,执行器少于 10 台时全部检查。

3. 控制箱(柜):各类控制箱(柜)抽检 20% 且不少于 10 台,少于 10 台时全部检查。

6.3.18　现场设备性能检测

1. 传感器精度测试,检测传感器采样显示值与现场实际值的一致性;依据设计要求及产品技术条件,按照设计总数的 10% 进行抽测,且不得少于 10 个,总数少于 10 个时全部检测,合格率到 100% 时为检测合格。

2. 控制设备及执行器性能测试,包括控制器、电动风阀、电动水阀和变频器等,主要测定控制设备的有效性、正确性和稳定性;测试核对电动调节阀在零开度、50% 和 80% 的行程处与控制指令的一致性及响应速度;测试结果应满足合同技术文件及控制工艺对设备性能的要求。

检测为 20% 抽测,但不得少于 5 个,设备数量少于 5 个时全部测试,检测合格率达到 100% 时为检测合格。

6.3.19　根据现场配置和运行情况对以下项目做出评测

1. 控制网络和数据库的标准化、开放性。

2. 系统的冗余配置,主要指控制网络、工作站、服务器、数据库和电源等。

3. 系统可扩展性,控制器 I/O 口的备用量应符合合同技术文件要求,但不应低于 I/O 口实际使用数的 10%;机柜至少应留有 10% 的卡件安装空间和 10% 的备用接线端子。

4. 节能措施评测,包括空调设备的优化控制、冷热源自动调节、照明设备自动控制、风机变频调速、VAV 变风量控制等。根据合同技术文件的要求,通过对系统数据库记录分析、现场控制效果测试和数据计算后做出是否满足设计要求的评测。

结论为符合设计要求或不符合设计要求。

火灾自动报警及消防联动系统分项工程质量验收记录表

070401□□

单位(子单位) 工程名称			子分部工程	火灾自动报警及消防联动系统
分项工程名称	火灾自动报警及消防联动系统		验收部位	
施工单位			项目经理	
施工执行标准名称及编号				
分包单位			分包项目经理	
检 测 项 目			检查评定记录	备注
1	系统检测	执行 GB 50166 规范		
		系统应为独立系统		
2	系统联动	与其他系统联动		
3	系统电磁兼容性防护			
4	火灾报警控制器 人机界面	汉化图形界面		
		中文屏幕菜单		
5	接口通信功能	消防控制室与建筑设备监控系统		
		消防控制室与安全防范系统		
6	系统关联功能	公共广播与紧急广播共用		
		安全防范子系统对火灾响应与操作		
7	火灾探测器性 能及安装状况	智能性		
		普通性		
8	新型消防设施 设置及功能	早期烟雾探测		
		大空间早期检测		
		大空间红外图像矩阵火灾报警 及灭火		
		可燃气体泄漏报警及联动		
9	消防控制室	控制室与其他系统合用时要求		

检测意见:

监理工程师签字:
(建设单位项目专业技术负责人)
日期:

检测机构负责人签字:
日期:

600

070401

7.2.1　在智能建筑工程中,火灾自动报警及消防联动系统检测应按《火灾自动报警系统施工及验收规范》GB 50166 的规定执行。

7.2.2　火灾自动报警及消防联动系统应是独立的系统。

7.2.3　除 GB 50166 中规定的各种联动外,当火灾自动报警及消防联动系统还与其他系统具备联动关系时,其检测按本规范 3.4.2 条规定拟定检测方案,并按检测方案进行,但检测程序不得与 GB 50166 的规定抵触。

7.2.4　火灾自动报警系统的电磁兼容性防护功能,应符合《消防电子产品环境试验方法和严酷等级》GB 16838 的有关规定。

7.2.5　检测火灾报警控制器的汉化图形显示界面及中文屏幕菜单等功能,并进行操作试验。

7.2.6　检测消防控制室向建筑设备监控系统传输、显示火灾报警信息的一致性和可靠性,检测与建筑设备监控系统接口、建筑设备监控系统对火灾报警的响应及其火灾运行模式,应采用在现场模拟发出火灾报警信号的方式进行。

7.2.7　检测消防控制室与安全防范系统等其他子系统的接口和通信功能。

7.2.8　检测智能型火灾探测器的数量、性能及安装位置,普通型火灾探测器的数量及安装位置。

7.2.9　新型消防设施的设置情况及功能检测应包括:

1. 早期烟雾探测火灾报警系统;

2. 大空间早期火灾智能检测系统、大空间红外图像矩阵火灾报警及灭火系统;

3. 可燃气体泄漏报警及联动控制系统。

7.2.10　公共广播与紧急广播系统共用时,应符合《火灾自动报警系统设计规范》GB 50166 的要求,并执行本规范第 4.2.10 条的规定。

7.2.11　安全防范系统中相应的视频安防监控(录像、录音)系统、门禁系统、停车场(库)管理系统等对火灾报警的响应及火灾模式操作等功能检测,应采用现场模拟发出火灾报警信号的方式进行。

7.2.12　当火灾自动报警及消防联动系统与其他系统合用控制室时,应满足 GB 50166 和《智能建筑设计标准》GB/T 50314 的相应规定,但消防控制系统应单独设置,其他系统也应合理布置。

火灾自动报警系统施工调试报告

070402□□·

建设单位		工程地址		
使用单位		联 系 人		电话
调试单位		联 系 人		电话
设计单位		施工单位		

工程主要设备	设备名称型号	数量	编号	出厂年月	生产厂	备注

施工有无遗留问题		施工单位联系人		电话	

调试情况	

调试人员（签字）		年 月 日	使用单位人员（签字）		年 月 日
施工单位负责人（签字）		年 月 日	设计单位负责人（签字）		年 月 日

602

说　明

施工过程中调试可按此表做出调试报告。

火灾自动报警系统竣工用户验收表

070403□□

工程名称				验收的建筑名称			
隐蔽工程记录	验收报告	系统竣工图	设计更改	设计更改内容		工程验收情况	
1. 有 2. 无	1. 有 2. 无	1. 有 2. 无	1. 有 2. 无			1. 合格 2. 基本合格 3. 不合格	
□	□	□	□			□	

主 要 消 防 设 施								
消火栓系统	产品名称	产品型号	生产厂家	数量	产品名称	产品型号	生产厂家	数量
	室内消火栓				水泵接合器			
	室内消火栓				气压水罐			
	消防水泵				稳压泵			
通风空调系统	产品名称	产品型号	生产厂家	数量	产品名称	产品型号	生产厂家	数量
	风 机				防火阀			
防排烟系统	部位 ╲ 方式	1. 自然排烟 2. 机械排烟 3. 通风兼排烟			产品名称	产品型号	生产厂家	数量
	防烟楼梯间				防火阀			
	前室及合用前室				送风机			
	走 道				排风机			
	房 间				排烟阀			
	自然排烟口面积		机械排烟送风量			机械排烟排风量		
	m²		m³/h			m³/h		
安全疏散系统	设施名称及有无状况			产品名称	产品型号	生产厂家	数量	
	疏散指示标志	1. 有 2. 无		防火门				
	消防电源	1. 有 2. 无		防火卷帘				
	事故照明	1. 有 2. 无		消防电梯				

火灾报警系统	系统设计单位				施工单位			
	形式 1. 区域报警 2. 集中报警 3. 控制中心报警						设置部位	
	产品名称	产品型号	生产厂家	数量	产品名称	产品型号	生产厂家	数量
	感烟探测器				集中报警器			
	感温探测器				区域报警器			
	火焰探测器				事故广播			
					手动按钮			

	系统设计单位				系统施工单位			
喷洒灭火系统	系统类型	1. 喷雾水冷却设备 2. 喷雾水灭火设备 3. 喷洒水灭火设备						
	喷洒类型	1. 干式 2. 湿式 3. 预作用 4. 开式				系统设置部位		
	产品名称	产品型号	生产厂家	数量	产品名称	产品型号	生产厂家	数量
	喷洒头				水泵			
	水流报警阀				稳压泵			
	报警阀				气压水罐			
	压力开关							

	系统设计单位				系统施工单位			
卤代烷灭火系统	系统类型 1. 1211 2. 1301			系统形式	1. 全充满系统 2. 局部应用系统			
	系统设置部位							
	产品名称	产品型号	生产厂家	数量	产品名称		设置部位	
	喷头				远程启动装置			
	瓶头阀				联动开启装置			
	分配阀				手动开启装置			
	储罐(储量/瓶)		压力		紧急制动			

	系统设计单位				系统施工单位			
消防控制室	控制室位置		控制室面积		耐火等级		出入口数量	
	应有控制功能数		实有控制功能数		缺何种控制功能			

	系统设计单位			系统施工单位		
其他灭火系统	系统设置部位					
	系统名称	系统类别	系统启动方式		用量或储量	工作压力
	二氧化碳灭火系统	1. 全满 2. 局部应用　□	1. 自动　2. 半自动 3. 手动　□		（kg）	使用压力：
	泡沫灭火系统	1. 低倍　2. 高倍 3. 氟氮白　4. 抗溶性　□	1. 固定　2. 半固定 3. 移动式　□		（kg）	供给强度：
	干粉灭火系统	1. 氮酸氢钠 2. 碳酸氢钾 3. 氮酸二氢氨 4. 尿素　□	1. 自动　2. 半自动 3. 手动　□		（kg）	供给强度：
	蒸气灭火系统	1. 全充满固定　2. 全充满半固定　3. 局部　□	1. 固定　2. 半固定 3. 移动式　□		（kg）	供给强度：
	氮气灭火系统	1. 全充满　2. 局部应用　□	1. 自动　2. 半自动 3. 手动　□		（kg）	使用压力：

	设计单位		施工单位	
火灾事故广播系统	产品名称	产品型号	生产厂家	数　量
	扩音机			
	喇　叭			
	备用扩音机			

	设计单位		施工单位	
消防通信设备	产品名称	型号规格	生产厂家	数　量
	对讲电话			
	电话插孔			
	外线电话			
	外线对讲机			

说　明

　　火灾自动报警系统施工完成后,用户单位根据设计文件、施工质量验收规范《智能建筑工程质量验收规范》GB 50339—2003 第七章火灾自动报警及消防联动系统及《火灾自动报警系统施工及验收规范》GB 50166 的规定,进行全面检查验收,并填写此表。

火灾自动报警系统运行日登记表

单位名称： 070404□□

日期 \ 项目	设备运行情况		报警性质				报警部位、原因及处理情况	值班人	备注
	正常	故障	火警	误报	故障报警	漏报		时~时	
								时~时	
								时~时	

说明：本表为日常运行记录表。正常划"√"，有问题注明具体问题。

608

火灾自动报警系统控制器日检登记表

单位名称							控制器型号			
日期＼检查项目	自检	消声	复位	故障报警	巡检	电源		检查时间 时~时	检查人（签名）	备注
						主电源	备用电源			
检查情况			故障及排除情况							防火负责人

说明：本表为日常运行记录表，正常划"√"，有问题注明具体问题。

火灾自动报警系统季(年)检登记表

070406□□

单位名称		防　火负责人		
日期	设备种类	检查试验内容及结果		检查人
仪器自检情况		故障及排除情况		备注

说明:本表各报警系统,报警器的年检记录表,应每年将日运行情况及定期检查的情况进行记录。

综合防范功能分项工程质量验收记录表

070501□□

单位(子单位)工程名称				子分部工程	安全防范系统
分项工程名称		综合防范功能		验收部位	
施工单位				项目经理	
施工执行标准名称及编号					
分包单位				分包项目经理	

	检 测 项 目		检查评定记录	备注
1	防范范围	设防情况		
		防范功能		
2	重点防范部位	设防情况		
		防范功能		
3	要害部门	设防情况		
		防范功能		
4	设备运行情况			
5	防范子系统之间的联动			
6	监控中心图像记录	图像质量		
		保存时间		
7	监控中心报警记录	完整性		
		保存时间		
8	系统集成	系统接口		
		通信功能		
		信息传输		
9				

检测意见：

监理工程师签字：
（建设单位项目专业技术负责人）
日期：

检测机构负责人签字：

日期：

8.3.4　安全防范系统综合防范功能检测应包括：

1. 防范范围、重点防范部位和要害部门的设防情况、防范功能，以及安防设备的运行是否达到设计要求，有无防范盲区；
2. 各种防范子系统之间的联动是否达到设计要求；
3. 监控中心系统记录（包括监控的图像记录和报警记录）的质量和保存时间是否达到设计要求；
4. 安全防范系统与其他系统进行系统集成时，应按本规范第3.2.7条的规定检查系统的接口、通信功能和传输的信息等是否达到设计要求。

视频安防监控系统分项工程质量验收记录表

070502□□

单位(子单位)工程名称				子分部工程	安全防范系统
分项工程名称		视频安防监控系统		验收部位	
施工单位				项目经理	
施工执行标准名称及编号					
分包单位				分包项目经理	

	检 测 项 目			检查评定记录	备注
1	设备功能		云台转动		
			镜头调节		
			图像切换		
			防护罩效果		
2	图像质量		图像清晰度		
			抗干扰能力		
3	系统功能		监控范围		
			设备接入率		
			完好率		
		矩阵主机	切换控制		
			编程		
			巡检		
			记录		
		数字视频	主机死机		
			显示速度		
			联网通信		
			存储速度		
			检索		
			回放		
4	联动功能				
5	图像记录保存时间				

检测意见：

监理工程师签字：   检测机构负责人签字：
（建设单位项目专业技术负责人）
日期：   日期：

说　明

8.3.5　视频安防监控系统的检测

1. 检测内容：
   1）系统功能检测：云台转动，镜头、光圈的调节，调焦、变倍，图像切换，防护罩功能的检测；
   2）图像质量检测：在摄像机的标准照度下进行图像的清晰度及抗干扰能力的检测；
      检测方法：按 GB 50339—2003 第 4.2.9 条的规定对图像质量进行主观评价，主观评价应不低于 4 分；
      抗干扰能力按《安防视频监控系统技术要求》GA/T 367 进行检测；
   3）系统整体功能检测
      功能检测应包括视频安防监控系统的监控范围、现场设备的接入率及完好率；矩阵监控主机的切换、控制、编程、巡检、记录等功能；
      对数字视频录像式监控系统还应检查主机死机记录、图像显示和记录速度、图像质量、对前端设备的控制功能以及通信接口功能、远端联网功能等；
      对数字硬盘录像监控系统除检测其记录速度外，还应检测记录的检索、回放等功能；
   4）系统联动功能检测
      联动功能检测应包括与出入口管理系统、入侵报警系统、巡更管理系统、停车场（库）管理系统等的联动控制功能；
   5）视频安防监控系统的图像记录保存时间应满足管理要求。
2. 摄像机抽检的数量应不低于 20% 且不少于 3 台，摄像机数量少于 3 台时应全部检测；被抽检设备的合格率 100% 时为合格；系统功能和联动功能全部检测，功能符合设计要求时为合格，合格率 100% 时为系统功能检测合格。

入侵报警系统分项工程质量验收记录表

070503□□

单位(子单位)工程名称			子分部工程	安全防范系统
分项工程名称		入侵报警系统	验收部位	
施工单位			项目经理	
施工执行标准名称及编号				
分包单位			分包项目经理	

	检 测 项 目		检查评定记录	备注
1	探测器设置	探测器盲区		
		防动物功能		
2	探测器防破坏功能	防拆报警		
		信号线开路、短路报警		
		电源线被剪报警		
3	探测器灵敏度	是否符合设计要求		
4	系统控制功能	系统撤防		
		系统布防		
		关机报警		
		后备电源自动切换		
5	系统通信功能	报警信息传输		
		报警响应		
6	现场设备	接入率		
		完好率		
7	系统联动功能			
8	报警系统管理软件			
9	报警事件数据存储			
10	报警信号联网			

检测意见：

监理工程师签字：   检测机构负责人签字：
（建设单位项目专业技术负责人）

日期：   日期：

615

8.3.6 入侵报警系统(包括周界入侵报警系统)的检测

1. 检测内容:
   1) 探测器的盲区检测,防动物功能检测;
   2) 探测器的防破坏功能检测应包括报警器的防拆报警功能,信号线开路、短路报警功能,电源线被剪的报警功能;
   3) 探测器灵敏度检测;
   4) 系统控制功能检测应包括系统的撤防、布防功能,关机报警功能,系统后备电源自动切换功能等;
   5) 系统通信功能检测应包括报警信息传输、报警响应功能;
   6) 现场设备的接入率及完好率测试;
   7) 系统的联动功能检测应包括报警信号对相关报答现场照明系统的自动触发、对监控摄像机的自动启动、视频安防监视画面的自动调入,相关出入口的自动启闭,录像设备的自动启动等;
   8) 报警系统管理软件(含电子地图)功能检测;
   9) 报警信号联网上传功能的检测;
   10) 报警系统报警事件存储记录的保存时间应满足管理要求。

2. 探测器抽检的数量应不低于 20% 且不少于 3 台,探测器数量少于 3 台时应全部检测;被抽检设备的合格率 100% 时为合格;系统功能和联动功能全部检测,功能符合设计要求时为合格,合格率 100% 时为系统功能检测合格。

出入口控制(门禁)系统分项工程质量验收记录表

070504□□

单位(子单位)工程名称			子分部工程	安全防范系统
分项工程名称		出入口控制(门禁)系统	验收部位	
施工单位			项目经理	
施工执行标准名称及编号				
分包单位			分包项目经理	
检 测 项 目			检查评定记录	备注
1	控制器独立工作时	准确性		
		实时性		
		信息存储		
2	系统主机接入时	控制器工作情况		
		信息传输功能		
3	备用电源启动	准确性		
		实时性		
		信息的存储和恢复		
4	系统报警功能	非法强行入侵报警		
5	现场设备状态	接入率		
		完好率		
6	出入口管理系统	软件功能		
		数据存储记录		
7	系统性能要求	实时性		
		稳定性		
		图形化界面		
8	系统安全性	分级授权		
		操作信息记录		
9	软件综合评审	需求一致性		
		文档资料标准化		
10	联动功能	是否符合设计要求		

检测意见:

监理工程师签字: 检测机构负责人签字:
(建设单位项目专业技术负责人)
日期: 日期:

617

8.3.7　出入口控制(门禁)系统的检测

1. 检测内容:

1) 出入口控制(门禁)系统的功能检测

a) 系统主机在离线的情况下,出入口(门禁)控制器独立工作的准确性、实时性和储存信息的功能;

b) 系统主机对出入口(门禁)控制器在线控制时,出入口(门禁)控制器工作的准确性、实时性和储存信息的功能,以及出入口(门禁)控制器和系统主机之间的信息传输功能;

c) 检测掉电后,系统启用备用电源应急工作的准确性、实时性和信息的存储和恢复能力;

d) 通过系统主机、出入口(门禁)控制器及其他控制终端,实时监控出入控制点的人员状况;

e) 系统对非法强行入侵及时报警的能力;

f) 检测本系统与消防系统报警时的联动功能;

g) 现场设备的接入率及完好率测试;

h) 出入口管理系统的数据存储记录保存时间应满足管理要求。

2) 系统的软件检测

a) 演示软件的所有功能,以证明软件功能与任务书或合同书要求一致;

b) 根据需求说明书中规定的性能要求,包括时间、适应性、稳定性等以及图形化界面友好程度,对软件逐项进行测试;对软件的检测按本规范第3.2.6条中的要求执行;

c) 对软件系统操作的安全性进行测试,如系统操作人员的分级授权、系统操作人员操作信息的存储记录等;

d) 在软件测试的基础上,对被验收的软件进行综合评审,给出综合评审结论,包括:软件设计与需求的一致性、程序与软件设计的一致性、文档(含软件培训、教材和说明书)描述与程序的一致性、完整性、准确性和标准化程度等。

2. 出/入口控制器抽检的数量应不低于20%且不少于3台,数量少于3台时应全部检测;被抽检设备的合格率100% 时为合格;系统功能和软件全部检测,功能符合设计要求为合格,合格率为100%时为系统功能检测合格。

巡更管理系统分项工程质量验收记录表

070505□□

单位(子单位)工程名称			子分部工程	安全防范系统
分项工程名称		巡更管理系统	验收部位	
施工单位			项目经理	
施工执行标准名称及编号				
分包单位			分包项目经理	
检 测 项 目			检查评定记录	备注
1	系统设备功能	巡更终端		
		读卡器		
2	现场设备	接入率		
		完好率		
3	巡更管理系统	编程、修改功能		
		撤防、布防功能		
		系统运行状态		
		信息传输		
		故障报警及准确性		
		对巡更人员的监督和记录		
		安全保障措施		
		报警处理手段		
4	联网巡更管理系统	电子地图显示		
		报警信号指示		
5	联动功能			
6				

检测意见：

监理工程师签字：
（建设单位项目专业技术负责人）
日期：

检测机构负责人签字：

日期：

8.3.8　巡更管理系统的检测

1. 检测内容：

　　1）按照巡更路线图检查系统的巡更终端、读卡机的响应功能；

　　2）现场设备的接入率及完好率测试；

　　3）检查巡更管理系统编程、修改功能以及撤防、布防功能；

　　4）检查系统的运行状态、信息传输、故障报警和指示故障位置的功能；

　　5）检查巡更管理系统对巡更人员的监督和记录情况、安全保障措施和对意外情况及时报警的处理手段；

　　6）对在线联网式巡更管理系统还需要检查电子地图上的显示信息,遇有故障时的报警信号以及和视频安防监控系统等的联动功能；

　　7）巡更系统的数据存储记录保存时间应满足管理要求。

2. 巡更终端抽检的数量应不低于 20% 且不少于 3 台,探测器数量少于 3 台时应全部检测,被抽检设备的合格率为 100% 时为合格；系统功能全部检测,功能符合设计要求为合格,合格率 100% 时为系统功能检测合格。

停车场(库)管理系统分项工程质量验收记录表

070506□□

单位(子单位)工程名称			子分部工程	安全防范系统
分项工程名称		停车场(库)管理系统	验收部位	
施工单位			项目经理	
施工执行标准名称及编号				
分包单位			分包项目经理	

	检 测 项 目		检查评定记录	备注
1	车辆探测器	出入车辆灵敏度		
		抗干扰性能		
2	自动栅栏	升降功能		
		防砸车功能		
3	读卡器	无效卡识别		
		非接触卡读卡距离和灵敏度		
4	发卡(票)器	吐卡功能		
		入场日期及时间记录		
5	满位显示器	功能是否正常		
6	管理中心	计费		
		显示		
		收费		
		统计		
		信息存储纪录		
		与监控站通信		
		防折返		
		空车位显示		
		数据记录		
7	有图像功能的管理系统	图像记录清晰度		
		调用图像情况		
8	联动功能			

检测意见：

监理工程师签字：
(建设单位项目专业技术负责人)

日期：

检测机构负责人签字：

日期：

621

8.3.9　停车场(库)管理系统的检测

1. 检测内容:

停车场(库)管理系统功能检测应分别对入口管理系统、出口管理系统和管理中心的功能进行检测。

1) 车辆探测器对出入车辆的探测灵敏度检测,抗干扰性能检测;

2) 自动栅栏升降功能检测,防砸车功能检测;

3) 读卡器功能检测,对无效卡的识别功能;对非接触 IC 卡读卡器还应检测读卡距离和灵敏度;

4) 发卡(票)器功能检测,吐卡功能是否正常,入场日期、时间等记录是否正确;

5) 满位显示器功能是否正常;

6) 管理中心的计费、显示、收费、统计、信息储存等功能的检测;

7) 出/入口管理监控站及与管理中心站的通信是否正常;

8) 管理系统的其他功能,如"防折返"功能检测;

9) 对具有图像对比功能的停车场(库)管理系统应分别检测出/入口车牌和车辆图像记录的清晰度、调用图像信息的符合情况;

10) 检测停车场(库)管理系统与消防系统报警时的联动功能,电视监控系统摄像机对进出车库车辆的监视等;

11) 空车位及收费显示;

12) 管理中心监控站的车辆出入数据记录保存时间应满足管理要求。

2. 停车场(库)管理系统功能应全部检测,功能符合设计要求为合格,合格率 100% 时为系统功能检测合格。

其中,车牌识别系统对车牌的识别率达 98% 时为合格。

安全防范综合管理系统分项工程质量验收记录表

070507□□

单位(子单位)工程名称				子分部工程	安全防范系统
分项工程名称		安全防范综合管理系统		验收部位	
施工单位				项目经理	
施工执行标准名称及编号					
分包单位				分包项目经理	
	检 测 项 目		检查评定记录		备注
1	数据通信接口	对子系统工作状态观测并核实			
		对各子系统报警信息观测并核实			
		发送命令时子系统响应情况			
2	综合管理系统	正确显示子系统工作状态			
		对各类报警信息显示、记录、统计情况			
		数据报表打印			
		报警打印			
		操作方便性			
		人机界面友好、汉化、图形化			
		对子系统的控制功能			

检测意见：

监理工程师签字：
(建设单位项目专业技术负责人)
日期：

检测机构负责人签字：

日期：

623

8.3.10　安全防范综合管理系统的检测

综合管理系统完成安全防范系统中央监控室对各子系统的监控功能,具体内容按工程设计文件要求确定。

1. 检测内容:

1）各子系统的数据通信接口:各子系统与综合管理系统以数据通信方式连接时,应能在综合管理监控站上观测到子系统的工作状态和报警信息,并和实际状态核实,确保准确性和实时性,对具有控制功能的子系统,应检测从综合管理监控站发送命令时,子系统响应的情况;

2）综合管理系统监控站:对综合管理系统监控站的软、硬件功能的检测,包括:

a）检测子系统监控站与综合管理系统监控站对系统状态和报警信息记录的一致性;

b）综合管理系统监控站对各类报警信息的显示、记录、统计等功能;

c）综合管理系统监控站的数据报表打印、报警打印功能;

d）综合管理系统监控站操作的方便性,人机界面应友好、汉化、图形化。

2. 综合管理系统功能应全部检测,功能符合设计要求为合格,合格率为100%时为系统功能检测合格。

综合布线系统安装分项工程质量验收记录表

070601□□

单位(子单位)工程名称				子分部工程	综合布线系统
分项工程名称		系统安装质量检测		验收部位	
施工单位				项目经理	
施工执行标准名称及编号					
分包单位				分包项目经理	
检 测 项 目				检测记录	备注
主控项目	1	缆线的弯曲半径			
	2	预埋线槽和暗管的线缆敷设			
	3	电源线、综合布线系统缆线应分各布放			
	4	电、光缆暗管敷设及与其他管线最小净距			
	5	对绞电缆芯线终接			
	6	光纤连接损耗值			
	7	架空、管道、直埋电、光缆敷设			
	8	机柜、机架、配线架的安装	符合规定		
			色标一致		
			色谱组合		
			线序及排列		
	9	信息插座安装	安装位置		
			防水防尘		
一般项目	1	缆线终接			
	2	各类跳线的终接			
	3	机柜、机架、配线架的安装	符合规定		
			设备底座		
			预留空间		
			紧固状况		
			距地面距离		
			与桥架线槽连接		
			接线端子标志		
	4	信息插座的安装			
	5	光缆芯线终端的安装连接标志			

检测意见:

监理工程师签字: 检测机构负责人签字:

(建设单位项目专业技术负责人)

日期: 日期:

说　　明

主控项目:

9.2.1　缆线敷设和终接的检测应符合 GB/T 50312 中第 5.1.1、6.0.2、6.0.3 条的规定,应对以下项目进行检测:

1. 缆线的弯曲半径;

2. 预埋线槽和暗管的敷设;

3. 电源线与综合布线系统缆线应分隔布放,缆线间的最小净距应符合设计要求;

4. 建筑物内电、光缆暗管敷设及与其他管线之间的最小净距;

5. 对绞电缆芯线终接;

6. 光纤连接损耗值。

9.2.2　建筑群子系统采用架空管道、直埋敷设电、光缆的检测要求应按照本地网通信线路工程验收相关规定执行。

9.2.3　机柜、机架、配线架安装的检测,除应符合 GB/T 50312 第 4 节的规定外,还应符合以下要求:

1. 卡入配线架连接模块内的单根线缆色标应和线缆色标相一致,大对数电缆按标准色谱的组合规定进行排序;

2. 端接于 RJ45 口的配线架的线序及排列方式按有关国际标准规定的两种端接标准(T568A 或 T568B)之一进行端接,但必须与信息插座模块的线序排列使用同一种标准。

9.2.4　信息插座安装在活动地板或地面上时,接线盒应严密防水、防尘。

一般项目:

9.2.5　缆线终接应符合 GB/T 50312 中第 6.0.1 条的规定。

9.2.6　各类跳线的终接应符合 GB/T 50312 中第 6.0.4 条的规定。

9.2.7　机柜、机架、配线架安装,除应符合 GB/T 50312 第 4.0.1 条的规定外,还应符合以下要求:

1. 机柜不应直接安装在活动地板上,应按设备的底平面尺寸制作底座,底座直接与地面固定,机柜固定在底座上,底座高度应与活动地板高度相同,然后铺设活动地板,底座水平误差每平方米不应大于 2mm;

2. 安装机架面板,架前应预留有 800mm 空间,机架背面离墙距离应大于 600mm;

3. 背板式跳线架应经配套的金属背板及接线管理架安装在墙壁上,金属背板与墙壁应紧固;

4. 壁挂式机柜底面距地面不宜小于 300mm;

5. 桥架或线槽应直接进入机架或机柜内;

6. 接线端子各种标志应齐全。

9.2.8　信息插座的安装要求应执行 GB/T 50312 第 4.0.3 条的规定。

9.2.9　光缆芯线终端的连接盒面板应有标志。

综合布线系统性能检测分项工程质量验收记录表

070602□□

单位(子单位)工程名称					子分部工程	综合布线系统
分项工程名称			系统性能检测		验收部位	
施工单位					项目经理	
施工执行标准名称及编号						
分包单位					分包项目经理	

检 测 项 目				检测记录	备注
主控项目	1	工程电气性能检测	连接图		
			长度		
			衰减		
			近端串音(两段)		
			其他特殊规定的测试内容		
	2	光纤特性检测	连通性		
			衰减		
			长度		
一般项目	1	综合布线管理系统			
	2	中文平台管理软件			
	3	硬件设备图			
	4	楼层图			
	5	干线子系统及配线子系统配置			
	6	硬件设施工作状态			

检测意见:

监理工程师签字:
(建设单位项目专业技术负责人)
日期:

检测机构负责人签字:

日期:

9.3.4　系统监测应包括工程电气性能检测和光纤特性检测，按 GB/T 50312 第 8.0.2 条的规定执行。

9.3.5　采用计算机进行综合布线系统管理和维护时，应按下列内容进行检测：

1. 中文平台、系统管理软件；
2. 显示所有硬件设备及其楼层平面图；
3. 显示干线子系统和配线子系统的元件位置；
4. 实时显示和登录各种硬件设施的工作状态。

9.3.3　系统性能检测合格判定应包括单项合格判定和综合合格判定。

1. 单项合格判定如下：
   1) 对绞电缆布线某一个信息端口及其水平布线电缆（信息点）按 GB/T 50312 中附录 B 的指标要求，有一个项目不合格，则该信息点判为不合格；垂直布线电缆某线对按连通性、长度要求、衰减和串扰等进行检测，有一个项目不合格，则判该线对不合格；
   2) 光缆布线测试结果不满足 GB/T 50312 中附录 C 的指标要求，则该光纤链路判为不合格；
   3) 允许未通过检测的信息点、线对、光纤链路经修复后复检。
2. 综合合格判定如下：
   1) 光缆布线检测时，如果系统中有一条光纤链路无法修复，则判为不合格；
   2) 对绞电缆布线抽样检测时，被抽样检测点（线对）不合格比例不大于 1%，则视为抽样检测通过；不合格点（线对）必须予以修复并复验。被抽样检测点（线对）不合格比例大于 1%，则视为一次抽样检测不通过，应进行加倍抽样；加倍抽样不合格比例不大于 1%，则视为抽样检测通过。如果不合格比例仍大于 1%，则视为抽样检测不通过，应进行全部检测，并按全部检测的要求进行判定；
   3) 对绞电缆布线全部检测时，如果有下面两种情况之一时则判为不合格：无法修复的信息点数目超过信息点总数的 1%；不合格线对数目超过线对总数的 1%；
   4) 全部检测或抽样检测的结论为合格，则系统检测合格；否则为不合格。

3.2.6　软件产品质量应按下列内容检查：

1. 商业化的软件，如操作系统、数据库管理系统、应用系统软件、信息安全软件和网管软件等应做好使用许可证及使用范围的检查；
2. 由系统承包商编制的用户应用软件、用户组态软件及接口软件等应用软件，除进行功能测试和系统测试之外，还应根据需要进行容量、可靠性、安全性、可恢复性、兼容性、自诊断等多功能测试，并保证软件的可维护性；
3. 所有自编软件均应提供完整的文档（包括软件资料、程序结构说明、安装调试说明、使用维护说明书等）。

系统集成网络连接分项工程质量验收记录表

单位(子单位)工程名称			子分部工程	智能化系统集成
分项工程名称		系统集成网络连接	验收部位	
施工单位			项目经理	
施工执行标准名称及编号				
分包单位			分包项目经理	
检 测 项 目			检查评定记录	备注
1	连接线测试			
2	通信连接测试			
3	专用网关接口连接测试			
4	计算机网卡连接测试			
5	通用路由器连接测试			
6	交换机连接测试			
7	系统连通性测试			
8	网管工作站和网络设备通信测试			
9				
10				

检测意见：

监理工程师签字：
（建设单位项目专业技术负责人）
日期：

检测机构负责人签字：

日期：

070701

10.3.6　子系统之间的硬线连接、串行通信连接、专用网关(路由器)接口连接等应符合设计文件、产品标准和产品技术文件或接口规范的要求,检测时应全部检测,100%合格为检测合格。

计算机网卡、通用路由器和交换机的连接测试按照 GB 50339 第 5.3.2 条有关内容进行。根据设计要求,采用网络测试仪对相关测试命令进行测试网络的连接通信。

系统数据集成分项工程质量验收记录表

070702□□

单位(子单位)工程名称				子分部工程	智能化系统集成
分项工程名称		系统数据集成		验收部位	
施工单位				项目经理	
施工执行标准名称及编号					
分包单位				分包项目经理	

检测项目			检查评定记录	备注
1	服务器端	人机界面		
		显示数据		
		响应时间		
2	客户端1	人机界面		
		显示数据		
		响应时间		
3	客户端2	人机界面		
		显示数据		
		响应时间		
4				
5				

检测意见：

监理工程师签字：
（建设单位项目专业技术负责人）
日期：

检测机构负责人签字：

日期：

10.3.7　检查系统数据集成功能时,应在服务器和客户端分别进行检查,各系统的数据应在服务器统一界面下显示,界面应汉化和图形化,数据显示应准确,响应时间等性能指标应符合设计要求。对各子系统应全部检测,100%合格为检测合格。

系统集成整体协调分项工程质量验收记录表

070703□□

单位(子单位)工程名称					子分部工程	智能化系统集成
分项工程名称		系统集成整体协调			验收部位	
施工单位					项目经理	
施工执行标准名称及编号						
分包单位					分包项目经理	

	检 测 项 目		检查评定记录	备注
1	系统的报警信息及处理	服务器端		
		有权限的客户端		
2	设备连锁控制	服务器端		
		有权限的客户端		
3	应急状态的联动逻辑检测	现场模拟火灾信号		
		现场模拟非法侵入		
		其他		

检测意见：

监理工程师签字：
(建设单位项目专业技术负责人)
日期：

检测机构负责人签字：

日期：

10.3.8　系统集成的整体指挥协调能力

系统的报警信息及处理、设备连锁控制功能应在服务器和有操作权限的客户端检测。对各子系统应全部检测，每个子系统检测数量为子系统所含设备数量的 20%，抽检项目 100% 合格为检测合格。

应急状态的联动逻辑的检测方法为：

1. 在现场模拟火灾信号，在操作员站观察报警和做出判断情况，记录视频安防监控系统、门禁系统、紧急广播系统、空调系统、通风系统和电梯及自动扶梯及自动扶梯系统的联动逻辑是否符合设计文件要求；

2. 在现场模拟非法侵入（越界或入户），在操作员站观察报警和做出判断情况，记录视频安防监控系统、门禁系统、紧急广播系统和照明系统的联动逻辑是否符合设计文件要求；

3. 系统集成商与用户商定的其他方法。

以上联动情况应做到安全、正确、及时和无冲突。符合设计要求的为检测合格，否则为检测不合格。

系统集成综合管理及冗余功能分项工程质量验收记录表

070704□□

单位(子单位)工程名称		子分部工程	智能化系统集成
分项工程名称	系统集成综合管理及冗余功能	验收部位	
施工单位		项目经理	
施工执行标准名称及编号			
分包单位		分包项目经理	

	检 测 项 目		检测记录	备注
1	综合管理功能			
2	信息管理功能			
3	信息服务功能			
4	视频图像接入时	图像显示		
		图像切换		
		图像传输		
5	系统冗余和容错功能	双机备份及切换		
		数据库备份		
		备用电源及切换		
		通信链路冗余及切换		
		故障自诊断		
		事故条件下的安全保障措施		
6	与火灾自动报警系统相关性			

检测意见：

监理工程师签字：
(建设单位项目专业技术负责人)
日期：

检测机构负责人签字：

日期：

10.3.9　系统集成的综合管理功能、信息管理和服务功能的检测应符合 GB 50339 第 5.4 节的规定,并根据合同技术文件的有关要求进行。检测的方法,应通过现场实际操作使用,运用案例验证满足功能需求的方法来进行。

10.3.10　视频图像接入时,显示应清晰,图像切换应正常,网络系统的视频传输应稳定、无拥塞。

10.3.11　系统集成的冗余和容错功能(包括双机备份及切换、数据库备份、备用电源及切换和通信链路冗余切换)、故障自诊断,事故情况下的安全保障措施的检测应符合设计文件要求。

10.3.12　系统集成不得影响火灾自动报警及消防联动系统的独立运行,应对其系统相关性进行连带测试。

满足设计要求为合格。

系统集成可维护性和安全性分项工程质量验收记录表

070705□□

单位(子单位)工程名称			子分部工程	智能化系统集成
分项工程名称	系统集成可维护性和安全性		验收部位	
施工单位			项目经理	
施工执行标准名称及编号				
分包单位			分包项目经理	

	检 测 项 目		检测记录	备注
1	系统可靠性维护	可靠性维护说明及措施		
		设定系统故障检查		
2	系统集成安全性	身份认证		
		访问控制		
		信息加密和解密		
		抗病毒攻击能力		
3	工程实施及质量控制记录	真实性		
		准确性		
		完整性		

检测意见：

监理工程师签字：　　　　　　　　　　　　　　检测机构负责人签字：
（建设单位项目专业技术负责人）
日期：　　　　　　　　　　　　　　　　　　　日期：

637

　　10.3.13　系统集成商应提供系统可靠性维护说明书,包括可靠性维护重点和预防性维护计划,故障查找及迅速排除故障的措施等内容。可靠性维护检测,应通过设定系统故障,检查系统的故障处理能力和可靠性维护性能。

　　10.3.14　系统集成安全性,包括安全隔离身份认证、访问控制、信息加密和解密、抗病毒攻击能力等内容的检测,按本规范第5.5节有关规定进行。

　　10.3.15　对工程实施及质量控制记录进行审查,要求真实、准确、完整。

电源系统分项工程质量验收记录表
（Ⅰ）

单位(子单位)工程名称				子分部工程	电源与接地
分项工程名称		电源系统		验收部位	
施工单位				项目经理	
施工执行标准名称及编号					
分包单位				分包项目经理	

	检 测 项 目		检查评定记录	备注
1	引接 GB 50303 验收合格的公用电源			
2	稳流稳压、不间断电源装置	核对规格、型号和接线检查		
		电气交接试验及调整		
		装置间的连线绝缘电阻值测试		
		输出端中性线的重复接地		
3	应急发电机组	电气交接试验		
		馈电线路的绝缘电阻测试和耐压试验		
		相序检验		
		中性线与接地干线的连接		
4	蓄电池组及充电设备蓄电池组充放电			
5	专用电源设备及电源箱交接试验			
6	智能化主机房集中供电专用电源线路安装质量	金属电缆桥架、支架和金属导管的接地		
		电缆敷设检查		

检测意见：

监理工程师签字：
（建设单位项目专业技术负责人）
日期：

检测机构负责人签字：

日期：

说　明
（I）

11.2.1　智能化系统应引接依《建筑电气安装工程施工质量验收规范》GB 50303 验收合格的公用电源。

11.2.2　智能化系统自主配置的稳流稳压、不间断电源装置的检测,应执行 GB 50303 中第 9.1 节的规定。

11.2.3　智能化系统自主配置的应急发电机组的检测,应执行 GB 50303 中第 8.1 节的规定。

11.2.4　智能化系统自主配置的蓄电池组及充电设备的检测,应执行 GB 50303 中第 6.1.8 条的规定。

11.2.5　智能化系统主机房集中供电专用电源设备、各楼层设置用户电源箱的安装质量检测,应执行 GB 50303 中第 10.1.2 条的规定。

11.2.6　智能化系统主机房集中供电专用电源线路的安装质量检测,应执行 GB 50303 中第 12.1、13.1、14.1、15.1 节的规定。

电源系统分项工程质量验收记录表
（Ⅱ）

070801□□

单位(子单位)工程名称				子分部工程	电源与接地
分项工程名称		电源系统		验收部位	
施工单位				项目经理	
施工执行标准名称及编号					
分包单位				分包项目经理	

	检 测 项 目		检查评定记录	备注
1	稳流稳压、不间断电源装置	主回路和控制电线、电缆敷设及连接		
		可接近裸漏导体的接地或接零		
		运行时噪声的检查		
		机架组装紧固且水平度、垂直度偏差≤15%		
2	应急发电机组	随带控制器的检查		
		可接近裸漏导体的接地或接零		
		受电侧低压配电柜的试验和机组整体负荷试验		
3	专用电源设备及电源箱	电压、电流及指示仪表检查		
		试通电检查		
		电线或母线连接处温升检查		
4	智能化主机房集中供电专用电源线路安装质量			

检测意见：

监理工程师签字：
（建设单位项目专业技术负责人）
日期：

检测机构负责人签字：

日期：

说 明

（Ⅱ）

11.2.7 智能化系统自主配置的稳流稳压、不间断电源装置的检测，应执行 GB 50303 中第 9.2 节的规定。

11.2.8 智能化系统自主配置的应急发电机组的检测，应执行 GB 50303 中第 8.2 节的规定。

11.2.9 智能化系统主机房集中供电专用电源设备、各楼层设置用户电源箱的安装检测人应执行 GB 50303 中第 10.2 节的规定。

11.2.10 智能化系统主机房集中供电专用电源线路的安装质量检测,应执行 GB 50303 中第 12.2、13.2、14.2、15.2 节的规定。

防雷与接地系统分项工程质量验收记录表

单位(子单位)工程名称				子分部工程	电源与接地
分项工程名称		防雷与接地系统		验收部位	
施工单位				项目经理	
施工执行标准名称及编号					
分包单位				分包项目经理	

		检 测 项 目		检查评定记录	备注
主控项目	1	防雷与接地系统引接 GB 50303 验收合格的共用接地装置			
	2	建筑物金属体作接地装置接地电阻不应大于1Ω			
	3	采用单独接地装置	接地装置测试点的设置		
			接地电阻值测试		
			接地模块的埋设深度、间距和基坑尺寸		
			接地模块设置应垂直或水平就位		
	4	其他接地装置	防过流、过压元件接地装置		
			防电磁干扰屏蔽接地装置		
			防静电接地装置		
	5	等电位联结	建筑物等电位联结干线的连接及局部等电位箱间的连接	.	
			等电位联结的线路最小允许截面积		
一般项目	1	防过流和防过压接地装置、防电磁干扰屏蔽接地装置、防静电接地装置	接地装置埋设深度、间距和搭接长度		
			接地装置的材质和最小允许规格		
			接地模块与干线的连接和干线材质选用		
	2	等电位联结	等电位联结的可接近裸露导体或其他金属部件、构件与支线的连接可靠,导通正常		
			需等电位联结的高级装修金属部件或零件等电位联结的连接		

检测意见:

监理工程师签字:
(建设单位项目专业技术负责人)
日期:

检测机构负责人签字:

日期:

主控项目：

11.3.1　智能化系统的防雷及接地系统应引接依 GB 50303 验收合格的建筑物共用接地装置。采用建筑物金属体作为接地装置时，接地电阻不应大于 1Ω。

11.3.2　智能化系统的单独接地装置的检测，应执行 GB 50303 中第 24.1.1、24.1.2、24.1.4、24.1.5 条的规定，接地电阻应按设备要求的最小值确定。

11.3.3　智能化系统的防过流、过压元件的接地装置、防电磁干扰屏蔽的接地装置、防静电接地装置的检测，其设置应符合设计要求，连接可靠。

11.3.4　智能化系统与建筑物等电位联结的检测，应执行 GB 50303 中第 27.1 节的规定。

一般项目：

11.3.5　智能化系统的单独接地装置，防过流和防过压元件的接地装置、防电磁干扰屏蔽的接地装置及防静电接地装置的检测，应执行 GB 50303 中第 24.2 节的规定。

11.3.6　智能化系统与建筑物等电位联结的检测，应执行 GB 50303 中第 27.2 节的规定。

环境检测分项工程质量验收记录表

070901□□

单位(子单位)工程名称					子分部工程	环境
检测内容			环境检测		验收部位	
施工单位					项目经理	
施工执行标准名称及编号						
分包单位					分包项目经理	
检 测 项 目					检查评定记录	备注
主控项目	1	空间环境	主要办公区域天花板净高不小于2.7m			
			楼板满足预埋地下线槽(线管)的条件架空地板、网络地板的铺设			
			网络布线及其他系统布线配线间			
	2	室内空调环境	室内温度、湿度控制			
			室内温度,冬季18~22℃,夏季24~28℃			
			室内相对湿度,冬季40%~60%,夏季40%~65%			
			室内风速,夏季不大于0.3m/s 室内风速,冬季不大于0.2m/s			
	3	视觉照明环境	工作面水平照度不小于500lx			
			灯具满足眩光控制要求			
			灯具布置应模数化,消除频闪			
	4	电磁环境	符合GB 9175和GB 8702的要求			
一般项目	1	空间环境	室内装饰色彩合理组合装修用材符合GB 50305的规定			
			地毯静电泄漏在$1.0 \times 10^5 \sim 1.0 \times 10^8 \Omega$之间			
			降低噪声和隔声措施			
	2	室内空调环境	室内CO含量率小于$10 \times 10^{-6} g/m^3$			
			室内CO_2含量率小于$1000 \times 10^{-6} g/m^3$			
	3	室内噪声	办公室推荐值40~45dBA			
			监控室推荐值35~40dBA			

检测意见:

监理工程师签字:
(建设单位项目专业技术负责人)
日期:

检测机构负责人签字:

日期:

说　　明

主控项目：

　　12.2.1　空间环境的检测应符合下列要求：

1. 主要办公区域顶棚净高不小于 2.7m；
2. 楼板满足预埋地下线槽（线管）的条件，架空地板、网络地板的铺设应满足设计要求；
3. 为网络布线留有足够的配线间。

　　12.2.2　室内空调环境检测应符合下列要求：

1. 实现对室内温度、湿度的自动控制，并符合设计要求；
2. 室内温度，冬季 18 ~ 22℃，夏季 24 ~ 28℃；
3. 室内相对湿度，冬季 40% ~ 60%，夏季 40% ~ 65%；
4. 舒适性空调的室内风速，冬季应不大于 0.2m/s，夏季应不大于 0.3m/s。

　　12.2.3　视觉照明环境检测应符合下列要求：

1. 工作面水平照度不小于 500lx；
2. 灯具满足眩光控制要求；
3. 灯具布置应模数化，消除频闪。

　　12.2.4　环境电磁辐射检测应执行《环境电磁波卫生标准》GB 9175 和《电磁辐射防护规定》GB 8702 的有关规定。

一般项目：

　　12.2.5　空间环境检测应符合下列要求：

1. 室内装饰色彩合理组合，建筑装修用材应符合《建筑装修施工质量验收规范》GB 50305 的有关规定；
2. 防静电、防尘地毯，静电泄漏电阻在 $1.0 \times 10^5 ~ 1.0 \times 10^8 \Omega$ 之间；
3. 采取的降低噪声和隔声措施应恰当。

　　12.2.6　室内空调环境检测应符合下列要求：

1. 室内 CO 含量率小于 $10 \times 10^{-6} g/m^3$；
2. 室内 CO_2 含量率小于 $1000 \times 10^{-6} g/m^3$。

　　12.2.7　室内噪声测试推荐值：办公室 40 ~ 45dBA，智能化子系统的监控室 35 ~ 40dBA。

646

住宅(小区)智能化分项工程质量验收记录表
(Ⅰ)

071001□□

单位(子单位)工程名称			子分部工程	住宅(小区)智能化
分项工程名称	火灾自动报警及消防联动系统		验收部位	
施工单位			项目经理	
施工执行标准名称及编号				
分包单位			分包项目经理	
检 测 项 目			检查评定记录	备注
1	符合本规范第7章规定			
2	可燃气体泄漏报警系统检测	可靠性		
		报警效果		
3	可燃气体泄漏报警联动	自动切断气源		
		打开排气装置		
4	可燃气体探测器	不得重复接入家庭控制器		
5				
6				
7				

检测意见:

监理工程师签字:
(建设单位项目专业技术负责人)
日期:

检测机构负责人签字:

日期:

647

13.3.1　火灾自动报警及消防联动系统功能检测除符合本规范第7章规定外,还应符合下列要求:

1. 可燃气体泄漏报警系统的可靠性检测;

2. 可燃气体泄漏报警时自动切断气源及打开排气装置的功能检测;

3. 已纳入火灾自动报警及消防联动系统的探测器不得重复接入家庭控制器。

13.2.1　住宅(小区)智能化的系统检测应在工程安装调试完成、经过不少于1个月的系统试运行、具备正常投运条件后进行。

13.2.2　住宅(小区)智能化的系统检测应以系统功能检测为主,结合设备安装质量检查、设备功能和性能检测及相关内容进行。

13.2.3　住宅(小区)智能化的系统检测应依据工程合同技术文件、施工图设计文件、设计变更审核文件、设备及相关产品技术文件进行。

13.2.4　住宅(小区)智能化进行系统检测时,应提供以下工程实施及质量控制记录:

1. 设备材料进场检验记录;

2. 隐蔽工程和随工检验记录;

3. 工程安装质量及观感质量验收记录;

4. 设备及系统自检记录;

5. 系统试运行记录。

13.2.5　通信网络系统、信息网络系统、综合布线系统、电源与接地、环境的系统检测应执行本规范第4、5、9、11、12章有关规定。

13.2.6　其他系统的系统检测应按本章第13.3至13.7节的规定进行。

住宅(小区)智能化分项工程质量验收记录表
(Ⅱ)

071002□□

单位(子单位)工程名称			子分部工程	住宅(小区)智能化
分项工程名称		安全防范系统	验收部位	
施工单位			项目经理	
施工执行标准名称及编号				
分包单位			分包项目经理	

	检　测　项　目		检查评定记录	备注
1	视频安防监控系统、入侵报警系统、出入口控制系统、巡更管理系统符合本规范第8章有关规定(本规范13.4.1条规定)			
2	访客对讲系统(主控项目)(本规范13.4.2条规定)	室内机门铃及双方通话应清晰		
		通话保密性		
		开锁		
		呼叫		
		可视对讲夜视效果		
		密码开锁		
		紧急情况电控锁释放		
		通信及联网管理		
		备用电源工作8小时		
		管理员机与门口机、室内机呼叫与通话		
3	访客对讲系统(一般项目)(本规范13.4.3条规定)	定时关机		
		可视图像清晰		
		对门口机图像可监视		

检测意见：

监理工程师签字：
(建设单位项目专业技术负责人)
日期：

检测机构负责人签字：

日期：

注：通信网络系统检测项目的详细内容与要求请参考 C.0.1-0401~0405,信息网络系统检测项目的详细内容与要求请参考表 C.0.1-0501~0507。

649

13.4.1　视频安防监控系统、入侵报警系统、出入口控制（门禁）系统、巡更管理系统和停车场（库）管理系统的检测应按本规范第8章有关规定执行。

13.4.2　访客对讲系统的检测应符合下列要求：

1. 室内机门铃提示、访客通话及与管理员通话应清晰，通话保密功能与室内开启单元门的开销功能应符合设计要求；

2. 门口机呼叫住户和管理员机的功能、CCD红外夜视（可视对讲）功能、电控锁密码开锁功能、在火警等紧急情况下电控锁的自动释放功能应符合设计要求；

3. 管理员机与门口机的通信及联网管理功能，管理员机与门口机、室内机互相呼叫和通话的功能应符合设计要求；

4. 市电掉电后，备用电源应能保证系统正常工作8小时以上。

13.4.3　访客对讲系统室内机应具有自动定时关机功能，可视访客图像应清晰；管理员机对门口机的图像可进行监视。

住宅(小区)智能化分项工程质量验收记录表
(Ⅲ)

071003□□

单位(子单位)工程名称			子分部工程	住宅(小区)智能化
分项工程名称		监控与管理系统(主控项目)	验收部位	
施工单位			项目经理	
施工执行标准名称及编号				
分包单位			分包项目经理	
检测项目			检查评定记录	备注
1	表具数据自动抄收及远传系统(本规范第13.5.1条的规定)	水、电、气、热(冷)表具选择		
		系统查询		
		统计		
		打印		
		费用计算		
		断电数据保存四个月以上		
		电源恢复数据不丢失		
		系统时钟		
		故障报警		
		防破坏报警		
2	建筑设备监控系统(本规范第13.5.2条的规定)	符合本规范第6章有关规定		
		饮用水过滤设备报警		
		消毒设备故障报警		
3	公共广播与紧急广播系统	符合本规范第4.2.10条的规定		
4	住宅(小区)物业管理系统(本规范第13.5.4条的规定)	人员管理		
		房产维修		
		费用查询收取		
		公共设施管理		
		工程图纸管理		
		家政服务		
		电子商务		
		远程教育		
		远程医疗		
		电子银行		
		娱乐项目		
		物业人事管理		
		企业管理		
		财务管理		
		信息安全		
		其他		

检测意见:

监理工程师签字: 检测机构负责人签字:
(建设单位项目专业技术负责人)
日期: 日期:

说 明

（Ⅲ）

13.5.1 表具数据自动抄收及远传系统的检测应符合下列要求：

1. 水、电、气、热（冷）能等表具应采用现场计量、数据远传，选用的表具应符合国家产品标准，表具应具有产品合格证书和计量检定证书；

2. 水、电、气、热（冷）能等表具远程传输的各种数据，通过系统可进行查询、统计、打印、费用计算等；

3. 电源断电时，系统不应出现误读数并有数据保存措施，数据保存至少四个月以上；电源恢复后，保存数据不应丢失；

4. 系统应具有时钟、故障报警、防破坏报警功能。

13.5.2 建筑设备监控系统除参照 GB 50339—2003 第 6 章有关规定外，还应具备饮用水蓄水池过滤设备、消毒设备的故障报警的功能。

13.5.3 公共广播与紧急广播系统的检测应符合 GB 50339—2003 第 4.2.10 条的要求。

13.5.4 住宅（小区）物业管理系统的检测除执行 GB 50339—2003 第 5.4 节规定外，还应进行以下内容的检测，使用功能满足设计要求的为合格，否则为不合格。

1. 住宅（小区）物业管理系统应包括住户人员管理、住户房产维修、住户物业费等各项费用的查询及收取、住宅（小区）公共设施管理、住宅（小区）工程图纸管理等；

2. 信息服务项目可包括家政服务、电子商务、远程教育、远程医疗、电子银行、娱乐等；应按设计要求的内容进行检测；

3. 物业管理公司人事管理、企业管理和财务管理等内容的检测应根据设计要求进行；

4. 住宅（小区）物业管理系统的信息安全要求应符合本规范第 5.5 节的要求。

住宅(小区)智能化分项工程质量验收记录表
(Ⅳ)

071004□□

单位(子单位)工程名称			子分部工程	住宅(小区)智能化
分项工程名称	监控与管理系统(一般项目)		验收部位	
施工单位			项目经理	
施工执行标准名称及编号				
分包单位			分包项目经理	

	检 测 项 目		检查评定记录	备注
1	表具数据自动抄收及远传系统	表具采集与远传数据一致性		
2	建筑设备监控系统	园区照明时间设定		
		控制回路开启设定		
		灯光场景设定		
		照度调整		
		浇灌水泵监视控制		
		中水设备监视控制		
3	住宅(小区)物业管理系统	房产出租管理		
		房产二次装修管理		
		住户投诉处理		
		数据资料的记录、保存、查询		
4				
5				

检测意见:

监理工程师签字:
(建设单位项目专业技术负责人)
日期:

检测机构负责人签字:

日期:

653

13.5.5　表具现场采集的数据与远传的数据应一致,每类表具总数达到 100 个及以上的按 10% 抽检,少于 100 个的抽检 10 个。

13.5.6　建筑设备监控系统除执行 GB 50339—2003 第 6.3 节有关规定外,还应进行以下内容的检测:

1. 室外园区艺术照明的开启、关闭时间设定、控制回路的开启设定和灯光场景的设定及照度调整;

2. 园林绿化浇灌水泵的控制、监视功能利中水设备的控制、监视功能。

13.5.7　住宅(小区)物业管理系统房产出租、房产二次装修管理、住户投诉处理、数据资料的记录、保存、查询等功能检测可按本规范第 5.4 节有关内容进行。

住宅(小区)智能化分项工程质量验收记录表
（Ⅴ）

071005□□

单位(子单位)工程名称				子分部工程	住宅(小区)智能化
分项工程名称		家庭控制器		验收部位	
施工单位				项目经理	
施工执行标准名称及编号					
分包单位				分包项目经理	
检 测 项 目			检查评定记录		备注
1	家庭报警功能检测（主控项目）	感烟探测器、感温探测器、燃气探测器检测			
		入侵报警探测器检测			
		家庭报警撤防、布防			
		控制功能			
2	家庭紧急求助功能检测（主控项目）	可靠性			
		可操作性			
		防破坏报警			
		故障报警			
3	家用电器监控功能检测（主控项目）	监控功能			
		误操作处理			
		故障报警处理			
		发射频率及功率检测			
4	家庭紧急求助报警装置检测（一般项目）	每户宜装一处以上的紧急求助报警装置			
		宜有一种以上的报警方式(手动、遥控、感应等)			
		区别求助内容			
		夜间显示			

检测意见：

监理工程师签字：
（建设单位项目专业技术负责人）
日期：

检测机构负责人签字：

日期：

说　明
（Ⅴ）

13.6.1　家庭控制器检测应包括家庭报警、家庭紧急求助、家用电器监控、表具数据采集及处理、通信网络和信息网络接口等内容。家庭控制器与表具数据抄收及远传系统、通信网络和信息网络的接口的检测应按本章中第3.2.7条的规定执行。

13.6.2　家庭报警功能的检测应符合下列要求：

1. 感烟探测器、感温探测器、燃气探测器的检测应符合国家现行产品标准的要求；

2. 入侵报警探测器的检测应执行 GB 50339—2003 第8.3.7条的规定；

3. 家庭报警的撤防，布防转换及控制功能。

13.6.3　家庭紧急求助报警装置的检测应符合下列要求：

1. 可靠性：准确、及时的传输紧急求助信号；

2. 可操作性：老年人和未成年人在紧急情况下应能方便地发出求助信号；

3. 应具有防破坏和故障报警功能。

13.6.4　家用电器的监控功能的检测应符合设计要求。

13.6.5　家庭控制器应对误操作或出现故障报警时具有相应的处理能力。

13.6.5　无线报警的发射频率及功率的检测。

13.6.7　家庭紧急求助报警装置的检测应符合下列要求：

1. 每户宜安装一处以上的紧急求助报警装置(如：起居室、卧室等)；

2. 紧急求助报警装置宜有一种以上的报警方式(如手动、遥控、感应等)；

3. 报警信号宜区别求助内容；

4. 紧急求助报警装置宜加夜间显示。

住宅(小区)智能化分项工程质量验收记录表
(Ⅵ)

071006□□

单位(子单位)工程名称				子分部工程	住宅(小区)智能化
分项工程名称		室外设备及管网		验收部位	
施工单位				项目经理	
施工执行标准名称及编号					
分包单位				分包项目经理	

检测项目(主控项目) (执行本规范第13.7节的规定)			检查评定记录	备注
1	室外设备箱安装	应有防水、防潮、防晒、防锈措施		
		设备浪涌过电压防护器设置		
		接地联结		
2	室外电缆及导管	室外电缆导管敷设		
		室外线路敷设		
3				
4				
5				
6				

检测意见:

监理工程师签字:
(建设单位项目专业技术负责人)
日期:

检测机构负责人签字:

日期:

说　明

（Ⅵ）

13.7.1　安装在室外的设备箱应有防水、防潮、防晒、防锈等措施；设备浪涌过电压防护器设置、接地联结应符合国家现行标准及设计要求。

13.7.2　室外电缆导管及线路敷设,应执行《建筑电气安装工程施工质量验收规范》GB 50303 中有关规定。

第八节 通风与空调工程质量验收用表

通风与空调分部工程各子分部工程与分项工程相关表

分项工程 \\ 子分部工程		01 送排风系统	02 防排烟系统	03 除尘系统	04 空调系统	05 净化空调系统	06 制冷设备系统	07 空调水系统	08	09
序号	名 称									
1	风管与配件制作 080101,080201,080301,080401,080501	●	●	●	●	●				
2	风管部件与消防器制作 080105,080405,080505	●			●	●				
3	风管系统安装 080103,080203,080303,080403,080503	●	●	●	●	●				
4	通风机安装 080107,080207,080307,080407,080507	●	●	●	●	●				
5	通风与空调设备安装 080304,080404,080504			●	●	●				
6	空调制冷系统安装　　　　080601						●			
7	空调水系统安装　　　　080701							●		
8	系统调试 080100, 080200, 080300, 080400, 080500, 080600,080700	●	●	●	●	●	●	●		
9										
10										
11										
12										

注:有●号者为该子分部工程所含的分项工程

通风与空调工程质量验收资料

1. 图纸及设计变更记录
2. 主要材料、设备、成品、半成品和仪表的出厂合格证明及进场检(试)验报告
3. 隐蔽工程检查验收记录
4. 工程设备、风管系统、管道系统安装及验收记录
5. 管道试验记录
6. 设备单机试运转记录
7. 系统无生质负荷联合试运转与调试记录
8. 各检验批质量验收记录
9. 其他必须提供的文件或记录

风管与配件制作工程检验批质量验收记录表
（金属风管）GB 50243—2002
（Ⅰ）

080101□□
080201□□
080301□□
080401□□
080501□□

单位(子单位)工程名称				
分部(子分部)工程名称			验收部位	
施工单位			项目经理	
分包单位			分包项目经理	
施工执行标准名称及编号				

		施工质量验收规范的规定		施工单位检查评定记录	监理(建设)单位验收记录
主控项目	1	材质种类、性能及厚度	第4.2.1条		
	2	防火风管材料及密封垫材料	第4.2.3条		
	3	风管强度及严密性、工艺性检测	第4.2.5条		
	4	风管的连接	第4.2.6条		
	5	风管的加固	第4.2.10条		
	6	矩形弯管制作及导流片	第4.2.12条		
	7	净化空调风管	第4.2.13条		
一般项目	1	圆形弯管制作	第4.3.1–1条		
	2	风管外观质量和外形尺寸	第4.3.1–2、3条		
	3	焊接风管	第4.3.1–4条		
	4	法兰风管制作	第4.3.2条		
	5	铝板或不锈钢板风管	第4.3.2–4条		
	6	无法兰圆形风管制作	第4.3.3条		
	7	无法兰矩形风管制作	第4.3.3条		
	8	风管的加固	第4.3.4条		
	9	净化空调风管	第4.3.11条		

施工单位检查评定结果	专业工长(施工员)		施工班组长	
	项目专业质量检查员：			年　月　日

监理(建设)单位验收结论	专业监理工程师： (建设单位项目专业技术负责人)：			年　月　日

说　明

（Ⅰ）

主控项目：

1. 材料品种、规格、性能与厚度应符合设计要求和有关标准及本规范规定。厚度不得小于本规范表
   4.2.1－1～表4.2.1－3的规定。
   检查材料质量合格证明文件、性能检测报告及尺量。

2. 防火风管及其配件必须为不燃材料、耐火等级符合设计规定。
   检查材料质量合格证明文件、性能检测报告及点燃试验。

3. 风管强度和严密性应符合设计要求，或符合本规范4.2.5条规定。
   检查产品合格证明文件、检测报告或按本规范附录A进行强度和漏风量测试。

4. 风管拼缝连接咬口缝应错开，不得十字型拼缝。法兰规格应符合本规范表4.2.6－1、表4.2.6－2的规
   定，螺栓孔距中低压≤150mm，高压≤100mm，矩形四角均应设孔。
   观察检查拼缝质量和尺量螺栓孔距。

5. 风管加固条件：圆形 φ≥800mm，管段长＞1250mm，或表面积＞4m²；矩形管边长＞630mm，保温风管边长
   ＞800mm，管段长＞1250mm，低压风管单边平面积＞1.2m²，中高压＞1.0m²；非规则管按矩形管加固。
   尺量检查管长、直径和加固质量。

6. 矩形风管应采用曲率半径为一个平面边长的内外同心弧形弯管。其他形式弯管平面边长＞500mm时，
   应设弯管导流池。
   尺量平面边长，观察检查是否符合规定。

7. 净化空调风管所用连接件应与管材性能匹配且不应产生化学性能腐蚀，并不得用抽芯铆钉风管内加固；
   无法兰连接不得用S形、直角形及交联合角形插条；空气洁净度等级为1～5级的风管不得采用按扣式
   咬口；矩形风管边长≤900mm，底面板不应有拼接缝，＞900mm时，不应有横向拼接缝；清洁剂应用对人
   体和材质无害的，镀锌钢板镀锌层无严重损害。
   检查材料质量合格证明文件和有关证明，并观察检查是否符合规定。

一般项目：

1. 圆形弯管曲率半径和最少分节数应符合规范表4.3.1－1的规定。

2. 风管与配件咬口缝严密、宽度一致，折角平直、圆弧均匀、两端面平行；无明显扭曲、翘角、表面平整、凹凸
   ≤10mm，外形尺寸应符合本规范第4.3.1条第3款要求。

3. 焊接风管焊缝应平整，无裂缝、凸瘤、穿透夹渣、气孔等缺陷，变形应矫正，杂物清净。
   1～3检查测试记录或进行装配试验，尺量偏差和观察检查外观质量。

4. 法兰焊缝熔合良好，同一批螺孔排列一致且具互换性；铆接连接应牢固；焊接连接风管端面不得高于法
   兰接口平面；除尘系统宜内侧满焊，外侧间断焊；采用点焊时，焊点熔合良好，间距≤100mm。

5. 采用碳素钢时，规格应符合本规范表4.2.6－1、表4.2.6－2的规定，并应防腐；铆钉与风管材质相同。
   4～5检查测试记录，装配式试验，尺量和观察。

6. 接口及连接件应符合本规范表4.3.3－1的规定，芯管连接应符合表4.3.3－3的规定。

7. 接口及连接件应符合本规范表4.3.3－2规定；接口及原件尺寸准确，形状规则，接口严密；采用C、S插
   条或采用立咬口、包边立咬口连接时，各项规定和允许偏差见本规范第4.3.3条第3款和第4款规定。
   第6与7检查测试记录，进行装配试验，尺量允许偏差观察外观质量。

8. 风管加固形式应符合要求。楞筋或楞线加固排列规则，间隔均匀，板面平顺；角钢、加固筋加固排列整

齐,均匀对称,高度≤法兰宽度,与风管铆接牢固,间隔(≤220mm)均匀,相交处连成一体;支撑应牢固,支撑点之间间距均匀,且应≤950mm;中、高压系统管段>1250mm时应有加固框,咬口缝有防胀裂加固或补强措施。

检查测试记录,进行装配试验,观察质量情况,尺量尺寸限值。

9. 现场应清洁;铆钉孔间距,清洁度为1～5级≤65mm,6～9级≤100mm;静压箱过滤器框架等应防腐;制完风管应进行第二次清洗,符合要求后封口。

观察检查并检查清洗记录。

风管与配件制作工程检验批质量验收记录表
（非金属、复合材料风管）GB 50243—2002
（Ⅱ）

080101□□
080201□□
080301□□
080401□□
080501□□

单位（子单位）工程名称				
分部（子分部）工程名称			验收部位	
施工单位			项目经理	
分包单位			分包项目经理	
施工执行标准名称及编号				

		施工质量验收规范的规定		施工单位检查评定记录	监理（建设）单位验收记录
主控项目	1	材质种类、性能及厚度	第4.2.2条		
	2	复合材料风管的材料	第4.2.4条		
	3	风管强度及严密性工艺性检测	第4.2.5条		
	4	风管的连接	第4.2.7条		
	5	复合材料风管法兰连接	第4.2.8条		
	6	砖、混凝土风道的变形缝	第4.2.9条		
	7	风管的加固	第4.2.10条 第4.2.11条		
	8	矩形弯管制作及导流片	第4.2.12条		
	9	净化空调风管	第4.2.13条		
一般项目	1	风管制作	第4.3.1条		
	2	硬聚氯乙烯风管	第4.3.5条		
	3	有机玻璃钢风管	第4.3.6条		
	4	无机玻璃钢风管	第4.3.7条		
	5	砖、混凝土风管	第4.3.8条		
	6	双面铝箔绝热板风管	第4.3.9条		
	7	铝箔玻璃纤维板风管	第4.3.10条		
	8	净化空调风管	第4.3.11条		
施工单位检查评定结果		专业工长（施工员）			施工班组长	
		项目专业质量检查员：			年 月 日
监理（建设）单位验收结论		专业监理工程师： （建设单位项目专业技术负责人）：			年 月 日

664

说　明
（Ⅱ）

主控项目：

1. 材料品种、规格、性能及厚度符合设计要求。设计无规定时，厚度分别不得小于本规范表 4.2.2 - 1 ~ 表 4.2.2 - 5 的规定。检查材料质量合格证明文件，性能检测报告，尺量尺寸要求及观察检查。

2. 复合材料风管的覆面材料必须为不燃材料，内部的绝热材料为不燃或难燃 B 级，且对人体无害。检查材料质量合格证明文件、性能检测报告，观察检查及点燃试验。

3. 风管强度和严密性应符合设计要求或符合本规范 4.2.5 条规定。检查产品质量合格证明文件，检测报告或按本规范附录 A 进行强度和漏风量测试。

4. 连接风管法兰规格应分别符合本规范表 4.2.7 - 1 ~ 表 4.2.7 - 3 的规定，螺栓孔距 ≤120mm；矩形法兰四角有螺孔。套管连接管厚不得小于风管板厚。检查法兰规格，螺孔位置尺量管壁厚及孔距。

5. 复合材料法兰连接，法兰与风管板材连接可靠，绝热层不得外露。观察检查。

6. 变形缝应符合设计要求，不应渗水和漏风。对照图纸检查，观察检查是否渗漏。

7. 聚氯乙烯风管直径或边长 >500mm，连接处应设加强板，间距 ≤450mm。有机及无机玻璃钢风管加固材料应与本体材料相同，且与风管成一整体。符合本规范 4.2.11 条规定。尺量和观察检查。

8. 矩形风管应采用半径为一个平面边长的内外同心弧形弯管。其他形式弯管平面边长 >500mm 时，应设弯管导流片。尺量和观察检查。

9. 净化空调风管所用连接件应与管材性能匹配，且不应产生电化学性能腐蚀，并不得采用抽芯铆钉；不应在风管内设加固框及加固筋，风管无法兰连接不得使用 S 形、直角形及立联合角形插条；空气洁净度等级为 1 ~ 5 级的风管不得采用按扣式咬口；矩形风管边长 ≤900mm，底面板不应有拼接缝，>900mm 时，不应有横向拼接缝；清洗风管的清洁剂应用对人体和材质无害的；镀锌钢板镀锌层无严重损害。检查材料质量合格证明文件和有关证明，并观察检查。

一般项目：

1. 风管制作符合本规范第 4.3.1 条规定。检查测试记录或进行装配试验，尺量偏差和观察检查。

2. 硬聚氯乙烯风管制作的应执行规范 4.3.1 条第 1、3 款及第 4.3.2 条的第 1 款及第 4.3.5 条的规定。尺量和观察检查。

3. 有机玻璃风管制作符合第 4.3.1 条第 1、2、3 款及第 4.3.2 条第 1 款和第 4.3.6 条的规定。尺量及观察检查。

4. 无机玻璃钢风管制作符合第 4.3.1 条第 1、2、3 款，第 4.3.2 条第 1 款和第 4.3.7 条的规定。尺量及观察检查。

5. 砖、混凝土风道内表面水泥砂浆应抹平，无裂缝、不渗水。观察检查。

6. 双面铝箔绝热板风管制作符合第 4.3.1 条第 2、3 款和 4.3.2 条第 2 款和第 4.3.9 条规定。观察和尺量检查。

7. 铝箔玻璃纤维板风管制作符合第 4.3.1 条第 2、3 款，第 4.3.2 条第 2 款和第 4.3.10 条的规定。观察和尺量检查。

8. 净化空调系统风管风制作符合第 4.3.11 条的规定。观察和用白绸布擦拭检查。

风管部件与消声器制作工程检验批质量验收记录表
GB 50243—2002

080105□□
080405□□
080505□□

单位(子单位)工程名称				
分部(子分部)工程名称			验收部位	
施工单位			项目经理	
分包单位			分包项目经理	
施工执行标准名称及编号				

施工质量验收规范的规定				施工单位检查评定记录	监理(建设)单位验收记录
主控项目	1	一般风阀	第5.2.1条		
	2	电动、气动风阀	第5.2.2条		
	3	防火阀、排烟阀(口)	第5.2.3条		
	4	防爆风阀	第5.2.4条		
	5	净化空调系统风阀	第5.2.5条		
	6	特殊风阀	第5.2.6条		
	7	防排烟柔性短管	第5.2.7条		
	8	消防弯管、消声器	第5.2.8条		
一般项目	1	调节风阀	第5.3.1条		
	2	止回风阀	第5.3.2条		
	3	插板风阀	第5.3.3条		
	4	三通调节风阀	第5.3.4条		
	5	风量平衡阀	第5.3.5条		
	6	风罩	第5.3.6条		
	7	风帽	第5.3.7条		
	8	矩形弯管导流叶片	第5.3.8条		
	9	柔性短管	第5.3.9条		
	10	消声器	第5.3.10条		
	11	检查门	第5.3.11条		
	12	风口验收	第5.3.12条		

施工单位检查评定结果	专业工长(施工员)		施工班组长	
	项目专业质量检查员:		年 月 日	
监理(建设)单位验收结论	专业监理工程师: (建设单位项目专业技术负责人):		年 月 日	

说　明

主控项目:

1. 一般风阀的手轮或扳手应以顺时针方向转动为关闭,调节范围及开启角度指标应与叶片开启角度一致。手动操作和观察检查。

2. 电动风阀驱动装置,动作应可靠,在最大工作压力下工作正常。检查产品合格证明文件、性能检测报告,观察检查或测试。

3. 防火阀、排烟阀(排烟口)必须符合消防产品标准规定。检查产品合格证明文件和性能检测报告。

4. 防爆风阀制作材料必须符合设计规定。不得自行替换。尺量和观察检查。

5. 净化空调系统风阀各种配件应用镀锌或防腐处理,阀体与外界相通的缝隙,应密封。检查核对材料,手动操作并观察检查。

6. 工作压力大于1000Pa的调节风阀,生产厂家应提供强度测试合格证书。检查产品合格证明文件和性能测试报告。

7. 防排烟系统柔性短管制作材料必须为不燃材料。检查材料品种合格证明文件。

8. 消声弯管平面边长 >800mm,应设吸声导流片。消声器迎风面布质覆盖层应有保护措施;净化空调系统消声器内的覆面应为不易产尘材料。检查产品合格证明文件和观察检查。

一般项目:

1. 调节风阀结构应牢固,启闭灵活,法兰与管材一致;叶片搭接贴合一致,与阀体缝隙 < 2mm;截面积 > $1.2m^2$ 的风阀应实施分组调节。手动操作,观察和尺量检查。

2. 止回风阀启闭灵活,关闭严密;阀叶转轴、铰链材料不易锈蚀;阀片最大负荷下不变形;水平安装和止回风阀应有可靠平衡调节机构。检查产品合格证明文件,手动操作试验,观察和尺量检查。

3. 插板风阀壳体应严密,内壁应防腐;插板平整,启闭灵活,有定位装置;斜插板风阀上下接管应成一直线。

4. 三通调节风阀拉杆或手柄转轴与风管结合严密;手柄开关标明调节角度;阀门调节方便,不与风管碰撞。手动操作试验,观察和尺量检查。

5. 风量平衡阀应符合产品技术文件规定。检查产品合格证明文件,观察和尺量检查。

6. 风罩尺寸正确,连接牢固,形状规则,表面平整光滑;槽边侧吸罩、条缝抽风罩尺寸应正确,转角处弧度均匀、形状规则,吸入口平整,罩口加强板分隔间距应一致;厨房锅灶排烟罩应采用不易锈蚀材料制作,其下部集水槽应严密不漏水,并坡向排放口,罩内油烟过滤器应便于拆卸和清洗。观察和尺量检查。

7. 风帽尺寸应正确,结构牢靠,风帽接管允许偏差同风管;伞形风帽伞盖边缘有加固措施,支撑高度一致;锥形风帽内外锥体应同心,连接缝应顺水,下部排水应畅通;筒形风帽应规则、外筒体上下沿口应加固,挡风圈位置正确;三叉形风帽三个支管的夹角应一致,与主管的连接应严密。尺量和观察检查。

8. 矩形弯管导流叶片的迎风侧边缘应圆滑,固定应牢固。导流片分布应符合设计规定。叶片长度超过1250mm 时,应有加强措施。核对材料,尺量、观察检查。

9. 柔性短管材料应防腐、防潮、不透气、不易霉变。空调系统应防止结露措施;净化空调系统内壁光滑、不易生尘埃;柔性短管宜为 150 ~ 300mm 长,连接严密、牢固可靠;结构变形缝柔性短管长度为缝宽加100mm 以上。观察和尺量检查。

10. 消声器材料应符合设计规定。外壳牢固严密,漏风量按第4.2.5条规定检查。消声材料按规定密度均匀铺设,防止下沉,覆面层不得破损,顺气流搭接且拉紧。隔板与壁板结合处应紧贴严密,穿孔板应平整、无毛刺,孔径、穿孔率符合设计要求。

11. 检查门应平整、启闭灵活、关闭严密,与风管或空气处理室的连接处应采取密封措施,无明显渗漏;净化空调检查门密封垫料,宜采用成型密封胶带或软橡胶条。观察检查。

12. 风口验收,规格以颈部外径与外边长为准,尺寸允许偏差值应符合表5.3.12规定。风口外表装饰面应平整、叶片或扩散环分布应匀称、颜色一致、无明显划伤和压痕；调节装置转动应灵活、可靠,定位后应无明显自由松动。材料合格的证明文件与手动操作,尺量、观察检查。

风管系统安装工程检验批质量验收记录表
（送、排风，防排烟，除尘系统）GB 50243—2002
（Ⅰ）

080103□□
080203□□
080303□□
080403□□
080503□□

单位(子单位)工程名称				
分部(子分部)工程名称			验收部位	
施工单位			项目经理	
分包单位			分包项目经理	
施工执行标准名称及编号				

		施工质量验收规范的规定		施工单位检查评定记录	监理(建设)单位验收记录
主控项目	1	风管穿越防火、防爆墙	第6.2.1条		
	2	风管内严禁其他管线穿越	第6.2.2-1条		
	3	易燃、易爆环境风管	第6.2.2-2条		
	4	室外立管的固定拉索	第6.2.2-3条		
	5	高于80℃风管系统	第6.2.3条		
	6	风管部件安装	第6.2.4条		
	7	手动密闭阀安装	第6.2.9条		
	8	风管严密性检验	第6.2.8条		
一般项目	1	风管系统安装	第6.3.1条		
	2	无法兰风管系统安装	第6.3.2条		
	3	风管连接的水平、垂直度	第6.3.3条		
	4	风管支、吊架安装	第6.3.4条		
	5	铝板、不锈钢板风管安装	第6.3.1-8条		
	6	非金属风管安装	第6.3.5条		
	7	风阀安装	第6.3.8条		
	8	风帽安装	第6.3.9条		
	9	吸、排风罩安装	第6.3.10条		
	10	风口安装	第6.3.11条		

施工单位检查评定结果	专业工长(施工员)		施工班组长	
	项目专业质量检查员：			年　月　日

监理(建设)单位验收结论	专业监理工程师：			
	(建设单位项目专业技术负责人)：			年　月　日

说　明
（Ⅰ）

080103

080203

080303

080403

080503

主控项目：

1. 风管穿越封闭防火、防爆的墙体或楼板时应设预埋管或防护套管，钢板厚≥1.6mm，间隙用不燃且对人体无害的柔性材料封堵。尺量和观察检查、点燃试验。

2. 输送易燃易爆气体或处于易燃易爆环境风管应有良好接地，通过生活区或辅助间时必须严密且不得设置接口。观察检查。

3. 固定拉索严禁拉在避雷针（网）上。观察和尺量或手扳检查。

4. 输送空气温度高于80℃的风管，应按设计要求采取防护措施。观察检查。

5. 风管部件及操作机构应能保证正常使用功能，并便于操作；斜插板风阀的阀板必须为向上拉启；水平安装时，阀板还应为顺气流方向插入；止回风阀、自动排气活门安装方向应正确。尺量和观察检查，动作试验。

6. 手动密闭阀阀门上标志的箭头方向必须与受冲击波方向一致。观察检查并核对方向。

7. 风管系统安装完毕后，应进行严密性检验，漏风量应符合设计与本规范第4.2.5条规定。风管系统严密性检验。

  （1）低压风管采用漏光法；中压风管在漏光法检测合格后进行漏风量测试；高压风管全数进行漏风量检测。严密性测试按附录A要求进行。系统风管严密性检验的被抽检系统，应全数合格，则视为通过，如有不合格时，则应再加倍抽检，直到全数合格。

  （2）净化空调系统风管的严密性检验，1～5级的系统按高压系统风管的规定执行；6～9级的系统按本规范第4.2.5条的规定。

一般项目：

1. 风管安装前应清理干净。安装位置、标高、走向应符合设计要求，接口有效截面不得缩小。法兰螺栓应拧紧且螺母在同侧。接口严密牢固，法兰垫片材质符合功能要求，厚度≥3mm，且不得突入管内外。性短管松紧适度，无明显扭曲。可伸缩柔性软管长度≤2m，不应有死弯或塌凹。穿入砖混凝土风道应顺气流方向插入，穿出屋面有防渗漏措施。

2. 风管连接处，应完整无缺损、表面应平整，无明显扭曲；承插式风管四周缝隙应一致，无明显的弯曲或褶皱；内涂密封胶应完整，外粘密封胶带，应粘贴牢固、完整无缺损；薄钢板法兰形式风管的连接，弹性插条、弹簧夹或紧固螺栓的间隔≤150mm，且分布均匀，无松动；插条连接矩形风管，连接后的板面应平整、无明显弯曲。

3. 风管连接应平直、不扭曲。垂直、水平或倾斜安装要求及允许偏差按第6.3.3条进行检查。

4. （1）风管支、吊架间距

安装方式	直径（边长）≤400mm	>400mm	螺旋风管	薄钢板法兰	非金属风管
水平	≤4m	≤3m	支架5m,吊架3.75m	≤3m	
垂直	≤4m，单根直管不少于2个固定点				≤3m

  （2）形式和规格按规定选用。直径（边长）>2500mm超宽超重特殊风管按设计选用。

  （3）离风口、阀门、检查门及自控机构处宜≥20mm。水平悬吊主、干风管长度>20m时，每个系统至少设1个防摆固定点。吊杆应平直光滑，螺纹完整，安装后受力均匀无变形。可调节吊架按设计要求

670

高速拉伸或压缩量。拖箍应紧贴风管。

5. 铝板、不锈钢板风管与碳素钢支架接触处,应有隔绝或防腐绝缘措施。

6. 非金属风管连接法兰是端面应平行、严密,螺栓两侧加镀锌垫圈。硬聚氯乙烯风管直段长度>20m,按设计要求增伸缩节,干管不得承受支管重量。

7. 风管位置便于操作和检修,操作装置应灵活、可靠,阀板关闭应严密。防火阀直径(边长)≥630mm 时宜独立设支、吊架。排烟阀(口)及手控装置的位置应符合设计要求;预埋套管不得有死弯及瘪陷。除尘系统吸入管段调节阀宜在垂直管段上。

8. 风帽安装必须牢固,连接风管与屋面或墙体交接处不应渗水。

9. 排吸风罩安装位置应正确,排列整齐,牢固可靠。

10. 风口与风管连接应严密、牢固,与装饰面紧贴;表面平整、不变形,调节灵活、可靠。条形风口接缝处应衔接自然,无明显缝隙。同一室内相同风口安装高度应一致,排列应整齐。明装无吊顶风口,安装位置和标高偏差≤10mm。风口水平安装,水平度偏差≤3/1000。风口垂直度安装,垂直度偏差≤2/1000。

风管系统安装工程检验批质量验收记录表

（空调系统）GB 50243—2002

（Ⅱ）

080403□□

单位（子单位）工程名称				
分部（子分部）工程名称			验收部位	
施工单位			项目经理	
分包单位			分包项目经理	
施工执行标准名称及编号				

		施工质量验收规范的规定		施工单位检查评定记录	监理（建设）单位验收记录
主控项目	1	风管穿越防火、防爆墙（楼板）	第6.2.1条		
	2	风管内严禁其他管线穿越	第6.2.2-1条		
	3	易燃、易爆环境风管	第6.2.2-2条		
	4	室外立管的固定拉索	第6.2.2-3条		
	5	高于80℃风管系统	第6.2.3条		
	6	风管部件安装	第6.2.4条		
	7	手动密闭阀安装	第6.2.9条		
	8	风管严密性检验	第6.2.8条		
一般项目	1	风管系统安装	第6.3.1条		
	2	无法兰风管系统安装	第6.3.2条		
	3	风管连接的水平、垂直质量	第6.3.3条		
	4	风管支、吊架安装	第6.3.4条		
	5	铝板、不锈钢板风管安装	第6.3.1-8条		
	6	非金属风管安装	第6.3.5条		
	7	复合材料风管安装	第6.3.6条		
	8	风阀安装	第6.3.8条		
	9	风口安装	第6.3.11条		
	10	变风量末端装置安装	第7.3.20条		

施工单位检查评定结果	专业工长（施工员）		施工班组长	
	项目专业质量检查员：			年　月　日

监理（建设）单位验收结论	专业监理工程师： （建设单位项目专业技术负责人）：			年　月　日

说 明
（Ⅱ）

主控项目：

1. 风管穿越封闭防火、防爆的墙体或楼板时应预埋管或防护套管,钢板厚≥1.6mm,间隙用不燃且对人体无害材料封堵。尺量和观察检查、点燃试验。

2. 风管内严禁其他线管穿越。

3. 输送易燃易爆气体或处于易燃易爆环境风管应有良好接地,通过生活区或辅助车间时必须严密,且不得设置接口。

4. 固定拉索严禁拉在避雷针(网)上。观察和尺量或手扳检查。

5. 输送空气温度高于80℃的风管,应按设计要求采取防护措施。观察检查。

6. 风管部件及操作机构应能保证正常使用功能,并便于操作;斜插板风阀的阀板必须为向上拉启;水平安装时,阀板还应顺气流方向插入;止回风阀、自动排气活门安装方向应正确。尺量和观察检查,动作试验。

7. 手动密封阀阀门上标志的箭头方向必须与受冲击波方向一致。观察检查。

8. 风管系统安装完毕后,应进行严密性检验,漏风量应符合设计与本规范第4.2.5条规定。风管系统严密性检验,应符合第6.2.8条规定。严密性测试。

一般项目：

1. 风管安装前应清理干净。安装位置、标高、走向应符合设计要求。并符合第6.3.1条规定。尺量和观察检查。

2. 风管连接处,应完整无缺损、表面应平整,无明显扭曲;并符合第6.3.2条规定。尺量和观察检查。

3. 风管连接应平直、不扭曲。垂直、水平或倾斜安装要求,并符合第6.3.3条规定。尺量和观察检查。

4. 风管支、吊架符合第6.3.4条规定。尺量和观察检查。

5. 铝板、不锈钢板风管与碳素钢支架接触处,应有隔绝或防腐绝缘措施。观察检查。

6. 非金属风管连接法兰端面应平行、严密,螺栓两侧加镀锌垫圈。硬聚氯乙烯风管直段长度>20m,按设计要求增伸缩节,干管不得承受支管重量,并符合第6.3.5条规定。尺量和观察检查。

7. 复合材料风管连接处接缝应牢固,无孔洞和开裂,插接连接接口应匹配、无松动,端口缝隙≤5mm。法兰连接应有防冷桥措施。并符合第6.3.6条规定。尺量和观察检查。

8. 风阀位置便于操作和检修,操作装置应灵活、可靠,阀板关闭应严密。防火阀直径(边长)≤630mm时宜独立设支、吊架。排烟阀(口)及手控装置位置符合设计要求;预埋套管不得有死弯及瘪陷。除尘系统吸入管段调节阀宜在垂直管段。并符合第6.3.8条规定。尺量和观察检查。

9. 风口与风管连接应严密、牢固,与装饰面紧贴;表面平整、不变形,调节灵活、可靠。条形风口接缝处应衔接自然,无明显缝隙。同一室内相同风口安装高度应一致,排列应整齐。明装无吊顶风口,安装位置和标高偏差≤10mm。风口水平安装,水平度偏差≤3/1000。风口垂直度安装,垂直度偏差≤2/1000。尺量和观察检查。

10. 变风量末端装置应设单独支、吊架,与风管连接前宜作动作试验。并符合第6.3.6条规定。观察检查和检查试验记录。

风管系统安装工程检验批质量验收记录表
（净化空调系统）GB 50243—2002
（Ⅲ）

		单位(子单位)工程名称										

单位(子单位)工程名称			
分部(子分部)工程名称		验收部位	
施工单位		项目经理	
分包单位		分包项目经理	
施工执行标准名称及编号			

		施工质量验收规范的规定		施工单位检查评定记录							监理(建设)单位验收记录
主控项目	1	风管穿越防火、防爆墙	第6.2.1条								
	2	风管安装	第6.2.2条								
	3	高于80℃风管系统	第6.2.3条								
	4	风管部件安装	第6.2.4条								
	5	手动密闭阀安装	第6.2.9条								
	6	净化风管安装	第6.2.6条								
	7	真空吸尘系统安装	第6.2.7条								
	8	风管严密性检验	第6.2.8条								
一般项目	1	风管系统的安装	第6.3.1条								
	2	无法兰风管系统的安装	第6.3.2条								
	3	风管安装的水平、垂直质量	第6.3.3条								
	4	风管的支、吊架	第6.3.4条								
	5	非金属风管安装	第6.3.5条								
	6	复合材料风管安装	第6.3.6条								
	7	风阀的安装	第6.3.8条								
	8	净化空调风口的安装	第6.3.12条								
	9	真空吸尘系统安装	第6.3.7条								
	10	风口安装允许偏差	位置和标高	不应大于10m							
			水平度	不应大于3/1000							
			垂直度	不应大于2/1000							

施工单位检查评定结果	专业工长(施工员)		施工班组长	
	项目专业质量检查员：		年 月 日	

监理(建设)单位验收结论	专业监理工程师： (建设单位项目专业技术负责人)：	年 月 日

674

说　明
（Ⅲ）

主控项目：

1. 风管穿越封闭防火、防爆的墙体或楼板时应预埋管或防护套管，钢板厚≥1.6mm，间隙用不燃且对人体无害材料封堵。尺量、观察检查、点燃试验。

2. 输送易燃易爆气体或处于易燃易爆环境风管应有良好接地，通过生活区或辅助车间时必须严密，且不得设置接口。固定拉索严禁拉在避雷针（网）上。观察、尺量或手扳检查。

3. 输送空气温度高于80℃的风管，应按设计要求采取防护措施。观察检查。

4. 风管部件及操作机构应能保证正常使用功能，并便于操作。符合第6.2.4条规定。尺量、观察检查，动作试验。

5. 手动密封阀阀门上标志的箭头方向必须与受冲击波方向一致。观察检查并核对是否一致。

6. 净化风管及部件必须擦净，符合第6.2.6条规定。观察和用白布擦拭检查。

7. 真空吸尘系统弯管曲率半径≥4倍管径，内壁光滑。三通夹角≤45°，四通应采用两个斜三通做法。观察和尺量检查。

8. 风管系统安装完毕后，应进行严密性检验，漏风量应符合设计与本规范第4.2.5条规定。风管系统严密性检验。

一般项目：

1. 风管安装前应清理干净。符合第6.3.1条规定。

2. 无法兰连接风管符合第6.3.2条规定。尺量和观察检查。

3. 风管连接应平直、不扭曲。符合第6.3.3条规定。尺量和观察检查。

4. 风管支、吊架安装符合第6.3.4条规定。尺量和观察检查。

5. 非金属风管连接法兰端面应平行、严密，螺栓两侧加镀锌垫圈。硬聚氯乙烯风管直段长度＞20m，按设计要求增伸缩节，干管不得承受支管重量。

6. 复合材料风管连接处接缝应牢固，无孔洞和开裂，插接连接接口应匹配、无松动，端口缝隙≤5mm。法兰连接应有防冷桥。

7. 风阀位置便于操作和检修，操作装置应灵活、可靠，阀板关闭应严密。防火阀直径（边长）≤630mm时宜独立设支、吊架。排烟阀（口）及手控装置位置符合设计要求；预埋套管不得有死弯及瘪陷。除尘系统吸入管段调节阀，宜在垂直管段上。

8. 风口安装前应清净，与其他构件接缝处密封不应漏风。带高效过滤器送风口应采用可分别调节高度的吊杆。

9. 真空吸尘系统吸尘管坡度宜为5/1000，坡向立管及吸尘点。吸尘嘴与管道连接应牢固、严密。

10. 风口安装允许偏差。尺量检查。

通风机安装工程检验批质量验收记录表
GB 50243—2002

单位(子单位)工程名称								
分部(子分部)工程名称					验收部位			
施工单位					项目经理			
分包单位					分包项目经理			
施工执行标准名称及编号								

施工质量验收规范的规定				施工单位检查评定记录				监理(建设)单位验收记录
主控项目	1	通风机安装	第7.2.1条					
	2	通风机安全措施	第7.2.2条					
一般项目	1	叶轮与机壳安装	第7.3.1－1条					
	2	轴流风机叶片安装	第7.3.1－2条					
	3	隔振器地面	第7.3.1－3条					
	4	隔振器支、吊架	第7.3.1－4条					
	5	通风机安装允许偏差(mm)						
		(1)中心线的平面位移	10					
		(2)标高	±10					
		(3)皮带轮轮宽中心平面偏移	1					
		(4)传动轴 水平度 纵向	0.2/1000					
		横向	0.3/1000					
		(5)联轴器 两轴芯径向位移	0.05					
		两轴线倾斜	0.2/1000					

施工单位检查评定结果	专业工长(施工员)		施工班组长	
	项目专业质量检查员:		年 月 日	

监理(建设)单位验收结论	专业监理工程师: (建设单位项目专业技术负责人):	年 月 日

676

说　明

080107
080207
080306
080407
080507

主控项目：

1. 通风机型号、规格应符合设计要求，出口方向应正确。叶轮旋转应平稳，停转后不应每次停留在同一位置上。固定通风机的地脚螺栓应拧紧，并有防松动措施。图纸检查和观察检查。

2. 通风机传动装置外露部位以及直通大气的进、出口，必须装设防护罩（网）或采取其他安全措施。图纸检查和观察检查。

一般项目：

1. 通风机叶轮转子与机壳的组装位置应正确；叶轮进风口插入风机机壳进风口或密封圈的深度，应符合设备技术文件的规定，或为叶轮外径值的 1/100。检查施工记录，观察和尺量检查。

2. 现场组装的轴流风机叶片安装角度应一致，达到在同一平面内运转，叶轮与筒体之间的间隙应均匀，水平度允许偏差为 1/1000。检查施工记录，观察和尺量检查。

3. 安装隔振器的地面应平整，各组隔振器随荷载的压缩量应均匀，高度误差应小于 2mm。检查施工记录，观察和尺量检查。

4. 安装风机的隔振钢支、吊架，其结构形式和外形尺寸应符合设计或设备技术文件的规定；焊接应牢固，焊缝应饱满、均匀。

检查施工记录和尺量、观察检查。

通风与空调设备安装工程检验批质量验收记录表
（通风系统）GB 50243—2002
（Ⅰ）

单位(子单位)工程名称										
分部(子分部)工程名称							验收部位			
施工单位							项目经理			
分包单位							分包项目经理			
施工执行标准名称及编号										

		施工质量验收规范的规定			施工单位检查评定记录						监理(建设)单位验收记录
主控项目	1	除尘器安装		第7.2.4条							
	2	布袋与静电除尘器接地		第7.2.4－3条							
	3	静电空气过滤器安装		第7.2.7条							
	4	电加热器安装		第7.2.8条							
	5	过滤吸收器安装		第7.2.10条							
一般项目	1	除尘器部件及阀安装		第7.3.5－2－3条							
	2	除尘设备安装允许偏差(mm)									
		(1)平面位移		≤10							
		(2)标高		±10							
		(3)垂直度	每米	≤2							
			总偏差	≤10							
	3	现场组装静电除尘器安装		第7.3.6条							
	4	现场组装布袋除尘器安装		第7.3.7条							
	5	消声器安装		第7.3.13条							
	6	空气过滤器安装		第7.3.14条							
	7	蒸汽加湿器安装		第7.3.18条							
	8	空气风幕机安装		第7.3.19条							
	9	变风量末端装置的安装		第7.3.20条							

施工单位检查评定结果	专业工长(施工员)		施工班组长	
	项目专业质量检查员：		年　月　日	

监理(建设)单位验收结论	专业监理工程师： (建设单位项目专业技术负责人)：	年　月　日

678

说 明

（Ⅰ）

主控项目：

1. 除尘器型号、规格、进出口方向必须符合设计要求；现场组装的除尘器壳体应做漏风量检测，在设计工作压力下允许漏风率为5%，其中离心式除尘器为3%。

2. 布袋除尘器、电除尘器的壳体及辅助设备接地应可靠。
   对照图纸检查并检查测试记录和观察检查。

3. 静电空气过滤器金属外壳接地必须良好。检查材料，观察检查或进行电阻测定。

4. 电加热器与钢构架间的绝热层必须为不燃材料；接线在外露的应加设安全防护罩；电加热器的金属外壳接地必须良好；连接电加热器的风管的法兰垫片，应采用耐热不燃材料。核对材料、观察检查或进行电阻测定。

5. 过滤吸收器安装方向必须正确，并应设独立支架，与室外连接管段不得泄露。观察检查或进行检测。

一般项目：

1. 除尘器活动或转动部件动作应灵活、可靠，并应符合设计要求。排灰阀、卸料阀、排泥阀安装应严密，并便于操作与维护修理。

2. （1）静电除尘器振打锤装置固定应可靠；振打锤转动应灵活。锤头方向应正确；振打锤头与振打砧之间应保持良好的线接触状态，接触长度应大于锤头厚度的0.7倍。

   （2）允许偏差

部件	阳极板				阴极小框架		阴极大框架	
	平面度	对角线	电除尘器阴阳极间距		平面度	对角线	平面度	对角线
允许偏差（mm）	5	10	高≤7m 为5	高>7m 为10	5	10	15	10

3. 布袋除尘器外壳应严密、不漏，接口牢固。分室反吹袋式除尘器滤袋必须平直，拉紧力应为25～35N/m。机械回转袋式除尘器旋臂转动灵活可靠，净气室上部顶盖应密封不漏气，旋转应灵活，无卡阻现象。脉冲袋式除尘器喷吹孔应对准高氏管中心，同心度允许偏差2mm。

4. 消声器安装前应干净，安装位置、方向应正确，与风管连接应严密、不受潮。同类型的不宜直接串联。组合式消声器组件排列、方向和位置符合设计要求，固定应牢固。消声器、消声弯管均应设独立支、吊架。

5. 空气过滤器安装平整、牢固，方向正确。过滤器与框架、框架与围护结构之间应严密无穿透缝；框架式或粗效、中效袋式空气过滤器四周与框架应均匀压紧，无可见缝隙，并应便于拆卸和更换滤料；卷绕式过滤器框架应平整、展开的滤料，应松紧适度、上下简体应平行。

6. 蒸汽加湿器安装应设独立支架，固定牢固，接管尺寸正确，无渗漏。

7. 空气风幕机安装位置方向应正确、牢固可靠，纵向垂直度与横向水平度偏差均不应大于2/1000。

8. 应设单独支吊架、与风管连接前做动作试验。观察检查，查试验记录。

   1～3子项检查施工记录，观察和尺量检查。4项检查安装记录，手板和观察检查。6～7为观察检查。

通风与空调设备安装检验批质量验收记录表
（空调系统）GB 50243—2002
（Ⅱ）

080404□□□

单位(子单位)工程名称				
分部(子分部)工程名称			验收部位	
施工单位			项目经理	
分包单位			分包项目经理	
施工执行标准名称及编号				

		施工质量验收规范的规定		施工单位检查评定记录	监理(建设)单位验收记录
主控项目	1	空调机组的安装	第7.2.3条		
	2	静电空气过滤器安装	第7.2.7条		
	3	电加热器安装	第7.2.8条		
	4	干蒸汽加湿器安装	第7.2.9条		
一般项目	1	组合式空调机组安装	第7.3.2条		
	2	现场组装的空气处理室安装	第7.3.6条		
	3	单元式空调机组安装	第7.3.4条		
	4	消声器安装	第7.3.13条		
	5	风机盘管机组安装	第7.3.15条		
	6	粗、中效空气过滤器安装	第7.3.14－2条		
	7	空气风幕机安装	第7.3.9条		
	8	转轮式换热器安装	第7.3.16条		
	9	转轮式去湿器安装	第7.3.17条		
	10	蒸汽加湿器安装	第7.3.18条		

	专业工长(施工员)		施工班组长	
施工单位检查评定结果	项目专业质量检查员：			年　月　日
监理(建设)单位验收结论	专业监理工程师： (建设单位项目专业技术负责人)：			年　月　日

680

说　明
（Ⅱ）

主控项目：

1. 空调机组型号、规格、方向和技术参数应符合设计要求。现场组装的应做漏风量检测。

   依据设计图核对，依据《组合式空调机组》GB/T 14294 规定检查漏风量。

2. 静电空气过滤器金属外壳接地必须良好。

   观察检查或电阻测定。

3. 电加热器与钢构架间的绝热层必须为不燃材料；接线柱外露的应加设安全防护罩；电加热器的金属外壳接地必须良好；连接电加热器的风管的法兰垫片，应采用耐热不燃材料。

   核对材料、观察检查或电阻测定。

4. 干蒸汽加热器的蒸汽喷管不应朝下。

   观察检查。

一般项目：

   除 4、5 子项外均为观察检查。

1. 组合式空调机组各功能段组装，应符合设计规定顺序和要求，连接应严密，整体应平直；与供回水管连接应正确，冷凝水排放管的水封高度应符合设计要求；机组内空气过滤器（网）及空气热交换器翅片应清洁、完好。

2. 金属空气处理室壁板及各段组装位置应正确，表面平整，连接严密、牢固；喷水段本体及检查门不得漏水，喷水管和喷嘴排列、规格应符合设计规定；表面式换热器之间及与围护结构间缝隙应封堵严密；换热器与系统供回水管连接应正确，且严密不漏。

3. 分体式空调机组的室外机和风冷整体式空调机组，固定应牢固、可靠；应满足冷却风循环空间要求及环保要求；室内机位置应正确，并保持水平，冷凝水排放应畅通。管道穿墙处必须密封，不得渗漏；整体式空调机组管道的连接应严密、无渗漏，四周应留有相应的维修空间。

4. 消声器安装前应干净，安装位置、方向应正确，与风管连接应严密，不受潮。同类型的不宜直接串联。组合式消声器组件排列、方向和位置符合设计要求，固定应牢固。消声器、消声弯管均应设独立支、吊架。

   检查安装记录，手扳和观察检查。

5. 机组安装前宜进行单机三速试运转及水压检漏试验；机组应设独立支、吊架，位置、高度及坡度应正确固定牢固；机组与风管、回风箱或风口的连接，应严密、可靠。

   检查试验记录和观察记录。

6. 粗效、中效袋式空气过滤器四周与框架应均匀压紧，无可见缝隙，并便于拆卸和更换滤料。

7. 空气风幕机安装位置方向应正确、牢固可靠，纵向垂直度与横向水平度偏差均不应大于 2/1000。

8. 转轮式换热器安装的位置、转轮旋转方向及接管应正确，运转应平稳。

9. 转轮去湿机安装应牢固，转轮及传动部件应灵活、可靠，方向正确；处理空气与再生空气接管应正确；排风水管须保持一定坡度，并坡向排出方向。

10. 蒸汽加湿器的安装应设置独立支架，并固定牢固；接管尺寸正确、无渗漏。

通风与空调设备安装检验批质量验收记录表
（净化空调系统）GB 50243—2002
（Ⅲ）

单位(子单位)工程名称					
分部(子分部)工程名称				验收部位	
施工单位				项目经理	
分包单位				分包项目经理	
施工执行标准名称及编号					

		施工质量验收规范的规定		施工单位检查评定记录	监理(建设)单位验收记录
主控项目	1	空调机组安装	第7.2.3条		
	2	净化空调设备安装	第7.2.6条		
	3	高效过滤器安装	第7.2.5条		
	4	静电空气过滤器安装	第7.2.7条		
	5	电加热器的安装	第7.2.8条		
	6	干蒸汽加湿器安装	第7.2.9条		
一般项目	1	组合式净化空调机组安装	第7.3.2条		
	2	净化室设备安装	第7.3.8条		
	3	装配式洁净室安装	第7.3.9条		
	4	洁净层流罩安装	第7.3.10条		
	5	风机过滤单元安装	第7.3.11条		
	6	粗、中效空气过滤器安装	第7.3.14条		
	7	高效过滤器安装	第7.3.12条		
	8	消声器的安装	第7.3.13条		
	9	蒸汽加湿器安装	第7.3.18条		

施工单位检查评定结果	专业工长(施工员)		施工班组长	
	项目专业质量检查员：		年 月 日	

监理(建设)单位验收结论	
	专业监理工程师： (建设单位项目专业技术负责人)： 年 月 日

682

说 明
（Ⅲ）

主控项目：

1. 空调机组的型号、规格、方向和技术参数应符合设计要求。现场组装的应做漏风量检测。依据设计图核对，依据《组合式空调机组》GB/T 14294 规定检查漏风量。

2. 净化空调设备与洁净室围护结构相连的接缝必须密封；风机过滤器单元不得有变形、锈蚀、漆膜脱落、拼接板破损等现象；在系统试运转时，必须在进风口处加装临时中效过滤器作为保护。
   按设计图核对和观察检查。

3. 高效过滤器应在洁净室及净化空调系统进行全面清扫和系统连续试车 12h 以上后，在现场拆开包装并进行安装；安装前需进行外观检查和仪器检漏。不得有变形、脱落、断裂等破损现象；合格后立即安装，其方向必须正确，四周及接口，应严密不漏；在调试前应进行扫描检漏。
   观察检查、按本规范附录 B 规定扫描检测或查看检测记录。

4. 静电空气过滤器金属外壳接地必须良好。
   观察检查或电阻测定。

5. 电加热器与钢构架间的绝热层必须为不燃材料；接线柱外露的应加设安全防护罩；电加热器的金属外壳接地必须良好；连接电加热器的风管的法兰垫片，应采用耐热不燃材料。
   核对材料，观察检查或进行电阻测定。

6. 干蒸汽加湿器蒸汽喷管不应朝下。

一般项目：

1、6、9 子项为观察检查。3~5 子项检查施工记录，尺量和观察检查。

1. 组合式空调机组各功能段组装，应符合设计规定顺序和要求，连接应严密，整体应平直，与供回水管连接应正确，冷凝水排放管的水封高度应符合设计要求。机组和内空气过滤器（网）及空气热交换器翅片应清洁、完好。

2. 带有通风机的气闸室、吹淋室与地面间应有隔振垫；机械式余压阀的阀体、阀板的转轴均应水平，允许偏差为 2/1000。位置应在室内气流下风侧，并不应在工作面高度范围内；传递窗的安装，应牢固、垂直，与墙体的连接处应密封。
   观察和尺量检查。

3. 洁净室顶板和壁板应为不燃材料；地面应干燥、平整，平整度允许偏差为 1/1000；壁板应垂直安装，底部宜采用圆弧或钝角交接；拼缝应平整严密，允许偏差均为 2/1000；吊顶受荷载后应保持平直，压条全部紧贴。壁板若为上、下槽形板时，其接头应平整、严密。

4. 洁净层流罩应设独立吊杆，并有防晃固定措施。安装水平度允许偏差 1/1000，高度 ±1mm。四周与顶板之间应有密封及隔振措施。

5. 风机高效过滤器安装前应按本规范第 7.2.5 条的规定检漏，合格后进行安装，方向必须正确；安装后的 FFU 或 FMU 机组应便于检修；安装后的 FFU 风机过滤器单元，应保持整体平整，与吊顶衔接良好。风机箱与过滤器之间的连接，过滤器单元与吊顶框架间应有可靠的密封措施。

6. 粗效、中效袋式过滤器，四周与框架应均匀压紧，无可见缝隙，便于拆卸和更换滤料。

7. 高效过滤器采用机械密封时，须采用密封垫料，其厚度为 6~8mm，并定位贴在过滤器边框上，安装后垫料的压缩应均匀，压缩率为 25%~50%；采用液槽密封好，槽架安装应水平，不得渗漏，槽内无污物和水分，槽内密封液高度宜为 2/3 槽深。密封液的熔点宜高于 50℃。
   尺量和观察检查。

8. 消声器安装前应干净，安装位置、方向应正确，与风管连接应严密不受潮。同类型的不宜直接串联。组合式消声器组件排列、方向和位置符合设计要求。固定应牢固。消声器、消声弯管应设独立支、吊架。

9. 蒸汽加湿器应设独立支架，固定牢固，接管尺寸准确，无渗漏。

空调制冷系统安装工程检验批质量验收记录表
GB 50243—2002

080601□□□

单位(子单位)工程名称			
分部(子分部)工程名称		验收部位	
施工单位		项目经理	
分包单位		分包项目经理	
施工执行标准名称及编号			

		施工质量验收规范的规定		施工单位检查评定记录	监理(建设)单位验收记录
主控项目	1	制冷设备与附属设备安装	第8.2.1-1、8.2.1-3条		
	2	设备混凝土基础验收	第8.2.1-2条		
	3	表冷器的安装	第8.2.2条		
	4	燃油、燃气系统设备安装	第8.2.3条		
	5	制冷设备严密性试验及试运行	第8.2.4条		
	6	制冷管道及管配件安装	第8.2.5条		
	7	燃油管道系统接地	第8.2.6条		
	8	燃气系统安装	第8.2.7条		
	9	氨管道焊缝无损检测	第8.2.8条		
	10	乙二醇管道系统规定	第8.2.9条		
	11	制冷管道试验	第8.2.10条		
一般项目	1	制冷及附属设备安装 平面位移(mm)	10		
		标高(mm)	±10		
	2	模块式冷水机组安装	第8.3.2条		
	3	泵安装	第8.3.3条		
	4	制冷管道安装	第8.3.4-1~8.3.4-4条		
	5	管道焊接	第8.3.4-5、8.3.4-6条		
	6	阀门安装	第8.3.5-2-5条		
	7	阀门试压	第8.3.5-1条		
	8	制冷系统吹扫	第8.3.6条		

施工单位检查评定结果	专业工长(施工员)		施工班组长	
	项目专业质量检查员:			年 月 日

监理(建设)单位验收结论	专业监理工程师: (建设单位项目专业技术负责人):	年 月 日

684

说　　明

主控项目：

1. 设备型号、规格和技术参数必须符合设计要求，有合格证书和性能检测报告。安装位置、标高、管口方向必须符合设计要求。地脚螺栓垫铁位置正确、接触紧密，螺栓拧紧，有防松措施。检查产品质量合格证书和性能检测报告，对照图纸核对设备型号、规格。

2. 设备的混凝土基础必须进行质量交接，质量交接验收合格后方可安装。

3. 表冷器外表清洁完整，空气与制冷剂逆向流动，堵严外壳四周缝隙，冷凝水排放畅通。观察检查。

4. 燃油系统设备与管道等位置和连接方法应符合设计与消防要求。燃气系统设备安装应符合设计和消防要求。调压装置、过滤器安装和调节应符合设备技术文件规定，且应可靠接地。按图纸核对、观察、查阅接地测试记录。

5. 制冷设备严密性试验和试运行的技术数据，均应符合规定。对组装式制冷机组和现场充注制冷剂机组，必须进行吹污、气密性试验、真空试验和充注制冷剂检漏试验。观察检查和检查试运行记录。

6. 制冷系统管道、管件和阀门的型号、材质及工作压力等必须符合设计要求；法兰、螺纹等处的密封材料应与管内的介质性能相适应；制冷剂液体管不得向上装成"Ω"形。气体管道不得向下装成"U"形；液体支管必须从干管底部或侧面接出；气体支管必须从干管顶部或侧面接出；有两根以上的支管从干管引出时，连接部位应错开，间距不应小于 2 倍，支管直径，且≥200mm。制冷机与附属设备之间制冷剂管道坡度与坡向应符合设计要求。当设计无规定时，应按表 8.2.5 规定检查。制冷系统投入运行前，应对安全阀进行调试校核，其开启和回座压力应符合设备技术文件要求。核查合格证明文件、观察、水平仪测量、查阅调校记录。

7. 燃油管道系统必须设置可靠的防静电接地装置，法兰应有导体跨接，且接合良好。观察检查，检查试验记录。

8. 燃气系统管道与机组连接不得使用非金属软管。燃气管道吹扫和压力试验应为压缩空气或氮气，严禁用水。当燃气供气管道压力大于 0.005MPa 时，超声波探伤不低于 Ⅱ 级为合格。观察检查，检查探伤报告和试验记录。

9. 氨制冷剂系统管道、附件、阀门及填料不得采用铜或铜合金材料（磷青铜除外），管内不得镀锌。氨系统管道焊缝应进行射线照相检验，不低于 Ⅲ 级为合格。超声波检验不低于 Ⅱ 级为合格。观察检查、检查探伤报告和试验记录。

10. 输送乙二醇溶液的管道系统，不得使用内镀锌管道及配件。观察检查、检查安装记录。

11. 制冷管道系统应进行强度、气密性试验及真空试验，且必须合格。观察检查和检查试验记录。

一般项目：

1. 整体制冷机组，其机身纵横向水平度及附属设备水平度和垂直度允许偏差为 1/1000。制冷设备或附属设备，隔振器安装位置应正确；各隔振器的压缩量，均匀一致，偏差≤2mm；设置弹簧隔振的制冷机组，应设有防止机组运行时水平位移的定位装置。在机座或指定的基准面上用水平仪、水准仪等检测、尺量与观察检查。

2. 机组单元多台并联组合时，接口应牢固，且严密不漏。外表应平整、完好，无明显的扭曲。尺量、观察检查。

3. 油泵和载冷剂泵纵、横向水平度允许偏差为 1/1000，轴芯轴向倾斜允许偏差为 0.2/1000，径向位移为 0.05mm。在机座或指定的基准面上，用水平仪、水准仪等检测，尺量和观察检查。

4. 管道、管件支吊架型式、位置、间距及标高应符合设计要求。排气管道应设单独支架；管径≤20mm 的铜管道，在阀门处应设置支架；管道上下平行敷设时，吸气管在下方；管道弯管弯曲半径≥3.5D，最大外径与最小外径之差 0.08D；管口翻边应保持同心，不得有开裂及皱褶。

5. 焊接连接铜管，插管深度按表 8.3.4 的规定检查；管道穿墙体楼板按第 9 章有关规定执行。

6. 阀门安装位置、方向和高度应符合设计要求。阀门手柄不应朝下，且应朝向低于操作位置。电磁、调节阀、热力膨胀阀、升降止回阀等的阀头应朝上,热力膨胀阀位置应高于感温包,且应绑扎紧密。安全阀应垂直安装且便于检修。

7. 阀门安装应进行强度和严密性试验,试验规定见第 8.3.5 - 1 条。检查试验记录。

8. 制冷系统应采用压力为 0.6MPa 干燥压缩空气或氮气进行吹扫排污。检查吹扫记录和观察检查。

空调水系统安装工程检验批质量验收记录表
（金属管道）GB 50243—2002
（Ⅰ）

单位（子单位）工程名称													
分部（子分部）工程名称							验收部位						
施工单位							项目经理						
分包单位							分包项目经理						
施工执行标准名称及编号													

		施工质量验收规范的规定			施工单位检查评定记录								监理（建设）单位验收记录
主控项目	1	系统的管材与配件验收		第9.2.1条									
	2	管道柔性接管安装		第9.2.2-3条									
	3	管道套管		第9.2.2-5条									
	4	管道补偿器安装及固定支架		第9.2.5条									
	5	系统与设备贯通冲洗、排污		第9.2.2-4条									
	6	阀门安装		第9.2.4-1、9.2.4-2条									
	7	阀门试压		第9.2.4-3条									
	8	系统试压		第9.2.3条									
	9	隐蔽管道验收		第9.2.2-1条									
	10	焊接、镀锌钢管煨弯		第9.2.2-2条									
一般项目	1	管道焊接连接		第9.3.2条									
	2	管道螺纹连接		第9.3.3条									
	3	管道法兰连接		第9.3.4条									
	4	（1）坐标	架空及地沟	室外	25								
				室内	15								
			埋地		60								
		（2）标高	架空及地沟	室外	±20								
				室内	±15								
			埋地		±25								
		（3）水平管平直度	$DN \leqslant 100mm$		2L‰，最大40								
			$DN > 100mm$		3L‰，最大40								
		（4）立管垂直度			5L‰，最大25								
		（5）成排管段间距			15								
		（6）成排管段或成排阀门在同一平面上			3								
	5	钢塑复合管道安装		第9.3.6条									
	6	管道沟槽式连接		第9.3.6条									
	7	管道支、吊架		第9.3.8条									
	8	阀门及其他部件安装		第9.3.10条									
	9	系统放气阀与排水阀		第9.3.10-4条									

施工单位检查评定结果	专业工长（施工员）		施工班组长	
	项目专业质量检查员：			年 月 日
监理（建设）单位验收结论	专业监理工程师： （建设单位项目专业技术负责人）：			年 月 日

687

说　明
（Ⅰ）

主控项目：

1. 空调水系统设备、附属设备、管道、配件、阀门的型号、规格、材质及连接形式应符合设计规定。
   检查产品质量证明文件,材料进场验收记录观察检查外观质量。

2. 管道与水泵、制冷机组必须柔性连接,与其连接的管道应设置独立支架。
   观察检查。

3. 管道接口不得设于套管内,竖直套管应高出地面 20～50mm,其他部位套管应与面层平齐。套管不得作为管道支撑。保温套管及其周围应用不燃绝热材料填塞。
   观察检查。

4. 补偿器安装位置必须符合设计要求,且应进行预拉(压)。并在预拉(压)前固定。固定支架结构形式。固定位置、导向支架设置应符合设计要求。
   观察检查。

5. 水系统应在冲洗、排污合格,水质正常后才能制冷机组、空调设备贯通。
   观察检查和检查冲洗记录。

6. 阀门安装位置、高度、进出口方向必须符合设计要求,连接牢固紧密。保温管上阀门连接牢固紧密。
   按图纸校对并观察检查或查阅试验记录。

7. 工作压力大于 1.0MPa 及主干管切断阀门应进行验收和严密性试验。试验要求按第9.2.4－3条执行。
   检查试验记录。

8. 管道安装完毕后应按设计要求进行水压试验,水压试验可采取分区、分层和系统进行。试压要求按第9.2.3条执行。

9. 隐蔽管道必须按第3.0.11条规定执行。

10. 焊接钢管、镀锌钢管严禁采用热煨弯。
    观察检查施工记录。

一般项目：

1. 管道焊接材料品种、规格、性能应符合设计要求。焊口组对和坡口形式符合表9.3.2规定。焊缝表面干净,外观质量不低于 GB 50236 第 11.3.3 条Ⅲ级规定。
   观察检查。

2. 螺纹连接牢固,螺纹应清洁规整,根部外露2～3扣,注意保护镀锌层,破损处应防腐。
   尺量和观察检查。

3. 法兰连接法兰面与管道中心线,垂直且同心,对接应平行。连接螺纹长度一致,螺母在同侧,均匀拧紧,衬垫按设计要求。
   观察和尺量检查。

4. 钢制管道安装按第9.3.5条执行,允许偏差见本表。
   观察和尺量检查。

5. 钢塑复合管与管道配件连接深度和扭矩符合表9.3.6－1条规定。

6. 沟槽式连接时,沟槽与橡胶密封圈和卡箍套必须为配套合格产品,支吊架间距应符合表9.3.6－2的规定。
   5、6为检查产品合格证明文件,观察和尺量检查。

7. 管道支、吊架型式、位置、间距、标高应符合设计或有关技术标准要求。若设计无规定,则按第9.3.8条规定执行。

8. 阀门、集气缸、自动排气装置、除污器(水过滤器)等管道部件安装在符合设计要求的基础上,同时应符合第9.3.10规定。

688

对照设计文件尺量、观察和操作检查。

9. 闭式系统管路应在系统最高处及所有可能积聚空气的高点设置排气阀,最低点设排水管、排水阀。
观察检查。

空调水系统安装工程检验批质量验收记录表
（非金属管道）GB 50243—2002
（Ⅱ）

080701□□

单位（子单位）工程名称				
分部（子分部）工程名称			验收部位	
施工单位			项目经理	
分包单位			分包项目经理	
施工执行标准名称及编号				

		施工质量验收规范的规定		施工单位检查评定记录	监理（建设）单位验收记录
主控项目	1	系统管材与配件验收	第9.2.1条		
	2	管道柔性接管安装	第9.2.2-3条		
	3	管道套管	第9.2.2-5条		
	4	管道补偿器安装及固定支架	第9.2.5条		
	5	系统冲洗、排污	第9.2.2-4条		
	6	阀门安装	第9.2.4-1、9.2.4-2条		
	7	阀门试压	第9.2.4-3条		
	8	系统试压	第9.2.3条		
	9	隐蔽管道验收	第9.2.2-1条		
一般项目	1	PVC-U管道安装	第9.3.1条		
	2	PP-R管道安装	第9.3.1条		
	3	PEX管道安装	第9.3.1条		
	4	管道与金属支吊架间隔绝	第9.3.9条		
	5	管道支、吊架	第9.3.8条		
	6	阀门安装	第9.3.10条		
	7	系统放气阀与排水阀	第9.3.10-4条		

施工单位检查评定结果	专业工长（施工员）		施工班组长	
	项目专业质量检查员：		年 月 日	

监理（建设）单位验收结论	专业监理工程师： （建设单位项目专业技术负责人）：	年 月 日

690

说　明
（Ⅱ）

主控项目：

1. 空调水系统设备、附属设备、管道、配件、阀门的型号、规格、材质及连接形式应符合设计规定。
   检查产品质量证明文件，材料进场验收记录，观察检查外观质量。

2. 管道与水泵、制冷机组必须柔性连接，与其连接的管道应设置独立支架。
   观察检查。

3. 管道接口不得设于套管内，竖直套管应高出地面 20～50mm，其他部位套管应与面层平齐。套管不得作为管道支撑，保温套管及其周围用不燃绝热材料填塞。
   观察检查。

4. 补偿器安装位置必须符合设计要求，且应进行预拉（压）并在预拉（压）前固定。固定支架结构形式。固定位置、导向支架设置应符合设计要求。
   观察检查。

5. 水系统应在冲洗、排污合格，水质正常后才能与制冷机组、空调设备相贯通。
   观察检查和检查冲洗记录。

6. 阀门安装位置、高度、进出口方向必须符合设计要求，连接牢固紧密。保温管上阀门连接牢固紧密。
   按图纸接对并观察检查。

7. 工作压力大于 1.0MPa 及主干管切断阀门应进行验收和严密性试验。试验要求按第 9.2.4－3 条执行。
   检查试验记录。

8. 管道安装完毕后应按设计要求进行水压试验，水压试验可采取分区、分层和系统进行。试压要求按第 9.2.3 条执行。

9. 隐蔽管道必须按第 3.0.11 条规定执行。

一般项目：

1、2、3. 当采用硬聚氯乙烯（PVC－U）、聚丙烯（PP－R）、聚丁烯（PB）与联聚乙烯（PEX）等有机材料管道时，其连接方法应符合设计要求和产品技术要求的规定。
   检查产品合格证书和试验记录，尺量和观察检查。

4. 金属管道与金属支、吊架之间应有隔绝措施，不可直接接触。热水管道还应加宽接触面积。
   观察检查。

5. 管道支、吊架型式、位置、间距、标高应符合设计或有关技术标准要求。若设计无规定，则按第 9.3.8 条规定执行。

6. 阀门、集气罐、自动排气装置、除污器（水过滤器）等管道部件的安装应在符合设计要求的基础上，同时应符合第 9.3.10 条规定。
   对照设计文件尺量，观察和操作检查。

7. 闭式系统管路应在系统最高处及所有可能积聚空气的高点设置排气阀，最低点设排水管、排水阀。
   观察检查。

空调水系统安装工程检验批质量验收记录表

（设备）GB 50243—2002

（Ⅲ）

	单位(子单位)工程名称			
分部(子分部)工程名称			验收部位	
施工单位			项目经理	
分包单位			分包项目经理	
施工执行标准名称及编号				

		施工质量验收规范的规定		施工单位检查评定记录	监理(建设)单位验收记录
主控项目	1	系统设备与附属设备	第9.2.1条		
	2	冷却塔安装	第9.2.6条		
	3	水泵安装	第9.2.7条		
	4	其他附属设备安装	第9.2.8条		
一般项目	1	风机盘管机组等与管道连接	第9.3.7条		
	2	冷却塔安装	第9.3.11条		
	3	水泵及附属设备安装	第9.3.12条		
	4	水箱、集水缸、分水缸、储冷罐等设备安装	第9.3.13条		
	5	水过滤器等设备安装	第9.3.10-3条		

施工单位检查评定结果	专业工长(施工员)		施工班组长	
	项目专业质量检查员：			年 月 日

监理(建设)单位验收结论	
	专业监理工程师： (建设单位项目专业技术负责人)： 年 月 日

692

说　明
(Ⅲ)

主控项目:

1. 空调水系统设备与附属设备、管道、管配件及阀门型号、规格、材质及连接形式应符合设计规定。
   检查产品质量证明文件、材料进场验收记录,观察检查外观质量。

2. 冷却塔的型号、规格、技术参数必须符合设计要求。对含有易燃材料冷却塔安装,必须严格执行施工防火安全规定。
   按图纸核对,监督执行防火规定。

3. 水泵规格、型号、技术参数应符合设计要求和产品性能指标。试运行时间≥2h。
   按图纸核对,实例,检查试运行记录。

4. 水箱、集水缸、分水缸、储冷罐灌水试验或水压试验必须符合设计要求。储冷罐内壁防腐涂层材质、涂抹质量、厚度必须符合设计要求,罐与底座必须进行绝热处理。
   检查试验记录。尺量,观察检查。

一般项目:

1. 风机盘管机组及其他空调设备宜采用弹性接管或软接管连接,耐压值≥1.5倍工作压力,轮管连接牢固,不应有强扭和瘪管。
   检查产品合格证明文件,观察检查。

2. 冷却塔安装按第9.3.11条规定执行。
   尺量,观察检查,积水盘做充水试验或检查试验记录。

3. 水泵及附属设备安装按第9.3.12条规定执行。
   扳手试拧、观察检查,用水平仪和塞尺量测量或检查安装记录。

4. 水箱、集水器、分水器、储冷罐等设备的安装,支架或底座的尺寸、位置符合设计要求。设备与支架或底座接触紧密,安装平正、牢固。平面位置允许偏差15mm,标高允许偏差±5mm,垂直度允许偏差1/1000。膨胀水箱安装的位置及连接管的连接,应符合设计文件的要求。
   尺量、观察检查,检查试验记录。

5. 冷冻水和冷却水的除污器(水过滤器)应安装在进机组前的管道上,方向正确且便于清污;与管道连接牢固、严密,其安装位置应便于滤网的拆装和清洗。过滤器滤网的材质、规格和包扎方法应符合设计要求。
   尺量、观察和操作检查。

通风与空调工程系统调试验收记录表
GB 50243—2002

080100□□
080200□□
080300□□
080400□□
080500□□
080600□□
080700□□

单位(子单位)工程名称				
分部(子分部)工程名称			验收部位	
施工单位			项目经理	
分包单位			分包项目经理	
施工执行标准名称及编号				

施工质量验收规范的规定			施工单位检查评定记录	监理(建设)单位验收记录
主控项目	1	通风机、空调机组单机试运转及调试	第11.2.2-1条		
	2	水泵单机试运转及调试	第11.2.2-2条		
	3	冷却塔单机试运转及调试	第11.2.2-3条		
	4	制冷机组单机试运转及调试	第11.2.2-4条		
	5	电控防火、防排烟阀动作试验	第11.2.2-5条		
	6	系统风量调试	第11.2.3-1条		
	7	空调水系统调试	第11.2.3-2条		
	8	恒温、恒湿空调	第11.2.3-3条		
	9	防、排烟系统调试	第11.2.4条		
	10	净化空调系统调试	第11.2.5条		
一般项目	1	风机、空调机组	第11.3.1-2、11.3.1-3条		
	2	水泵安装	第11.3.1-1条		
	3	风口风量平衡	第11.3.2-2条		
	4	水系统试运行	第11.3.3-1、11.3.3-3条		
	5	水系统检测元件工作	第11.3.3-2条		
	6	空调房间参数	第11.3.3-4、11.3.3-6条		
	7	工程控制和监测元件及执行结构	第11.3.4条		

施工单位检查评定结果	专业工长(施工员)		施工班组长	
	项目专业质量检查员:			年 月 日

监理(建设)单位验收结论	专业监理工程师: (建设单位项目专业技术负责人):			年 月 日

694

说　明

主控项目：

各子项观察（声组计测定）检查试运转记录。

1. 通风机、空调机组中的风机，叶轮旋转方向正确、运转平稳、无异常振动与声响，功率符合规定。连续运转 2h 后，滑动轴承外壳最高温度不得超过 70℃；滚动轴承不得超过 80℃。

2. 水泵叶轮旋转方向正确，无异常振动和声响，紧固连接部位无松动，功率值符合规定。连续运转 2h 后，滑动轴承外壳最高温度不得超过 70℃；滚动轴承不得超过 75℃。

3. 冷却塔本体应稳固、无异常振动，噪声符合规定。风机试运转按本条第 1 款的规定执行。试运行不少于 2h，应无异常情况。

4. 制冷机组、单元式空调机组的试运转，应符合有关规定，正常运转不少于 8h。

5. 电控防火、防排烟风阀（口）的手动、电动操作应灵活、可靠，信号输出正确。

6. 系统总风量调试结果与设计风量偏差不应大于 10%。

7. 空调冷热水、冷却水总流量测试结果与设计流量偏差不应大于 10%。

8. 舒适空调的温度、相对湿度应符合设计要求。恒温、恒湿房间室内空气温度、相对湿度及波动范围应符合设计规定。

观察、查阅调试记录。

9. 防排烟系统联合试运行与调试的结果（风量及正压），必须符合设计与消防的规定。

10. 净化空调系统调试按第 11.2.5 条执行。

一般项目：

1. 风机、空调机组、风冷热泵等设备运行时，噪声不宜超过产品性能说明书的规定值；风机盘管机组的三速、温控开关的动作应正确，并与机组运行状态一一对应。

2. 水泵运行时不应有异常振动和声响，壳体密封处不得渗漏，紧固连接部位不应松动，轴封温升应正常；无特殊要求时，普通填料泄漏量不应大于 60mL/h，机械密封的不应大于 5mL/h。

3. 系统经过平衡调整，各风口或吸风罩的风量与设计风量的允许偏差不应大于 15%。

4. 系统联动试运转中，设备及主要部件的联动必须符合设计要求，动作协调、正确，无异常现象；湿式除尘器的供水与排水系统运行应正常。

5. 水系统应冲洗干净、不含杂物，排除管道系统中空气；系统连续运行应正常、平稳；水泵压力和水泵电机电流不应出现大幅波动。系统平衡调整后，各空调机组的水流量应符合设计要求，允许偏差为 20%；多台冷却塔并联运行时，各塔进、出水量应均匀一致。

6. 各种自动计量检测元件和执行机构的工作应正常，满足建筑设备自动化（BA、FA 等）系统对测定参数进行检测和控制的要求。

7. 空调室内噪声应符合设计要求；有压差要求的房间、厅堂与其他相邻房间之间的压差，舒适性空调正压为 0～25Pa；工艺性的空调应符合设计的规定。有环境噪声要求的场所，制冷、空调机组应按现行国家标准规定进行测定。洁净室内噪声应符合设计规定。

8. 通风与空调的控制和监测设备，应能与系统检测元件和执行机构正常沟通，系统状态参数应能正确显示，设备联锁、自动调节、自动保护应能正确动作。

各子项均观察检查，检查试运行记录或测量调试记录。

第九节 电梯安装工程质量验收用表

电梯安装分部工程各子分部工程与分项工程相关表

序号	分项工程 名称		01 电力驱动的曳引式或强制式电梯安装子分部	02 液压电梯安装子分部	03 自动扶梯、自动人行道安装（子分部）
1	设备进场验收	090101,090201	●	●	
2	土建交接检验	090102,090202	●	●	
3	驱动主机安装	090103	●		
4	导轨安装	090104,090204	●	●	
5	门系统安装	090105,090205	●	●	
6	轿厢、对重安装	090106,090206	●	●	
7	安全部件安装	090107,090207	●	●	
8	悬挂装置、随行电缆、补偿器安装 090108		●		
9	电气装置安装	090109,090209	●	●	
10	电梯整机安装	090110	●		
11	液压系统安装	090203		●	
12	悬挂装置、随行电缆	090208		●	
13	液压电梯整机安装	090210		●	
14	自动扶梯、人行道设备进场	090301			●
15	土建交接检验	090302			●
16	自动扶梯、人行道整机安装	090303			●

工程质量验收资料

1. 安装工艺及企业标准
2. 设备进场验收记录
3. 与建筑结构交接验收记录
4. 隐蔽工程验收记录
5. 安全保护验收记录
6. 限速器安全联动试验记录
7. 层门及轿门试验记录
8. 空载、超载 125% 试运行记录

电梯安装工程设备进场质量验收记录表
GB 50310—2002

产品合同号/安装合同号				梯号：	090201□□

单位(子单位)工程名称					
单位				项目经理	
单位				分包项目经理	
施工执行标准名称及编号					

施工质量验收规范的规定				施工单位检查评定记录	监理(建设)单位验收记录
主控项目	随机文件必须包括	(1)土建布置图	第4.1.1条 第5.1.1条		
		(2)产品出厂合格证			
		(3)门锁装置、退速器、安全钳及缓冲器的型式试验证书复印件			
一般项目	1	随机文件还应包括	(1)装箱单	第4.1.2条 第5.1.2条	
			(2)安装、使用维护说明书		
			(3)动力和安全电路的电气原理图		
			(4)液压系统原理图		
	2	设备零部件与装箱单	内容相符		
	3	设备外观	无明显损坏		

施工单位检查评定结果	专业工长(施工员)		施工班组长	
	项目专业质量检查员：		年 月 日	

监理(建设)单位验收结论	专业监理工程师： (建设单位项目专业技术负责人)：	年 月 日

说　明

主控项目：

随机文件必须包括下列资料：符合第4.1.1条，第5.1.1条规定。

(1)土建布置图；

(2)产品出厂合格证；

(3)门锁装置、限速器(如果有)、安全钳(如果有)及缓冲器(如果有)的型式试验合格证书复印件。

一般项目：

1. 随机文件还应包括下列资料：符合第4.1.2条，第5.1.2条规定。

(1)装箱单；

(2)安装、使用维护说明书；

(3)动力电路和安全电路的电气原理图；

(4)液压系统原理图。

2. 设备零部件应与装箱单内容相符。符合第4.1.3条，第5.1.3条规定。

3. 设备外观不应存在明显的损坏。符合第4.1.4条，第5.1.4条规定。

按清单目录清点、观察检查。并做好记录。

电梯安装土建交接质量验收记录表
GB 50310—2002

单位(子单位)工程名称						
分部(子分部)工程名称					验收部位	
施工单位					项目经理	
分包单位					分包项目经理	
施工执行标准名称及编号						

		施工质量验收规范的规定		施工单位检查评定记录	监理(建设)单位验收记录
主控项目	1	机房内部、井道土建(钢架)结构布置	必须符合电梯土建布置图要求		
	2	主电源开关	第4.2.2条		
	3	井道	第4.2.3条		
一般项目	1	机房还应符合的规定	第4.2.4条		
	2	井道还应符合的规定	第4.2.5条		

施工单位检查评定结果	专业工长(施工员)		施工班组长	
	项目专业质量检查员:			年　月　日

监理(建设)单位验收结论	
	专业监理工程师: (建设单位项目专业技术负责人):　　　　　　　　年　月　日

说　明

由土建施工、安装、监理单位有关人员共同现场对照图纸检查验收。

主控项目：

1. 机房（如果有）内部、井道土建（钢架）结构及布置必须符合电梯土建布置图的要求。第4.2.1条。

2. 主电源开关必须符合第4.2.2条规定。

　　（1）主电源开关应能够切断电梯正常使用情况下最大电流；

　　（2）对有机房电梯该开关应能从机房入口处方便地接近；

　　（3）对无机房电梯该开关应设置在井道外工作人员方便接近的地方，且应具有必要的安全防护。

3. 井道必须符合下列规定：第4.2.3条

　　（1）当底坑底面下有人员能到达的空间存在，且对重（或平衡重）上未设有安全钳装置时，对重缓冲器必须能安装在（或平衡重运行区域的下边）必须一直延伸到坚固地面上的实心桩墩上；

　　（2）电梯安装之前，所有层门预留孔必须设有高度不小于1.2m的安全保护围封，并应保证有足够的强度；

　　（3）当相邻两层门地坎间的距离大于11m时，其间必须设置井道安全门，井道安全门严禁向井道内开启，且必须装有安全门处于关闭时电梯才能运行的电气安全装置。当相邻轿厢间有相互救援用轿厢安全门时，可不执行本款。

一般项目：

1. 机房（如果有）还应符合第4.2.4条规定。

2. 井道还应符合下列第4.2.5条规定。

　　验收后形成记录，该土建返修的限期返修，土建、安装、监理三个签字，作为中间交接验收。

电梯驱动主机安装工程质量验收记录表
（曳引式或强制式）GB 50310—2002

090103□□

单位(子单位)工程名称				
分部(子分部)工程名称			验收部位	
施工单位			项目经理	
分包单位			分包项目经理	
施工执行标准名称及编号				

		施工质量验收规范的规定		施工单位检查评定记录	监理(建设)单位验收记录
主控项目		驱动主机安装	第4.3.1条		
一般项目	1	主机承重埋设	第4.3.2条		
	2	制动器动作、制动间隙	第4.3.3条		
	3	驱动主机及其底座与承重梁安装	产品设计要求		
	4	驱动主机减速箱内油量	应在限定范围		
	5	机房内钢丝绳与楼板孔洞边间隙	第4.3.6条		

施工单位检查评定结果	专业工长(施工员)		施工班组长	
	项目专业质量检查员：		年　月　日	

监理(建设)单位验收结论	专业监理工程师： (建设单位项目专业技术负责人)：　　　　　　　　　　年　月　日

说 明

主控项目:

    符合第 4.3.1 条规定。紧急操作装置动作必须正常。可拆卸的装置必须置于驱动主机附近易接近处,紧急救援操作说明必须贴于紧急操作时易见处。试操作和观察检查,检查试运行记录。

一般项目:

1. 符合第 4.3.2 条规定。当驱动主机承重梁需埋入承重墙时,埋入端长度应超过墙厚中心至少 20mm,且支承长度不应小于 75mm。尺量检查。检查施工记录。

2. 制动器动作应灵活,制动间隙调整应符合设计要求。试操作和塞尺检查。

3. 驱动主机、驱动主机底座与承重梁的安装应符合产品设计要求。观察及尺量检查。

4. 驱动主机减速箱(如果有)内油量应在油标所限定的范围内。观察和尺量检查。

5. 机房内钢丝绳与楼板孔洞边间隙应为 20~40mm,通向井道的孔洞四周应设置高度不小于 50mm 的台缘。观察和尺量检查。

    检查后形成施工记录。验收时可检查施工记录或试运行操作检查。

电梯导轨安装工程质量验收记录表
GB 50310—2002

单位(子单位)工程名称					
分部(子分部)工程名称				验收部位	
施工单位				项目经理	
分包单位				分包项目经理	
施工执行标准名称及编号					

施工质量验收规范的规定				施工单位检查评定记录	监理(建设)单位验收记录
主控项目	导轨安装位置		设计要求		
一般项目	1	两列导轨顶面间的距离偏差	轿厢导轨(mm)0～+2		
			对重导轨(mm)0～+3		
	2	导轨支架安装	第4.4.3条		
	3	每列导轨工作面与安装基准线每5m偏差值	轿厢导轨和设有安全钳的对重导轨≤0.6mm		
			不设安全钳的对重导轨≤1.0mm		
	4	轿厢导轨和设有安全钳的对重导轨工作面接头	第4.4.5条		
	5	不设安全钳对重导轨接头	接头缝隙≤1.0mm		
			接头台阶≤0.15mm		

专业工长(施工员)		施工班组长	
施工单位检查评定结果	项目专业质量检查员：　　　　　　　　　　　　　　年　月　日		
监理(建设)单位验收结论	专业监理工程师： (建设单位项目专业技术负责人)：　　　　　　　　　　年　月　日		

说　明

主控项目：

导轨安装位置必须符合土建布置图要求。

按安装土建图纸检查。尺量、垂球、垂直经纬仪检查。

一般项目：

1. 两列导轨顶面间的距离偏差应为：轿厢导轨 $0 \sim +2$mm；对重导轨 $0 \sim +3$mm。用量规检查。

2. 导轨支架在井道壁上的安装应固定可靠。预埋件应符合土建布置图要求。锚栓（如膨胀螺栓等）固定应在井道壁的混凝土构件上使用，其连接强度与承受振动的能力应满足电梯产品设计要求，混凝土构件的抗压强度应符合土建布置图要求。按图纸逐项检查，尺量检查、检查试验报告。

3. 每列导轨工作面（包括侧面与顶面）与安装基准线每 5m 的偏差均不应大于下列数值：
轿厢导轨和设有安全钳的对重（平衡重）导轨为 0.6mm；不设安全钳的对重（平衡重）导轨为 1.0mm。经纬仪检查和尺量检查。

4. 轿厢导轨和设有安全钳的对重（平衡重）导轨工作面接头处不应有连续缝隙，导轨接头处台阶不应大于 0.05mm。如超过应修平，修平长度应大于 150mm。尺量检查。

5. 不设安全钳的对重（平衡重）导轨接头处缝隙不应大于 1.0mm，导轨工作面接头处台阶不应大于 0.15mm。尺量检查。

检查后形成施工记录，验收时检查施工记录。

电力液压电梯门系统安装工程质量验收记录表
GB 50310—2002

090105□□
090205□□

单位(子单位)工程名称				
分部(子分部)工程名称			验收部位	
施工单位			项目经理	
分包单位			分包项目经理	
施工执行标准名称及编号				

		施工质量验收规范的规定		施工单位检查评定记录	监理(建设)单位验收记录
主控项目	1	层门地坎至轿厢地坎间距离偏差	第4.5.1条		
	2	层门强迫关门装置	必须动作正常		
	3	水平滑动门关门开始1/3行程之后,阻止关门的力	≤150N		
	4	层门锁钩动作要求	第4.5.4条		
一般项目	1	门刀与层门地坎、门锁滚轮与轿厢地坎间隙	≥5mm		
	2	层门地坎水平度	≯2/1000		
		层门地坎应高出装修地面	2~5mm		
	3	层门指标灯、盒及各显示安装	第4.5.7条		
	4	门扇及其与周边间隙	第4.5.8条		

施工单位检查评定结果	专业工长(施工员)		施工班组长	
	项目专业质量检查员:			年　月　日

监理(建设)单位验收结论	
	专业监理工程师: (建设单位项目专业技术负责人):　　　　　　　　　　年　月　日

706

说　明

主控项目：

1. 层门地坎至轿厢地坎之间的水平距离偏差为 0 ~ +3mm，且最大距离严禁超过 35mm。尺量检查。

2. 层门强迫关门装置必须动作正常。观察及试开关检查。

3. 动力操纵的水平滑动门在关门开始的 1/3 行程之后，阻止关门的力严禁超过 150N。试开关及测力器检查。

4. 层门锁钩必须动作灵活，在证实锁紧的电气安全装置动作之前，锁紧元件的最小啮合长度为 7mm。观察及尺量检查。

一般项目：

1. 门刀与层门地坎、门锁滚轮与轿厢地坎间隙不应小于 5mm。尺量检查。

2. 层门地坎水平度不得大于 2/1000，地坎应高出装修地面 2 ~ 5mm。水平尺及尺量检查。

3. 层门指标灯盒、召唤盒和消防开关盒应安装正确，其面板与墙面贴实，横竖端正。观察检查。

4. 门扇与门扇、门扇与门套、门扇与门楣、门扇与门口处轿壁、门扇下端与地坎的间隙，乘客电梯不应大于 6mm，载货电梯不应大于 8mm。观察及尺量检查。

电梯轿厢及对重安装工程质量验收记录表
GB 50310—2002

单位(子单位)工程名称				
分部(子分部)工程名称			验收部位	
施工单位			项目经理	
分包单位			分包项目经理	
施工执行标准名称及编号				

		施工质量验收规范的规定		施工单位检查评定记录	监理(建设)单位验收记录
主控项目		玻璃轿壁扶手的设置	第4.6.1条		
一般项目	1	反绳轮应设防护装置	第4.6.2条		
	2	轿顶防护及警示规定	第4.6.3条		
	3	反绳轮和挡绳装置	第4.7.1条		
	4	对重(平衡重)块安装	第4.7.2条		

施工单位检查评定结果	专业工长(施工员)		施工班组长	
	项目专业质量检查员:			年 月 日
监理(建设)单位验收结论				
	专业监理工程师: (建设单位项目专业技术负责人):			年 月 日

708

说　明

主控项目：

当距轿底面在 1.1m 以下使用玻璃轿壁时，必须在距轿底面 0.9～1.1m 的高度安装扶手，且扶手必须独立地固定，不得与玻璃有关。观察和尺量检查。

一般项目：

1. 当轿厢有反绳轮时，反绳轮应设置防护装置和挡绳装置。观察检查。

2. 当轿顶外侧边缘至井道壁水平方向的自由距离大于 0.3m 时，轿顶应装设防护栏及警示性标识。观察检查。

3. 当对重（平衡重）架有反绳轮时，仅绳轮应设置防护和挡绳装置。观察检查。

4. 对重（平衡重）块应可靠固定。观察检查。

电梯安全部件安装工程质量验收记录表
GB 50310—2002

单位(子单位)工程名称					
分部(子分部)工程名称				验收部位	
施工单位				项目经理	
分包单位				分包项目经理	
施工执行标准名称及编号					

施工质量验收规范的规定				施工单位检查评定记录	监理(建设)单位验收记录
主控项目	1	限速器动作速度封记	第4.8.1条		
	2	安全钳可调节封记	第4.8.2条		
一般项目	1	限速器张紧装置安装位置	第4.8.3条		
	2	安全钳与导轨间隙	设计要求		
	3	缓冲器撞板中心与缓冲器中心相关距离及偏差	第4.8.5条		
	4	液压缓冲器垂直度及充液量	第4.8.6条		

施工单位检查评定结果	专业工长(施工员)		施工班组长	
	项目专业质量检查员:			年　月　日

监理(建设)单位验收结论	
	专业监理工程师: (建设单位项目专业技术负责人):　　　　　　　　　年　月　日

主控项目：

1. 限速器动作速度整定封记必须完好，且无拆动痕迹。观察检查。

2. 当安全钳可调节时，整定封记应完好，且无拆动痕迹。观察检查。

一般项目：

1. 限速器张紧装置与其限位开关相对位置安装应正确。观察检查。

2. 安全钳与导轨的间隙应符合产品设计要求。对照安装图纸检查。

3. 轿厢在两端站平层位置时，轿厢、对重的缓冲器撞板与缓冲器顶面间的距离应符合土建布置图要求。轿厢、对重的缓冲器撞板中心与缓冲器中心的偏差不应大于20mm。观察和尺量检查。

4. 液压缓冲器柱塞铅垂度不应大于0.5%，充液量应正确。观察和量测检查。

电梯悬挂装置、随行电缆、补偿装置安装工程质量验收记录表
GB 50310—2002

090108□□

单位(子单位)工程名称						
分部(子分部)工程名称					验收部位	
施工单位					项目经理	
分包单位					分包项目经理	
施工执行标准名称及编号						

施工质量验收规范的规定				施工单位检查评定记录	监理(建设)单位验收记录
主控项目	1	绳头组合	第4.9.1条 第5.9.1条		
	2	钢丝绳严禁有死弯	第4.9.2条 第5.9.2条		
	3	轿厢悬挂的二根绳(链)发生异常相对伸长时,电气安全开关动作可靠	第4.9.3条 第5.9.3条		
	4	随行电缆严禁打结和波浪扭曲	第4.9.4条 第5.9.4条		
一般项目	1	每根钢丝绳张力与平均值偏差不大于5%	第4.9.5条 第5.9.5条		
	2	随行电缆的安装规定	第4.9.6条 第5.9.6条		
	3	补偿绳、链、缆等补偿装置的端部应固定可靠	第4.9.7条		
	4	张紧轮、补偿绳张紧的电气安全开关动作可靠,张紧轮应安防护装置	第4.9.8条		

施工单位检查评定结果	专业工长(施工员)		施工班组长	
	项目专业质量检查员:		年 月 日	

监理(建设)单位验收结论	专业监理工程师: (建设单位项目专业技术负责人):			年 月 日

712

说　明

主控项目:

1. 绳头组合必须安全可靠,且每个绳头组合必须安装防螺母松动和脱落的装置。观察和扭动检查。

2. 钢丝绳严禁有死弯。观察检查。

3. 当轿厢悬挂在两根钢丝绳或链条上,且其中一根钢丝绳或链条发生异常相对伸长时,为此装设的电气安全开关应动作可靠。运行中观察检查。

4. 随行电缆严禁有打结和波浪扭曲现象。观察检查。

一般项目:

1. 每根钢丝绳张力与平均值偏差不应大于5%。测力器检查。

2. 随行电缆的安装应符合下列规定:

   (1)随行电缆端部应固定可靠。

   (2)随行电缆在运行中应避免与井道内其他部件干涉。当轿厢安全压在缓冲器上时,随行电缆不得与底坑地面接触。

3. 补偿绳、链、缆等补偿装置的端部应固定可靠。

4. 对补偿绳的张紧轮,验证补偿绳张紧的电气安全开关应动作可靠。张紧轮应安装防护装置。

电梯电气装置安装工程质量验收记录表
GB 50310—2002

090109□□
090209□□

		施工质量验收规范的规定		施工单位检查评定记录	监理(建设)单位验收记录
主控项目	1	电气设备接地	第4.10.1条		
	2	导体之间、导体对地之间绝缘电阻	第4.10.2条		
一般项目	1	主电源开关不应切断的电路	第4.10.3条		
	2	机房和井道内配线	第4.10.4条		
	3	导管、线槽敷设	第4.10.5条		
	4	接地支线色标	应采用黄绿相间的绝缘导线		
	5	控制柜(屏)的安装位置	设计要求		

单位(子单位)工程名称			
分部(子分部)工程名称		验收部位	
施工单位		项目经理	
分包单位		分包项目经理	
施工执行标准名称及编号			

施工单位检查评定结果	专业工长(施工员)		施工班组长	
	项目专业质量检查员:		年 月 日	

监理(建设)单位验收结论	
	专业监理工程师: (建设单位项目专业技术负责人): 年 月 日

714

说　明

主控项目：

1. 电气设备接地必须符合下列规定：

 (1)所有电气设备及导管、线槽的外露可导电部分均必须可靠接地(PE)；

 (2)接地支线应分别直接接至接地干线接线柱上，不得互相连接后再接地。

2. 导体之间和导体对地之间的绝缘电阻必须大于$1000\Omega/V$,且其值不得小于：

 (1)动力电路和电气安全装置电路:$0.5M\Omega$；

 (2)其他电路(控制、照明、信号等):$0.25M\Omega$。

一般项目：

1. 主电源开关不应切断下列供电电路：

 (1)轿厢照明和通风；

 (2)机房和滑轮间照明；

 (3)机房、轿顶和底坑的电源插座；

 (4)井道照明；

 (5)报警装置。

2. 机房和井道内应按产品要求配线。软线和无护套电缆应在导管、线槽或能确保起到等效防护作用的装置中使用。护套电缆和橡套软电缆可明敷于井道或机房内使用，但不得明敷于地面。

3. 导管、线槽的敷设应整齐牢固。线槽内导线总面积不应大于线槽净面积60%；导管内导线总面积不应大于导管内净面积40%；软管固定间距不应大于1m，端头固定间距不应大于0.1m。

4. 接地支线应采用黄绿相间的绝缘导线。

5. 控制柜(屏)的安装位置应符合电梯土建布置图中的要求。

电梯整机安装工程质量验收记录表
GB 50310—2002

090110□□

单位(子单位)工程名称				
分部(子分部)工程名称			验收部位	
施工单位			项目经理	
分包单位			分包项目经理	
施工执行标准名称及编号				

		施工质量验收规范的规定		施工单位检查评定记录	监理(建设)单位验收记录
主控项目	1	安全保护验收	第4.11.1条		
	2	限速器安全钳联动试验	第4.11.2条		
	3	层门与轿门试验	第4.11.3条		
	4	曳引式电梯曳引能力试验	第4.11.4条		
一般项目	1	曳引式电梯平衡系数	0.4~0.5		
	2	试运行试验	第4.11.6条		
	3	噪声检验	第4.11.7条		
	4	平层准确度检验	第4.11.8条		
	5	运行速度检验	第4.11.9条		
	6	观感检查	第4.11.10条		

施工单位检查评定结果	专业工长(施工员)		施工班组长	
	项目专业质量检查员:			年 月 日

监理(建设)单位验收结论	
	专业监理工程师: (建设单位项目专业技术负责人): 年 月 日

说　明

主控项目：

1. 安全保护验收必须符合下列规定：

   (1) 必须检查以下安全装置或功能：

   1) 断相、错相保护装置或功能；2) 短路、过载保护装置；3) 限速器，限速器的轿厢(对重、平衡重)下行标志必须与轿厢(对重、平衡重)的实际下行方向相符；4) 安全钳；5) 缓冲器；6) 门锁装置；7) 上、下极限开关，上、下极限开关必须是安全触点，在端站位置进行动作试验时必须动作正常；8) 轿顶、机房(如果有)、滑轮间(如果有)、底坑停止装置位于轿顶、机房(如果有)、滑轮间(如果有)、底坑的停止装置的动作必须正常。

   (2) 下列安全开关，必须动作可靠：

   1) 限速器绳张紧开关；2) 液压缓冲器复位开关；3) 有补偿张紧轮时，补偿绳张紧开关；4) 当额定速度大于 3.5m/s 时，补偿绳轮防跳开关；5) 轿厢安全窗(如果有)开关；6) 安全门、底坑门、检修活板门(如果有)的开关；7) 对可拆卸式紧急操作装置所需要的安全开关；8) 悬挂钢丝绳(链条)为两根时，防松动安全开关。

2. 限速器安全钳联动试验必须符合下列规定：

   (1) 限速器与安全钳电气开关在联动试验中必须动作可靠，且应使驱动主机立即制动；

   (2) 对瞬间式安全钳，轿厢应载有均匀分布的额定载重量；对渐进式安全钳，轿厢应载有均匀分布的 125% 额定载重量。当短接限速器及安全钳电气开关，轿厢以检修速度下行，人为使限速器机械动作时，安全钳应可靠动作，轿厢必须可靠制动，且轿底倾斜度不应大于 5%。

3. 层门与轿门的试验必须符合下列规定：

   (1) 每层层门必须能够用三角钥匙正常开启；

   (2) 当一个层门或轿门(大多扇门中任何一扇门)非正常打开时，电梯严禁启动或继续运行。

4. 曳引式电梯的曳引能力试验必须符合下列规定：

   (1) 轿厢在行程上部范围空载上行及行程下部范围载有 125% 额定载重量下行，分别停层 3 次以上，轿厢必须可靠地制停(空载上行工况应平层)。轿厢载有 125% 额定载重量以正常运行速度下行时，切断电动机与制动器供电，电梯必须可靠制动。

   (2) 当对重安全压在缓冲器上，且驱动主机按轿厢上行方向连续运转时，空载轿厢严禁向上提升。

   逐项试验，逐项验收。

一般项目：

1. 曳引式电梯的平衡系数应为 0.4~0.5。

2. 电梯安装后应进行空载、额定载荷下运行试验。

3. 噪声检验应检查下列内容，并符合第 4.11.7 条规定。

   (1) 机房噪声。(2) 乘客电梯和病床电梯运行中轿内噪声。(3) 开关门噪声。

4. 平层准确度检验应符合第 4.11.8 条规定：

5. 运行速度检验应符合下列规定：

   当电源为额定频率和额定电压、轿厢载有 50% 额定载荷时，向下运行至行程中段(除去加速加减速段)时的速度，不应大于额定速度的 105%，且不应小于额定速度的 92%。

6. 观感检查应符合第 4.11.10 条规定。

电梯液压系统安装工程质量验收记录表
GB 50310—2002

090203□□

单位(子单位)工程名称						
分部(子分部)工程名称				验收部位		
施工单位				项目经理		
分包单位				分包项目经理		
施工执行标准名称及编号						

施工质量验收规范的规定				施工单位检查评定记录	监理(建设)单位验收记录
主控项目	液压泵站及顶升机构安装	顶升机构安装	安装牢固		
		缸体垂直度	严禁>0.4‰		
一般项目	1	液压管路联接	第5.3.2条		
	2	液压泵站油位显示	第5.3.3条		
	3	显示系统工作压力的压力表	第5.3.4条		

	专业工长(施工员)		施工班组长	
施工单位检查评定结果				
	项目专业质量检查员:		年 月 日	
监理(建设)单位验收结论				
	专业监理工程师: (建设单位项目专业技术负责人):		年 月 日	

718

说　明

主控项目：

　　液压泵站及液压顶升机构的安装必须按土建布置图进行。顶升机构必须安装牢固,缸体垂直度严禁大于 0.4‰。

一般项目：

1. 液压管路应可靠联接,且无渗漏现象。
2. 液压泵站油位显示应清晰、准确。
3. 显示系统工作压力的压力表应清晰、准确。

液压电梯悬挂装置、随行电缆质量验收记录表
GB 50310—2002

单位(子单位)工程名称				
分部(子分部)工程名称			验收部位	
施工单位			项目经理	
分包单位			分包项目经理	
施工执行标准名称及编号				

施工质量验收规范的规定			施工单位检查评定记录	监理(建设)单位验收记录
主控项目	1	绳头组合	第5.9.1条	
	2	钢丝绳	严禁有死弯	
	3	轿厢悬挂要求	第5.9.3条	
	4	随行电缆要求	第5.9.4条	
一般项目	1	钢丝绳、链条张力	第5.9.5条	
	2	随行电缆一般要求	第5.9.6条	

	专业工长(施工员)		施工班组长	
施工单位检查评定结果				
	项目专业质量检查员:			年 月 日
监理(建设)单位验收结论				
	专业监理工程师: (建设单位项目专业技术负责人):			年 月 日

说　　明

主控项目：

1. 如果有绳头组合，必须安全可靠，且每个绳头组合必须安装防螺母松动和脱落的装置。观察检查。

2. 如果有钢丝绳，严禁有死弯。观察检查。

3. 当轿厢悬挂在两根钢丝或链条上，其中一根钢丝绳或链条发生异常相对伸长时，为此装设的电气安全开关必须动作可靠。对具有两个或多个液压顶升机构的液压电梯，每一组悬挂钢丝绳均应符合上述要求。试动作和观察检查。观察检查。

4. 随行电缆严禁有打结和波浪扭曲现象。

一般项目：

1. 如果有钢丝绳或链条，每根张力与平均值偏差不应大于5%。弹簧秤测试。

2. 随行电缆的安装还应符合下列规定：

  （1）随行电缆端部应固定可靠。

  （2）随行电缆在运行中应避免与井道内其他部件干涉。当轿厢完全压在缓冲器上时，随行电缆不得与底坑地面接触。观察检查。

液压电梯整机安装质量验收记录表
GB 50310—2002

090210□□

		单位(子单位)工程名称				
		分部(子分部)工程名称			验收部位	
		施工单位			项目经理	
		分包单位			分包项目经理	
		施工执行标准名称及编号				

		施工质量验收规范的规定		施工单位检查评定记录	监理(建设)单位验收记录
主控项目	1	液压电梯的安全保护	第5.11.1条		
	2	限速器安全钳联动试验	第5.11.2条		
	3	层门与轿车门试验	第4.11.3条		
	4	超载试验,当轿厢载有120%额定载荷时液压电梯严禁启动	第5.11.4条		
一般项目	1	运行试验	第5.11.5条		
	2	噪声检验	第5.11.6条		
	3	平层准确度检验	第5.11.7条		
	4	运行速度检验	第5.11.8条		
	5	额定载重沉降量试验	第5.11.9条		
	6	液压泵站溢流阀压力检查	第5.11.10条		
	7	压力试验	第5.11.11条		
	8	观感检查	第4.11.10条		

	专业工长(施工员)		施工班组长	
施工单位检查评定结果				
	项目专业质量检查员:			年 月 日
监理(建设)单位验收结论				
	专业监理工程师: (建设单位项目专业技术负责人):			年 月 日

722

说　明

主控项目:

1. 液压电梯安全保护验收必须符合下列规定:

   (1) 必须检查以安全装置或功能;1)断相、错相保护装置或功能;2)短路、过载保护装置;3)防止轿厢坠落、超速下降的装置;4)门锁装置;5)上极限开关;6)机房、滑轮间(如果有)、轿顶、底坑停止装置;7)液压油温升保护装置;8)移动轿厢的装置。

   (2) 下列安全开关,必须动作可靠:1)限速器(如果有)张紧开关;2)液压缓冲器(如果有)复位开关;3)轿厢安全窗(如果有)开关;4)安全门、底坑门、检修活板门(如果有)的开关;5)悬挂钢丝绳(链条)为两根时,防松动安全开关。

2. 限速器(安全绳)安全钳联动试验必须符合第 5.11.2 条规定。

3. 层门与轿门的试验:层门与轿门的试验必须符合本规范第 4.11.3 条的规定。

4. 超载试验必须符合下列规定:当轿厢载荷达到 110% 额定载重量,且 10% 的额定载重量的最小值按 75kg 计算时,液压电梯严禁启动。

一般项目:

1. 液压电梯安装后应进行运行试验;轿厢在额定载重量工况下,按产品设计规定的每小时启动次数运行 1000 次(每天不少于 8h),液压电梯应平稳、制动可靠、连续运行无故障。

2. 噪声检验应符合第 5.11.6 条规定。

3. 平层准确度检验应符合下列规定:液压电梯平层准确度应在 ±15mm 范围内。

4. 运行速度检验应符合下列规定:空载轿厢上行速度与上行额定速度的差值不应大于上行额定速度的 8%;载有额定载重量的轿厢下行速度与下行额定速度的差值不应大于下行额定速度的 8%。

5. 额定载重量沉降量试验应符合下列规定:载有额定载重量的轿厢停靠在最高层站时,停梯 10min,沉降量不应大于 10mm,但因油温变化而引起的油体积缩小所造成的沉降不包括在 10mm 内。

6. 液压泵站溢流阀压力检查应符合下列规定:液压泵站上的溢流阀应设定在系统压力为满载压力的 140% ~ 170% 时动作。

7. 压力试验应符合下列规定:轿厢停靠在最高层站,在液压顶升机构和截止阀之间施加 200% 的满载压力,持续 5min 后,液压系统应完好无损。

8. 观感检查应符合本规范第 4.11.10 条的规定。

自动扶梯、自动人行道设备进场质量验收记录表
GB 50310—2002

090301□□

单位(子单位)工程名称						
分部(子分部)工程名称					验收部位	
施工单位					项目经理	
分包单位					分包项目经理	
施工执行标准名称及编号						

施工质量验收规范的规定				施工单位检查评定记录	监理(建设)单位验收记录
主控项目	必须提供的资料	技术资料	梯级或踏板的型式试验报告复印件;或胶带的断裂强度证明文件复印件		
			对公共交通型自动扶梯、自动人行道应有扶手带的断裂强度证书复印件		
		随机文件	土建布置图		
			产品出厂合格证		
一般项目	1	随机文件还应提供	装箱单		
			安装、使用维护说明书		
			动力及安全电路的电气原理图		
	2	设备零部件	应与装箱单内容相符		
	3	设备外观	不存在明显损坏		

施工单位检查评定结果	专业工长(施工员)		施工班组长	
	项目专业质量检查员:			年 月 日

监理(建设)单位验收结论	
	专业监理工程师: (建设单位项目专业技术负责人): 年 月 日

724

说　　明

主控项目：

　必须提供以下资料：

　（1）技术资料；

　　1）梯级或踏板的型式试验报告复印件，或胶带的断裂强度证明文件复印件；

　　2）对公共交通型自动扶梯、自动人行道应有扶手带的断裂强度证书复印件。

　（2）随机文件

　　1）土建布置图；

　　2）产品出厂合格证。

一般项目：

1. 随机文件还应提供以下资料：

　（1）装箱单；

　（2）安装、使用维护说明书；

　（3）动力电路和安全电路的电气原理图。

2. 设备零部件应与装箱单内容相符。

3. 设备外观不应存在明显的损坏。

自动扶梯、自动人行道土建交接检验质量验收记录表
GB 50310—2002

090302□□

单位(子单位)工程名称					
分部(子分部)工程名称				验收部位	
施工单位				项目经理	
分包单位				分包项目经理	
施工执行标准名称及编号					

施工质量验收规范的规定				施工单位检查评定记录	监理(建设)单位验收记录
主控项目	1	梯级、踏板或胶带上空垂直净高	∢2.3m		
	2	安装前井道周围的栏杆或屏障高度	∢1.2m		
一般项目	1	土建主要尺寸允许偏差	提升高度(mm)	−15～+15	
			跨度(mm)	0～+15	
	2	设备进场	通道和搬运空间		
	3	安装前土建单位提供	水准基准线标识		
	4	电源零件与接地线应分开,接地装置电阻	≯4Ω		

	专业工长(施工员)		施工班组长	
施工单位检查评定结果				
	项目专业质量检查员:			年 月 日
监理(建设)单位验收结论				
	专业监理工程师: (建设单位项目专业技术负责人):			年 月 日

726

说　明

主控项目:

1. 自动扶梯的梯级或自动人行道的踏板或胶带上空,垂直净高度严禁小于2.3m。

2. 在安装之前,井道周围必须设有保证安全的栏杆或屏障,其高度严禁小于1.2m。

一般项目:

1. 土建工程应按照土建布置图进行施工,且其主要尺寸允许误差应为:

   提升高度 −15 ～ +15mm;跨度0 ～ +15mm。

2. 根据产品供应商的要求应提供设备进场所需的通道和搬运空间。

3. 在安装之前,土建施工单位应提供明显的水平基准线标识。

4. 电源零线和接地线应始终分开。接地装置的接地电阻值不应大于4Ω。

自动扶梯、自动人行道整机安装工程质量验收记录表
GB 50310—2002

090303□□

单位(子单位)工程名称					
分部(子分部)工程名称				验收部位	
施工单位				项目经理	
分包单位				分包项目经理	
施工执行标准名称及编号					

		施工质量验收规范的规定		施工单位检查评定记录	监理(建设)单位验收记录
主控项目	1	自动停止运行规定	第6.3.1条		
	2	不同回路导线对地绝缘电阻测量	第6.3.2条		
	3	电器设备接地	第4.10.1条		
一般项目	1	整机安装检查	第6.3.4条		
	2	性能试验	第6.3.5条		
	3	制动试验	第6.3.6条		
	4	电气装置	第6.3.7条		
	5	观感检查	第6.3.8条		

	专业工长(施工员)		施工班组长	
施工单位检查评定结果				
	项目专业质量检查员:			年 月 日
监理(建设)单位验收结论				
	专业监理工程师: (建设单位项目专业技术负责人):			年 月 日

728

说　明

主控项目：

1. 在下列情况下，自动扶梯、自动人行道必须自动停止运行，且第4款至第11款情况下的开关断开的动作必须通过安全触点或安全电路来完成。

   (1) 无控制电压；(2) 电路接地的故障；(3) 过载；(4) 控制装置在超速度和运行方向非操纵逆转下动作；(5) 附加制动器（如果有）动作；(6) 直接驱动梯级、踏板或胶带的部件（如链条或齿条）断裂或过分伸长；(7) 驱动装置与转向装置之间的距离（无意性）缩短；(8) 梯级、踏板或胶带进入梳齿板处有异物夹住，且产生损坏梯级、踏板或胶带支撑结构；(9) 无中间出口的连续安装的多台自动扶梯、自动人行道中的一台停止运行；(10) 扶手带入口保护装置动作；(11) 梯级或踏板下陷。

2. 应测量不同回路导线对地的绝缘电阻。测量时，电子元件应断开。导体之间和导体对地之间的绝缘电阻大于$1000\Omega/V$，且其值必须大于：(1) 动力电路和电气安全装置电路$0.5M\Omega$；(2) 其他电路（控制、照明、信号等）$0.25M\Omega$。

3. 电气设备接地必须符合规定：

   (1) 所有电气设备及导管、线槽的外露可导电部分必须可靠接地（PE）；

   (2) 接地支线分别直接接至接地干线接线柱上，不得互相连接后再接地。

一般项目：

1. 整机安装检查应符合第6.3.4条规定。

2. 性能试验应符合下列规定：

   (1) 在额定频率和额定电压下，梯级、踏板或胶带沿运行方向空载时的速度与额定速度之间的允许偏差为$\pm5\%$；

   (2) 扶手带的运行速度相对梯级、踏板或胶带的速度允许偏差为$0\sim+2\%$。

3. 自动扶梯、自动人行道制动试验应符合下列规定：

   (1) 自动扶梯、自动人行道应进行空载制动试验，制停距离应符合表6.3.6-1的规定。

   (2) 自动扶梯应进行载有制动载荷的制停距离试验（除非制停距离可以通过方法检验），制动载荷应符合表6.3.6-2的规定，制停距离应符合表6.3.6-1的规定，对自动人行道，制造商应提供按载有表6.3.6-2规定的制动载荷计算的制停距离，且制停距离应符合表6.3.6-1的规定。

4. 电气装置还应符合下列规定：

   (1) 主电源开关不应切断电源插座、检修和维护所必需的照明电源。

   (2) 配线应符合本规范第4.10.4、4.10.5、4.10.6条的规定。

5. 观感检查符合第6.3.8条规定。

第十节　室内燃气工程质量验收用表

　　燃气管道安装工程在《建筑工程施工质量验收统一标准》GB 50300—2001 及配套验收规范的修订时,根据建设部的要求单独列为一个分部工程,其质量验收规范拟单独编写。由于多种原因至今该部分的质量验收规范尚未编制批准发布。由于房屋建筑工程是一个整体质量,长期缺少燃气管道安装质量的验收统一要求,对整个房屋建筑质量的验收是不全面的。各地区及企业都提出,要求建设部应尽快完善这一质量验收规范。鉴于这要有一定时间过程。为了能尽量提供一个参考性的燃气管道安装质量验收表格。我们参考了当前有关规范及有关地区的一些地区验收的表格,我们在这次本书的修订中提供了一参考验收表式。主要是根据原《建筑安装工程质量检验评定统一标准》及《建筑采暖、卫生与煤气工程质量检验评定标准》GBJ 302—88 中的有关室内煤气工程的有关内容及《城镇煤气设计规范》GB 50028、《城镇燃气室内工程施工及验收规范》CJJ 94、《家用燃气燃烧器具安装及验收规程》CJJ 12,以及近年一些地区按照地方标准编制的一些地方标准,综合编制了其参考表格计 4 张表,供验收时参照使用。

室内燃气管道安装工程分项工程相关表

子分部工程 分项工程 项　　目	室内燃气管道工程
室内燃气管道安装工程检验批质量验收记录表 100101	●
家用及商业用燃气计量表安装工程检验批质量验收记录表 100102	●
家用及商业用燃气设备安装工程检验批质量验收记录表 100103	●
燃气监控及防雷、防静电系统安装工程检验批质量验收记录表 100104	●

室内燃气管道安装工程检验批质量验收记录表

100101□□

单位(子单位)工程名称					子分部(系统)工程名称			
验收部位、区、段								
施工单位						项目经理(负责人)		
分包单位						分包项目经理		
施工执行标准名称及编号								

		施工质量验收有关规定				施工单位检查评定记录	监理(建设)单位验收记录
主控项目	1	燃气管道、管件、附件及阀门材料		设计要求			
	2	燃气管道强度和严密性试验		有关规定			
	3	燃气管道的连接		有关规定			
	4	燃气管道与其他管道、设备的安全间距		有关规定			
一般项目	1	燃气管道的坡度		有关规定			
	2	燃气管道引入及敷设		有关规定			
	3	燃气管道的防腐		有关规定			
	4	燃气管道支、吊架		有关规定			
	5	套管安装		有关规定			
	6	管道标识		有关规定			
	7 允许偏差	标高		±10mm			
		水平管道纵、横方向弯曲	每1m 管径≤100mm	0.5mm			
			每1m 管径>100mm	1mm			
			全长25m以上 管径≤100mm	≥13mm			
			全长25m以上 管径>100mm	≥25mm			
		立管垂直度	每1m	2mm			
			全长25m以上	≥10mm			
		阀门	阀门中心距地面	±15mm			
		管道保温	厚度	$+0.1\delta$ -0.05δ			
			表面不整度 卷材、板材	5mm			
			其他	10mm			

施工单位检查评定结果	专业工长(施工员)		施工班组长	
	项目专业质量检查员:			年 月 日
监理(建设)单位验收结论	专业监理工程师: (建设单位项目专业技术负责人):			年 月 日

732

说　明

主控项目：

《城镇燃气室内工程施工及验收规范》CJJ 94

一、燃气管道、管件、附件及阀门材料

2.1.2　室内燃气管道采用的管道、管件、管道附件、阀门及其他材料应符合设计文件的规定,并应按国家现行标准在安装前进行检验,不合格者不得使用。

2.1.3　室内燃气管道安装前应对管道、管件、管道附件及阀门等内部进行清扫,保证其内部清洁。

2.2.1　燃气管道安装应按设计施工图进行管道的预制和安装。

2.2.2　燃气使用的管道、管件及管道附件当设计文件列明确规定时,管径小于或等于 $DN50$,宜采用镀锌钢管或铜管;管径大于 $DN50$ 或使用压力 10kPa,应符合本规范 2.1.2 条的规定。铜管宜采用牌号为 TP2 的管材。

2.2.3　煤气管道的切割应符合下列规定:

1. 碳素钢管、镀锌钢管宜用钢锯或机械方法切割;

2. 不锈钢管应采用机械或等离子方法切割;不锈钢管采用砂轮切割或修磨时应使用专用砂轮片;铜管可采用机械或手工方法切割;

3. 管道切口质量应符合下列规定:

　　1) 切口表面应平整,无裂纹、重皮、毛刺、凸凹、缩口、熔渣、氧化物、铁屑等;

　　2) 切口端面倾斜偏差不应大于管道外径的 1% ,且不得超过 3mm;凹凸误差不得超过 1mm。

2.2.4　燃气管道的弯管制作应符合现行国家标准《工业金属管道工程施工及验收规范》GB 50235 的规定。燃气管道的弯曲半径宜大于管道外径的 3.5 倍。弯管截面最大外径与最小外径之差不得大于管道外径的 8% 。铜制弯管及不锈钢弯管制作应采用专用弯管设备。

《城镇燃气设计规范》GB 50028

10.2.3　室内燃气管道宜选用钢管,也可选用铜管、不锈钢管、铝塑复合管和连接用软管,并应分别符合第 10.2.4 ~ 10.2.8 条的规定。

10.2.4　室内燃气管道选用钢管时应符合下列规定:

1. 钢管的选用应符合下列规定:

1) 低压燃气管道应选用热镀锌钢管(热浸镀锌),其质量应符合现行国家标准《低压流体输送用焊接钢管》GB/T 3091 的规定;

2) 中压和次高压燃气管道宜选用无缝钢管,其质量应符合现行国家《输送流体用无缝钢管》GB/T 8163 的规定;燃气管道的压力小于或等于 0.4MPa 时,可选用本款第 1)项规定的焊接钢管。

2. 钢管的壁厚应符合下列规定:

　　1) 选用符合 GB/T 3091 标准的焊接钢管时,低压宜采用普通管,中压应采用加厚管;

　　2) 选用无缝钢管时,其壁厚不得小于 3mm,用于引入管时不得小于 3.5mm;

　　3) 在避雷保护范围以外的屋面上的燃气管道和高层建筑沿外墙架设的燃气管道,采用焊接钢管或无缝钢管时其管道壁厚均不得小于 4mm。

3. 钢管螺纹连接时应符合下列规定:

　　1) 室内低压燃气管道(地下室、半地下室等部位除外)、室内压力小于或等于 0.2MPa 的燃气管道,可采用螺纹连接;管道公称直径大于 $DN100$ 时不宜选用螺纹连接。

　　2) 管件选择应符合下列要求:

　　管道公称压力 $PN \leqslant 0.01MPa$ 时,可选用可锻铸铁螺纹管件;

　　管道公称压力 $PN \leqslant 0.2MPa$ 时,应选用钢或铜合金螺纹管件;

　　3) 管道公称压力 $PN \leqslant 0.2MPa$ 时,应采用现行国家标准《55°密封螺纹第 2 部分:圆锥内螺纹与圆锥外螺纹》GB/T 7306.2 规定的螺纹(锥)连接;

4）密封填料，宜采用聚四氟乙烯生料带、尼龙密封绳等性能良好的填料。

4. 钢管焊接或法兰连接可用于中低压燃气管道（阀门、仪表处除外），并应符合有关标准的规定。

10.2.5　室内燃气管道选用铜管时应符合下列规定：

1. 铜管的质量应符合现行国家标准《无缝铜水管和铜气管》GB/T 18033 的规定。

2. 铜管道应采用硬钎焊连接，宜采用不低于 1.8% 的银（铜—磷基）焊料（低银铜磷钎料）。铜管接头和焊接工艺可按现行国家标准《铜管接头》GB/T 11618 的规定执行。铜管道不得采用对焊、螺纹或软钎焊（熔点小于 500℃）连接。

3. 埋入建筑物地板和墙中的铜管应是覆塑铜管或带有专用涂层的铜管，其质量应符合有关标准的规定。

4. 燃气中硫化氢含量小于或等于 7mg/m² 时，中低压燃气管道可采用现行国家标准《无缝铜水管和铜气管》GB/T 18033 中表 3-1 规定的 A 型管或 B 型管。

5. 燃气中硫化氢含量大于 7mg/m² 而小于 20mg/m² 时，中压燃气管道应选用带耐腐蚀内衬的铜管；无耐腐蚀内衬的铜管只允许在室内的低压燃气管道中采用；铜管类型可按本条第 4 款的规定执行。

6. 铜管必有有防外部损坏的保护措施。

10.2.6　室内燃气管道选用不锈钢管时应符合下列规定：

1. 薄壁不锈钢管：

1）薄壁不锈钢管的壁厚不得小于 0.6mm（DN15 及以上），其质量应符合现行国家标准《流体输送用不锈钢焊接钢管》GB/T 12771 的规定。

2）薄壁不锈钢管的连接方式，应采用承插氩弧焊式管件连接或卡套式管件机械连接，并宜优先选用承插氩焊式管件连接。承插氩弧焊式管件和卡套式管件应符合有关标准的规定。

2. 不锈钢波纹管：

1）不锈钢波纹管的壁厚不得 0.2mm，其质量应符合国家现行标准《燃气用不锈钢波纹软管》CJ/T 197 的规定；

2）不锈钢波纹管应采用卡套式管件机械连接，卡套式管件应符合有关标准的规定。

3. 薄壁不锈钢管和不锈钢波纹管必须有防外部损坏的保护措施。

10.2.7　室内燃气管道选用铝塑复合管时应符合下列规定：

1. 铝塑复合管的质量应符合现行国家标准《铝塑复合压力管　第 1 部分：铝管搭接焊式铝塑管》GB/T 18997.1 或《铝塑复合压力管 第 2 部分：铝管对接焊式铝塑管》GB/T 18997.2 的规定。

2. 铝塑复合管应采用卡套式管件或承插式管件机械连接，承插式管件应符合国家现行标准《承插式管接头》CJ/T 110 的规定，卡套式管件应符合国家现行标准《卡套式管接头》CJ/T 111 和《铝塑复合管用卡压式管件》CJ/T 190 的规定。

3. 铝塑复合管安装时必须对铝塑复合管材进行防机械损伤、防紫外线（UV）伤害及防热保护，并应符合下列规定：

1）环境温度不应高于 60℃；

2）工作压力应小于 10kPa；

3）在户内的计量装置（燃气表）后安装。

10.2.8　室内燃气管道采用软管时，应符合下列规定：

1. 燃气用具连接部位、实验室用具或移动式用具等处可采用软管连接。

2. 中压燃气管道上应采用符合现行国家标准《波纹金属软管通用技术条件》GB/T 14525、《液化石油气（LPG）用橡胶软管和软管组合件 散装运输用》GB/T 10546 或同等性能以上的软管。

3. 低压燃气管道上应采用符合国家现行标准《家用煤气软管》HG 2486 或国家现行标准《燃气用不锈钢波纹软管》CJ/T 197 规定的软管。

4. 软管最高允许工作压力不应小于管道设计压力的 4 倍。

5. 软管与家用燃具连接时，其长度不应超过 2m，并不得有接口。

6. 软管与移动式的工业燃具连接时，其长度不应超过 30m，接口不应超过 2 个。

7. 软管与管道、燃具的连接处应采用压紧螺帽（锁母）或管卡（喉箍）固定。在软管的上游与硬管的连接处应设阀门。

8. 橡胶软管不得穿墙、顶棚、地面、窗和门。

二、燃气管道强度及严密性试验

《城镇燃气室内工程施工及验收规范》CJJ 94

6.1.1 燃气管道安装完毕后,必须按本规范6.2、6.3节的要求进行强度和严密性试验。

6.1.2 试验介质宜采用空气,严禁用水。

6.1.3 室内燃气管道试验前应具备下列条件:

1. 已有试验方案;

2. 试验范围内的安装工程除涂漆、隔热层外,已按设计图纸全部完成,安装质量检验符合本规范5.1~5.6节的规定;

3. 焊缝、螺纹连接接头、法兰及其他待检部位尚未做涂漆和隔热层;

4. 接试验要求管道已加固;

5. 待试验的管道已与不应参与试验的系统、设备、仪表等隔断,泄爆装置已拆下或隔断,设备盲板部位及放空管已有明显标记或记录。

6.1.4 试验用压力表应在检验的有效期内,其量程应为被测最大压力的1.5~2倍。弹簧压力表精度应为0.4级。

6.1.5 试验应由施工单位负责实施,并通知燃气供应单位和建设单位参加。燃气工程的竣工验收,应根据工程性质由建设单位组织相关部门、燃气供应单位及相关单位按本规范要求进行联合验收。

6.1.6 试验时发现的缺陷,应在试验压力降至大气压时进行修补。修补后应进行复试。

强度试验:

6.2.1 试验范围应符合下列规定:

1. 居民用户为引入管阀门至燃气计量表进口阀门(含阀门)之间的管道;

2. 工业企业和商业用户为引入管阀门至燃具接入管阀门(含阀门)之间的管道。

6.2.2 进行强度试验前燃气管道应吹扫干净,吹扫介质宜采用空气。

6.2.3 试验压力应符合下列规定:

1. 设计压力小于10kPa时,试验压力为0.1MPa;

2. 设计压力大于或等于10kPa时,试验压力为设计压力的1.5倍,且不得小于10.1kPa。

6.2.4 设计压力小于10kPa的燃气进行强度试验时可用发泡剂抹所有接头,不漏气为合格。设计压力大于或等于10kPa的燃气管道进行强度试验时,应稳压0.5h,用发泡剂涂抹所有接头,不漏气为合格;或稳压1h,观察压力表,无压力降为合格。

6.2.5 强度试验压力大于0.6kPa时,应在达到试验压力的1/3和2/3时各停止15min,用发泡剂检查管道所有接头无泄漏后方可继续升压至试验压力,并稳压1h,用发泡剂检查管道所有接头无泄漏,且观察压力表无压力降为合格。

严密性试验:

6.3.1 严密性试验范围应为引入管阀门至燃具前阀门之间的管道。

6.3.2 严密性试验应在强度试验之后进行。

6.3.3 中压管道的试验压力为设计压力,但不得低于0.1kPa,以发泡剂检验,不漏气为合格。

6.3.4 低压管道试验压力不应小于5kPa。试验时间,居民用户试验15min,商业和工业用户试验30min,观察压力表,无压力降为合格。

6.3.5 低压管道进行严密性试验时,压力测量可采用最小刻度为1mm的U形压力计。

三、燃气管道的连接

《城镇燃气室内工程施工及验收规范》CJJ 94

2.2.8 燃气的连接方式应符合设计文件的规定。当设计文件无规定时,管径小于或等于DN50的燃气管道宜采用螺纹连接;管径大于DN50或使用压力超过10kPa的燃气管道宜采用焊接连接;铜管应采用硬钎焊连接。

2.2.5 燃气管道的焊接应符合下列规定:

1. 管道与管件的坡口:
   1) 管道与管件的坡口形式和尺寸应符合设计文件规定;当设计文件无明确规定时,应符合本规范附录A的规定;
   2) 与管件的坡口及其内外表面的清理应符合现行国家标准 GB 50235 的规定;
      等壁厚对接焊件内壁应齐平,内壁错边量不宜超过管壁厚度的 10%;钢管且不应大于 2mm。

2. 焊条、焊丝的选用:
   1) 焊条、焊丝的选用应符合设计文件的规定;当设计文件无规定时,应按现行国家标准《现场设备、工业管道焊接工程施工及验收规范》GB 50236—98 中 6.3.1 条、8.2.1 条的规定选用;
   2) 严禁使用药皮脱落或不均匀、有气孔、裂纹、生锈或受潮的焊条。

3. 管道的焊接工艺:
   1) 应符合 GB 50236 的有关规定;
   2) 焊接时应先点焊,然后再全面施焊;
   3) 点焊必须焊透;点焊处有裂纹、气孔、夹渣缺陷时应铲除重焊,必须在点焊合格后方可全面施焊。

4. 焊缝质量:
   1) 焊完后焊缝应立即去除渣皮、飞溅物,清理干净焊缝表面,然后进行焊缝外观检查;
   2) 焊缝质量应符合设计文件的要求;当设计文件无明确要求时,焊缝外面质量应符合 GB 50236—98 中表 11.3.2 中的Ⅲ级焊缝标准。

5. 在主管道上开孔接支管时,开孔边缘距管道对接焊缝不应小于 100mm;当小于 100mm 时,对接焊缝应进行射线探伤;管道对接焊缝与支、吊架边缘之间的距离不应小于 50mm。

6. 法兰焊接应符合现行行业标准《管路法兰技术条件》JB/T 74—94 中附录C的有关规定。

7. 铜管钎焊焊接应符合下列规定:
   1) 铜管的焊接应采用硬钎焊形式,不得采用对接焊和软钎焊形式;
   2) 钎焊材料宜采用低银铜磷钎料;
   3) 钎焊前应用细砂纸除去钎焊处铜管外壁与管件内壁表面的污物及氧化层;
   4) 焊接前应调整铜管插入端与管件承口处的装配间隙,使之尽可能均匀;
   5) 钎焊时应均匀加热被焊铜管及接头,与黄铜管件焊接时应添加钎剂,当达到加热温度时送入钎料,钎料应均匀渗入承插口的间隙内,加热温度宜控制在 645~790℃ 之间,钎料填满承插口间隙后应停止加热,保质静止,然后将钎焊部位清理干净;
   6) 铜管钎焊后必须进行外观检查,钎缝应饱满并呈圆滑的焊角,钎缝表面应无气孔及铜管件边缘被熔融缺陷。

5.2.6 铜管焊接的检验应符合下列规定:

1. 焊接检验应符合现行国家标准 GB 50236 的规定;
2. 检查数量:少于 10 个焊口时,全部检查,超过 10 个焊口时,抽查 10 个焊口;
3. 检验方法:观察或用焊缝检查尺检查及查阅记录;
4. 焊缝无损检验应符合现行国家标准 GB 50236 的规定。

5.2.7 铜管钎焊的检验应符合下列规定:

1. 铜管钎焊检验应符合本规范 2.2.5 条的规定;钎缝应进行外观检查,钎缝表面应光滑,不得有气孔、未熔合、较大焊瘤及钎焊件边缘被熔融等缺陷;
2. 检验数量:100% 钎焊缝;
3. 检验方法:观察;必要时应按国家现行标准《压力容器无损检测》JB 4730 的有关规定进行渗透探伤。

5.2.5 燃气管道的法兰连接的检验应符合下列规定:

1. 对接应平行、紧密,与管道中心线垂直、同轴;法兰垫片规格应与法兰相符;法兰及垫片材质应符合国家现行标准的规定;法兰垫片和螺栓的安装应符合本规范 2.2.6 条的要求;
2. 检查数量:5 对以下(含 5 对)时全部检查,超过 5 对时,抽查 5 对;

3. 检查方法:观察或用直尺、卡尺检查。

2.2.7 管道、设备螺纹连接应符合下列规定:

1. 管道与设备、阀门螺纹连接应同心,不得用管接头强力对口;

2. 管道螺纹接头宜采用聚四氟乙烯带做密封材料;拧紧螺纹时,不得将密封材料挤入管内;

3. 钢管的螺纹应光滑端正,无斜丝、乱丝、断丝或破丝,缺口长度不得超过螺纹的10%;

4. 铜管与球阀、燃气计量表及螺纹连接附件连接时,应采用承插式螺纹管件连接;弯头、三通可采用承插式铜配件或承插式螺纹连接件。

5.2.4 燃气管道螺纹连接的检验应符合下列规定:

1. 管螺纹加工精度应符合现行国家标准的规定,并应达到螺纹清洁、规整,断位或缺丝不大于螺纹全扣数的10%;连接牢固;根部管螺纹外露1~3扣。镀锌碳素钢管和管件的镀锌层破损处和螺纹露出部分防腐良好;接口处无外露密封材料;

2. 检查数量:不少于10个接口;

3. 检查方法:观察。

2.2.9 燃气管道与燃具之间用软管连接时应符合设计文件的规定,并应符合下列规定:

1. 软管与燃气管道接口,软管与燃气具接口均应选专用固定卡固定;

2. 非金属软管不得穿墙、门和窗。

四、燃气管道与其他管道、设备的安全距离

《城镇燃气设计规范》GB 50028

10.2.36 室内燃气管道与电气设备、相邻管道之间的净距不应小于表10.2.36的规定。

表10.2.36 室内燃气管道与电气设备、相邻管道之间的净距

管道和设备		与燃气管道的净距(cm)	
		平行敷设	交叉敷设
电气设备	明装的绝缘电线或电缆	25	10(注)
	暗装或管内绝缘电线	5(从所做的槽或管子的边缘算起)	1
	电压小于1000V的裸露电线	100	100
	配电盘或配电箱、电表	30	不允许
	电插座、电源开关	15	不允许
相邻管道		保证燃气管道、相邻管道的安装和维修	2

注:1. 当明装电线加绝缘套管且套管的两端各伸出燃气管道10cm时,套管与燃气管道的交叉净距可降至1cm。

2. 当布置确有困难,在采取有效措施后,可适当减小净距。

一般项目:

一、燃气管道的坡度

《城镇燃气室内工程施工及验收规范》CJJ 94

5.2.3 燃气管道的坡度、坡向必须符合设计文件的要求,湿燃气引入管应坡向室外,其坡度应≥1%。并应符合下列规定:

1. 检查数量:抽查管道长度的5%,但不少于5段;

2. 检查方法:用水准仪(水平尺)、拉线和尺量检查。

二、管道引入及敷设

2.2.11 当引入管采用地下引入时,应符合下列规定:

1. 穿越建筑物基础或管沟时,敷设在套管中的燃气管道应与套管同轴,套管与引入管之间,套管与建筑物

基础或管沟之间的间隙应采用密封性能良好的柔性防腐、防水材料填实;

2. 引入管室内竖管部分宜靠实体墙固定;

3. 引入管的管材应符合设计文件的规定,当设计文件无规定时,宜采用无缝钢管;

4. 湿燃气引入管应坡向室外,其坡度应大于或等于0.01。

2.2.12 当引入管采用室外地上引入时,应符合下列规定:

1. 套管内的燃气管道不应有焊口及连接接头,升向地面的弯管应符合本规范2.2.4条的规定,引入管的防护罩应按设计文件的要求制作和安装;

2. 地上引入管与建筑物外墙之间净距宜为100~200mm;

3. 引入管保温层厚度应符合设计文件的规定,保温层表面应平整,凹凸偏差不宜超过±2mm。

2.2.13 室内明设燃气管道与墙面的净距,当管径小于 DN25 时,不宜小于30mm;管径在 DN25~40 时,不宜小于50mm;管径等于 DN50 时,不宜小于60mm;管径大于 DN50 时,不宜小于90mm。

2.2.14 燃气管道垂直交叉敷设时,大管应置于小管外侧;燃气管道与其他管道平行、交叉敷设时,应保持一定的间距,其间距应符合现行国家标准 GB 50028 的规定。

2.2.17 燃气管道施工时,宜避免将管体焊缝朝向墙面,焊缝不明显的管道应事先作好标记。

2.2.18 敷设在管道竖井内的铜管或不锈钢波纹管的安装,宜在土建及其他管道施工完毕后进行,管道穿越竖井内的隔断板时应加套管,套管与管道之间应有不小于5mm 的间距。

2.2.19 暗埋在墙内的铜管或不锈钢波纹管,应使用专用的开凿机开槽。管槽宽度宜为管道外径加20mm,深度应满足覆盖层厚度不小于10mm 的要求。严禁在承重墙、柱、梁开凿管槽。

2.2.20 暗埋的燃气铜管或不锈钢波纹管不应与各种金属和电线相接触;当不可避让时,应用绝缘材料隔开。

2.2.21 燃气管道穿越楼板的孔洞宜从最高层向下钻孔,逐层以重锤垂直确定下层孔洞位置;因上层与下层墙壁壁厚不同而无法垂于一线时,宜作乙字弯使之靠墙避免用管件转向。

三、管道防腐

2.2.22 室内燃气管道的防腐及涂漆应符合下列规定:

1. 引入管采用钢管时,应在除锈(见金属光泽)后进行防腐,防腐做法应符合国家现行标准《城镇燃气输配工程施工及验收规范》CJJ 33 的规定;

2. 室内明设燃气管道及其管道附件的涂漆,应在检验试压合格后进行;采用钢管焊接时,应在除锈(见金属光泽)后进行涂漆:先将全部焊缝处刷两道防锈底漆,然后再全面涂刷两道防锈底漆和两道面漆;采用镀锌钢管螺纹连接时,其与管件连接处安装后应先刷一道防锈底漆,然后再全面举涂刷两道面漆。

5.2.12 管道和金属支架涂漆的检验应符合下列规定:

1. 油漆种类和涂刷遍数符合设计文件的要求;附着良好,无脱皮、起泡和漏涂,漆膜厚度均匀,色泽一致,无流淌及污染现象;

2. 检查数量:各抽查5%,但不少于5 处;

3. 检验方法:观察。

四、管道支、吊架

2.2.15 燃气管道的支承不得设在管件、焊口、螺纹连接口处;立管宜以管卡固定,水平管道转弯处2m 以内设固定托架不应少于一处;钢管的水平管和立管的支承之间的最大间距宜按表2.2.15-1 选择;铜管的水平管和立管支承的最大间距宜按表2.2.15-2 选择。

表2.2.15-1 钢管支承最大间距

管道公称直径(mm)	最大间距(mm)	管道公称直径(mm)	最大间距(mm)
15	2.5	100	7.0
20	3.0	125	8.0
25	3.5	150	10.0
32	4.0	200	12.0

管道公称直径(mm)	最大间距(mm)	管道公称直径(mm)	最大间距(mm)
40	4.5	250	14.5
50	5.0	300	16.5
70	6.0	350	18.5
80	6.5	400	20.5

表2.2.15-2　铜管支承最大间距

公称外径(mm)		15	18	22	28	35	42	54
最大间距(m)	立管	1.8	1.8	2.4	2.4	3.0	3.0	3.0
	水平管	1.2	1.2	1.8	1.8	2.4	2.4	2.4
公称外径(mm)		67	85	108	133	159	219	—
最大间距(m)	立管	3.5	3.5	3.5	4.0	4.0	4.0	—
	水平管	3.0	3.0	3.0	3.5	3.5	3.5	—

当铜管采用钢质支承时,支承与铜管之间应用石棉橡胶垫或薄铜片隔离。

2.2.16　燃气管道采用的支承固定方法宜按表2.2.16选择。

表2.2.16　燃气管道采用的支承固定方法

管径(mm)	砖砌墙壁	混凝土制墙板	石膏空心墙板	木结构墙	楼板
DN15~DN20	管卡	管卡	管卡	管卡	吊架
DN25~DN40	管卡	管卡	夹壁管卡	管卡	吊架
DN50~DN75	管卡、托架	管卡、托架	夹壁托架	管卡、托架	吊架
DN80以上	托架	托架	不得依敷	托架	吊架

5.2.9　管道支(吊、托)架及管座(墩)安装后的检验应符合下列规定:

1. 构造正确、安装平正牢固,排列整齐,支架与管道接触紧密;支(吊、托)架间距不应大于本规范2.2.15条的规定;

2. 检查数量:各抽查8%,但不少于5个。

五、套管安装

2.2.11　当引入管采用地下引入时,应符合下列规定:

1. 穿越建筑物基础或管沟时,敷设在套管中的燃气管道应与套管同轴,套管与引入管之间、套管与建筑物基础或管沟之间的间隙应采用密封性能良好的柔性防腐、防水材料填实;

2. 引入管室内竖管部分宜靠实体墙固定;

3. 引入管的管材应符合设计文件的规定,当设计文件无规定时,宜采用无缝钢管;

4. 湿燃气引入管应坡向室外,其坡度应大于或等于0.01。

5.2.10　安装在墙壁和楼板内的套管的检验应符合下列规定:

1. 套管规格符合本规范2.2.10条的规定;套管内无接头,管口平整,固定牢固;穿楼板的套管,顶部高出地面不少于50mm,底部与顶棚面齐平,封口光滑,穿墙套管两端与墙面平齐,套管与管道之间用柔性防水材料填实,套管与墙壁(或楼板)之间用水泥砂浆填实;

2. 检查数量:各不少于10处;

3. 检查方法:观察和尺量检查。

六、管道标识

公共建筑室内管道须涂刷黄色面漆,并粘贴标有"燃气"的标志版。其他部位管道可根据建筑物外墙颜色要涂刷与外墙协调的调合漆,但均应设置警示环,警示环的设置可按照当燃气安装单位的有关规定,符合燃气管道、设施使用安全及安全警示标志的有关规定。

暗埋的钢管或不锈钢波纹管的色标,可标在覆盖层的砂浆内,或覆盖层的外涂色标,当设计无要求时,色标宜采用黄色。

七、安装允许偏差

5.2.13 室内燃气管道安装后检验的偏差和检验方法宜符合表 5.2.13 的规定,检查数量应符合下列规定:

1. 管道与墙面的净距,水平管的标高:检查管道的起点、终点,分支点及变向点间的直管段,不应少于 5 段;
2. 纵横方向弯曲:按系统内直管段长度每 30m 抽查 2 段,不足 30m 不少于 1 段;有分隔墙的建筑,以隔墙为分段数,抽查 5%,但不少于 5 段;

表 5.2.13 室内燃气管道安装后检验的允许偏差和检验方法

序号	项　目			允许偏差(mm)	检 验 方 法
1	标　高			±10	用水准仪和直尺尺量检查
2	水平管道纵横方向弯曲	每 1m	管径小于或等于 DN100	0.5	用水平尺、直尺、拉线和尺量检验
			管径大于 DN100	1	
		全长(25m 以上)	管径小于或等于 DN100	不大于 13	
			管径大于 DN100	不大于 25	
3	立管垂直度	每 1m		2	吊线和尺量检查
		全长(5mm 以上)		不大于 10	
4	进户管阀门	阀门中心距地面		±15	尺量检查
5	阀门	阀门中心距地面		±15	
6	管道保温	厚度(δ)		+0.1δ −0.05δ	用钢针刺入保温层检查
		表面不整度	卷材或板材	5	用 1m 靠尺、楔形塞尺和观察检查
			涂抹或其他	10	

3. 立管垂直度:一根立管为一段,两层及两层以上按楼层分段,各抽查 5%,但均不少于 10 段;

4. 进户管阀门:全数检查;

5. 其他阀门:抽查 10%,但不少于 5 个;

6. 管道保温每 20m 抽查 1 处,但不少于 5 处。

家用及商业用燃气计量表安装工程检验批质量验收记录表

100102□□

单位(子单位)工程名称					子分部(系统)工程名称		
验收部位、区、段							
施工单位					项目经理(负责人)		
分包单位					分包项目经理		
施工执行标准名称及编号							

施工质量验收有关规定					施工单位检查评定记录		监理(建设)单位验收记录
主控项目	1	燃气计量表质量要求		设计要求			
	2	燃气计量表与管道的连接		有关规定			
	3	燃气计量表安装位置		有关规定			
	4	燃气计量表与灶具及设备水平距离		有关规定			
一般项目	1	燃气计量表安装		有关规定			
	2	皮膜表钢支架安装		有关规定			
	3	支架涂漆		有关规定			
	4	燃气计量表安装允许偏差	<25m²/h	表底距地面	±15mm		
				表后距墙饰面	5mm		
				中心线垂直度	1mm		
			≥25m²/h	表底距地面	±15mm		
				中心线垂直度	$H\,0.4\%$		

	专业工长(施工员)			施工班组长	
施工单位检查评定结果					
	项目专业质量检查员:			年 月 日	
监理(建设)单位验收结论					
	专业监理工程师: (建设单位项目专业技术负责人):			年 月 日	

注：H 为高度。

主控项目：

《城镇燃气室内工程施工及验收规范》CJJ 94

一、燃气计量表质量要求

3.1.1　燃气计量表在安装前应具备下列条件：

1. 燃气计量表应有法定计量检定机构出具的检定合格证书；

2. 燃气计量表应有出厂合格证、质量保证书；标牌上应有 CMC 标志、出厂日期和表编号；

3. 超过有效期的燃气计量表应全部进行复检；

4. 燃气计量表的外表面应无明显的损伤。

5.3.1　燃气计量表必须经过法定计量检定机构的检定，检定日期应在有效期限内。

检验方法：检查燃气计量表上的检定标志或查看检定记录。

5.3.2　燃气计量表的性能、规格、适用压力应按设计文件的要求检验。

检验方法：观察和查阅设计资料或产品说明书。

二、燃气计量表与管道的连接

5.2.4　燃气管道螺纹连接的检验应符合下列规定：

1. 管螺纹加工精度应符合现行国家标准的规定，并应达到螺纹清洁、规整，断位或缺丝不大于螺纹全扣数的 10%；连接牢固，根部管螺纹外露 1～3 扣。镀锌碳素钢管和管件的镀锌层破损处和螺纹露出部分防腐良好；接口处无外露密封材料；

2. 检查数量：不少于 10 个接口；

3. 检查方法：观察。

5.2.5　燃气管道的法兰连接的检验应符合下列规定：

1. 对接应平行、紧密，与管道中心线垂直、同轴；法兰垫片规格应与法兰相符；法兰及垫片材质应符合国家现行标准的规定；法兰垫片和螺栓的安装应符合本规范 2.2.6 条的要求；

2. 检查数量：5 对以下（含 5 对）时全部检查，超过 5 对时，抽查 5 对；

3. 检验方法：观察和用直尺、卡尺检查。

三、燃气计量表安装位置

3.1.3　燃气计量表的安装位置应满足抄表、检修和安全使用的要求。

3.1.4　用户室外安装的燃气计量表应装在防护箱内。

3.3.1　额定流量小于 $50m^3/h$ 的燃气计量表，采用高位安装时，表底距室内地面不宜小于 1.4m，表后距墙不宜小于 30mm，并应加表托固定；采用低位安装时，应平正地安装在高度不小于 200mm 的砖砌支墩或钢支架上，表后距墙净距不应小于 50mm。

3.3.2　额定流量大于或等于 $50m^3/h$ 的燃气计量表，应平正地安装在高度不小于 20mm 的砖砌支墩或钢支架上，表后距墙净距不应小于 150mm；叶轮表、罗茨表的安装场所、位置及标高应符合设计文件的规定，并应按产品标识的指向安装。

3.3.3　采用铅管或不锈钢波纹管连接燃气计量表时，铅管或不锈钢波纹管应弯曲右圆弧状，不得形成直角。弯曲角度时，应保持铅管的原口径。

3.3.4　采用法兰连接燃气计量表时，应符合本规范 2.2.6 条的规定。垫处表面应洁净，不得有裂纹、断裂等缺陷；垫片内径不得小于管道内径，垫片外径不应妨碍螺栓的安装。法兰垫片不允许使用斜垫片或双层垫片。

5.3.4　燃气计量表的安装位置应符合设计文件的要求。燃气计量表的外观应无损伤，油漆膜应完好。

检验方法：观察和查阅设计资料。

5.3.6　使用加氧的富氧燃烧器或使用鼓风机向燃烧器供给空气时，应检验燃气计量装置后设的止回阀是否符合设计文件的要求。

检验方法:观察和查阅设计资料。

《城镇燃气设计规范》GB 50028

10.3.1　燃气用户应单独设置燃气表。

燃气表应根据燃气的工作压力、温度、流量和允许的压力降(阻力损失)等条件选择。

10.3.2　用户燃气表的安装位置,应符合下列要求:

1. 宜安装在不燃或难燃结构的室内通风良好和便于查表、检修的地方。

2. 严禁安装在下列场所:

　　1)卧室、卫生间及更衣室内;

　　2)有电源、电器开关及其他电器设备的管道井内,或有可能滞留泄漏燃气的隐蔽场所;

　　3)环境温度高于45℃的地方;

　　4)经常潮湿的地方;

　　5)堆放易燃易爆、易腐蚀或有放射性物质等危险的地方;

　　6)有变、配电等电器设备的地方;

　　7)有明显振动影响的地方;

　　8)高层建筑中的避难层及安全疏散楼梯间内。

3. 燃气表的环境温度,当使用人工煤气和天然气时,应高于0℃;当使用液化石油气时,应高于其露点5℃以上。

4. 住宅内燃气表可安装在厨房内,当有条件时也可设置在户门外。

　　住宅内高位安装燃气表时,表底距地面不宜小于1.4m;当燃气表装在燃气灶具上方时,燃气表与燃气灶的水平净距不得小于30cm;低位安装时,表底距地面不得小于10cm。

5. 商业和工业企业的燃气表宜集中布置在单独房间内,当设有专用调压室时可与调压器同室布置。

10.3.3　燃气表保护装置的设置应符合下列要求:

1. 当输送燃气过程中可能产生尘粒时,宜在燃气表前设置过滤器;

2. 当使用加氧的富氧燃烧器或使用鼓风机向燃烧器供给空气时,应在燃气表后设置止回阀或泄压装置。

四、燃气计量表与灶具和设备水平距离

《城镇燃气室内工程施工及验收规范》CJJ 94

3.3.6　燃气计量表与各种灶具和设备的水平距离应符合下列规定:

1. 与金属烟囱水平净距不应小于1.0m,与砖砌烟囱水平净距不应小于0.8m;

2. 与炒菜灶、大锅灶、蒸箱、烤炉等燃气灶具的灶边水平净距不应小于0.8m;

3. 与沸水器及热水锅炉的水平净距不应小于1.5m;

4. 当燃气计量表与各种灶具和设备的水平距离无法满足上述要求时,应加隔热板。

一般项目:

一、燃气计量表安装

3.2.1　家用燃气计量表的安装应符合下列规定:

1. 高位安装时,表底距地面不宜小于1.4m;

2. 低位安装时,表底距地面不宜小于0.4m;

3. 高位安装时,燃气计量表与燃气灶的水平净距不得小于300mm,表后与墙面净距不得小于10mm;

4. 燃气计量表安装后应横平竖直,不得倾斜;

5. 采用高位安装,多块表挂在同一墙面上时,表之间净距不宜小于150mm;

6. 燃气计量表应使用专用的表连接件安装。

3.2.2　组合式燃气计量表箱,可平稳地放置在地面上,与墙面紧贴。

3.2.3　燃气计量表安装在橱柜内时,橱柜的形式应便于燃气计量表抄表、检修及更换,并具有自然通风的功能。

5.3.3　燃气计量表安装方法应按产品说明书或设计文件的要求检验,燃气计量表前设置的过滤器应按产品说明书检验。

检验方法:观察和查阅设计资料或产品说明书。

二、皮膜表钢支架安装

5.3.8 皮膜表钢支架安装后的检验应符合下列规定:

1. 支架的安装应符合设计文件的要求,安装端正牢固,无倾斜;

2. 检验数量:按本规范5.3.7条第1款执行;

3. 检验方法:观察、手检和查阅设计资料。

三、支架涂漆

5.3.9 支架涂漆检验应符合下列规定:

1. 油漆种类和涂刷遍数应符合设计文件的要求,附着良好,无脱皮、起泡和漏涂,漆膜厚度均匀,色泽一致,无流淌及污染现象;

2. 检验数量:不少于20%,并不少于2个;

3. 检验方法:观察和查阅设计资料。

四、安装允许偏差

5.3.10 燃气计量表安装后的允许偏差和检验方法应符合表5.3.10的要求。

检验数量:居民用户抽查20%,但不少于5台;商业和工业企业用户抽查50%,但不少于1台。

表5.3.10 燃气计量表安装的允许偏差和检验方法

序号	项 目		允许偏差(mm)	检 验 方 法
1	$<25m^3/h$	表底距地面	±15	吊线和尺量
		表后距墙饰面	5	
		中心线垂直度	1	
2	$\geq25m^3/h$	表底距地面	±15	吊线、尺量、水平尺
		中心线垂直度	表高的0.4%	吊线和尺量

家用及商业用燃气设备安装工程检验批质量验收记录表

100103□□

单位(子单位)工程名称				子分部(系统)工程名称		
验收部位、区、段						
施工单位				项目经理(负责人)		
分包单位				分包项目经理		
施工执行标准名称及编号						

施工质量验收有关规定				施工单位检查评定记录	监理(建设)单位验收记录
主控项目	1	设备质量	设计要求		
	2	设备安装部位	有关规定		
	3	设备室内安装	有关规定		
	4	设备室外安装	有关规定		
	5	设备与管道连接	有关规定		
	6	燃气与电气开关、插座等的水平距离	有关规定		
	7	设备单机试运行	有关规定		
一般项目	1	设备安装固定	有关规定		
	2	砖砌灶具安装	有关规定		
	3	烟道设置	有关规定		
	4	燃具与周围建筑物安全距离	有关规定		
	5	排气管与周围安全距离	有关规定		
	6	设备允许偏差 坐标	15mm		
		标高	±5mm		
		垂直度每米	5mm		

施工单位检查评定结果	专业工长(施工员)		施工班组长	
	项目专业质量检查员:			年　月　日

监理(建设)单位验收结论	
	专业监理工程师: (建设单位项目专业技术负责人): 　　　　　年　月　日

745

说　明

主控项目：

　　一、设备质量

　　《城镇燃气室内工程施工及验收规范》CJJ 94

　　2.1.1　用户室内燃气管道的最高压力和用气设备的燃气燃烧器采用的额定压力应符合现行国家标准《城镇燃气设计规范》GB 50028 的规定。

　　4.1.1　燃气设备安装前应检查用气设备的产品合格证、产品安装使用说明书和质量保证书；产品外观应有产品标牌，并有出厂日期；应核对性能、规格、型号、数量是否符合设计文件要求。不具备以上检查条件的产品不得安装。

　　4.1.2　家用燃具应采用低压燃气设备，商业用气设备宜采用低压燃气设备；燃烧器的额定压力应符合本规范 2.1.1 条的规定。

　　5.4.2　燃气的种类和压力，燃具上的燃气接口，进出水的压力和接口应符合燃具说明书的要求；与室内燃气管道和冷热水管道的连接必须正确，并应连接牢固，不易脱落。

　　检验方法：观察、手检和查阅资料。

　　二、安装部位

　　4.2.1　家用燃具的安装应符合现行行业标准《家用燃气燃烧器具安装及验收规程》CJJ 12 的规定。

　　4.2.2　商业用气设备安装场所应符合现行国家标准 GB 50028 的有关规定。

　　《家用燃气燃烧器具安装及验收规范》CJJ 12。

　　5.0.4　燃具安装部位应符合下列要求：

1. 安装燃具的地面、墙壁应能承受荷重。

2. 燃具不应安装在有易燃物堆存的地方。

3. 直排式和半密闭式燃具不应安装在有腐蚀性气体和灰尘多的地方。

4. 燃具不应装在对其他燃气设备或电气设备有影响的地方。

5. 安装时应考虑满流、安全阀动作及冷凝水的影响，地面应做防水处理或设排水管。

6. 燃具安装应考虑检修的方便；排气筒、给排气管应在易安装和检修处安装。

7. 燃具安装处所应符合现行国家标准《燃气燃烧器具安全技术通则》GB 16914 的规定。

　　4.2.1　排气筒、排气管、给排气管与可燃材料、难燃材料装修的建筑物的安装距离应符合表 4.2.1 的规定。

表 4.2.1　安装距离（mm）

烟气温度		260℃ 及其以上	260℃ 以下	
部位		排气筒、排气管		给排气管
开放部位	无隔热	150mm 以上	$D/2$ 以上	0mm 以上
	有隔热	有 100mm 以上隔热层，取 0mm 以上安装	有 20mm 以上隔热层，取 0mm 以上安装	—
隐蔽部位		有 100mm 以上隔热层，取 0mm 以上安装	有 20mm 以上隔热层，取 0mm 以上安装	20mm 以上
穿越部位措施		应有下述措施之一： (1)150mm 以上的空间 (2)150mm 以上的铁制保护板 (3)100mm 以上的非金属不燃材料保护板（混凝土制）	应有下述措施之一： (1)$D/2$ 以上的空间 (2)$D/2$ 以上的铁制保护板 (3)20mm 以上的非金属不燃材料卷制或缠绕	0mm 以上

注：D 为排气筒直径。

4.2.2 装于棚顶等隐蔽部位的排气筒、排气管、给排气管,连接处不得漏气,连接应牢固,同时应覆盖不可燃材料的保护层,并应设置检查口和通风口。

5.0.6 连接金属管、燃气阀、金属柔性管或强化软管(带增强金属网或纤维网)时,应无附加应力,并且应牢固。

GB 50028

10.4.2 居民生活用气设备严禁设置在卧室内。

10.4.4 家用燃气灶的设置应符合下列要求:

1. 燃气灶应安装在有自然通风和自然采光的厨房内。利用卧室的套间(厅)或利用与卧室连接的走廊作厨房时,厨房应设门并与卧室隔开。

2. 安装燃气灶的房间净高不宜低于2.2m。

3. 燃气灶与墙面的净距不得小于10cm。当墙面为可燃或难燃材料时,应加防火隔热板。

   燃气灶的灶面边缘和烤箱的侧壁距木质家具的净距不得小于20cm,当达不到时,应加防火隔热板。

4. 放置燃气灶的灶台应采用不燃烧材料,当采用难燃材料时,应加防火隔热板。

5. 厨房为地上暗厨房(无直通室外的门和窗时),应选用带有自动熄火保护装置的燃气灶,并应设置燃气浓度检测报警器、自动切断阀和机械通风设施,燃气浓度检测报警器应与自动切断阀和机械通风设施连锁。

10.5.2 商业用气设备应安装在通风良好的专用房间内;商业用气设备不得安装在易燃易爆物品的堆存处,亦不应设置在兼做卧室的警卫室、值班室、人防工程等处。

10.5.3 商业用气设备设置在地下室、半地下室(液化石油气除外)或地上密闭房间内时,应符合下列要求:

1. 燃气引入管应设手动快速切断阀和紧自动切断阀;紧急自动切断阀停电时必须处于关闭状态(常开型);

2. 用气设备应有熄火保护装置;

3. 用气房间应设置燃气浓度检测报警器,并由管理室集中监视和控制;

4. 宜设烟气一氧化碳浓度检测报警器;

5. 应设置独立的机械送排风系统;通风量应满足下列要求:

   1)正常工作时,换气次数不应小于6次/h;事故通风时,换气次数不应小于12次/h;不工作时换气次数不应小于3次/h;

   2)当燃烧所需的空气由室内吸取时,应满足燃烧所需的空气量;

   3)应满足排除房间热力设备散失的多余热量所需的空气量。

CJJ 94

5.4.6 燃气采暖器的安装检验应符合下列规定:

1. 安装方式应符合设计文件或产品说明书的规定,安装牢固端正,无倾斜;

2. 检查数量:大于或等于20%,但不少于2台;

3. 检验方法:观察、查阅设计资料、手检和尺量。

5.4.7 容积式燃气热水器和燃气沸水器的安装检验应符合下列规定:

1. 置放端正,与支架(墩)的接触均匀平衡,朝向合理,便于操作;

2. 检查数量:大于或等于20%,但不少于1台;

3. 检验方法:观察、手检和尺量。

5.4.8 燃气炒菜灶、蒸锅灶、烤箱、西餐灶的安装检验应符合下列规定:

1. 安装方式应符合设计文件的规定;

2. 检查数量:全部;

3. 检验方法:观察、尺量及查阅设计资料。

三、设备室内安装

CJJ 12

5.0.8 室内燃具的安装应符合下列要求:

1. 安装时应考虑人的动作、门的开闭、窗帘、家具等对燃具的影响。

2. 安装时应考虑门等部位对燃具的遮挡。

3. 直排式和半密闭式热水器不应装在无防护装置的灶、烤箱等燃具的上方。

4. 室外用燃具不应安装在室内。

    5.0.7　防积雪、防冻应符合下列要求:

1. 在积雪地区安装燃具时,给排气设备应考虑积雪、落雪、冰冻的影响。

2. 在积雪地区安装室外固定式燃具时,应设置积雪护板,护板应有足够的强度;墙上安装时,应装在不受落雪、积雪影响的地方。

3. 供热水的燃具、给水管、热水管应根据当地情况采取防冻措施;可能结冻的地方不得配管,否则应采取防冻措施。

    5.2.8　阀门安装后的检验应符合下列规定:

1. 型号、规格、强度和严密试验结果符合设计文件的要求;安装位置、进口方向正确,连接牢固紧密;开闭灵活,表面洁净;

2. 检查数量:按不同规格、型号抽查全数的 5%,但不少于 10 个;

3. 检验方法:手检和检查出厂合格证、试验单及有关记录文件。

    5.2.9　管道支(吊、托)架及管座(墩)安装后的检验应符合下列规定:

1. 构造正确、安装平正牢固,排列整齐,支架与管道接触紧密;支(吊、托)架间距不应大于本规范 2.2.15 条的规定;

2. 检查数量:各抽查 8%,但不少于 5 个。

    5.2.10　安装在墙壁和楼板内的套管的检验应符合下列规定:

1. 套管规格符合本规范 2.2.10 条的规定;套管内无接头,管口平整,固定牢固;穿楼板的套管,顶部高出地面不少于 50mm,底部与顶棚面平,超过计划口光滑,穿墙套管两端与墙面平齐,套管与管道之间用柔性防水材料填实,套管与墙壁(或楼板)之间用水泥砂浆填实;

2. 检查数量:各不少于 10 处;

3. 检验方法:观察和尺量检查。

    四、设备室外安装

    室外燃具的安装应符合下列要求:

1. 室内用燃具安装在室外时,应采取防风、雨的措施,不得影响燃具的正常燃烧。

2. 在靠近公共走廊处安装燃具时,应有防火、防落下物、防投弃物等措施。

3. 室外燃具的排气筒不得穿过室内。

4. 两侧有居室的外走廊,或两端封闭的外走廊,严禁安装室外用燃具。

    五、设备与管道连接

    CJJ 94

    5.4.3　燃具与室内燃气管道为螺纹连接时应按本规范 5.2.4 条的规定检验:

    检查数量:抽查 20%,但不少于 2 台。

    5.4.4　燃具与管道为软管连接时,其检验应符合下列规定:

1. 软管接头安装牢固,软管长度不超过 2.0m,排列整齐;

2. 检查数量:抽查 20%,但不少于 2 台;

3. 检查方法:观察和手检。

    CJJ 12

    5.0.10　燃气管道连接应符合下列要求:

1. 燃具与燃气管道的连接部分,严禁漏气。

2. 燃具连接用部件(阀门、管道、管件等)应是符合国家现行标准并经检验合格的产品。

3. 连接部位应牢固、不易脱落。软管连接时,应采用专用的承插接头、螺纹接头或专用卡箍紧固;承插接头应按燃气流向指定的方向连接。

4. 软管长度应小于 3m,临时性、季节性使用时,软管长度可小于 5m。软管不得产生弯折、拉伸、脚踏等现象。龟裂、老化的软管不得使用。

5. 在软管连接时不得使用三通,形成两个支管。

6. 燃气软管不应装在下列地点:

   (1) 有火焰和辐射热的地点;

   (2) 隐蔽处。

7. 燃气管道连接还应符合现行国家标准《城镇燃气设计规范》GB 50028 的有关规定。

    5.0.11 与燃具连接的供气、供水支管上应设置阀门。

    六、燃具与电气开关,插座的水平距离

    CJJ 94

    5.4.5 燃具与电气开关、插座等的最小水平距离应按现行国家标准 GB 50028 的规定检验。

    10.2.36 室内燃气管道与电气设备、相邻管道之间的净距不应小于表 10.2.36 的规定。

表 10.2.36 室内燃气管道与电气设备、相邻管道之间的净距

管道和设备		与燃气管道的净距(cm)	
		平行敷设	交叉敷设
电气设备	明装的绝缘电线或电缆	25	10(注)
	暗装或管内绝缘电线	5(从所做的槽或管子的边缘算起)	1
	电压小于 1000V 的裸露电线	100	100
	配电盘或配电箱、电表	30	不允许
	电插座、电源开关	15	不允许
相邻管道		保证燃气管道、相邻管道的安装和维修	2

注:1. 当明装电线加绝缘套且套管的两端各伸出燃气管道 10cm 时,套管与燃气管道的交叉净距可降至 1cm。
    2. 当布置确有困难,在采取有效措施后,可适当减小净距。

    检验方法:观察和尺量。

    七、设备单机试运行。

    符合设计要求(按设备说明书进行)

一般项目:

    一、设备安装固定

    CJJ 12

    5.0.5 燃具固定应符合下列要求:

1. 燃具应能防振动冲击,不应倾斜、龟裂、破损。

2. 配管应能防振动冲击,不应有安全故障。

3. 燃具安装应牢固,应安装在牢固的地面、墙、梁等部位。

    二、砖砌灶具安装

    CJJ 94

    5.4.9 砖砌燃气灶的安装检验应符合下列规定:

1. 灶膛结构合理,燃烧器置放平稳,燃烧器与锅体的距离合理;

2. 检查数量:全部;

3. 检验方法:观察和尺量。

三、烟道设置

CJJ 94

5.6.1　烟道的设置及结构的检验必须符合用气设备的要求或符合设计文件的规定。

检验方法：观察和查阅设计文件。

5.6.2　烟道抽力应符合现行国家标准 GB 50028 的有关规定。

检验方法：压力计测量。

5.6.3　防倒风装置（风帽）应结构合理。

检验方法：观察和查阅有关资料。

5.6.4　水平烟道的长度应符合现行国家标准 GB 50028 的有关规定。

检验方法：观察、尺量和查阅设计文件。

5.6.5　水平烟道应有 0.01 坡向用气设备的坡度或符合设计文件规定的坡度。

检验方法：观察和用水平尺测量。

5.6.6　用镀锌钢板卷制的烟道的检验应符合下列规定：

1. 卷缝均匀严密，烟道顺烟气流向插接，插接处没有明显的缝隙，没有明显的弯折现象；

2. 检查数量：居民用户抽查 20%，但不少于 5 处，商业及工业用户为全部；

3. 检验方法：观察。

5.6.7　用钢板铆制的烟道的检验应符合下列规定：

1. 铆接面平整无缝隙，铆接紧密牢固，表面平整，铆钉间隔合理，排列均匀整齐；

2. 检查数量：居民用户抽查 60%，但不少于 5 处，商业及工业用户为全部；

3. 检验方法：观察和手检。

5.6.8　用非金属预制块砌筑的烟道的检验应符合下列规定：

1. 预制块间粘合严密、牢固，表面平整，内部无堆积的粘合材料；

2. 检查数量：居民用户抽查 10%，但不少于 2 处，商业及工业用户为全部；

3. 检验方法：观察和手检。

GB 50028

10.7.1　燃气燃烧所产生的烟气必须排出室外。设有直排式燃具的室内容积热负荷指标超过 207W/m³ 时，必须设置有效的排气装置将烟气排至室外。

注：有直通洞口（哑口）的毗邻房间的容积也可一并作为室内容积计算。

10.7.2　家用燃具排气装置的选择应符合下列要求：

1. 灶具和热水器（或采暖炉）应分别采用竖向烟道进行排气。

2. 住宅采用自然换气时，排气装置应按国家现行标准《家用燃气燃烧器具安装及验收规程》CJJ 12—99 中 A.0.1 的规定选择。

3. 住宅采用机械换气时，排气装置应按国家现行标准《家用燃气燃烧器具安装及验收规程》CJJ 12—99 中 A.0.3 的规定选择。

10.7.3　浴室用燃气热水器的给排气口应直接通向室外，其排气系统与浴室必须有防止烟气泄漏的措施。

10.7.4　商业用户厨房中的燃具上方应设排气扇或排气罩。

10.7.5　燃气用气设备的排烟设施应符合下列要求：

1. 不得与使用固体燃料的设备共用一套排烟设施；

2. 每台用气设备宜采用单独烟道；当多台设备合用一个总烟道时，应保证排烟时互不影响；

3. 在容易积聚烟气的地方，应设置泄爆装置；

4. 应设有防止倒风的装置；

5. 从设备顶部排烟或设置排烟罩排烟时，其上部应有不小于 0.3m 的垂直烟道方可接不平烟道；

6. 有防倒风排烟罩的用气设备不得设置烟道闸板;无防倒风排烟罩的用气设备,在至总烟道的每个支管上应设置闸板,闸板上应有直径大于 15mm 的孔;

7. 安装在低于 0℃ 房间的金属烟道应做保温。

10.7.6 水平烟道不得通过卧室;

1. 水平烟道不得通过卧室;

2. 居民用气设备的水平烟道长度不宜超过 5m,弯头不宜超过 4 个(强制排烟式除外);

商业用户用气设备的水平烟道长度不宜超过 6m;

工业企业生产用气设备的水平烟道长度,应根据现场情况和烟囱抽力确定;

3. 水平烟道应有大于或等于 0.01 坡向用气流动方向设置导向装置;

4. 用气设备的烟道距难燃或不燃顶棚或墙的净距不应小于 5cm;距燃烧材料的顶棚或墙的净距不应小于 25cm。

注:当有防火保护时,其距离可适当减小。

10.7.7 烟囱的设置应符合下列要求:

1. 住宅建筑的各层烟气排出可合用一个烟囱,但应有防止串烟的措施;多台燃具共用烟囱的烟气进口处,在燃具停用时的静压值应小于或等于零;

2. 当用气设备的烟囱伸出室外时,其高度应符合下列要求:

1)当烟囱离屋脊小于 1.5m 时(水平距离),应高出屋脊 0.6m;

2)当烟囱离屋脊 1.5~3.0m 时(水平距离),烟囱可与屋脊等高;

3)当烟囱离屋脊的距离大于 3.0m 时(水平距离),烟囱应在屋脊水平线下 10° 的直线上;

4)在任何情况下,烟囱应高出屋面 0.6m;

5)当烟囱的位置临近高层建筑时,烟囱应高出沿高层建筑物 45° 的阴影线;

3. 烟囱出口的排烟温度应高于烟气露点 15℃ 以上;

4. 烟囱出口应有防止雨雪进入和防倒风的装置。

10.7.8 用气设备排烟设施的烟道抽力(余压)应符合下列要求:

1. 热负荷 30kW 以下的用气设备,烟道的抽力(余压)不应小于 3Pa;

2. 热负荷 30kW 以上的用气设备,烟道的抽力(余压)不应小于 10Pa;

3. 工业企业生产用气工业炉窑的烟道抽力,不应小于烟气系统总阻力的 1.2 倍。

10.7.9 排气装置的出口位置应符合下列规定:

1. 建筑物内半密闭自然排气式燃具的竖向烟囱出口应符合本规范第 10.7.7 条第 2 款的规定。

2. 建筑物壁装的密闭式燃具的给排气口上部窗口和下部地面的距离不得小于 0.3m。

3. 建筑物壁装的半密闭强制排气式燃具的排气口距门窗洞口和地面的距离应符合下列要求:

1)排气口在窗的下部和门的侧部时,距相邻卧室的窗和门的距离不得小于 1.2m,距地面的距离不得小于 0.3m。

2)排气口在相邻卧室的窗的上部时,距离的距离不得小于 0.3m。

3)排气口在机构(强制)进风口的上部,且水平距离小于 3.0m 时,距机械进风口的垂直距离不得小于 0.9m。

10.7.10 高海拔地区安装的排气系统的最大排气能力,应按在海平面使用时的额定热负荷确定,高海拔地区安装的排气系统的最小排气能力,应按实际热负荷(海拔的减小额定值)确定。

四、燃具与周围建筑物安全距离

CJJ 12

4.1.5 燃具与以可燃材料、难燃材料装修的建筑物间的距离不得小于表 4.1.5 中的数值,并应符合下列要求(表中半括号前数字与下列规定的项序号相对应)。

表4.1.5 燃具与可燃材料、难燃材料材料装修的建筑物部位的最小距离(mm)

种类			间隔距离			
			上方	侧方	后方	前方
直排式	烹调用燃具外露燃烧器	双眼灶、单眼灶	1000	200	200	200
			800	0	0	[11]
		带烘烤器的灶	1000	150[2]	15[2]	150
			800	0	0	[11]
		落地式烤箱灶	1000	150[2]	15[2]	150
			800	0	0	[11]
		台式烤箱	1000	150	150	150
			800	0	0	[11]
		间接式烤箱 无烟罩	500	45	45	45
			300	45	45	[11]
		间接式烤箱 有烟罩	150[10]	45	45	45
			100[10]	45	45	[11]
		燃气饭锅(<4L)	300	100	100	100
			150	45	45	[11]
	热水器	无烟罩	400	45	45	45
			300	45	45	[11]
		有烟罩	150[10]	45	45	45
			100[10]	45	45	[11]
	采暖器 外露燃烧器	单向辐射式	1000	300	45	1000
			800	150	45	800
		多向辐射式	1000	1000	1000	1000
			800	800	800	800
		壁挂式、吊挂式	300	600	45	1000
			150	150	45	800
	采暖器 内藏燃烧器	自然对流式	1000	45	45	45[3]
			800	45	45	45[3]
		强制对流式	45	45	45	600[4]
			45	45	45	[4]
		衣服干燥机	150	45	45	45
			150	45	45	[11]

种类				间隔距离			
				上方	侧方	后方	前方
半密闭式	热水器	热流量11.6kW以下		6)	45	45	45
				6)	45	45	11)
		热流量11.6~69.8kW		6)	150	150	150
				6)	45	45	11)
	浴槽水加热器 浴室外设置	燃烧器不能取出	外加热器（浴盆外加热）	6)	150	150	150
				6)	45	45	11)
		燃烧器可以取出	内加热器（浴盆内加热）	6)	150	150	600
				6)	45	45	11)
		燃烧器可以取出	热水管穿过可燃性墙体	6)	150	9)	600
				6)	9)	9)	11)
	采暖器 内藏燃烧器	自然对流式		600	45[5]	45[5]	45[3]
				600	45[5]	45[5]	45[3]
		强制对流式		45	45[5]	45[5]	600[4]
				45	45[5]	45[5]	600[4]
密闭式	热水器	快速式	台式	9)	0	0	9)
				9)	0	0	9)
			固定悬挂式	45	45	45	45
				45	45	45	11)
		容积式		45	45	45	45
				45	45	45	11)
		浴槽水加热器		9)	20[7]	20	45
				9)	7)	20	11)
	采暖器 内藏燃烧器	自然对流式		600	45	45	45[3]
				600	45	45	45[3]
		强制对流式		45	45	45	600[4]
				45	45	45	600[4]
室外用	自然排气	热水器	无烟罩	600	150	150	150
				300	45	45	11)
			有烟罩	150[10]	150	150	150
				100[10]	45	45	11)
		浴槽水加热器		600	150	150	150
				300	45	45	11)
	强制排气[8]	热水器、浴槽水加热器		150	150	150	150
				45	45	45	45

注：间隔距离栏中，上格中的数值为未带防热板时燃具与建筑物间的距离，下格中的数值为带防热板时燃具与防热板的距离。

1. 烹调燃具

1）多用灶具（如带烘烤器的燃具）应按最大距离安装。

2）侧方、后方距离，当燃具经温升试验证明是安全时，可以靠接。

2. 采暖器

3）在暖风吹出方向，间隔距离应大于600mm。

4）在暖风吹出方向，间隔距离应大于600mm；向不同方向吹风时，吹出方向间隔距离均应大于600mm，不吹风方向，间隔距离应大于45mm。

5）表示与采暖器的距离，接排气筒时应考虑与排气筒的距离。

3. 热水器、浴槽水加热器

6）装有排气筒时，可不规定上方距离，排气筒与周围的距离应符合本规程第4.2.1条的规定。

7）与浴槽的距离可取零，与合成树脂浴槽的距离应大于20mm。

8）与燃具外壳、排烟口的距离，应按本规程第4.3.3条第2款的规定确定。

9）与燃具的距离应按燃具结构和使用状态确定。

10）与烟罩上方的距离。

4. 通用要求

11）正常使用时，即使有防热板，也应有便于使用的距离。

五、排气管与周围安全距离

CJJ 12

4.2.1 排气筒、排气管、给排气管与可燃材料、难燃材料装修的建筑物的安装距离应符合表4.2.1的规定。

表4.2.1 安装距离（mm）

烟气温度		260℃及其以上	260℃以下	
部　位		排气筒、排气管		给排气管
开放部位	无隔热	150mm以上	$D/2$以上	0mm以上
	有隔热	有100mm以上隔热层，取0mm以上安装	有20mm以上隔热层，取0mm以上安装	—
隐蔽部位		有100mm以上隔热层，取0mm以上安装	有20mm以上隔热层，取0mm以上安装	20mm以上
穿越部位措施		应有下述措施之一： (1)150mm以上的空间 (2)150mm以上的铁制保护板 (3)100mm以上的非金属不燃材料保护板（混凝土制）	应有下述措施之一： (1)$D/2$以上的空间 (2)$D/2$以上的铁制保护板 (3)20mm以上的非金属不燃材料卷制或缠绕	0mm以上

注：D为排气筒直径。

4.2.2 装于棚顶等隐蔽部位的排气筒、排气管、给排气管，连接处不得漏气，连接应牢固，同时应覆盖不可燃材料的保护层，并应设置检查口和通风口。

六、设备允许偏差

按设计要求检查。

燃气监控及防雷、防静电系统安装工程检验批质量验收记录表

单位(子单位)工程名称				子分部(系统)工程名称		
验收部位、区、段						
施工单位				项目经理(负责人)		
分包单位				分包项目经理		
施工执行标准名称及编号						

施工质量验收规范的规定				施工单位检查评定记录	监理(建设)单位验收记录
主控项目	1	设备质量	设计要求		
	2	应安装燃气浓度检测报警器的场所	有关规定		
	3	燃气浓度检测报警器安装	有关规定		
	4	燃气紧急自动切断	有关规定		
	5	自动切断阀的设置	有关规定		
	6	燃气管道及设备的防雷、防静电措施	有关规定		
	7	燃气设备的电气系统	有关规定		
	8	联动调试	有关规定		

施工单位检查评定结果	专业工长(施工员)		施工班组长	
	项目专业质量检查员:			年 月 日

监理(建设)单位验收结论	
	专业监理工程师: (建设单位项目专业技术负责人): 年 月 日

755

说　明

主控项目：

一、设备质量

符合设计要求。

二、应安装燃气浓度检测报警器的场所

《城镇燃气设计规范》GB 50028

10.8.1 条　在下列场所应设置燃气浓度检测报警器：

1. 建筑物内专用的封闭式燃气调压、计量间；

2. 地下室、半地下室和地上密闭的用气房间；

3. 燃气管道竖井；

4. 地下室、半地下室引入管穿墙处；

5. 有燃气管道的管道层。

三、燃气浓度报警器安装

10.8.2 条　燃气浓度检测报警器的设备应符合下列要求：

1. 当检测比空气轻的燃气时，检测报警器与燃具或阀门的水平距离不得大于 8m，安装高度应距顶棚 0.3m 以内，且不得设在燃具上方。

2. 当检测比空气重的燃气时，检测报警器与燃具或阀门的水平距离不得大于 4m，安装高度应距地面 0.3m 以内。

3. 燃气浓度检测报警器的报警浓度应按国家现行标准《家用燃气泄漏报警器》CJ 3057 的规定确定。

4. 燃气浓度检测报警器宜与排风扇等排气设备连锁。

5. 燃气浓度检测报警器宜集中管理监视。

6. 报警器系统应有备用电源。

四、燃气紧急自动切断

10.8.3 条　在下列场所宜设置燃气紧急自动切断阀：

1. 地下室、半地下室和地上密闭的用气房间；

2. 一类高层民用建筑；

3. 燃气用量大、人员密集、流动人口多商业建筑；

4. 重要的公共建筑；

5. 有燃气管道的管道层。

五、自动切断阀的设置

10.8.4 条　燃气紧急自动切装饰阀的设置应符合下列要求：

1. 紧急自动切断阀应设在用气场所的燃气入口管、干管或总管上；

2. 紧急自动切断阀宜设在室外；

3. 紧急自动切断阀前应设手动切断阀；

4. 紧急自动切断阀宜采用自动关闭、现场人工开启型，当浓度达到设定值时，报警后关闭。

六、燃气管道及设备的防雷、防静电措施

10.8.5 条　燃气管道及设备的防雷、防静电设计应符合下列要求：

1. 进出建筑物的燃气管道的进出口处，室外的屋面管、立管、放散管、引入管和燃气设备等处均应有防雷、防静电接地设施；

2. 防雷接地设施的设计应符合现行国家标准《建筑物防雷设计规范》GB 50057 的规定；

3. 防静电接地设施的设计应符合国家现行标准《化工企业静电接地设计规程》HGJ 28 的规定。

七、燃气设备的电气系统

10.8.6 条　燃气应用设备的电气系统应符合下列规定：

1. 燃气应用设备和建筑物电线、包括地线之间的电气连接应符合有关国家电气规范的规定。
2. 电点火、燃烧器控制器和电气通风装置的设计,在电源中断情况下或电源重新恢复时,不应使燃气应用设备出现不安全工作状况。
3. 自动操作的主燃气控制阀、自动点火器、室温恒温器、极限控制器或其他电气装置(这些都是和燃气应用设备一起使用的)使用的电路应符合随设备供给的接线图的规定。
4. 使用电气控制器的所有燃气应用设备,应当让控制器连接到永久带电的电路上,不得使用照明开关控制的电路。

　　八、联动调试

　　符合设计要求。

第六章　建筑工程施工质量评价用表

（评工程质量优良用表）

建筑工程施工质量评价是在建筑工程按照《建筑工程施工质量验收统一标准》GB 50300 及其配套的质量验收规范验收合格的基础上，抽查评定该工程质量的优良等级。建筑工程施工质量合格验收和优良评价是一个规范体系，是质量验收的两个阶段。其原始资料是一套，评价标准也是以检验批、分项、分部（子分部）工程的验收资料及其相关资料为基础，来评价该工程优良质量等级的，所以，这里只列出评优良的资料，作为工程质量验收资料的一部分。也就是说，评价资料和质量验收资料共同组成了工程质量验收资料。

建筑工程施工质量评价标准评价用表格

项目 表格名称	工程结构		单位工程				
	地基、桩基	结构工程	地基、桩基	结构工程	屋面工程	装饰装修工程	安装工程
1　施工现场质量保证条件评分表 101、201、301、401、501	●	●	●	●	●	●	●
2　地基及桩基工程性能检测评分表 102	●		●				
3　地基及桩基质量记录评分表 103	●		●				
4　地基及桩基尺寸偏差及限值实测评分表 104	●		●				
5　地基及桩基观感质量评分表 105	●		●				
6　结构工程性能检测评分表 202		●		●			
7　结构工程质量记录评分表 203		●		●			
8　结构工程尺寸偏差及限值实测评分表 204		●		●			
9　结构工程观感质量评分表 205		●		●			
10　屋面工程性能检测评分表 302					●		
11　屋面工程质量记录评分表 303					●		
12　屋面工程尺寸偏差及限值实测评分表 304					●		
13　屋面工程观感质量评分表 305					●		
14　装饰装修工程性能检测评分表 402						●	
15　装饰装修工程质量记录评分表 403						●	
16　装饰装修工程尺寸偏差及限值实测评分表 404						●	
17　装饰装修工程观感质量评分表 405						●	
18　建筑给水排水及采暖工程性能检测评分表 502 - 1							●
19　建筑给水排水及采暖工程质量记录评分表 503 - 1							●
20　建筑给水排水及采暖工程尺寸偏差及限值实测评分表 504 - 1							●
21　建筑给水排水及采暖工程观感质量评分表 505 - 1							●
22　建筑电气工程性能检测评分表 502 - 2							●
23　建筑电气工程质量记录评分表 503 - 2							●
24　建筑电气工程尺寸偏差及限值实测评分表 504 - 2							●
25　建筑电气工程观感质量评分表 505 - 2							●
26　通风与空调工程性能检测评分表 502 - 3							●
27　通风与空调工程质量记录评分表 503 - 3							●
28　通风与空调工程尺寸偏差及限值实测评分表 504 - 3							●
29　通风与空调工程观感质量评分表 505 - 3							●
30　电梯安装工程性能构测评分表 502 - 4							●
31　电梯安装工程质量记录评分表 503 - 4							●
32　电梯安装工程尺寸偏差及限值实测评分表 504 - 4							●
33　电梯安装工程观感质量评分表 505 - 4							●
34　智能建筑工程性能检测评分表 502 - 5							●
35　智能建筑工程质量记录评分表 503 - 5							●
36　智能建筑工程尺寸偏差及限值实测评分表 504 - 5							●
37　智能建筑工程观感质量评分表 505 - 5							●
38　工程结构质量综合评价表 0001		●					
39　单位工程质量综合评价表 0002					●		
40　单位工程质量各项目评价分析表 0003				●			

施工现场质量保证条件评分表

表 101
表 201
表 301
表 401
表 501

工程名称			施工阶段		检查日期		年　月　日
施工单位				评价单位			

序号	检查项目		应得分	判定结果			实得分	备注
				100%	85%	70%		
1	施工现场质量管理及质量责任制度	现场组织机构、质保体系,材料、设备进场验收制度、抽样检验制度,岗位责任制及奖罚制度	30					
2	施工操作标准及质量验收规范配置		30					
3	施工组织设计、施工方案		20					
4	质量目标及措施		20					

权重值 10 分。
应得分合计:
实得分合计:

检查结果

$$施工现场质量保证条件评分 = \frac{实得分}{应得分} \times 10 =$$

评价人员:

年　月　日

说　明

4.1.1　施工现场应具备基本的质量管理及质量责任制度：

1. 现场项目部组织机构健全,建立质量保证体系并有效运行；
2. 材料、构件、设备的进场验收制度和抽样检验制度；
3. 岗位责任制度及奖罚制度。

4.1.2　施工现场应配置基本的施工操作标准及质量验收规范：

1. 建筑工程施工质量验收规范的配置；
2. 施工工艺标准(企业标准、操作规程)的配置。

4.1.3　施工前应制订较完善的施工组织设计、施工方案。

4.1.4　施工前应制定质量目标及措施。

4.2.1　施工现场质量保证条件应符合下列检查标准：

1. 质量管理及责任制度健全,能落实的为一档,实得分取 100% 的标准分值；质量管理及责任制度健全,能基本落实的为二档,实得分取 85% 的标准分值；有主要质量管理及责任制度,能基本落实的为三档,实得分取 70% 的标准分值。
2. 施工操作标准及质量验收规范配置。工程所需的工程质量验收规范齐全、主要工序有施工工艺标准(企业标准、操作规程)的为一档,实得分取 100% 的标准分值；工程所需的工程质量验收规范齐全、1/2 及其以上主要工序有施工工艺标准(企业标准、操作规程)的为二档,实得分取 85% 的标准分值；主要项目有相应的工程质量验收规范、主要工序施工工艺标准(企业标准、操作规程)达到 1/4 不足 1/2 为三档,实得分取 70% 的标准分值。
3. 施工组织设计、施工方案编制审批手续齐全、可操作性好、针对性强,并认真落实的为一档,实得分取 100% 的标准分值；施工组织设计、施工方案、编制审批手续齐全,可操作性、针对性较好,并基本落实的为二档,实得分取 85% 的标准分值；施工组织设计、施工方案经过审批,落实一般的为三档,实得分取 70% 的标准分值。
4. 质量目标及措施明确、切合实际、措施有效性好,实施好的为一档,实得分取 100% 的标准分值；实施较好的为二档,实得分取 85% 的标准分值；实施一般的为三档,实得分取 70% 的标准分值。

4.2.2　施工现场质量保证条件检查方法应符合下列规定：

检查有关制度、措施资料,抽查其实施情况,综合进行判定。

地基及桩基工程性能检测评分表

表 102

工程名称			施工阶段		检查日期		年　月　日
施工单位				评价单位			

序号	检查项目		应得分	判定结果			实得分	备注
				100%	85%	70%		
1	地基	地基强度、压实系数、注浆体强度	50					
		地基承载力	50					
2	复合地基	桩体强度、桩体干密度	(50)					
		复合地基承载力	(50)					
3	桩基	单桩竖向抗压承载力	(50)					
		桩身完整性	(50)					

检查结果	权重值 35 分。 应得分合计： 实得分合计： $$地基及桩基工程性能检测评分 = \frac{实得分}{应得分} \times 35 =$$ 评价人员： 年　月　日

说　明

5.1.1　地基及桩基工程性能检测应检查的项目包括：

1. 地基强度、压实系数、注浆体强度；
2. 地基承载力；
3. 复合地基桩体强度(土和灰土桩、夯实水泥土桩测桩体干密度)；
4. 复合地基承载力；
5. 单桩竖向抗压承载力；
6. 桩身完整性。

5.1.2　地基及桩基工程性能检测检查评价方法应符合下列规定：

1. 检查标准：

　　1)　地基强度、压实系数、承载力；复合地基桩体强度或桩体干密度及承载力；桩基承载力。

　　　　检查标准和方法应符合本标准第3.5.1条的规定。

　　2)　桩身完整性。桩身完整性一次检测95%及其以上达到Ⅰ类桩，其余达到Ⅱ类桩时为一档，实得分取100%的标准分值；一次检测90%及其以上，不足95%达到Ⅰ类桩，其余达到Ⅱ类桩时为二档，实得分取85%的标准分值；一次检测70%及其以上不足90%达到Ⅰ类桩，且Ⅰ、Ⅱ类桩合计达到98%及以上，且其余桩验收合格的为三档，实得分取70%的标准分值。

2. 检查方法：检查有关检测报告。

5.1.3　性能检测检查评价方法应符合下列规定：

　　检查标准：检查项目的检测指标(参数)一次检测达到设计要求、规范规定的为一档，实得分取100%的标准分值；按有关规范规定，经过处理后达到设计要求、规范规定的为三档，实得分取70%的标准分值。

　　检查方法：现场检测或检查检测报告。

地基及桩基工程质量记录评分表

表103

工程名称			施工阶段		检查日期		年 月 日
施工单位				评价单位			

序号	检查项目		应得分	判定结果			实得分	备注
				100%	85%	70%		
1	材料、预制桩合格证(出厂试验报告)及进场验收记录	材料合格证(出厂试验报告)及进场验收记录及钢筋、水泥复试报告	30					
		预制桩合格证(出厂试验报告)及进场验收记录	(30)					
2	施工记录	地基、复合地基、地基处理、验槽、钎探施工记录	30					
		预制桩接头施工记录	(10)					
		打(压)桩试桩记录及施工记录	(20)					
		灌注桩成孔、钢筋笼、混凝土灌注检查记录及施工记录	(30)					
		检验批、分项、分部(子分部)工程质量验收记录	10					
3	施工试验	灰土、砂石、注浆桩及水泥、粉煤灰、碎石桩配合比等试验报告	30					
		钢筋连接试验报告	(15)					
		混凝土强度试验报告	(15)					
		预制桩龄期及强度试验报告	(30)					

权重值35分。

应得分合计:

实得分合计:

检查结果	地基及桩基工程质量记录评分 $= \dfrac{实得分}{应得分} \times 35 =$

评价人员:

年 月 日

5.2.1　本条为工程质量记录检查评价项目,将其分为三部分,材料、构件合格证及进场验收记录;施工记录;施工试验等。各部分根据工程特点列出具体的质量记录检查项目。

5.2.2　质量记录检查评价方法应符合下列规定:

检查标准:材料、设备合格证(出厂质量证明书)、进场验收记录、施工记录、施工试验记录等资料完整、数据齐全并能满足设计及规范要求,真实、有效、内容填写正确,分类整理规范,审签手续完备的为一档,实得分取100%的标准分值;资料完整、数据齐全并能满足设计及规范要求,真实、有效,整理基本规范、审签手续基本完备的为二档,实得分取85%的标准分值;资料基本完整并能满足设计及规范要求,真实、有效,内容审签手续基本完备的为三档,实得分取70%的标准分值。

检查方法:检查资料的数量及内容。

地基及桩基工程尺寸偏差及限值实测评分表

表104

工程名称		施工阶段		检查日期		年 月 日
施工单位				评价单位		

序号	检查项目	应得分	判定结果			实得分	备注
			100%	85%	70%		
1	天然地基标高及基槽长度、宽度偏差	100					
2	复合地基桩位偏差	(100)					
3	打(压)桩桩位偏差	(100)					
4	灌注桩桩位偏差	(100)					

权重值15分。
应得分合计：
实得分合计：

检查结果

$$地基及桩基工程尺寸偏差及限值实测评分 = \frac{实得分}{应得分} \times 15 =$$

评价人员：

年 月 日

说　明

104

5.3.1　地基及桩基工程尺寸偏差及限值实测应检查的项目包括:

1. 天然地基基槽工程尺寸偏差及限值实测检查项目:

基底标高允许偏差 −50mm;长度、宽度允许偏差 +200mm、−50mm。

2. 复合地基工程尺寸偏差及限值实测检查项目:

桩位允许偏差:振冲桩允许偏差 ≤100mm;高压喷射注浆桩允许偏差 ≤0.2D;水泥土搅拌桩允许偏差 <50mm;土和灰土挤密桩、水泥粉煤灰碎石桩、夯实水泥土桩的满堂桩允许偏差 ≤0.4D。

注:D 为桩体直径或边长。

3. 打(压)入桩工程尺寸偏差及限值实测检查项目:

桩位允许偏差应符合表 5.3.1−1 的规定。

表 5.3.1−1　预制桩(钢桩)桩位允许偏差

序号	项　　目	允许偏差(mm)
1	盖有基础梁的桩: (1)垂直基础梁的中心线 (2)沿基础梁的中心线	$100 + 0.01H$ $150 + 0.01H$
2	桩数为 1~3 根桩基中的桩	100
3	桩数为 4~16 根桩基中的桩	1/2 桩径或边长
4	桩数大于 16 根桩基中的桩: (1)最外边的桩 (2)中间桩	1/3 桩径或边长 1/2 桩径或边长

注:H 为施工现场地面标高与桩顶设计标高的距离。

4. 灌注桩工程尺寸偏差及限值实测检查项目:

灌注桩允许偏差应符合表 5.3.1−2 的规定。

表 5.3.1−2　灌注桩桩位允许偏差(mm)

序号	成孔方法		1~3 根、单排桩基垂直于中心线方向和群桩基础的边桩	条形桩基沿中心线方向和群桩基础的中间桩
1	泥浆护壁钻孔桩	$D \leqslant 1000mm$	D/6,且不大于 100	D/4,且不大于 150
		$D > 1000mm$	$100 + 0.01H$	$150 + 0.01H$
2	套管成孔灌注桩	$D \leqslant 500mm$	70	150
		$D > 500mm$	100	150
3	人工挖孔桩	混凝土护壁	50	150
		钢套管护壁	100	200

注:1. D 为桩径。

　　2. H 为施工现场地面标高与桩顶设计标高的距离。

5.3.2　尺寸偏差及限值实测检查评价方法应符合下列规定:

检查标准:检查项目为允许偏差项目时,项目各测点实测值均达到规范规定值,且有 80% 及其以上的测点平均实测值小于等于规范规定值 0.8 倍的为一档,实得分取 100% 的标准分值;检查项目各测点实测值均达到规范规定值,且有 50% 及其以上,但不足 80% 的测点平均实测值小于等于规范规定值 0.8 倍的为二档,实得分取 85% 的标准分值;检查项目各测点实测值均达到规范规定的为三档,实得分取 70% 的标准分值。

检查项目为双向限值项目时,项目各测点实测值均能满足规范规定值,且其中有 50% 及其以上测点实测值接近限值的中间值的为一档,实得分取 100% 的标准分值;各测点实测值均能满足规范规定限值范围的为二档,实得分取 85% 的标准分值;凡有测点经过处理后达到规范规定的为三档,实得分取 70% 的标准分值。

检查项目为单向限值项目时,项目各测点实测值均能满足规范规定值的为一档,实得分取 100% 的标准分值;凡有测点经过处理后达到规范规定的为三档,实得分取 70% 的标准分值。

当允许偏差、限值两者都有时取较低档项目的判定值。

检查方法:在各相关同类检验批或分项工程中,随机抽取 10 个检验批或分项工程,不足 10 个的取全部进行分析计算。必要时,可进行现场抽测。

地基及桩基工程观感质量评分表

表 105

工程名称			施工阶段		检查日期	年 月 日
施工单位				评价单位		

序号	检查项目		应得分	判定结果			实得分	备注
				100%	85%	70%		
1	地基、复合地基	标高、表面平整、边坡	100					
2	桩基	桩头、桩顶标高、场地平整	(100)					

权重值5分。

应得分合计：

实得分合计：

<table>
<tr><td rowspan="10">检
查
结
果</td><td></td></tr>
</table>

检查结果

地基及桩基工程观感质量评分 $= \dfrac{实得分}{应得分} \times 5 =$

评价人员：

年 月 日

769

说　明

105

5.4.1　地基及桩基工程观感质量应检查的项目包括：

1. 地基、复合地基：标高、表面平整、边坡等。

2. 桩基：桩头、桩顶标高、场地平整等。

5.4.2　观感质量检查评价方法应符合下列规定：

检查标准：每个检查项目的检查点按"好"、"一般"、"差"给出评价，项目检查点 90% 及其以上达到"好"，其余检查点达到一般的为一档，实得分取 100% 的标准分值；项目检查点"好"的达到 70% 及其以上但不足 90%，其余检查点达到"一般"的为二档，实得分取 85% 的标准分值；项目检查点"好"的达到 30% 及其以上但不足 70%，其余检查点达到"一般"的为三档，实得分取 70% 的标准分值。

检查方法：观察辅以必要的量测和检查分部（子分部）工程质量验收记录，并进行分析计算。

结构工程性能检测评分表

表 202

工程名称				施工阶段			检查日期		年 月 日
施工单位						评价单位			

序号	检 查 项 目			应得分	判 定 结 果			实得分	备注
					100%	85%	70%		
1	混凝土结构	实体混凝土强度		30					
		结构实体钢筋保护层厚度		50					
		混凝土质量均质性控制		20					
2	钢结构	焊缝内部质量		(60)					
		高强度螺栓连接副紧固质量		60					
		钢结构涂装	防腐	20					
			防火	20					
3	砌体结构	砌体垂直度	每层	50					
			全高 ≤10	50					
			全高 >20	(50)					
4	地下防水层渗漏水			(100)					

权重值 30 分。
应得分合计：
实得分合计：

检查结果

$$结构工程性能检测评分 = \frac{实得分}{应得分} \times 30 =$$

评价人员：

年 月 日

注：当一个工程项目中同时有混凝土结构、钢结构、砌体结构，或只有其中两种时，其权重值按各自在项目中占的工程量比例进行分配，但各项应为整数。当砌体结构仅为填充墙时，只能占 10% 的权重值。其施工现场质量保证条件，质量记录、尺寸偏差及限值实测和观感质量的权重值分配与性能检测比例相同。

当有地下防水层时，其权重值占结构权重值的 5%，其他项目同样按 5% 来计算。

771

说　　明

6.1.1　结构工程性能检测应检查的项目包括:

1. 混凝土结构工程

1) 结构实体混凝土强度;

2) 结构实体钢筋保护层厚度。

2. 钢结构工程

1) 焊缝内部质量;

2) 高强度螺栓连接副紧固质量;

3) 钢结构涂装质量。

3. 砌体工程

1) 砌体每层垂直度;

2) 砌体全高垂直度。

4. 地下防水层渗漏水

6.1.2　结构工程性能检测检查评价方法应符合下列规定:

1. 混凝土结构工程

1) 结构实体混凝土强度

检查标准:同条件养护试件检验结果符合规范要求的为一档,实得分取 100% 的标准分值;同条件养护试件检验结果达不到要求,经采用非破损或局部破损检测符合有关标准的为三档,实得分取 70% 的标准分值。

检查方法:检查检测报告。

2) 结构实体钢筋保护层厚度检测

检查标准:对梁类、板类构件纵向受力钢筋的保护层厚度允许偏差:梁类构件为 +10mm,−7mm;板类构件为 +8mm,−5mm。一次检测合格率达到 100% 时为一档,取 100% 的标准分值;一次检测合格率达到 90% 及以上时为二档,取 85% 的标准分值;一次检测合格率小于 90% 但不小于 80% 时,可再抽取相同数量的构件进行检测,当按两次抽样总和计算合格率为 90% 及以上时为三档,取 70% 的标准分值。

检查方法:检查检测报告。

2. 钢结构工程

1) 焊缝内部质量检测

检查标准:设计要求全焊透的一、二级焊缝应采用无损探伤进行内部缺陷的检验,其质量等级、缺陷等级及探伤比例应符合表 6.1.2.1 的规定。

当焊缝经检验后返修率 ≤2% 时为一档,取 100% 的标准分值;2% < 返修率 ≤5% 时为二档,取 85% 的标准分值;返修率 >5% 时为三档,取 70% 的标准分值。所有焊缝经返修后均应达到合格质量标准。

表 6.1.2.1　一、二级焊缝质量等级及缺陷分级

焊缝质量等级		一级	二级
内部缺陷超声波探伤	评定等级	Ⅱ	Ⅲ
	检验等级	B 级	B 级
	探伤比例	100%	20%
内部缺陷射线探伤	评定等级	Ⅱ	Ⅲ
	检验等级	AB 级	AB 级
	探伤比例	100%	20%

检查方法:检查超声波或射线探伤记录并统计计算。

2）高强度螺栓连接副紧固质量检测

检查标准:高强度螺栓连接副终拧完成 1h 后,48h 内应进行紧固质量检查,其检查标准应符合表 6.1.2.2 的规定。

当全部高强螺栓连接副紧固质量检测点好的点达到 95% 及以上,其余点达到合格点时为一档,取 100% 的标准分值;当检测点好的点达到 85% 及以上,其余点达到合格点时为二档,取 85% 的标准分值;当检测点好的点不足 85%,其余点均达到合格点时为三档,取 70% 的标准分值。

表6.1.2.2 高强度螺栓连接副紧固质量检测标准

紧固方法	判 定 结 果	
	好 的 点	合 格 点
扭矩法紧固	终拧扭矩偏差 $\Delta T \leqslant 5\% T$	终拧扭矩偏差 $5\% T < \Delta T \leqslant 10\% T$
转角法紧固	终拧角度偏差 $\Delta\theta \leqslant 5°$	终拧角度偏差 $5° < \Delta\theta \leqslant 10°$
扭剪型高强度螺栓施工扭矩	尾部梅花头未拧掉比例 $\Delta \leqslant 2\%$	尾部梅花头未拧掉比例 $2\% < \Delta \leqslant 5\%$

注:T 为扭矩法紧固时终拧扭矩值。

检查方法:检查扭矩法或转角法紧固检测报告并统计计算。

3）钢结构涂装质量检测

检查标准:钢结构涂装后,应对涂层干漆膜厚度进行检测,其检测标准应符合表 6.1.2.3 的规定。

当全部涂装漆膜厚度检测点好的点达到 95% 及以上,其余点达到合格点时为一档,取 100% 的标准分值;当检测点好的点达到 85% 及以上,其余点达到合格点时为二档,取 85% 的标准分值;当检测点好的点不足 85%,其余点均达到合格点时为三档,取 70% 的标准分值。

表6.1.2.3 钢结构涂装漆膜厚度质量检测标准

涂装类型	判 定 结 果	
	好的点	合格点
防腐涂料	干漆膜总厚度允许偏差(Δ) $-10\mu m \geqslant \Delta$	干漆膜总厚度允许偏差(Δ) $-25\mu m \geqslant \Delta > -10\mu m$
薄涂型防火涂料	涂层厚度(δ)允许偏差(Δ) $-5\%\delta \geqslant \Delta$	涂层厚度(δ)允许偏差(Δ) $-10\%\delta \geqslant \Delta > -5\%\delta$
厚涂型防火涂料	90% 及以上面积应符合设计厚度,且最薄处厚度不应低于设计厚度的 90%	80% 及以上面积应符合设计厚度,且最薄处厚度不应低于设计厚度的 85%

检查方法:用干漆膜测厚仪检查或检查检测报告,并统计计算。

3. 砌体结构工程

检查标准:

1）砌体每层垂直度允许偏差≤5mm;

2）全高≤10m 时垂直度允许偏差≤10mm。

全高 >10m 时垂直度允许偏差≤20mm。

每层垂直度允许偏差各检测点检测值均达到规范规定值,且其平均值≤3mm 时为一档,取 100% 的标准分值;其平均值≤4mm 时为二档,取 85% 的标准分值;其各检测点均达到规范规定值时为三档,取 70% 的标准分值。

全高垂直度允许偏差各检测点检测值均达到规范规定值,当层高≤10m 时,其平均值≤6mm、当层高>10m时,其平均值≤12mm 时为一档,取 100% 的标准分值;当层高≤10m 时,其平均值 ≤8mm、当层高>10m 时,其平均值≤16mm 时为二档,取 85% 的标准分值;其各检测点均达到规范规定值时为三档,取 70% 的标准分值。

检查方法:尺量检查、检查分项工程质量验收记录,并进行统计计算。

4. 地下防水层渗漏水检验

检查标准:无渗水,结构表面无湿渍的为一档,取 100% 的标准分值;结构表面有少量湿渍,整个工程湿渍总面积不大于总防水面积的 1‰,单个湿渍面积不大于 0.1m²,任意 100m² 防水面积不超过 1 处的为三档,取 70% 的标准分值。

检查方法:现场全面观察检查。

3.5.1 性能检测检查评价方法应符合下列规定:

检查标准:检查项目的检测指标(参数)一次检测达到设计要求、规范规定的为一档,实得分取 100% 的标准分值;按有关规范规定,经过处理后达到设计要求、规范规定的为三档,实得分取 70% 的标准分值。

检查方法:现场检测或检查检测报告。

结构工程质量记录评分表

表 203

工程名称				工程施工阶段			检查日期		
施工单位					评价单位				

序号	检查项目			应得分	判定结果			实得分	备注
					100%	85%	70%		
1	混凝土结构	材料合格证及进场验收记录	砂、碎(卵)石、掺合料、水泥、钢筋、外加剂出厂合格证(出厂检验报告)、进场验收记录及水泥、钢筋复试报告	10					
			预制构件出厂合格证(出厂检验报告)及进场验收记录	10					
			预应力锚夹具、连接器出厂合格证(出厂检验报告)、进场验收记录及复试报告	10					
		施工记录	预拌混凝土合格证及进场坍落度试验报告	5					
			混凝土施工记录	5					
			装配式结构吊装记录	10					
			预应力筋安装、张拉及灌浆记录	5					
			隐蔽工程验收记录	5					
			检验批、分项、分部(子分部)质量验收记录	10					
		施工试验	混凝土配合比试验报告	10					
			混凝土试件强度评定及混凝土试件强度试验报告	10					
			钢筋连接试验报告	10					
2	钢结构	材料合格证及进场验收记录	钢材、焊材、紧固连接件原材料出厂合格证(出厂检验报告及进场验收记录及钢材、焊接材料复试报告	10					
			加工件出厂合格证(出厂检验报告)及进场验收记录	10					
			防火、防腐涂装材料出厂合格证(出厂检验报告)及进场验收记录	10					
		施工记录	焊接施工记录	5					
			构件吊装记录	5					
			预拼装检查记录	5					
			高强度螺栓连接副施工扭矩检验记录	5					
			焊缝外观及焊缝尺寸检查记录	5					
			柱脚及网架支座检查记录	5					
			隐蔽工程验收记录	5					
			检验批、分项、分部(子分部)工程质量验收记录	5					
		施工试验	螺栓最小荷载试验报告	5					
			高强螺栓预拉力复验报告	5					
			高强度大六角头螺栓连接副扭矩系数复试报告	5					
			高强度螺栓连接摩擦面抗滑移系数检验报告	5					
			网架节点承载力试验报告	10					

工程名称			工程施工阶段		检查日期		
施工单位				评价单位			
序号	检查项目			应得分	判定结果		实得分	备注

序号			检查项目	应得分	100%	85%	70%	实得分	备注
3	砌体结构	材料合格证及进场验收记录	水泥、砌块、外加剂出厂合格证(出厂检验报告)、进场验收记录及水泥、砌块复试报告	30					
		施工记录	砌筑砂浆使用施工记录	10					
			隐蔽工程验收记录	15					
			检验批、分项、分部(子分部)工程质量验收记录	15					
		施工试验	砂浆配合比试验报告	10					
			砂浆试件强度评定及砂浆试件强度试验报告	10					
			水平灰缝砂浆饱满度检测记录	10					
4	地下防水层	材料合格证及进场验收记录	防水材料出厂合格证、进场验收记录及复试报告	(30)					
		施工记录	防水层施工及质量验收记录	(40)					
		施工试验	防水材料配合比试验报告	(30)					

权重值 25 分。

应得分合计:

实得分合计:

检查结果

$$结构工程质量记录评分 = \frac{实得分}{应得分} \times 25 =$$

评价人员:

年　月　日

203

6.2.1　结构工程质量记录应检查的项目包括:

1. 混凝土结构工程

　　1)材料合格证及进场验收记录

　　①砂、碎(卵)石、掺合料、水泥、钢筋、外加剂等材料出厂合格证(出厂检验报告)、进场验收记录及水泥、钢筋复试报告;

　　②预制构件合格证(出厂检验报告)及进场验收记录;

　　③预应力筋用锚夹具、连接器合格证(出厂检验报告)、进场验收记录及锚夹具、连接器复试报告。

　　2)施工记录

　　①预拌混凝土合格证及进场坍落度试验报告;

　　②混凝土施工记录;

　　③装配式结构吊装记录;

　　④预应力筋安装、张拉及灌浆记录;

　　⑤隐蔽工程验收记录;

　　⑥检验批、分项、分部(子分部)工程质量验收记录。

　　3)施工试验

　　①混凝土配合比试验报告;

　　②混凝土试件强度评定及混凝土试件强度试验报告;

　　③钢筋连接试验报告。

2. 钢结构工程

　　1)钢结构材料合格证(出厂检验报告)及进场验收记录

　　①钢材、焊材、紧固连接件材料合格证(出厂检验报告)、进场验收记录及钢材、焊接材料复试报告;

　　②加工构件合格证(出厂检验报告)及进场验收记录;

　　③防腐、防火涂装材料合格证(出厂检验报告)及进场验收记录。

　　2)施工记录

　　①焊接施工记录;

　　②构件吊装记录;

　　③预拼装检查记录;

　　④高强度螺栓连接副施工扭矩检验记录;

　　⑤焊缝外观及尺寸检查记录;

　　⑥柱脚及网架支座检查记录;

　　⑦隐蔽工程验收记录;

　　⑧检验批、分项、分部(子分部)工程质量验收记录。

　　3)施工试验

　　①螺栓最小荷载试验报告;

　　②高强螺栓预拉力复验报告;

　　③高强度大六角头螺栓连接副扭矩系数复试报告;

　　④高强度螺栓连接摩擦面抗滑移系数检验报告;

　　⑤网架节点承载力试验报告。

3. 砌体结构工程

　　1)材料合格证(出厂检验报告)及进场验收记录

　　水泥、外加剂、砌块等材料合格证(出厂检验报告)、进场验收记录及水泥、砌块复试报告。

　　2)施工记录

① 砌筑砂浆使用施工记录；

② 隐蔽工程验收记录；

③ 检验批、分项、分部(子分部)工程质量验收记录。

3）施工试验

① 砂浆配合比试验报告；

② 水平灰缝砂浆饱满度检测记录；

③ 砂浆试件强度评定及砂浆试件强度试验报告。

4. 地下防水层

1）防水材料合格证、进场验收记录及复试报告；

2）防水层施工及质量验收记录；

3）防水材料配合比试验报告。

6.2.2 质量记录检查评价方法应符合下列规定：

检查标准：材料、设备合格证(出厂质量证明书)、进场验收记录、施工记录、施工试验记录等资料完整、数据齐全并能满足设计及规范要求，真实、有效、内容填写正确，分类整理规范，审签手续完备的为一档，实得分取 100% 的标准分值；资料完整、数据齐全并能满足设计及规范要求，真实、有效，整理基本规范、审签手续基本完备的为二档，实得分取 85% 的标准分值；资料基本完整并能满足设计及规范要求，真实、有效，内容审签手续基本完备的为三档，实得分取 70% 的标准分值。

检查方法：检查资料的数量及内容。

结构工程尺寸偏差及限值项目实测评分表

表204

工程名称				施工阶段				检查日期	年 月 日
施工单位								评价单位	

序号	检查项目			应得分	判定结果			实得分	备注
					100%	85%	70%		
1	混凝土结构	钢筋	受力钢筋保护层厚度	柱梁 ±5mm	20					
				板、墙、壳 ±3mm	20					
		混凝土	轴线位置	独立基础 10mm	20					
				墙、柱、梁 8mm	20					
			标高	层高 ±10mm	10					
				全高 ±30mm	10					
2	钢结构	结构尺寸	单层结构整体垂直度 $H/1000$，且 ≤25mm	50					
			多层结构整体垂直度（$H/2500 + 10$），且≤50mm	(50)					
		网格结构	总拼完成后挠度值≤1.15倍设计值(mm)	50					
			屋面工程完成后挠度值≤1.15倍设计值（mm）	(50)					
3	砌体结构	轴线位置偏移	10 mm	50					
		砌体表面平整度	5 mm	50					
4	地下防水层	卷材、塑料板搭接宽度 –10 mm		(100)					

权重值20分。

应得分合计：

实得分合计：

检查结果

$$结构工程尺寸偏差及限值项目实测评分 = \frac{实得分}{应得分} \times 20 =$$

评价人员：

年 月 日

6.3.1　结构工程尺寸偏差及限值实测应检查的项目包括：

结构工程尺寸偏差及限值实测项目应符合表6.3.1的规定。

表6.3.1　结构工程尺寸偏差及限值实测项目表

序号	项　　目			允许偏差（mm）
1	混凝土结构	钢筋	受力钢筋保护层厚度　柱、梁	±5
			板、墙、壳	±3
		混凝土	轴线位置　独立基础	10
			墙、柱、梁	8
			标高　层高	±10
			全高	±30
2	钢结构	结构尺寸	单层结构整体垂直度	$H/1000$，且≤25
			多层结构整体垂直度	$(H/2500+10)$，且≤50
		网格结构	总拼完成后挠度值	≤1.15倍设计值
			屋面工程完成后挠度值	≤1.15倍设计值
3	砌体结构	轴线位置偏移	砖砌体、混凝土小型空心砌块砌体	10
		砌体表面平整度		5
4	地下防水层	防水卷材、塑料板搭接宽度		−10

6.3.2　尺寸偏差及限值实测检查评价方法应符合下列规定：

检查标准：检查项目为允许偏差项目时，项目各测点实测值均达到规范规定值，且有80%及其以上的测点平均实测值小于等于规范规定值0.8倍的为一档，实得分取100%的标准分值；检查项目各测点实测值均达到规范规定值，且有50%及其以上，但不足80%的测点平均实测值小于等于规范规定值0.8倍的为二档，实得分取85%的标准分值；检查项目各测点实测值均达到规范规定的为三档，实得分取70%的标准分值。

检查项目为双向限值项目时，项目各测点实测值均能满足规范规定值，且其中有50%及其以上测点实测值接近限值的中间值的为一档，实得分取100%的标准分值；各测点实测值均能满足规范规定限值范围的为二档，实得分取85%的标准分值；凡有测点经过处理后达到规范规定的为三档，实得分取70%的标准分值。

检查项目为单向限值项目时，项目各测点实测值均能满足规范规定值的为一档，实得分取100%的标准分值；凡有测点经过处理后达到规范规定的为三档，实得分取70%的标准分值。

当允许偏差、限值两者都有时取较低档项目的判定值。

检查方法：在各相关同类检验批或分项工程中，随机抽取10个检验批或分项工程，不足10个的取全部进行分析计算。必要时，可进行现场抽测。

结构工程观感质量评分表

表 205

工程名称			施工阶段			检查日期		年 月 日
施工单位					评价单位			

序号	检查项目		应得分	判定结果 100%	判定结果 85%	判定结果 70%	实得分	备注
1	混凝土结构	露筋	10					
		蜂窝	10					
		孔洞	10					
		夹渣	10					
		疏松	10					
		裂缝	15					
		连接部位缺陷	15					
		外形缺陷	10					
		外表缺陷	10					
2	钢结构	焊缝外观质量	10					
		普通紧固件连接外观质量	10					
		高强度螺栓连接外观质量	10					
		钢结构表面质量	10					
		钢网架结构表面质量	10					
		普通涂层表面质量	15					
		防火涂层表面质量	15					
		压型金属板安装质量	10					
		钢平台、钢梯、钢栏杆安装外观质量	10					
3	砌体结构	砌筑留槎	20					
		组砌方法	10					
		马牙槎拉结筋	20					
		砌体表面质量	10					
		网状配筋及位置	10					
		组合砌体拉结筋	10					
		细部质量	20					
4	地下防水层	表面质量	(50)					
		细部处理	(50)					

检查结果	权重值 15 分。 应得分合计： 实得分合计： $$结构工程观感质量评分 = \frac{实得分}{应得分} \times 15 =$$ 评价人员： 年 月 日

6.4.1　结构工程观感质量应检查的项目包括：

1. 混凝土结构工程观感质量检查项目

　　1）露筋；

　　2）蜂窝；

　　3）孔洞；

　　4）夹渣；

　　5）疏松；

　　6）裂缝；

　　7）连接部位缺陷；

　　8）外形缺陷；

　　9）外表缺陷。

2. 钢结构工程观感质量检查项目

　　1）焊缝外观质量；

　　2）普通紧固件连接外观质量；

　　3）高强度螺栓连接外观质量；

　　4）钢结构表面质量；

　　5）钢网架结构表面质量；

　　6）普通涂层表面质量；

　　7）防火涂层表面质量；

　　8）压型金属板安装质量；

　　9）钢平台、钢梯、钢栏杆安装外观质量。

3. 砌体工程观感质量检查项目

　　1）砌筑留槎；

　　2）组砌方法；

　　3）马牙槎拉结筋；

　　4）砌体表面质量；

　　5）网状配筋及位置；

　　6）组合砌体拉结筋；

　　7）细部质量（脚手眼留置、修补、洞口、管道、沟槽留置、梁垫及楼板顶面找平、灌浆等）。

4. 地下防水层

　　1）表面质量；

　　2）细部处理。

6.4.2　观感质量检查评价方法应符合下列规定：

检查标准：每个检查项目的检查点按"好"、"一般"、"差"给出评价，项目检查点90%及其以上达到"好"，其余检查点达到一般的为一档，实得分取100%的标准分值；项目检查点"好"的达到70%及其以上但不足90%，其余检查点达到"一般"的为二档，实得分取85%的标准分值；项目检查点"好"的达到30%及其以上但不足70%，其余检查点达到"一般"的为三档，实得分取70%的标准分值。

检查方法：观察辅以必要的量测和检查分部（子分部）工程质量验收记录，并进行分析计算。

屋面工程性能检测评分表

表 302

工程名称		施工阶段		检查日期	年 月 日
施工单位				评价单位	

序号	检查项目	应得分	判定结果			实得分	备注
			100%	85%	70%		
1	屋面防水层淋水、蓄水试验	60					
2	保温层厚度测试	40					

<table>
<tr><td rowspan="2">检查结果</td><td>
权重值30分。
应得分合计：
实得分合计：

屋面工程性能检测评分 $= \dfrac{实得分}{应得分} \times 30 =$

评价人员：

年 月 日
</td></tr>
</table>

说　明

7.1.1　屋面工程性能检测应检查的项目包括：

1. 屋面防水层淋水、蓄水试验。
2. 保温层厚度测试。

7.1.2　屋面工程性能检测检查评价方法应符合下列规定：

1. 检查标准：

1）防水层淋水或雨后检查，防水层及细部无渗漏和积水现象的为一档，取100%的标准分值；防水层及细部无渗漏，但局部有少量积水，水深不超过30mm的为二档，取85%的标准分值；经返修后达到无渗漏的为三档，取70%的标准分值；

2）保温层厚度抽样测试达到+10%、-3%为一档，取100%的标准分值；抽样检测达到+10%，-5%为二档，取85%的标准分值；抽样检测80%点达到要求+10%、-5%，其余测点经返修达到厚度95%的为三档，取70%的标准分值。

2. 检查方法：检查检测记录。

屋面工程质量记录评分表

表 303

工程名称			施工阶段			检查日期		年　月　日	
施工单位					评价单位				

序号	检查项目		应得分	判定结果			实得分	备注
				100%	85%	70%		
1	材料合格证及进场验收记录	瓦及混凝土预制块合格证及进场验收记录	10					
		卷材、涂膜材料、密封材料合格证、进场验收记录及复试报告	10					
		保温材料合格证及进场验收记录	10					
2	施工记录	卷材、涂膜防水层的基层施工记录	5					
		天沟、檐沟、泛水和变形缝等细部做法施工记录	5					
		卷材、涂膜防水层和附加层施工记录	10					
		刚性保护层与防水层间隔离层施工记录	5					
		隐蔽工程验收记录	5					
		检验批、分项、分部(子分部)工程质量验收记录	10					
3	施工试验	细石混凝土配合比试验报告	15					
		防水涂料、密封材料配合比试验报告	15					

权重值 20 分。
应得分合计：
实得分合计：

检查结果

$$屋面工程质量记录评分 = \frac{实得分}{应得分} \times 20 =$$

评价人员：

年　月　日

说　明

7.2.1　屋面工程质量记录应检查的项目包括：

1. 材料合格证(出厂检测报告)及进场验收记录

1) 瓦及混凝土预制块出厂合格证(出厂试验报告)及进场验收记录；

2) 防水卷材、涂膜防水材料、密封材料合格证(出厂试验报告)、进场验收记录及复试报告；

3) 保温材料合格证(出厂试验报告)及进场验收记录。

2. 施工记录

1) 卷材、涂膜防水层的基层施工记录；

2) 天沟、檐沟、泛水和变形缝等细部做法施工记录；

3) 卷材、涂膜防水层和附加层施工记录；

4) 刚性保护层与卷材、涂膜防水层之间设置的隔离层施工记录；

5) 隐蔽工程验收记录；

6) 检验批、分项、分部(子分部)工程质量验收记录。

3. 施工试验

1) 细石混凝土配合比试验报告；

2) 防水涂料、密封材料配合比试验报告。

7.2.2　质量记录检查评价方法应符合下列规定：

检查标准：材料、设备合格证(出厂质量证明书)、进场验收记录、施工记录、施工试验记录等资料完整、数据齐全并能满足设计及规范要求,真实、有效、内容填写正确,分类整理规范,审签手续完备的为一档,实得分取 100% 的标准分值;资料完整、数据齐全并能满足设计及规范要求,真实、有效,整理基本规范、审签手续基本完备的为二档,实得分取 85% 的标准分值;资料基本完整并能满足设计及规范要求,真实、有效,内容审签手续基本完备的为三档,实得分取 70% 的标准分值。

检查方法：检查资料的数量及内容。

屋面工程尺寸偏差及限值实测评分表

表304

工程名称			施工阶段		检查日期	年　月　日
施工单位					评价单位	

序号	检查项目		应得分	判定结果			实得分	备注
				100%	85%	70%		
1	找平层及排水沟排水坡度		20					
2	防水卷材搭接宽度		20					
3	涂料防水层厚度		(40)					
4	瓦屋面	压型板纵向搭接及泛水搭接长度、挑出墙面长度	(40)					
		脊瓦搭盖坡瓦宽度	(20)					
		瓦伸入天沟、檐沟、檐口的长度	(20)					
5	细部构造	防水层伸入水落口杯长度	30					
		变形缝、女儿墙防水层立面泛水高度	30					

权重值20分。
应得分合计：
实得分合计：

检查结果

屋面工程尺寸偏差及限值实测评分 $= \dfrac{实得分}{应得分} \times 20 =$

评价人员：

年　月　日

304

7.3.1　屋面工程尺寸偏差及限值实测应检查的项目包括：

屋面工程尺寸偏差及限值实测项目应符合表7.3.1的规定。

表7.3.1　屋面工程尺寸偏差及限值实测项目

序号	检查项目		尺寸要求、允许偏差(mm)
1	找平层及排水沟排水坡度		1%～3%
2	卷材防水层卷材搭接宽度		−10
3	涂料防水层厚度		不小于设计厚度80%
4	瓦屋面	压型板纵向搭接及泛水搭接长度、挑出墙面长度	≥200
		脊瓦搭盖坡瓦宽度	≥40
		瓦伸入天沟、檐沟、檐口的长度	50～70
5	细部构造	防水层贴入水落口杯长度	≥50
		变形缝、女儿墙防水层立面泛水高度	≥250

7.2.2　尺寸偏差及限值实测检查评价方法应符合下列规定：

检查标准：检查项目为允许偏差项目时，项目各测点实测值均达到规范规定值，且有80%及其以上的测点平均实测值小于等于规范规定值0.8倍的为一档，实得分取100%的标准分值；检查项目各测点实测值均达到规范规定值，且有50%及其以上，但不足80%的测点平均实测值小于等于规范规定值0.8倍的为二档，实得分取85%的标准分值；检查项目各测点实测值均达到规范规定的为三档，实得分取70%的标准分值。

检查项目为双向限值项目时，项目各测点实测值均能满足规范规定值，且其中有50%及其以上测点实测值接近限值的中间值的为一档，实得分取100%的标准分值；各测点实测值均能满足规范规定限值范围的为二档，实得分取85%的标准分值；凡有测点经过处理后达到规范规定的为三档，实得分取70%的标准分值。

检查项目为单向限值项目时，项目各测点实测值均能满足规范规定值的为一档，实得分取100%的标准分值；凡有测点经过处理后达到规范规定的为三档，实得分取70%的标准分值。

当允许偏差、限值两者都有时取较低档项目的判定值。

检查方法：在各相关同类检验批或分项工程中，随机抽取10个检验批或分项工程，不足10个的取全部进行分析计算。必要时，可进行现场抽测。

屋面工程观感质量评分表

表305

工程名称			施工阶段		检查日期	年 月 日
施工单位					评价单位	

序号	检查项目		应得分	判定结果			实得分	备注
				100%	85%	70%		
1	卷材屋面	卷材铺设质量	20					
		排气道设置质量	20					
		保护层铺设质量及上人屋面面层	10					
2	瓦屋面	金属板材铺设质量	(50)					
		平瓦及其他屋面	(50)					
3	细部构造		50					
检查结果	权重值20分。 应得分合计： 实得分合计： $$屋面工程观感质量评分 = \frac{实得分}{应得分} \times 20 =$$ 评价人员： 年 月 日							

说　明

305

7.4.1　屋面工程观感质量应检查的项目包括：

1. 卷材屋面：
    1）卷材铺设质量；
    2）排气道设置质量；
    3）保护层铺设质量及上人屋面面层。
2. 金属板材屋面金属板材铺设质量。
3. 平瓦及其他屋面铺设质量。
4. 细部构造。

7.4.2　观感质量检查评价方法应符合下列规定：

检查标准：每个检查项目的检查点按"好"、"一般"、"差"给出评价，项目检查点 90% 及其以上达到"好"，其余检查点达到一般的为一档，实得分取 100% 的标准分值；项目检查点"好"的达到 70% 及其以上但不足 90%，其余检查点达到"一般"的为二档，实得分取 85% 的标准分值；项目检查点"好"的达到 30% 及其以上但不足 70%，其余检查点达到"一般"的为三档，实得分取 70% 的标准分值。

检查方法：观察辅以必要的量测和检查分部（子分部）工程质量验收记录，并进行分析计算。

装饰装修工程性能检测评分表

表402

工程名称		施工阶段		检查日期		年 月 日
施工单位				评价单位		

序号	检 查 项 目	应得分	判 定 结 果		实得分	备注
			100%	70%		
1	外窗传热性能及建筑节能检测（设计有要求时）	30				
2	幕墙工程与主体结构连接的预埋件及金属框架的连接检测	20				
3	外墙块材镶贴的粘结强度检测	20				
4	室内环境质量检测	30				

权重值20分。
应得分合计：
实得分合计：

检查结果

$$装饰装修工程性能检测评分 = \frac{实得分}{应得分} \times 20 = $$

评价人员：

年 月 日

说　　明

8.1.1　装饰装修工程性能检测应检查的项目包括：

1. 外窗传热性能及建筑节能检测(设计有要求时)；

2. 幕墙工程与主体结构连接的预埋件及金属框架的连接检测；

3. 外墙块材镶贴的粘结强度检测；

4. 室内环境质量检测。

8.1.2　性能检测检查评价方法应符合下列规定：

检查标准：检查项目的检测指标(参数)一次检测达到设计要求、规范规定的为一档，实得分取 100% 的标准分值；按有关规范规定，经过处理后达到设计要求、规范规定的为三档，实得分取 70% 的标准分值。

检查方法：现场检测或检查检测报告。

装饰装修工程质量记录评分表

表 403

工程名称				施工阶段			检查日期	年 月 日

施工单位					评价单位			

序号	检查项目		应得分	判定结果			实得分	备注
				100%	85%	70%		
1	材料合格证及进场验收记录	装饰装修、保温材料合格证、进场验收记录	10					
		幕墙的玻璃、石材、板材、结构材料合格证及进场验收记录,门窗及幕墙抗风压、水密性、气密性、结构胶相容性试验报告	10					
		有环境质量要求材料合格证、进场验收记录及复试报告	10					
2	施工记录	吊顶、幕墙、外墙饰面砖(板)、预埋件及粘贴施工记录	15					
		节能工程施工记录	15					
		检验批、分项、分部(子分部)工程质量验收记录	10					
3	施工试验	有防水要求房间地面蓄水试验记录	10					
		烟道、通风道通风试验记录	10					
		有关胶料配合比试验单	10					

检查结果	权重值20分。 应得分合计: 实得分合计: 装饰装修工程质量记录评分 = $\dfrac{实得分}{应得分} \times 20 =$ 评价人员: 年 月 日

8.2.1　装饰装修工程质量记录应检查的项目包括：

1. 材料合格证及进场验收记录
　　1）装饰装修、节能保温材料合格证、进场验收记录；
　　2）幕墙的玻璃、石材、板材、结构材料合格证及进场验收记录，门窗及幕墙抗风压、水密性、气密性、结构胶相容性试验报告；
　　3）有环境质量要求材料的合格证、进场验收记录及复试报告。

2. 施工记录
　　1）吊顶、幕墙、外墙饰面板（砖）、各种预埋件及粘贴施工记录；
　　2）节能工程施工记录；
　　3）检验批、分项、分部（子分部）工程质量验收记录。

3. 施工试验
　　1）有防水要求房间地面蓄水试验记录；
　　2）烟道、通风道通风试验记录；
　　3）有关胶料配合比试验单。

8.2.2　质量记录检查评价方法应符合下列规定：

检查标准：材料、设备合格证（出厂质量证明书）、进场验收记录、施工记录、施工试验记录等资料完整、数据齐全并能满足设计及规范要求，真实、有效、内容填写正确，分类整理规范，审签手续完备的为一档，实得分取100%的标准分值；资料完整、数据齐全并能满足设计及规范要求，真实、有效，整理基本规范、审签手续基本完备的为二档，实得分取85%的标准分值；资料基本完整并能满足设计及规范要求，真实、有效，内容审签手续基本完备的为三档，实得分取70%的标准分值。

检查方法：检查资料的数量及内容。

装饰装修工程尺寸偏差及限值实测评分表

表 404

工程名称			施工阶段		检查日期	年 月 日
施工单位				评价单位		

序号	检查项目		应得分	判定结果			实得分	备注
				100%	85%	70%		
1	抹灰工程	立面垂直度、表面平整度	30					
2	门窗工程	门窗框正、侧面垂直度	20					
3	幕墙工程	幕墙垂直度	20					
4	地面工程	表面平整度	30					

权重值 10 分。

应得分合计：

实得分合计：

检查结果

$$装饰装修工程尺寸偏差及限值实测评分 = \frac{实得分}{应得分} \times 10 =$$

评价人员：

年 月 日

8.3.1　装饰装修工程尺寸偏差及限值实测应检查的项目包括：

装饰装修工程尺寸偏差及限值实测检查项目应符合表8.3.1的规定。

表8.3.1　装饰装修工程尺寸偏差及限值实测项目表

序号	子分部		检查项目	留缝限值、允许偏差（mm）	
				普通	高级
1	抹灰工程		立面垂直度	4	3
			表面平整度	4	3
2	门窗工程		门窗框正、侧面垂直度	2	1
3	幕墙工程	幕墙垂直度	幕墙高度≤30m	10	
			30m＜幕墙高度≤60m	15	
			60m＜幕墙高度≤90m	20	
			幕墙高度＞90m	25	
4	地面工程	整体地面	表面平整度	4	2
		板块地面	表面平整度	4	1

8.3.2　尺寸偏差及限值实测检查评价方法应符合下列规定：

检查标准：检查项目为允许偏差项目时，项目各测点实测值均达到规范规定值，且有80%及其以上的测点平均实测值小于等于规范规定值0.8倍的为一档，实得分取100%的标准分值；检查项目各测点实测值均达到规范规定值，且有50%及其以上，但不足80%的测点平均实测值小于等于规范规定值0.8倍的为二档，实得分取85%的标准分值；检查项目各测点实测值均达到规范规定的为三档，实得分取70%的标准分值。

检查项目为双向限值项目时，项目各测点实测值均能满足规范规定值，且其中有50%及其以上测点实测值接近限值的中间值的为一档，实得分取100%的标准分值；各测点实测值均能满足规范规定限值范围的为二档，实得分取85%的标准分值；凡有测点经过处理后达到规范规定的为三档，实得分取70%的标准分值。

检查项目为单向限值项目时，项目各测点实测值均能满足规范规定值的为一档，实得分取100%的标准分值；凡有测点经过处理后达到规范规定的为三档，实得分取70%的标准分值。

当允许偏差、限值两者都有时取较低档项目的判定值。

检查方法：在各相关同类检验批或分项工程中，随机抽取10个检验批或分项工程，不足10个的取全部进行分析计算。必要时，可进行现场抽测。

装饰装修工程观感质量评分表

表405

工程名称			施工阶段		检查日期		年 月 日
施工单位				评价单位			

序号		检 查 项 目	应得分	判 定 结 果			实得分	备注
				100%	85%	70%		
1	地面	表面、分格缝、图案、有排水要求的地面的坡度	10					
2	抹灰	表面、护角、阴阳角、分隔缝、滴水线	10					
3	门窗	固定、配件、位置、构造、密封等	10					
4	吊顶	图案、颜色、灯具设备安装位置、交接缝处理、吊杆龙骨外观	5					
5	轻质隔墙	位置、墙面平整、连接件、接缝处理	5					
6	饰面板（砖）	表面质量、排砖、勾缝嵌缝、细部	10					
7	幕墙	主要构件外观、节点做法、打胶、配件、开启密闭	10					
8	涂饰工程	分色规矩、色泽协调	5					
9	裱糊与软包	端正、边框、拼角、接缝	5					
10	细部工程	柜、盒、护罩、栏杆、花式等安装、固定和表面质量	5					
11	外檐观感	室外墙面、大角、墙面横竖线（角）及滴水槽（线）、散水、台阶、雨罩、变形缝和泛水等	15					
12	室内观感	面砖、涂料、饰物、线条及不同做法的交接过渡	10					

检查结果	权重值40分。 应得分合计： 实得分合计： 装饰装修工程观感质量评分 $= \dfrac{实得分}{应得分} \times 40 =$ 评价人员： 年 月 日

8.4.1　装饰装修工程观感质量应检查的项目包括：

1. 地面；
2. 抹灰；
3. 门窗；
4. 吊顶；
5. 轻质隔墙；
6. 饰面板(砖)；
7. 幕墙；
8. 涂饰工程；
9. 裱糊与软包；
10. 细部工程；
11. 外檐观感；
12. 室内观感。

8.4.2　观感质量检查评价方法应符合下列规定：

检查标准：检查内容按《建筑装饰装修工程质量验收规范》GB 50210 的相关内容检查。每个检查项目的检查点按"好"、"一般"、"差"给出评价，项目检查点 90% 及其以上达到"好"，其余检查点达到一般的为一档，实得分取 100% 的标准分值；项目检查点"好"的达到 70% 及其以上但不足 90% ，其余检查点达到"一般"的为二档，实得分取 85% 的标准分值；项目检查点"好"的达到 30% 及其以上但不足 70% ，其余检查点达到"一般"的为三档，实得分取 70% 的标准分值。

检查方法：观察辅以必要的量测和检查分部(子分部)工程质量验收记录，并进行分析计算。

建筑给水排水及采暖工程性能检测评分表

表 502 - 1

工程名称		施工阶段		检查日期	年 月 日
施工单位				评价单位	

序号	检查项目	应得分	判定结果		实得分	备注
			100%	70%		
1	生活给水系统管道交用前水质检测	10				
2	承压管道、设备系统水压试验	30				
3	非承压管道和设备灌水试验、排水干管管道通球、通水试验	30				
4	消火栓系统试射试验	20				
5	采暖系统调试、试运行、安全阀、报警装置联动系统测试	10				

权重值30分。
应得分合计：
实得分合计：

检查结果

$$建筑给水排水及采暖工程性能检测评分 = \frac{实得分}{应得分} \times 30 =$$

评价人员：

年 月 日

说　明

9.1.1　建筑给水排水及采暖工程性能检测应检查的项目包括：

1. 生活给水系统管道交用前水质检测；
2. 承压管道、设备系统水压试验；
3. 非承压管道和设备灌水试验及排水干管管道通球、通水试验；
4. 消火栓系统试射试验；
5. 采暖系统调试、试运行、安全阀、报警装置联动系统测试。

9.1.2　性能检测检查评价方法应符合下列规定：

检查标准：检查项目的检测指标(参数)一次检测达到设计要求、规范规定的为一档，实得分取 100% 的标准分值；按有关规范规定，经过处理后达到设计要求、规范规定的为三档，实得分取 70% 的标准分值。

检查方法：现场检测或检查检测报告。

建筑给水排水及采暖工程质量记录评分表

表 503-1

工程名称			施工阶段			检查日期	年 月 日
施工单位					评价单位		

序号	检查项目		应得分	判定结果			实得分	备注
				100%	85%	70%		
1	材料合格证、进场验收记录	材料及配件出厂合格证及进场验收记录	15					
		器具及设备出厂合格证及进场验收记录	15					
2	施工记录	主要管道施工及管道穿墙、穿楼板套管安装施工记录	5					
		补偿器预拉伸记录	5					
		给水管道冲洗、消毒记录	10					
		隐蔽工程验收记录	10					
		检验批、分项、分部(子分部)工程质量验收记录	10					
3	施工试验	阀门安装前强度和严密性试验	10					
		给水系统及卫生器具交付使用前通水、满水试验	10					
		水泵安装试运转	10					

权重值30分。
应得分合计：
实得分合计：

检查结果

$$建筑给水排水及采暖工程质量记录评分 = \frac{实得分}{应得分} \times 30 =$$

评价人员：

年 月 日

9.1.4　建筑给水排水及采暖工程质量记录应检查的项目包括：

1. 材料、配件、器具及设备出厂合格证及进场验收记录
   1）材料及配件出厂合格证及进场验收记录；
   2）器具及设备出厂合格证及进场验收记录。

2. 施工记录
   1）主要管道施工及管道穿墙、穿楼板套管安装施工记录；
   2）补偿器预拉伸记录；
   3）给水管道冲洗、消毒记录；
   4）隐蔽工程验收记录；
   5）检验批、分项、分部（子分部）工程质量验收记录。

3. 施工试验
   1）阀门安装前强度和严密性试验；
   2）给水系统及卫生器具交付使用前通水、满水试验；
   3）水泵安装试运转。

9.1.5　质量记录检查评价方法应符合下列规定：

检查标准：材料、设备合格证（出厂质量证明书）、进场验收记录、施工记录、施工试验记录等资料完整、数据齐全并能满足设计及规范要求，真实、有效、内容填写正确，分类整理规范，审签手续完备的为一档，实得分取 100％ 的标准分值；资料完整、数据齐全并能满足设计及规范要求，真实、有效，整理基本规范、审签手续基本完备的为二档，实得分取 85％ 的标准分值；资料基本完整并能满足设计及规范要求，真实、有效，内容审签手续基本完备的为三档，实得分取 70％ 的标准分值。

检查方法：检查资料的数量及内容。

建筑给水排水及采暖工程尺寸偏差及限值实测评分表

工程名称		施工阶段		检查日期	年 月 日
施工单位			评价单位		

序号	检查项目	应得分	判定结果 100%	判定结果 85%	判定结果 70%	实得分	备注
1	给水、排水、采暖管道坡度	50					
2	箱式消火栓安装位置	20					
3	卫生器具安装高度	30					

权重值10分。

应得分合计：

实得分合计：

检查结果

$$建筑给水排水及采暖工程尺寸偏差及限值实测评分 = \frac{实得分}{应得分} \times 10 =$$

评价人员：

年 月 日

说　明

9.1.7　建筑给水排水及采暖工程尺寸偏差及限值实测应检查的项目包括：

1. 给水、排水、采暖管道坡度按设计要求或下列规定检查：生活污水排水管道坡度：铸铁的为5‰~35‰；塑料的为4‰~25‰；给水管道坡度：2‰~5‰。采暖管道坡度：气(汽)水同向流动为2‰~3‰,气(汽)水逆向流动为不小于5‰；散热器支管的坡度为1%,坡向利于排气和泄水方向。

2. 箱式消火栓安装位置,按设计安装高度安装允许偏差：距地±20mm,垂直度3mm。

3. 卫生器具按设计安装高度安装允许偏差±15mm；淋浴器喷头下沿高度允许偏差±15mm。

9.1.8　尺寸偏差及限值实测检查评价方法应符合下列规定：

检查标准：检查项目为允许偏差项目时,项目各测点实测值均达到规范规定值,且有80%及其以上的测点平均实测值小于等于规范规定值0.8倍的为一档,实得分取100%的标准分值；检查项目各测点实测值均达到规范规定值,且有50%及其以上,但不足80%的测点平均实测值小于等于规范规定值0.8倍的为二档,实得分取85%的标准分值；检查项目各测点实测值均达到规范规定的为三档,实得分取70%的标准分值。

检查项目为双向限值项目时,项目各测点实测值均能满足规范规定值,且其中有50%及其以上测点实测值接近限值的中间值的为一档,实得分取100%的标准分值；各测点实测值均能满足规范规定限值范围的为二档,实得分取85%的标准分值；凡有测点经过处理后达到规范规定的为三档,实得分取70%的标准分值。

检查项目为单向限值项目时,项目各测点实测值均能满足规范规定值的为一档,实得分取100%的标准分值；凡有测点经过处理后达到规范规定的为三档,实得分取70%的标准分值。

当允许偏差、限值两者都有时取较低档项目的判定值。

检查方法：在各相关同类检验批或分项工程中,随机抽取10个检验批或分项工程,不足10个的取全部进行分析计算。必要时,可进行现场抽测。

建筑给水排水及采暖工程观感质量评分表

表 505-1

工程名称		施工阶段		检查日期		年 月 日
施工单位				评价单位		

序号	检查项目	应得分	判定结果 100%	判定结果 85%	判定结果 70%	实得分	备注
1	管道及支架安装	20					
2	卫生洁具及给水配件安装	20					
3	设备及配件安装	20					
4	管道、支架及设备的防腐及保温	20					
5	有排水要求房间地面的排水口及地漏	20					

权重值20分。
应得分合计：
实得分合计：

检查结果

$$建筑给水排水及采暖工程观感质量评分 = \frac{实得分}{应得分} \times 20 =$$

评价人员：

年 月 日

　　9.1.10　建筑给水排水及采暖工程观感质量应检查的项目包括：

1. 管道及支架安装；

2. 卫生洁具及给水配件安装；

3. 设备及配件安装；

4. 管道、支架及设备的防腐及保温；

5. 有排水要求的设备机房、房间地面的排水口及地漏。

　　9.1.11　观感质量检查评价方法应符合下列规定：

　　检查标准：检查内容按《建筑给水排水及采暖工程施工质量验收规范》GB 50242 的有关内容检查。每个检查项目的检查点按"好"、"一般"、"差"给出评价，项目检查点 90% 及其以上达到"好"，其余检查点达到一般的为一档，实得分取 100% 的标准分值；项目检查点"好"的达到 70% 及其以上但不足 90%，其余检查点达到"一般"的为二档，实得分取 85% 的标准分值；项目检查点"好"的达到 30% 及其以上但不足 70%，其余检查点达到"一般"的为三档，实得分取 70% 的标准分值。

　　检查方法：观察辅以必要的量测和检查分部(子分部)工程质量验收记录，并进行分析计算。

建筑电气工程性能检测评分表

表 502-2

工程名称		施工阶段		检查日期	年 月 日
施工单位				评价单位	

序号	检查项目	应得分	判定结果 100%	判定结果 70%	实得分	备注
1	接地装置、防雷装置的接地电阻测试	40				
2	照明全负荷试验	30				
3	大型灯具固定及悬吊装置过载测试	30				

<table>
<tr><td rowspan="10">检查结果</td><td>权重值30分。
应得分合计：
实得分合计：

建筑电气工程性能检测评分 = $\dfrac{实得分}{应得分} \times 30 =$

评价人员：

年 月 日</td></tr>
</table>

说　明

9.2.1　建筑电气工程性能检测应检查的项目包括：

1. 接地装置、防雷装置的接地电阻测试；

2. 照明全负荷试验；

3. 大型灯具固定及悬吊装置过载测试。

9.2.2　性能检测检查评价方法应符合下列规定：

检查标准：检查项目的检测指标（参数）一次检测达到设计要求、规范规定的为一档，实得分取 100% 的标准分值；按有关规范规定，经过处理后达到设计要求、规范规定的为三档，实得分取 70% 的标准分值。

检查方法：现场检测或检查检测报告。

建筑电气工程质量记录评分表

表 503－2

工程名称			施工阶段		检查日期		年 月 日

施工单位				评价单位			

序号	检 查 项 目		应得分	判 定 结 果			实得分	备注
				100%	85%	70%		
1	材料、设备合格证、进场验收记录	材料及元件出厂合格证及进场验收记录	15					
		设备及器具出厂合格证及进场验收记录	15					
2	施工记录	电气装置安装施工记录	10					
		隐蔽工程验收记录	10					
		检验批、分项、分部(子分部)工程质量验收记录	20					
3	施工试验	高、低压电气设备及布线系统交接试验记录	15					
		电气装置空载和负荷运行试验记录	15					

检查结果	权重值 30 分。 应得分合计： 实得分合计： 建筑电气工程质量记录评分 $= \dfrac{实得分}{应得分} \times 30 =$ 评价人员： 年 月 日

809

说　明

9.2.4　建筑电气工程质量记录应检查的项目包括：

1. 材料、设备出厂合格证及进场验收记录
　　1）材料及元件出厂合格证及进场验收记录；
　　2）设备及器具出厂合格证及进场验收记录。

2. 施工记录
　　1）电气装置安装施工记录；
　　2）隐蔽工程验收记录；
　　3）检验批、分项、分部(子分部)工程质量验收记录。

3. 施工试验
　　1）导线、设备、元件、器具绝缘电阻测试记录；
　　2）电气装置空载和负荷运行试验记录。

9.2.5　质量记录检查评价方法应符合下列规定：

检查标准：材料、设备合格证(出厂质量证明书)、进场验收记录、施工记录、施工试验记录等资料完整、数据齐全并能满足设计及规范要求，真实、有效、内容填写正确，分类整理规范，审签手续完备的为一档，实得分取100%的标准分值；资料完整、数据齐全并能满足设计及规范要求，真实、有效，整理基本规范、审签手续基本完备的为二档，实得分取85%的标准分值；资料基本完整并能满足设计及规范要求，真实、有效，内容审签手续基本完备的为三档，实得分取70%的标准分值。

检查方法：检查资料的数量及内容。

建筑电气工程尺寸偏差及限值实测评分表

表504-2

工程名称			施工阶段		检查日期	年 月 日
施工单位					评价单位	

序号	检查项目	应得分	判定结果			实得分	备注
			100%	85%	70%		
1	柜、屏、台、箱、盘安装垂直度	30					
2	同一场所成排灯具中心线偏差	30					
3	同一场所的同一墙面,开关、插座面板的高度差	40					

权重值10分。
应得分合计:
实得分合计:

检查结果

$$建筑电气工程尺寸偏差及限值实测评分 = \frac{实得分}{应得分} \times 10 =$$

评价人员:

年 月 日

说 明

9.2.7 建筑电气工程尺寸偏差及限值实测应检查的项目包括：

建筑电气工程尺寸偏差及限值实测检查项目见表9.2.7。

表9.2.7 建筑电气工程尺寸偏差及限值实测检查项目

序号	项 目	允 许 偏 差
1	柜、屏、台、箱、盘安装垂直度	1.5‰
2	同一场所成排灯具中心线偏差	5mm
3	同一场所的同一墙面,开关、插座面板的高度差	5mm

9.2.8 尺寸偏差及限值实测检查评价方法应符合下列规定：

检查标准:检查项目为允许偏差项目时,项目各测点实测值均达到规范规定值,且有80%及其以上的测点平均实测值小于等于规范规定值0.8倍的为一档,实得分取100%的标准分值;检查项目各测点实测值均达到规范规定值,且有50%及其以上,但不足80%的测点平均实测值小于等于规范规定值0.8倍的为二档,实得分取85%的标准分值;检查项目各测点实测值均达到规范规定的为三档,实得分取70%的标准分值。

检查项目为双向限值项目时,项目各测点实测值均能满足规范规定值,且其中有50%及其以上测点实测值接近限值的中间值的为一档,实得分取100%的标准分值;各测点实测值均能满足规范规定限值范围的为二档,实得分取85%的标准分值;凡有测点经过处理后达到规范规定的为三档,实得分取70%的标准分值。

检查项目为单向限值项目时,项目各测点实测值均能满足规范规定值的为一档,实得分取100%的标准分值;凡有测点经过处理后达到规范规定的为三档,实得分取70%的标准分值。

当允许偏差、限值两者都有时取较低档项目的判定值。

检查方法:在各相关同类检验批或分项工程中,随机抽取10个检验批或分项工程,不足10个的取全部进行分析计算。必要时,可进行现场抽测。

建筑电气工程观感质量评分表

表505-2

工程名称		施工阶段		检查日期		年 月 日
施工单位				评价单位		

序号	检查项目	应得分	判定结果 100%	85%	70%	实得分	备注
1	电线管、桥架、母线槽及其支吊架安装	20					
2	导线及电缆敷设(含色标)	10					
3	接地、接零、跨接、防雷装置	20					
4	开关、插座安装及接线	20					
5	灯具及其他用电器具安装及接线	20					
6	配电箱、柜安装及接线	10					

权重值20分。

应得分合计:

实得分合计:

检查结果

$$建筑电气工程观感质量评分 = \frac{实得分}{应得分} \times 20 =$$

评价人员:

年 月 日

说 明

9.2.10 建筑电气工程观感质量应检查的项目包括：

1. 电线管(槽)、桥架、母线槽及其支吊架安装；
2. 导线及电缆敷设(含色标)；
3. 接地、接零、跨接、防雷装置；
4. 开关、插座安装及接线；
5. 灯具及其他用电器具安装及接线；
6. 配电箱、柜安装及接线。

9.2.11 观感质量检查评价方法应符合下列规定：

检查标准：检查内容按《建筑电气工程施工质量验收规范》GB 50303 的相关内容检查。每个检查项目的检查点按"好"、"一般"、"差"给出评价，项目检查点 90% 及其以上达到"好"，其余检查点达到一般的为一档，实得分取 100% 的标准分值；项目检查点"好"的达到 70% 及其以上但不足 90%，其余检查点达到"一般"的为二档，实得分取 85% 的标准分值；项目检查点"好"的达到 30% 及其以上但不足 70%，其余检查点达到"一般"的为三档，实得分取 70% 的标准分值。

检查方法：观察辅以必要的量测和检查分部(子分部)工程质量验收记录，并进行分析计算。

通风与空调工程性能检测评分表

表502-3

工程名称			施工阶段		检查日期	年 月 日
施工单位				评价单位		

序号	检查项目	应得分	判定结果		实得分	备注
			100%	70%		
1	空调水管道系统水压试验	20				
2	通风管道严密性试验	30				
3	通风、除尘系统联合试运转与调试	15				
	空调系统联合试运转与调试	15				
	制冷系统联合试运转与调试	10				
	净化系统联合试运转与调试	（10）				
	防排烟系统联合试运转与调试	10				

权重值30分。

应得分合计：

实得分合计：

检查结果

$$通风与空调工程性能检测评分 = \frac{实得分}{应得分} \times 30 =$$

评价人员：

年 月 日

说　明

　　9.3.1　通风与空调工程性能检测应检查的项目包括:

1. 空调水管道系统水压试验;

2. 通风管道严密性试验;

3. 通风、除尘、舒适性空调、恒温恒湿、净化、防排烟系统无生产负荷联合试运转与调试。

　　9.3.2　性能检测检查评价方法应符合下列规定:

　　检查标准:检查项目的检测指标(参数)一次检测达到设计要求、规范规定的为一档,实得分取 100% 的标准分值;按有关规范规定,经过处理后达到设计要求、规范规定的为三档,实得分取 70% 的标准分值。

　　检查方法:现场检测或检查检测报告。

通风与空调工程质量记录评分表

工程名称			施工阶段				检查日期		年　月　日
施工单位							评价单位		

序号	检查项目		应得分	判定结果			实得分	备注
				100%	85%	70%		
1	材料、设备出厂合格证及进场验收记录	材料、风管及部件出厂合格证及进场验收记录	15					
		设备出厂合格证及进场验收记录	15					
2	施工记录	风管及部件加工制作记录	10					
		风管系统、管道系统安装记录	10					
		防火阀、防排烟阀、防爆阀等安装记录	5					
		设备(含水泵、风机、空气处理设备、空调机组和制冷设备等)安装记录	5					
		隐蔽工程验收记录	5					
		检验批、分项、分部(子分部)工程质量验收记录	5					
3	施工试验	空调水系统阀门安装前试验	5					
		设备单机试运转及调试	10					
		防火阀、排烟阀(口)启闭联动试验	15					

权重值30分。

应得分合计：

实得分合计：

检查结果

$$通风与空调工程质量记录评分 = \frac{实得分}{应得分} \times 30 =$$

评价人员：

年　月　日

说　明

　　9.3.4　通风与空调工程质量记录应检查的项目包括:

1. 材料、设备出厂合格证及进场验收记录
　　1) 材料、风管及其部件出厂合格证及进场验收记录;
　　2) 仪表、设备出厂合格证及进场验收记录。
2. 施工记录
　　1) 风管及其部件加工制作记录;
　　2) 风管系统、管道系统安装记录;
　　3) 补偿器预拉伸记录;
　　4) 防火阀、防排烟阀、防爆阀等安装记录;
　　5) 风管吹扫清洁、水管冲洗记录;
　　6) 设备(含水泵、风机、空气处理设备、空调机组和制冷设备等)安装记录;
　　7) 隐蔽工程验收记录;
　　8) 检验批、分项、分部(子分部)工程质量验收记录。
3. 施工试验
　　1) 空调水系统阀门安装前试验;
　　2) 风机盘管及末端装置试验;
　　3) 设备单机试运转及调试;
　　4) 防火阀、排烟阀(口)启闭联动试验。
　　9.3.5　质量记录检查评价方法应符合下列规定:
　　检查标准:材料、设备合格证(出厂质量证明书)、进场验收记录、施工记录、施工试验记录等资料完整、数据齐全并能满足设计及规范要求,真实、有效、内容填写正确,分类整理规范,审签手续完备的为一档,实得分取 100% 的标准分值;资料完整、数据齐全并能满足设计及规范要求,真实、有效,整理基本规范、审签手续基本完备的为二档,实得分取 85% 的标准分值;资料基本完整并能满足设计及规范要求,真实、有效,内容审签手续基本完备的为三档,实得分取 70% 的标准分值。
　　检查方法:检查资料的数量及内容。

通风与空调工程尺寸偏差及限值实测评分表

表 504 - 3

工程名称		施工阶段		检查日期		年　月　日	
施工单位				评价单位			

序号	检查项目	应得分	判定结果			实得分	备注
			100%	85%	70%		
1	风口尺寸	40					
2	风口水平安装的水平度,风口垂直安装的垂直度	30					
3	防火阀距墙表面的距离	30					

权重值10分。
应得分合计:
实得分合计:

检查结果

$$通风与空调工程尺寸偏差及限值实测评分 = \frac{实得分}{应得分} \times 10 =$$

评价人员:

年　月　日

9.3.7　通风与空调工程尺寸偏差及限值实测应检查的项目包括：

1. 风口尺寸允许偏差：圆形 $\phi \leqslant 250mm$，$0 \sim -2mm$；$\phi > 250mm$，$0 \sim -3mm$。矩形，边长 $< 300mm$，$0 \sim -1mm$；边长 $300 \sim 800mm$，$0 \sim -2mm$；边长 $> 800mm$，$0 \sim -3mm$。

2. 风口水平安装水平度 $\leqslant 3/1000$；风口垂直安装的垂直度偏差 $\leqslant 2/1000$。

3. 防火阀距墙表面的距离不宜大于 200mm。

9.3.8　尺寸偏差及限值实测检查评价方法应符合下列规定：

检查标准：检查项目为允许偏差项目时，项目各测点实测值均达到规范规定值，且有 80% 及其以上的测点平均实测值小于等于规范规定值 0.8 倍的为一档，实得分取 100% 的标准分值；检查项目各测点实测值均达到规范规定值，且有 50% 及其以上，但不足 80% 的测点平均实测值小于等于规范规定值 0.8 倍的为二档，实得分取 85% 的标准分值；检查项目各测点实测值均达到规范规定的为三档，实得分取 70% 的标准分值。

检查项目为双向限值项目时，项目各测点实测值均能满足规范规定值，且其中有 50% 及其以上测点实测值接近限值的中间值的为一档，实得分取 100% 的标准分值；各测点实测值均能满足规范规定限值范围的为二档，实得分取 85% 的标准分值；凡有测点经过处理后达到规范规定的为三档，实得分取 70% 的标准分值。

检查项目为单向限值项目时，项目各测点实测值均能满足规范规定值的为一档，实得分取 100% 的标准分值；凡有测点经过处理后达到规范规定的为三档，实得分取 70% 的标准分值。

当允许偏差、限值两者都有时取较低档项目的判定值。

检查方法：在各相关同类检验批或分项工程中，随机抽取 10 个检验批或分项工程，不足 10 个的取全部进行分析计算。必要时，可进行现场抽测。

通风与空调工程观感质量评分表

工程名称		施工阶段		检查日期		年 月 日
施工单位			评价单位			

序号	检 查 项 目	应得分	判 定 结 果			实得分	备注
			100%	85%	70%		
1	风管制作	20					
2	风管及其部件、支吊架安装	20					
3	设备及配件安装	20					
4	空调水管道安装	20					
5	风管及管道保温	20					

权重值20分。
应得分合计：
实得分合计：

检
查
结
果

$$通风与空调工程观感质量评分 = \frac{实得分}{应得分} \times 20 =$$

评价人员：

年 月 日

9.3.10　通风与空调工程观感质量应检查的项目包括：

1. 风管制作；
2. 风管及其部件、支吊架安装；
3. 设备及配件安装；
4. 空调水管道安装；
5. 风管及管道保温。

9.3.11　观感质量检查评价方法应符合下列规定：

检查标准：检查内容按《通风与空调工程施工质量验收规范》GB 50243 的相关内容检查。每个检查项目的检查点按"好"、"一般"、"差"给出评价，项目检查点 90% 及其以上达到"好"，其余检查点达到一般的为一档，实得分取 100% 的标准分值；项目检查点"好"的达到 70% 及其以上但不足 90%，其余检查点达到"一般"的为二档，实得分取 85% 的标准分值；项目检查点"好"的达到 30% 及其以上但不足 70%，其余检查点达到"一般"的为三档，实得分取 70% 的标准分值。

检查方法：观察辅以必要的量测和检查分部（子分部）工程质量验收记录，并进行分析计算。

电梯安装工程性能检测评分表

表502－4

工程名称			施工阶段		检查日期		年　月　日
施工单位				评价单位			

序号	检 查 项 目	应得分	判 定 结 果		实得分	备注
			100%	70%		
1	电梯、自动扶梯(人行道)电气装置接地、绝缘电阻测试	30				
2	层门与轿门试验	40				
3	曳引式电梯空载、额定载荷运行测试	30				
4	液压电梯超载和额定载荷运行测试	(30)				
5	自动扶梯(人行道)制停距离测试	(30)				

权重值30分。

应得分合计：

实得分合计：

检
查
结
果

$$电梯安装工程性能检测评分 = \frac{实得分}{应得分} \times 30 =$$

评价人员：

年　月　日

说　明

9.4.1　电梯安装工程性能检测应检查的项目包括：

1. 电梯、自动扶梯（人行道）电气装置接地、绝缘电阻测试；
2. 电梯安全保护装置测试；
3. 曳引式电梯曳引能力测试；
4. 液压式电梯超载和液压系统超压测试；
5. 自动扶梯（人行道）制停距离测试。

9.4.2　性能检测检查评价方法应符合下列规定：

检查标准：检查项目的检测指标（参数）一次检测达到设计要求、规范规定的为一档，实得分取 100% 的标准分值；按有关规范规定，经过处理后达到设计要求、规范规定的为三档，实得分取 70% 的标准分值。

检查方法：现场检测或检查检测报告。

电梯安装工程质量记录评分表

工程名称			施工阶段		检查日期	年 月 日
施工单位					评价单位	

序号	检查项目		应得分	判定结果 100%	判定结果 85%	判定结果 70%	实得分	备注
1	设备、材料出厂合格证、安装使用技术文件和进场验收记录	土建布置图	5					
		电梯产品(整机)出厂合格证	5					
		重要(安全)零(部)件和材料的产品出厂合格证及型式试验证书	5					
		安装说明书(图)和使用维护说明书	3					
		动力电路和安全电路的电气原理图、液压系统图	5					
		装箱单	2					
		设备、材料进场(含开箱)检查验收记录	5					
2	施工记录	机房、井道土建交接验收检查记录	10					
		机械、电气、零(部)件安装隐蔽工程验收记录	10					
		机械、电气、零(部)件安装施工记录	10					
		分项、分部(子分部)工程质量验收记录	10					
3	施工试验	安装过程的机械、电气零(部)件调整测试记录	15					
		整机运行试验记录	15					

检查结果	权重值30分。 应得分合计： 实得分合计： 电梯安装工程质量记录评分 = $\dfrac{实得分}{应得分} \times 30 =$ 评价人员： 年 月 日

说　明

9.4.4　电梯安装工程质量记录应检查的项目包括：

1. 设备、材料出厂合格证、安装使用技术文件和进场验收记录
   1）土建布置图；
   2）电梯产品（整机）出厂合格证；
   3）重要（安全）零（部）件和材料的产品出厂合格证及型式试验证书；
   4）安装说明书（图）和使用维护说明书；
   5）动力电路和安全电路的电气原理图、液压系统图（如有液压电梯时）；
   6）装箱单；
   7）设备、材料进场（含开箱）检查验收记录。

2. 施工记录
   1）机房（如有时）、井道土建交接验收检查记录；
   2）机械、电气、零（部）件安装隐蔽工程验收记录；
   3）机械、电气、零（部）件安装施工记录；
   4）分项、分部（子分部）工程质量验收记录。

3. 施工试验
   1）安装过程的机械、电气零（部）件调整测试记录；
   2）整机运行试验记录。

9.4.5　质量记录检查评价方法应符合下列规定：

检查标准：材料、设备合格证（出厂质量证明书）、进场验收记录、施工记录、施工试验记录等资料完整、数据齐全并能满足设计及规范要求，真实、有效、内容填写正确，分类整理规范，审签手续完备的为一档，实得分取100%的标准分值；资料完整、数据齐全并能满足设计及规范要求，真实、有效，整理基本规范、审签手续基本完备的为二档，实得分取85%的标准分值；资料基本完整并能满足设计及规范要求，真实、有效，内容审签手续基本完备的为三档，实得分取70%的标准分值。

检查方法：检查资料的数量及内容。

电梯安装工程尺寸偏差及限值实测评分表

表504-4

工程名称		施工阶段			检查日期		年 月 日	
施工单位				评价单位				

序号	检查项目	应得分	判定结果			实得分	备注
			100%	85%	70%		
1	层门地坎至轿厢地坎之间水平距离	50					
2	平层准确度	50					
3	扶手带的运行速度相对梯级、踏板或胶带的速度差	（100）					

权重值10分。
应得分合计：
实得分合计：

检查结果

$$电梯安装工程尺寸偏差及限值实测评分 = \frac{实得分}{应得分} \times 10 =$$

评价人员：

年 月 日

9.4.7　电梯安装工程尺寸偏差及限值实测应检查的项目包括：

1. 层门地坎至轿厢地坎之间水平距离；
2. 平层准确度；
3. 扶手带的运行速度相对梯级、踏板或胶带的速度允许偏差。

9.4.8　电梯安装工程尺寸偏差及限值实测项目检查评价方法应符合下列规定：

1. 检查标准：

   1）层门地坎至轿厢地坎之间的水平距离偏差为 0 ～ +1mm，且最大距离≤35mm 为一档，取 100% 的标准分值；偏差超过 +1mm，但不超过 +3mm 的为三档，取 70% 的标准分值。

   2）平层准确度。

   额定速度 V≤0.63m/s 的交流双速电梯和其他交直流调速方式的电梯；平层准确度偏差不超过 ±5mm 的为一档，取 100% 的标准分值；偏差超过 ±5mm，但不超过 ±10mm 的为二档，取 85% 的标准分值；偏差超过 ±10mm，但不超过 ±15mm 的为三档，取 70% 的标准分值。

   0.63m/s ＜ 额定速度 V≤1.0m/s 的交流双速电梯：平层准确度偏差不超过 ±10mm 的为一档，取 100% 的标准分值；偏差超过 ±10mm，但不超过 ±20mm 的为二档，取 85% 的标准分值；偏差超过 ±20mm，但不超过 ±30mm 的为三档，取 70% 的标准分值。

   3）扶手带的运行速度相对梯级、踏板或胶带的速度允许偏差：偏差值在 0 ～ +0.5% 的为一档，取 100% 的标准分值；偏差值在 0 ～ +0.5% ～1% 为二档，取 85% 的标准分值；偏差值在 0 ～ +1% ～2% 的为三档，取 70% 的标准分值。

2. 检查方法：抽测和检查检查记录，并进行统计计算。

电梯安装工程观感质量评分表

表 505－4

工程名称			施工阶段		检查日期	年 月 日
施工单位				评价单位		

序号	检查项目		应得分	判定结果			实得分	备注
				100%	85%	70%		
1	曳引式、液压式电梯	机房（如有时）及相关设备安装	30					
		井道及相关设备安装	30					
		门系统和层站设施安装	20					
		整机运行	20					
2	自动扶梯（人行道）	外观	(30)					
		机房及其设备安装	(20)					
		周边相关设施	(30)					
		整机运行	(20)					

权重值20分。
应得分合计：
实得分合计：

检查结果

$$电梯安装工程观感质量评分 = \frac{实得分}{应得分} \times 20 =$$

评价人员：

年 月 日

9.4.10　电梯安装工程观感质量应检查的项目包括：

1. 曳引式、液压式电梯
   1）机房（如有时）及相关设备安装；
   2）井道及相关设备安装；
   3）门系统和层站设施安装；
   4）整机运行。

2. 自动扶梯（人行道）
   1）外观；
   2）机房及其设备安装；
   3）周边相关设施；
   4）整机运行。

9.4.11　观感质量检查评价方法应符合下列规定：

检查标准：检查内容按《建筑电梯工程施工质量验收规范》GB 50310 的相关内容检查。每个检查项目的检查点按"好"、"一般"、"差"给出评价，项目检查点 90% 及其以上达到"好"，其余检查点达到一般的为一档，实得分取 100% 的标准分值；项目检查点"好"的达到 70% 及其以上但不足 90%，其余检查点达到"一般"的为二档，实得分取 85% 的标准分值；项目检查点"好"的达到 30% 及其以上但不足 70%，其余检查点达到"一般"的为三档，实得分取 70% 的标准分值。

检查方法：观察辅以必要的量测和检查分部（子分部）工程质量验收记录，并进行分析计算。

智能建筑工程性能检测评分表

工程名称			施工阶段		检查日期	年　月　日
施工单位					评价单位	

序号	检查项目	应得分	判定结果 100%	判定结果 70%	实得分	备注
1	系统检测	60				
2	系统集成检测	30				
3	接地电阻测试	10				

<table>
<tr><td rowspan="2">检查结果</td><td>权重值30分。
应得分合计：
实得分合计：</td></tr>
<tr><td>智能建筑工程性能检测评分 = 实得分/应得分 × 30 =</td></tr>
</table>

权重值30分。
应得分合计：
实得分合计：

检查结果

$$智能建筑工程性能检测评分 = \frac{实得分}{应得分} \times 30 =$$

评价人员：

年　月　日

9.5.1　智能建筑工程检测应检查的项目包括：

1. 系统检测；
2. 系统集成检测；
3. 接地电阻测试。

9.5.2　智能建筑工程检测检查评价方法应符合下列规定：

1. 检查标准：火灾自动报警、安全防范、通信网络等系统应由专业检测机构进行检测，按先各系统后系统集成进行检测。系统检测、系统集成检测一次检测主控项目达到合格，一般项目中有不超过10%的项目且不超过3项经整改后达到合格的为一档，取100%的标准分值；主控项目有一项不合格或一般项目超过10%，不超过20%，且不超过5项，整改后达到合格的为三档，取70%的标准分值。

接地电阻测试一次检测达到设计要求的为一档，取100%的标准分值；经整改达到设计要求的为三档，取70%的标准分值。

2. 检查方法：检查承包商及专业机构出具的检验检测报告并统计计算。

智能建筑工程质量记录评分表

表 503 - 5

工程名称			施工阶段			检查日期	年 月 日
施工单位						评价单位	

序号	检查项目		应得分	判定结果			实得分	备注
				100%	85%	70%		
1	材料、设备合格证及进场验收记录	材料出厂合格证及进场验收记录	10					
		设备、软件出厂合格证及进场验收记录	10					
		随机文件	10					
2	施工记录	系统安装施工记录	15					
		隐蔽工程验收记录	10					
		检验批、分项、分部（子分部）工程质量验收记录	15					
3	施工试验	硬件、软件产品设备测试记录	15					
		系统运行调试记录	15					

权重值 30 分。
应得分合计：
实得分合计：

检查结果

$$智能建筑工程质量记录评分 = \frac{实得分}{应得分} \times 30 =$$

评价人员：

年 月 日

　　9.5.4　智能建筑工程质量记录应检查的项目包括：

1. 材料、设备、软件合格证及进场验收记录

　　1）材料出厂合格证及进场验收记录；

　　2）设备、软件出厂合格证及进场验收记录；

　　3）随机文件。设备清单、产品说明书、软件资料清单、程序结构说明、安装调试说明书、使用和维护说明书、装箱清单及开箱检查验收记录。

2. 施工记录

　　1）系统安装施工记录；

　　2）隐蔽工程验收记录；

　　3）检验批、分项、分部（子分部）工程质量验收记录。

3. 施工试验

　　1）硬件、软件产品设备测试记录；

　　2）系统运行调试记录。

　　9.5.5　质量记录检查评价方法应符合下列规定：

　　检查标准：材料、设备合格证（出厂质量证明书）、进场验收记录、施工记录、施工试验记录等资料完整、数据齐全并能满足设计及规范要求，真实、有效、内容填写正确，分类整理规范，审签手续完备的为一档，实得分取100%的标准分值；资料完整、数据齐全并能满足设计及规范要求，真实、有效，整理基本规范、审签手续基本完备的为二档，实得分取85%的标准分值；资料基本完整并能满足设计及规范要求，真实、有效，内容审签手续基本完备的为三档，实得分取70%的标准分值。

　　检查方法：检查资料的数量及内容。

智能建筑工程尺寸偏差及限值实测评分表

工程名称			施工阶段		检查日期		年 月 日
施工单位					评价单位		

序号	检查项目	应得分	判定结果			实得分	备注
			100%	85%	70%		
1	机柜、机架安装垂直度偏差	50					
2	桥架及线槽水平度、垂直度	50					

检查结果	权重值 10 分。 应得分合计： 实得分合计： $$智能建筑工程尺寸偏差及限值实测评分 = \frac{实得分}{应得分} \times 10 =$$ 评价人员： 年 月 日

说　明

9.5.7　智能建筑工程尺寸偏差及限值实测应检查的项目包括:

1. 机柜、机架安装垂直度偏差≤3mm;
2. 桥架及线槽水平度≤2mm/m;垂直度≤3mm。

9.5.8　尺寸偏差及限值实测检查评价方法应符合下列规定:

检查标准:检查项目为允许偏差项目时,项目各测点实测值均达到规范规定值,且有80%及其以上的测点平均实测值小于等于规范规定值0.8倍的为一档,实得分取100%的标准分值;检查项目各测点实测值均达到规范规定值,且有50%及其以上,但不足80%的测点平均实测值小于等于规范规定值0.8倍的为二档,实得分取85%的标准分值;检查项目各测点实测值均达到规范规定的为三档,实得分取70%的标准分值。

检查项目为双向限值项目时,项目各测点实测值均能满足规范规定值,且其中有50%及其以上测点实测值接近限值的中间值的为一档,实得分取100%的标准分值;各测点实测值均能满足规范规定限值范围的为二档,实得分取85%的标准分值;凡有测点经过处理后达到规范规定的为三档,实得分取70%的标准分值。

检查项目为单向限值项目时,项目各测点实测值均能满足规范规定值的为一档,实得分取100%的标准分值;凡有测点经过处理后达到规范规定的为三档,实得分取70%的标准分值。

当允许偏差、限值两者都有时取较低档项目的判定值。

检查方法:在各相关同类检验批或分项工程中,随机抽取10个检验批或分项工程,不足10个的取全部进行分析计算。必要时,可进行现场抽测。

智能建筑工程观感质量评分表

工程名称		施工阶段		检查日期		年 月 日
施工单位				评价单位		

序号	检查项目	应得分	判定结果			实得分	备注
			100%	85%	70%		
1	综合布线、电源及接地线等安装	35					
2	机柜、机架和配线架安装	35					
3	模块、信息插座安装	30					

权重值 20 分。

应得分合计：

实得分合计：

检查结果

$$智能建筑工程观感质量评分 = \frac{实得分}{应得分} \times 20 =$$

评价人员：

年 月 日

说　明

9.5.10　智能建筑工程观感质量应检查的项目包括：

1. 综合布线、电源及接地线等安装；
2. 机柜、机架和配线架安装；
3. 模块、信息插座等安装。

9.5.11　观感质量检查评价方法应符合下列规定：

检查标准：检查内容按《智能建筑工程质量验收规范》GB 50339 的相关内容检查。每个检查项目的检查点按"好"、"一般"、"差"给出评价，项目检查点 90% 及其以上达到"好"，其余检查点达到一般的为一档，实得分取 100% 的标准分值；项目检查点"好"的达到 70% 及其以上但不足 90%，其余检查点达到"一般"的为二档，实得分取 85% 的标准分值；项目检查点"好"的达到 30% 及其以上但不足 70%，其余检查点达到"一般"的为三档，实得分取 70% 的标准分值。

检查方法：观察辅以必要的量测和检查分部（子分部）工程质量验收记录，并进行分析计算。

工程结构质量综合评价表

表 0001

序号	检查项目	地基与桩基工程评价得分		结构工程评价得分（含地下防水层）		备注
		应得分	实得分	应得分	实得分	
1	现场质量保证条件	10		10		
2	性能检测	35		30		
3	质量记录	35		25		
4	尺寸偏差及限值实测	15		20		
5	观感质量	5		15		
6	合计	(100)		(100)		
7	各部位权重值实得分	A = 地基与桩基工程评价分 $\times 0.10$ =		B = 结构工程评分 $\times 0.40$ =		
8	工程结构质量评分($P_{结}$)： 特色工程加分项目加分值(F)： $$P_{结} = \frac{A+B}{0.50} + F$$ $$P_{结} = \frac{A+B_1+B_2+B_3}{0.5} + F$$ $$P_{结} = \frac{A+B+G}{0.5} + F$$					

评价人员：   年 月 日

表 0001

说　明

10.1.1　工程结构质量评价包括地基及桩基工程、结构工程（含地下防水层），应在主体结构验收合格后进行。

10.1.2　评价人员应在结构抽查的基础上，按有关评分表格内容进行核查，逐项做出评价。

10.1.3　工程结构凡出现本标准第 3.4.4 条规定否决项目之一的不得评优。

10.1.4　工程结构凡符合本标准第 3.4.5 条特色工程加分项目的，可按规定在综合评价后直接加分。加分只限一次。

10.1.5　工程结构质量综合评价应符合下列规定：

工程结构质量评价评分应按表 10.1.5 进行。

工程结构评价得分应符合下式规定：

$$P_{结} = \frac{A+B}{0.50} + F$$

式中　$P_{结}$——工程结构评价得分；

　　　A——地基与桩基工程权重值实得分；

　　　B——结构工程权重值实得分；

　　　F——工程特色加分。

0.5 系地基与桩基工程、结构工程在工程权重值中占的比例 10%、40% 之和。

10.1.6　当工程结构有混凝土结构、钢结构和砌体结构工程的二种或三种时，工程结构评价得分应是每种结构在工程中占的比重及重要程度来综合结构的评分。

如：有一工程结构中有混凝土结构、钢结构及砌体结构三种结构工程，其中混凝土结构工程量占 70%、钢结构占 15%、砌体（填充墙）占 15%，按本标准 6.1.3 条规定，按砌体工程只能占 10%、混凝土工程占 70%、钢结构占 20% 的比重来综合结构工程的评分。即：

$$P_{结} = \frac{A+B_1+B_2+B_3}{0.5} + F$$

式中　B_1——混凝土结构工程评价得分；

　　　B_2——钢结构工程评价得分；

　　　B_3——砌体结构工程评价得分。

10.1.7　当有地下防水层时，工程结构评价得分应符合下式规定：

$$P_{结} = \frac{A+B+G}{0.5} + F$$

式中　G——地下防水层评价得分。

单位工程质量综合评价表

表0002

序号	检查项目	地基与桩基工程评价得分		结构工程评价得分（含地下防水层）		屋面工程评价得分		装饰装修工程评价得分		安装工程评价得分		备注
		应得分	实得分	应得分	实得分	应得分	实得分	应得分	实得分	应得分	实得分	
1	现场质量保证条件	10		10		10		10		10		
2	性能检测	35		30		30		20		30		
3	质量记录	35		25		20		20		30		
4	尺寸偏差及限值实测	15		20		20		10		10		
5	观感质量	5		15		20		40		20		
6	合　计	(100)		(100)		(100)		(100)		(100)		
7	各部位权重值实得分	$A=$ 地基与桩基工程评分$\times0.10=$		$B=$ 结构工程评分$\times0.40=$		$C=$ 屋面工程评分$\times0.05=$		$D=$ 装饰装修工程评分 $\times$ 0.25 $=$		$E=$ 安装工程评分$\times0.20=$		
8	单位工程质量评分$(P_{竣})$： 特色工程加分项目加分值(F)： $$P_{竣}=A+B+C+D+E+F$$ 评价人员：　　　　　　　　　　　　　　　　　　　　年　月　日											

841

表 0002

说　明

10.2.1　单位工程质量评价包括地基工程、结构工程(含地下防水层)、屋面工程、装饰装修工程及安装工程,应在工程竣工验收合格后进行。

10.2.2　评价人员应在工程实体质量和工程档案资料全面检查的基础上,分别按有关表格内容进行查对,逐项作出评价。

10.2.3　单位工程凡出现本标准第3.4.4条规定否决项目之一的不得评优。

10.2.4　单位工程凡符合本标准第3.4.5条特色工程加分项目的,可在单位工程评价后按规定直接加分。工程结构和单位工程特色加分,只限加一次,选取一个最大加分项目。

10.2.5　单位工程质量综合评价应符合下列规定:

单位工程质量评价评分应按表10.2.5进行。

单位工程质量评价评分应符合下式规定:

$$P_{竣} = A + B + C + D + E + F$$

式中　$P_{竣}$——单位工程质量评价得分;

　　　C——屋面工程权重值实得分;

　　　D——装饰装修工程权重值实得分;

　　　E——安装工程权重值实得分;

　　　F——特色工程加分。

10.2.6　安装工程权重值得分计算与调整应符合下列规定:

安装工程包括五项内容,当工程安装项目全有时每项权重值为4分;当安装工程项目有缺项时可按安装项目的工作量进行调整,调整时总分值为20分,但各项应当为整数。

单位工程质量各项目评价分析表

表0003

序号	检查项目	地基与桩基工程	结构工程(含地下防水层)	屋面工程	装饰装修工程	安装工程	合计	备注
1	现场质量保证条件							
2	性能检测							
3	质量记录							
4	尺寸偏差及限值实测							
5	观感质量							
合　计								

说　明

表 0003

10.3.1　单位工程各工程部位、系统评分汇总应符合下列规定：

各项目评价得分应按表 10.3.1 进行汇总。

10.3.2　单位工程各部位、系统评分及分析应符合下列规定：

工程部位、系统的评价项目实际得分(即竖向部分)相加,可根据得分情况评价分析工程部位、系统的质量水平程度。

10.3.3　单位工程各项目评价得分及评价分析应符合下列规定：

各工程部位、系统相同项目实际评价得分(即横向部分)相加,可根据得分情况评价分析项目的质量水平程度;各项目实际评价得分(即竖向部分)相加,可根据得分情况评价分析工程部位、系统的质量水平程度。

10.4.1　工程结构、单位工程质量评价后均应出具评价报告,评价报告应由评价机构编制,应包括下列内容：

1. 工程概况。

2. 工程评价情况。

3. 工程竣工验收情况;附建设工程竣工验收备案表和有关消防、环保等部门出具的认可文件。

4. 工程结构质量评价情况及结果。

5. 单位工程质量评价情况及结果。

10.4.2　工程质量评价报告应符合下列要求：

1. 工程概况中应说明建设工程的规模、施工工艺及主要的工程特点,施工过程的质量控制情况。

2. 工程质量评价情况应说明委托评价机构,在组织、人员及措施方面所进行的准备工作和评价工作过程。

3. 说明建设、监理、设计、勘察、施工等单位的竣工验收评价结果和意见,并附评价文件。

4. 工程结构和单位工程评价应重点说明工程评价的否决条件及加分条件等审查情况。

5. 工程结构和单位工程质量评价得分及等级情况。

第七章　工程验收及备案资料用表

工程验收及备案资料

表0002

房屋建筑工程和市政基础设施工程

竣 工 验 收 备 案 表

中华人民共和国建设部制

房屋建筑工程和市政基础设施工程竣工验收备案表

建设单位名称			
备案日期			
工程名称			
工程地点			
建筑面积(m^2)			
结构类型			
工程用途			
开工日期			
竣工验收日期			
施工许可证号			
施工图审查意见			
勘察单位名称		资质等级	
设计单位名称		资质等级	
施工单位名称		资质等级	
监理单位名称		资质等级	
工程质量监督机构名称			

竣 工 验 收 意 见	勘察单位意见	单位(项目)负责人: (公章) 年 月 日
	设计单位意见	单位(项目)负责人: (公章) 年 月 日
	施工单位意见	单位(项目)负责人: (公章) 年 月 日
	监理单位意见	总监理工程师: (公章) 年 月 日
	建设单位意见	单位(项目)负责人: (公章) 年 月 日

工程 竣工 验收 备案 文件 目录	1. 工程竣工验收报告； 2. 工程施工许可证； 3. 施工图设计文件审查意见； 4. 单位工程质量综合验收文件； 5. 市政基础设施的有关质量检测和功能性试验资料； 6. 规划、公安消防、环保等部门出具的认可文件或者准许使用文件； 7. 施工单位签署的工程质量保修书； 8. 商品住宅的《住宅质量保证书》和《住宅使用说明书》； 9. 法规、规章规定必须提供的其他文件； 10. 备案机关认为需要提供的有关资料。
备 案 意 见	该工程的竣工验收备案文件已于　　年　月　日收讫,文件齐全。 　　　　　　　　　　　　　　　　　　　　　　　　　　　　　　　　（公章） 　　　　　　　　　　　　　　　　　　　　　　　　　　　　　年 月 日

备案机关负责人		备案经手人	

备案机关处理意见：

（公章）
年　月　日

850

工程竣工验收整改意见

单位(子单位)工程名称			
工程地点		建设单位	
设计单位		监理单位	
施工单位		项目经理	

　　该工程竣工验收时,发现下列问题,请_____单位务必于_____天内按照要求整改完毕,并及时向我司反馈意见。

总监理工程师:

监理单位(公章):

年　月　日

表0003

房屋建筑工程

质量评估报告

工 程 名 称：_____

监理单位(公章)：_____

发 出 日 期：_____

一、工程概况

工程名称		开工日期	
监理单位全称		进场日期	

工程规模（建筑面积、层数等）					
项目监理机构组成（姓名、职务、执业情况等）	姓　名	专　业	职　务	职　称	执业资格证号
工程监理范围					

二、土建工程质量情况

原材料、构配件及设备	质量控制情况：
	存在问题：
工程技术资料	审查情况：
	存在问题：
分部分项工程和实物	质量控制情况：
	存在问题：

三、建筑设备安装工程质量情况

原材料、构配件及设备	质量控制情况：
	存在问题：
工程技术资料	审查情况：
	存在问题：
分部分项工程和实物	质量控制情况：
	存在问题：

四、工程质量评估意见

整改意见	
质量综合评估意见	

五、有关补充说明及资料

编制人姓名(打印)：_____　　签名：_____

项目总监理工程师(盖注册章)_____　　签名：_____

单位法定人(打印)：_____　　签名：_____

签发日期：　　　　年　月　日

1. 质量评估报告由监理单位负责打印填写,提交给建设单位。

2. 填写要求内容真实,语言简练,字迹清楚。

3. 凡需签名处,需先打印姓名后再亲笔签名。

4. 质量评估报告一式四份,监理单位、建设单位、监督站、备案机关各持一份。

5. "进场日期"填写监理单位进驻施工现场的时间。

6. "工程规模"是指房屋建筑的建筑面积/层数、结构形式、工程造价、工程用途等情况。

7. "工程监理范围"是指工程监理合同内的监理范围与实际监理范围的对比说明。

8. "施工阶段原材料、构配件及设备质量控制情况"主要内容包括以下几个方面监理控制情况和结论性意见:

　　① 工程所用材料、构配件、设备的进场监控情况和质量证明文件是否齐全。

　　② 工程所用材料、构配件、设备是否按规定进行见证取样和送检的控制情况。

　　③ 所采用新材料、新工艺、新技术、新设备的情况。

9. "分部分项工程质量控制情况"主要内容包括:

　　① 分部、分项工程和隐蔽验收情况。

　　② 桩基础工程质量(包括桩基检测等)。

　　③ 主体结构工程质量。

　　④ 消除质量通病工作的开展情况。

　　⑤ 对重点部位、关键工序的施工工艺和确保工程质量措施的审查。

　　⑥ 对承包单位的施工组织设计(方案)落实情况的检查。

　　⑦ 对承包单位按设计图纸、国家标准、合同施工的检查。

10. "工程技术资料情况"是核查工程技术资料是否齐全。

11. "整改意见"是指对工程实体质量、工程技术资料等存在的问题及未完成工程项目提出改正、限期完成的意见。

12. "工程质量综合评估意见"是指根据工程设计、施工合同、国家有关施工验收规范和技术标准,全面评价工程质量水平,提出是否可以通过质量验收的意见。

表0004

工程竣工验收报告

（建筑工程）

工 程 名 称：＿＿＿＿＿＿＿＿＿＿＿＿

验 收 日 期：＿＿＿＿＿＿＿＿＿＿＿＿

建设单位(盖章)：＿＿＿＿＿＿＿＿＿＿＿＿

一、工程概况

工程名称		工程地点	
建筑面积		工程造价	
结构类型		层　数	地上：　　　　层 地下：　　　　层
施工许可证号		监理许可证号	
开工日期		验收日期	
监督单位		监督编号	
建设单位		资质证号	
勘察单位			
设计单位			
总包单位			
承建单位 （土建）			
承建单位 （设备安装）			
承建单位 （装修）			
监理单位			
施工图审查单位			

二、工程峻工验收实施情况

（一）验收组织

建设单位组织勘察、设计、施工、监理等单位和其他有关专家组成验收组,根据工程特点,下设若干个专业组。

1. 验收组

组长	
副组长	
组员	

2. 专业组

专业组	组　长	组　员
建筑工程		
建筑设备安装工程		
通信、电视、燃气等业工程		
工程质保资料		

（二）验收程序

1. 建设单位主持验收会议。

2. 建设、勘察、设计、施工、监理单位介绍工程合同履约情况和在工程建设各个环节执行法律、法规和工程建设强制性标准情况。

3. 审阅建设、勘察、设计、施工、监理单位的工程档案资料。

4. 验收组实地查验工程质量。

5. 专业验收组发表意见,验收组形成工程竣工验收意见并签名。

三、工程质量评定

分部工程名称	验收意见	质量控制资料核查	安全和主要功能核查及抽查结果	观感质量验收
地基与基础工程				
主体结构工程			共核查　　项	
建筑装饰装修工程				
建筑屋面工程		共　　　项 经审查 符合要求　　项 经核定符合 规范要求　项	符合要求　　项 共抽查	共抽查　　项 符合要求　　项 不符合要求　　项
建筑给水、排水及采暖工程				
建筑电气工程			符合要求　　项	
智能建筑工程			经返工处理 符合要求　　项	
通风与空调工程				
电梯工程				

四、验收人员签名

姓 名	工作单位	职 称	职 务

五、工程验收结论

竣工验收结论：

建设单位：	监理单位：	施工单位：	勘察单位：	设计单位：
（公章） 单位(项目) 负责人： 　年　月　日	（公章） 总监理工程师： 　年　月　日	（公章） 单位(项目) 负责人： 　年　月　日	（公章） 单位(项目) 负责人： 　年　月　日	（公章） 单位(项目) 负责人： 　年　月　日

说　明

1. 工程竣工验收报告由建设单位负责填写,向备案机关提交。
2. 填写要求内容认真,语言简练,字迹清楚。
3. 工程竣工验收报告一式三份,建设单位、监督站、备案机关各持一份。

住宅工程质量分户验收记录表

表0005

工程名称			房(户)号			分户验收时间	
建设单位			开、竣工日期				
施工单位			监理单位			物业单位	

序号	验收项目	验收内容	验收记录
1	楼地面、墙面和天棚	地面裂缝、空鼓、起砂、墙面爆灰、空鼓、裂缝、装饰图案、缝格、色泽、表面洁净	
2	门　窗	窗台高度、渗水、门窗启闭、玻璃安装	
3	栏　杆	栏杆高度、间距、安装牢固、防攀爬措施	
4	防水工程	屋面渗水、厨卫间、阳台地面渗水、外墙渗水	
5	室内主要空间尺寸	开间净尺寸、室内净高	
6	给排水工程	管道渗水、管道坡向、安装固定、地漏水封	
7	电气工程	接地、相位、控制箱配置	
8	其　他	烟道、通风道	

验收结论：

建设单位	监理单位	施工单位	物业单位
验收人员：	验收人员：	验收人员：	单位名称： 验收人员：
年　月　日	年　月　日	年　月　日	年　月　日

室内层高、开间净尺寸抽测表

房间编号	房(户)号					抽测时间								
	净高推算值（mm）	净高实测值（mm）					开间轴线尺寸（mm）				开间轴线尺寸实测值（mm）			
	H	H_1	H_2	H_3	H_4	H_5	L_1	L_2	L_3	L_4	L_1	L_2	L_3	L_4

实测_____房间，不合格_____房间，需整改处理房间：_____。

抽测人员：（建设单位）　　　　（监理单位）　　　　（施工单位）　　　　（物业单位）

室内净空尺寸测量示意图　　　　　　　　　　　　　　　　套型图贴图区

说明：1. 净高度实测值与净高推算值之间的允许偏差为 ±20mm，极差不大于 20mm；

　　　2. 净开间尺寸实测值极差不大于 20mm。

住宅工程质量分户验收汇总表

工程名称		建设单位		总 户 数	
监理单位		施工单位		物业单位	

内　　容	验 收 情 况
验收户数	
结构质量 验收结果	
功能试验	
给排水设备安 装检测试验	
外　　墙	
公共部位	
保温节能	
验收结论	

建设单位： 项目负责人： （公章） 年　月　日	监理单位： 总监理工程师： （公章） 年　月　日	施工单位： 项目经理： （公章） 年　月　日	物业单位： 负责人： （公章） 年　月　日

分户验收的标准和内容

（一）分户验收表格的说明

分户验收，是在对住宅工程进行整体竣工验收的基础上，依据《建筑工程施工质量验收统一标准》和相关验收标准对每户住宅和单位工程公共部位进行观感质量、使用功能质量的专门检查验收，并逐户出具分户验收合格证明的活动。

1. 分户验收的质量标准主要包括：《混凝土结构工程施工质量验收规范》、《砌体结构工程施工质量验收规范》、《建筑装饰装修工程质量验收规范》、《建筑地面工程施工质量验收规范》、《建筑给水排水及采暖工程施工质量验收规范》、《建筑电气工程施工质量验收规范》、《建筑工程施工质量验收统一标准》以及经审查合格的施工图设计文件等。

2. 分户验收应以竣工验收时可观察到的工程观感质量和影响使用功能的质量为主要验收项目。主要包括以下检查内容：

（1）楼地面、墙面和天棚质量；

（2）门窗质量；

（3）栏杆、护栏质量；

（4）防水工程质量；

（5）室内主要空间尺寸；

（6）给排水系统安装质量；

（7）室内电气工程安装质量；

（8）其他有关合同中规定的内容。

（二）分户验收的程序和方法

1. 分户验收应当按照以下程序进行：

（1）在分户验收前根据分户验收的有关规定及房屋情况确定检查部位和数量；

（2）按照国家有关规范要求的方法及分户验收内容进行检查、验收；

（3）填写检查记录表，发现工程观感和使用功能质量不符合规范或设计文件要求的，书面责成施工单位整改并对整改情况进行复查。

2. 观感检查以目测检查方法为主。对室内空间尺寸等实测检查内容，可使用仪器设备进行检测。每户住宅和单位工程公共部位在检查、验收完毕，应及时填写《住宅工程质量分户验收记录表》（附表一），有关责任方签名加盖公章。

（三）分户验收的组织实施

分户验收由建设单位组织监理、施工单位和已选定物业管理单位的有关人员实施。建设单位项目负责人应认真组织分户验收工作，组织施工单位编制分户验收方案，明确各方职责，确定验收数量和每户住宅的验收项目、内容，落实质量检查人员和检查工具。

建设、施工、监理、物业管理单位应对每户住宅的检查部位和项目认真进行检查，对不合格项目，由监理单位签发不合格项处置记录，施工单位认真进行返修，返修后重新组织验收。分户验收不合格的，建设单位不得组织单位工程的竣工验收。

（四）分户验收的其他要求

1. 住宅工程竣工验收前，施工单位应制作工程标牌，并镶嵌在该建筑工程外墙的显著部位。工程标牌应包括以下内容：

（1）工程名称、竣工日期；

（2）建设、设计、监理、施工单位全称；

（3）建设、设计、监理、施工单位负责人姓名。

2. 分户验收合格后，必须按户出具由建设（项目）单位负责人、总监理工程师和施工单位负责人、已选定的物业管理单位负责人以及分户验收人员分别签字的《住宅工程质量分户验收汇总表》（附表二）。住宅工程交付使用时，《住宅工程质量分户验收汇总表》应当作为《住宅质量保证书》的附件，一同交给住户。

（五）加强对分户验收工作的监管

实施住宅工程质量分户验收是完善验收程序、加强过程控制、消除质量通病、提高工程质量、降低工程返修率的重要措施,各级建设行政主管部门或其委托的工程质量监督机构要高度重视,结合本地区的实际情况制定分户验收的实施细则或管理办法,并加强对分户验收工作的监督管理和各方参加人员的培训、指导;作为监督工程竣工验收的一项重要内容,要随机抽查分户验收的情况,使分户验收工作真正落到实处。

（六）表格填写的说明

1. 本表是在建设单位组织分户验收的基础上,由施工单位填写汇总,监理复核,相关单位及人员签章。公章为法人章或法人授权的工程验收专用章。

2. 本表一式五份,一份交给户主,另外四份建设、监理、施工、物业单位各一份。

3. 功能试验指外窗淋水试验、屋面蓄水淋水试验、有防水要求的地面蓄水试验、有排水要求地面的泼水试验等。应对每户试验情况进行描述(外窗淋水试验指单元淋水)。

4. 验收户数指实际验收的户数,一般与总户数一致。

5. 外墙主要指裂缝、空鼓等的检查验收情况。

6. 公共部位指楼梯间、门厅、电梯候梯间等,主要检查相关几何尺寸,如楼梯踏步宽高、栏杆的高度及形式,通道及候梯间的宽度等。

7. 保温节能主要是对保温节能专项验收情况作记录。

8. 验收结论是符合要求或不符合要求。

施工单位工程质量验收申请表

表0006

工程名称		工程地址	
建设单位		结构类型/层数	/
勘察单位		建筑面积	
设计单位		开工日期	
监理单位		完成日期	
施工单位		合同工期	

竣工条件具备情况	项目内容	施工单位自检情况
	完成工程设计和合同约定的情况	
	技术档案和施工管理资料	
	主要建筑材料、建筑构配件和设备的进场试验报告(含监督抽检)资料	
	施工安全评价书	
	工程款支付情况	
	工程质量保修书	
	监督站责令整改问题的执行情况	

已完成设计和合同约定的各项内容,工程质量符合有关法律、法规和工程建设强制性标准,特申请办理工程竣工验收手续。

    项目经理:

    企业技术负责人: (施工单位盖章)

    法定代表人:

                                              年 月 日

监理单位意见:

总监理工程师签名:

                                              年 月 日

单位(子单位)工程质量竣工验收记录

工程名称		结构类型		层数/建筑面积	/
施工单位		技术负责人		开工日期	
项目经理		项目技术负责人		竣工日期	

序号	项　目	验　收　记　录	验　收　结　论
1	分部工程	共　　　分部,经查 符合标准及设计要求　　　分部	
2	质量控制资料核查	共　　项,经审查符合要求　　　项, 经鉴定符合规范要求　　　项	
3	安全和主要使用功能核查及抽查结果	共核查　　项,符合要求　　　项, 共抽查　　项,符合要求　　　项, 经返工处理符合要求　　　项	
4	观感质量验收	共抽查　　项,符合要求　　　项,不符合 要求　　项	
5	综合验收结论		

参加验收单位	建设单位	监理单位	施工单位	设计单位
	（公章）	（公章）	（公章）	（公章）
	单位(项目)负责人 年　月　日	总监理工程师 年　月　日	单位负责人 年　月　日	单位(项目)负责人 年　月　日

单位(子单位)工程质量控制资料核查记录

工程名称			施工单位			
序号	项目	资料名称	份数	核查意见		核查人
1	建筑与结构	图纸会审、设计变更、洽商记录				
2		工程定位测量、放线记录				
3		原材料出厂合格证书及进场检(试)验报告				
4		施工试验报告及见证检测报告				
5		隐蔽工程验收记录				
6		施工记录				
7		预制构件、预拌混凝土合格证				
8		地基、基础、主体结构检验及抽样检测资料				
9		分项、分部工程质量验收记录				
10		工程质量事故及事故调查处理资料				
11		新材料、新工艺施工记录				
12						
1	给排水与采暖	图纸会审、设计变更、洽商记录				
2		材料、配件出厂合格证书及进场检(试)验报告				
3		管道、设备强度试验、严密性试验记录				
4		隐蔽工程验收记录				
5		系统清洗、灌水、通水、通球试验记录				
6		施工记录				
7		分项、分部工程质量验收记录				
8						
1	建筑电气	图纸会审、设计变更、洽商记录				
2		材料、设备出厂合格证书及进场检(试)验报告				
3		设备调试记录				
4		接地、绝缘电阻测试记录				
5		隐蔽工程验收记录				
6		施工记录				
7		分项、分部工程质量验收记录				
8						

单位（子单位）工程质量控制资料核查记录

工程名称			施工单位		
序号	项目	资 料 名 称	份数	核查意见	核查人
1	通风与空调	图纸会审、设计变更、洽商记录			
2		材料、设备出厂合格证书及进场检(试)验报告			
3		制冷、空调、水管道强度试验、严密性试验记录			
4		隐蔽工程验收记录			
5		制冷设备运行调试记录			
6		通风、空调系统调试记录			
7		施工记录			
8		分项、分部工程质量验收记录			
1	电梯	土建布置图纸会审、设计变更、洽商记录			
2		设备出厂合格证书及开箱检验记录			
3		隐蔽工程验收记录			
4		施工记录			
5		接地、绝缘电阻测试记录			
6		负荷试验、安全装置检查记录			
7		分项、分部工程质量验收记录			
8					
1	智能建筑	图纸会审、设计变更、洽商记录、竣工图及设计说明			
2		材料、设备出厂合格证及技术文件及进场检(试)验报告			
3		隐蔽工程验收记录			
4		系统功能测定及设备调试记录			
5		系统技术、操作和维护手册			
6		系统管理、操作人员培训记录			
7		系统检测报告			
8		分项、分部工程质量验收报告			
1	燃气	图纸会审、设计变更、洽商记录			
2		材料、配件出厂合格证书及进场检(试)验报告			
3		管道设备强度试验、严密性试验记录			
4		隐蔽工程验收表			
5		施工记录			
6		分项、分部工程质量验收记录			

结论：

施工单位项目经理　　　　　　　　　　　　　总监理工程师
　　　　　　　　　　　　　　　　　　　　　（建设单位项目负责人）

　　　　　　　　年 月 日　　　　　　　　　　　　　年 月 日

单位(子单位)工程安全和功能检验
资料核查及主要功能抽查记录

工程名称				施工单位			
序号	项目	安全和功能检查项目		份数	核查意见	抽查结果	核查(抽查)人
1	建筑与结构	屋面淋水试验记录					
2		地下室防水效果检查记录					
3		有防水要求的地面蓄水试验记录					
4		建筑物垂直度、标高、全高测量记录					
5		抽气(风)道检查记录					
6		幕墙及外窗气密性、水密性、耐风压检测报告					
7		建筑物沉降观测测量记录					
8		节能、保温测试记录					
9		室内环境检测报告					
10		地基、桩基承载力检测报告					
11		结构实体钢筋保护层厚度检测报告					
1	给排水与采暖	给水管道通水试验记录					
2		暖气管道、散热器压力试验记录					
3		卫生器具满水试验记录					
4		消防管道压力试验记录					
5		排水干管通球试验记录					
6							
1	电气	照明全负荷试验记录					
2		大型灯具牢固性试验记录					
3		避雷接地电阻测试记录					
4		线路、插座、开关接地检验记录					
5							
1	通风空调	通风、空调系统试运行记录					
2		风量、温度测试记录					
3		洁净室内洁净度测试记录					
4		制冷机组试运行调试记录					
5							
1	电梯	电梯运行记录					
2		电梯安全装置检测报告					
1	智能建筑	系统试运行记录					
2		系统电源及接地检测报告					
3							
1	燃气工程	场站设备试运转记录					
2		工程预验收管道压力试验记录					
3		设备标定及检验记录					
4		燃气监控系统调试记录					
5		燃气管道吹扫记录					

结论:

施工单位项目经理 　　　年 月 日　　　　　总监理工程师
(建设单位项目负责人) 　　　年 月 日

注:抽查项目由验收组协商确定。

单位(子单位)工程观感质量检查记录

工程名称				施工单位									

序号	项目	项　目	抽查质量状况								质量评价		
											好	一般	差
1	建筑与结构	室外墙面											
2		变形缝											
3		水落管,屋面											
4		室内墙面											
5		室内顶棚											
6		室内地面											
7		楼梯、踏步、护栏											
8		门窗											
1	给排水与采暖	管道接口、坡度、支架											
2		卫生器具、支架、阀门											
3		检查口、扫除口、地漏											
4		散热器、支架											
1	建筑电气	配电箱、盘、板、接线盒											
2		设备器具、开关、插座											
3		防雷、接地											
1	通风与空调	风管、支架											
2		风口、风阀											
3		风机、空调设备											
4		阀门、支架											
5		水泵、冷却塔											
6		绝热											
1	电梯	运行、平层、开关门											
2		层门、信号系统											
3		机房											
1	智能建筑	机房设备安装及布局											
2		现场设备安装											
1	燃气	燃气表、阀门、调压器											
2		管道连接、平直度、防腐、支架											
3		阀门井和凝水器											
4		管道标识、管沟回填与恢复											

观感质量综合评价:

检查结论	
施工单位项目经理　　　　年　月　日	总监理工程师 (建设单位项目负责人)　　　年　月　日

注:质量评价为差的项目,应进行返修。

房屋建筑工程质量保修书

发包人(全称):_____

承包人(全称):_____

发包人、承包人根据《中华人民共和国建筑法》、《建设工程质量管理条例》和《房屋建筑工程质量保修办法》,经协调一致对_____(工程全称)签定工程质量保修书。

一、工程质量保修范围和内容

承包人在质量保修期内,按照有关法律、法规、规章的管理规定和双方约定,承担本工程质量保修责任。

质量保修范围包括地基基础工程、主体结构工程,屋面防水工程、有防水要求的卫生间、房间和外墙面的防渗漏,供热与供冷系统,电气管线、给排水管道、设备安装和装修工程,以及双方约定的其他项目。具体保修的内容,双方约定如下:

_____

_____。

二、质量保修期

双方根据《建设工程质量管理条例》及有关规定,约定本工程的质量保修期如下:

1. 地基基础工程和主体结构工程为设计文件规定的该工程合理使用年限;

2. 屋面防水工程、有防水要求的卫生间、房间和外墙面的防渗漏为_____年;

3. 装修工程为_____年;

4. 电气管线、给排水管道、设备安装工程为_____年;

5. 供热与供冷系统为_____个采暖期、供冷期;

6. 住宅小区的给排水设施、道路等配套工程为_____年;

7. 其他项目保修期限约定如下:

_____

_____。

质量保修期自工程竣工验收合格之日起计算。

三、质量保修责任

1. 属于保修范围、内容的项目,承包人应当在接到保修通知之日起7天内派人保修。承包人不在约定期限内派人保修的,发包人可以委托他人修理。

2. 发生紧急抢修事故的,承包人在接到事故通知后,应当立即到达事故现场抢修。

3. 对于涉及结构安全的质量问题,应当按照《房屋建筑工程质量保修办法》的规定,立即向当地建设行政主管部门报告,采取安全防范措施;由原设计单位或者具有相应资质等级的设计单位提出保修方案,承包人实施保修。

4. 质量保修完成后,由发包人组织验收。

四、保修费用

保修费用由造成质量缺陷的责任方承担。

五、其他

双方约定的其他工程质量保修事项:_____

_____。

本工程质量保修书,由施工合同发包人、承包人双方在竣工验收前共同签署,作为施工合同附件,其有效期限至保修期满。

发包人(公章):   承包人(公章):

法定代表人(签字):   法定代表人(签字):

          年 月 日   年 月 日

住宅质量保证书

公司名称(公章)		电　话	
地　址		邮　编	
商品房项目名称		工程质量自评等级	
竣工验收时间		交付使用时间	
负责质量保修部门			
联系电话		答复时限	
保修项目	保修期限	保 修 责 任	
地基和主体结构			
屋面防水			
墙面、厨房和卫生间地面、地下室、管道渗漏			
墙面、顶棚抹灰层脱落			
地面空鼓开裂、大面积起砂			
门窗翘裂、五金件损坏			
卫生洁具			
灯具、电器开关			
供冷系统和设备			
管道堵塞			
房地产开发公司承诺的其他保修项目			

住宅使用说明书

填发日期

开发单位 (公章)	名　称			
	地　址			
	电　话		邮　编	
设计单位	名　称			
	地　址			
	电　话		邮　编	
施工单位	名　称			
	地　址			
	电　话		邮　编	
监理单位	名　称			
	地　址			
	电　话		邮　编	
住宅部位	使用说明和注意事项			
结构和装修装饰				
上水、下水				
供电设施、 配电负荷				
通　信				
燃　气				
消　防				
门、门窗				
承重墙				
防水层				
阳　台				
其　他				

878

表 0007

房屋建筑工程

勘察文件质量检查报告

工 程 名 称：_____

勘察单位(公章)：_____

发 出 日 期：_____

勘察单位工程质量检查记录表

工程项目名称		勘察报告编号	
勘察单位全称		资 质 等 级	
		资 质 编 号	
工程规模（建筑面积、层数等）			
工程主要勘察范围及内容			

序号	检查内容	检查情况
1	编制勘察文件依据	
2	勘察文件是否满足工程规划、选址、设计、岩土治理和施工的需要	
3	勘察文件是否和工程建设强制性标准、合同约定的质量要求	
4	勘察文件是否已向施工、监理前段时间进行解释	
5	勘察文件签名、签章是否齐全	
6	工程项目是否满足勘察文件的要求	

检查结论：

项目负责人(打印)：_____ (签名)：_____

单位技术负责人(打印)：_____ (签名)：_____

勘察单位(公章)：_____

签发日期：　　　年　月　日

填写说明

1. 勘察文件质量检查报告由勘察单位负责打印填写,提交给建设单位。
2. 填写要求内容真实,语言简练,字迹清楚。
3. 凡需签名处,需先打印姓名后再亲笔签名。
4. 勘察文件质量检查报告一式四份,勘察单位、建设单位、监督站、备案机关各持一份。

表 0008

房屋建筑工程

设计文件质量检查报告

工 程 名 称：＿＿＿＿＿＿＿＿＿＿＿＿

设计单位(公章)：＿＿＿＿＿＿＿＿＿＿＿＿

发 出 日 期：＿＿＿＿＿＿＿＿＿＿＿＿

设计单位工程质量检查记录表

工程项目名称			工程合理使用年限	
设计单位全称			资 质 等 级	
			资 质 编 号	
工程规模(建筑面积、层数等)				
施工图审查机构			施工图审查批复文件号	
各专业主要设计人员名单(姓名、专业、执业资格证号、职称)	姓名	专业	执业资格证号	职称
结构设计的特点				

序号	检查内容	检查情况
1	编制设计文件依据	
2	设计文件是否满足工程规划、招标、材料设备采购、非标准设备制作和施工的需要	
3	设计文件否已注明工程合理使用年限	
4	设计文件选用的材料、配件、设备是否已注明规格、型号、性能等技术指标	
5	采用没有国家技术标准的新技术、新材料是否已经国家或省有关部门组织的审定	
6	设计文件是否符合工程建设强制性标准、合同约定的质量要求	
7	设计文件是否已向施工、监理单位进行技术交底	
8	设计文件签名、签章是否齐全	
9	工程是否满足设计文件要求,设计变更内容是否已在工程项目上得以实现	

检查结论:

项目负责人(打印):＿＿＿＿＿＿＿＿＿＿＿＿＿ (签名):＿＿＿＿＿＿＿＿＿＿

单位技术负责人(打印):＿＿＿＿＿＿＿＿＿＿ (签名):＿＿＿＿＿＿＿＿＿＿

设计单位(公章):＿＿＿＿＿＿＿＿＿＿＿＿＿＿＿＿＿＿＿＿＿＿

签发日期:　　　年　月　日

填写说明

1. 设计文件质量检查报告由勘察单位负责打印填写,提交给建设单位。
2. 填写要求内容真实,语言简练,字迹清楚。
3. 凡需签名处,需先打印姓名后再亲笔签名。
4. 设计文件质量检查报告一式四份,设计单位、建设单位、监督站、备案机关各持一份。

其他文件

表 0009

1. 规划验收文件，文件或表式（无表式）；
2. 消防验收文件，文件或表式（无表式）；
3. 环保验收文件，文件或表式（无表式）。